N. BOURBAKI

ÉLÉMENTS DE MATHÉMATIQUE

N. BOURBAKI

ÉLÉMENTS DE MATHÉMATIQUE

ESPACES VECTORIELS TOPOLOGIQUES

Chapitres 6 et 7

N. Bourbaki
Institut Henri Poincaré
Paris, France

ISBN 978-3-032-12155-4   ISBN 978-3-032-12156-1   (eBook)
https://doi.org/10.1007/978-3-032-12156-1

This Springer imprint is published by the registered company Springer Nature Switzerland AG
The registered company address is: Gewerbestrasse 11, 6330 Cham, Switzerland

If disposing of this product, please recycle the paper.

ESPACES VECTORIELS TOPOLOGIQUES

MODE D'EMPLOI

1. Le traité prend les mathématiques à leur début et donne des démonstrations complètes. Sa lecture ne suppose donc, en principe, aucune connaissance mathématique particulière, mais seulement une certaine habitude du raisonnement mathématique et un certain pouvoir d'abstraction. Néanmoins, le traité est destiné plus particulièrement à des lecteurs ou des lectrices possédant au moins une bonne connaissance des matières enseignées dans la première ou les deux premières années de l'université.

2. Le mode d'exposition suivi est axiomatique et procède le plus souvent du général au particulier. Les nécessités de la démonstration exigent que les chapitres se suivent, en principe, dans un ordre logique rigoureusement fixé. L'utilité de certaines considérations n'apparaîtra donc au lecteur qu'à la lecture de chapitres ultérieurs, à moins qu'il ne possède déjà des connaissances assez étendues.

3. Le traité est divisé en Livres et chaque Livre en chapitres. Les Livres actuellement publiés, en totalité ou en partie, sont les suivants :

Théorie des ensembles	désigné par	E
Algèbre	—	A
Topologie générale	—	TG
Fonctions d'une variable réelle	—	FVR
Espaces vectoriels topologiques	—	EVT
Intégration	—	INT
Algèbre commutative	—	AC
Variétés différentiables et analytiques	—	VAR
Groupes et algèbres de Lie	—	LIE
Théories spectrales	—	TS
Topologie algébrique	—	TA

Dans les *six premiers* Livres (pour l'ordre indiqué ci-dessus) *à l'exception de* EVT, *chapitres* VI *et suivants*, chaque énoncé ne fait appel qu'aux définitions et résultats exposés précédemment dans le chapitre en cours ou dans les chapitres *antérieurs dans l'ordre suivant* : E ; A, chapitres I à III ; TG, chapitres I à III ; A, chapitres IV et suivants ; TG, chapitres IV et suivants ; FVR ; EVT ; INT.

À partir du septième Livre, ainsi que dans EVT, chapitres VI et suivants, le lecteur trouvera éventuellement, au début de chaque Livre ou chapitre, l'indication précise des autres Livres ou chapitres utilisés (les six premiers Livres étant toujours supposés connus).

4. Cependant, quelques passages font exception aux règles précédentes. Ils sont placés entre deux astérisques : *... $_*$. Dans certains cas, il s'agit seulement de faciliter la compréhension du texte par des exemples qui se réfèrent à des faits que le lecteur peut déjà connaître par ailleurs. Parfois aussi, on utilise, non seulement les résultats supposés connus dans tout le chapitre en cours, mais des résultats démontrés ailleurs dans le traité. Ces passages seront employés librement dans les parties qui supposent connus les chapitres où ces passages sont insérés et les chapitres auxquels ces passages font appel. Il est possible, nous l'espérons, de vérifier l'absence de tout cercle vicieux.

5. À certains Livres (soit publiés, soit en préparation) sont annexés des *fascicules de résultats*. Ces fascicules contiennent l'essentiel des définitions et des résultats du Livre, mais aucune démonstration.

6. L'armature logique de chaque chapitre est constituée par les *définitions*, les *axiomes* et les *théorèmes* de ce chapitre ; c'est là ce qu'il est principalement nécessaire de retenir en vue de ce qui doit suivre. Les résultats moins importants, ou qui peuvent être facilement retrouvés à partir des théorèmes, figurent sous le nom de « propositions », « lemmes », « corollaires », « remarques » ; etc. ; ceux qui peuvent être omis en première lecture sont imprimés en petits caractères. Sous le nom de « scholie », on trouvera quelquefois un commentaire d'un théorème particulièrement important.

Pour éviter des répétitions fastidieuses, on convient parfois d'introduire certaines notations ou certaines abréviations qui ne sont valables qu'à l'intérieur d'un seul chapitre ou d'un seul paragraphe (par exemple, dans un chapitre où tous les anneaux sont commutatifs, on peut convenir que le mot « anneau » signifie toujours « anneau commutatif »). De telles conventions sont explicitement mentionnées à la tête du chapitre ou du paragraphe dans lequel elles s'appliquent.

7. Certains passages sont destinés à prémunir le lecteur contre des erreurs graves, où il risquerait de tomber ; ces passages sont signalés en marge par le signe **Z** (« tournant dangereux »).

8. Les exercices sont destinés, d'une part, à permettre au lecteur de vérifier qu'il a bien assimilé le texte ; d'autre part, à lui faire connaître des résultats qui n'avaient pas leur place dans le texte ; les plus difficiles sont marqués du signe ¶.

9. La terminologie suivie dans ce traité a fait l'objet d'une attention particulière. *On s'est efforcé de ne jamais s'écarter de la terminologie reçue sans de très sérieuses raisons.*

10. On a cherché à utiliser, sans sacrifier la simplicité de l'exposé, un langage rigoureusement correct. Autant qu'il a été possible, les *abus de langage ou de notation*, sans lesquels tout texte mathématique risque de devenir pédantesque et même illisible, ont été signalés au passage.

11. Le texte étant consacré à l'exposé dogmatique d'une théorie, on n'y trouvera qu'exceptionnellement des références bibliographiques ; celles-ci sont parfois groupées dans des *Notes historiques*. La bibliographie qui suit chacune de ces Notes ne comporte le plus souvent que les livres et mémoires originaux qui ont eu le plus d'importance dans l'évolution de la théorie considérée ; elle ne vise nullement à être complète.

Certaines notes historiques ont été rassemblées dans un Livre d'*Éléments d'Histoire des Mathématiques*, auquel il est fait référence par le sigle ÉHM.

Quant aux exercices, il n'a pas été jugé utile en général d'indiquer leur provenance, qui est très diverse (mémoires originaux, ouvrages didactiques, recueils d'exercices).

12. Dans la nouvelle édition, les renvois à des théorèmes, axiomes, définitions, remarques, etc. sont donnés en principe en indiquant successivement le Livre (par l'abréviation qui lui correspond dans la liste donnée au n° 3), le chapitre et la page où ils se trouvent. À l'intérieur d'un même Livre, la mention de ce Livre est supprimée ; par exemple, dans le Livre d'Algèbre,

E, III, p. 32, cor. 3

renvoie au corollaire 3 se trouvant au Livre de Théorie des Ensembles, chapitre III, page 32 de ce chapitre ;

      II, p. 24, prop. 17

renvoie à la proposition 17 du Livre d'Algèbre, chapitre II, page 24 de ce chapitre.

Les fascicules de résultats sont désignés par la lettre R ; par exemple : VAR, R signifie « fascicule de résultats du Livre sur les Variétés ».

Comme certains Livres doivent être publiés plus tard dans la nouvelle édition, les renvois à ces Livres se font en indiquant successivement le Livre, le chapitre, le paragraphe et le numéro où devrait se trouver le résultat en question ; par exemple :

      AC, III, § 4, n° 5, cor. de la prop. 6.

Dans ce volume, nous ajouterons par ailleurs les numéros de page des références à la présente édition du livre INT pour faciliter la lecture ; par exemple :

      INT, VII, p. 46, § 2, n° 3, prop. 5.

INTRODUCTION

Les produits tensoriels topologiques et les espaces nucléaires sont apparus pour étudier des espaces de fonctions ou de distributions à valeurs vectorielles[1].

Soient X un espace topologique compact et F un espace de Banach complexe. Considérons l'espace $\mathscr{C}(X; F)$ des fonctions continues de X dans F, muni de la topologie de la convergence uniforme. Si F est de dimension finie, alors le produit tensoriel $\mathscr{C}(X) \otimes_{\mathbf{C}} F$ s'identifie naturellement à $\mathscr{C}(X; F)$. Si l'on ne suppose plus F de dimension finie, ce produit tensoriel permet de représenter le sous-espace dense de $\mathscr{C}(X; F)$ formé des fonctions continues à valeurs dans un sous-espace de dimension finie de F (VI, p. 143, exercice 6). Ainsi, l'espace $\mathscr{C}(X; F)$ s'identifie au complété de $\mathscr{C}(X) \otimes_{\mathbf{C}} F$ pour une topologie séparée adéquate.

Une situation analogue se produit si l'on fixe une mesure μ sur X et si l'on considère l'espace de Banach $L^1(X, \mu; F)$ des classes de fonctions μ-intégrables à valeurs dans F. Le produit tensoriel $L^1(X, \mu) \otimes_{\mathbf{C}} F$ s'identifie alors au sous-espace dense de $L^1(X, \mu; F)$ formé des classes de fonctions intégrables dont un représentant prend ses valeurs dans un sous-espace de dimension finie de F (VI, p. 143, exercice 7), si bien que $L^1(X, \mu; F)$ apparaît comme le complété de $L^1(X, \mu) \otimes_{\mathbf{C}} F$ pour une topologie séparée adéquate.

De façon générale, si E et F sont des espaces localement convexes sur un corps K égal à $\mathbf{R}$ ou $\mathbf{C}$, il existe plusieurs procédés naturels pour munir le produit tensoriel $E \otimes_{K} F$ d'une topologie localement convexe.

---

[1] Pour l'histoire des notions exposées dans les chapitres VI et VII, on pourra se reporter à la note placée en fin de fascicule (VII, p. 313–323).

Dans le chapitre VI, nous formalisons ces procédés sous le nom de *construction tensorielle*. Une telle construction γ associe à tout couple (E, F) d'espaces semi-normés une semi-norme sur $E \otimes_K F$, de manière compatible à la composition des applications linéaires continues. Si E et F sont des espaces localement convexes, on en déduit une topologie localement convexe sur $E \otimes_K F$ (VI, p. 22, n° 2).

Dans le § 2 du chapitre VI, nous étudions en détail deux de ces constructions, dites « minimale » et « maximale ». Elles sont particulièrement adaptées à l'étude des espaces fonctionnels usuels. Par exemple, avec les notations ci-dessus, l'espace $\mathscr{C}(X; F)$ s'identifie naturellement au complété de $\mathscr{C}(X) \otimes_C F$ pour la topologie issue de la construction tensorielle minimale, tandis que $L^1(X, \mu; F)$ apparaît comme le complété de $L^1(X, \mu) \otimes_C F$ pour la topologie issue de la construction tensorielle maximale. Ces exemples font partie de ceux que nous abordons dans le § 3, où nous interprétons plusieurs espaces fonctionnels classiques en termes de constructions tensorielles. Le § 4 présente plusieurs opérations sur les constructions tensorielles ; on y décrit notamment une notion de dualité qui échange la construction minimale et la construction maximale, et éclaire une partie des exemples ci-dessus.

Dans le § 5, nous décrivons une construction tensorielle dite « hilbertienne », reliée aux factorisations d'applications linéaires entre espaces de Banach par l'intermédiaire d'un espace hilbertien. Nous démontrons *l'inégalité de Grothendieck*, qui compare la construction tensorielle hilbertienne aux constructions maximale et minimale. Cette inégalité a des conséquences profondes pour l'étude des spectres de certains opérateurs linéaires, et a trouvé des applications importantes dans des domaines variés : matrices aléatoires, mécanique quantique, combinatoire des graphes...

Dans le livre d'Algèbre, nous avons vu que l'espace des applications linéaires de rang fini entre espaces vectoriels peut s'interpréter en termes de produits tensoriels (*cf.* A, VIII, Appendice 4). De même, en Analyse, certaines classes d'applications linéaires continues entre espaces localement convexes peuvent être étudiées à l'aide des produits tensoriels topologiques du chapitre VI. C'est à cette idée et à ses ramifications qu'est consacré le chapitre VII.

Dans les trois premiers paragraphes de ce chapitre, nous étudions les *applications nucléaires* entre espaces localement convexes. Ce sont des applications linéaires dont les propriétés sont analogues à celles des opérateurs définis par des noyaux continus (TS, III, p. 25, n° 3). Dans le cas hilbertien, la notion d'application nucléaire coïncide avec celle étudiée dans le chapitre IV du livre de Théories spectrales (TS, IV, p. 167, n° 8). Le § 1 du chapitre VII est consacré aux propriétés générales des applications nucléaires ; nous y expliquons notamment comment les interpréter en termes de produits tensoriels. Ce lien permet de définir, pour certaines classes d'applications linéaires continues entre espaces de Banach, des notions de trace et de déterminant qui généralisent la notion de trace étudiée pour les espaces hilbertiens dans le § 4 du chapitre V. Nous les étudions dans le § 2 pour les endomorphismes nucléaires d'un espace hilbertien, puis dans le § 3 dans le cadre banachique, en particulier pour les endomorphismes nucléaires d'un espace de Banach possédant la propriété d'approximation (TS, III, p. 14, n° 6).

Enfin, le § 4 du chapitre VII est consacré aux *espaces nucléaires*. Ce sont les espaces localement convexes E pour lesquels toute application linéaire continue de E dans un espace de Banach est nucléaire. De façon équivalente, ce sont les espaces E pour lesquels la topologie de $E \otimes F$ est indépendante de la construction tensorielle choisie, et ce quel que soit l'espace localement convexe F. Nous détaillons en particulier les propriétés de la classe des espaces de Fréchet nucléaires. Ces derniers se comportent, dans certains problèmes d'Analyse et de Géométrie, de manière analogue aux espaces de dimension finie : c'est le cas, entre autres, dans l'étude de la cohomologie de de Rham des variétés. Par ailleurs, bien que les seuls espaces normés nucléaires soient de dimension finie, beaucoup d'espaces de Fréchet usuels (espaces de fonctions C^∞ ou analytiques, espaces de distributions...) sont nucléaires. Cela permet d'utiliser les résultats du chapitre VII pour étudier les propriétés d'opérateurs agissant sur ces espaces ; par exemple, le théorème du noyau de Schwartz (VII, p. 276, th. 5) fournit une représentation utile des applications linéaires continues entre espaces de fonctions C^∞ et espaces de distributions.

CHAPITRE VI

Produits tensoriels topologiques

Dans ce chapitre, la lettre K *désigne soit le corps* **R** *des nombres réels, soit le corps* **C** *des nombres complexes. Tous les espaces vectoriels considérés sont relatifs au corps* K. *Les références au chapitre* II *sont données pour le cas* K $=$ **R** *; lorsque* K $=$ **C**, *voir* II, p. 64, § 8. *Si* E *est un espace vectoriel, on note* 1_{E} *l'application identique de* E.

Si E *et* F *sont des espaces vectoriels, on note* E $\otimes$ F *le produit tensoriel* E $\otimes_{\mathrm{K}}$ F. *Si* A *et* B *sont des sous-espaces vectoriels de* E *et* F *respectivement, on identifie* A $\otimes$ B *à un sous-espace vectoriel de* E $\otimes$ F *(cf.* A, II, p. 108). *Pour tout élément* t *de* E $\otimes$ F, *on dit qu'une famille finie*[1] $(x_i, y_i)_{i \in \mathrm{I}}$ *d'éléments de* E $\times$ F *est une* écriture tensorielle *de* t, *ou plus simplement une* écriture *de* t, *si*

$$t = \sum_{i \in \mathrm{I}} x_i \otimes y_i.$$

Par définition, tout élément de E $\otimes$ F *admet une écriture. Si* t *est un élément de* E $\otimes$ F *et si* $(x_i, y_i)_{i \in \mathrm{I}}$ *en est une écriture, on identifiera* t *à un élément du produit tensoriel* A $\otimes$ B, *où* A *(resp.* B*) est le sous-espace de dimension finie de* E *(resp. de* F*) engendré par les* x_i *(resp. les* y_i*).*

On appelle tenseurs purs *de* E $\otimes$ F *les éléments de* E $\otimes$ F *de la forme* $x \otimes y$ *avec* $x \in$ E *et* $y \in$ F.

---

[1] Si X, Y et I sont des ensembles et $(x_i)_{i \in \mathrm{I}}$ et $(y_i)_{i \in \mathrm{I}}$ sont des éléments de X^{I} et Y^{I} respectivement, nous noterons $(x_i, y_i)_{i \in \mathrm{I}}$ la famille $((x_i, y_i))_{i \in \mathrm{I}}$ d'éléments de X $\times$ Y.

© N. Bourbaki 2026
N. Bourbaki, *Espaces Vectoriels Topologiques*,
https://doi.org/10.1007/978-3-032-12156-1_1

Si E *est un espace vectoriel topologique, on note* $\widehat{\mathrm{E}}$ *l'espace séparé complété de* E (I, p. 6). *Si* E *est localement convexe, alors* $\widehat{\mathrm{E}}$ *est localement convexe* (II, p. 4).

Si E *et* F *sont des espaces vectoriels topologiques, on note* $\mathscr{L}(\mathrm{E};\mathrm{F})$ *l'espace vectoriel des applications linéaires continues de* E *dans* F. *On note* $\mathscr{L}^{\mathrm{f}}(\mathrm{E};\mathrm{F})$ *le sous-espace de* $\mathscr{L}(\mathrm{E};\mathrm{F})$ *formé des applications linéaires continues de rang fini. On note aussi* E' *l'espace* $\mathscr{L}(\mathrm{E};\mathrm{K})$ *dual de* E (*cf.* II, p. 45).

Si E *et* F *sont des espaces vectoriels topologiques et si* $u \in \mathscr{L}(\mathrm{E};\mathrm{F})$, *on note* $\widehat{u}\colon \widehat{\mathrm{E}} \to \widehat{\mathrm{F}}$ *l'application linéaire continue déduite de* u *par passage aux séparés complétés* (TG, II, p. 24, prop. 15).

Si E *et* F *sont des espaces localement convexes, on note* $\mathscr{L}_b(\mathrm{E};\mathrm{F})$ *l'espace vectoriel topologique obtenu en munissant* $\mathscr{L}(\mathrm{E};\mathrm{F})$ *de la topologie de la convergence bornée ; il est localement convexe* (III, p. 14).

Si E *est un espace vectoriel et si* p *est une semi-norme sur* E, *on note* (E, p) *ou* E_p *l'espace semi-normé défini par* E *et* p (II, § 2). *S'il n'y a pas d'ambiguïté sur* p, *on écrit parfois* $\|x\|$ *ou* $\|x\|_{\mathrm{E}}$ *plutôt que* $p(x)$.

Ce chapitre utilise les chapitres antérieurs des cinq premiers Livres (E, A, TG, FVR, EVT I–V), *ainsi que des résultats des Livres d'Intégration* (*chapitres* I *à* V) *et de Théories spectrales* (*chapitres* I *à* III). *Le* § 3 *fait appel au fascicule de résultats consacré aux Variétés. Le* § 5 *utilise des résultats de* INT, IX, § 6.

§ 1. COMPLÉMENTS SUR LES ESPACES SEMI-NORMÉS

1. Boules unité

Soit E un espace vectoriel. Si p est une semi-norme sur E, l'ensemble des $x \in \mathrm{E}$ vérifiant $p(x) \leqslant 1$ (resp. $p(x) < 1$, resp. $p(x) = 1$) est appelé la *boule unité* (resp. la *boule unité ouverte*, resp. la *sphère unité*) de (E, p). La boule unité de (E, p) est fermée, c'est l'adhérence de sa boule unité ouverte, et sa jauge est la semi-norme p (II, p. 22).

Soient p et q des semi-normes sur E ; notons B_p et B_q leurs boules unité ouvertes. Soit α un nombre réel > 0. Les conditions suivantes sont équivalentes :

(i) Les semi-normes p et q vérifient $p \leqslant \alpha q$;

(ii) Les boules unité ouvertes B_p et B_q vérifient $B_q \subset \alpha B_p$;

(iii) Les boules unité $\overline{B}_p$ et $\overline{B}_q$ vérifient $\overline{B}_q \subset \alpha \overline{B}_p$.

En effet, il résulte aussitôt des définitions que (i) implique (ii) et que (ii) implique (iii). Supposons la condition (iii) vérifiée. Soit x un élément de E ; désignons par $T_{x,p}$ (resp. $T_{x,q}$) l'ensemble des nombres réels $t > 0$ tels que l'on ait $x \in t\overline{B}_p$ (resp. $x \in t\overline{B}_q$). Puisque les semi-normes p et q sont les jauges de $\overline{B}_p$ et $\overline{B}_q$ respectivement, on a $p(x) = \inf(T_{x,p})$ et $q(x) = \inf(T_{x,q})$. Or, si t est un élément de $T_{x,q}$, on a $x \in t\overline{B}_q$, donc $x \in (\alpha t)\overline{B}_p$ d'après la condition (iii), si bien que αt appartient à $T_{x,p}$, de sorte que $p(x) \leqslant \alpha t$. Par conséquent, on a $p(x) \leqslant \alpha\, q(x)$, d'où l'assertion (i).

2. Espaces d'applications linéaires continues

Soient (E, p) et (F, q) des espaces semi-normés. Si $u \colon E \to F$ est une application linéaire, posons

$$(1) \qquad \|u\| = \sup_{p(x) \leqslant 1} q(u(x)),$$

la borne supérieure étant prise dans la droite achevée $\overline{\mathbf{R}}$.

D'après la proposition 5 de II, p. 7, l'application linéaire u est continue si et seulement si elle vérifie $\|u\| < +\infty$. Pour $u \in \mathscr{L}(E ; F)$, on note $\|u\|_{\mathscr{L}(E ; F)}$ le nombre réel (1). Si A est une partie dense de la boule unité de E, alors $\|u\|_{\mathscr{L}(E ; F)} = \sup_{x \in A} q(u(x))$; en particulier, on a $\|u\|_{\mathscr{L}(E ; F)} = \sup_{p(x) < 1} q(u(x))$ (III, p. 14, remarques 3 et 4).

L'application $u \mapsto \|u\|_{\mathscr{L}(E ; F)}$ définit une semi-norme sur $\mathscr{L}(E ; F)$, dite *canonique*. Sauf précision contraire, on munit $\mathscr{L}(E ; F)$ de cette semi-norme. La topologie sur $\mathscr{L}(E ; F)$ qui lui est associée est celle de la convergence bornée (III, p. 14). Par abus de langage, si α est un nombre réel, on écrira « u est de norme $\leqslant \alpha$ » plutôt que « $\|u\| \leqslant \alpha$ ». Si F est séparé, la semi-norme canonique sur $\mathscr{L}(E ; F)$ est une norme.

On note p' la norme $u \mapsto \|u\|_{\mathscr{L}(E ; K)}$ sur l'espace dual E$'$. Nous dirons que c'est la norme *duale* de la semi-norme p. Elle fait de E$'$ un espace de Banach (III, p. 24, cor. 2).

3. Applications linéaires isométriques

Soient (E, p) et (F, q) des espaces semi-normés. Dans ce chapitre, on dit qu'une application linéaire $u \colon E \to F$ est *isométrique* si l'on a $q(u(x)) = p(x)$ pour tout élément x de E.

> Contrairement aux conventions de TG, IX, p. 12, une application linéaire isométrique n'est donc pas nécessairement injective ni surjective.

Exemples. — 1) Soient $\widehat{E}$ l'espace séparé complété de E et $\widehat{p} \colon \widehat{E} \to \mathbf{R}$ l'application déduite de p par passage aux séparés complétés. C'est une norme sur $\widehat{E}$ et la topologie de $\widehat{E}$ est définie par cette norme (II, p. 4). Nous munirons toujours $\widehat{E}$ de la norme $\widehat{p}$. L'application canonique $\varphi_E \colon E \to \widehat{E}$ est alors isométrique : cela résulte de la prop. 15 de TG, II, p. 24, appliquée aux espaces E et $\mathbf{R}$ et à l'application $p \colon E \to \mathbf{R}$. Pour que φ_E soit injective, il faut et il suffit que p soit une norme. Pour que φ_E soit surjective, il faut et il suffit que E soit complet.

2) Soit $\widetilde{\varphi}_E \colon \mathscr{L}(\widehat{E}; F) \to \mathscr{L}(E; F)$ l'application linéaire $u \mapsto u \circ \varphi_E$. Il résulte aussitôt des définitions, et du fait que l'image par φ_E de la boule unité de E est dense dans la boule unité de $\widehat{E}$, que l'application $\widetilde{\varphi}_E$ est isométrique.

Si E est un espace normé et si F est un espace de Banach, alors $\widetilde{\varphi}_E$ est un isomorphisme isométrique de $\mathscr{L}(\widehat{E}; F)$ sur $\mathscr{L}(E; F)$ (III, p. 16, n° 3).

4. Compléments sur les semi-normes quotient

Soit (E, p) un espace semi-normé, soit F un espace vectoriel, et soit $u \colon E \to F$ une application linéaire surjective. On appelle *semi-norme quotient de p par u* la semi-norme $\overline{p}$ sur F définie par

$$\overline{p}(z) = \inf_{x \in u^{-1}(z)} p(x).$$

Lorsqu'on identifie F avec $E/\mathrm{Ker}(u)$, la semi-norme quotient $\overline{p}$ s'identifie à la semi-norme quotient de p par $\mathrm{Ker}(u)$ définie dans II, p. 4.

PROPOSITION 1. — *Soient (E, p) et (F, q) des espaces semi-normés. Soit u une application linéaire de E dans F. Les conditions suivantes sont équivalentes :*

(i) *L'application u est surjective et q est la semi-norme quotient de p par u ;*

(ii) *La boule unité ouverte de* (F, q) *est l'image par* u *de la boule unité ouverte de* (E, p).

Si (i) est vérifiée, alors (ii) est la formule (4) de II, p. 4.

Supposons (ii) vérifiée. Notons B_p et B_q les boules unité ouvertes de p et q respectivement.

Soit y un élément de F. La semi-norme q étant la jauge de B_q (II, p. 22), l'ensemble des nombres réels $t > 0$ tels que y appartienne à $u(tB_p)$ est non vide, et $q(y)$ est la borne inférieure de cet ensemble. En particulier, l'élément y appartient à l'image de u ; donc u est surjective.

Soit $\overline{p}$ la semi-norme sur F quotient de p par u. Montrons que $\overline{p} = q$. Par définition, un élément y de F appartient à la boule unité ouverte $B_{\overline{p}}$ de $\overline{p}$ si et seulement s'il existe $x \in u^{-1}(y)$ tel que $p(x) < 1$, autrement dit si y appartient à $u(B_p)$, qui est égale à B_q d'après la condition (ii). On a donc $B_{\overline{p}} = B_q$, d'où $\overline{p} = q$ (VI, p. 2, n°1), ce qu'il fallait démontrer.

COROLLAIRE 1. — *Soient* E, F *et* G *des espaces vectoriels. Soient* $u\colon E \to F$ *et* $v\colon F \to G$ *des applications linéaires surjectives. Soit* p *une semi-norme sur* E. *Si* q *désigne la semi-norme quotient de* p *par* u *et si* r *désigne la semi-norme quotient de* q *par* v, *alors* r *est la semi-norme quotient de* p *par* $v \circ u$.

COROLLAIRE 2. — *Soient* (E, p) *et* (F, q) *des espaces semi-normés. Soient* B_p *et* B_q *leurs boules unité ouvertes respectives. Soit* $u\colon E \to F$ *une application linéaire continue surjective. Notons* $\overline{p}$ *la semi-norme sur* F *quotient de* p *par* u. *Alors on a l'inégalité* $\overline{p} \leqslant q$ *si et seulement si on a l'inclusion* $B_q \subset u(B_p)$.

En effet, si $B_{\overline{p}}$ est la boule unité ouverte de $(F, \overline{p})$, on a $\overline{p} \leqslant q$ si et seulement si $B_q \subset B_{\overline{p}}$, ce qui équivaut à $B_q \subset u(B_p)$ d'après la prop. 1.

5. Transposée d'une application linéaire isométrique

Rappelons que si (E, p) est un espace semi-normé, on désigne par p' la norme sur E' duale de p.

PROPOSITION 2. — *Soient* (E, p) *et* (F, q) *des espaces semi-normés. Soit* $u\colon E \to F$ *une application linéaire continue.*

a) *Si* u *est isométrique, alors la transposée* ${}^t u\colon F' \to E'$ *est surjective et* p' *est la semi-norme quotient de* q' *par* ${}^t u$.

b) *Si u est surjective et si q est la semi-norme quotient de p par u, alors pour tout espace semi-normé G, l'application linéaire de $\mathscr{L}(F; G)$ dans $\mathscr{L}(E; G)$ donnée par $v \mapsto v \circ u$ est isométrique.*

Démontrons a). Supposons u isométrique. Notons $B_{p'}$ et $B_{q'}$ les boules unité ouvertes de E' et F' respectivement ; compte tenu de la prop. 1 de VI, p. 4, il s'agit de montrer l'égalité $^{t}u(B_{q'}) = B_{p'}$. Soit ψ un élément de $B_{q'}$. Notons $\varphi = {}^{t}u(\psi)$. Pour tout $x \in B_p$, on a

$$|\langle x, \varphi \rangle| = |\langle u(x), \psi \rangle| \leqslant q'(\psi)q(u(x)) = q'(\psi)p(x)$$

puisque u est isométrique. Ainsi $p'(\varphi) \leqslant q'(\psi) < 1$ et $\varphi \in B_{p'}$.

Soit φ un élément de $B_{p'}$. Montrons qu'il existe un élément ψ de F' vérifiant $^{t}u(\psi) = \varphi$ et $q'(\psi) < 1$. Soit V le sous-espace $\mathrm{Im}(u)$ de F et soit $s \colon V \to E$ une application linéaire telle que $u \circ s = 1_V$ (A, II, p. 21, cor. 2). Notons f la forme linéaire $\varphi \circ s$ sur V. Pour tout $y \in V$ vérifiant $q(y) < 1$, on a

$$|f(y)| = |\langle s(y), \varphi \rangle| \leqslant p'(\varphi)p(s(y)) = p'(\varphi)q(u(s(y))) = p'(\varphi)q(y)$$

puisque u est isométrique. D'après le théorème de Hahn–Banach, il existe une forme linéaire ψ sur F prolongeant f et satisfaisant à $|\langle y, \psi \rangle| \leqslant p'(\varphi)q(y)$ pour tout y dans F (II, p. 24, cor. 1 et p. 67, th. 1). Il en résulte que ψ est continue sur F et que $q'(\psi) < 1$. Vérifions que l'on a $^{t}u(\psi) = \varphi$, c'est-à-dire $\psi \circ u = \varphi$ sur E.

Puisque u est isométrique, le noyau de u est contenu dans $p^{-1}(0)$. Par conséquent, la forme linéaire continue φ est nulle sur $\mathrm{Ker}(u)$. Or, si x est un élément de E, on a $x - s(u(x)) \in \mathrm{Ker}(u)$ par définition de s, si bien que $\varphi(x) = \varphi(s(u(x))) = f(u(x)) = \psi(u(x))$. Cela prouve l'égalité $\varphi = \psi \circ u$; on a donc $\varphi \in {}^{t}u(B_{q'})$, ce qui prouve a).

Démontrons b). Supposons que u soit surjective et que q soit la semi-norme quotient de p par u ; si B_p et B_q sont les boules unité ouvertes de p et q, alors $B_q = u(B_p)$ d'après la prop. 1 de VI, p. 4. Soit (G, r) un espace semi-normé et soit $v \in \mathscr{L}(F; G)$. On a alors

$$\|v \circ u\|_{\mathscr{L}(E;G)} = \sup_{x \in B_p} r(v(u(x))) = \sup_{y \in B_q} r(v(y)) = \|v\|_{\mathscr{L}(F;G)},$$

d'où b).

6. Espace normé associé à un espace semi-normé

Soit (E, p) un espace semi-normé. L'ensemble $N = p^{-1}(0)$ est un sous-espace vectoriel fermé de E, égal à l'adhérence de $\{0\}$ dans E. On l'appelle *noyau* de la semi-norme p.

Soit β_E la surjection canonique de E sur E_0. Munissons l'espace vectoriel $E_0 = E/N$ de la semi-norme p_0 quotient de E par N (II, p. 4) ; on a $p_0 \circ \beta_E = p$ et p_0 est la semi-norme quotient de p par β_E. L'application p_0 est alors une norme sur E_0. On dit que (E_0, p_0) est l'*espace normé associé à* (E, p). L'espace vectoriel topologique E_0 est l'espace séparé associé à E (II, p. 5). L'application linéaire β_E est isométrique.

Remarque. — Désignons respectivement par B et B_0 les boules unité ouvertes de E et E_0. Comme β_E est surjective et $p_0 \circ \beta_E = p$, on a $\beta_E(B) = B_0$ et $B = \beta_E^{-1}(B_0)$.

Soient E et F des espaces semi-normés, soient E_0 et F_0 les espaces normés associés, et soient $\beta \colon E \to E_0$ et $\beta_F \colon F \to F_0$ les surjections canoniques. Si $u \colon E \to F$ est une application linéaire continue, il existe une unique application linéaire $u_0 \colon E_0 \to F_0$ telle que $u_0 \circ \beta_E = \beta_F \circ u$; on dit que c'est l'application linéaire déduite de u par passage aux espaces normés associés. Si u est surjective, alors u_0 est surjective.

PROPOSITION 3. — *Soient* $(E, p), (F, q)$ *des espaces semi-normés et* $(E_0, p_0), (F_0, q_0)$ *les espaces normés associés. Notons* N_q *le noyau de la semi-norme* q. *Soit* $u \colon E \to F$ *une application linéaire continue surjective, et soit* $u_0 \colon E_0 \to F_0$ *l'application linéaire surjective déduite de* u *par passage aux espaces normés associés. Alors* q_0 *est la semi-norme quotient de* p_0 *par* u_0 *si et seulement si les boules unité ouvertes* B_p *et* B_q *vérifient* $B_q = u(B_p) + N_q$.

Soient B_{p_0} et B_{q_0} les boules unité ouvertes de p_0 et q_0 respectivement. Dire que q_0 est la semi-norme quotient de p_0 par u_0, c'est dire que $B_{q_0} = u_0(B_{p_0})$ (VI, p. 4, prop. 1), autrement dit que $B_{q_0} = u_0(\beta_E(B_p))$ (remarque ci-dessus), ou encore que $B_{q_0} = \beta_F(u(B_p))$ puisque $u_0 \circ \beta_E = \beta_F \circ u$. Comme β_F est surjective, on a $B_{q_0} = \beta_F(u(B_p))$ si et seulement si $\beta_F^{-1}(B_{q_0}) = \beta_F^{-1}(\beta_F(u(B_p))$ (E, II, p. 18, remarque) ; comme $\beta_F^{-1}(B_{q_0}) = B_q$ (remarque ci-dessus) et $\beta_F^{-1}(\beta_F(u(B_p)) = u(B_p) + N_q$ (puisque $N_q = \mathrm{Ker}(\beta_F)$), la proposition en résulte.

PROPOSITION 4. — *Soit (E, p) un espace semi-normé.*

a) *Pour tout espace normé F, l'application $u \mapsto u \circ \beta_E$, de $\mathscr{L}(E_0; F)$ dans $\mathscr{L}(E; F)$, est un isomorphisme isométrique.*

b) *L'application ${}^t\beta_E$ est un isomorphisme isométrique de (E_0', p_0') sur (E', p').*

Soit F un espace normé. Notons $\widetilde{\beta}_E \colon \mathscr{L}(E_0; F) \to \mathscr{L}(E; F)$ l'application $u \mapsto u \circ \beta_E$. Soit N le noyau de p; notons $\iota \colon N \to E$ l'injection canonique et $\widetilde{\iota} \colon \mathscr{L}(E; F) \to \mathscr{L}(N; F)$ l'application de restriction. D'après la prop. 1 de A, II, p. 37, la suite

$$0 \longrightarrow \mathscr{L}(E_0; F) \xrightarrow{\widetilde{\beta}_E} \mathscr{L}(E; F) \xrightarrow{\widetilde{\iota}} \mathscr{L}(N; F) \longrightarrow 0$$

est exacte; l'application $\widetilde{\beta}_E$ est donc injective. Par ailleurs, l'espace F étant séparé, toute application linéaire continue de E dans F est nulle sur N, donc l'application $\widetilde{\iota}$ est nulle; ainsi $\operatorname{Im}(\widetilde{\beta}_E) = \operatorname{Ker}(\widetilde{\iota}) = \mathscr{L}(E; F)$ et $\widetilde{\beta}_E$ est bijective. Enfin, si u est un élément de $\mathscr{L}(E_0; F)$, alors

$$\|u\|_{\mathscr{L}(E_0; F)} = \sup_{\substack{y \in E_0 \\ p_0(y) \leqslant 1}} q(u(y)) = \sup_{\substack{x \in E \\ p(x) \leqslant 1}} q(u(\beta_E(x))) = \sup_{\substack{x \in E \\ p(x) \leqslant 1}} q(\widetilde{\beta}_E(u)(x))$$

puisque la boule unité de (E_0, p_0) est l'image par β_E de la boule unité de (E, p); on a donc $\|u\|_{\mathscr{L}(E_0; F)} = \|\widetilde{\beta}_E(u)\|_{\mathscr{L}(E; F)}$. L'assertion $a)$ est démontrée. L'assertion $b)$ en résulte aussitôt en prenant $F = K$.

COROLLAIRE. — *Soient E et F des espaces semi-normés. Soit u une application linéaire continue de E dans F. L'application ${}^tu \colon F' \to E'$ vérifie $\|{}^tu\| = \|u\|$.*

En effet, si u_0 est l'application linéaire continue de E_0 dans F_0 déduite de u par passage aux espaces normés associés, on a l'égalité ${}^tu = {}^t\beta_E \circ {}^tu_0 \circ ({}^t\beta_F)^{-1}$. Puisque E_0 et F_0 sont des espaces normés, on a $\|{}^tu_0\| = \|u_0\|$ (IV, p. 7, prop. 8); l'égalité $\|{}^tu\| = \|u\|$ découle donc de la prop. 4, $b)$.

7. Espaces semi-normés de dimension finie

Rappelons qu'un espace uniforme est dit *précompact* (TG, II, p. 29, déf. 2) si son séparé complété est compact.

PROPOSITION 5. — *La boule unité d'un espace semi-normé de dimension finie est précompacte.*

Soit E un espace semi-normé de dimension finie. L'espace normé associé E_0 est isomorphe à K^n pour un entier positif n (I, p. 14, th. 2). L'espace E_0 est donc complet et s'identifie au séparé complété de E. Soit $\beta_E \colon E \to E_0$ l'application canonique ; pour toute partie A de E, le séparé complété de A s'identifie alors à l'adhérence de $\beta_E(A)$ dans E_0 (TG, II, p. 26, cor. 1). Puisque la boule unité de E_0 est l'image par β_E de celle de E (VI, p. 7, remarque), il en résulte que le séparé complété de la boule unité de E est homéomorphe à la boule unité de K^n, qui est compacte (TG, VI, p. 2, prop. 1 et TG, VIII, p. 19, n° 2).

PROPOSITION 6. — *Soit* E *un espace vectoriel de dimension finie. Soient p et q des semi-normes sur* E. *Le noyau de p est contenu dans celui de q si et seulement s'il existe un nombre réel $b > 0$ tel que l'on ait $q \leqslant bp$. En particulier, les noyaux des semi-normes p et q sont égaux si et seulement s'il existe des nombres réels $a > 0$ et $b > 0$ tels que l'inégalité $a\,p(x) \leqslant q \leqslant b\,p(x)$ soit valable pour tout $x \in$ E.*

Soit N le noyau de p. Supposons-le contenu dans celui de q. Notons E_0 l'espace E/N et $\beta_E \colon E \to E_0$ la surjection canonique. Puisque le noyau de q contient N, on a $q(x + n) = q(x)$ pour tout $x \in$ E et tout $n \in$ N. Si $\overline{q}$ est la semi-norme quotient de q par N, l'application β_E est donc isométrique de (E, q) dans $(E_0, \overline{q})$. Par ailleurs, l'application identique de E_0 est continue de l'espace normé (E_0, p_0) dans $(E_0, \overline{q})$ (I, p. 14, cor. 2) ; d'après la prop. 5 de II, p. 7, il existe donc un nombre réel $b > 0$ vérifiant $\overline{q} \leqslant b\,p_0$. On a donc $q = \overline{q} \circ \beta_E \leqslant b\,(p_0 \circ \beta_E) = bp$.

Inversement, s'il existe un nombre réel $b > 0$ tel que l'on ait $q \leqslant b\,p$, alors le noyau de q contient N. La première assertion de la prop. 6 est démontrée ; la seconde s'en déduit aussitôt.

8. Approximation locale des semi-normes quotient

PROPOSITION 7. — *Soient (E, p) et (F, q) des espaces semi-normés. Soit $u \colon E \to F$ une application linéaire. Supposons que u soit surjective et que q soit la semi-norme quotient de p par u. Soit a un nombre réel > 1. Soit Y un sous-espace de dimension finie de F. Il existe un sous-espace de dimension finie X de E vérifiant les propriétés suivantes : d'une part, on a $u(X) = Y$; d'autre part, si $\overline{p}$ désigne la semi-norme quotient de $p|_X$ par l'application de X dans Y déduite de u,* *on a l'inégalité*

$$(2) \qquad q|_{\mathrm{Y}} \leqslant \overline{p} \leqslant a\, q|_{\mathrm{Y}}$$

de semi-normes sur Y.

Posons $\alpha = 1 - 1/a$; ce nombre réel vérifie $0 < \alpha < 1$. Notons V la boule unité ouverte de (Y, q). Elle est précompacte (VI, p. 8, prop. 5) ; il existe donc une partie finie A de V vérifiant $\mathrm{V} \subset \mathrm{A} + \alpha\mathrm{V}$ (TG, II, p. 29, th. 3). L'espace Y est de dimension finie et la boule V est une partie absorbante de Y ; elle contient donc une base de Y. Quitte à adjoindre à A une base de Y contenue dans V, on peut supposer que A engendre Y. Pour tout élément y de A, fixons un élément x_y de E vérifiant $p(x_y) < 1$ et $u(x_y) = y$ (un tel élément existe par définition de la semi-norme quotient). Soit X le sous-espace de E engendré par $(x_y)_{y \in \mathrm{A}}$; montrons que X possède les propriétés voulues.

On a $u(\mathrm{X}) = \mathrm{Y}$ et X est de dimension finie. Soit B la boule unité ouverte de $(\mathrm{X}, p|_{\mathrm{X}})$. Pour prouver l'inégalité (2), il suffit, d'après le corollaire 2 de VI, p. 5, de vérifier que l'on a

$$(3) \qquad (1 - \alpha)\mathrm{V} \subset u(\mathrm{B}) \subset \mathrm{V}.$$

On a bien $u(\mathrm{B}) \subset \mathrm{V}$ puisque l'application de $(\mathrm{X}, p|_{\mathrm{X}})$ dans $(\mathrm{Y}, q|_{\mathrm{Y}})$ déduite de u est de norme $\leqslant 1$. Prouvons l'inclusion $(1 - \alpha)\mathrm{V} \subset u(\mathrm{B})$.

On a $\mathrm{V} \subset \mathrm{A} + \alpha\mathrm{V} \subset u(\mathrm{B}) + \alpha\mathrm{V}$. Par conséquent, pour tout entier $n \geqslant 1$, on a

$$\mathrm{V} \subset u(\mathrm{B}) + \alpha u(\mathrm{B}) + \cdots + \alpha^{n-1} u(\mathrm{B}) + \alpha^n \mathrm{V}.$$

Or $u(\mathrm{B}) + \alpha u(\mathrm{B}) + \cdots + \alpha^{n-1} u(\mathrm{B}) = \frac{1 - \alpha^n}{1 - \alpha} u(\mathrm{B})$ puisque $u(\mathrm{B})$ est convexe (*cf.* II, p. 8, remarque), d'où

$$(1 - \alpha)\mathrm{V} \subset (1 - \alpha^n)u(\mathrm{B}) + \alpha^n(1 - \alpha)\mathrm{V}.$$

Il s'ensuit que $(1 - \alpha)\mathrm{V}$ est contenu dans l'adhérence de $u(\mathrm{B})$. Comme $(1 - \alpha)\mathrm{V}$ est ouvert, convexe, non vide, l'inclusion $(1 - \alpha)\mathrm{V} \subset u(\mathrm{B})$ se déduit de II, p. 15, cor. 1 de la prop. 16. Cela conclut la preuve de (3) et de la proposition.

9. Espace p-somme d'une famille d'espaces semi-normés

Soit I un ensemble. Pour $1 \leqslant p \leqslant \infty$ et pour tout espace de Banach F, notons $\ell^p_{\mathrm{F}}(\mathrm{I})$ l'espace de Banach noté $\mathrm{L}^p_{\mathrm{F}}(\mathrm{I})$ dans INT, IV, p. 129, § 3, n° 4, pour $p < \infty$ et p. 206, § 6, n° 3, pour $p = \infty$, si l'on munit I de la topologie discrète et de la mesure de comptage. Lorsque $p < \infty$ (resp. $p = \infty$), les éléments de $\ell^p_{\mathrm{F}}(\mathrm{I})$ sont les familles $(a_i)_{i \in \mathrm{I}}$ d'éléments de F telles que la famille $(\|a_i\|)_{i \in \mathrm{I}}$ est de puissance p-ème sommable (resp. bornée), et on a $\|(a_i)_{i \in \mathrm{I}}\|_p = \big(\sum_{i \in \mathrm{I}}\|a_i\|^p\big)^{1/p}$ (resp. $\sup_{i \in \mathrm{I}}\|a_i\|$). Si F = K, on écrit $\ell^p(\mathrm{I})$ plutôt que $\ell^p_{\mathrm{K}}(\mathrm{I})$.

Soit $\mathscr{E} = (\mathrm{E}_i)_{i \in \mathrm{I}}$ une famille indexée par I d'espaces semi-normés. Notons $\ell^p(\mathscr{E})$ l'ensemble des éléments $x = (x_i)_{i \in \mathrm{I}}$ de $\prod_{i \in \mathrm{I}} \mathrm{E}_i$ tels que la famille $\mathrm{N}_x = (\|x_i\|_{\mathrm{E}_i})_{i \in \mathrm{I}}$ appartient à $\ell^p_{\mathbf{R}}(\mathrm{I})$. Cet ensemble est un sous-espace vectoriel de $\prod_{i \in \mathrm{I}} \mathrm{E}_i$.

On définit une semi-norme ν_p sur $\ell^p(\mathscr{E})$ en posant $\nu_p(x) = \|\mathrm{N}_x\|_{\ell^p_{\mathbf{R}}(\mathrm{I})}$ pour $x \in \ell^p(\mathscr{E})$; autrement dit,

$$
\nu_p\big((x_i)_{i \in \mathrm{I}}\big) = \begin{cases} \big(\sum_{i \in \mathrm{I}}\|x_i\|^p_{\mathrm{E}_i}\big)^{1/p} & \text{si } p \in [1, +\infty[, \\ \sup_{i \in \mathrm{I}}\|x_i\|_{\mathrm{E}_i} & \text{si } p = \infty. \end{cases}
$$

On note $\|x\|_p$ plutôt que $\nu_p(x)$.

DÉFINITION 1. — *L'espace semi-normé* $\big(\ell^p(\mathscr{E}), \nu_p\big)$ *est appelé* espace p-somme *de la famille* $\mathscr{E} = (\mathrm{E}_i)_{i \in \mathrm{I}}$.

Exemple. — Si F est un espace de Banach et si $\mathrm{E}_i = \mathrm{F}$ pour tout $i \in \mathrm{I}$, alors l'espace semi-normé $\ell^p(\mathscr{E})$ est l'espace de Banach $\ell^p_{\mathrm{F}}(\mathrm{I})$.

Remarques. — 1) L'espace $\ell^p(\mathscr{E})$ est séparé si et seulement si chacun des espaces E_i est séparé.

2) Soit $\mathscr{F} = (\mathrm{F}_i)_{i \in \mathrm{I}}$ une famille indexée par I d'espaces semi-normés. Supposons donné, pour tout $i \in \mathrm{I}$, un élément f_i de $\mathscr{L}(\mathrm{E}_i; \mathrm{F}_i)$. Soient q et r des éléments de $[1, +\infty]$ vérifiant $1/r = 1/p + 1/q$. Supposons que la famille $(\|f_i\|)_{i \in \mathrm{I}}$ appartient à $\ell^q_{\mathbf{R}}(\mathrm{I})$, c'est-à-dire que $(f_i)_{i \in \mathrm{I}}$ appartient à l'espace q-somme des $\mathscr{L}(\mathrm{E}_i; \mathrm{F}_i)$. Posons $\mathrm{M} = \|(f_i)_{i \in \mathrm{I}}\|_q$. Pour tout élément $x = (x_i)_{i \in \mathrm{I}}$ de $\ell^p(\mathscr{E})$, la famille $y = (f_i(x_i))_{i \in \mathrm{I}}$ appartient à $\ell^r(\mathscr{F})$ et vérifie $\|y\|_r \leqslant \mathrm{M}\|x\|_p$: lorsque p et q sont finis cela résulte de l'inégalité de Hölder (INT, I, p. 12, n° 1, prop. 4), et lorsque $p = \infty$ ou $q = \infty$ cela résulte aussitôt des définitions.

En associant à $x = (x_i)_{i \in \mathrm{I}}$ l'élément $y = (f_i(x_i))_{i \in \mathrm{I}}$, on définit donc une application linéaire continue de $\ell^p(\mathscr{E})$ dans $\ell^r(\mathscr{F})$, de norme $\leqslant \mathrm{M}$.

3) Soit V un espace de Banach. Supposons donné, pour tout $i \in \mathrm{I}$, un élément f_i de $\mathscr{L}(\mathrm{E}_i; \mathrm{V})$; supposons que la famille $(\|f_i\|)_{i \in \mathrm{I}}$ est bornée et posons $\mathrm{M} = \sup_{i \in \mathrm{I}}\|f_i\|$.

Appliquons la remarque précédente avec $p = 1$ et $q = \infty$, en prenant $F_i = V$ pour tout $i \in I$. On a alors $\ell^1(\mathscr{F}) = \ell^1_V(I)$. En composant l'application linéaire continue $\ell^1(\mathscr{E}) \to \ell^1(\mathscr{F})$, définie dans la remarque précédente, avec l'application $(a_i)_{i \in I} \mapsto \sum_{i \in I} a_i$ de $\ell^1_V(I)$ dans V, on obtient une application linéaire continue de $\ell^1(\mathscr{E})$ dans V, de norme $\leqslant M$.

Exemples. — 1) Si X est un espace topologique, notons $\mathscr{C}^b(X; K)$ l'espace des fonctions continues bornées de X dans K, muni de la norme définie par $\|f\| = \sup_{x \in X}|f(x)|$. C'est un espace de Banach (TS, I, p. 17, exemple 3). Si X est compact, toute fonction continue sur X est bornée (TG, IV, p. 28, corollaire) et $\mathscr{C}^b(X; K)$ coïncide avec l'espace noté $\mathscr{C}(X; K)$ dans TG, X, p. 7, n° 6 et p. 38, n° 4.

Supposons donné, pour tout $i \in I$, un espace topologique X_i. Soit X l'espace topologique somme de la famille $(X_i)_{i \in I}$ (TG, I, p. 15, exemple III). Notons E l'espace ∞-somme des espaces $\mathscr{C}^b(X_i; K)$. L'application de $\mathscr{C}^b(X; K)$ dans E qui, à tout élément de $\mathscr{C}^b(X; K)$, associe la famille de ses restrictions aux X_i, est linéaire ; il résulte de la prop. 8 de TG, IV, p. 21, qu'elle est bijective et isométrique. Ainsi, *l'espace $\mathscr{C}^b(X; K)$ s'identifie à la ∞-somme des espaces $\mathscr{C}^b(X_i; K)$.*

2) Soit F un espace de Banach. Si T est un espace topologique localement compact muni d'une mesure μ, on note $\mathscr{L}^p_F(T, \mu)$ l'espace semi-normé des fonctions μ-mesurables sur T, à valeurs dans F, de puissance p-ème intégrable si $p < \infty$ ou bornées en mesure si $p = \infty$ (INT, IV, p. 129, § 3, n° 4 si p est fini, et p. 206, § 6, n° 3 si $p = \infty$). On note $L^p_F(T, \mu)$ l'espace normé associé. L'espace $\mathscr{L}^p_F(T, \mu)$ est complet et l'espace $L^p_F(T, \mu)$ est un espace de Banach (INT, IV, p. 130, § 3, n° 4, th. 2 et p. 206, § 6, n° 3, prop. 2). Si $F = K$, on note $L^p(T, \mu)$ plutôt que $L^p_K(T, \mu)$.

Supposons donnés, pour tout $i \in I$, un espace localement compact T_i et une mesure μ_i sur T_i.

Soit T l'espace topologique somme de la famille $(T_i)_{i \in I}$; identifions chaque T_i à une partie ouverte et fermée de T. L'espace T est localement compact, puisqu'il est séparé (TG, I, p. 55) et que si $x \in T$ et si $i \in I$ est tel que $x \in T_i$, alors tout voisinage compact de x dans T_i fournit un voisinage compact de x dans T. De plus, il existe une unique mesure μ sur T dont la restriction à T_i est égale à μ_i pour tout $i \in I$ (INT, III, p. 65, § 2, n° 1, prop. 1).

Soit E l'espace normé p-somme des espaces $\mathrm{L}_\mathrm{F}^p(\mathrm{T}_i, \mu_i)$. On définit une application linéaire $j \colon \mathrm{L}_\mathrm{F}^p(\mathrm{T}, \mu) \to \mathrm{E}$ en associant à la classe d'une fonction $f \colon \mathrm{T} \to \mathrm{F}$ la famille des classes des restrictions de f aux T_i. L'application j est alors *bijective et isométrique*, si bien que *l'espace* $\mathrm{L}_\mathrm{F}^p(\mathrm{T}, \mu)$ *s'identifie à l'espace p-somme des* $\mathrm{L}_\mathrm{F}^p(\mathrm{T}_i, \mu_i)$.

En effet, si l'on se donne pour tout $i \in \mathrm{I}$ une fonction $f_i \colon \mathrm{T}_i \to \mathrm{F}$, et si l'on prolonge f_i en une fonction $g_i \colon \mathrm{T} \to \mathrm{F}$ nulle sur $\mathrm{T} - \mathrm{T}_i$, alors on définit une fonction $g \colon \mathrm{T} \to \mathrm{F}$ en posant $g = \sum_{i \in \mathrm{I}} g_i$. De plus, si f_i appartient à $\mathscr{L}_\mathrm{F}^p(\mathrm{T}_i, \mu_i)$ pour tout $i \in \mathrm{I}$, alors g appartient à $\mathscr{L}_\mathrm{F}^p(\mathrm{T}, \mu)$: cela résulte de INT, IV, p. 109, § 1, n° 2, prop. 3 (pour $p < \infty$) et de TG, IV, p. 21, prop. 8 (pour $p = \infty$). Soit $s \colon \mathrm{E} \to \mathrm{L}_\mathrm{F}^p(\mathrm{T}, \mu)$ l'application qui associe à la famille des classes des f_i la classe de l'application g ; elle est isométrique (*cf.* INT, IV, *loc. cit.*). On a $j \circ s = 1_\mathrm{E}$ et $s \circ j = 1_{\mathrm{L}_\mathrm{F}^p(\mathrm{T}, \mu)}$; l'assertion en résulte.

10. Espaces stellaires et co-stellaires

Définition 2. — *Soit* E *un espace semi-normé sur* K. *On dit que* E *est un* espace stellaire *s'il existe un espace topologique compact* X *et une application linéaire bijective et isométrique de* E *sur l'espace de Banach* $\mathscr{C}(\mathrm{X}; \mathrm{K})$. *On dit que* E *est un* espace co-stellaire *s'il existe un espace localement compact* T, *une mesure* μ *sur* T *et une application linéaire bijective et isométrique de* E *sur l'espace de Banach* $\mathrm{L}_\mathrm{K}^1(\mathrm{T}, \mu)$.

> Certains auteurs appellent « espaces de type C » les espaces stellaires, et « espaces de type L » les espaces co-stellaires.

Exemples. — 1) Si Y est un espace topologique, alors $\mathscr{C}^b(\mathrm{Y}; \mathrm{K})$ est un espace stellaire.

En effet, d'après TG, IX, p. 9, n° 6, il existe un espace topologique compact $\beta\mathrm{Y}$, et une application continue $f \colon \mathrm{Y} \to \beta\mathrm{Y}$ d'image dense, tels que toute application continue bornée de Y dans K s'écrive de manière unique sous la forme $g \circ f$ avec $g \in \mathscr{C}(\beta\mathrm{Y}; \mathrm{K})$. L'application $g \mapsto g \circ f$, de $\mathscr{C}(\beta\mathrm{Y}; \mathrm{K})$ dans $\mathscr{C}^b(\mathrm{Y}; \mathrm{K})$, est alors linéaire, bijective et isométrique, donc $\mathscr{C}^b(\mathrm{Y}; \mathrm{K})$ est un espace stellaire.

2) Soient T un espace localement compact et μ une mesure sur T. D'après l'exemple 4 de TS, I, p. 103 et le théorème 1 de TS, I, p. 108, il existe un espace compact X et un isomorphisme isométrique d'algèbres

stellaires $\mathscr{G}\colon \mathrm{L}_{\mathbf{C}}^{\infty}(\mathrm{T}, \mu) \to \mathscr{C}(\mathrm{X}; \mathbf{C})$. Ainsi $\mathrm{L}_{\mathbf{C}}^{\infty}(\mathrm{T}, \mu)$ est un espace stellaire. Les involutions des algèbres stellaires $\mathrm{L}_{\mathbf{C}}^{\infty}(\mathrm{T}, \mu)$ et $\mathscr{C}(\mathrm{X}; \mathbf{C})$ étant induites par la conjugaison complexe, l'isomorphisme $\mathscr{G}$ induit un isomorphisme isométrique de $\mathrm{L}_{\mathbf{R}}^{\infty}(\mathrm{T}, \mu)$ sur $\mathscr{C}(\mathrm{X}; \mathbf{R})$, donc $\mathrm{L}_{\mathbf{R}}^{\infty}(\mathrm{T}, \mu)$ est aussi stellaire.

En particulier, si I est un ensemble et si K est égal à $\mathbf{R}$ ou $\mathbf{C}$, alors $\ell_{\mathrm{K}}^{\infty}(\mathrm{I})$ est un espace stellaire.

PROPOSITION 8. — *Soit $\mathscr{E} = (\mathrm{E}_i)_{i \in \mathrm{I}}$ une famille d'espaces stellaires. L'espace $\ell^{\infty}(\mathscr{E})$ est stellaire.*

Pour $i \in \mathrm{I}$, identifions l'espace semi-normé E_i à $\mathscr{C}(\mathrm{X}_i, \mathrm{K})$ où X_i est un espace compact. Soit X l'espace topologique somme de la famille $(\mathrm{X}_i)_{i \in \mathrm{I}}$. Dans l'exemple 1 de VI, p. 12, nous avons construit une application linéaire isométrique bijective entre $\mathscr{C}^b(\mathrm{X}; \mathrm{K})$ et l'espace ∞-somme des espaces $\mathscr{C}(\mathrm{X}_i; \mathrm{K})$. Puisque $\mathscr{C}^b(\mathrm{X}; \mathrm{K})$ est un espace stellaire (exemple 1 ci-dessus), la proposition en résulte.

PROPOSITION 9. — *Soit $(\mathrm{E}_i)_{i \in i}$ une famille d'espaces co-stellaires. L'espace 1-somme de la famille $(\mathrm{E}_i)_{i \in \mathrm{I}}$ est co-stellaire.*

Pour $i \in \mathrm{I}$, identifions l'espace semi-normé E_i à $\mathrm{L}_{\mathrm{K}}^{1}(\mathrm{T}_i, \mu_i)$ où T_i est un espace localement compact et où μ_i est une mesure sur T_i. Soit T l'espace topologique somme de la famille $(\mathrm{T}_i)_{i \in \mathrm{I}}$, et soit μ l'unique mesure sur T dont la restriction à T_i est égale à μ_i pour tout $i \in \mathrm{I}$ (INT, III, p. 65, § 2, n° 1, prop. 1). Dans l'exemple 2 de VI, p. 12, on a construit une application linéaire bijective et isométrique de $\mathrm{L}_{\mathrm{K}}^{1}(\mathrm{T}, \mu)$ sur l'espace 1-somme des espaces $\mathrm{L}_{\mathrm{K}}^{1}(\mathrm{T}_i, \mu_i)$, d'où la proposition.

PROPOSITION 10. — *Le dual fort d'un espace co-stellaire est un espace stellaire.*

Soient T un espace localement compact et μ une mesure sur T. L'application de $\mathrm{L}_{\mathrm{K}}^{\infty}(\mathrm{T}, \mu)$ dans le dual fort de $\mathrm{L}_{\mathrm{K}}^{1}(\mathrm{T}, \mu)$ qui, à la classe d'une fonction $g\colon \mathrm{T} \to \mathrm{K}$ mesurable et bornée, associe la forme linéaire continue

$$f \mapsto \int_{\mathrm{T}} f\, g\, d\mu,$$

est linéaire bijective (INT, V, p. 61, § 5, n° 8, th. 4) et isométrique (INT, IV, p. 210, § 6, n° 4, prop. 3). Puisque $\mathrm{L}_{\mathrm{K}}^{\infty}(\mathrm{T}, \mu)$ est un espace stellaire (exemple 2), cela suffit à conclure.

Remarque. — Si E est un espace normé dont le dual fort est stellaire, alors E est co-stellaire (VI, p. 135, exercice 11).

PROPOSITION 11. — *Soit* X *un espace topologique localement compact. Notons* $\mathscr{M}^1(X;\mathbf{C})$ *l'espace de Banach des mesures complexes bornées sur* X (INT, III, p. 57, § 1, n° 8) *et* $\mathscr{M}^1(X;\mathbf{R})$ *l'espace des mesures réelles bornées sur* X (INT, III, p. 58, § 1, n° 8). *Les espaces* $\mathscr{M}^1(X;\mathbf{C})$ *et* $\mathscr{M}^1(X;\mathbf{R})$ *sont co-stellaires.*

Soit $\mathscr{A}$ l'ensemble des parties de $\mathscr{M}^1(X;\mathbf{C})$ formées de mesures positives de masse totale 1 deux à deux étrangères (INT, V, p. 59, § 5, n° 7). L'ensemble $\mathscr{A}$ est de caractère fini (E, III, p. 34, déf. 2). Il existe donc un ensemble A dans $\mathscr{A}$ maximal pour l'inclusion (E, III, p. 35, th. 1). La seule mesure sur X étrangère à toutes les mesures $\mu \in$ A est alors la mesure nulle : s'il n'en était pas ainsi, il existerait une mesure non nulle ν sur X étrangère à toutes les mesures $\mu \in$ A ; l'ensemble A $\cup \{|\nu|/\|\nu\|\}$ appartiendrait alors à $\mathscr{A}$, contredisant la maximalité de A.

Notons E la 1-somme de la famille des espaces de Banach $\mathrm{L}^1_\mathbf{C}(X,\mu)$ pour $\mu \in$ A. Pour tout $\mu \in$ A, l'application $j_\mu \colon f \mapsto f \cdot \mu$ définit une application linéaire injective de $\mathrm{L}^1_\mathbf{C}(X,\mu)$ dans $\mathscr{M}^1(X;\mathbf{C})$ (INT, V, p. 56, § 5, n° 5, scholie) ; elle est isométrique (INT, V, p. 44, § 5, n° 2, prop. 2 et INT, III, p. 58, § 3, n° 9, cor. 2). On déduit des j_μ une application linéaire continue $j \colon \mathrm{E} \to \mathscr{M}^1(X;\mathbf{C})$ (VI, p. 11, remarque 3). On a

$$\left\| \sum_{\mu \in \mathrm{B}} j_\mu(f_\mu) \right\| = \sum_{\mu \in \mathrm{B}} \| j_\mu(f_\mu) \|$$

quels que soient l'ensemble fini B $\subset$ A et la famille $(f_\mu)_{\mu \in \mathrm{B}}$ avec $f_\mu \in \mathrm{L}^1_\mathbf{C}(X,\mu)$ pour tout $\mu \in$ B (INT, V, p. 60, § 5, n° 8, cor. 3). L'application j est donc injective et isométrique.

Pour montrer que $\mathscr{M}^1(X;\mathbf{C})$ est co-stellaire, il suffit donc, vu la prop. 9, de montrer que j est surjective. Nous allons construire une application $p \colon \mathscr{M}^1(X;\mathbf{C}) \to \mathrm{E}$ vérifiant $j \circ p = 1_{\mathscr{M}^1(X;\mathbf{C})}$.

Pour toute mesure $\mu \in$ A, il existe un projecteur p^1_μ de $\mathscr{M}^1(X;\mathbf{C})$ dont l'image est l'image de j_μ et le noyau est l'ensemble des mesures étrangères à μ : cela résulte de INT, V, p. 61, § 5, n° 7, corollaire du th. 3, et de la remarque qui suit ce corollaire. Si μ et μ' sont deux éléments (distincts) de A, on a $p^1_\mu \circ p^1_{\mu'} = 0$.

Soit $\nu \in \mathscr{M}^1(X;\mathbf{C})$. Écrivons $p^1_\mu(\nu)$ sous la forme $j_\mu(f_\mu)$ où f_μ est un élément de $\mathrm{L}^1_\mathbf{C}(X,\mu)$. La famille $(f_\mu)_{\mu \in \mathrm{A}}$ appartient à E : en effet, pour toute partie finie B de A, on a

$$\sum_{\mu \in B} \|f_\mu\| = \sum_{\mu \in B} \|j_\mu(f_\mu)\| = \sum_{\mu \in B} \|p_\mu^1(\nu)\| \leqslant \|\nu\|$$

d'après INT, V, *loc. cit.* Désignons par $p(\nu)$ la famille $(f_\mu)_{\mu \in A}$. Pour tout élément μ_0 de A, on a

$$p_{\mu_0}^1\big(\nu - j(p(\nu))\big) = p_{\mu_0}^1(\nu) - \sum_{\mu \in A} p_{\mu_0}^1(j_\mu(f_\mu))$$

par définition de j ; or $\sum_{\mu \in A} p_{\mu_0}^1(j_\mu(f_\mu)) = p_{\mu_0}^1(j_{\mu_0}(f_{\mu_0})) = p_{\mu_0}^1(\nu)$, si bien que $p_{\mu_0}^1\big(\nu - j(p(\nu))\big) = 0$. La mesure $\nu - j(p(\nu))$ est donc étrangère à μ_0 pour toute mesure $\mu_0 \in A$, et d'après ce qui a été observé ci-dessus, on a donc $\nu = j(p(\nu))$. Cela démontre la proposition lorsque $K = \mathbf{C}$.

Pour tout $\mu \in A$, la conjugaison complexe induit un automorphisme isométrique involutif de l'espace de Banach réel sous-jacent à $L_{\mathbf{C}}^1(X, \mu)$; on en déduit un automorphisme isométrique involutif σ_E de l'espace normé réel sous-jacent à E. L'ensemble $E^{(\mathbf{R})}$ des points fixes de σ_E s'identifie à la 1-somme des espaces $L_{\mathbf{R}}^1(X, \mu)$ pour $\mu \in A$; c'est donc un espace co-stellaire (prop. 9). Soit $\sigma_{\mathscr{M}}$ l'automorphisme involutif de l'espace réel sous-jacent à $\mathscr{M}^1(X; \mathbf{C})$ qui, à une mesure μ, associe la mesure conjuguée $\overline{\mu}$ (INT, III, p. 51, § 1, n° 5). On a alors $j \circ \sigma_E = \sigma_{\mathscr{M}} \circ j$, si bien que j induit un isomorphisme isométrique entre les espaces de points fixes $E^{(\mathbf{R})}$ et $\mathscr{M}^1(X; \mathbf{R})$. Il en résulte que $\mathscr{M}^1(X; \mathbf{R})$ est un espace co-stellaire.

Pour une autre démonstration de la prop. 11 dans le cas où X est compact, voir INT, IV, p. 240, § 4, exercice 10.

COROLLAIRE. — *Le dual fort d'un espace stellaire est un espace co-stellaire.*

Soit X un espace compact. Le dual fort de $\mathscr{C}(X; \mathbf{C})$ est l'espace $\mathscr{M}(X; \mathbf{C})$ des mesures complexes sur X. Il est égal à $\mathscr{M}^1(X; \mathbf{C})$ puisque X est compact. De même, le dual fort de $\mathscr{C}(X; \mathbf{R})$ est $\mathscr{M}^1(X; \mathbf{R})$. Compte tenu de la prop. 11, le corollaire en résulte aussitôt.

11. Compléments sur les morphismes stricts d'espaces localement convexes

Soient E et F des espaces localement convexes et soit $u\colon \mathrm{E} \to \mathrm{F}$ une application linéaire continue.

Rappelons qu'on dit que u est *stricte* si elle induit par passage au quotient un homéomorphisme de $\mathrm{E}/\mathrm{Ker}(u)$ sur $u(\mathrm{E})$ (TG, III, p. 16, déf. 1). Cela revient à dire que l'image par u de tout voisinage de 0 dans E est un voisinage de 0 dans $u(\mathrm{E})$ (TG, III, p. 16, prop. 24).

Si p est une semi-norme sur E, notons $\overline{p}$ la semi-norme sur $\mathrm{E}/\mathrm{Ker}(u)$ quotient de p par $\mathrm{Ker}(u)$, notons $\pi\colon \mathrm{E} \to \mathrm{E}/\mathrm{Ker}(u)$ la surjection canonique, et posons $p^{\flat} = \overline{p} \circ \pi$. On obtient ainsi une semi-norme sur E, nulle sur le noyau de u, et continue sur E. On a $p^{\flat}(x) = \inf_{z \in \mathrm{Ker}(u)} p(x + z)$ pour tout $x \in \mathrm{E}$. La semi-norme quotient de $p^{\flat}$ par u est $\overline{p}$.

La proposition suivante précise la prop. 1 de IV, p. 26.

PROPOSITION 12. — *Soient* E *un espace localement convexe et* Γ *un système fondamental de semi-normes sur* E. *Soient* F *un espace localement convexe et* $u\colon \mathrm{E} \to \mathrm{F}$ *une application linéaire continue. Les conditions suivantes sont équivalentes :*

(i) *L'application* u *est stricte ;*

(ii) *Pour toute semi-norme continue* p *sur* E, *nulle sur le noyau de* u, *il existe une semi-norme continue* q *sur* F *vérifiant* $p \leqslant q \circ u$;

(iii) *Pour toute semi-norme* $p \in \Gamma$, *il existe une semi-norme continue* q *sur* F *vérifiant* $p^{\flat} \leqslant q \circ u$.

L'équivalence entre (i) et (ii) est la prop. 1 de IV, p. 26. Il est clair que (ii) implique (iii).

Supposons la condition (iii) vérifiée. Notons N le noyau de u et M l'image de u. Soit $v\colon \mathrm{E}/\mathrm{N} \to \mathrm{M}$ l'application linéaire continue bijective déduite de u ; montrons que v^{-1} est continue.

Soit $\widetilde{p}$ une semi-norme continue sur E/N. Il existe un nombre réel $a > 0$ et une famille finie $(p_i)_{i \in \mathrm{I}}$ de semi-normes appartenant à Γ tels que, si $\overline{p}_i$ désigne la semi-norme quotient de p_i par $\mathrm{Ker}(u)$, on ait $\widetilde{p} \leqslant a \sup_{i \in \mathrm{I}} \overline{p}_i$: cela résulte du cor. 1 de II, p. 7, compte tenu de II, p. 5 et de II, p. 3, remarque 3.

Fixons une famille $(q_i)_{i \in \mathrm{I}}$ de semi-normes continues sur F vérifiant $p_i^{\flat} \leqslant q_i \circ u$ pour $i \in \mathrm{I}$ (condition (iii)) ; on a alors

$$\widetilde{p} \leqslant a \sup_{i \in \mathrm{I}} q_i \circ v$$

puisque $\overline{p}_i$ est la semi-norme quotient de $p_i^\flat$ par u. On en déduit l'inégalité $\widetilde{p} \circ v^{-1} \leqslant a \sup_{i \in \mathrm{I}} q_i$ de semi-normes sur M. La continuité de v^{-1} en résulte d'après la prop. 5 de II, p. 7.

PROPOSITION 13. — *Soient* E *et* F *des espaces localement convexes, soit* $u \colon \mathrm{E} \to \mathrm{F}$ *une application linéaire continue, et soit* $\widehat{u} \colon \widehat{\mathrm{E}} \to \widehat{\mathrm{F}}$ *l'application linéaire continue déduite de* u *par passage aux séparés complétés. Si* u *est injective, stricte et d'image dense, alors* $\widehat{u}$ *est un isomorphisme d'espaces localement convexes.*

Supposons u injective, stricte, d'image dense. Posons $\mathrm{M} = u(\mathrm{E})$. Notons $j \colon \mathrm{M} \to \mathrm{F}$ l'injection canonique et $v \colon \mathrm{E} \to \mathrm{M}$ l'application déduite de u. Soient $\widehat{j} \colon \widehat{\mathrm{M}} \to \widehat{\mathrm{F}}$ et $\widehat{v} \colon \widehat{\mathrm{E}} \to \widehat{\mathrm{M}}$ les applications déduites de j et v par passage aux séparés complétés.

L'application $\widehat{j}$ est un isomorphisme d'espaces localement convexes. En effet, si $\varphi \colon \mathrm{F} \to \widehat{\mathrm{F}}$ est l'application canonique, alors $\widehat{j}$ est un isomorphisme de $\widehat{\mathrm{M}}$ sur l'adhérence de $\varphi(\mathrm{M})$ dans $\widehat{\mathrm{F}}$ (TG, II, p. 26, cor. 1), qui est égale à $\widehat{\mathrm{F}}$ puisque M est dense dans F (TG, I, p. 9, th. 1). D'autre part, comme u est injective et stricte, l'application v est un isomorphisme d'espaces localement convexes, donc $\widehat{v}$ aussi (TG, II, p. 24, cor.). Or $u = j \circ v$, donc $\widehat{u} = \widehat{j} \circ \widehat{v}$ (*loc. cit.*), d'où l'assertion.

Remarque. — Si E et F sont des espaces semi-normés, et si u est isométrique, alors $\widehat{u}$ est isométrique : cela résulte du cor. de la prop. 15 de TG, II, p. 24, appliqué à u et aux semi-normes données sur E et F.

§ 2. PRODUITS TENSORIELS TOPOLOGIQUES

1. Construction tensorielle de semi-normes

DÉFINITION 1. — *Une* construction tensorielle globale γ de semi-normes (*resp. une* construction tensorielle locale γ de semi-normes) *consiste en la donnée, pour tout couple* $((\mathrm{E}, p), (\mathrm{F}, q))$ *d'espaces semi-normés (resp. d'espaces semi-normés de dimension finie), d'une semi-norme* $p \otimes_\gamma q$ *sur* $\mathrm{E} \otimes \mathrm{F}$, *de telle façon que les conditions suivantes soient satisfaites :*

(CT1) *Soient* (E, p), (F, q), (E_1, p_1) *et* (F_1, q_1) *des espaces semi-normés (resp. des espaces semi-normés de dimension finie), et soient*

$u \in \mathscr{L}(\mathrm{E}; \mathrm{E}_1)$ *et* $v \in \mathscr{L}(\mathrm{F}; \mathrm{F}_1)$. *Lorsqu'on munit les espaces* $\mathrm{E} \otimes \mathrm{F}$ *et* $\mathrm{E}_1 \otimes \mathrm{F}_1$ *des semi-normes* $p \otimes_\gamma q$ *et* $p_1 \otimes_\gamma q_1$ *respectivement, l'application* $u \otimes v \colon \mathrm{E} \otimes \mathrm{F} \to \mathrm{E}_1 \otimes \mathrm{F}_1$ *est continue et vérifie* $\|u \otimes v\| \leqslant \|u\|\|v\|$.

(CT2) *Si* m *est la norme* $z \mapsto |z|$ *sur* K, *alors la semi-norme* $m \otimes_\gamma m$ *sur* $\mathrm{K} \otimes \mathrm{K}$ *vérifie* $(m \otimes_\gamma m)(1 \otimes 1) = 1$.

Remarque 1. — Si l'on identifie $\mathrm{K} \otimes \mathrm{K}$ à K par l'isomorphisme canonique (A, II, p. 56), alors la condition (CT2) signifie que $m \otimes_\gamma m = m$.

Dans ce chapitre, on parlera simplement de *construction tensorielle* pour une construction tensorielle globale de semi-normes, et de *construction tensorielle locale* pour une construction tensorielle locale de semi-normes. S'il y a lieu de préciser le corps de base, on parle de construction tensorielle (resp. construction tensorielle locale) sur K.

Soient γ_1 et γ_2 des constructions tensorielles (resp. des constructions tensorielles locales). On écrit $\gamma_1 \leqslant \gamma_2$ lorsque l'inégalité $(p \otimes_{\gamma_1} q) \leqslant (p \otimes_{\gamma_2} q)$ est satisfaite pour tout couple $((\mathrm{E}, p), (\mathrm{F}, q))$ d'espaces semi-normés (resp. d'espaces semi-normés de dimension finie). On écrit $\gamma_1 = \gamma_2$ si $\gamma_1 \leqslant \gamma_2$ et $\gamma_2 \leqslant \gamma_1$.

On dit que γ_1 et γ_2 sont *équivalentes* lorsqu'il existe des nombres réels $a > 0$ et $b > 0$ tels que l'inégalité $a\,(p \otimes_{\gamma_1} q) \leqslant (p \otimes_{\gamma_2} q) \leqslant b\,(p \otimes_{\gamma_1} q)$ soit satisfaite pour tout couple $((\mathrm{E}, p), (\mathrm{F}, q))$ d'espaces semi-normés (resp. d'espaces semi-normés de dimension finie).

Soit γ une construction tensorielle (resp. une construction tensorielle locale). Si (E, p) et (F, q) sont des espaces semi-normés (resp. des espaces semi-normés de dimension finie), on note $\mathrm{E} \otimes_\gamma \mathrm{F}$ l'espace semi-normé $(\mathrm{E} \otimes \mathrm{F}, p \otimes_\gamma q)$. Lorsqu'il n'y a pas d'ambiguïté sur p et q, on note parfois $t \mapsto \|t\|_\gamma$ la semi-norme $p \otimes_\gamma q$ sur $\mathrm{E} \otimes \mathrm{F}$.

Exemple. — Si E et F sont des espaces vectoriels, notons $\kappa_{\mathrm{E}, \mathrm{F}}$ l'unique isomorphisme de $\mathrm{E} \otimes \mathrm{F}$ sur $\mathrm{F} \otimes \mathrm{E}$ vérifiant $\kappa_{\mathrm{E}, \mathrm{F}}(x \otimes y) = y \otimes x$ pour tout $x \in \mathrm{E}$ et tout $y \in \mathrm{F}$ (A, II, p. 52, cor. 2). Soient (E, p) et (F, q) des espaces semi-normés (resp. des espaces semi-normés de dimension finie). Pour tout élément z de $\mathrm{E} \otimes \mathrm{F}$, posons

$$(p \otimes_{{}^t\gamma} q)(z) = (q \otimes_\gamma p)(\kappa_{\mathrm{E}, \mathrm{F}}(z)).$$

La donnée des semi-normes $p \otimes_{{}^t\gamma} q$, pour tout couple $((\mathrm{E}, p), (\mathrm{F}, q))$ d'espaces semi-normés, définit une construction tensorielle ${}^t\gamma$ (resp. une construction tensorielle locale ${}^t\gamma$), appelée construction *transposée* de γ. On a ${}^t({}^t\gamma) = \gamma$.

On dit que γ est *commutative* si ${}^t\gamma = \gamma$, c'est-à-dire si pour tout couple $((\mathrm{E}, p), (\mathrm{F}, q))$ d'espaces semi-normés (resp. d'espaces semi-normés de dimension finie), l'isomorphisme $\kappa_{\mathrm{E},\mathrm{F}}$ est isométrique de $(\mathrm{E} \otimes \mathrm{F}, p \otimes_\gamma q)$ sur $(\mathrm{F} \otimes \mathrm{E}, q \otimes_\gamma p)$.

On dit que γ est *associative* si pour tout triplet $(\mathrm{E}_i, p_i)_{1 \leqslant i \leqslant 3}$ d'espaces semi-normés (resp. d'espaces semi-normés de dimension finie), l'isomorphisme canonique de $\mathrm{E}_1 \otimes (\mathrm{E}_2 \otimes \mathrm{E}_3)$ sur $(\mathrm{E}_1 \otimes \mathrm{E}_2) \otimes \mathrm{E}_3$ (A, II, p. 64, prop. 8) est isométrique pour $p_1 \otimes_\gamma (p_2 \otimes_\gamma p_3)$ et $(p_1 \otimes_\gamma p_2) \otimes_\gamma p_3$. Lorsque γ est associative, on définit une semi-norme $p_1 \otimes_\gamma p_2 \otimes_\gamma p_3$ sur $\mathrm{E}_1 \otimes \mathrm{E}_2 \otimes \mathrm{E}_3$ par transport de structure à partir de $p_1 \otimes_\gamma (p_2 \otimes_\gamma p_3)$ et de l'isomorphisme de $\mathrm{E}_1 \otimes \mathrm{E}_2 \otimes \mathrm{E}_3$ sur $\mathrm{E}_1 \otimes (\mathrm{E}_2 \otimes \mathrm{E}_3)$ défini dans A, II, p. 65. Plus généralement, si $n \in \mathbf{N}$ et si $(\mathrm{E}_1, p_1), \ldots, (\mathrm{E}_n, p_n)$ sont des espaces semi-normés (resp. des espaces semi-normés de dimension finie), on définit de même une semi-norme $p_1 \otimes_\gamma \cdots \otimes_\gamma p_n$ sur $\mathrm{E}_1 \otimes \cdots \otimes \mathrm{E}_n$. L'associativité de ${}^t\gamma$ équivaut à celle de γ.

Dans la suite de ce numéro, on fixe une construction tensorielle locale ou globale γ, ainsi que des espaces semi-normés (E, p) et (F, q) ; si γ est une construction tensorielle locale, on suppose en outre que E et F sont de dimension finie.

PROPOSITION 1. — *Soient p' une semi-norme sur* E *et q' une semi-norme sur* F. *Si $p \leqslant p'$ et $q \leqslant q'$, alors $p \otimes_\gamma q \leqslant p' \otimes_\gamma q'$.*

En vertu de (CT1), l'application identique de $\mathrm{E} \otimes \mathrm{F}$ est une application continue de norme $\leqslant 1$ de $(\mathrm{E} \otimes \mathrm{F}, p' \otimes_\gamma q')$ dans $(\mathrm{E} \otimes \mathrm{F}, p \otimes_\gamma q)$; on a donc $p \otimes_\gamma q \leqslant p' \otimes_\gamma q'$.

PROPOSITION 2. — *Si λ et μ sont des nombres réels $\geqslant 0$, alors on a l'égalité $(\lambda p) \otimes_\gamma (\mu q) = \lambda\mu(p \otimes_\gamma q)$.*

Les applications identiques de (E, p) dans $(\mathrm{E}, \lambda p)$ et de (F, q) dans $(\mathrm{F}, \mu q)$ sont de norme inférieure à λ et μ respectivement ; d'après (CT1), on a $(\lambda p) \otimes_\gamma (\mu q) \leqslant \lambda\mu(p \otimes_\gamma q)$. Si $\lambda\mu = 0$, les membres de ces inégalités sont nuls, donc égaux. Si $\lambda\mu \neq 0$, alors les applications identiques de $(\mathrm{E}, \lambda p)$ dans (E, p) et de $(\mathrm{F}, \mu q)$ dans (F, q) sont de norme inférieure à λ^{-1} et μ^{-1}, donc $p \otimes_\gamma q \leqslant \lambda^{-1}\mu^{-1}(\lambda p \otimes_\gamma \mu q)$ d'après (CT1), d'où l'égalité $\lambda p \otimes_\gamma \mu q = \lambda\mu(p \otimes_\gamma q)$.

PROPOSITION 3. — *Soient $\widetilde{\mathrm{E}}$ et $\widetilde{\mathrm{F}}$ des sous-espaces vectoriels de* E *et* F *respectivement. On a alors $(p \otimes_\gamma q)|_{\widetilde{\mathrm{E}} \otimes \widetilde{\mathrm{F}}} \leqslant p|_{\widetilde{\mathrm{E}}} \otimes_\gamma q|_{\widetilde{\mathrm{F}}}$.*

Cela découle de la condition (CT1), puisque les injections canoniques de $(\widetilde{E}, p|_{\widetilde{E}})$ dans (E, p) et de $(\widetilde{F}, q|_{\widetilde{F}})$ dans (F, q) sont toutes deux de norme $\leqslant 1$.

Si ξ et η sont des formes linéaires sur E et F respectivement, nous identifierons parfois l'application $\xi \otimes \eta \colon E \otimes F \to K \otimes K$ à une forme linéaire sur $E \otimes F$, *via* l'isomorphisme canonique de $K \otimes K$ sur K.

PROPOSITION 4. — *Soit t un élément de $E \otimes F$. Soient ξ, η des éléments de norme $\leqslant 1$ de E' et F' respectivement. Pour toute écriture $(x_i, y_i)_{i \in I}$ de t, on a*

$$|\langle t, \xi \otimes \eta \rangle| \leqslant (p \otimes_\gamma q)(t) \leqslant \sum_{i \in I} p(x_i) q(y_i).$$

D'après (CT1) et (CT2), l'application linéaire $\xi \otimes \eta \colon E \otimes F \to K$ est de norme $\leqslant 1$, d'où la première inégalité.

Soient $x \in E$, $y \in F$; notons ℓ_x, ℓ_y les applications $\lambda \mapsto \lambda x$ et $\lambda \mapsto \lambda y$ de K dans E et F respectivement. D'après (CT1), l'application $\ell_x \otimes \ell_y \colon K \otimes_\gamma K \to E \otimes_\gamma F$ est continue et vérifie $\|\ell_x \otimes \ell_y\| \leqslant p(x) q(y)$. On a $x \otimes y = (\ell_x \otimes \ell_y)(1 \otimes 1)$; compte tenu de (CT2), on a donc $(p \otimes_\gamma q)(x \otimes y) \leqslant p(x) q(y)$, et la seconde inégalité en résulte.

PROPOSITION 5. — *Soit x un élément de E et soit y un élément de F. On a $(p \otimes_\gamma q)(x \otimes y) = p(x) q(y)$.*

On a $(p \otimes_\gamma q)(x \otimes y) \leqslant p(x) q(y)$ d'après la seconde inégalité de la proposition 4. En vertu du théorème de Hahn–Banach (II, p. 24, cor. 2 et p. 67, th. 1), il existe des éléments ξ de E' et η de F', de norme $\leqslant 1$, satisfaisant à $\langle x, \xi \rangle = p(x)$ et $\langle y, \eta \rangle = q(y)$. Si l'on identifie $\xi \otimes \eta$ à une forme linéaire sur $E \otimes F$ comme dans la proposition 4, on a alors $\langle x \otimes y, \xi \otimes \eta \rangle = p(x) q(y)$, d'où $p(x) q(y) \leqslant (p \otimes_\gamma q)(x \otimes y)$ d'après la première inégalité de la prop. 4.

Dans les deux propositions qui suivent, on fixe des espaces semi-normés (E_1, p_1) et (F_1, q_1). Si γ est une construction tensorielle locale, on suppose de plus que E_1 et F_1 sont de dimension finie.

PROPOSITION 6. — *Soient $u \in \mathscr{L}(E; E_1)$ et $v \in \mathscr{L}(F; F_1)$. Munissons $E \otimes F$ et $E_1 \otimes F_1$ des semi-normes $p \otimes_\gamma q$ et $p_1 \otimes_\gamma q_1$ respectivement. On a alors $\|u \otimes v\| = \|u\| \|v\|$.*

D'après (CT1), il suffit de prouver que $\|u \otimes v\| \geqslant \|u\| \|v\|$. Si α et β sont des nombres réels positifs vérifiant $\alpha < \|u\|$ et $\beta < \|v\|$, il existe des éléments x et y dans les boules unité de E et F respectivement, tels que l'on ait $\|u(x)\| \geqslant \alpha$ et $\|v(y)\| \geqslant \beta$; d'après la prop. 5, on a $\|(u \otimes v)(x \otimes y)\| \geqslant \alpha\beta$ et $\|x \otimes y\| \leqslant 1$, d'où $\|u \otimes v\| \geqslant \alpha\beta$ et le résultat.

PROPOSITION 7. — *Soient* $u\colon \mathrm{E} \to \mathrm{E}_1$ *et* $v\colon \mathrm{F} \to \mathrm{F}_1$ *des applications linéaires. Si u et v sont surjectives et isométriques, alors l'application* $u \otimes v\colon \mathrm{E} \otimes_\gamma \mathrm{F} \to \mathrm{E}_1 \otimes_\gamma \mathrm{F}_1$ *est surjective et isométrique.*

L'application $u \otimes v$ est surjective, vérifie $\|u \otimes v\| \leqslant 1$ d'après (CT1), et son noyau N est égal à $\mathrm{Ker}(u) \otimes \mathrm{F} + \mathrm{E} \otimes \mathrm{Ker}(v)$ (A, II, p. 59, prop. 6). D'après la proposition 4, les éléments de N sont dans le noyau de la semi-norme $p \otimes_\gamma q$ sur $\mathrm{E} \times \mathrm{F}$. Munissons $(\mathrm{E} \otimes \mathrm{F})/\mathrm{N}$ de la semi-norme quotient (II, p. 4). On déduit de $u \otimes v$ une bijection $w\colon (\mathrm{E} \otimes \mathrm{F})/\mathrm{N} \to \mathrm{E}_1 \otimes_\gamma \mathrm{F}_1$, qui est de norme $\leqslant 1$. Les applications u et v admettent des sections linéaires (A, II, p. 21, cor. 2), qui sont nécessairement isométriques ; par suite $u \otimes v$ admet une section linéaire de norme $\leqslant 1$, et il en va de même de w. Ainsi w est isométrique, et finalement $u \otimes v$ est isométrique.

Remarque 2. — La conclusion de la prop. 7 n'est pas nécessairement satisfaite si on ne suppose pas u et v surjectives (VI, p. 137, exercice 4).

COROLLAIRE. — *Soient γ_1 et γ_2 des constructions tensorielles (resp. constructions tensorielles locales). Si γ_1 et γ_2 coïncident sur les espaces normés (resp. les espaces normés de dimension finie), alors $\gamma_1 = \gamma_2$.*

Soient (E, p), (F, q) des espaces semi-normés (resp. espaces semi-normés de dimension finie). Soient (E_0, p_0), (F_0, q_0) les espaces normés associés. Les applications canoniques $\beta_\mathrm{E}\colon \mathrm{E} \to \mathrm{E}_0$ et $\beta_\mathrm{F}\colon \mathrm{F} \to \mathrm{F}_0$ sont surjectives et isométriques (VI, p. 7). Pour toute construction tensorielle γ, l'application $\beta_{\mathrm{E},\mathrm{F}} = \beta_\mathrm{E} \otimes \beta_\mathrm{F}$ de $\mathrm{E} \otimes_\gamma \mathrm{F}$ dans $\mathrm{E}_0 \otimes_\gamma \mathrm{F}_0$ est donc isométrique (prop. 7). Ainsi $p \otimes_{\gamma_i} q = (p_0 \otimes_{\gamma_i} q_0) \circ \beta_{\mathrm{E},\mathrm{F}}$ pour $i \in \{1, 2\}$. Si γ_1 et γ_2 coïncident sur les espaces normés (resp. les espaces normés de dimension finie), alors $p_0 \otimes_{\gamma_1} q_0 = p_0 \otimes_{\gamma_2} q_0$, d'où le corollaire.

2. Produit tensoriel topologique

Soit γ une construction tensorielle ; soient E et F des espaces localement convexes. On note $\mathrm{E} \otimes_\gamma \mathrm{F}$ l'espace vectoriel $\mathrm{E} \otimes \mathrm{F}$ muni de la topologie définie par la famille des semi-normes $p \otimes_\gamma q$, où p et q parcourent l'ensemble des semi-normes continues sur E et F respectivement. L'espace $\mathrm{E} \otimes_\gamma \mathrm{F}$ est localement convexe. Compte tenu de la prop. 5 de VI, p. 21, l'application bilinéaire canonique de $E \times F$ dans $E \otimes_\gamma F$ (A, II, p. 51) est continue.

Soient $(p_i)_{i \in I}$ et $(q_j)_{j \in J}$ des systèmes fondamentaux *filtrants croissants* de semi-normes sur E et F respectivement. Alors la famille $(p_i \otimes_\gamma q_j)_{(i,j) \in I \times J}$ est un système fondamental filtrant croissant de semi-normes sur $E \otimes_\gamma F$ (VI, p. 20, prop. 1). Si (E, p) et (F, q) sont des espaces semi-normés, la topologie de $E \otimes_\gamma F$ est définie par la semi-norme $p \otimes_\gamma q$.

Soient E_1 et F_1 des espaces localement convexes. Quelles que soient les applications linéaires continues $u \colon E \to E_1$ et $v \colon F \to F_1$, il résulte de la condition (CT1) et de la prop. 4 de II, p. 6 que l'application linéaire $u \otimes v \colon E \otimes_\gamma F \to E_1 \otimes_\gamma F_1$ est continue.

Si la construction tensorielle γ est commutative, alors l'isomorphisme canonique $\kappa_{E,F} \colon E \otimes_\gamma F \to F \otimes_\gamma E$ (VI, p. 19, exemple) est bicontinu. Si γ est associative et si G désigne un espace localement convexe, alors l'isomorphisme canonique d'espaces vectoriels de $E \otimes_\gamma (F \otimes_\gamma G)$ sur $(E \otimes_\gamma F) \otimes_\gamma G$ est bicontinu. On note dans ce cas $E \otimes_\gamma F \otimes_\gamma G$ l'espace $E \otimes F \otimes G$ muni de la topologie obtenue par transport de structure à partir de la topologie de $E \otimes_\gamma (F \otimes_\gamma G)$. Toujours si γ est associative, on définit de même l'espace $E_1 \otimes_\gamma \cdots \otimes_\gamma E_n$ lorsque $E_1, \ldots, E_n$ sont des espaces localement convexes.

Remarques. — Soient E et F des espaces localement convexes. Notons $\psi \colon E \times F \to E \otimes F$ l'application canonique $(x, y) \mapsto x \otimes y$.

1) *Si* A *et* B *sont des parties denses de* E *et* F *respectivement, alors le sous-espace de* $E \otimes F$ *engendré par* $\psi(A \times B)$ *est dense dans* $E \otimes_\gamma F$.

En effet, on a vu que ψ définit une application continue de $E \times F$ dans $E \otimes_\gamma F$; l'adhérence de $\psi(A \times B)$ contient donc $\psi(E \times F)$ (TG, I, p. 9, th. 1). Puisque $\psi(E \times F)$ engendre $E \otimes F$, tout sous-espace vectoriel de $E \otimes_\gamma F$ contenant $\psi(A \times B)$ est donc dense, d'où le résultat.

2) *Si* A *et* B *sont des parties bornées de* E *et* F *respectivement, alors* $\psi(A \times B)$ *est bornée dans* $E \otimes_\gamma F$.

En effet, il résulte de la prop. 5 de VI, p. 21 que si p et q sont des semi-normes sur E et F respectivement, alors la semi-norme $p \otimes_\gamma q$ est bornée sur $\psi(A \times B)$; l'assertion résulte alors de III, p. 2, n° 2.

3. Espace séparé associé à un produit tensoriel topologique

Soit γ une construction tensorielle.

PROPOSITION 8. — *Soient* E *et* F *des espaces localement convexes,* E_0 *et* F_0 *les espaces séparés associés, et soient* $u\colon E \to E_0$ *et* $v\colon F \to F_0$ *les applications canoniques. L'application* $u \otimes v\colon E \otimes_\gamma F \to E_0 \otimes_\gamma F_0$ *définit par passage au quotient un isomorphisme de l'espace séparé associé à* $E \otimes_\gamma F$ *sur* $E_0 \otimes_\gamma F_0$. *En particulier, si* E *et* F *sont séparés, il en va de même de* $E \otimes_\gamma F$.

Supposons d'abord E et F séparés. Soit t un élément non nul de $E \otimes F$. Il existe des sous-espaces $\widetilde{E}$ de E et $\widetilde{F}$ de F, de dimension finie, tels que t appartient à $\widetilde{E} \otimes \widetilde{F}$. Toute forme linéaire sur $\widetilde{E} \otimes \widetilde{F}$ est alors combinaison linéaire de formes du type $s \mapsto \langle s, \widetilde{\xi} \otimes \widetilde{\eta} \rangle$ où $\widetilde{\xi}$ et $\widetilde{\eta}$ sont des formes linéaires sur $\widetilde{E}$ et $\widetilde{F}$ respectivement (A, II, p. 80, cor. 1) ; il existe donc des formes linéaires $\widetilde{\xi}$ sur $\widetilde{E}$ et $\widetilde{\eta}$ sur $\widetilde{F}$ telles que $\langle t, \widetilde{\xi} \otimes \widetilde{\eta} \rangle \neq 0$. Les formes linéaires $\widetilde{\xi}$ et $\widetilde{\eta}$ sont continues ; d'après le théorème de Hahn–Banach (II, p. 26, prop. 2), elles se prolongent en des formes linéaires continues ξ sur E et η sur F. On a alors $\langle t, \xi \otimes \eta \rangle \neq 0$; vu la prop. 4 de VI, p. 21, cela démontre que t n'est pas adhérent à $\{0\}$ dans $E \otimes_\gamma F$. Par suite $E \otimes_\gamma F$ est séparé.

Passons au cas général. Démontrons d'abord que le noyau N de $u \otimes v$ est égal à l'adhérence de $\{0\}$ dans $E \otimes_\gamma F$. Si p est une semi-norme continue sur E, notons $\overline{p}$ la semi-norme sur E_0 quotient de p par u. Si q est une semi-norme continue sur F, notons $\overline{q}$ la semi-norme sur F_0 quotient de q par v. Soient Γ_E et Γ_F des systèmes fondamentaux filtrants croissants de semi-normes sur E et F respectivement. L'ensemble des semi-normes $\overline{p}$, pour $p \in \Gamma_E$, est un système fondamental filtrant croissant de semi-normes sur E_0 d'après II, p. 5. De même, l'ensemble des semi-normes $\overline{q}$, pour $q \in \Gamma_F$, est un système fondamental filtrant croissant de semi-normes sur F_0. Par conséquent, l'ensemble des semi-normes $\overline{p} \otimes_\gamma \overline{q}$, pour $p \in \Gamma_E$ et $q \in \Gamma_F$, est un système fondamental filtrant croissant de semi-normes sur $E_0 \otimes_\gamma F_0$ (VI, p. 23). Cet espace étant séparé d'après la première partie de la démonstration, on en déduit que l'intersection des noyaux des semi-normes $\overline{p} \otimes_\gamma \overline{q}$ est égale au sous-espace $\{0\}$ de $E_0 \otimes F_0$. Or, vu la prop. 7 de VI, p. 22, on a

$$(1) \qquad\qquad p \otimes_\gamma q = (\overline{p} \otimes_\gamma \overline{q}) \circ (u \otimes v)$$

pour tout $(p, q) \in \Gamma_E \times \Gamma_F$. Par conséquent, le noyau N de $u \otimes v$ est égal à l'intersection des noyaux des semi-normes $p \otimes_\gamma q$, qui est l'adhérence de $\{0\}$ dans $E \otimes_\gamma F$ (II, p. 4, prop. 2), comme annoncé.

Il reste à démontrer que $u \otimes v$ induit un isomorphisme de $(E \otimes_\gamma F)/N$ sur $E_0 \otimes_\gamma F_0$, c'est-à-dire que $u \otimes v$ est stricte. L'ensemble des semi-normes $p \otimes_\gamma q$, pour (p, q) variant dans $\Gamma_E \times \Gamma_F$, définit la topologie de $E \otimes_\gamma F$. D'après la prop. 12 de VI, p. 17, il suffit donc de voir que pour tout $p \in \Gamma_E$ et tout $q \in \Gamma_F$, il existe une semi-norme continue r sur $E_0 \otimes_\gamma F_0$ telle que pour tout $t \in E \otimes F$, on ait

$$\inf_{z \in \mathrm{Ker}(u \otimes v)} (p \otimes_\gamma q)(t + z) \leqslant r\big((u \otimes v)(t)\big).$$

Vu la formule (1), la semi-norme $r = \overline{p} \otimes_\gamma \overline{q}$ convient ; l'application $u \otimes v$ est donc stricte, ce qui achève la démonstration.

COROLLAIRE. — *Si E et F sont des espaces localement convexes métrisables, alors l'espace localement convexe $E \otimes_\gamma F$ est métrisable.*

En effet, pour qu'un espace localement convexe soit métrisable, il faut et il suffit qu'il soit séparé et qu'il possède un système fondamental filtrant dénombrable de semi-normes (cela résulte de la remarque 3 de II, p. 3, de la prop. 2 de II, p. 4, et de II, p. 26). Si E et F sont métrisables et si $(p_i)_{i \in I}$ et $(q_j)_{j \in J}$ sont des systèmes fondamentaux filtrants dénombrables de semi-normes sur E et F respectivement, alors $E \otimes_\gamma F$ est séparé (prop. 8) et $(p_i \otimes_\gamma q_j)_{(i,j) \in I \times J}$ est un système fondamental filtrant de semi-normes sur $E \otimes_\gamma F$, d'où le corollaire.

PROPOSITION 9. — *Soient E et F des espaces vectoriels.*

a) *Si p et q sont des semi-normes sur E et F, de noyaux N_p et N_q respectivement, alors le noyau de la semi-norme $p \otimes_\gamma q$ sur $E \otimes F$ est égal à $N_p \otimes F + E \otimes N_q$.*

b) *Si p et q sont des normes sur E et F respectivement, alors $p \otimes_\gamma q$ est une norme sur $E \otimes_\gamma F$.*

En particulier, si p et q sont des semi-normes sur E et F, alors le noyau de $p \otimes_\gamma q$ ne dépend pas de la construction tensorielle γ.

Soient p et q des semi-normes sur E et F. Soient (E_0, p_0) et (F_0, q_0) les espaces normés associés ; notons $\beta_E : E \to E_0$ et $\beta_F : F \to F_0$ les applications canoniques. D'après la prop. 8, la semi-norme $p_0 \otimes_\gamma q_0$ sur $E_0 \otimes_\gamma F_0$ est une norme. De plus, l'application $\beta_E \otimes \beta_F$ est isométrique (VI, p. 7, remarque 6 et VI, p. 22, prop. 7). Ainsi, le noyau de $p \otimes_\gamma q$ est égal au noyau de $\beta_E \otimes \beta_F$, c'est-à-dire à $\mathrm{Ker}(\beta_E) \otimes F + E \otimes \mathrm{Ker}(\beta_F)$ d'après la prop. 6 de A, II, p. 59 ; cela prouve a), qui implique aussitôt b).

PROPOSITION 10. — *Soient* (E, p) *et* (F, q) *des espaces semi-normés ; soient* $\widetilde{E}$ *et* $\widetilde{F}$ *des sous-espaces vectoriels de* E *et* F *respectivement. Les semi-normes* $p|_{\widetilde{E}} \otimes_\gamma q|_{\widetilde{F}}$ *et* $(p \otimes_\gamma q)|_{\widetilde{E} \otimes \widetilde{F}}$ *sur* $\widetilde{E} \otimes \widetilde{F}$ *ont le même noyau.*

Posons $\mathrm{M} = \widetilde{E} \otimes \widetilde{F}$ et notons $r = (p \otimes_\gamma q)|_M$ et $r' = (p|_{\widetilde{E}} \otimes_\gamma q|_{\widetilde{F}})$. Il s'agit de voir que les semi-normes r et r' sur M ont le même noyau.

Notons K_E (resp. K_F) le noyau de p (resp. q). D'après la prop. 9, le noyau de r' est l'espace $\mathrm{Y} = (\widetilde{E} \cap K_E) \otimes \widetilde{F} + \widetilde{E} \otimes (\widetilde{F} \cap K_F)$.

Pour $A \in \{E, F\}$, fixons un supplémentaire X_A de $(\widetilde{A} \cap K_A)$ dans $\widetilde{A}$. L'espace M est alors somme directe de $X = X_E \otimes X_F$ et du sous-espace $(\widetilde{E} \cap K_E) \otimes (\widetilde{F} \cap K_F) + X_E \otimes (\widetilde{F} \cap K_F) + (\widetilde{E} \cap K_E) \otimes X_F$, qui est égal à Y. D'après la prop. 4 de VI, p. 21, la semi-norme r est nulle sur Y.

Par ailleurs, la restriction de r à X est une norme. En effet, le noyau N de la semi-norme $p \otimes_\gamma q$ sur $E \otimes F$ est égal à $K_E \otimes F + E \otimes K_F$ (prop. 9) ; si l'on fixe dans E (resp. F) un supplémentaire L_E (resp. L_F) de K_E (resp. K_F) contenant X_E (resp. X_F), alors on a $E \otimes F = N \oplus (L_E \otimes L_F)$, donc la restriction de $p \otimes_\gamma q$ à $L_E \otimes L_F$ est une norme ; comme $L_E \otimes L_F$ contient X, cela démontre que la restriction de r à X est une norme.

Si z est un élément de M et si (x, y) est l'unique élément de $X \times Y$ vérifiant $z = x + y$, on a alors $r(z) \leqslant r(x) + 0$ et $r(x) = r(z - y) \leqslant r(z)$, ce qui montre que $r(z) = 0$ si et seulement si $z \in Y$. Le noyau de r est donc égal à Y, ce qu'il fallait démontrer.

4. Séparé complété d'un produit tensoriel topologique

Soit γ une construction tensorielle. Si E et F sont des espaces localement convexes, on note $E \, \widehat{\otimes}_\gamma \, F$ l'espace séparé complété de l'espace localement convexe $E \otimes_\gamma F$. Si γ est associative et si $E_1, \ldots, E_n$ sont des espaces localement convexes, on note $E_1 \, \widehat{\otimes}_\gamma \, \cdots \, \widehat{\otimes}_\gamma \, E_n$ l'espace séparé complété de $E_1 \otimes_\gamma \cdots \otimes_\gamma E_n$.

Remarque. — Nous avons vu que si E et F sont séparés, alors $E \otimes_\gamma F$ est séparé (VI, p. 24, prop. 8). En revanche, si E et F sont complets, l'espace $E \otimes_\gamma F$ n'est pas complet en général. Par exemple, si E et F sont des espaces de Banach de dimension infinie, alors $E \otimes_\gamma F$ n'est pas complet (VI, p. 137, exercice 3).

Soient E, F, E_1 et F_1 des espaces localement convexes, et soient $u\colon E \to E_1$ et $v\colon F \to F_1$ des applications linéaires continues. L'application linéaire $u \otimes v\colon E \otimes_\gamma F \to E_1 \otimes_\gamma F_1$ est continue (VI, p. 22) ; passant aux séparés complétés, on en déduit une application linéaire continue de $E \,\widehat{\otimes}_\gamma\, F$ dans $E_1 \,\widehat{\otimes}_\gamma\, F_1$, notée $u \,\widehat{\otimes}_\gamma\, v$. On a $1_E \,\widehat{\otimes}_\gamma\, 1_F = 1_{E\widehat{\otimes}_\gamma F}$. Si E_2 et F_2 sont des espaces localement convexes et $u_1\colon E_1 \to E_2$, $v_1\colon F_1 \to F_2$ des applications linéaires continues, on a

$$(2) \qquad (u_1 \,\widehat{\otimes}_\gamma\, v_1) \circ (u \,\widehat{\otimes}_\gamma\, v) = (u_1 \circ u) \,\widehat{\otimes}_\gamma\, (v_1 \circ v).$$

Si E est un espace localement convexe, notons φ_E l'application canonique de E dans son séparé complété $\widehat{E}$. Si E et F sont des espaces localement convexes et si $x \in E$ et $y \in F$, nous noterons $x \widehat{\otimes}_\gamma y$ l'élément de $E \,\widehat{\otimes}_\gamma\, F$ image de $x \otimes y$ par l'application $\varphi_{E\otimes_\gamma F}\colon E \otimes F \to E \,\widehat{\otimes}_\gamma\, F$.

Si E est un espace localement convexe et si p est une semi-norme continue sur E, notons $\varphi_{E,p}$ l'application canonique de l'espace semi-normé E_p dans son séparé complété $\widehat{E}_p$; si l'on munit $\widehat{E}_p$ de la norme déduite de p (VI, p. 4, exemple 1), alors $\varphi_{E,p}$ est isométrique.

PROPOSITION 11. — *Soient* E *et* F *des espaces localement convexes. Supposons que pour toute semi-norme continue* p *sur* E *et toute semi-norme continue* q *sur* F, *l'application* $\varphi_{E,p} \otimes \varphi_{F,q}\colon E_p \otimes_\gamma F_q \to \widehat{E}_p \otimes_\gamma \widehat{F}_q$ *soit isométrique. Alors l'application* $\varphi_E \,\widehat{\otimes}_\gamma\, \varphi_F\colon E \,\widehat{\otimes}_\gamma\, F \to \widehat{E} \,\widehat{\otimes}_\gamma\, \widehat{F}$ *est un isomorphisme d'espaces localement convexes.*

En vertu de la prop. 8, on peut supposer E et F séparés. L'application $i = \varphi_E \otimes \varphi_F$, de $E \otimes F$ dans $\widehat{E} \otimes \widehat{F}$, est alors injective (A, II, p. 63, cor. 5). L'hypothèse entraîne que la topologie de $E \otimes_\gamma F$ est image réciproque par i de celle de $\widehat{E} \otimes_\gamma \widehat{F}$. Or $i(E \otimes F)$ est dense dans $\widehat{E} \otimes_\gamma \widehat{F}$ (VI, p. 23, remarque 1), donc $\widehat{\imath}$ est un isomorphisme de $E \,\widehat{\otimes}_\gamma\, F$ sur $\widehat{E} \,\widehat{\otimes}_\gamma\, \widehat{F}$ (TG, II, p. 26, cor. 1), ce qu'il fallait démontrer.

Si E et F sont des espaces localement convexes, on dit que $\varphi_E \,\widehat{\otimes}_\gamma\, \varphi_F$ est *l'application canonique de* $E \,\widehat{\otimes}_\gamma\, F$ *dans* $\widehat{E} \,\widehat{\otimes}_\gamma\, \widehat{F}$.

5. Produit tensoriel topologique et limites projectives

Soit $(E_i, f_{ii'})$ un système projectif d'espaces localement convexes, indexé par un ensemble préordonné I. Notons E l'espace vectoriel topologique limite projective $\varprojlim E_i$ (TG, III, p. 57). Pour $i \in I$, notons

$f_i \colon \mathrm{E} \to \mathrm{E}_i$ l'application canonique. Par construction, l'espace E est le sous-espace de $\prod_{i \in \mathrm{I}} \mathrm{E}_i$ formé des familles (x_i) telles que $f_{ii'}(x_{i'}) = x_i$ pour tous $i, i' \in \mathrm{I}$ tels que $i \leqslant i'$ et, pour tout i, l'application f_i est déduite par restriction de la projection d'indice i. Rappelons que l'espace E est muni de la topologie la moins fine rendant continues les applications f_i ; il est localement convexe (II, p. 29, prop. 4).

Pour chaque $i \in \mathrm{I}$, soit Γ_i un système fondamental filtrant croissant de semi-normes sur E_i ; les semi-normes $p \circ f_i$, pour $i \in \mathrm{I}$ et $p \in \Gamma_i$, constituent un système fondamental de semi-normes sur E.

Considérons le système projectif $(\widehat{\mathrm{E}}_i, \widehat{f}_{ii'})$ déduit de $(\mathrm{E}_i, f_{ii'})$ par passage aux séparés complétés. Les applications canoniques $\mathrm{E}_i \to \widehat{\mathrm{E}}_i$ définissent une application linéaire continue $u \colon \mathrm{E} \to \varprojlim \widehat{\mathrm{E}}_i$. L'espace $\varprojlim \widehat{\mathrm{E}}_i$ est séparé et complet (TG, II, p. 17, corollaire) ; on déduit donc de u une application linéaire continue $\widehat{u} \colon \widehat{\mathrm{E}} \to \varprojlim \widehat{\mathrm{E}}_i$, dite canonique. Si φ_{E} désigne l'application canonique de E dans $\widehat{\mathrm{E}}$, alors le diagramme suivant est commutatif :

$$(3) \qquad \begin{array}{ccc} & \mathrm{E} & \\ \varphi_{\mathrm{E}} \big\downarrow & \searrow^{\; u} & \\ \widehat{\mathrm{E}} & \xrightarrow[\widehat{u}]{} & \varprojlim \widehat{\mathrm{E}}_i. \end{array}$$

Remarquons que les applications $\widehat{f}_i \colon \widehat{\mathrm{E}} \to \widehat{\mathrm{E}}_i$, déduites des f_i par passage aux séparés complétés, définissent aussi une application linéaire continue $\widehat{\mathrm{E}} \to \varprojlim \widehat{\mathrm{E}}_i$. Cette application coïncide avec $\widehat{u}$ sur $\varphi_{\mathrm{E}}(\mathrm{E})$, qui est dense dans $\widehat{\mathrm{E}}$; elle est donc égale à $\widehat{u}$.

Lemme 1. — *Supposons* I *filtrant à droite et supposons que pour tout* $i \in \mathrm{I}$, *l'ensemble* $f_i(\mathrm{E})$ *soit dense dans* E_i. *Alors l'application* $\widehat{u} \colon \widehat{\mathrm{E}} \to \varprojlim \widehat{\mathrm{E}}_i$ *est un isomorphisme d'espaces vectoriels topologiques.*

D'après la prop. 18 de TG, II, p. 26, l'application $\widehat{u}$ est injective et identifie $\widehat{\mathrm{E}}$ à l'adhérence de $u(\mathrm{E})$ dans $\varprojlim \widehat{\mathrm{E}}_i$. Comme I est filtrant et comme les applications $u_i \circ f_i \colon \mathrm{E} \to \widehat{\mathrm{E}}_i$, pour $i \in \mathrm{I}$, sont continues et d'image dense, l'espace $u(\mathrm{E})$ est dense dans $\varprojlim \widehat{\mathrm{E}}_i$ (TG, I, p. 29, corollaire). Cela démontre le lemme.

Exemple 1. — Soient E un espace localement convexe et Γ un système fondamental filtrant croissant de semi-normes sur E. Pour $p \leqslant q$ dans Γ, notons f_{pq} l'application identique de E_p dans E_q. Alors (E_p, f_{pq}) est un système projectif d'espaces semi-normés indexé par Γ, dont la limite s'identifie à E. Il résulte du lemme 1 que *le séparé complété $\widehat{E}$ de E s'identifie à la limite du système projectif d'espaces de Banach $(\widehat{E}_p, \widehat{f}_{pq})$*.

Dans la suite de ce numéro, on fixe une construction tensorielle γ.

Soit $(F_j, g_{jj'})$ un système projectif d'espaces localement convexes, indexé par un ensemble préordonné J. Notons F la limite projective $\varprojlim F_j$, et pour $j \in J$, notons $g_j \colon F \to F_j$ l'application canonique.

Considérons le système projectif $(E_i \otimes_\gamma F_j, f_{ii'} \otimes g_{jj'})$, indexé par l'ensemble préordonné produit $I \times J$ (*cf.* E, III, p. 6). Pour chaque $j \in J$, soit Δ_j un système fondamental filtrant croissant de semi-normes sur F_j. Alors l'ensemble des semi-normes $(p \circ f_i) \otimes_\gamma (q \circ g_j)$, pour $i \in I$, $j \in J$, $p \in \Gamma_i$ et $q \in \Delta_j$, définit la topologie de $E \otimes_\gamma F$ (VI, p. 23).

Soit $h \colon E \otimes_\gamma F \to \varprojlim(E_i \otimes_\gamma F_j)$ l'application linéaire continue, dite canonique, déduite des applications $f_i \otimes g_j$. Si l'on note v_{ij} l'application canonique de $\varprojlim(E_i \otimes_\gamma F_j)$ dans $E_i \otimes_\gamma F_j$, alors on a $f_i \otimes g_j = v_{ij} \circ h$. De plus, les semi-normes $(p \otimes_\gamma q) \circ v_{ij}$ constituent un système fondamental de semi-normes sur $\varprojlim(E_i \otimes_\gamma F_j)$ (*cf.* II, p. 5 et I, p. 10).

PROPOSITION 12. — *L'application $h \colon E \otimes_\gamma F \to \varprojlim(E_i \otimes_\gamma F_j)$ est injective et stricte.*

Puisque la limite projective $\varprojlim(E_i \otimes_\gamma F_j)$ s'identifie à un sous-espace de $\prod_{(i,j)}(E_i \otimes_\gamma F_j)$, l'injectivité de h résulte de la prop. 15 de A, II, p. 109.

Montrons que h est stricte. Soient $i \in I$ et $j \in J$, et soient p et q des semi-normes continues sur E_i et F_j respectivement. D'après la proposition 7 de VI, p. 22, on a

$$(p \otimes_\gamma q) \circ (f_i \otimes g_j) = (p \circ f_i) \otimes_\gamma (q \circ g_j) \, ;$$

autrement dit, si ν_1 désigne la semi-norme $(p \circ f_i) \otimes_\gamma (q \circ g_j)$ sur $E \otimes F$ et si ν_2 désigne la semi-norme continue $(p \otimes_\gamma q) \circ v_{ij}$ sur $\varprojlim(E_i \otimes_\gamma F_j)$, on a $\nu_2 \circ h = \nu_1$. D'après la prop. 12 de VI, p. 17, cela suffit à conclure.

Notons G le séparé complété de $\varprojlim(E_i \otimes_\gamma F_j)$ et $\widehat{h} \colon E \widehat{\otimes}_\gamma F \to G$ l'application déduite de h par passage aux séparés complétés.

Les applications canoniques $E_i \otimes_\gamma F_j \to E_i \widehat{\otimes}_\gamma F_j$ définissent une application linéaire continue $v \colon \varprojlim(E_i \otimes_\gamma F_j) \to \varprojlim(E_i \widehat{\otimes}_\gamma F_j)$. Par passage aux séparés complétés, on en déduit une application linéaire $\widehat{v} \colon G \to \varprojlim(E_i \widehat{\otimes}_\gamma F_j)$ comme dans le diagramme (3).

Par ailleurs, on déduit des $f_i \widehat{\otimes} g_j$ une application linéaire continue $\eta \colon E \widehat{\otimes}_\gamma F \to \varprojlim(E_i \widehat{\otimes}_\gamma F_j)$, dite canonique. On a $\eta = \widehat{v} \circ \widehat{h}$: en effet, les éléments de la forme $x \mathbin{\widehat{\otimes}_\gamma} y$ avec $x \in E$ et $y \in F$ engendrent un sous-espace dense de $E \mathbin{\widehat{\otimes}_\gamma} F$, et si $t = x \mathbin{\widehat{\otimes}_\gamma} y$, il résulte aussitôt des définitions ci-dessus que $\eta(t) = v(h(x \otimes y)) = (\widehat{v} \circ \widehat{h})(t)$. D'après ce qui précède et d'après TG, III, p. 25, corollaire, le diagramme suivant, dans lequel les applications $E \otimes_\gamma F \to E \mathbin{\widehat{\otimes}_\gamma} F$ et $\varprojlim(E_i \otimes_\gamma F_j) \to G$ sont les applications canoniques, est donc commutatif :

(4)

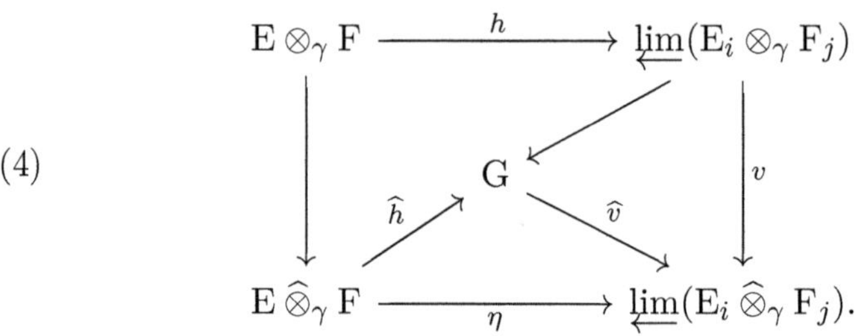

PROPOSITION 13. — *On suppose que* I *et* J *sont filtrants et que, pour tout* $(i, j) \in I \times J$, *les applications canoniques* $f_i \colon E \to E_i$ *et* $g_j \colon F \to F_j$ *sont surjectives. L'application* $h \colon E \otimes_\gamma F \to \varprojlim(E_i \otimes_\gamma F_j)$ *est alors d'image dense, et l'application* $\eta \colon E \mathbin{\widehat{\otimes}_\gamma} F \to \varprojlim(E_i \mathbin{\widehat{\otimes}_\gamma} F_j)$ *est un isomorphisme.*

L'ensemble $I \times J$ est filtrant et pour tout $(i, j) \in I \times J$, l'application $f_i \otimes g_j$ est surjective (A, II, p. 59, prop. 6). Par conséquent, l'application h est d'image dense (TG, I, p. 29, cor.).

Compte tenu de la proposition 12, il en résulte que l'application $\widehat{h} \colon E \mathbin{\widehat{\otimes}_\gamma} F \to G$, déduite de h par passage aux séparés complétés, est un isomorphisme (VI, p. 18, remarque 13).

D'autre part, puisque les applications $f_i \otimes g_j$ sont surjectives, il en va de même des v_{ij} ; le lemme 1 entraîne alors que l'application canonique $\widehat{v} \colon G \to \varprojlim(E_i \mathbin{\widehat{\otimes}_\gamma} F_j)$ est un isomorphisme. On conclut que l'application η, égale à $\widehat{v} \circ \widehat{h}$, est un isomorphisme.

Exemple 2. — Soient E un espace localement convexe, Γ un système fondamental filtrant croissant de semi-normes sur E, et (E_p, f_{pq}) le système projectif d'espaces semi-normés indexé par Γ introduit dans l'exemple 1. Pour tout espace localement convexe F, on déduit de la proposition 13 un isomorphisme $E \mathbin{\widehat{\otimes}_\gamma} F \to \varprojlim(E_p \mathbin{\widehat{\otimes}_\gamma} F)$, dit canonique.

Considérons à présent des familles $(E_i)_{i \in I}$ et $(F_j)_{J \in J}$ d'espaces localement convexes. Faisons de I et J des ensembles préordonnés en les munissant de la relation d'égalité, et pour $i \in I$ et $j \in J$, posons

$f_{ii} = 1_{\mathrm{E}_i}$ et $g_{jj} = 1_{\mathrm{F}_j}$. On obtient alors des systèmes projectifs (E_i, f_{ii}) et (F_j, g_{jj}) d'espaces localement convexes, dont les limites $\mathrm{E} = \varprojlim \mathrm{E}_i$ et $\mathrm{F} = \varprojlim \mathrm{F}_j$ sont les espaces produits $\prod_{i \in \mathrm{I}} \mathrm{E}_i$ et $\prod_{j \in \mathrm{J}} \mathrm{F}_j$ (*cf.* E, II, p. 52, exemple 1 et TG, I, p. 28). Dans ce contexte, la relation de préordre produit sur $\mathrm{I} \times \mathrm{J}$ est la relation d'égalité, et l'espace $\varprojlim \mathrm{E}_i \otimes_\gamma \mathrm{F}_j$ est le produit $\prod_{(i,j) \in \mathrm{I} \times \mathrm{J}} \mathrm{E}_i \otimes_\gamma \mathrm{F}_j$. L'application canonique

$$(5) \qquad h \colon \left(\prod_{i \in \mathrm{I}} \mathrm{E}_i \right) \otimes_\gamma \left(\prod_{j \in \mathrm{J}} \mathrm{F}_j \right) \to \prod_{(i,j) \in \mathrm{I} \times \mathrm{J}} (\mathrm{E}_i \otimes_\gamma \mathrm{F}_j)$$

coïncide alors avec celle définie dans A, II, p. 61. Considérons également l'application canonique

$$(6) \qquad \eta \colon \left(\prod_{i \in \mathrm{I}} \mathrm{E}_i \right) \widehat{\otimes}_\gamma \left(\prod_{j \in \mathrm{J}} \mathrm{F}_j \right) \to \prod_{(i,j) \in \mathrm{I} \times \mathrm{J}} \mathrm{E}_i \widehat{\otimes}_\gamma \mathrm{F}_j$$

définie avant le diagramme (4).

PROPOSITION 14. —   a) *L'application linéaire h est injective et stricte. C'est un isomorphisme si* I *et* J *sont finis.*

b) *L'application η est un isomorphisme.*

Prouvons d'abord que si I et J sont finis, alors h est un isomorphisme. Dans ce cas, les produits $\prod_{i \in \mathrm{I}} \mathrm{E}_i$ et $\prod_{j \in \mathrm{J}} \mathrm{F}_j$ s'identifient aux sommes directes $\mathrm{E} = \bigoplus_{i \in \mathrm{I}} \mathrm{E}_i$ et $\mathrm{F} = \bigoplus_{j \in \mathrm{J}} \mathrm{F}_j$, et l'application h s'identifie à l'homomorphisme canonique $\left(\bigoplus_{i \in \mathrm{I}} \mathrm{E}_i \right) \otimes \left(\bigoplus_{j \in \mathrm{J}} \mathrm{F}_j \right) \to \bigoplus_{i,j} (\mathrm{E}_i \otimes \mathrm{F}_j)$ (A, II, p. 61, formule (23)). Ce dernier est bijectif (A, II, p. 61, prop. 7) et sa réciproque s'identifie à l'homomorphisme

$$\bigoplus_{i,j} (\mathrm{E}_i \otimes_\gamma \mathrm{F}_j) \to \mathrm{E} \otimes_\gamma \mathrm{F}$$

somme des applications $v_i \otimes w_j \colon \mathrm{E}_i \otimes_\gamma \mathrm{F}_j \to \mathrm{E} \otimes_\gamma \mathrm{F}$, où v_i (resp. w_j) désigne l'injection canonique de E_i dans E (resp. de F_j dans F). Ces applications sont continues d'après (CT1), donc h^{-1} est continu.

Traitons maintenant le cas où I et J sont quelconques. Notons $\mathscr{F}_\mathrm{I}$ (resp. $\mathscr{F}_\mathrm{J}$) l'ensemble des parties finies de I (resp. J), ordonné par la relation d'inclusion. Les ensembles ordonnés $\mathscr{F}_\mathrm{I}$ et $\mathscr{F}_\mathrm{J}$ sont filtrants à droite. Pour $\mathrm{A} \in \mathscr{F}_\mathrm{I}$ et $\mathrm{B} \in \mathscr{F}_\mathrm{J}$, posons $\mathrm{E}_\mathrm{A} = \prod_{i \in \mathrm{A}} \mathrm{E}_i$ et $\mathrm{E}_\mathrm{B} = \prod_{j \in \mathrm{B}} \mathrm{F}_j$. Si A et A' sont des éléments de $\mathscr{F}_\mathrm{I}$ vérifiant $\mathrm{A} \subset \mathrm{A}'$, et si B et B' sont des éléments de $\mathscr{F}_\mathrm{J}$ vérifiant $\mathrm{B} \subset \mathrm{B}'$, notons $p_{\mathrm{A},\mathrm{A}'} \colon \mathrm{E}_{\mathrm{A}'} \to \mathrm{E}_\mathrm{A}$ et $p_{\mathrm{B},\mathrm{B}'} \colon \mathrm{F}_{\mathrm{B}'} \to \mathrm{F}_\mathrm{B}$ les projections d'indices respectifs A et B (E, II, p. 33). On obtient ainsi des systèmes projectifs $(\mathrm{E}_\mathrm{A}, p_{\mathrm{A},\mathrm{A}'})$ et $(\mathrm{F}_\mathrm{B}, p_{\mathrm{B},\mathrm{B}'})$

indexés par $\mathscr{F}_{\mathrm{I}}$ et $\mathscr{F}_{\mathrm{J}}$, dont les limites s'identifient aux produits $\prod_i \mathrm{E}_i$ et $\prod_j \mathrm{F}_j$ respectivement ; plus précisément, la remarque 3 de E, III, p. 56 fournit des bijections $\varphi \colon \prod_i \mathrm{E}_i \to \varprojlim \mathrm{E}_{\mathrm{A}}$ et $\psi \colon \prod_j \mathrm{F}_j \to \varprojlim \mathrm{F}_{\mathrm{B}}$, et ces bijections sont des isomorphismes d'espaces localement convexes.

Pour $\mathrm{A} \in \mathscr{F}_{\mathrm{I}}$ et $\mathrm{B} \in \mathscr{F}_{\mathrm{J}}$, notons $\mathrm{G}_{\mathrm{A},\mathrm{B}} = \prod_{(i,j)\in\mathrm{A}\times\mathrm{B}} \mathrm{E}_i \otimes_\gamma \mathrm{F}_j$ et soit $h_{\mathrm{A},\mathrm{B}} \colon \mathrm{E}_{\mathrm{A}} \otimes_\gamma \mathrm{F}_{\mathrm{B}} \to \mathrm{G}_{\mathrm{A},\mathrm{B}}$ l'application canonique. Si A et A' sont des éléments de $\mathscr{F}_{\mathrm{I}}$ vérifiant $\mathrm{A} \subset \mathrm{A}'$, et si B et B' sont des éléments de $\mathscr{F}_{\mathrm{J}}$ vérifiant $\mathrm{B} \subset \mathrm{B}'$, notons $q_{(\mathrm{A},\mathrm{B}),(\mathrm{A}',\mathrm{B}')} \colon \mathrm{G}_{\mathrm{A}',\mathrm{B}'} \to \mathrm{G}_{\mathrm{A},\mathrm{B}}$ la projection d'indice $\mathrm{A} \times \mathrm{B}$, et posons $p_{(\mathrm{A},\mathrm{B}),(\mathrm{A}',\mathrm{B}')} = p_{\mathrm{A},\mathrm{A}'} \otimes p_{\mathrm{B},\mathrm{B}'}$. On obtient ainsi des systèmes projectifs $(\mathrm{E}_{\mathrm{A}} \otimes_\gamma \mathrm{F}_{\mathrm{B}}, p_{(\mathrm{A},\mathrm{B}),(\mathrm{A}',\mathrm{B}')})$ et $(\mathrm{G}_{\mathrm{A},\mathrm{B}}, q_{(\mathrm{A},\mathrm{B}),(\mathrm{A}',\mathrm{B}')})$ d'espaces localement convexes. La famille $(h_{\mathrm{A},\mathrm{B}})$ est alors un système projectif d'applications linéaires continues de $(\mathrm{E}_{\mathrm{A}} \otimes_\gamma \mathrm{F}_{\mathrm{B}}, p_{(\mathrm{A},\mathrm{B}),(\mathrm{A}',\mathrm{B}')})$ dans $(\mathrm{G}_{\mathrm{A},\mathrm{B}}, q_{(\mathrm{A},\mathrm{B}),(\mathrm{A}',\mathrm{B}')})$, et toutes les applications $h_{\mathrm{A},\mathrm{B}}$ sont des isomorphismes topologiques d'après la première partie de la démonstration. On obtient donc un isomorphisme $\Phi \colon \varprojlim \mathrm{E}_{\mathrm{A}} \otimes_\gamma \mathrm{F}_{\mathrm{B}} \to \varprojlim \mathrm{G}_{\mathrm{A},\mathrm{B}}$.

Par ailleurs, l'ensemble des produits $\mathrm{A}\times\mathrm{B}$ pour $(\mathrm{A}, \mathrm{B}) \in \mathscr{F}_{\mathrm{I}}\times\mathscr{F}_{\mathrm{J}}$ est cofinal dans l'ensemble des parties finies de $\mathrm{I}\times\mathrm{J}$; il résulte alors de E, III, p. 55, prop. 3 et p. 56, remarque 3, que l'espace $\prod_{(i,j)}(\mathrm{E}_i \otimes_\gamma \mathrm{F}_j)$ s'identifie à la limite projective du système projectif $(\mathrm{G}_{\mathrm{A},\mathrm{B}}, q_{(\mathrm{A},\mathrm{B}),(\mathrm{A}',\mathrm{B}')})$, et donc aussi à celle de $(\mathrm{E}_{\mathrm{A}} \otimes \mathrm{F}_{\mathrm{B}}, p_{(\mathrm{A},\mathrm{B}),(\mathrm{A}',\mathrm{B}')})$. L'application h définie dans la formule (5) s'identifie, par les isomorphismes décrits ci-dessus, à l'application canonique h' de $\varprojlim \mathrm{E}_{\mathrm{A}} \otimes_\gamma \varprojlim \mathrm{F}_{\mathrm{B}}$ dans $\varprojlim(\mathrm{E}_{\mathrm{A}} \otimes_\gamma \mathrm{F}_{\mathrm{B}})$ définie avant la prop. 12 relativement aux systèmes projectifs $(\mathrm{E}_{\mathrm{A}}, p_{\mathrm{A},\mathrm{A}'})$ et $(\mathrm{F}_{\mathrm{B}}, p_{\mathrm{B},\mathrm{B}'})$. Le diagramme commutatif suivant illustre ces identifications :

$$
\begin{array}{ccc}
\left(\prod_{i\in\mathrm{I}} \mathrm{E}_i\right) \otimes_\gamma \left(\prod_{j\in\mathrm{J}} \mathrm{F}_j\right) & \xrightarrow{\ \ h\ \ } & \prod_{(i,j)\in\mathrm{I}\times\mathrm{J}} (\mathrm{E}_i \otimes_\gamma \mathrm{F}_j) \\
& & \downarrow{\scriptstyle \Phi} \\
{\scriptstyle \varphi\otimes\psi}\Big\downarrow & & \varprojlim \mathrm{G}_{\mathrm{A},\mathrm{B}} \\
& & \big\uparrow{\scriptstyle \varprojlim h_{\mathrm{A},\mathrm{B}}} \\
\varprojlim \mathrm{E}_{\mathrm{A}} \otimes_\gamma \varprojlim \mathrm{F}_{\mathrm{B}} & \xrightarrow{\ \ h'\ \ } & \varprojlim(\mathrm{E}_{\mathrm{A}} \otimes_\gamma \mathrm{F}_{\mathrm{B}}).
\end{array}
$$

De même, l'application η définie dans la formule (6) s'identifie à celle définie avant le diagramme (4) relativement aux systèmes projectifs $(\mathrm{E}_{\mathrm{A}}, p_{\mathrm{A},\mathrm{A}'})$ et $(\mathrm{F}_{\mathrm{B}}, p_{\mathrm{B},\mathrm{B}'})$. Comme $\mathscr{F}_{\mathrm{I}}$ et $\mathscr{F}_{\mathrm{J}}$ sont filtrants, on peut appliquer la proposition 13, d'où il résulte que h est injective, continue et stricte, et que η est un isomorphisme.

6. Complexifications d'espaces semi-normés

Rappelons que si E est un espace vectoriel réel, l'espace vectoriel complexifié $E_{(\mathbf{C})}$ est le produit tensoriel $\mathbf{C} \otimes E$, muni de la structure d'espace vectoriel complexe définie dans A, II, p. 82.

Soit γ une construction tensorielle sur $\mathbf{R}$, et soit (E, p) un espace semi-normé sur $\mathbf{R}$. Soit $p_{(\mathbf{C}, \gamma)}$ la semi-norme $(m \otimes_\gamma p)$ sur l'espace vectoriel réel $\mathbf{C} \otimes E$, où m est la valeur absolue sur $\mathbf{C}$.

PROPOSITION 15. — *L'application* $t \mapsto p_{(\mathbf{C}, \gamma)}(t)$ *est une semi-norme sur l'espace vectoriel complexe* $E_{(\mathbf{C})}$.

> Nous dirons que c'est la semi-norme sur $E_{(\mathbf{C})}$ déduite de p et de la construction tensorielle γ.

Comme $p_{(\mathbf{C}, \gamma)}$ est une semi-norme sur l'espace vectoriel réel sous-jacent à $E_{(\mathbf{C})}$, on a $p_{(\mathbf{C}, \gamma)}(t_1 + t_2) \leqslant p_{(\mathbf{C}, \gamma)}(t_1) + p_{(\mathbf{C}, \gamma)}(t_2)$ quels que soient t_1 et t_2 dans $E_{(\mathbf{C})}$. Il suffit donc de montrer que pour tout (λ, t) dans $\mathbf{C} \times E_{(\mathbf{C})}$, on a $p_{(\mathbf{C}, \gamma)}(\lambda t) = |\lambda| p_{(\mathbf{C}, \gamma)}(t)$.

Pour $\lambda \in \mathbf{C}$, désignons par $\mu_\lambda \colon \mathbf{C} \to \mathbf{C}$ l'application $z \mapsto \lambda z$. Alors $\lambda t = (\mu_\lambda \otimes 1_E)(t)$ pour tout $t \in E_{(\mathbf{C})}$; appliquant la condition (CT1), on en déduit l'inégalité $p_{(\mathbf{C}, \gamma)}(\lambda t) \leqslant |\lambda| p_{(\mathbf{C}, \gamma)}(t)$. Par ailleurs, pour λ non nul et t dans $E_{(\mathbf{C})}$, cette inégalité appliquée à $1/\lambda$ et λt implique que l'on a $|\lambda| p_{(\mathbf{C}, \gamma)}(t) \leqslant p_{(\mathbf{C}, \gamma)}(\lambda t)$. L'égalité annoncée en résulte, d'où la proposition.

Remarques. — 1) La topologie sur $E_{(\mathbf{C})}$ définie par $p_{(\mathbf{C}, \gamma)}$ coïncide avec celle définie dans II, p. 65 : cela résulte de la prop. 14, *a*) de VI, p. 31, compte tenu du fait que $\mathbf{C}$ est isomorphe à $\mathbf{R} \times \mathbf{R}$ et du fait que $E_{(\mathbf{C})}$, muni de la topologie de II, p. 65, est isomorphe à $E \times E$.

2) Si (E, p) est séparé (resp. séparé et complet), alors il en va de même de $(E_{(\mathbf{C})}, p_{(\mathbf{C}, \gamma)})$ d'après la prop. 8 de VI, p. 24 et la prop. 18 de TS, I, p. 85.

3) Soient E et F des espaces semi-normés sur $\mathbf{R}$; munissons les espaces complexifiés $E_{(\mathbf{C})}$ et $F_{(\mathbf{C})}$ des semi-normes déduites de γ. Soit $u \colon E \to F$ une application linéaire et soit $u_{(\mathbf{C})} \colon E_{(\mathbf{C})} \to F_{(\mathbf{C})}$ l'application linéaire déduite de u par extension du corps des scalaires, c'est-à-dire l'application $1_\mathbf{C} \otimes u$ de $\mathbf{C} \otimes E$ dans $\mathbf{C} \otimes F$. La condition (CT1) montre que l'on a $\|u_{(\mathbf{C})}\|_{\mathscr{L}(E_{(\mathbf{C})}; F_{(\mathbf{C})})} \leqslant \|u\|_{\mathscr{L}(E; F)}$.

7. Constructions tensorielles injectives et projectives

DÉFINITION 2. — *Soit γ une construction tensorielle. On dit que γ est* injective à gauche *si, quels que soient les espaces semi-normés* E, F, E_1 *et l'application linéaire isométrique* $u \colon E \to E_1$, *l'application* $u \otimes 1_F \colon E \otimes_\gamma F \to E_1 \otimes_\gamma F$ *est isométrique. On dit que γ est* injective à droite *si la construction transposée* ${}^t\gamma$ *est injective à gauche. On dit que γ est* injective *si elle est injective à gauche et injective à droite.*

Il existe des constructions tensorielles non injectives (VI, p. 137, exercice 4).

La proposition qui suit montre que l'injectivité d'une construction tensorielle peut se vérifier en étudiant sa restriction aux espaces normés.

PROPOSITION 16. — *Soit γ une construction tensorielle. Les conditions suivantes sont équivalentes :*

(i) *La construction γ est injective à gauche* ;

(ii) *Quels que soient les espaces* normés V, V_1 *et* W, *et quelle que soit l'application linéaire isométrique* $v \colon V \to V_1$, *l'application* $v \otimes 1_W \colon V \otimes_\gamma W \to V_1 \otimes_\gamma W$ *est isométrique.*

Il est clair que (i) implique (ii). Supposons (ii) vérifiée. Soient E, E_1 et F des espaces semi-normés et $u \colon E \to E_1$ une application linéaire isométrique. Soient V, V_1 et W les espaces normés associés à E, E_1 et F respectivement ; notons $\beta_E \colon E \to V$, $\beta_{E_1} \colon E_1 \to V_1$ et $\beta_F \colon F \to W$ les surjections canoniques. Soit $v \colon V \to V_1$ l'application linéaire déduite de u par passage aux quotients. On a l'égalité

$$(\beta_{E_1} \otimes \beta_F) \circ (u \otimes 1_F) = (v \otimes 1_W) \circ (\beta_E \otimes \beta_F),$$

comme on le vérifie aussitôt sur les tenseurs purs de $E \otimes F$.

Les applications β_E, β_{E_1} et β_F sont surjectives et isométriques, donc $\beta_E \otimes \beta_F \colon E \otimes_\gamma F \to V \otimes_\gamma W$ et $\beta_{E_1} \otimes \beta_F \colon E_1 \otimes_\gamma F \to V_1 \otimes_\gamma W$ sont isométriques (VI, p. 22, prop. 7). Pour que $u \otimes 1_F$ soit isométrique, il suffit donc que $v \otimes 1_W$ soit isométrique, d'où notre assertion.

PROPOSITION 17. — *Si γ est une construction tensorielle injective, alors pour tout couple* (E, F) *d'espaces localement convexes, l'application canonique de* $E \widehat{\otimes}_\gamma F$ *dans* $\widehat{E} \widehat{\otimes}_\gamma \widehat{F}$ (VI, p. 27) *est un isomorphisme d'espaces localement convexes.*

Soient E et F des espaces localement convexes, et soient p et q des semi-normes continues sur E et F respectivement. Avec les notations de VI, p. 27, les applications $\varphi_{\mathrm{E},p}$ et $\varphi_{\mathrm{F},q}$ sont isométriques ; si γ est injective, cela implique que $\varphi_{\mathrm{E},p} \otimes \varphi_{\mathrm{F},q}$ est isométrique. La conclusion en découle d'après la prop. 11 de VI, p. 27.

DÉFINITION 3. — *Soit γ une construction tensorielle. On dit que γ est* projective à gauche *lorsque, quels que soient les espaces semi-normés* (E,p) *et* (F,q), *l'espace vectoriel* E_1 *et l'application linéaire surjective* $u\colon \mathrm{E} \to \mathrm{E}_1$, *si p_1 est la semi-norme quotient de p par u, alors $p_1 \otimes_\gamma q$ est la semi-norme quotient de $p \otimes_\gamma q$ par $u \otimes 1_{\mathrm{F}}$. On dit que γ est* projective à droite *si* ${}^t\gamma$ *est projective à gauche. On dit que γ est* projective *si elle est projective à gauche et projective à droite.*

       Il existe des constructions tensorielles non projectives (VI, p. 137, exercice 4).

PROPOSITION 18. — *Les conditions suivantes sont équivalentes :*
    (i) *La construction γ est projective à gauche ;*
    (ii) *Quels que soient les espaces* normés (V,p) *et* (W,q), *l'espace vectoriel* V_1 *et l'application linéaire continue surjective* $v\colon \mathrm{V} \to \mathrm{V}_1$, *si l'on désigne par p_1 la semi-norme quotient de p par v, alors $p_1 \otimes_\gamma q$ est la semi-norme quotient de $p \otimes_\gamma q$ par $v \otimes 1_{\mathrm{W}}$.*

Il est clair que (i) implique (ii). Supposons (ii) vérifiée. Soient (E,p) et (F,q) des espaces semi-normés, soit E_1 un espace vectoriel, et soit $u\colon \mathrm{E} \to \mathrm{E}_1$ une application linéaire surjective. Notons p_1 la semi-norme quotient de p par u. Si (G,r) est un espace semi-normé, notons N_r le noyau de r, B_r sa boule unité ouverte, $(\overline{\mathrm{G}},\overline{r})$ l'espace normé associé et $\beta_{\mathrm{G}}\colon \mathrm{G} \to \overline{\mathrm{G}}$ la surjection canonique (VI, p. 7, n° 6). Soit $\overline{u}\colon \overline{\mathrm{E}} \to \overline{\mathrm{E}}_1$ l'application linéaire continue surjective déduite de u. La condition (ii) implique que $\overline{p}_1 \otimes_\gamma \overline{p}$ est la semi-norme quotient de $\overline{p} \otimes_\gamma \overline{q}$ par $\overline{u} \otimes 1_{\overline{\mathrm{F}}}$. D'après la prop. 8 de VI, p. 24, les espaces semi-normés $(\overline{\mathrm{E}} \otimes \overline{\mathrm{F}}, \overline{p} \otimes_\gamma \overline{q})$ et $(\overline{\mathrm{E}}_1 \otimes \overline{\mathrm{F}}, \overline{p}_1 \otimes_\gamma \overline{q})$ sont séparés et s'identifient aux espaces normés associés à $(\mathrm{E} \otimes \mathrm{F}, p \otimes_\gamma q)$ et $(\mathrm{E}_1 \otimes \mathrm{F}, p_1 \otimes_\gamma q)$ respectivement. Compte tenu de la prop. 3 de VI, p. 7, on en déduit

$$\mathrm{B}_{p_1 \otimes_\gamma q} = (u \otimes 1_{\mathrm{F}})(\mathrm{B}_{p \otimes_\gamma q}) + \mathrm{N}_{p_1 \otimes_\gamma q}$$

autrement dit

$$(7) \qquad \mathrm{B}_{p_1 \otimes_\gamma q} = (u \otimes 1_{\mathrm{F}})(\mathrm{B}_{p \otimes_\gamma q}) + \mathrm{N}_{p_1} \otimes \mathrm{F} + \mathrm{E}_1 \otimes \mathrm{N}_q.$$

(VI, p. 25, prop. 9). Nous allons montrer que $\mathrm{B}_{p_1 \otimes_\gamma q} = (u \otimes 1_{\mathrm{F}})(\mathrm{B}_{p \otimes_\gamma q})$.

D'après la prop. 5 de VI, p. 21, l'ensemble $(u \otimes 1_{\mathrm{F}})(\mathrm{B}_{p \otimes_\gamma q})$ contient tout élément de la forme $u(x) \otimes y$ avec $x \in \mathrm{B}_p$ et $y \in \mathrm{B}_q$. En outre, on a $u(\mathrm{B}_p) = \mathrm{B}_{p_1}$ d'après la prop. 1 de VI, p. 4. Ainsi, l'ensemble convexe $(u \otimes 1_{\mathrm{F}})(\mathrm{B}_{p \otimes_\gamma q})$ contient l'enveloppe convexe dans $\mathrm{E}_1 \otimes_\gamma \mathrm{F}$ de l'ensemble A des éléments de la forme $\widetilde{x} \otimes y$ avec $\widetilde{x} \in \mathrm{B}_{p_1}$ et $y \in \mathrm{B}_q$. De plus, si t est un élément de $\mathrm{N}_{p_1} \otimes \mathrm{F}$, et si $(x_i, y_i)_{i \in \mathrm{I}}$ est une écriture de t dans $\mathrm{N}_{p_1} \otimes \mathrm{F}$ telle que le cardinal n de I soit $\geqslant 1$, alors pour tout nombre réel $a > 0$, on a

$$t = \frac{1}{n} \sum_{i \in \mathrm{I}} (nax_i) \otimes (a^{-1}y_i) \, ;$$

or, si $a > 0$ est choisi assez grand, les éléments $(nax_i, a^{-1}y_i)$ appartiennent tous à $\mathrm{N}_{p_1} \times \mathrm{B}_q \subset \mathrm{B}_{p_1} \times \mathrm{B}_q$, si bien que les éléments $(nax_i) \otimes (a^{-1}y_i)$ sont contenus dans A. L'élément t appartient donc à l'enveloppe convexe de A. De même A contient $\mathrm{E}_1 \otimes \mathrm{N}_q$. On voit donc que $(u \otimes 1)(\mathrm{B}_{p \otimes_\gamma q})$ contient $\mathrm{N}_{p_1} \otimes \mathrm{F}$ et $\mathrm{E}_1 \otimes \mathrm{N}_q$.

Soit t un élément de $\mathrm{B}_{p_1 \otimes_\gamma q}$. Tenant compte de la formule (7), écrivons $t = \tau + \tau' + \tau''$ avec $\tau \in (u \otimes 1_{\mathrm{F}})(\mathrm{B}_{p \otimes_\gamma q})$, $\tau' \in \mathrm{N}_{p_1} \otimes \mathrm{F}$ et $\tau'' \in \mathrm{E}_1 \otimes \mathrm{N}_q$. Il existe un nombre réel $a \in {]0, 1[}$ tel que l'on ait $a^{-1}\tau \in (u \otimes 1_{\mathrm{F}})(\mathrm{B}_{p \otimes_\gamma q})$. Posons $b = (1-a)/2$; on a alors $b^{-1}\tau' \in \mathrm{N}_{p_1} \otimes \mathrm{F}$ et $b^{-1}\tau'' \in \mathrm{E}_1 \otimes \mathrm{N}_q$. Ainsi, les éléments $\sigma = a^{-1}\tau$, $\sigma' = b^{-1}\tau'$ et $\sigma'' = b^{-1}\tau''$ de $\mathrm{E}_1 \otimes \mathrm{F}$ appartiennent à $(u \otimes 1_{\mathrm{F}})(\mathrm{B}_{p \otimes_\gamma q})$, qui est convexe ; par conséquent, l'élément $t = a\sigma + b\sigma' + b\sigma''$ appartient à $(u \otimes 1_{\mathrm{F}})(\mathrm{B}_{p \otimes_\gamma q})$.

On a donc $\mathrm{B}_{p_1 \otimes_\gamma q} \subset (u \otimes 1_{\mathrm{F}})(\mathrm{B}_{p \otimes_\gamma q})$; l'inclusion inverse étant claire d'après la formule (7), il résulte de la prop. 1 de VI, p. 4 que $p_1 \otimes_\gamma q$ est la semi-norme quotient de $p \otimes_\gamma q$ par $u \otimes 1_{\mathrm{F}}$, ce qu'il fallait démontrer.

8. Cas des constructions tensorielles locales ; propriétés locales des constructions tensorielles

Si γ est une construction tensorielle locale, convenons d'adopter les définitions et les notations des n°s 2 à 5 sans autre changement que de supposer que tous les espaces vectoriels considérés sont de dimension finie. À l'exception de la remarque du n° 4 (VI, p. 26), les énoncés et démonstrations des n°s 2 à 5 restent alors valables sans changement si l'on suppose que tous les espaces vectoriels considérés sont de dimension finie.

Si γ est une construction tensorielle globale, on obtient une construction tensorielle locale $\gamma^\flat$ en se restreignant aux espaces semi-normés de dimension finie. On dit que γ est *localement injective à gauche* si la construction tensorielle locale $\gamma^\flat$ est injective à gauche. On définit de même les notions de construction tensorielle localement injective à droite, localement injective, localement projective à gauche ou à droite, localement projective, localement associative, localement commutative.

9. Compléments sur la dualité

Si V est un espace vectoriel, désignons par V^* l'espace vectoriel des formes linéaires sur V (A, II, p. 40) et par c_V l'application canonique de V dans son bidual V^{**} (A, II, p. 46).

Soient E et F des espaces vectoriels. Il existe une unique application linéaire $\lambda_{E,F}\colon E \otimes F \to (E^* \otimes F^*)^*$ vérifiant

$$\lambda_{E,F}(x \otimes y)(\varphi \otimes \psi) = \langle x, \varphi \rangle \langle y, \psi \rangle$$

pour tout $(x, y) \in E \times F$ et tout $(\varphi, \psi) \in E^* \times F^*$. Nous dirons que $\lambda_{E,F}$ est *l'application canonique de $E \otimes F$ dans $(E^* \otimes F^*)^*$*. Avec l'abus de notation de VI, p. 21, on a

$$\lambda_{E,F}(x \otimes y) = c_E(x) \otimes c_F(y)$$

pour tout $(x, y) \in E \times F$.

Remarques. — 1) Soient E, E_1, F et F_1 des espaces vectoriels. Soient $u\colon E \to E_1$ et $v\colon F \to F_1$ des applications linéaires. Le diagramme suivant est commutatif :

$$
\begin{array}{ccc}
E \otimes F & \xrightarrow{\ \lambda_{E,F}\ } & (E^* \otimes F^*)^* \\
\downarrow{\scriptstyle u \otimes v} & & \downarrow{\scriptstyle {}^t({}^t u \otimes {}^t v)} \\
E_1 \otimes F_1 & \xrightarrow{\ \lambda_{E_1,F_1}\ } & (E_1^* \otimes F_1^*)^*.
\end{array}
$$

En effet, pour tout $x \in E$ et tout $y \in F$, les applications linéaires $\lambda_{E_1,F_1} \circ (u \otimes v)$ et ${}^t({}^t u \otimes {}^t v) \circ \lambda_{E,F}$ associent à $x \otimes y$ la forme linéaire $c_{E_1}(u(x)) \otimes c_{F_1}(v(y))$ sur $E_1^* \otimes F_1^*$.

2) Soient E, F, G des espaces vectoriels. Soit $\Phi_{E,F,G}$ l'isomorphisme canonique de $(E \otimes F) \otimes G$ sur $E \otimes (F \otimes G)$ (A, II, p. 64, prop. 8). Il existe une unique application linéaire $\lambda_G^{E,F} : (E \otimes F) \otimes G \to ((E^* \otimes F^*) \otimes G^*)^*$, et une unique application linéaire $\lambda_{F,G}^E : E \otimes (F \otimes G) \to (E^* \otimes (F^* \otimes G^*))^*$, vérifiant

$$\langle (\varphi \otimes \psi) \otimes \chi, \lambda_G^{E,F}((x \otimes y) \otimes z) \rangle = \langle x, \varphi \rangle \langle y, \psi \rangle \langle z, \chi \rangle \text{ et}$$

$$\langle \varphi \otimes (\psi \otimes \chi), \lambda_{F,G}^E(x \otimes (y \otimes z)) \rangle = \langle x, \varphi \rangle \langle y, \psi \rangle \langle z, \chi \rangle$$

pour $(x, y, z) \in E \times F \times G$ et $(\varphi, \psi, \chi) \in E^* \times F^* \times G^*$. Le diagramme

$$
\begin{array}{ccc}
(E \otimes F) \otimes G & \xrightarrow{\lambda_G^{E,F}} & ((E^* \otimes F^*) \otimes G^*)^* \\
\Big\downarrow{\Phi_{E,F,G}} & & {}^t\Phi_{E^*,F^*,G^*} \Big\uparrow \\
E \otimes (F \otimes G) & \xrightarrow{\lambda_{F,G}^E} & (E^* \otimes (F^* \otimes G^*))^*
\end{array}
$$

est alors commutatif. En effet, pour tout $(x, y, z) \in E \times F \times G$, les applications $\lambda_G^{E,F}$ et ${}^t\Phi_{E^*,F^*,G^*} \circ \lambda_{F,G}^E \circ \Phi_{E,F,G}$ associent toutes deux à $(x \otimes y) \otimes z$ la forme linéaire $(c_E(x) \otimes c_F(y)) \otimes c_G(z)$.

Soient E et F des espaces vectoriels. Notons $\mu_{E,F}$ l'application canonique de $E^* \otimes F^*$ dans $(E \otimes F)^*$ (A, II, p. 80, formule (23)). C'est l'unique application linéaire vérifiant $\mu_{E,F}(\varphi \otimes \psi)(x \otimes y) = \langle x, \varphi \rangle \langle y, \psi \rangle$ pour $x \in E$, $y \in F$, $\varphi \in E^*$ et $\psi \in F^*$.

Lemme 2. —   a) *Pour tout $s \in E \otimes F$ et pour tout $\omega \in E^* \otimes F^*$, on a*

$$\langle \omega, \lambda_{E,F}(s) \rangle = \langle s, \mu_{E,F}(\omega) \rangle.$$

b) *On a $\mu_{E,F} = {}^t\lambda_{E,F} \circ c_{E^* \otimes F^*} = {}^t(c_E \otimes c_F) \circ \lambda_{E^*,F^*}$.*

c) *Si E et F sont de dimension finie, alors $\mu_{E,F}$ et $\lambda_{E,F}$ sont bijectives.*

Si $s = x \otimes y$ avec $x \in E$, $y \in F$, et si $\omega = \varphi \otimes \chi$ avec $\varphi \in E^*$, $\psi \in F^*$, alors les deux membres de *a)* sont égaux à $\langle x, \varphi \rangle \langle y, \psi \rangle$; on a également

$$\langle (c_E \otimes c_F)(s), \lambda_{E^*,F^*}(\omega) \rangle = \langle \lambda_{E,F}(s), c_{E^* \otimes F^*}(\omega) \rangle = \langle x, \varphi \rangle \langle y, \psi \rangle.$$

Les assertions *a)* et *b)* en résultent aussitôt.

Si E et F sont de dimension finie, alors $\mu_{E,F}$ est bijective (A, II, p. 80, cor. 1) ; de plus, l'application $c_{E^* \otimes F^*}$ est bijective d'après la prop. 13 de A, II, p. 47, puisque $E^* \otimes F^*$ est de dimension finie. Cela démontre *c)*.

Remarque 3. — Lorsque $t \in \mathrm{E} \otimes \mathrm{F}$ et $\omega \in \mathrm{E}^* \otimes \mathrm{F}^*$, on note parfois $\langle t, \omega \rangle$ la valeur commune de $\langle \omega, \lambda_{\mathrm{E},\mathrm{F}}(t) \rangle$ et $\langle t, \mu_{\mathrm{E},\mathrm{F}}(\omega) \rangle$. Cette notation coïncide avec celle utilisée dans la prop. 4 de VI, p. 21.

Lemme 3. — *Soient* E *et* F *des espaces localement convexes. Soit* γ *une construction tensorielle.*

a) *Pour tout* $\omega \in \mathrm{E}' \otimes \mathrm{F}'$, *la forme linéaire* $\mu_{\mathrm{E},\mathrm{F}}(\omega)$ *est continue sur* $\mathrm{E} \otimes_\gamma \mathrm{F}$.

b) *Pour tout* $t \in \mathrm{E} \otimes \mathrm{F}$, *la forme linéaire* $\lambda_{\mathrm{E},\mathrm{F}}(t)$ *est continue sur le sous-espace* $\mathrm{E}' \otimes \mathrm{F}'$ *de* $\mathrm{E}^* \otimes \mathrm{F}^*$ *pour la topologie de* $\mathrm{E}' \otimes_\gamma \mathrm{F}'$.

Il suffit de vérifier *a*) lorsque ω est de la forme $\varphi \otimes \psi$ avec $\varphi \in \mathrm{E}'$ et $\psi \in \mathrm{F}'$. D'après la prop. 4 de VI, p. 21, si p et q sont des semi-normes continues sur E et F respectivement, alors $\mu_{\mathrm{E},\mathrm{F}}(\varphi \otimes \psi)$ est continue sur $(\mathrm{E} \otimes \mathrm{F}, p \otimes_\gamma q)$. Par définition de la topologie de $\mathrm{E} \otimes_\gamma \mathrm{F}$, on en déduit que $\mu_{\mathrm{E},\mathrm{F}}(\omega)$ est continue sur $\mathrm{E} \otimes_\gamma \mathrm{F}$, d'où *a*).

De même, il suffit de vérifier *b*) lorsque t est de la forme $x \otimes y$ avec $(x, y) \in \mathrm{E} \times \mathrm{F}$. Dans ce cas $\lambda_{\mathrm{E},\mathrm{F}}(t)$ est la forme linéaire $c_{\mathrm{E}}(x) \otimes c_{\mathrm{F}}(y)$ sur $\mathrm{E}^* \otimes \mathrm{F}^*$. Les formes linéaires $c_{\mathrm{E}}(x)$ et $c_{\mathrm{F}}(y)$ sont continues sur E' et F' respectivement (IV, p. 14) ; d'après (CT1), on en déduit que la forme linéaire $c_{\mathrm{E}}(x) \otimes c_{\mathrm{F}}(y)$ est continue sur $\mathrm{E}' \otimes_\gamma \mathrm{F}'$, ce qui démontre *b*).

Remarque 4. — Soient E et F des espaces localement convexes, et soit γ une construction tensorielle. Il résulte du lemme 3 que $\lambda_{\mathrm{E},\mathrm{F}}$ induit une application linéaire de $\mathrm{E} \otimes \mathrm{F}$ dans $(\mathrm{E}' \otimes_\gamma \mathrm{F}')'$, que nous noterons encore $\lambda_{\mathrm{E},\mathrm{F}}$; nous dirons que c'est *l'application canonique de* $\mathrm{E} \otimes \mathrm{F}$ *dans* $(\mathrm{E}' \otimes_\gamma \mathrm{F}')'$. De même, $\mu_{\mathrm{E},\mathrm{F}}$ induit une application linéaire de $\mathrm{E}' \otimes \mathrm{F}'$ dans $(\mathrm{E} \otimes_\gamma \mathrm{F})'$, dite *canonique* et encore notée $\mu_{\mathrm{E},\mathrm{F}}$.

  * Nous définirons ci-dessous (VI, p. 101, n° 3) une construction tensorielle γ° telle que $\lambda_{\mathrm{E},\mathrm{F}} : \mathrm{E} \otimes_{\gamma^\circ} \mathrm{F} \to (\mathrm{E}' \otimes_\gamma \mathrm{F}')'$ soit continue quels que soient les espaces localement convexes E et F, et soit de plus isométrique lorsque E et F sont semi-normés. *

10. La construction tensorielle minimale

Soient (E, p) et (F, q) des espaces semi-normés. Munissons E' et F' des normes duales des semi-normes p et q respectivement (VI, p. 3).

Pour tout élément t de $E \otimes F$, posons

$$(8) \qquad (p \otimes_\varepsilon q)(t) \;=\; \sup_{\substack{(\xi,\eta)\in E'\times F' \\ \|\xi\|\leqslant 1,\|\eta\|\leqslant 1}} |\langle t, \xi \otimes \eta \rangle|,$$

la borne supérieure étant prise dans $[0, +\infty]$ et les notations étant celles de la prop. 4 de VI, p. 21 et de la remarque 3 de VI, p. 39.

Si $(x_i, y_i)_{i \in I}$ est une écriture de t, et si ξ et η sont des éléments de norme $\leqslant 1$ de E' et F' respectivement, alors $|\langle t, \xi \otimes \eta \rangle| \leqslant \sum_i p(x_i)q(y_i)$ d'après la prop. 4 de VI, p. 21. La formule (8) définit donc une fonction $p \otimes_\varepsilon q$ de $E \otimes F$ dans $\mathbf{R}_+$. C'est une *semi-norme* sur $E \otimes F$, borne supérieure des semi-normes $t \mapsto |\langle t, \xi \otimes \eta \rangle|$ lorsque ξ parcourt la boule unité de E' et η celle de F'.

PROPOSITION 19. — *La donnée des semi-normes $p \otimes_\varepsilon q$, pour tout couple $((E, p), (F, q))$ d'espaces semi-normés, définit une construction tensorielle ε. Cette construction tensorielle est commutative et associative.*

Remarque 1. — La construction tensorielle ε est *la plus petite construction tensorielle* : pour toute construction tensorielle γ, on a $\varepsilon \leqslant \gamma$ d'après la proposition 4 de VI, p. 21. On dit que ε est la *construction tensorielle minimale*.

Démontrons la prop. 19. Vérifions la condition (CT1). Puisque les semi-normes sont des fonctions positivement homogènes, il suffit de prouver que si E, F, E_1 et F_1 sont des espaces semi-normés et si $u \colon E \to E_1$ et $v \colon F \to F_1$ sont des applications linéaires continues de norme $\leqslant 1$, alors on a $\|(u \otimes v)(t)\|_\varepsilon \leqslant \|t\|_\varepsilon$ pour tout t dans $E \otimes F$.

Soit t un élément de $E \otimes F$. Si ξ et η sont des éléments de norme $\leqslant 1$ de E_1' et F_1' respectivement, on a

$$\langle (u \otimes v)(t), \xi \otimes \eta \rangle = \langle t, {}^t u(\xi) \otimes {}^t v(\eta) \rangle$$

(VI, p. 37, remarque 1) ; or ${}^t u(\xi)$ et ${}^t v(\eta)$ sont de norme $\leqslant 1$ (VI, p. 8, corollaire), donc

$$|\langle (u \otimes v)(t), \xi \otimes \eta \rangle| \leqslant \|t\|_\varepsilon.$$

Faisant varier ξ et η, on en déduit $\|(u \otimes v)(t)\|_\varepsilon \leqslant \|t\|_\varepsilon$ pour tout $t \in E \otimes F$, d'où la condition (CT1). Puisque la condition (CT2) résulte aussitôt des définitions, on en déduit que la donnée des semi-normes $p \otimes_\varepsilon q$, pour tout couple $((E, p), (F, q))$ d'espaces semi-normés, définit une construction tensorielle ε. Cette construction est commutative d'après la formule (8).

Pour prouver l'associativité, nous utiliserons le lemme suivant :

Lemme 4. — Soient E *et* F *des espaces semi-normés. Notons* $\mathrm{B}_{\mathrm{E}'}$ *et* $\mathrm{B}_{\mathrm{F}'}$ *les boules unité de* E' *et* F' *respectivement. Soit* A *l'image de* $\mathrm{B}_{\mathrm{E}'} \times \mathrm{B}_{\mathrm{F}'}$ *par l'application de* $\mathrm{E}' \otimes \mathrm{F}'$ *dans* $(\mathrm{E} \otimes_{\varepsilon} \mathrm{F})'$ *composée des applications canoniques de* $\mathrm{E}' \times \mathrm{F}$ *dans* $\mathrm{E}' \otimes \mathrm{F}'$ *(VI, p. 23) et de* $\mathrm{E}' \otimes \mathrm{F}'$ *dans* $(\mathrm{E} \otimes_{\varepsilon} \mathrm{F})'$ *(VI, p. 39, remarque 4). La boule unité de* $(\mathrm{E} \otimes_{\varepsilon} \mathrm{F})'$ *est l'enveloppe convexe fermée de* A *pour la topologie de la convergence simple.*

Par définition de ε, la boule unité de $\mathrm{E} \otimes_{\varepsilon} \mathrm{F}$ est le polaire A° de A (II, p. 47). Pour qu'une forme linéaire ξ sur $\mathrm{E} \otimes_{\varepsilon} \mathrm{F}$ soit continue de norme $\leqslant 1$, il faut et il suffit que l'on ait $\xi \in \mathrm{A}^{\circ\circ}$. D'après le théorème des bipolaires (II, p. 48, th. 1), cela équivaut à ce que ξ appartienne à l'enveloppe convexe faiblement fermée de A, ce qui démontre le lemme.

Terminons la démonstration de la proposition 19. Soient (E, p), (F, q) et (G, r) des espaces semi-normés ; notons $\mathrm{B}_{\mathrm{E}'}$, $\mathrm{B}_{\mathrm{F}'}$, $\mathrm{B}_{\mathrm{G}'}$ et $\mathrm{B}_{(\mathrm{F} \otimes_{\varepsilon} \mathrm{G})'}$ les boules unité de E', F', G' et $(\mathrm{F} \otimes_{\varepsilon} \mathrm{G})'$ respectivement. Soit t un élément de $\mathrm{E} \otimes (\mathrm{F} \otimes \mathrm{G})$. On a

$$\big(p \otimes_{\varepsilon} (q \otimes_{\varepsilon} r)\big)(t) = \sup_{\substack{\xi \in \mathrm{B}_{\mathrm{E}'} \\ \Upsilon \in \mathrm{B}_{(\mathrm{F} \otimes_{\varepsilon} \mathrm{G})'}}} |\langle t, \xi \otimes \Upsilon \rangle| \,;$$

il découle alors du lemme 4, ainsi que de la convexité de la fonction $u \mapsto |\langle t, \xi \otimes u' \rangle|$ sur $\mathrm{B}_{(\mathrm{F} \otimes_{\varepsilon} \mathrm{G})'}$ pour $\xi \in \mathrm{B}_{\mathrm{E}'}$ fixé, que l'on a

$$\big(p \otimes_{\varepsilon} (q \otimes_{\varepsilon} r)\big)(t) = \sup_{\substack{\xi \in \mathrm{B}_{\mathrm{E}'}, \\ \eta \in \mathrm{B}_{\mathrm{F}'}, \zeta \in \mathrm{B}_{\mathrm{G}'}}} |\langle t, \xi \otimes (\eta \otimes \zeta) \rangle|.$$

Si $\widetilde{t}$ désigne l'image de t par l'isomorphisme canonique de $\mathrm{E} \otimes (\mathrm{F} \otimes \mathrm{G})$ sur $(\mathrm{E} \otimes \mathrm{F}) \otimes \mathrm{G}$, alors un calcul analogue fournit la même valeur pour $((p \otimes_{\varepsilon} q) \otimes_{\varepsilon} r)(\widetilde{t})$. Cela démontre l'associativité de la construction ε et achève la démonstration de la prop. 19.

Soient E et F des espaces semi-normés. Notons $\mathscr{B}(\mathrm{E}', \mathrm{F}')$ l'espace des formes bilinéaires continues sur $\mathrm{E}' \times \mathrm{F}'$, muni de la norme définie par $\|b\| = \sup_{\|\xi\| \leqslant 1, \|\eta\| \leqslant 1} |b(\xi, \eta)|$ pour $b \in \mathscr{B}(\mathrm{E}', \mathrm{F}')$ (TG, X, p. 23).

Considérons le diagramme commutatif d'applications linéaires

$$(9)\qquad \begin{array}{ccc} \mathrm{E} \otimes_\varepsilon \mathrm{F} & \xrightarrow{\ \alpha\ } & \mathscr{L}(\mathrm{E}';\mathrm{F}) \\ \downarrow{\scriptstyle\beta} & \searrow{\scriptstyle\delta} & \downarrow{\scriptstyle\psi} \\ \mathscr{L}(\mathrm{F}';\mathrm{E}) & \xrightarrow{\ \varphi\ } & \mathscr{B}(\mathrm{E}',\mathrm{F}') \end{array}$$

où les applications α, β, φ, ψ et δ sont caractérisées par

$$\alpha(x \otimes y)(\xi) = \langle x, \xi\rangle y \qquad \beta(x \otimes y)(\eta) = \langle y, \eta\rangle x$$
$$\varphi(u)(\xi, \eta) = \langle u(\eta), \xi\rangle \qquad \psi(v)(\xi, \eta) = \langle v(\xi), \eta\rangle$$
$$\delta(x \otimes y)(\xi, \eta) = \langle x, \xi\rangle\langle y, \eta\rangle$$

pour $x \in \mathrm{E}$, $y \in \mathrm{F}$, $\xi \in \mathrm{E}'$, $\eta \in \mathrm{F}'$, $u \in \mathscr{L}(\mathrm{F}';\mathrm{E})$ et $v \in \mathscr{L}(\mathrm{E}';\mathrm{F})$. Rappelons que l'on munit les espaces $\mathscr{L}(\mathrm{E}';\mathrm{F})$ et $\mathscr{L}(\mathrm{F}';\mathrm{E})$ de leurs semi-normes canoniques (VI, p. 3, n° 2).

PROPOSITION 20. — *Les applications α, β, φ, ψ et δ sont isométriques.*
   Pour $\xi \in \mathrm{E}'$, $\eta \in \mathrm{F}'$ et $t \in \mathrm{E} \otimes \mathrm{F}$, on a

$$\delta(t)(\xi, \eta) = \langle t, \xi \otimes \eta\rangle\,;$$

vu la norme choisie sur $\mathscr{B}(\mathrm{E}', \mathrm{F}')$ et la définition de ε (formule (8)), il en résulte que δ est isométrique.

   Vérifions que φ est isométrique. Notons E_0 l'espace normé associé à E (VI, p. 7, n° 6). Soit $\varphi_0\colon \mathscr{L}(\mathrm{F}';\mathrm{E}_0) \to \mathscr{B}(\mathrm{E}'_0, \mathrm{F}')$ l'application linéaire caractérisée par $\varphi_0(u)(\xi, \eta) = \langle u(\eta), \xi\rangle$ pour $\xi \in \mathrm{E}'_0$ et $\eta \in \mathrm{F}'$. Alors φ_0 est isométrique (IV, p. 8, remarque 2). Soit ϱ l'application canonique de E dans E_0 (VI, p. 7). Elle est isométrique, donc l'application $\varrho^\flat\colon \mathscr{L}(\mathrm{F}';\mathrm{E}) \to \mathscr{L}(\mathrm{F}';\mathrm{E}_0)$ déduite de ϱ est isométrique. De même, l'application $\varrho^\sharp\colon \mathscr{B}(\mathrm{E}'_0, \mathrm{F}') \to \mathscr{B}(\mathrm{E}', \mathrm{F}')$ déduite de ${}^t\varrho$ est isométrique puisque ${}^t\varrho$ est isométrique (VI, p. 7, prop. 4). Il résulte aussitôt des définitions de $\varrho^\flat$, $\varrho^\sharp$ et φ_0 que l'on a $\varphi = \varrho^\sharp \circ \varphi_0 \circ \varrho^\flat$. Ainsi, l'application φ est isométrique. On vérifie de la même manière que ψ est isométrique.

   Enfin, on a $\delta = \psi \circ \alpha = \varphi \circ \beta$; puisque δ, φ et ψ sont isométriques, on en déduit que α et β sont isométriques, et la prop. 20 est démontrée.

   Si E et F sont des espaces localement convexes, il existe une unique application linéaire $\theta\colon \mathrm{E}' \otimes \mathrm{F} \to \mathscr{L}(\mathrm{E};\mathrm{F})$ telle que l'on ait $\theta(\xi \otimes y)(x) = \langle x, \xi\rangle y$ quels que soient $x \in \mathrm{E}$, $\xi \in \mathrm{E}'$ et $y \in \mathrm{F}$. Nous dirons que c'est *l'application canonique de* $\mathrm{E}' \otimes \mathrm{F}$ *dans* $\mathscr{L}(\mathrm{E};\mathrm{F})$.

COROLLAIRE. — *Soient* E *et* F *des espaces semi-normés. L'application* $\theta\colon E' \otimes F \to \mathscr{L}(E; F)$ *est isométrique de* $E' \otimes_\varepsilon F$ *dans* $\mathscr{L}(E; F)$.

Soit $\tau\colon \mathscr{L}(E; F) \to \mathscr{L}(F'; E')$ l'application linéaire $u \mapsto {}^t u$. Elle est isométrique (VI, p. 8, corollaire). De plus, l'application $\tau \circ \theta$, de $E' \otimes_\varepsilon F$ dans $\mathscr{L}(F'; E')$, vérifie $(\tau \circ \theta)(\xi \otimes y)(\eta) = \langle y, \eta \rangle \xi$ quels que soient $x \in E$, $\xi \in E'$, $y \in F$ et $\eta \in F'$. Il résulte de la proposition 20, appliquée au couple (E', F), que $\beta = \tau \circ \theta$ est isométrique, donc θ est isométrique.

PROPOSITION 21. — *La construction tensorielle* ε *est injective.*

Puisque la construction tensorielle ε est commutative, il suffit de montrer qu'elle est injective à gauche. Soient E, F et E_1 des espaces semi-normés. Soit $u\colon E \to E_1$ une application linéaire isométrique. Notons $B_{E'}$, $B_{F'}$, $B_{E_1'}$ les boules unité ouvertes de E', F', E_1' respectivement. Pour $\xi \in B_{E_1'}$, $\eta \in B_{F'}$ et $t \in E \otimes F$, on a

$$\langle (u \otimes 1_F)(t), \xi \otimes \eta \rangle = \langle t, {}^t u(\xi) \otimes \eta \rangle.$$

Par ailleurs, on a ${}^t u(B_{E_1'}) = B_{E'}$ (VI, p. 5, prop. 2 et p. 4, prop. 1). Ainsi $\|(u \otimes 1_F)(t)\|_\varepsilon = \sup_{\chi \in B_{E'}, \eta \in B_{F'}} |\langle t, \chi \otimes \eta \rangle| = \|t\|_\varepsilon$, d'où la proposition.

Remarques. — 2) Si E et F sont des espaces normés, certains auteurs disent que la norme de $E \otimes_\varepsilon F$ est *la norme injective* sur $E \otimes F$.

3) La construction tensorielle ε n'est pas projective (VI, p. 137, exerc. 4). Plus généralement, avec les hypothèses et notations de la déf. 3 de VI, p. 35, la topologie définie par $p_1 \otimes_\varepsilon q$ peut être différente de la topologie quotient de celle définie par $p \otimes_\varepsilon q$ (VI, p. 141, exerc. 18).

PROPOSITION 22. — *Soient* (E, p) *et* (F, q) *des espaces semi-normés. Soient* $(p_i)_{i \in I}$ *et* $(q_j)_{j \in J}$ *des familles de semi-normes sur* E *et* F *respectivement. Si* $p = \sup_{i \in I} p_i$ *et* $q = \sup_{j \in J} q_j$, *alors*

$$p \otimes_\varepsilon q = \sup_{(i,j) \in I \times J} (p_i \otimes_\varepsilon q_j).$$

Pour $j \in J$, notons F_j l'espace semi-normé (F, q_j) et $u \mapsto \|u\|_j$ la semi-norme sur $\mathscr{L}(E'; F_j)$ déduite de p' et de q_j. On a l'inclusion $\mathscr{L}(E'; F) \subset \mathscr{L}(E'; F_j)$ et pour tout $u \in \mathscr{L}(E'; F)$, on a l'égalité

$$\|u\| = \sup_{j \in J} \|u\|_j.$$

Soit $\alpha\colon \mathrm{E}\otimes_\varepsilon \mathrm{F} \to \mathscr{L}(\mathrm{E}';\mathrm{F})$ l'application définie dans le diagramme (9). D'après la proposition 20, tout élément t de $\mathrm{E}\otimes\mathrm{F}$ vérifie

$$(p\otimes_\varepsilon q)(t) = \|\alpha(t)\| = \sup_{j\in\mathrm{J}}\|\alpha(t)\|_j = \sup_{j\in\mathrm{J}}(p\otimes_\varepsilon q_j)(t),$$

d'où $p\otimes_\varepsilon q = \sup_{j\in\mathrm{J}}(p\otimes_\varepsilon q_j)$. Vu la commutativité de ε, on a aussi $p\otimes_\varepsilon q_j = \sup_{i\in\mathrm{I}}(p_i\otimes_\varepsilon q_j)$ pour tout $j\in\mathrm{J}$; la proposition en résulte.

CorollairE. — *Soient* X *un ensemble et* $\mathscr{F}(\mathrm{X};\mathrm{K})$ *l'espace vectoriel des fonctions de* X *dans* K. *Soient* A *une partie de* X *et* $\mathscr{C}$ *un sous-espace vectoriel de* $\mathscr{F}(\mathrm{X};\mathrm{K})$ *formé de fonctions bornées sur* A. *Notons* p *la semi-norme sur* $\mathscr{C}$ *borne supérieure des semi-normes* $p_x\colon \varphi\mapsto|\varphi(x)|$ *pour* $x\in\mathrm{A}$. *Soient* (F,q) *un espace semi-normé et* $\Phi\colon \mathscr{C}\otimes\mathrm{F}\to\mathscr{F}(\mathrm{X};\mathrm{F})$ *l'unique application linéaire qui, à* $\varphi\otimes f$, *associe la fonction* $x\mapsto\varphi(x)f$. *Pour tout élément* t *de* $\mathscr{C}\otimes\mathrm{F}$, *on a*

$$(p\otimes_\varepsilon q)(t) = \sup_{x\in\mathrm{A}} q(\Phi(t)(x)).$$

Soient t un élément de $\mathscr{C}\otimes\mathrm{F}$ et $(\varphi_i, f_i)_{i\in\mathrm{I}}$ une écriture de t. Soit m la valeur absolue $z\mapsto|z|$ sur K, et soit x un élément de A. L'application $\mathrm{ev}_x\colon \varphi\mapsto\varphi(x)$ de l'espace semi-normé $(\mathscr{C}, p_x)$ sur l'espace normé (K, m) est isométrique. Comme la construction tensorielle ε est injective (prop. 21), l'application $\mathrm{ev}_x\otimes 1_\mathrm{F}$ est donc isométrique de $(\mathscr{C}\otimes\mathrm{F}, p_x\otimes_\varepsilon q)$ dans $(\mathrm{K}\otimes\mathrm{F}, m\otimes_\varepsilon q)$. Il en résulte que

$$(p_x\otimes_\varepsilon q)(t) = (m\otimes_\varepsilon q)\Big(\sum_{i\in\mathrm{I}}\varphi_i(x)\otimes f_i\Big)$$

d'où

$$(p_x\otimes_\varepsilon q)(t) = (m\otimes_\varepsilon q)\Big(1\otimes\sum_{i\in\mathrm{I}}\varphi_i(x)f_i\Big)$$

$$= q\Big(\sum_{i\in\mathrm{I}}\varphi_i(x)f_i\Big) = q(\Phi(t)(x))$$

vu la prop. 5 de VI, p. 21. Cette égalité étant vraie pour tout $x\in\mathrm{A}$, et puisque $(p\otimes_\varepsilon q)(t) = \sup_{x\in\mathrm{A}}(p_x\otimes_\varepsilon q)(t)$ (prop. 22), cela prouve l'égalité voulue.

Lemme 5. — Soient T *un espace topologique compact et* E *un espace localement convexe. Notons* E'_s *le dual* E' *de* E *muni de la topologie de la convergence simple. Soit* $h\colon \mathrm{T}\to\mathrm{E}'_s$ *une application continue, et soit* ξ *un élément de l'enveloppe convexe fermée de* $h(\mathrm{T})$. *Il existe alors* *une mesure positive μ sur* T, *de masse 1, telle que pour tout $x \in$ E, on ait*

$$\langle x, \xi \rangle = \int_{\mathrm{T}} \langle x, h(t) \rangle d\mu(t).$$

Notons F l'espace E'_s et identifions-le à un sous-espace de E^*. D'après la prop. 3 de II, p. 46, le dual F' de F s'identifie à E ; la topologie de F s'identifie alors à la topologie induite par la topologie $\sigma(\mathrm{F}'^*, \mathrm{F}') = \sigma(\mathrm{E}^*, \mathrm{E})$ de $\mathrm{F}'^* = \mathrm{E}^*$. Moyennant ces identifications, l'élément ξ appartient donc à l'enveloppe convexe fermée de $h(\mathrm{T})$ dans F'^*. D'après la prop. 5 de INT, III, p. 78, § 3, n° 2, il existe une mesure positive μ sur T, de masse 1, telle que ξ soit égal à l'intégrale vectorielle $\int h\, d\mu$, d'où le lemme.

PROPOSITION 23. — *Soient* E *et* F *des espaces semi-normés, et soient* $\mathrm{B}_{\mathrm{E}'}$ *et* $\mathrm{B}_{\mathrm{F}'}$ *les boules unité de* E' *et* F' *munies chacune de la topologie faible. Soit ℓ une forme linéaire sur* $\mathrm{E} \otimes \mathrm{F}$. *Pour que ℓ soit continue sur* $\mathrm{E} \otimes_\varepsilon \mathrm{F}$, *il faut et il suffit qu'il existe une mesure positive μ sur l'espace compact* $\mathrm{B}_{\mathrm{E}'} \times \mathrm{B}_{\mathrm{F}'}$ *telle que l'on ait*

$$(10) \qquad \ell(t) = \int_{\mathrm{B}_{\mathrm{E}'} \times \mathrm{B}_{\mathrm{F}'}} \langle t, \xi \otimes \eta \rangle d\mu(\xi, \eta)$$

pour tout $t \in \mathrm{E} \otimes \mathrm{F}$.

Si μ est une mesure positive sur $\mathrm{B}_{\mathrm{E}'} \times \mathrm{B}_{\mathrm{F}'}$, alors il résulte aussitôt de la formule (8) que $t \mapsto \int \langle t, \xi \otimes \eta \rangle d\mu(\xi, \eta)$ est une forme linéaire continue sur $\mathrm{E} \otimes_\varepsilon \mathrm{F}$, de norme $\leqslant \mu(\mathrm{B}_{\mathrm{E}'} \times \mathrm{B}_{\mathrm{F}'})$.

Inversement, soit ℓ une forme linéaire continue sur $\mathrm{E} \otimes_\varepsilon \mathrm{F}$; supposons-la de norme $\leqslant 1$. Munissons le dual $(\mathrm{E} \otimes_\varepsilon \mathrm{F})'$ de la topologie faible, et considérons l'application $h \colon \mathrm{B}_{\mathrm{E}'} \times \mathrm{B}_{\mathrm{F}'} \to (\mathrm{E} \otimes_\varepsilon \mathrm{F})'$ telle que $h(\xi, \eta)$ soit la forme linéaire $s \mapsto \langle s, \xi \otimes \eta \rangle$ (notations de la remarque 3 de VI, p. 39). Cette application est continue par définition de la topologie faible. D'après le lemme 4, la forme linéaire ℓ appartient à l'enveloppe convexe fermée de $h(\mathrm{B}_{\mathrm{E}'} \times \mathrm{B}_{\mathrm{F}'})$. D'après le lemme 5, il existe donc une mesure positive μ sur $\mathrm{B}_{\mathrm{E}'} \times \mathrm{B}_{\mathrm{F}'}$ telle que ℓ satisfasse à la formule (10), d'où la proposition.

11. Le produit tensoriel topologique minimal

Soient E et F des espaces localement convexes.

PROPOSITION 24. — a) *Si $(p_i)_{i\in I}$ et $(q_j)_{j\in J}$ sont des systèmes fondamentaux de semi-normes sur* E *et* F *respectivement, alors la famille $(p_i\otimes_\varepsilon q_j)_{(i,j)\in I\times J}$ est un système fondamental de semi-normes sur* $E\otimes_\varepsilon F$.

b) *L'application canonique de* $E\,\widehat{\otimes}_\varepsilon\,F$ *dans* $\widehat{E}\,\widehat{\otimes}_\varepsilon\,\widehat{F}$ *(VI, p. 27) est un isomorphisme.*

Lorsque les systèmes fondamentaux $(p_i)_{i\in I}$ et $(q_j)_{j\in J}$ sont filtrants croissants, l'assertion *a*) résulte du n° 2. Le cas général s'en déduit d'après la remarque 3 de II, p. 3 et la proposition 22 de VI, p. 43.

L'assertion *b*) résulte de l'injectivité de la construction tensorielle ε (VI, p. 43, prop. 21) et de la proposition 17 de VI, p. 34.

PROPOSITION 25. — *Supposons l'espace* F *séparé. On munit chacun des espaces* E' *et* $\mathscr{L}(E;F)$ *de la topologie de la convergence bornée. Soit* θ *l'application canonique de* $E'\otimes F$ *dans* $\mathscr{L}(E;F)$ *(VI, p. 42).*

a) *L'application* θ *induit un isomorphisme de* $E'\otimes_\varepsilon F$ *sur* $\mathscr{L}^{\mathrm{f}}(E;F)$.

b) *Si* E *est bornologique et* F *complet, alors* θ *se prolonge en une application linéaire continue* $\widehat{\theta}$ *de* $E'\,\widehat{\otimes}_\varepsilon\,F$ *dans* $\mathscr{L}(E;F)$, *qui induit un isomorphisme de* $E'\,\widehat{\otimes}_\varepsilon\,F$ *sur l'adhérence de* $\mathscr{L}^{\mathrm{f}}(E;F)$ *dans* $\mathscr{L}(E;F)$.

L'injectivité de θ résulte de A, II, p. 77, corollaire.

Prouvons que θ est continue et stricte. Soit $\mathscr{S}$ l'ensemble des parties bornées, convexes, équilibrées de E. Soit Γ l'ensemble des semi-normes continues sur F. Pour $S\in\mathscr{S}$ et $q\in\Gamma$, notons p_S et $p_{S,q}$ les semi-normes sur E' et $\mathscr{L}(E;F)$ définies par

$$p_S(\xi)=\sup_{x\in S}|\langle x,\xi\rangle|,\qquad p_{S,q}(u)=\sup_{x\in S}q(u(x)).$$

Lorsque S parcourt $\mathscr{S}$, les semi-normes p_S forment un système fondamental de semi-normes sur E' ; de même, lorsque S parcourt $\mathscr{S}$ et q parcourt Γ, les semi-normes $p_{S,q}$ forment un système fondamental de semi-normes sur $\mathscr{L}(E;F)$ (III, p. 14 et p. 15, prop. 2). Par ailleurs, les semi-normes $p_S\otimes_\varepsilon q$ forment un système fondamental de semi-normes sur $E'\otimes_\varepsilon F$ (prop. 24).

Quels que soient $S\in\mathscr{S}$ et $q\in\Gamma$, il résulte du corollaire de la prop. 22 de VI, p. 43 (appliqué en prenant $X=E$, $A=S$ et $\mathscr{C}=E'$) que l'on a $p_{S,q}\circ\theta=p_S\otimes_\varepsilon q$. Vu ce qui précède et vu la prop. 12 de VI, p. 17, on en déduit que θ est continue et stricte. Par conséquent, elle induit un isomorphisme de $E'\otimes_\varepsilon F$ sur son image.

L'image de θ est contenue dans $\mathscr{L}^{\mathrm{f}}(E;F)$. Inversement, soit u un élément de $\mathscr{L}^{\mathrm{f}}(E;F)$; puisque F est séparé, il existe un entier $n\geqslant 1$, des éléments $\xi_1, \ldots, \xi_n$ de E', et des éléments $y_1, \ldots, y_n$ de F, tels que l'on ait $u(x) = \sum_{i=1}^n \langle x, \xi_i \rangle y_i$ pour tout $x \in \mathrm{E}$ (*cf.* I, p. 14, th. 2), c'est-à-dire $u = \theta(\sum_i \xi_i \otimes y_i)$. Cela prouve l'assertion *a*).

Démontrons *b*). Il résulte de *a*) que $\widehat{\theta}$ induit un isomorphisme de $\mathrm{E}' \,\widehat{\otimes}_\varepsilon\, \mathrm{F}$ sur l'adhérence de $\mathscr{L}^{\mathrm{f}}(\mathrm{E}; \mathrm{F})$ dans $\widehat{\mathscr{L}(\mathrm{E}; \mathrm{F})}$; sous les hypothèses de *b*), l'espace $\mathscr{L}(\mathrm{E}; \mathrm{F})$ est séparé et complet (III, p. 23, prop. 12), d'où la proposition.

PROPOSITION 26. — *Soient* E, E_1, F *des espaces localement convexes et soit* $u\colon \mathrm{E} \to \mathrm{E}_1$ *une application linéaire continue, injective et stricte. Les applications* $u \otimes 1_{\mathrm{F}}\colon \mathrm{E} \otimes_\varepsilon \mathrm{F} \to \mathrm{E}_1 \otimes_\varepsilon \mathrm{F}$ *et* $u\,\widehat{\otimes}_\varepsilon\, 1_{\mathrm{F}}\colon \mathrm{E}\,\widehat{\otimes}_\varepsilon\, \mathrm{F} \to \mathrm{E}_1\,\widehat{\otimes}_\varepsilon\, \mathrm{F}$ *sont injectives et strictes.*

L'injectivité de $u \otimes 1_{\mathrm{F}}$ résulte de A, II, p. 108, prop. 14. Soient p et q des semi-normes continues sur E et F respectivement. Comme u est injective et stricte, il existe une semi-norme continue p_1 sur E_1 vérifiant $p \leqslant p_1 \circ u$ (VI, p. 17, prop. 12). On a alors

$$p \otimes_\varepsilon q \leqslant (p_1 \circ u) \otimes_\varepsilon q = (p_1 \otimes_\varepsilon q) \circ (u \otimes 1_{\mathrm{F}})$$

(VI, p. 20, prop. 1 et p. 43, prop. 21), donc $u \otimes 1_{\mathrm{F}}$ est stricte (VI, p. 17, prop. 12). Les assertions sur $u\,\widehat{\otimes}_\varepsilon\, 1_{\mathrm{F}}$ résultent alors de TG, II, p. 26, cor. 1.

COROLLAIRE. — *Supposons* E *tonnelé ou bornologique et* F *séparé. Notons* E' *le dual fort de* E, *et munissons* $\mathscr{L}(\mathrm{E}'; \mathrm{F})$ *de la topologie de la convergence bornée. Soit* α *l'unique application linéaire de* $\mathrm{E} \otimes_\varepsilon \mathrm{F}$ *dans* $\mathscr{L}(\mathrm{E}'; \mathrm{F})$ *vérifiant* $\alpha(x \otimes y)(\xi) = \langle x, \xi \rangle y$ *si* $x \in \mathrm{E}$, $\xi \in \mathrm{E}'$, $y \in \mathrm{F}$.

a) *L'application* α *est injective, continue et stricte.*

b) *Si* E' *est bornologique et* F *complet, alors* $\widehat{\alpha}$ *induit un isomorphisme de* $\mathrm{E}\,\widehat{\otimes}_\varepsilon\, \mathrm{F}$ *sur un sous-espace fermé de* $\mathscr{L}(\mathrm{E}'; \mathrm{F})$.

Les hypothèses sur E entraînent que l'application canonique c_{E} de E dans son bidual E'' (muni de la topologie forte) est injective, continue et stricte (IV, p. 14, prop. 2). En vertu de la prop. 26, il en va de même de $c_{\mathrm{E}} \otimes 1_{\mathrm{F}}\colon \mathrm{E} \otimes_\varepsilon \mathrm{F} \to \mathrm{E}'' \otimes_\varepsilon \mathrm{F}$. D'après la prop. 25, l'application linéaire canonique $\theta\colon \mathrm{E}'' \otimes_\varepsilon \mathrm{F} \to \mathscr{L}(\mathrm{E}'; \mathrm{F})$ est injective, continue et stricte ; comme α est égale à $\theta \circ (c_{\mathrm{E}} \otimes 1_{\mathrm{F}})$, l'assertion *a*) est démontrée. L'assertion *b*) en résulte puisque $\mathscr{L}(\mathrm{E}'; \mathrm{F})$ est séparé et complet sous les hypothèses de *b*).

PROPOSITION 27. — *Soient* E, E_1 *et* F *des espaces localement convexes. Soit* u *une application linéaire continue de* E *dans* E_1. *Si* $\widehat{u}\colon \widehat{E} \to \widehat{E}_1$ *est injective, alors l'application* $u\,\widehat{\otimes}_\varepsilon\, 1_F \colon E\,\widehat{\otimes}_\varepsilon\, F \to E_1\,\widehat{\otimes}_\varepsilon\, F$ *est injective.*

L'espace F est la limite du système projectif (F_p, f_{pq}) relatif à l'ensemble des semi-normes continues sur F (VI, p. 28, exemple 1). Compte tenu des isomorphismes canoniques $E\,\widehat{\otimes}_\varepsilon\, F \to \varprojlim E\,\widehat{\otimes}_\varepsilon\, F_q$ et $E_1\,\widehat{\otimes}_\varepsilon\, F \to \varprojlim E_1\,\widehat{\otimes}_\varepsilon\, F_q$ (*cf.* VI, p. 30, exemple 2), il suffit de traiter le cas où l'espace F est semi-normé. Les espaces F et F' sont alors bornologiques (III, p. 12, exemple 1). D'autre part, l'application $u\,\widehat{\otimes}_\varepsilon\, 1_F$ s'identifie à $\widehat{u}\,\widehat{\otimes}_\varepsilon\, 1_F$ (prop. 24) ; on peut donc supposer que E et E_1 sont séparés et complets et que u est injective. Considérons alors le diagramme commutatif

$$
\begin{array}{ccc}
E\,\widehat{\otimes}_\varepsilon\, F & \xrightarrow{\;u\,\widehat{\otimes}_\varepsilon\, 1_F\;} & E_1\,\widehat{\otimes}_\varepsilon\, F \\[2pt]
\Big\downarrow{\scriptstyle\widehat{\alpha}} & & \Big\downarrow{\scriptstyle\widehat{\alpha}_1} \\[4pt]
\mathscr{L}(F';E) & \xrightarrow{\;\widetilde{u}\;} & \mathscr{L}(F',E_1)
\end{array}
$$

où $\widehat{\alpha}$ et $\widehat{\alpha}_1$ sont les applications linéaires injectives figurant dans le corollaire de la prop. 26, et $\widetilde{u}$ l'application $v \mapsto u \circ v$. Comme u est injective, il en va de même de $\widetilde{u}$, donc aussi de $u\,\widehat{\otimes}_\varepsilon\, 1_F$.

12. Compléments sur les espaces d'applications bilinéaires

Soient E, F et G des espaces vectoriels. Si u est une application linéaire de $E \otimes F$ dans G, notons $b_u\colon E \times F \to G$ l'application bilinéaire $(x, y) \mapsto u(x \otimes y)$; nous dirons que c'est l'application bilinéaire *associée* à u. Inversement, si $b\colon E \times F \to G$ est une application bilinéaire, notons $u_b\colon E \otimes F \to G$ l'unique application linéaire vérifiant $u_b(x \otimes y) = b(x, y)$ pour tout $x \in E$ et tout $y \in F$ (A, II, p. 54, prop. 3) ; nous dirons qu'elle est *associée* à b.

Les applications $b \mapsto u_b$ et $u \mapsto b_u$ définissent des bijections inverses l'une de l'autre entre, d'une part, l'espace vectoriel $\mathrm{Hom}_K(E \otimes F; G)$ des applications linéaires de $E \otimes F$ dans G, et d'autre part, l'espace vectoriel des applications bilinéaires de $E \times F$ dans G (A, II, *loc. cit.*). Ces bijections sont linéaires.

Si E, F et G sont des espaces vectoriels topologiques, on note $\mathscr{L}(E, F; G)$ l'espace des applications bilinéaires continues de $E \times F$

dans G. Lorsque $G = K$, on écrit $\mathscr{B}(E, F)$ plutôt que $\mathscr{L}(E, F; G)$, conformément à la notation utilisée dans le n° 10 de VI, p. 41.

Si E, F, G sont semi-normés et si $u \colon E \times F \to G$ est une application bilinéaire, posons

$$\|u\| = \sup_{\|x\| \leqslant 1, \|y\| \leqslant 1} \|u(x, y)\|,$$

la borne supérieure étant prise dans $[0, +\infty]$. L'application u est continue sur $E \times F$ si et seulement si elle vérifie $\|u\| < +\infty$. L'application $u \mapsto \|u\|$ est une semi-norme sur $\mathscr{L}(E, F; G)$, dite *canonique*. Sauf indication contraire, on munit $\mathscr{L}(E, F; G)$ de cette semi-norme ; par abus de langage, on écrit « u est de norme $\leqslant \alpha$ » plutôt que « $\|u\|_{\mathscr{L}(E, F; G)} \leqslant \alpha$ ». Lorsque G est séparé, la semi-norme $u \mapsto \|u\|_{\mathscr{L}(E, F; G)}$ est une norme.

Dans la suite de ce numéro, on fixe des espaces localement convexes E, F et G.

Lemme 6. — Soit γ une construction tensorielle. Pour tout élément u de $\mathscr{L}(E \otimes_\gamma F; G)$, l'application bilinéaire $b_u \colon E \times F \to G$ est continue. Si E, F et G sont semi-normés, alors $\|b_u\|_{\mathscr{L}(E, F; G)} \leqslant \|u\|_{\mathscr{L}(E \otimes_\gamma F; G)}$.

La première assertion est conséquence de la seconde. Supposons donc E, F et G semi-normés. Pour tout $x \in E$ et tout $y \in F$, on a alors

$$\|b_u(x, y)\|_G = \|u(x \otimes y)\|_G \leqslant \|u\| \|x \otimes y\|_{E \otimes_\gamma F} = \|u\| \|x\|_E \|y\|_F,$$

où la dernière égalité résulte de la prop. 5 de VI, p. 21 ; cela démontre le lemme.

Vu le lemme 6, la bijection $u \mapsto b_u$ induit, par passage aux sous-espaces, une application linéaire c_γ de $\mathscr{L}(E \otimes_\gamma F; G)$ dans $\mathscr{L}(E, F; G)$. Nous dirons que c'est l'application *canonique* de $\mathscr{L}(E \otimes_\gamma F; G)$ dans $\mathscr{L}(E, F; G)$. Cette application est injective ; si E, F et G sont semi-normés, alors c_γ est de norme $\leqslant 1$ d'après le lemme 6.

Remarques. — 1) Si G est séparé et complet, alors $\mathscr{L}(E \otimes_\gamma F; G)$ s'identifie à $\mathscr{L}(E \widehat{\otimes}_\gamma F; G)$ d'après III, p. 16 ; l'application c_γ induit donc une application linéaire continue de $\mathscr{L}(E \widehat{\otimes}_\gamma F; G)$ dans $\mathscr{L}(E, F; G)$, dite canonique.

2) Soit $u \in \mathscr{L}(E \otimes_\gamma F; G)$. Pour tout $x \in E$, définissons $\widetilde{u}(x) \colon F \to G$ par $\widetilde{u}(x)(y) = u(x \otimes y)$; cette application est linéaire et continue. L'application $\widetilde{u} \colon E \to \mathscr{L}(F; G)$ ainsi définie est linéaire, et elle est continue si $\mathscr{L}(F; G)$ est muni de la topologie de la convergence bornée.

En effet, si $x \in E$, alors $\widetilde{u}(x)$ est l'application $y \mapsto c_\gamma(u)(x,y)$. Les assertions ci-dessus découlent donc du fait que $c_\gamma(u)$ est bilinéaire et continue (lemme 6) et de la prop. 3 de III, p. 31.

Si $b \colon E \times F \to G$ est une application bilinéaire, convenons de noter $d_b \colon E \to \mathrm{Hom}_K(F, G)$ l'application linéaire $x \mapsto (y \mapsto b(x,y))$. Si $d \colon E \to \mathrm{Hom}_K(F, G)$ est une application linéaire, notons b_d l'application $(x,y) \mapsto d(x)(y)$ de $E \times F$ dans G. Les applications $b \mapsto d_b$ et $d \mapsto b_d$ définissent des bijections inverses l'une de l'autre entre, d'une part, l'espace des applications bilinéaires de $E \times F$ dans G, et d'autre part, l'espace $\mathrm{Hom}_K(E; \mathrm{Hom}_K(F; G))$.

Dans la proposition qui suit, on munit $\mathscr{L}(F; G)$ de la topologie de la convergence bornée.

PROPOSITION 28. — a) *Pour tout élément b de $\mathscr{L}(E, F; G)$, et pour tout $x \in E$, l'application $d_b(x) \colon F \to G$ est continue ; de plus, l'application $x \mapsto d_b(x)$ est continue de E dans $\mathscr{L}(F; G)$.*

b) *Notons $D \colon \mathscr{L}(E, F; G) \to \mathscr{L}(E; \mathscr{L}(F; G))$ l'application linéaire injective $b \mapsto d_b$. Si F est semi-normé, alors D est bijective.*

L'assertion $a)$ résulte de la prop. 3 de III, p. 31. Supposons F semi-normé. Pour tout v dans $\mathscr{L}(E; \mathscr{L}(F; G))$, l'application bilinéaire $b_v \colon E \times F \to G$ est alors continue : en effet, si V est un voisinage de 0 dans G et si B est la boule unité de l'espace semi-normé F, alors il existe un voisinage U de 0 dans E tel que les éléments de $v(U)$ appliquent B dans V (*cf.* III, p. 13, remarque 2). On a alors $b_v(U \times B) \subset V$, d'où la continuité de b_v. Puisque $D(b_v) = v$, on conclut que D est surjective, ce qui démontre $b)$.

Nous dirons que D est l'application canonique de l'espace $\mathscr{L}(E, F; G)$ dans l'espace $\mathscr{L}(E; \mathscr{L}(F; G))$.

13. La construction tensorielle maximale

Soient (E, p) et (F, q) des espaces semi-normés. Pour tout élément t de $E \otimes F$, posons

$$(11) \qquad (p \otimes_\pi q)(t) = \inf \sum_{i \in I} p(x_i) q(y_i),$$

où le membre de droite désigne la borne inférieure de l'ensemble des nombres réels de la forme $\sum_{i \in I} p(x_i) q(y_i)$ où $(x_i, y_i)_{i \in I}$ est une écriture de t.

PROPOSITION 29. —   a) *L'application $t \mapsto (p \otimes_\pi q)(t)$, de $E \otimes F$ dans $\mathbf{R}$, est une semi-norme. C'est la plus grande des semi-normes r sur $E \otimes F$ vérifiant $r(x \otimes y) \leqslant p(x)q(y)$ pour tous $x \in E$ et $y \in F$.*

    b) *Notons B_p et B_q les boules unité ouvertes de (E, p) et (F, q). La boule unité ouverte de $(E \otimes F, p \otimes_\pi q)$ est l'enveloppe convexe de l'ensemble des éléments de la forme $x \otimes y$ avec $x \in B_p$ et $y \in B_q$.*

    Il est clair que l'on a $(p \otimes_\pi q)(\lambda t) = |\lambda|(p \otimes_\pi q)(t)$ pour $\lambda \in K$ et $t \in E \otimes F$. Soient t et t' des éléments de $E \otimes F$; quelles que soient les écritures $(x_i, y_i)_{i \in I}$ de t et $(x'_j, y'_j)_{j \in J}$ de t', on a

$$(p \otimes_\pi q)(t + t') \leqslant \sum_{i \in I} p(x_i)q(y_i) + \sum_{j \in J} p(x'_j)q(y'_j).$$

On en déduit par passage à la borne inférieure la première assertion de a). Soit r une semi-norme sur $E \otimes F$ vérifiant $r(x \otimes y) \leqslant p(x)q(y)$ pour tout $x \in E$ et tout $y \in F$. Soit $t \in E \otimes F$. Comme r est une semi-norme, pour toute écriture $(x_i, y_i)_{i \in I}$ de t, on a

$$r(t) \leqslant \sum_{i \in I} p(x_i)q(x_i) \, ;$$

passant à la borne inférieure, on obtient $r(t) \leqslant (p \otimes_\pi q)(t)$, d'où la seconde assertion de a).

    Soit B la boule unité ouverte de $(E \otimes F, p \otimes_\pi q)$, et soit C l'enveloppe convexe de l'ensemble A des éléments de la forme $x \otimes y$ avec $x \in B_p$ et $y \in B_q$. On a $A \subset B$ d'après la prop. 5 de VI, p. 21, et B est convexe, donc $C \subset B$. Pour montrer l'inclusion $B \subset C$, nous allons vérifier que la jauge de l'ensemble convexe C (II, p. 22) est égale à $p \otimes_\pi q$.

    L'ensemble convexe C est symétrique. Il est absorbant : en effet, si $t \in E \otimes F$ et si $(x_i, y_i)_{1 \leqslant i \leqslant n}$ est une écriture de t, alors il existe $\varrho > 0$ tel que l'on ait $x_i \frac{\sqrt{n}}{\sqrt{\varrho}} \in B_p$ et $y_i \frac{\sqrt{n}}{\sqrt{\varrho}} \in B_q$ pour tout $i \in \{1, \dots, n\}$; on a alors $\varrho^{-1} t = \frac{1}{n} \sum_{i=1}^n \left(x_i \frac{\sqrt{n}}{\sqrt{\varrho}} \right) \otimes \left(y_i \frac{\sqrt{n}}{\sqrt{\varrho}} \right)$, donc $\varrho^{-1} t \in C$.

    D'après II, p. 22, la jauge j de C est donc une semi-norme sur $E \otimes F$. Pour tout $(x, y) \in B_p \times B_q$, on a $j(x \otimes y) \leqslant 1$ (II, p. 22, prop. 22, formule (9)) ; ainsi $j(x \otimes y) \leqslant p(x)q(y)$ pour tout $(x, y) \in E \times F$. D'après a), on a donc $j \leqslant p \otimes_\pi q$.

Inversement, si $t \in E \otimes F$ vérifie $j(t) < 1$, alors $t \in C$ par définition des jauges, et nous avons montré l'inclusion $C \subset B$, donc $(p \otimes_\pi q)(t) < 1$. On a donc $(p \otimes_\pi q) \leqslant j$, et finalement $j = p \otimes_\pi q$. L'inclusion $B \subset C$ résulte alors de la prop. 22 de II, p. 21, et cela achève la démonstration.

PROPOSITION 30. — *La donnée des semi-normes $p \otimes_\pi q$, pour tout couple $((E, p), (F, q))$ d'espaces semi-normés, définit une construction tensorielle π. Cette construction tensorielle est commutative et associative.*

Remarque 1. — D'après la proposition 4 de VI, p. 21, la construction tensorielle π est la plus grande construction tensorielle : pour toute construction tensorielle γ, on a $\gamma \leqslant \pi$. On dit que c'est la *construction tensorielle maximale.*

Démontrons la prop. 30. Soient (E, p), (F, q), (E_1, p_1), (F_1, q_1) des espaces semi-normés, et soient $u \in \mathscr{L}(E; E_1)$ et $v \in \mathscr{L}(F; F_1)$. Pour tout $t \in E \otimes F$ et pour toute écriture $(x_i, y_i)_{i \in I}$ de t, on a

$$(p_1 \otimes_\pi q_1)((u \otimes v)(t)) \leqslant \sum_{i \in I} p_1(u(x_i))q_1(v(y_i)) \leqslant \sum_{i \in I} \|u\|\|v\|p(x_i)q(y_i)\,;$$

passant à la borne inférieure, on obtient

$$(p_1 \otimes_\pi q_1)((u \otimes v)(t)) \leqslant \|u\|\|v\|(p \otimes_\pi q)(t),$$

d'où la condition (CT1). La condition (CT2) étant clairement satisfaite, on voit que la donnée des semi-normes $p \otimes_\pi q$, pour tout couple $((E, p), (F, q))$ d'espaces semi-normés, définit une construction tensorielle π. La commutativité de cette construction tensorielle résulte aussitôt de la formule (11).

Enfin, soient (E, p), (F, q) et (G, r) des espaces semi-normés ; soient B_p, B_q et B_r leurs boules unité ouvertes. D'après la prop. 29, *b)*, si l'on identifie $(p \otimes_\pi q) \otimes_\pi r$ et $p \otimes_\pi (q \otimes_\pi r)$ à des semi-normes sur $E \otimes F \otimes G$, alors leurs boules unité ouvertes s'identifient toutes deux à l'enveloppe convexe de l'ensemble des éléments de $E \otimes F \otimes G$ de la forme $x \otimes y \otimes z$ avec $x \in B_p$, $y \in B_q$ et $z \in B_r$. L'associativité de π en résulte.

PROPOSITION 31. — *La construction tensorielle π est projective.*

Comme la construction tensorielle π est commutative, il suffit de montrer qu'elle est projective à gauche. Soient (E, p), (E_1, p_1), (F, q) des espaces semi-normés et $u \colon E \to E_1$ une application linéaire surjective telle que p_1 soit la semi-norme quotient de p par u. Notons B_p, B_q,

B_{p_1}, B et B_1 les boules unité ouvertes de E, F, E_1, $\mathrm{E} \otimes_\pi \mathrm{F}$ et $\mathrm{E}_1 \otimes_\pi \mathrm{F}$ respectivement. D'après la prop. 1 de VI, p. 4, l'hypothèse sur p_1 signifie que l'on a $\mathrm{B}_{p_1} = u(\mathrm{B}_p)$. Comme B est l'enveloppe convexe de l'ensemble des éléments de la forme $x \otimes y$ avec $x \in \mathrm{B}_p$ et $y \in \mathrm{B}_q$ (prop. 29), l'image $(u \otimes 1_\mathrm{F})(\mathrm{B})$ est égale à l'enveloppe convexe de l'ensemble des éléments de la forme $u(x) \otimes y$ avec $x \in \mathrm{B}_p$ et $y \in \mathrm{B}_q$; comme $\mathrm{B}_{p_1} = u(\mathrm{B}_p)$, cet ensemble est égal à B_1 (*loc. cit.*). On a donc $(u \otimes 1_\mathrm{F})(\mathrm{B}) = \mathrm{B}_1$; d'après la prop. 1 de VI, p. 4, cela suffit à conclure.

Remarques. — 2) Si E et F sont des espaces normés, certains auteurs disent que la norme de $\mathrm{E} \otimes_\pi \mathrm{F}$ est *la norme projective* sur $\mathrm{E} \otimes \mathrm{F}$.

3) La construction tensorielle π n'est pas injective (VI, p. 137, exercice 4). Plus généralement, avec les hypothèses et notations de la définition 2 de VI, p. 34, l'application $u \otimes 1_\mathrm{F} \colon \mathrm{E} \otimes_\pi \mathrm{F} \to \mathrm{E}_1 \otimes_\pi \mathrm{F}$ n'est pas nécessairement stricte (VI, p. 137, exercice 6).

Rappelons que si E, F et G sont des espaces semi-normés, alors pour toute construction tensorielle γ, l'application canonique c_γ de $\mathscr{L}(\mathrm{E} \otimes_\gamma \mathrm{F}; \mathrm{G})$ dans $\mathscr{L}(\mathrm{E}, \mathrm{F}; \mathrm{G})$ est continue de norme $\leqslant 1$ (VI, p. 49). Nous allons voir que dans le cas de la construction tensorielle maximale, l'application c_π identifie ces deux espaces. Pour $b \in \mathscr{L}(\mathrm{E}, \mathrm{F}; \mathrm{G})$, notons $u_b \colon \mathrm{E} \otimes \mathrm{F} \to \mathrm{G}$ l'application linéaire associée (VI, p. 48).

PROPOSITION 32. — *Soient* E, F, G *des espaces semi-normés.*

a) *Soit* $b \in \mathscr{L}(\mathrm{E}, \mathrm{F}; \mathrm{G})$. *L'application* $u_b \colon \mathrm{E} \otimes_\pi \mathrm{F} \to \mathrm{G}$ *est continue et de norme* $\leqslant \|b\|$.

b) *L'application canonique* $c_\pi \colon \mathscr{L}(\mathrm{E} \otimes_\pi \mathrm{F}; \mathrm{G}) \to \mathscr{L}(\mathrm{E}, \mathrm{F}; \mathrm{G})$ *est bijective et isométrique, d'inverse* $b \mapsto u_b$.

Pour prouver a), il suffit de vérifier que si $\|b\| \leqslant 1$, alors u_b est continue et vérifie $\|u_b\| \leqslant 1$. Supposons $\|b\| \leqslant 1$. Notons B_E, B_F, B_G les boules unité ouvertes de E, F et G respectivement, et A l'ensemble des éléments de $\mathrm{E} \otimes \mathrm{F}$ de la forme $x \otimes y$ avec $x \in \mathrm{B}_\mathrm{E}$ et $y \in \mathrm{B}_\mathrm{F}$. Comme $b^{-1}(\mathrm{B}_\mathrm{G})$ contient $\mathrm{B}_\mathrm{E} \times \mathrm{B}_\mathrm{F}$, l'ensemble convexe $u_b^{-1}(\mathrm{B}_\mathrm{G})$ contient l'enveloppe convexe de A, qui est la boule unité ouverte de $\mathrm{E} \otimes_\pi \mathrm{F}$ (prop. 29) ; on a donc $\|u_b\| \leqslant 1$, d'où a).

Pour tout $b \in \mathscr{L}(\mathrm{E}, \mathrm{F}; \mathrm{G})$, on a $c_\pi(u_b) = b$, donc l'application injective c_π est bijective et sa bijection réciproque est l'application $b \mapsto u_b$. Cette dernière est de norme $\leqslant 1$ d'après a) ; puisque c_π est de norme $\leqslant 1$, il en résulte que c_π est isométrique, d'où la proposition.

Corollaire 1. — *Soient* E *et* F *des espaces semi-normés, et soit* $\zeta\colon (\mathrm{E}\otimes_\pi \mathrm{F})' \to \mathscr{L}(\mathrm{E};\mathrm{F}')$ *l'application définie par* $\langle y, \zeta(\ell)(x)\rangle = \langle x\otimes y, \ell\rangle$ *pour* $x \in \mathrm{E}$, $y \in \mathrm{F}$, $\ell \in (\mathrm{E} \otimes_\pi \mathrm{F})'$. *L'application* ζ *est bijective et isométrique.*

En effet, ζ est composée de $c_\pi\colon (\mathrm{E}\otimes_\pi\mathrm{F})' \to \mathscr{B}(\mathrm{E},\mathrm{F})$ et de la bijection D$\colon \mathscr{B}(\mathrm{E},\mathrm{F}) \to \mathscr{L}(\mathrm{E};\mathrm{F}')$ définie dans la prop. 12 de VI, p. 50. Or, il résulte aussitôt des définitions des semi-normes choisies sur $\mathscr{B}(\mathrm{E},\mathrm{F})$ et $\mathscr{L}(\mathrm{E};\mathrm{F}')$ que D est isométrique (*cf.* TG, X, p. 23, prop. 7).

Rappelons que si E et F sont des espaces localement convexes et si γ est une construction tensorielle, on désigne par $\lambda_{\mathrm{E},\mathrm{F}}$ l'application canonique de E$\otimes$F dans $(\mathrm{E}'\otimes_\gamma \mathrm{F}')'$, et par $\mu_{\mathrm{E},\mathrm{F}}$ l'application canonique de E$' \otimes$ F$'$ dans $(\mathrm{E} \otimes_\gamma \mathrm{F})'$, définies dans la remarque 4 de VI, p. 39.

Corollaire 2. — *Soient* E *et* F *des espaces semi-normés.*
  a) *L'application* $\lambda_{\mathrm{E},\mathrm{F}}$ *est isométrique de* $\mathrm{E} \otimes_\varepsilon \mathrm{F}$ *dans* $(\mathrm{E}' \otimes_\pi \mathrm{F}')'$.
  b) *L'application* $\mu_{\mathrm{E},\mathrm{F}}$ *est isométrique de* $\mathrm{E}' \otimes_\varepsilon \mathrm{F}'$ *dans* $(\mathrm{E} \otimes_\pi \mathrm{F})'$.

Soit $\delta\colon \mathrm{E} \otimes_\varepsilon \mathrm{F} \to \mathscr{B}(\mathrm{E}',\mathrm{F}')$ l'application définie dans le diagramme (9) de VI, p. 42, et soit $c_\pi\colon (\mathrm{E}' \otimes_\pi \mathrm{F}')' \to \mathscr{B}(\mathrm{E}',\mathrm{F}')$ l'application canonique (VI, p. 49). On a $c_\pi \circ \lambda_{\mathrm{E},\mathrm{F}} = \delta$ vu les définitions, donc $\lambda_{\mathrm{E},\mathrm{F}} = c_\pi^{-1} \circ \delta$ vu la prop. 32, *b*). L'assertion *a*) résulte donc du fait que c_π et δ sont isométriques (prop. 32 et prop. 20 de VI, p. 42).

Si $\theta\colon \mathrm{E}' \otimes_\varepsilon \mathrm{F}' \to \mathscr{L}(\mathrm{E};\mathrm{F}')$ est l'application canonique (VI, p. 42), et si $\zeta\colon (\mathrm{E}\otimes_\pi \mathrm{F})' \to \mathscr{L}(\mathrm{E};\mathrm{F}')$ est l'application définie dans le corollaire 1, alors on a $\zeta \circ \mu_{\mathrm{E},\mathrm{F}} = \theta$. L'assertion *b*) résulte donc du fait que θ et ζ sont isométriques d'après le corollaire p. 43 de la prop. 20 de VI, p. 42, et d'après le cor. 1.

Remarque 4. — Soient E et F des espaces semi-normés. L'application $\lambda_{\mathrm{E},\mathrm{F}}$ induit une application continue de norme $\leqslant 1$ de E$\otimes_\pi$ F dans  $(\mathrm{E}' \otimes_\varepsilon \mathrm{F}')'$; mais cette application n'est pas toujours isométrique. De même, l'application $\mu_{\mathrm{E},\mathrm{F}}$ induit une application continue de norme $\leqslant 1$ de E$' \otimes_\pi$ F$'$ dans $(\mathrm{E} \otimes_\varepsilon \mathrm{F})'$, qui n'est pas une isométrie en général (VI, p. 138, exercices 8 et 9).

Soit E une algèbre sur K. Une semi-norme p sur E est dite *compatible avec la structure d'algèbre de* E si l'inégalité $p(xy) \leqslant p(x)p(y)$ est valide quels que soient x et y dans E. On dit alors que (E,p) est une *algèbre semi-normée.* Cela étend la définition de TG, IX, p. 37, déf. 9.

PROPOSITION 33. — *Soient* (E, p) *et* (F, q) *des algèbres semi-normées. Munissons* $E \otimes F$ *de la structure d'algèbre décrite dans A, III, p. 34, déf. 1. La semi-norme* $p \otimes_\pi q$ *est compatible avec la structure d'algèbre de* $E \otimes F$ *; autrement dit,* $(E \otimes F, p \otimes_\pi q)$ *est une algèbre semi-normée.*

Soient t et t' des éléments de $E \otimes F$. Quelles que soient les écritures $(x_i, y_i)_{i \in I}$ de t et $(x'_j, y'_j)_{j \in J}$ de t', la famille $(x_i x'_j, y_i y'_j)_{(i,j) \in I \times J}$ est une écriture de tt' dans $E \otimes F$, donc

$$(p \otimes_\pi q)(tt') \leqslant \sum_{(i,j) \in I \times J} p(x_i x'_j) q(y_i y'_j) \leqslant \sum_{(i,j) \in I \times J} p(x_i) p(x'_j) q(y_i) q(y'_j)$$

$$= \sum_{i \in I} p(x_i) q(y_i) \sum_{j \in J} p(x'_j) q(y'_j).$$

L'inégalité $(p \otimes_\pi q)(tt') \leqslant (p \otimes_\pi q)(t)(p \otimes_\pi q)(t')$ en découle.

Remarque 5. — Si (E, p) et (F, q) sont des algèbres semi-normées, la semi-norme $p \otimes_\varepsilon q$ n'est en général pas compatible avec la structure d'algèbre de $E \otimes F$ (VI, p. 148, exercice 10).

14. Le produit tensoriel topologique maximal

PROPOSITION 34. — *Soient* E *et* F *des espaces localement convexes. L'application canonique de* $E \, \widehat{\otimes}_\pi \, F$ *dans* $\widehat{E} \, \widehat{\otimes}_\pi \, \widehat{F}$ *est un isomorphisme. Elle est isométrique lorsque* E *et* F *sont semi-normés.*

En vertu de la prop. 11 de VI, p. 27, la première assertion est conséquence de la seconde. Supposons donc E et F semi-normés. L'application bilinéaire $b \colon E \times F \to E \otimes_\pi F$ définie par $b(x, y) = x \otimes y$ est de norme 1 (VI, p. 21, prop. 5). Par passage aux séparés complétés, on en déduit une application bilinéaire $\widehat{b} \colon \widehat{E} \times \widehat{F} \to E \widehat{\otimes}_\pi F$, de norme 1. D'après la prop. 32 de VI, p. 53, si l'on pose $v(x \otimes y) = \widehat{b}(x, y)$ pour $(x, y) \in \widehat{E} \times \widehat{F}$, on obtient une application linéaire continue $v \colon \widehat{E} \otimes_\pi \widehat{F} \to E \widehat{\otimes}_\pi F$, de norme $\leqslant 1$, qui s'étend par passage aux complétés en une application $\overline{v} \colon \widehat{E} \, \widehat{\otimes}_\pi \, \widehat{F} \to E \, \widehat{\otimes}_\pi \, F$, de norme $\leqslant 1$. Notons φ l'application canonique de $E \, \widehat{\otimes}_\pi \, F$ dans $\widehat{E} \, \widehat{\otimes}_\pi \, \widehat{F}$. Par construction, on a $\overline{v} \circ \varphi = 1_{E \widehat{\otimes}_\pi F}$ et $\varphi \circ v$ coïncide avec l'application canonique de $\widehat{E} \otimes_\pi \widehat{F}$ dans son séparé complété, comme on le vérifie aussitôt sur les tenseurs purs de $\widehat{E} \otimes \widehat{F}$. Par suite φ et $\overline{v}$ sont des bijections réciproques l'une de l'autre ; comme φ est de norme $\leqslant 1$ d'après (CT1), on en déduit que φ est isométrique, ce qu'il fallait démontrer.

Rappelons que si γ est une construction tensorielle et si E, F et G sont des espaces localement convexes, alors l'application canonique $c_\gamma \colon \mathscr{L}(\mathrm{E} \otimes_\gamma \mathrm{F}; \mathrm{G}) \to \mathscr{L}(\mathrm{E}, \mathrm{F}; \mathrm{G})$ est injective (VI, p. 49).

PROPOSITION 35. — *Soient* E, F, G *des espaces localement convexes.*

a) *Soient* $b \in \mathscr{L}(\mathrm{E}, \mathrm{F}; \mathrm{G})$ *et* $u_b \colon \mathrm{E} \otimes \mathrm{F} \to \mathrm{G}$ *l'application linéaire associée* (VI, p. 48). *L'application* u_b *est continue de* $\mathrm{E} \otimes_\pi \mathrm{F}$ *dans* G.

b) *L'application* c_π, *de* $\mathscr{L}(\mathrm{E} \otimes_\pi \mathrm{F}; \mathrm{G})$ *dans* $\mathscr{L}(\mathrm{E}, \mathrm{F}; \mathrm{G})$, *est bijective, d'inverse* $b \mapsto u_b$.

c) *Si l'espace* G *est séparé et complet, l'application canonique de* $\mathscr{L}(\mathrm{E} \,\widehat{\otimes}_\pi\, \mathrm{F}; \mathrm{G})$ *dans* $\mathscr{L}(\mathrm{E}, \mathrm{F}; \mathrm{G})$ (VI, p. 49, remarque 1) *est bijective.*

Pour toute semi-norme continue r sur G, il existe des semi-normes continues p sur E et q sur F telles que l'on ait $b \in \mathscr{L}(\mathrm{E}_p, \mathrm{F}_q; \mathrm{G}_r)$ (II, p. 6, prop. 4). D'après la proposition 32 de VI, p. 53, on a alors $u_b \in \mathscr{L}(\mathrm{E}_p \otimes_\pi \mathrm{F}_q; \mathrm{G}_r)$. Cela prouve a) d'après II, *loc. cit.*. Pour tout élément b de $\mathscr{L}(\mathrm{E}, \mathrm{F}; \mathrm{G})$, on a alors $c_\pi(u_b) = b$; les assertions b) et c) en résultent aussitôt.

Soient E, F et G des espaces localement convexes. Munissons $\mathscr{L}(\mathrm{F}; \mathrm{G})$ de la topologie de la convergence bornée Rappelons que si u est un élément de $\mathscr{L}(\mathrm{E} \otimes_\pi \mathrm{F}; \mathrm{G})$, alors on définit un élément $\widetilde{u}$ de $\mathscr{L}(\mathrm{E}; \mathscr{L}(\mathrm{F}; \mathrm{G}))$ en posant $\widetilde{u}(x)(y) = u(x \otimes y)$ pour $x \in \mathrm{E}$ et $y \in \mathrm{F}$ (VI, p. 49, remarque 2).

COROLLAIRE. — *Si l'espace* F *est semi-normé, alors l'application linéaire* $u \mapsto \widetilde{u}$, *de* $\mathscr{L}(\mathrm{E} \otimes_\pi \mathrm{F}; \mathrm{G})$ *dans* $\mathscr{L}(\mathrm{E}; \mathscr{L}(\mathrm{F}; \mathrm{G}))$, *est bijective.*

Soit D l'application qui, à un élément b de $\mathscr{L}(\mathrm{E}, \mathrm{F}; \mathrm{G})$, associe l'élément $x \mapsto (y \mapsto b(x, y))$ de $\mathscr{L}(\mathrm{E}; \mathscr{L}(\mathrm{F}; \mathrm{G}))$ (VI, p. 50, prop. 28). Alors l'application $u \mapsto \widetilde{u}$ est égale à $\mathrm{D} \circ c_\pi$. Nous avons vu que D est linéaire et bijective si F est semi-normé (*loc. cit.*), et c_π est linéaire et bijective (prop. 35), d'où le résultat.

PROPOSITION 36. — *Soient* E *un espace vectoriel et* $(\mathrm{E}_\alpha)_{\alpha \in \mathrm{I}}$ *une famille d'espaces localement convexes. Pour tout* α *dans* I, *fixons une application linéaire* $u_\alpha \colon \mathrm{E}_\alpha \to \mathrm{E}$. *Supposons que l'espace* E *est somme des sous-espaces* $u_\alpha(\mathrm{E}_\alpha)$. *Munissons* E *de la topologie localement convexe la plus fine rendant continues les* u_α. *Soit* F *un espace semi-normé. Si l'on munit chacun des espaces* $\mathrm{E}_\alpha \otimes \mathrm{F}$ *de la topologie de* $\mathrm{E}_\alpha \otimes_\pi \mathrm{F}$, *alors la topologie de* $\mathrm{E} \otimes_\pi \mathrm{F}$ *est la topologie localement convexe la plus fine rendant continues les applications linéaires* $u_\alpha \otimes 1_\mathrm{F}$.

Soient G un espace localement convexe et f une application linéaire de $E \otimes_\pi F$ dans G, telle que pour tout $\alpha \in I$, l'application $f \circ (u_\alpha \otimes 1_F)$ soit continue ; il s'agit de prouver que f est continue (II, p. 29, prop. 5). Considérons l'application linéaire $\widetilde{f} \colon E \to \mathrm{Hom}_K(F; G)$ déduite de f par l'isomorphisme de $\mathrm{Hom}_K(E \otimes F; G)$ sur $\mathrm{Hom}_K(E; \mathrm{Hom}_K(F; G))$ défini dans A, II, p. 74, corollaire. Si $\alpha \in I$, alors $\widetilde{f} \circ u_\alpha \colon E_\alpha \to \mathrm{Hom}_K(F; G)$ est l'application linéaire déduite de $f \circ (u_\alpha \otimes 1_F) \colon E_\alpha \otimes F \to G$ (*loc. cit.*) ; comme $f \circ (u_\alpha \otimes 1_F)$ est continue par hypothèse si l'on munit $E_\alpha \otimes F$ de la topologie de $E_\alpha \otimes_\pi F$, l'image de $\widetilde{f} \circ u_\alpha$ est contenue dans $\mathscr{L}(F; G)$, et $\widetilde{f} \circ u_\alpha$ induit une application continue de E_α dans $\mathscr{L}_b(F; G)$ pour tout $\alpha \in I$ (VI, p. 49, remarque 2). Il en résulte que l'image de $\widetilde{f}$ est contenue dans $\mathscr{L}(F; G)$ (puisque E est somme des $u_\alpha(E_\alpha)$) et que $\widetilde{f}$ induit une application linéaire continue de E dans $\mathscr{L}(F; G)$ si ce dernier est muni de la topologie de la convergence bornée. Comme f est la seule application linéaire $\varphi \colon E \otimes F \to G$ telle que l'on ait $\varphi(x \otimes y) = \widetilde{f}(x)(y)$ pour tout $(x, y) \in E \times F$, il résulte du cor. de la prop. 35 que f est continue, ce qui démontre la proposition.

COROLLAIRE. — *Soit* F *un espace semi-normé.*

a) *Soit* $(G_\alpha, u_{\beta\alpha})$ *un système inductif filtrant d'espaces localement convexes, et soit* G *l'espace localement convexe limite inductive de ce système* (II, p. 31). *L'application canonique*

$$g \colon \varinjlim(G_\alpha \otimes_\pi F) \to G \otimes_\pi F$$

est un isomorphisme d'espaces localement convexes.

b) *Soit* (H_α) *une famille d'espaces localement convexes, et soit* H *la somme directe topologique de cette famille* (II, p. 32, déf. 2). *L'application canonique*

$$h \colon \bigoplus_\alpha (H_\alpha \otimes_\pi F) \to H \otimes_\pi F$$

est un isomorphisme d'espaces localement convexes.

En effet, les applications g et h sont bijectives (A, II, p. 93 et p. 61), et sont bicontinues en vertu de la prop. 36 et des prop. 5 et 6 de II, p. 29–32.

PROPOSITION 37. — *Soient* E_0, E, E_1 *et* F *des espaces localement convexes. Soient* $u \colon E_0 \to E$ *et* $v \colon E \to E_1$ *des applications linéaires* *continues. On suppose que v est surjective et stricte et que l'espace $\mathrm{Im}(u)$ est contenu dans $\mathrm{Ker}(v)$ et est dense dans $\mathrm{Ker}(v)$.*

a) Pour tout espace localement convexe G, le diagramme d'espaces vectoriels

$$0 \longrightarrow \mathscr{L}(\mathrm{E}_1 \otimes_\pi \mathrm{F}; \mathrm{G}) \xrightarrow{\ \widetilde{v}\ } \mathscr{L}(\mathrm{E} \otimes_\pi \mathrm{F}; \mathrm{G}) \xrightarrow{\ \widetilde{u}\ } \mathscr{L}(\mathrm{E}_0 \otimes_\pi \mathrm{F}; \mathrm{G}),$$

où $\widetilde{u}$ et $\widetilde{v}$ sont obtenus par composition avec $u \otimes 1_\mathrm{F}$ et $v \otimes 1_\mathrm{F}$ respectivement, est une suite exacte.

b) L'application $v \otimes 1_\mathrm{F} \colon \mathrm{E} \otimes_\pi \mathrm{F} \to \mathrm{E}_1 \otimes_\pi \mathrm{F}$ est surjective et stricte.

c) L'image de $u\widehat{\otimes}_\pi 1_\mathrm{F} \colon \mathrm{E}_0\widehat{\otimes}_\pi\mathrm{F} \to \mathrm{E}\widehat{\otimes}_\pi\mathrm{F}$ est dense dans $\mathrm{Ker}(v \widehat{\otimes}_\pi 1_\mathrm{F})$.

d) Si E et F sont métrisables, l'application $v\widehat{\otimes}_\pi 1_\mathrm{F} \colon \mathrm{E}\widehat{\otimes}_\pi\mathrm{F} \to \mathrm{E}_1\widehat{\otimes}_\pi\mathrm{F}$ est surjective et stricte.

Prouvons a). Puisque v est surjective, $\widetilde{v}$ est injective (A, II, p. 36, corollaire). Comme $v \circ u$ est nulle, il en va de même de $\widetilde{u} \circ \widetilde{v}$. Soit φ un élément de $\mathrm{Ker}(\widetilde{u})$. L'application bilinéaire continue $c_\pi(\varphi) \colon \mathrm{E} \times \mathrm{F} \to \mathrm{G}$ s'annule sur $\mathrm{Im}(u) \times \mathrm{F}$ et par suite sur $\mathrm{Ker}(v) \times \mathrm{F}$. Elle définit donc par passage au quotient une application bilinéaire $\beta \colon \mathrm{E}_1 \times \mathrm{F} \to \mathrm{G}$ telle que $\beta \circ (v \times 1_\mathrm{F}) = c_\pi(\varphi)$. Or l'application $v \times 1_\mathrm{F} \colon \mathrm{E} \times \mathrm{F} \to \mathrm{E}_1 \times \mathrm{F}$ est surjective et stricte (TG, III, p. 18, cor.) ; comme $c_\pi(\varphi)$ est continue, on en déduit que β est continue. D'après la prop. 35, a), il existe donc un élément ψ de $\mathscr{L}(\mathrm{E}_1 \otimes_\pi \mathrm{F}; \mathrm{G})$ tel que $\psi \circ (v \otimes 1_\mathrm{F}) = \varphi$, ce qui prouve a).

Prenons en particulier $\mathrm{G} = (\mathrm{E} \otimes_\pi \mathrm{F})/\mathrm{Ker}(v \otimes 1_\mathrm{F})$. L'application canonique $\mathrm{E} \otimes_\pi \mathrm{F} \to \mathrm{G}$ s'annule sur $\mathrm{Im}(u \otimes 1_\mathrm{F})$; elle appartient à $\mathrm{Ker}(\widetilde{u})$ et d'après a), elle admet donc un unique antécédent par $\widetilde{v}$. Cet antécédent est une application linéaire continue w de $\mathrm{E}_1 \otimes_\pi \mathrm{F}$ dans G. Par ailleurs, l'application $v \otimes 1_\mathrm{F} \colon \mathrm{E} \otimes_\pi \mathrm{F} \to \mathrm{E}_1 \otimes_\pi \mathrm{F}$ est surjective (A, II, p. 108, prop. 14), continue d'après (CT1), et induit donc une bijection continue w' de G sur $\mathrm{E}_1 \otimes_\pi \mathrm{F}$. Par construction, on a $w \circ w' = 1_\mathrm{G}$ et $w' \circ w = 1_{\mathrm{E} \otimes \mathrm{F}}$, ce qui prouve b).

D'autre part, on déduit de a) une suite exacte

$$0 \longrightarrow (\mathrm{E}_1 \widehat{\otimes}_\pi \mathrm{F})' \xrightarrow{\ {}^t(v\widehat{\otimes}_\pi 1_\mathrm{F})\ } (\mathrm{E} \widehat{\otimes}_\pi \mathrm{F})' \xrightarrow{\ {}^t(u\widehat{\otimes}_\pi 1_\mathrm{F})\ } (\mathrm{E}_0 \widehat{\otimes}_\pi \mathrm{F})' \, ;$$

ainsi, toute forme linéaire continue sur $\mathrm{E} \widehat{\otimes}_\pi \mathrm{F}$ qui s'annule sur $\mathrm{Im}(u \widehat{\otimes}_\pi 1_\mathrm{F})$ s'annule aussi sur $\mathrm{Ker}(v \widehat{\otimes}_\pi 1_\mathrm{F})$. D'après le corollaire 3 de II, p. 41, cela entraîne c).

Enfin d) résulte de b) et de la prop. 5 de TG, IX, p. 26, puisque sous les hypothèses de d), l'espace E_1 est métrisable (I, p. 17, n° 2).

15. Produit tensoriel maximal d'espaces métrisables

Nous noterons simplement ℓ^1 l'espace de Banach $\ell^1_K(\mathbf{N})$ des suites absolument sommables dans K (I, p. 4). Si C est un ensemble et si $f\colon C \to \ell^1$ est une application, alors pour tout entier $n \geqslant 0$, on note $f_n\colon C \to K$ l'application qui à tout $x \in C$ associe le terme d'indice n de la suite $f(x)$.

THÉORÈME 1. — *Soient* E *et* F *des espaces localement convexes métrisables, et soit* C *une partie compacte de* $E \widehat{\otimes}_\pi F$. *Il existe une suite* $(x_n)_{n\in\mathbf{N}}$ *tendant vers* 0 *dans* E, *une suite* $(y_n)_{n\in\mathbf{N}}$ *tendant vers* 0 *dans* F, *et une application continue* $\lambda\colon C \to \ell^1$, *telles que l'on ait*

$$z = \sum_{n\in\mathbf{N}} \lambda_n(z)\,(x_n \widehat{\otimes}_\pi y_n)$$

pour tout $z \in C$.

Choisissons des suites fondamentales croissantes $(p_m)_{m\in\mathbf{N}}$, $(q_m)_{m\in\mathbf{N}}$ de semi-normes sur E et F respectivement, avec $q_0 = 0$ (*cf.* II, p. 26 et II, p. 3). Notons B_m la boule unité ouverte de $E \otimes_\pi F$ pour la semi-norme $p_m \otimes_\pi q_m$. L'espace $E \otimes_\pi F$ est séparé (VI, p. 24, prop. 8) ; identifions-le à un sous-espace dense de $E \widehat{\otimes}_\pi F$, et notons $\overline{B}_m$ l'adhérence de B_m dans $E \widehat{\otimes}_\pi F$.

Nous allons construire par récurrence une suite strictement croissante $(N_m)_{m\in\mathbf{N}}$ d'entiers positifs avec $N_0 = 0$, une suite $(x_n)_{n\in\mathbf{N}}$ d'éléments de E, une suite $(y_n)_{n\in\mathbf{N}}$ d'éléments de F et une suite $(\lambda_n)_{n\in\mathbf{N}}$ de fonctions continues de C dans $[0,1]$, possédant pour tout entier $m \geqslant 0$ les propriétés suivantes :

(1_m) on a $p_m(x_n) < 2^{-m}$ et $q_m(y_n) < 2^{-m}$ lorsque $N_m \leqslant n < N_{m+1}$;

(2_m) pour tout $z \in C$, on a

$$\sum_{N_m\leqslant n<N_{m+1}} \lambda_n(z) \leqslant 2^{-m};$$

(3_m) l'image de l'application $f_m\colon C \to E \widehat{\otimes}_\pi F$ définie par

$$f_m(z) = z - \sum_{0\leqslant n<N_m} \lambda_n(z)\,(x_n \widehat{\otimes}_\pi y_n)$$

est contenue dans $2^{-3m}\overline{B}_m$.

Posons $N_0 = 0$. La condition (3_0) est satisfaite, car $B_0 = E \otimes F$. Soit m un entier positif ; supposons définis des entiers N_k pour $k \leqslant m$ et des éléments x_n, y_n, λ_n pour $n < N_m$, de telle façon que (1_k) et (2_k)

soient satisfaites pour $k < m$ et que (3_k) soit satisfaite pour $k \leqslant m$. Comme C est compact et comme $f_m(\mathrm{C})$ est contenu dans $2^{-3m}\overline{\mathrm{B}}_m$, il existe un entier $\mathrm{M} \geqslant 1$, une suite finie $(t_\ell)_{0\leqslant\ell\leqslant\mathrm{M}}$ d'éléments de $2^{-3m}\mathrm{B}_m$ et un recouvrement ouvert fini $(\mathrm{U}_\ell)_{0\leqslant\ell\leqslant\mathrm{M}}$ de C tels que $f_m(\mathrm{U}_\ell)$ soit contenu dans $t_\ell + 2^{-3m-3}\overline{\mathrm{B}}_{m+1}$ pour $0 \leqslant \ell \leqslant \mathrm{M}$. D'après la prop. 29 de VI, p. 51, chacun des t_ℓ admet une écriture de la forme

$$t_\ell = \sum_{0\leqslant j<\mathrm{J}_\ell} \lambda_{j,\ell}\, x_{j,\ell} \otimes y_{j,\ell},$$

où J_ℓ est un entier $\geqslant 1$, les $\lambda_{j,\ell}$ sont des nombres réels positifs tels que $\sum_{0\leqslant j<\mathrm{J}_\ell} \lambda_{j,\ell} \leqslant 2^{-m}$, les $2^m x_{j,\ell}$ sont des éléments de la boule unité ouverte de p_m et les $2^m y_{j,\ell}$ des éléments de la boule unité ouverte de q_m. Choisissons une partition continue de l'unité $(\varphi_\ell)_{0\leqslant\ell\leqslant\mathrm{M}}$ sur C subordonnée au recouvrement $(\mathrm{U}_\ell)_{0\leqslant\ell\leqslant\mathrm{M}}$ (TG, IX, p. 43, prop. 1 et p. 47, th. 3). Posons

$$\mathrm{N}_{m+1} = \mathrm{N}_m + \sum_{0\leqslant\ell\leqslant\mathrm{M}} \mathrm{J}_\ell.$$

Tout entier n tel que $\mathrm{N}_m \leqslant n < \mathrm{N}_{m+1}$ s'écrit de manière unique sous la forme

$$\mathrm{N}_m + \sum_{0\leqslant k<\ell} \mathrm{J}_k + j$$

avec $0 \leqslant \ell \leqslant \mathrm{M}$ et $0 \leqslant j < \mathrm{J}_\ell$; on définit alors x_n, y_n, et $\lambda_n(z)$ pour $z \in \mathrm{C}$, par les formules

$$x_n = x_{j,\ell}, \quad y_n = y_{j,\ell}, \quad \lambda_n(z) = \varphi_\ell(z)\lambda_{j,\ell}.$$

La relation (1_m) est alors satisfaite par construction, et la relation (2_m) résulte de l'inégalité

$$\sum_{\mathrm{N}_m\leqslant n<\mathrm{N}_{m+1}} \lambda_n(z) \leqslant \sum_{0\leqslant\ell\leqslant\mathrm{M}} 2^{-m}\varphi_\ell(z) = 2^{-m} \qquad (z \in \mathrm{C}).$$

Enfin, pour tout $z \in \mathrm{C}$, on a

$$f_{m+1}(z) = f_m(z) - \sum_{\mathrm{N}_m\leqslant n<\mathrm{N}_{m+1}} \lambda_n(z)\,(x_n \mathbin{\widehat{\otimes}_\pi} y_n)$$

$$= f_m(z) - \sum_{0\leqslant\ell\leqslant\mathrm{M}} \varphi_\ell(z)t_\ell = \sum_{0\leqslant\ell\leqslant\mathrm{M}} \varphi_\ell(z)(f_m(z) - t_\ell).$$

Pour chaque indice ℓ tel que $\varphi_\ell(z) \neq 0$, on a $f_m(z) - t_\ell \in 2^{-3m-3}\overline{\mathrm{B}}_{m+1}$; il en résulte que $f_{m+1}(z)$ appartient à $2^{-3m-3}\overline{\mathrm{B}}_{m+1}$, ce qui entraîne la relation (3_{m+1}). On en déduit par récurrence la construction annoncée.

Les suites (x_n) et (y_n) ainsi construites tendent vers 0 dans E et F respectivement (relations (1_m)), la suite (λ_n) définit une application continue $\lambda\colon \mathrm{C} \to \ell^1$ (relations (2_m)), et l'on a

$$z = \sum_{n \in \mathbf{N}} \lambda_n(z)\, (x_n \mathbin{\widehat{\otimes}_\pi} y_n)$$

pour tout $z \in \mathrm{C}$ (relations (3_m)). Cela achève la démonstration.

Corollaire 1. — *Soient* E *et* F *des espaces de Fréchet. Soit* C *une partie compacte de* $\mathrm{E} \mathbin{\widehat{\otimes}_\pi} \mathrm{F}$. *Il existe des parties convexes compactes* A *de* E *et* B *de* F *telles que* C *soit contenue dans l'enveloppe convexe équilibrée fermée de l'ensemble des éléments de la forme* $x \mathbin{\widehat{\otimes}_\pi} y$ *avec* $x \in \mathrm{A}$ *et* $y \in \mathrm{B}$.

Soient (x_n) une suite d'éléments de E, (y_n) une suite d'éléments de F, et $\lambda\colon \mathrm{C} \to \ell^1$ une application continue, satisfaisant aux conclusions du th. 1. L'application λ de C dans ℓ^1 est bornée, donc on peut supposer que $\|\lambda(z)\| \leqslant 1$ pour tout $z \in \mathrm{C}$. Soit A l'enveloppe convexe équilibrée fermée de la partie de E dont les éléments sont 0 et les x_n, et soit B celle de la partie de F dont les éléments sont 0 et les y_n. Les parties convexes A et B sont compactes d'après le corollaire de la prop. 3 de II, p. 27 et la remarque 2 de IV, p. 2 ; elles vérifient la propriété voulue.

Corollaire 2. — *Soient* E *et* F *des espaces de Fréchet, et soit* G *un espace localement convexe séparé complet. La bijection canonique de* $\mathscr{L}(\mathrm{E} \mathbin{\widehat{\otimes}_\pi} \mathrm{F}; \mathrm{G})$ *sur* $\mathscr{L}(\mathrm{E}, \mathrm{F}; \mathrm{G})$ (VI, p. 49, remarque 1) *est bicontinue lorsqu'on munit chacun des deux espaces de la topologie de la convergence compacte.*

Soit ψ l'application $(x, y) \mapsto x \mathbin{\widehat{\otimes}_\pi} y$ de $\mathrm{E} \times \mathrm{F}$ dans $\mathrm{E} \mathbin{\widehat{\otimes}_\pi} \mathrm{F}$. Soit $\mathfrak{S}_1$ l'ensemble des parties de $\mathrm{E} \mathbin{\widehat{\otimes}_\pi} \mathrm{F}$ qui sont l'enveloppe convexe équilibrée fermée d'une partie de la forme $\psi(\mathrm{A} \times \mathrm{B})$ où A et B sont des parties convexes compactes de E et F respectivement. Soit $\mathfrak{S}_2$ l'ensemble des parties de $\mathrm{E} \times \mathrm{F}$ de la forme $\mathrm{A} \times \mathrm{B}$ avec A et B comme ci-dessus. D'après le cor. 1 ci-dessus et la prop. 2 de III, p. 15, la topologie de la convergence compacte sur $\mathscr{L}(\mathrm{E} \mathbin{\widehat{\otimes}_\pi} \mathrm{F}; \mathrm{G})$ coïncide avec la topologie de la $\mathfrak{S}_1$-convergence ; par ailleurs, il est clair que la topologie de la convergence compacte sur $\mathscr{L}(\mathrm{E}, \mathrm{F}; \mathrm{G})$ coïncide avec la topologie de la $\mathfrak{S}_2$-convergence. Compte tenu de la prop. 35 de VI, p. 56, le corollaire 2 s'ensuit.

COROLLAIRE 3. — *Soient* E *et* F *des espaces localement convexes métrisables. Soient p et q des semi-normes continues sur* E *et* F *respectivement. Notons $p \widehat{\otimes}_\pi q$ la semi-norme sur* $E \widehat{\otimes}_\pi F$ *déduite de $p \otimes_\pi q$. Pour tout élément z de* $E \widehat{\otimes}_\pi F$*, on a*

$$(p \widehat{\otimes}_\pi q)(z) = \inf \sum_{i \in \mathbf{N}} |\lambda_i| p(x_i) q(y_i),$$

où le membre de droite désigne la borne inférieure de l'ensemble des nombres réels de la forme $\sum_{i \in \mathbf{N}} |\lambda_i| p(x_i) q(y_i)$, où $(x_i)_{i \in \mathbf{N}}$, $(y_i)_{i \in \mathbf{N}}$ sont des suites bornées dans E *et* F *respectivement et $(\lambda_i)_{i \in \mathbf{N}}$ une suite sommable dans* K*, telles que l'on ait $z = \sum_{i \in \mathbf{N}} \lambda_i\, x_i \widehat{\otimes}_\pi y_i$.*

Soit $z \in E \widehat{\otimes}_\pi F$. Si $(x_i)_{i \in \mathbf{N}}$ et $(y_i)_{i \in \mathbf{N}}$ sont des suites bornées dans E et F respectivement, si $(\lambda_i)_{i \in \mathbf{N}}$ est une suite sommable dans K, et si $z = \sum_{i \in \mathbf{N}} \lambda_i x_i \widehat{\otimes}_\pi y_i$, alors on a $(p \widehat{\otimes}_\pi q)(x_i \widehat{\otimes}_\pi y_i) = p(x_i) q(y_i)$ pour tout $i \in \mathbf{N}$ (VI, p. 21, prop. 5), et

$$(p \widehat{\otimes}_\pi q)(z) \leqslant \sum_{i} |\lambda_i| p(x_i) q(y_i)$$

puisque $p \widehat{\otimes}_\pi q$ est une semi-norme continue sur $E \widehat{\otimes}_\pi F$.

Soit η un nombre réel > 0. Écrivons $z = \sum_{n \in \mathbf{N}} \lambda_n\, x_n \widehat{\otimes}_\pi y_n$, où $(x_n)_{n \in \mathbf{N}}$ est une suite bornée dans E, $(y_n)_{n \in \mathbf{N}}$ une suite bornée dans F et $(\lambda_n)_{n \in \mathbf{N}}$ une suite sommable dans K (th. 1). Il existe un entier $N \geqslant 0$ tel que l'on ait

$$\sum_{n > N} |\lambda_n|\, p(x_n)\, q(y_n) < \frac{\eta}{3}.$$

D'autre part, il existe un entier $m \geqslant 1$ et des éléments $a_1, \dots, a_m$ de E et $b_1, \dots, b_m$ de F satisfaisant à $\sum_{n \leqslant N} \lambda_n\, x_n \otimes y_n = \sum_{i=1}^{m} a_i \otimes b_i$ et

$$(p \otimes_\pi q)\Big(\sum_{n \leqslant N} \lambda_n\, x_n \otimes y_n \Big) \geqslant \sum_{i=1}^{m} p(a_i) q(b_i) - \frac{\eta}{3}.$$

On a alors $z = \sum_{i=1}^{m} a_i \widehat{\otimes}_\pi b_i + \sum_{n > N} \lambda_n\, x_n \widehat{\otimes}_\pi y_n$ et

$$\sum_{i=1}^{m} p(a_i) q(b_i) + \sum_{n > N} |\lambda_n| p(x_n) q(y_n)$$

$$\leqslant (p \otimes_\pi q)\Big(\sum_{n \leqslant N} \lambda_n x_n \otimes y_n \Big) + \frac{2\eta}{3} \leqslant (p \widehat{\otimes}_\pi q)(z) + \eta,$$

d'où le corollaire.

§ 3. EXEMPLES DE PRODUITS TENSORIELS TOPOLOGIQUES

1. Espaces de fonctions continues

Soient X un espace topologique et E un espace localement convexe. On note $\mathscr{C}(X; E)$ l'espace des applications continues de X dans E, muni de la topologie de la convergence compacte. Soient C une partie compacte de X et q une semi-norme continue sur E. Pour $f \in \mathscr{C}(X; E)$, posons

$$p_{C,q}(f) = \sup_{x \in C} q(f(x)).$$

On définit ainsi une semi-norme continue $p_{C,q}$ sur $\mathscr{C}(X; E)$. Lorsque C et q varient, on obtient ainsi un système fondamental de semi-normes sur $\mathscr{C}(X; E)$. Ce système est filtrant si X est séparé : en effet, si C_1 et C_2 sont des parties compactes de X et si q_1 et q_2 sont des semi-normes continues sur E, alors $C_1 \cup C_2$ est compact (TG, I, p. 62) et $p_{C_1 \cup C_2, q_1 + q_2} \geqslant \sup(p_{C_1, q_1}, p_{C_2, q_2})$. Lorsqu'il n'y a pas d'ambiguïté sur q, on note simplement p_C la semi-norme $p_{C,q}$. Si X est compact et E semi-normé, on munit $\mathscr{C}(X; E)$ de la semi-norme p_X. On pose $\mathscr{C}(X) = \mathscr{C}(X; K)$.

Si E est séparé, alors $\mathscr{C}(X; E)$ est séparé (TG, X, p. 9, prop. 7). Si X est localement compact ou métrisable et si E est séparé et complet, alors $\mathscr{C}(X; E)$ est séparé et complet (TG, X, p. 9, cor. 3).

Soit $\Phi_{X,E}$ l'unique l'application linéaire de $\mathscr{C}(X) \otimes E$ dans $\mathscr{C}(X; E)$ qui associe à $f \otimes e$ la fonction $x \mapsto f(x)e$.

Proposition 1. — *Soient* X *un espace topologique et* E *un espace localement convexe.*

a) *L'application* $\Phi_{X,E} \colon \mathscr{C}(X) \otimes_\varepsilon E \to \mathscr{C}(X; E)$ *est injective, continue et stricte. Si* X *est compact et* E *semi-normé, alors* $\Phi_{X,E}$ *est isométrique.*

b) *Si l'espace* X *est complètement régulier* (TG, IX, p. 8, déf. 4), *alors l'image de* $\Phi_{X,E}$ *est dense dans* $\mathscr{C}(X; E)$.

L'application $\Phi_{X,E}$ est injective (A, II, p. 63, cor. 3). Soient C une partie compacte de X et q une semi-norme continue sur E ; d'après le cor. p. 44 de la prop. 22 de VI, p. 43, tout élément t de $\mathscr{C}(X) \otimes E$ vérifie

$$p_{C,q}(\Phi_{X,E}(t)) = (p_C \otimes_\varepsilon q)(t).$$

Cela entraîne que $\Phi_{X,E}$ est continue et stricte (VI, p. 17, prop. 12), et de plus isométrique lorsque X est compact et E semi-normé.

Prouvons que l'image de $\Phi_{X,E}$ est dense lorsque X est complètement régulier. Soit $f \in \mathscr{C}(X; E)$; soient C une partie compacte de X, q une semi-norme continue sur E et η un nombre réel > 0. Il existe un recouvrement ouvert fini $(U_i)_{i \in I}$ de C et une famille $(e_i)_{i \in I}$ d'éléments de E tels que la condition $x \in U_i$ implique $q(f(x) - e_i) < \eta$. Soit $(\varphi_i)_{i \in I}$ une partition continue de l'unité sur C subordonnée au recouvrement $(U_i)_{i \in I}$ (TG, IX, p. 43, prop. 1 et p. 47, th. 3). Pour $x \in C$, on a

$$q\Big(f(x) - \sum_{i \in I} \varphi_i(x)e_i \Big) = q\Big(\sum_{i \in I} \varphi_i(x)(f(x) - e_i) \Big) < \eta.$$

L'espace complètement régulier X est homéomorphe à un sous-espace d'un espace compact Y (TG, IX, p. 8, prop. 3). Chacune des fonctions $\varphi_i \colon C \to \mathbf{R}$ se prolonge en une application continue de Y dans $\mathbf{R}$ (TG, IX, p. 45, cor.), qui se restreint en une application continue $\widetilde{\varphi}_i \colon X \to \mathbf{R}$ prolongeant φ_i. La fonction g définie par $g(x) = \sum \widetilde{\varphi}_i(x)e_i$ appartient à l'image de $\Phi_{X,E}$ et satisfait à $p_{C,q}(f - g) \leqslant \eta$, d'où la proposition.

Compte tenu de la proposition 1, l'application $\Phi_{X;\widehat{E}}$ induit par passage aux séparés complétés une application linéaire continue de l'espace $\mathscr{C}(X) \widehat{\otimes}_\varepsilon \widehat{E}$ dans le séparé complété de $\mathscr{C}(X;\widehat{E})$. Si X est localement compact ou métrisable, alors $\mathscr{C}(X)$ et $\mathscr{C}(X;\widehat{E})$ sont séparés et complets. D'après la proposition 24, $b)$ de VI, p. 46, l'application canonique de $\mathscr{C}(X) \widehat{\otimes}_\varepsilon E$ dans $\mathscr{C}(X) \widehat{\otimes}_\varepsilon \widehat{E}$ est alors un isomorphisme d'espaces localement convexes. On déduit donc de $\Phi_{X;\widehat{E}}$ une application linéaire continue $\widehat{\Phi}_{X,E}$ de $\mathscr{C}(X) \widehat{\otimes}_\varepsilon E$ dans $\mathscr{C}(X;\widehat{E})$.

THÉORÈME 1. — *Soit* X *un espace localement compact ou métrisable, et soit* E *un espace localement convexe. L'application* $\widehat{\Phi}_{X,E}$ *est un isomorphisme ; elle est isométrique si* X *est compact et* E *semi-normé.*

L'espace X est complètement régulier (TG, IX, p. 8 et p. 16) ; l'assertion résulte donc de la proposition 1 (appliquée à X et $\widehat{E}$), compte tenu de la prop. 13 de VI, p. 18 et de la remarque qui la suit.

Remarque. — Soient X un espace localement compact ou métrisable et E un espace localement convexe. Il résulte du th. 1 que l'espace $\mathscr{C}(X;\widehat{E})$ s'identifie au séparé complété de $\mathscr{C}(X;E)$.

En effet, la prop. 1 (appliquée à X et E) montre que $\Phi_{X,E}$ induit un isomorphisme entre $\mathscr{C}(X)\widehat{\otimes}_\varepsilon E$ et l'espace séparé complété de $\mathscr{C}(X;E)$; ce dernier s'identifie donc à $\mathscr{C}(X;\widehat{E})$ par le truchement du th. 1.

Soient X et Y des espaces topologiques. Notons $\Psi_{X,Y}$ l'unique application linéaire de $\mathscr{C}(X)\otimes\mathscr{C}(Y)$ dans $\mathscr{C}(X\times Y)$ qui associe à $f\otimes g$ la fonction $(x,y)\mapsto f(x)g(y)$.

PROPOSITION 2. — *Si les espaces* X *et* Y *sont localement compacts, alors* $\Psi_{X,Y}\colon \mathscr{C}(X)\otimes_\varepsilon\mathscr{C}(Y)\to\mathscr{C}(X\times Y)$ *est injective, continue, stricte, et se prolonge en un isomorphisme* $\widehat{\Psi}_{X,Y}\colon \mathscr{C}(X)\widehat{\otimes}_\varepsilon\mathscr{C}(Y)\to\mathscr{C}(X\times Y)$. *Si* X *et* Y *sont compacts, alors* $\Psi_{X,Y}$ *et* $\widehat{\Psi}_{X,Y}$ *sont isométriques.*

Pour $h\in\mathscr{C}(X\times Y)$, notons $\Gamma(h)$ l'application $x\mapsto (y\mapsto h(x,y))$ de X dans $\mathscr{C}(Y)$. D'après le corollaire 2 de TG, X, p. 29, l'application $\Gamma\colon \mathscr{C}(X\times Y)\to\mathscr{C}(X;\mathscr{C}(Y))$ est un isomorphisme ; elle est isométrique lorsque X et Y sont compacts. On a $\Gamma\circ\Psi_{X,Y}=\Phi_{X,\mathscr{C}(Y)}$, comme on le vérifie aussitôt sur les tenseurs purs de $\mathscr{C}(X)\otimes\mathscr{C}(Y)$. La proposition résulte donc de la prop. 1 et du th. 1.

2. Compléments sur les variétés différentielles

Lemme 1. — Soit Y *une variété réelle de classe* C^0, *localement de dimension finie.*

 a) *Les conditions suivantes sont équivalentes :*

  (i) *La topologie de* Y *admet une base dénombrable ;*

  (ii) *La variété* Y *admet un recouvrement dénombrable par des domaines de carte ;*

  (iii) *Il existe une suite* (C_n) *de parties compactes de* Y *telle que chaque* C_n *soit contenue dans un domaine de carte et que l'on ait* $Y=\bigcup_n \mathring{C}_n$;

  (iv) *La variété* Y *est réunion dénombrable de parties compactes.*

 b) *Si* Y *est séparée, ces conditions impliquent que* Y *est métrisable et paracompacte, et sont encore équivalentes à :*

  (v) *La variété* Y *est localement compacte et dénombrable à l'infini* (TG, I, p. 68, déf. 5).

 c) *Toute partie ouverte relativement compacte de* Y *possède les propriétés* (i) *à* (v), *et en particulier est métrisable et paracompacte.*

L'implication (i) $\Rightarrow$ (ii) résulte de la prop. 13 de TG, IX, p. 19. Comme tout ouvert de $\mathbf{R}^d$ est à base dénombrable si $d \in \mathbf{N}$ (*cf.* TG, VI, p. 9 et TG, I, p. 5, prop. 3), il en va de même d'une réunion dénombrable de tels ouverts, d'où l'implication (ii) $\Rightarrow$ (i). Puisque tout ouvert de $\mathbf{R}^d$ possède la propriété (iii), on voit de même que (ii) entraîne (iii). Les implications (iii) $\Rightarrow$ (iv) et (iv) $\Rightarrow$ (ii) sont élémentaires, d'où a).

Si la variété Y est séparée, elle est localement compacte, donc (iv) équivaut alors à (v) par définition. Un espace localement compact dénombrable à l'infini est paracompact (TG, I, p. 70, th. 5), et une variété paracompacte est métrisable (VAR, R, 5.1.6), d'où b).

Tout ouvert relativement compact de Y est séparé et réunion finie de domaines de cartes, d'où c).

PROPOSITION 3. — *Soit* X *une variété réelle de classe* C^r $(r \leqslant \infty)$, *séparée et localement de dimension finie* (VAR, R, 5.1). *Soient* C *une partie compacte de* X *et* $(\mathrm{U}_i)_{i \in \mathrm{I}}$ *une famille finie d'ouverts de* X *dont la réunion contient* C. *Il existe une famille* $(\varphi_i)_{i \in \mathrm{I}}$ *de fonctions positives de classe* C^r *telle que, pour chaque* $i \in \mathrm{I}$, *le support de* φ_i *soit compact et contenu dans* U_i, *et telle que l'on ait* $\sum_{i \in \mathrm{I}} \varphi_i = 1$ *au voisinage de* C.

L'espace X est localement compact ; d'après la prop. 10 de TG, I, p. 65, il existe donc des ouverts relativement compacts U, V, W de X vérifiant les inclusions

$$\mathrm{C} \subset \mathrm{U} \subset \overline{\mathrm{U}} \subset \mathrm{V} \subset \overline{\mathrm{V}} \subset \mathrm{W} \subset \overline{\mathrm{W}} \subset \bigcup_{i \in \mathrm{I}} \mathrm{U}_i.$$

L'ouvert relativement compact W est paracompact (lemme 1) ; de plus, il existe une fonction positive $\varphi \in \mathscr{C}^r(\mathrm{W})$, à support dans V, telle que $\varphi(x) = 1$ pour tout $x \in \mathrm{U}$: cela résulte de VAR, R, 5.3.6, appliqué au recouvrement de W par V et $\mathrm{W} - \overline{\mathrm{U}}$.

D'après VAR, R, *loc. cit.*, il existe de plus une partition de l'unité $(\alpha_i)_{i \in \mathrm{I}}$ de classe C^r sur W subordonnée au recouvrement de W par les ouverts $\mathrm{W} \cap \mathrm{U}_i$. Pour $i \in \mathrm{I}$, notons φ_i la fonction sur X obtenue en prolongeant $\varphi \alpha_i$ par zéro en dehors de W. Chacune des fonctions φ_i est positive, de classe C^r, à support compact contenu dans U_i. On a $\sum_{i \in \mathrm{I}} \varphi_i(x) = 1$ pour tout $x \in \mathrm{U}$.

PROPOSITION 4. — *Soit* Y *une variété réelle de classe* C^r $(r \leqslant \infty)$, *localement de dimension finie. Il existe un* C^r-*atlas* $\mathscr{A}$ *de* Y *tel que, pour toute carte* $(\mathrm{U}, \varphi, \mathrm{E})$ *de* $\mathscr{A}$, *il existe un entier* $n \geqslant 0$ *tel que l'on ait* $\mathrm{E} = \mathbf{R}^n$ *et* $\varphi(\mathrm{U}) = \mathrm{E}$.

Soit $\mathscr{B}$ un atlas de Y. Pour tout $y \in$ Y, soit $(\mathrm{U}_y, \varphi_y, \mathrm{E}_y)$ une carte de $\mathscr{B}$ vérifiant $y \in \mathrm{U}_y$. Puisque Y est localement de dimension finie, il existe un entier $n_y \geqslant 0$ et une application linéaire bijective $\psi_y \colon \mathrm{E}_y \to \mathbf{R}^{n_y}$. Soit B_y l'ensemble des éléments (x_i) de $\mathbf{R}^{n_y}$ vérifiant $|x_i| < 1$ pour tout i. Notons $\mathrm{V}_y = \varphi_y^{-1}(\psi_y^{-1}(\mathrm{B}_y))$; c'est un voisinage ouvert de y. L'application

$$f_y \colon \mathrm{B}_y \to \mathbf{R}^{n_y}$$

définie par

$$f_y(x_1, \ldots, x_{n_y}) = (\operatorname{Arg\,th}(x_1), \ldots, \operatorname{Arg\,th}(x_{n_y}))$$

est un isomorphisme de C^r-variétés, dont l'inverse est l'application

$$(t_1, \ldots, t_{n_y}) \mapsto (\operatorname{th}(t_1), \ldots, \operatorname{th}(t_{n_y}))$$

(*cf.* FVR, III, p. 15). L'atlas $\mathscr{A}$ formé des cartes $(\mathrm{V}_y, f_y \circ \psi_y \circ \varphi_y, \mathbf{R}^{n_y})$ possède alors les propriétés voulues.

3. Espaces de fonctions différentiables

Soit X une variété réelle de classe C^r $(r \leqslant \infty)$, localement de dimension finie. Si E est un espace localement convexe *séparé*, on note $\mathscr{C}^r(\mathrm{X}; \mathrm{E})$ l'espace des applications de classe C^r de X dans E. On pose $\mathscr{C}^r(\mathrm{X}) = \mathscr{C}^r(\mathrm{X}; \mathrm{K})$.

Dans ce paragraphe, on convient d'appeler simplement *opérateur différentiel* sur X un opérateur différentiel scalaire sur X (VAR, R, 14.1.6), d'ordre $\leqslant r$ et de classe C^0 (VAR, R, 14.1.1). Considérons un opérateur différentiel D sur X. Soient U un ouvert qui est un domaine de carte de X et $\xi = (\xi^1, \ldots, \xi^n)$ un système de coordonnées de X dans U (VAR, R, 5.1.10) ; pour $i \in \{1, \ldots, n\}$, notons ∂_i l'opérateur de dérivation par rapport à la i-ème coordonnée. Pour tout $\alpha \in \mathbf{N}^n$, posons $\partial^\alpha = \partial_1^{\alpha_1} \circ \cdots \circ \partial_n^{\alpha_n}$ (VAR, R, 2.4.2) et $|\alpha| = |\alpha_1| + \cdots + |\alpha_n|$. Dans U, l'opérateur D s'écrit

$$\mathrm{D} = \sum_{|\alpha| \leqslant r} a_\alpha(x) \partial^\alpha,$$

où (a_α) est une famille d'éléments de $\mathscr{C}(\mathrm{U})$, à support fini si $r = +\infty$ (VAR, R, 14.1.4). Soit f un élément de $\mathscr{C}^r(\mathrm{X}; \mathrm{E})$; pour $x \in \mathrm{U}$, posons $g_{\mathrm{U}}(x) = \sum_{|\alpha| \leqslant r} a_\alpha(x) \partial^\alpha(f \circ \xi^{-1})(\xi(x))$. Pour toute forme linéaire continue λ sur E, la fonction continue $g_{\mathrm{U}} : \mathrm{U} \to \mathrm{E}$ satisfait à l'identité $\lambda \circ g_{\mathrm{U}} = \mathrm{D}_{\mathrm{U}}(\lambda \circ (f|_{\mathrm{U}}))$ (*cf.* VAR, R, 14.1.4 et 14.1.5). Elle est donc indépendante du choix du système de coordonnées, puisque pour tout $x \in \mathrm{U}$, l'élément $g_{\mathrm{U}}(x)$ de E est déterminé par la donnée des valeurs $\langle g_{\mathrm{U}}(x), \lambda \rangle$ pour tout $\lambda \in \mathrm{E}'$ (IV, p. 14, prop. 1). Par conséquent, il existe une unique fonction dans $\mathscr{C}(\mathrm{X}; \mathrm{E})$ qui coïncide avec g_{U} sur tout domaine de carte U de X ; on convient de noter $\mathrm{D}f$ cette fonction. Si D' est un opérateur différentiel défini sur une partie ouverte V de X, on convient de noter $\mathrm{D}'f$ la fonction $\mathrm{D}'(f|_{\mathrm{V}}) \in \mathscr{C}(\mathrm{V}; \mathrm{E})$.

Soient C une partie compacte de X, soit D un opérateur différentiel d'ordre $\leqslant r$ défini au voisinage de C, et soit q une semi-norme continue sur E. Pour $f \in \mathscr{C}^r(\mathrm{X}; \mathrm{E})$, posons

$$p_{\mathrm{C},\mathrm{D},q}(f) = \sup_{x \in \mathrm{C}} q((\mathrm{D}f)(x)).$$

On définit ainsi une semi-norme $p_{\mathrm{C},\mathrm{D},q}$ sur $\mathscr{C}^r(\mathrm{X}; \mathrm{E})$, notée simplement $p_{\mathrm{C},\mathrm{D}}$ s'il n'y a pas d'ambiguïté sur q. La famille des semi-normes $p_{\mathrm{C},\mathrm{D},q}$ définit une topologie localement convexe sur $\mathscr{C}^r(\mathrm{X}; \mathrm{E})$, appelée *topologie de la C^r-convergence compacte*. L'espace $\mathscr{C}^r(\mathrm{X}; \mathrm{E})$ est séparé. Pour toute partie ouverte U de X, l'application de restriction de $\mathscr{C}^r(\mathrm{X}; \mathrm{E})$ dans $\mathscr{C}^r(\mathrm{U}; \mathrm{E})$ est continue.

Remarques. — 1) Soit $\mathscr{U} = (\mathrm{U}_i)_{i \in \mathrm{I}}$ un recouvrement ouvert de X ; notons

$$r_{\mathscr{U}} : \mathscr{C}^r(\mathrm{X}; \mathrm{E}) \to \prod_{i \in \mathrm{I}} \mathscr{C}^r(\mathrm{U}_i; \mathrm{E})$$

l'application linéaire qui associe à une fonction la famille de ses restrictions aux ouverts U_i. Alors $r_{\mathscr{U}}$ *définit un isomorphisme de $\mathscr{C}^r(\mathrm{X}; \mathrm{E})$ sur un sous-espace fermé de* $\prod_{i \in \mathrm{I}} \mathscr{C}^r(\mathrm{U}_i; \mathrm{E})$. En effet, il est clair que $r_{\mathscr{U}}$ est linéaire, injective et continue ; prouvons qu'elle est stricte et d'image fermée. Soit C une partie compacte de X. En vertu de TG, IX, p. 43, prop. 1 et p. 48, cor. 1, il existe un sous-ensemble fini J de I et un recouvrement $(\mathrm{C}_j)_{j \in \mathrm{J}}$ de C par des parties compactes de C telles que l'on ait $\mathrm{C}_j \subset \mathrm{U}_j$ pour tout $j \in \mathrm{J}$. Si q est une semi-norme continue sur E et si D est un opérateur différentiel sur un voisinage de C, alors pour tout élément f de $\mathscr{C}^r(\mathrm{X}; \mathrm{E})$, on a

$$p_{\mathrm{C},\mathrm{D},q}(f) = \sup_{j \in \mathrm{J}} p_{\mathrm{C}_j,\mathrm{D},q}(f|_{\mathrm{U}_j}),$$

ce qui prouve que $r_\mathscr{U}$ est stricte (VI, p. 17, prop. 12). Enfin, l'image de $r_\mathscr{U}$ est le noyau de l'application linéaire continue

$$d_\mathscr{U} : \prod_{i\in\mathrm{I}} \mathscr{C}^r(\mathrm{U}_i; \mathrm{E}) \longrightarrow \prod_{(i,j)\in\mathrm{I}\times\mathrm{I}} \mathscr{C}^r(\mathrm{U}_i \cap \mathrm{U}_j; \mathrm{E})$$

définie par $d_\mathscr{U}((f_i)_{i\in\mathrm{I}}) = (f_i|_{\mathrm{U}_i\cap\mathrm{U}_j} - f_j|_{\mathrm{U}_i\cap\mathrm{U}_j})_{(i,j)\in\mathrm{I}\times\mathrm{I}}$; cette image est donc fermée.

2) Soit $(\mathrm{C}_i)_{i\in\mathrm{I}}$ une famille de parties compactes de X, dont les intérieurs recouvrent X, et telle que chaque C_i soit contenue dans un domaine de carte. Pour chaque $i \in \mathrm{I}$, choisissons un système de coordonnées au voisinage de C_i, ce qui permet de définir, pour $|\alpha| \leqslant r$, des opérateurs différentiels $\partial^\alpha_{\mathrm{C}_i}$ au voisinage de C_i. Soit d'autre part $\mathscr{Q}$ un système fondamental de semi-normes sur E. Comme toute partie compacte de X est recouverte par un nombre fini de C_i, la topologie de $\mathscr{C}^r(\mathrm{X}; \mathrm{E})$ est définie par les semi-normes $p_{\mathrm{C}_i, \partial^\alpha_{\mathrm{C}_i}, q}$ pour $i \in \mathrm{I}$, $|\alpha| \leqslant r$ et $q \in \mathscr{Q}$.

On en déduit que si X est compacte, si $r < \infty$ et si E est normable, alors l'espace $\mathscr{C}^r(\mathrm{X}; \mathrm{E})$ est normable.

3) Lorsque E est un espace de Banach, la topologie de $\mathscr{C}^r(\mathrm{X}; \mathrm{E})$ coïncide avec celle étudiée dans TS, III, p. 35, n° 6, ainsi qu'avec celle qui se déduit de VAR, R, 12.3.10 (*cf.* TS, III, p. 36, remarque).

4) La multiplication des fonctions fait de $\mathscr{C}^r(\mathrm{X})$ une K-algèbre topologique, et de $\mathscr{C}^r(\mathrm{X}; \mathrm{E})$ un $\mathscr{C}^r(\mathrm{X})$-module topologique.

5) Soit A une partie fermée de X. On note $\mathscr{C}^r_\mathrm{A}(\mathrm{X}; \mathrm{E})$ le sous-espace de $\mathscr{C}^r(\mathrm{X}; \mathrm{E})$ formé des fonctions à support dans A ; c'est le noyau de l'application de restriction $\mathscr{C}^r(\mathrm{X}; \mathrm{E}) \to \mathscr{C}^r(\mathrm{X}-\mathrm{A}; \mathrm{E})$, il est donc fermé. Sa topologie est définie par les semi-normes $p_{\mathrm{C},\mathrm{D},q}$, quand C parcourt les parties compactes de A.

Pour tout voisinage ouvert V de A dans X, l'application de restriction $\mathscr{C}^r_\mathrm{A}(\mathrm{X}; \mathrm{E}) \to \mathscr{C}^r_\mathrm{A}(\mathrm{V}; \mathrm{E})$ est un *isomorphisme* : l'isomorphisme réciproque associe à un élément f de $\mathscr{C}^r_\mathrm{A}(\mathrm{V}; \mathrm{E})$ la fonction f prolongée par zéro en dehors de V. Étant donné un élément φ de $\mathscr{C}^r_\mathrm{A}(\mathrm{V}; \mathrm{K})$, on obtient donc une application linéaire continue de $\mathscr{C}^r(\mathrm{V}; \mathrm{E})$ dans $\mathscr{C}^r_\mathrm{A}(\mathrm{X}; \mathrm{E})$ en associant à toute fonction f de $\mathscr{C}^r(\mathrm{V}; \mathrm{E})$ l'unique prolongement de φf nul en dehors de V.

Notons $\mathscr{C}^r_\mathrm{c}(\mathrm{X}; \mathrm{E})$ le sous-espace de $\mathscr{C}^r(\mathrm{X}; \mathrm{E})$ formé des fonctions à support compact. L'espace $\mathscr{C}^r_\mathrm{c}(\mathrm{X}; \mathrm{E})$ est réunion filtrante croissante des sous-espaces $\mathscr{C}_A^r(X; E)$ lorsque A parcourt l'ensemble des parties compactes de X ; on le munit de la topologie limite inductive correspondante (II, p. 31).

6) Soit (E_i, f_{ij}) un système projectif d'espaces localement convexes séparés, relatif à un ensemble filtrant I, et soit E sa limite. La donnée d'une application continue $g\colon X \to E$ équivaut à celle d'un système projectif d'applications continues $g_i\colon X \to E_i$. Pour que g soit de classe C^r, il faut et il suffit qu'il en soit ainsi de chaque g_i. Compte tenu de la définition de la topologie de $\mathscr{C}^r(X; E)$, on voit que cet espace s'identifie à la limite projective des espaces $\mathscr{C}^r(X; E_i)$.

Si E est un espace localement convexe séparé et complet, on dispose d'un isomorphisme canonique de E sur la limite projective des espaces de Banach $\widehat{E}_q$, où q parcourt l'ensemble des semi-normes continues sur E (VI, p. 28, exemple 1). Vu ce qui précède, l'espace $\mathscr{C}^r(X; E)$ s'identifie alors à la limite projective des espaces $\mathscr{C}^r(X; \widehat{E}_q)$.

PROPOSITION 5. — *Soit* E *un espace localement convexe séparé.*

a) *Si la topologie de* X *admet une base dénombrable et si* E *est métrisable, alors l'espace* $\mathscr{C}^r(X; E)$ *est métrisable.*

b) *Si* E *est un espace localement convexe séparé et complet, alors l'espace* $\mathscr{C}^r(X; E)$ *est complet.*

Si la topologie de X admet une base dénombrable, alors X est la réunion des intérieurs d'une famille dénombrable de parties compactes contenues dans un domaine de carte (VI, p. 65, lemme 1). D'après la remarque 2 ci-dessus, la topologie de $\mathscr{C}^r(X; E)$ est alors définie par une famille dénombrable de semi-normes ; puisqu'elle est séparée, elle est donc métrisable (II, p. 4, prop. 2), d'où a).

Comme toute limite projective d'espaces complets est complète (TG, II, p. 17, n° 5), la remarque 6 montre qu'il suffit de démontrer b) dans le cas où E est un espace de Banach. Le résultat découle alors de la proposition 9 de TS, III, p. 36.

4. L'isomorphisme $\mathscr{C}^r(X) \widehat{\otimes}_\varepsilon E \to \mathscr{C}^r(X; \widehat{E})$

Dans ce numéro, on fixe un entier positif n et on note dx ou m la mesure de Lebesgue sur $\mathbf{R}^n$.

Lemme 2. — Soit F *un espace de Banach.*

a) *Soient* $g \in \mathscr{C}(\mathbf{R}^n; \mathrm{F})$ *et* φ *une fonction numérique sur* $\mathbf{R}^n$ *de classe* C^r $(r \leqslant \infty)$ *et à support compact. Soit* $\varphi * g$ *la fonction de* $\mathbf{R}^n$ *dans* F *définie par*

$$(\varphi * g)(t) = \int_{\mathbf{R}^n} \varphi(x) g(t - x) dx = \int_{\mathbf{R}^n} \varphi(t - x) g(x) dx$$

(*cf.* INT, VIII, p. 164, § 4, n° 5). *La fonction* $\varphi * g$ *appartient à* $\mathscr{C}^r(\mathbf{R}^n; \mathrm{F})$ *et pour tout* $\alpha \in \mathbf{N}^n$ *vérifiant* $|\alpha| \leqslant r$, *on a* $\partial^\alpha(\varphi * g) = (\partial^\alpha \varphi) * g$.

Si g *est de classe* C^s $(s \leqslant \infty)$, *alors* $\varphi * g$ *est de classe* C^{r+s} *et pour tout* $\beta \in \mathbf{N}^n$ *vérifiant* $|\beta| \leqslant s$, *on a* $\partial^\beta(\varphi * g) = \varphi * (\partial^\beta g)$.

b) *Soient* r *et* s *dans* $\mathbf{N} \cup \{\infty\}$. *L'application* $(\varphi, g) \mapsto \varphi * g$, *de* $\mathscr{C}^r_{\mathrm{c}}(\mathbf{R}^n) \times \mathscr{C}^s(\mathbf{R}^n; \mathrm{F})$ *dans* $\mathscr{C}^{r+s}(\mathbf{R}^n; \mathrm{F})$, *est bilinéaire et continue.*

Soient U un ouvert relativement compact de $\mathbf{R}^n$ et $h : \mathbf{R}^n \times \mathrm{U} \to \mathrm{F}$ l'application définie par $h(x, t) = g(x) \varphi(t - x)$. Pour tout $t \in \mathrm{U}$, la fonction $x \mapsto h(x, t)$ est continue à support compact, donc intégrable sur $\mathbf{R}^n$. Pour tout $x \in \mathbf{R}^n$, la fonction $t \mapsto h(x, t)$ est de classe C^r sur U ; notons $\partial^\alpha h(x, t)$ ses dérivées partielles en un point t de U. Pour tout $\alpha \in \mathbf{N}^n$ vérifiant $|\alpha| \leqslant r$, on a la majoration

$$\|\partial^\alpha h(x, t)\| \leqslant \|g(x)\| \sup_{\overline{\mathrm{U}} + (-x)} |\partial^\alpha \varphi|,$$

dont le second membre est une fonction continue à support compact, donc intégrable sur $\mathbf{R}^n$. En dérivant sous le signe somme (TS, IV, p. 198, cor. 1), on en déduit que $\varphi * g$ est de classe C^r dans U et que pour tout $\alpha \in \mathbf{N}^n$ vérifiant $|\alpha| \leqslant r$, on a $\partial^\alpha(\varphi * g) = (\partial^\alpha \varphi) * g$ sur U.

Supposons g de classe C^s et notons $\eta : \mathbf{R}^n \times \mathbf{R}^n \to \mathrm{F}$ la fonction définie par $\eta(x, t) = \varphi(x) g(t - x)$. Pour tout $t \in \mathbf{R}^n$, la fonction $x \mapsto \eta(x, t)$ est intégrable sur $\mathbf{R}^n$. Pour tout $x \in \mathbf{R}^n$, la fonction $t \mapsto \eta(x, t)$ est de classe C^s sur $\mathbf{R}^n$. Notons S le support de φ ; alors pour tout $\beta \in \mathbf{N}^n$ vérifiant $|\beta| \leqslant s$ et pour tout $x \in \mathbf{R}^n$, on a

$$\|\partial^\beta \eta(x, t)\| \leqslant |\varphi(x)| \sup_{\mathrm{S}} \|\partial^\beta g\|.$$

Le second membre définit une fonction intégrable sur $\mathbf{R}^n$; on en déduit comme ci-dessus que $\varphi * g$ est de classe C^s et que $\partial^\beta(\varphi * g) = \varphi * (\partial^\beta g)$ pour tout $\beta \in \mathbf{N}^n$ vérifiant $|\beta| \leqslant s$ (TS, IV, *loc. cit.*).

Ainsi, pour tout élément α de $\mathbf{N}^n$ vérifiant $|\alpha| \leqslant r$, la fonction $\partial^\alpha(\varphi * g) = (\partial^\alpha \varphi) * g$ est de classe C^s. Cela entraîne que la fonction $\varphi * g$ est de classe C^{r+s} (VAR, R, 2.3.3) et achève de prouver a).

Prouvons b). Traitons d'abord le cas où $s = 0$. Vu la définition de la topologie de $\mathscr{C}_{\mathrm{c}}^{r}(\mathbf{R}^{n})$ (VI, p. 69), il suffit de prouver que pour toute partie compacte A de $\mathbf{R}^{n}$, l'application bilinéaire $(\varphi, g) \mapsto \varphi * g$, de $\mathscr{C}_{\mathrm{A}}^{r}(\mathbf{R}^{n}) \times \mathscr{C}(\mathbf{R}^{n}; \mathrm{F})$ dans $\mathscr{C}^{r}(\mathbf{R}^{n}; \mathrm{F})$, est continue. Soit A une partie compacte de $\mathbf{R}^{n}$. Notons M l'image de $\mathrm{A} \times \mathrm{S}$ par l'application continue $(x, y) \mapsto x - y$; c'est une partie compacte de $\mathbf{R}^{n}$. Soit $g \in \mathscr{C}(\mathbf{R}^{n}; \mathrm{F})$, soit $x \in \mathrm{A}$ et soit $\alpha \in \mathbf{N}^{n}$ vérifiant $|\alpha| \leqslant r$. D'après a), on a

$$\left\| \partial^{\alpha}(\varphi * g)(x) \right\| = \left\| \int_{\mathbf{R}^{n}} \partial^{\alpha}\varphi(y) g(x - y) dy \right\|$$

$$\leqslant p_{\mathrm{M}}(g) \int_{\mathrm{S}} |\partial^{\alpha}\varphi(y)| dy \leqslant m(\mathrm{S}) p_{\mathrm{M}}(g) p_{\mathrm{S}, \partial^{\alpha}}(\varphi).$$

Vu la définition des topologies de $\mathscr{C}_{\mathrm{A}}^{r}(\mathbf{R}^{n})$ et de $\mathscr{C}(\mathbf{R}^{n}; \mathrm{F})$ (VI, p. 63, n° 1), cela démontre l'assertion dans le cas où $s = 0$.

Passons au cas général. Par définition de la topologie de $\mathscr{C}^{r+s}(\mathbf{R}^{n}; \mathrm{F})$, il suffit de montrer que, pour tout $\gamma \in \mathbf{N}^{n}$ avec $|\gamma| \leqslant r + s$, l'application

$$\Phi_{\gamma} \colon \mathscr{C}_{\mathrm{c}}^{r}(\mathbf{R}^{n}) \times \mathscr{C}^{s}(\mathbf{R}^{n}; \mathrm{F}) \longrightarrow \mathscr{C}(\mathbf{R}^{n}; \mathrm{F})$$

$$(\varphi, g) \longmapsto \partial^{\gamma}(\varphi * g)$$

est continue. Or, si l'on écrit $\gamma = \alpha + \beta$ avec $|\alpha| \leqslant r$ et $|\beta| \leqslant s$, alors il résulte de l'égalité $\partial^{\gamma}(\varphi * g) = (\partial^{\alpha}\varphi) * (\partial^{\beta}g)$ que Φ_{γ} s'obtient en composant

— l'application $(\varphi, g) \mapsto (\partial^{\alpha}\varphi, \partial^{\beta}g)$, de $\mathscr{C}_{\mathrm{c}}^{r}(\mathbf{R}^{n}) \times \mathscr{C}^{s}(\mathbf{R}^{n}; \mathrm{F})$ dans $\mathscr{C}_{\mathrm{c}}(\mathbf{R}^{n}) \times \mathscr{C}(\mathbf{R}^{n}; \mathrm{F})$, qui est continue ;

— l'application $(\varphi, g) \mapsto \varphi * g$ de $\mathscr{C}_{\mathrm{c}}(\mathbf{R}^{n}) \times \mathscr{C}(\mathbf{R}^{n}; \mathrm{F})$ dans $\mathscr{C}(\mathbf{R}^{n}; \mathrm{F})$, qui est continue d'après la première partie de la démonstration. L'application Φ_{γ} est donc continue, ce qui achève la démonstration.

Lemme 3. — *Soient* F *un espace de Banach et* $g \colon \mathbf{R}^{n} \to \mathrm{F}$ *une fonction de classe* C^{s} $(s \leqslant \infty)$. *Soit* $(\varphi_{k})_{k}$ *une suite de fonctions positives dans* $\mathscr{C}_{\mathrm{c}}^{\infty}(\mathbf{R}^{n})$ *telle que* $(\int_{\mathbf{R}^{n}} \varphi_{k}(x) dx)_{k}$ *tende vers* 1, *et soit* $(r_{k})_{k}$ *une suite de nombres réels positifs tendant vers* 0 *et telle que, pour tout* k, *le support de* φ_{k} *soit contenu dans la boule euclidienne centrée en* 0 *et de rayon* r_{k}. *Alors la suite* $(\varphi_{k} * g)_{k}$ *converge vers* g *dans* $\mathscr{C}^{s}(\mathbf{R}^{n}; \mathrm{F})$.

Soient C une partie compacte de $\mathbf{R}^{n}$ et η un nombre réel > 0. Fixons un majorant $\mathrm{M} > 0$ de la suite $(\int \varphi_{k})_{k}$ et un majorant $\mathrm{R} > 0$ de la restriction de $\|g\|$ à C. Il existe $\delta > 0$ tel que, pour tout $x \in \mathrm{C}$ et tout $x' \in \mathbf{R}^{n}$ vérifiant $\|x - x'\| \leqslant \delta$, on ait $\|g(x) - g(x')\| \leqslant \eta/(2\mathrm{M})$.

Il existe un entier k_0 tel que, pour tout $k \geqslant k_0$, on ait $r_k \leqslant \delta$ et $|1 - \int \varphi_k| \leqslant \eta/(2\mathrm{R})$. Pour tout $k \geqslant k_0$ et pour tout $x \in \mathrm{C}$, on a

$$\|(\varphi_k * g)(x) - g(x)\|$$

$$\leqslant \left\| \int_{\mathbf{R}^n} \varphi_k(y)(g(x - y) - g(x))dy \right\| + \|g(x)\| \left| 1 - \int \varphi_k \right|$$

$$\leqslant \frac{\eta}{2\mathrm{M}} \int_{\mathbf{R}^n} \varphi_k(y)dy + \frac{\eta}{2} \leqslant \eta.$$

Ainsi, la suite $(\varphi_k * g)$ tend vers g dans $\mathscr{C}(\mathbf{R}^n; \mathrm{F})$. Soit $\alpha \in \mathbf{N}^n$, avec $|\alpha| \leqslant s$; l'assertion $a)$ du lemme 2 fournit l'égalité

$$\partial^\alpha(\varphi_k * g) = \varphi_k * (\partial^\alpha g).$$

On déduit alors de ce qui précède que la suite $(\partial^\alpha(\varphi_k * g))_k$ tend vers $\partial^\alpha g$ dans $\mathscr{C}(\mathbf{R}^n; \mathrm{F})$, donc que $(\varphi_k * g)_k$ tend vers g dans $\mathscr{C}^s(\mathbf{R}^n; \mathrm{F})$.

PROPOSITION 6. — *Soit* X *une variété réelle de classe* C^r $(r \leqslant \infty)$, *localement de dimension finie, et soit* E *un espace localement convexe séparé. Notons* $\Phi^r_{\mathrm{X},\mathrm{E}}\colon \mathscr{C}^r(\mathrm{X}) \otimes_\varepsilon \mathrm{E} \to \mathscr{C}^r(\mathrm{X}; \mathrm{E})$ *l'unique application linéaire qui associe à* $f \otimes e$ *la fonction* $x \mapsto f(x)e$.

   $a)$ *L'application* $\Phi^r_{\mathrm{X},\mathrm{E}}$ *est injective, continue et stricte.*

   $b)$ *Si* X *est séparée et si* E *est un espace de Banach, alors l'image de* $\Phi^r_{\mathrm{X},\mathrm{E}}$ *est dense dans* $\mathscr{C}^r(\mathrm{X}; \mathrm{E})$.

Prouvons $a)$. L'injectivité de $\Phi^r_{\mathrm{X},\mathrm{E}}$ résulte de A, II, p. 63, cor. 3. Soit C une partie compacte de X, soit D un opérateur différentiel d'ordre $\leqslant r$ défini au voisinage de C, et soit q une semi-norme continue sur E. D'après le corollaire p. 44 de la prop. 22 de VI, p. 43, on a

$$p_{\mathrm{C},\mathrm{D},q}(\Phi^r_{\mathrm{X},\mathrm{E}}(t)) = (p_{\mathrm{C},\mathrm{D}} \otimes_\varepsilon q)(t)$$

pour tout $t \in \mathscr{C}^r(\mathrm{X}) \otimes \mathrm{E}$. Lorsque C, D et q varient, les semi-normes $p_{\mathrm{C},\mathrm{D}} \otimes_\varepsilon q$ (resp. $p_{\mathrm{C},\mathrm{D},q}$) définissent la topologie de $\mathscr{C}^r(\mathrm{X}) \otimes_\varepsilon \mathrm{E}$ (resp. $\mathscr{C}^r(\mathrm{X}; \mathrm{E})$). Il en résulte que $\Phi^r_{\mathrm{X},\mathrm{E}}$ est continue et stricte (VI, p. 17, prop. 12), ce qui démontre $a)$.

Supposons que X est séparée et que E est un espace de Banach. Prouvons que tout élément f de $\mathscr{C}^r(\mathrm{X}; \mathrm{E})$ est adhérent à $\Phi^r_{\mathrm{X},\mathrm{E}}(\mathscr{C}^r(\mathrm{X}) \otimes \mathrm{E})$.

Supposons d'abord $\mathrm{X} = \mathbf{R}^n$ pour un entier $n \in \mathbf{N}$. D'après le lemme 3, il suffit de traiter le cas où f est de la forme $\varphi * g$, avec $\varphi \in \mathscr{C}^r_{\mathrm{c}}(\mathbf{R}^n)$ et $g \in \mathscr{C}(\mathbf{R}^n; \mathrm{E})$. D'après la prop. 1 de VI, p. 63, la fonction g est adhérente à l'image de $\mathscr{C}(\mathbf{R}^n) \otimes \mathrm{E}$ dans $\mathscr{C}(\mathbf{R}^n; \mathrm{E})$; il résulte alors de l'assertion b) du lemme 2 que $\varphi * g$ est adhérente à $\Phi^r_{\mathbf{R}^n, \mathrm{E}}(\mathscr{C}^r(\mathbf{R}^n) \otimes \mathrm{E})$ dans $\mathscr{C}^r(\mathbf{R}^n; \mathrm{E})$, d'où l'assertion dans ce cas.

Passons au cas général. Soit f un élément de $\mathscr{C}^r(\mathrm{X}; \mathrm{E})$. Vu la définition de la topologie de la C^r-convergence compacte, il suffit de prouver que pour toute partie compacte C de X, il existe une fonction de $\mathscr{C}^r(\mathrm{X}; \mathrm{E})$ adhérente à $\Phi^r_{\mathrm{X}, \mathrm{E}}(\mathscr{C}^r(\mathrm{X}) \otimes \mathrm{E})$ qui coïncide avec f dans un voisinage de C. Soit C une partie compacte de X, et soit $(\mathrm{U}_i)_{i \in \mathrm{I}}$ un recouvrement fini de C par des ouverts de X tel que, pour chaque $i \in \mathrm{I}$, la variété U_i soit isomorphe à un espace vectoriel réel de dimension finie (un tel recouvrement existe d'après la prop. 4 de VI, p. 66). Soit $(\varphi_i)_{i \in \mathrm{I}}$ une famille de fonctions sur X possédant les propriétés énoncées dans la prop. 3 de VI, p. 66. Notons

$$\sigma: \bigoplus_{i \in \mathrm{I}} \mathscr{C}^r(\mathrm{U}_i) \to \mathscr{C}^r(\mathrm{X}), \qquad \sigma_{\mathrm{E}}: \bigoplus_{i \in \mathrm{I}} \mathscr{C}^r(\mathrm{U}_i; \mathrm{E}) \to \mathscr{C}^r(\mathrm{X}; \mathrm{E})$$

les applications linéaires continues qui associent à $(f_i)_{i \in \mathrm{I}}$ la somme des fonctions $\varphi_i f_i$ prolongées par zéro en dehors de U_i (VI, p. 69, remarque 5). Considérons le diagramme commutatif

$$
\begin{array}{ccc}
\displaystyle\bigoplus_{i \in \mathrm{I}} (\mathscr{C}^r(\mathrm{U}_i) \otimes \mathrm{E}) & \xrightarrow{\ \sigma \otimes 1_{\mathrm{E}}\ } & \mathscr{C}^r(\mathrm{X}) \otimes \mathrm{E} \\
\ \ \downarrow{\scriptstyle \oplus_i \Phi^r_{\mathrm{U}_i, \mathrm{E}}} & & \ \ \downarrow{\scriptstyle \Phi^r_{\mathrm{X}, \mathrm{E}}} \\
\displaystyle\bigoplus_{i \in \mathrm{I}} \mathscr{C}^r(\mathrm{U}_i; \mathrm{E}) & \xrightarrow{\ \ \sigma_{\mathrm{E}}\ \ } & \mathscr{C}^r(\mathrm{X}; \mathrm{E}).
\end{array}
$$

où l'on identifie $\sigma \otimes 1_{\mathrm{E}}$ à une application de $\bigoplus_i (\mathscr{C}^r(\mathrm{U}_i) \otimes \mathrm{E})$ dans $\mathscr{C}^r(\mathrm{X}) \otimes \mathrm{E}$ en la composant avec l'inverse de l'isomorphisme canonique de $\left(\bigoplus_{i \in \mathrm{I}} \mathscr{C}^r(\mathrm{U}_i) \right) \otimes \mathrm{E}$ sur $\bigoplus_{i \in \mathrm{I}} (\mathscr{C}^r(\mathrm{U}_i) \otimes \mathrm{E})$ (A, II, p. 61).

D'après le cas $\mathrm{X} = \mathbf{R}^n$ $(n \in \mathbf{N})$ déjà traité, l'élément $(f|_{\mathrm{U}_i})_{i \in \mathrm{I}}$ de $\bigoplus_{i \in \mathrm{I}} \mathscr{C}^r(\mathrm{U}_i; \mathrm{E})$ est adhérent à l'image de $\bigoplus_{i \in \mathrm{I}} \Phi^r_{\mathrm{U}_i, \mathrm{E}}$; son image par σ_{E} est donc adhérente à $\Phi^r_{\mathrm{X}, \mathrm{E}}(\mathscr{C}^r(\mathrm{X}) \otimes \mathrm{E})$. Puisque cette image coïncide avec f dans un voisinage de C, cela achève la preuve de b).

Soit X une variété de classe C^r $(r \leqslant \infty)$, localement de dimension finie, et soit E un espace localement convexe. Supposons E et X séparés ; les espaces $\mathscr{C}^r(\mathrm{X}; \widehat{\mathrm{E}})$ et $\mathscr{C}^r(\mathrm{X})$ sont alors séparés et complets (VI, p. 70, prop. 5). Compte tenu de la prop. 6, a), on déduit de $\Phi^r_{\mathrm{X}, \widehat{\mathrm{E}}}$ une application linéaire continue $\widetilde{\Phi}$ de $\mathscr{C}^r(\mathrm{X}) \widehat{\otimes}_\varepsilon \widehat{\mathrm{E}}$ dans $\mathscr{C}^r(\mathrm{X}; \widehat{\mathrm{E}})$. En la composant avec l'application canonique de $\mathscr{C}^r(\mathrm{X}) \widehat{\otimes}_\varepsilon \mathrm{E}$ dans $\mathscr{C}^r(\mathrm{X}) \widehat{\otimes}_\varepsilon \widehat{\mathrm{E}}$ (VI, p. 27), on obtient une application linéaire $\widehat{\Phi}^r_{\mathrm{X}, \mathrm{E}}$ de $\mathscr{C}^r(\mathrm{X}) \widehat{\otimes}_\varepsilon \mathrm{E}$ dans $\mathscr{C}^r(\mathrm{X}; \widehat{\mathrm{E}})$.

THÉORÈME 2. — *Soit* X *une variété de classe* C^r ($r \leqslant \infty$), *localement de dimension finie, et soit* E *un espace localement convexe. Si* X *et* E *sont séparés, alors* $\widehat{\Phi}^r_{X,E} : \mathscr{C}^r(X) \widehat{\otimes}_\varepsilon E \to \mathscr{C}^r(X; \widehat{E})$ *est un isomorphisme.*

L'application canonique de $\mathscr{C}^r(X) \widehat{\otimes}_\varepsilon E$ dans $\mathscr{C}^r(X) \widehat{\otimes}_\varepsilon \widehat{E}$ est un isomorphisme (VI, p. 46, prop. 24) ; il s'agit donc de voir qu'il en va de même de $\widetilde{\Phi}$.

L'espace $\widehat{E}$ est limite projective des espaces semi-normés $\widehat{E}_q$, où q parcourt l'ensemble des semi-normes continues sur E (VI, p. 28, exemple 1). D'après la prop. 13 de VI, p. 30, l'application canonique de $\mathscr{C}^r(X) \widehat{\otimes}_\varepsilon \widehat{E}$ dans $\varprojlim \mathscr{C}^r(X) \widehat{\otimes}_\varepsilon \widehat{E}_q$ est un isomorphisme. Comme l'espace $\mathscr{C}^r(X; \widehat{E})$ s'identifie à la limite projective des espaces $\mathscr{C}^r(X; \widehat{E}_q)$ (VI, p. 70, remarque 6), on est ramené à démontrer le résultat lorsque E est un espace de Banach. Dans ce cas, l'assertion découle de la proposition 6 ci-dessus et de la prop. 13 de VI, p. 18.

5. Fonctions différentiables sur un produit de variétés

Soient X et Y des variétés réelles de classe C^∞, localement de dimension finie. Munissons chacun des espaces $\mathscr{C}^\infty(X)$, $\mathscr{C}^\infty(Y)$, $\mathscr{C}^\infty(X \times Y)$ et $\mathscr{C}^\infty(X; \mathscr{C}^\infty(Y))$ de la topologie de la C^∞-convergence compacte.

Soit U un ouvert de X et soit P un opérateur différentiel de classe C^∞ sur U. Pour $f \in \mathscr{C}^\infty(U \times Y)$ et $y \in Y$ (resp. $x \in U$), notons $\Sigma_y(f)$ (resp. $\Delta_x f$) la fonction $x \mapsto f(x, y)$ sur U (resp. la fonction $y \mapsto f(x, y)$ sur Y). On définit un opérateur différentiel $\widetilde{P}$ sur $U \times Y$ en posant, pour $f \in \mathscr{C}^\infty(U \times Y)$, $x \in U$ et $y \in Y$,

$$\widetilde{P}(f)(x, y) = P(\Sigma_y f)(x).$$

Si V est un ouvert de Y et si Q est un opérateur différentiel sur V de classe C^∞, on définit de même un opérateur différentiel $\widetilde{Q}$ sur $X \times V$ en posant $\widetilde{Q}(f)(x, y) = Q(\Delta_x f)(y)$ pour $f \in \mathscr{C}^\infty(X \times V)$, $x \in X$, $y \in V$.

Lemme 4. —   a) Soit $f \in \mathscr{C}^\infty(X \times Y)$, *et soit* $\Gamma(f) : X \to \mathscr{C}^\infty(Y)$ *l'application* $x \mapsto \Delta_x f$. *L'application* $\Gamma(f)$ *est de classe* C^∞ *et pour tout opérateur différentiel* P *sur* X, *on a* $P(\Gamma(f)) = \Gamma(\widetilde{P}(f))$.

b) Pour $g \in \mathscr{C}^\infty(X; \mathscr{C}^\infty(Y))$, *la fonction* $\Lambda(g)$ *sur* $X \times Y$ *définie par* $\Lambda(g)(x, y) = g(x)(y)$ *est de classe* C^∞.

c) *Les applications*

$$\Gamma \colon \mathscr{C}^\infty(\mathrm{X} \times \mathrm{Y}) \to \mathscr{C}^\infty(\mathrm{X}; \mathscr{C}^\infty(\mathrm{Y}))$$

et

$$\Lambda \colon \mathscr{C}^\infty(\mathrm{X}; \mathscr{C}^\infty(\mathrm{Y})) \to \mathscr{C}^\infty(\mathrm{X} \times \mathrm{Y})$$

ainsi définies sont des isomorphismes réciproques l'un de l'autre.

Soit $f \in \mathscr{C}^\infty(\mathrm{X} \times \mathrm{Y})$; prouvons que $\Gamma(f)$ est de classe C^∞. On peut supposer $\mathrm{X} = \mathbf{R}^n$ (*cf.* VI, p. 66, prop. 4). Soit $x \in \mathrm{X}$, et soit L une partie compacte de Y. D'après la formule de Taylor (VAR, R, 2.5.2), il existe un nombre réel $\mathrm{M} > 0$ tel que pour tout $h \in \mathbf{R}^n$ vérifiant $\|h\| \leqslant 1$, on ait

$$\sup_{y \in \mathrm{L}} |f(x+h, y) - f(x, y) - \mathrm{D}_1 f(x, y) h| \leqslant \mathrm{M} \|h\|^2,$$

où $\mathrm{D}_1 f(x, y)$ désigne la dérivée partielle de f par rapport à la première variable au point (x, y). En appliquant ce raisonnement à $\widetilde{\mathrm{Q}}(f)$, où Q est un opérateur différentiel de classe C^∞ sur un voisinage de L dans Y, on voit que si l'on note $\overline{\mathrm{D}}^x f$ l'application $y \mapsto (\mathrm{D}_1 f)(x, y)$ sur la variété Y, alors $\Gamma(f)(x+h) - \Gamma(f)(x) - (\overline{\mathrm{D}^x} f) h$ tend vers 0 dans $\mathscr{C}^\infty(\mathrm{Y})$ quand h tend vers 0. Cela prouve que $\Gamma(f)$ est dérivable et que sa dérivée en x est l'application linéaire $h \mapsto (\overline{\mathrm{D}}^x f) h$ de X dans $\mathscr{C}^\infty(\mathrm{Y})$. On a en particulier

$$\frac{\partial}{\partial x_i}(\Gamma(f)) = \Gamma\left(\frac{\partial f}{\partial x_i}\right) \qquad \text{pour } 1 \leqslant i \leqslant n.$$

On en déduit par récurrence que $\Gamma(f)$ est de classe C^∞, et vu les définitions du n° 3 de VI, p. 67, il résulte aussitôt de la formule ci-dessus que pour tout opérateur différentiel P sur X, on a $\mathrm{P}(\Gamma(f)) = \Gamma(\widetilde{\mathrm{P}}(f))$.

Démontrons *b*). Soit $g \in \mathscr{C}^\infty(\mathrm{X}; \mathscr{C}^\infty(\mathrm{Y}))$; prouvons que $\Lambda(g)$ est de classe C^∞. On peut supposer que $\mathrm{X} = \mathbf{R}^n$ et $\mathrm{Y} = \mathbf{R}^m$ avec n, $m \in \mathbf{N}$ (*cf.* VI, p. 66, prop. 4). La fonction $\Lambda(g)$ est continue (TG, X, p. 28, th. 3). Soit $(x, y) \in \mathrm{X} \times \mathrm{Y}$. Comme $g \colon \mathrm{X} \to \mathscr{C}^\infty(\mathrm{Y})$ est dérivable en x et comme la forme linéaire $\psi \mapsto \psi(y)$ est continue sur $\mathscr{C}^\infty(\mathrm{Y})$, la fonction $\Lambda(g)$ admet en (x, y) une dérivée partielle par rapport à la première variable, dont la valeur est

$$h \mapsto ((\mathrm{D}g)(x) h)(y).$$

D'autre part, il résulte aussitôt de la définition des dérivées partielles que $\Lambda(g)$ admet une dérivée partielle par rapport à la seconde variable, dont la valeur en (x, y) est

$$k \mapsto (\mathrm{D}(g(x)))(y)\, k.$$

On a en particulier

$$\frac{\partial}{\partial x_i}(\Lambda(g)) = \Lambda\left(\frac{\partial g}{\partial x_i}\right) \quad \text{et} \quad \frac{\partial}{\partial y_j}(\Lambda(g)) = \Lambda(\partial_j \circ g),$$

où ∂_j désigne l'endomorphisme continu $f \mapsto \partial f/\partial y_j$ de $\mathscr{C}^\infty(\mathrm{Y})$.

Ainsi les dérivées partielles de $\Lambda(g)$ sont des applications continues, donc $\Lambda(g)$ est de classe C^1 ; en raisonnant par récurrence sur r, on déduit des formules ci-dessus que $\Lambda(g)$ est de classe C^r pour tout $r \in \mathbf{N}$, d'où $b)$.

Prouvons $c)$. Il est clair que Γ et Λ sont des bijections réciproques l'une de l'autre ; montrons que $\Gamma \colon \mathscr{C}^\infty(\mathrm{X} \times \mathrm{Y}) \to \mathscr{C}^\infty(\mathrm{X}; \mathscr{C}^\infty(\mathrm{Y}))$ est continue et stricte. Soient A et B des parties compactes de X et Y respectivement, et soient P et Q des opérateurs différentiels de classe C^∞, définis au voisinage de A et B respectivement. Notons q la semi-norme $p_{\mathrm{B},\mathrm{Q}}$ sur $\mathscr{C}^\infty(\mathrm{Y})$. Pour $f \in \mathscr{C}^\infty(\mathrm{X} \times \mathrm{Y})$, on a

$$
\begin{aligned}
p_{\mathrm{A},\mathrm{P},q}(\Gamma(f)) &= \sup_{x \in \mathrm{A}} q\big(\mathrm{P}(\Gamma(f))(x)\big) \\
&= \sup_{x \in \mathrm{A}, y \in \mathrm{B}} \big|(\widetilde{\mathrm{Q}}\widetilde{\mathrm{P}})(f)(x, y)\big| \qquad \text{d'après } a) \\
&= p_{\mathrm{A} \times \mathrm{B}, \widetilde{\mathrm{Q}}\widetilde{\mathrm{P}}}(f).
\end{aligned}
$$

Lorsque A, B, P et Q varient, les semi-normes $p_{\mathrm{A} \times \mathrm{B}, \widetilde{\mathrm{Q}}\widetilde{\mathrm{P}}}$ définissent la topologie de $\mathscr{C}^\infty(\mathrm{X} \times \mathrm{Y})$ (VI, p. 69, remarque 2). Par suite, l'application Γ est continue et stricte (VI, p. 17, prop. 12), d'où $c)$.

Remarque. — Soit $\mathscr{D}$ l'algèbre des opérateurs différentiels de classe C^∞ sur X (VAR, R, 14.1.10 $b)$). Munissons $\mathscr{C}^\infty(\mathrm{X} \times \mathrm{Y})$ de la structure de $\mathscr{D}$-module dont la loi d'action est $(\mathrm{P}, f) \mapsto \widetilde{\mathrm{P}}f$, et $\mathscr{C}^\infty(\mathrm{X}; \mathscr{C}^\infty(\mathrm{Y}))$ de la structure de $\mathscr{D}$-module dont la loi d'action est $(\mathrm{P}, g) \mapsto \mathrm{P}g$ (VI, p. 67). D'après les assertions $a)$ et $c)$ du lemme 4, les applications Γ et Λ sont des isomorphismes de $\mathscr{D}$-modules.

Notons $\Psi_{\mathrm{X},\mathrm{Y}}^\infty \colon \mathscr{C}^\infty(\mathrm{X}) \otimes \mathscr{C}^\infty(\mathrm{Y}) \to \mathscr{C}^\infty(\mathrm{X} \times \mathrm{Y})$ l'unique application linéaire qui associe à $f \otimes g$ la fonction $(x, y) \mapsto f(x)g(y)$. Rappelons que $\mathscr{C}^\infty(\mathrm{X} \times \mathrm{Y})$ est séparé et complet (VI, p. 67).

PROPOSITION 7. — *Soient* X *et* Y *des variétés séparées de classe* C^∞, *localement de dimension finie L'application linéaire* $\Psi_{\mathrm{X},\mathrm{Y}}^\infty$ *est continue*

et induit par passage aux séparés complétés un isomorphisme $\widehat{\Psi}^{\infty}_{X,Y}$ *de*
$\mathscr{C}^{\infty}(X) \,\widehat{\otimes}_{\varepsilon}\, \mathscr{C}^{\infty}(Y)$ *sur* $\mathscr{C}^{\infty}(X \times Y)$.

L'espace $\mathscr{C}^{\infty}(Y)$ est complet (prop. 5, *b*) de VI, p. 70) ; compte tenu de la relation $\Gamma \circ \Psi^{\infty}_{X,Y} = \Phi^{\infty}_{X,\mathscr{C}^{\infty}(Y)}$ et de la prop. 13 de VI, p. 18, la proposition résulte du lemme 4 et du th. 2 de VI, p. 75.

Corollaire. — *Soient* E *et* F *des espaces localement convexes séparés et complets. Soit* $\Theta \colon \mathscr{C}^{\infty}(X;E) \otimes_{\varepsilon} \mathscr{C}^{\infty}(Y;F) \to \mathscr{C}^{\infty}(X \times Y; E \,\widehat{\otimes}_{\varepsilon}\, F)$ *l'unique application linéaire vérifiant*

$$\Theta(f \otimes g)(x,y) = f(x) \,\widehat{\otimes}_{\pi}\, g(y).$$

L'application Θ *est continue et s'étend en un isomorphisme de* $\mathscr{C}^{\infty}(X;E) \,\widehat{\otimes}_{\varepsilon}\, \mathscr{C}^{\infty}(Y;F)$ *sur* $\mathscr{C}^{\infty}(X \times Y; E \,\widehat{\otimes}_{\varepsilon}\, F)$.

Soit Σ l'isomorphisme canonique de $\mathscr{C}^{\infty}(X) \otimes E \otimes \mathscr{C}^{\infty}(Y) \otimes F$ sur $\mathscr{C}^{\infty}(X) \otimes \mathscr{C}^{\infty}(Y) \otimes E \otimes F$. Le diagramme suivant, qui reprend les notations des n°^{os} 4 et 5, est commutatif, comme on le vérifie aussitôt sur les tenseurs purs :

$$
\begin{array}{ccc}
\mathscr{C}^{\infty}(X) \otimes E \otimes \mathscr{C}^{\infty}(Y) \otimes F & \xrightarrow{\;\;\Sigma\;\;} & \mathscr{C}^{\infty}(X) \otimes \mathscr{C}^{\infty}(Y) \otimes E \otimes F \\
{\scriptstyle \Phi^{\infty}_{X,E} \otimes \Phi^{\infty}_{Y,F}}\big\downarrow & & \big\downarrow {\scriptstyle \Phi^{\infty}_{X \times Y, E \widehat{\otimes}_{\varepsilon} F} \circ (\Psi^{\infty}_{X,Y} \otimes \varphi_{E \otimes F})} \\
\mathscr{C}^{\infty}(X;E) \otimes \mathscr{C}^{\infty}(Y;F) & \xrightarrow{\;\;\Theta\;\;} & \mathscr{C}^{\infty}(X \times Y; E \,\widehat{\otimes}_{\varepsilon}\, F).
\end{array}
$$

D'après le th. 2 de VI, p. 75, l'application $\Phi^{\infty}_{X,E} \otimes \Phi^{\infty}_{Y,F}$ induit un isomorphisme $\Upsilon \colon \mathscr{C}^{\infty}(X)\widehat{\otimes}_{\varepsilon}E\widehat{\otimes}_{\varepsilon}\mathscr{C}^{\infty}(Y)\widehat{\otimes}_{\varepsilon}F \to \mathscr{C}^{\infty}(X;E)\widehat{\otimes}_{\varepsilon}\mathscr{C}^{\infty}(Y;F)$. D'après la prop. 7, l'application linéaire continue $\widetilde{\Psi} = \widehat{\Psi}^{\infty}_{X,Y} \,\widehat{\otimes}_{\varepsilon}\, 1_{E\widehat{\otimes}_{\varepsilon}F}$, de $(\mathscr{C}^{\infty}(X) \,\widehat{\otimes}_{\varepsilon}\, \mathscr{C}^{\infty}(Y)) \,\widehat{\otimes}_{\varepsilon}\, E \,\widehat{\otimes}_{\varepsilon}\, F$ dans $\mathscr{C}^{\infty}(X \times Y; E \,\widehat{\otimes}_{\varepsilon}\, F)$, est un isomorphisme. Soit $\widehat{\Sigma}$ l'isomorphisme de $\mathscr{C}^{\infty}(X)\widehat{\otimes}_{\varepsilon}E\widehat{\otimes}_{\varepsilon}\mathscr{C}^{\infty}(Y)\widehat{\otimes}_{\varepsilon}F$ sur $\mathscr{C}^{\infty}(X)\widehat{\otimes}_{\varepsilon}\mathscr{C}^{\infty}(Y)\widehat{\otimes}_{\varepsilon}E\widehat{\otimes}_{\varepsilon}F$ déduit de Σ ; posant $\widehat{\Theta} = \widetilde{\Psi}\circ\widehat{\Sigma}\circ\Upsilon$, on obtient un isomorphisme de $\mathscr{C}^{\infty}(X;E) \,\widehat{\otimes}_{\varepsilon}\, \mathscr{C}^{\infty}(Y;F)$ sur $\mathscr{C}^{\infty}(X \times Y; E \,\widehat{\otimes}_{\varepsilon}\, F)$, qui coïncide avec Θ sur le sous-espace dense $\mathscr{C}^{\infty}(X;E) \otimes \mathscr{C}^{\infty}(Y;F)$ de $\mathscr{C}^{\infty}(X;E) \,\widehat{\otimes}_{\varepsilon}\, \mathscr{C}^{\infty}(Y;F)$. Le corollaire en résulte.

6. Espaces de sections de fibrés vectoriels

Soit X une variété réelle de classe C^r $(r \leqslant \infty)$, localement de dimension finie, et soit M un fibré vectoriel (réel ou complexe) de base X, de classe C^r. Nous noterons M_x la fibre de M en un point x de X.

Pour tout ouvert U de X, nous noterons $\mathscr{S}^r(\mathrm{U};\mathrm{M})$ l'espace des sections de classe C^r de M sur U (noté $\mathscr{S}^r_{\mathrm{M}}(\mathrm{U})$ dans VAR, R, 7.4). Soit $t = (\mathrm{U}, \varphi, \mathrm{F})$ une carte vectorielle de M (VAR, R, 7.1.1 ; rappelons que F est un espace de Banach et $\varphi \colon \mathrm{M}|_{\mathrm{U}} \to \mathrm{U} \times \mathrm{F}$ un isomorphisme de fibrés vectoriels de base U). Notons

$$\varrho_t \colon \mathscr{S}^r(\mathrm{X};\mathrm{M}) \to \mathscr{C}^r(\mathrm{U};\mathrm{F})$$

l'application qui, à une section s de M de classe C^r, associe l'application $u \mapsto \mathrm{pr}_2 \circ \varphi(s(u))$. On munit $\mathscr{S}^r(\mathrm{X};\mathrm{M})$ de la topologie la moins fine rendant continues les applications ϱ_t pour toutes les cartes vectorielles t de M. Cette topologie est appelée topologie de la C^r-convergence compacte sur $\mathscr{S}^r(\mathrm{X};\mathrm{M})$. Elle est définie par les semi-normes $p_{\mathrm{C},\mathrm{D}} \circ \varrho_t$, où $t = (\mathrm{U}, \varphi, \mathrm{F})$ est une carte vectorielle de M, C une partie compacte de U et D un opérateur différentiel défini au voisinage de C.

L'espace $\mathscr{S}^r(\mathrm{X};\mathrm{M})$ est séparé. Pour toute partie ouverte U de X, l'application de restriction $\mathscr{S}^r(\mathrm{X};\mathrm{M}) \to \mathscr{S}^r(\mathrm{U};\mathrm{M})$ est continue. Si le fibré M admet une trivialisation globale $t = (\mathrm{X}, \varphi, \mathrm{F})$, alors l'application $\varrho_t \colon \mathscr{S}^r(\mathrm{X};\mathrm{M}) \to \mathscr{C}^r(\mathrm{X};\mathrm{F})$ est un isomorphisme.

Remarques. — 1) Soit $\mathscr{U} = (\mathrm{U}_i)_{i \in \mathrm{I}}$ un recouvrement ouvert de X ; notons

$$r_{\mathscr{U}} \colon \mathscr{S}^r(\mathrm{X};\mathrm{M}) \to \prod_{i \in \mathrm{I}} \mathscr{S}^r(\mathrm{U}_i;\mathrm{M})$$

l'application linéaire qui associe à une section de M la famille de ses restrictions aux ouverts U_i. Alors $r_{\mathscr{U}}$ est *injective, continue, stricte et d'image fermée*.

En effet, il est clair que $r_{\mathscr{U}}$ est linéaire, injective et continue. Par ailleurs, toute partie compacte de X admet un recouvrement fini $(\mathrm{C}_j)_{j \in \mathrm{J}}$ où, pour chaque $j \in \mathrm{J}$, l'ensemble C_j est une partie compacte de l'un des U_i (TG, IX, p. 43, prop. 1 et p. 48, cor. 1). Vu la définition de la topologie de la C^r-convergence compacte et la prop. 12 de VI, p. 17, il en résulte que $r_{\mathscr{U}}$ est stricte. Enfin, l'image de $r_{\mathscr{U}}$ est fermée, puisqu'elle est formée des familles $(f_i)_{i \in \mathrm{I}}$ telles que f_i et $f_{i'}$ coïncident sur $\mathrm{U}_i \cap \mathrm{U}_{i'}$ pour tout $(i, i') \in \mathrm{I} \times \mathrm{I}$.

2) Supposons de plus que M admette au-dessus de chaque ouvert U_i une carte vectorielle $t_i = (\mathrm{U}_i, \varphi_i, \mathrm{F}_i)$. Alors l'espace $\mathscr{S}^r(\mathrm{X};\mathrm{M})$ s'identifie à un sous-espace fermé de $\prod_i \mathscr{C}^r(\mathrm{U}_i;\mathrm{F}_i)$, qui est complet (TG, II, p. 17, prop. 10). L'espace $\mathscr{S}^r(\mathrm{X};\mathrm{M})$ est donc complet.

Si la topologie de X admet une base dénombrable, alors on peut supposer l'ensemble I dénombrable (VI, p. 65, lemme 1) ; l'espace $\prod_i \mathscr{C}^r(\mathrm{U}_i; \mathrm{F}_i)$ est alors métrisable (TG, IX, p. 15, cor. 3), si bien que $\mathscr{S}^r(\mathrm{X}; \mathrm{M})$ est un espace de Fréchet. Si r est fini et si la variété X est compacte, on voit comme dans la remarque 2 de VI, p. 69 que l'espace $\mathscr{S}^r(\mathrm{X}; \mathrm{M})$ est normable.

3) Soit A une partie fermée de X. On note $\mathscr{S}^r_\mathrm{A}(\mathrm{X}; \mathrm{M})$ le sous-espace fermé de $\mathscr{S}^r(\mathrm{X}; \mathrm{M})$ formé des sections à support dans A.

Pour tout voisinage ouvert V de A dans X, l'application de restriction $\mathscr{S}^r_\mathrm{A}(\mathrm{X}; \mathrm{M}) \to \mathscr{S}^r_\mathrm{A}(\mathrm{V}; \mathrm{M})$ est un isomorphisme. On en déduit, comme dans la remarque 5 de VI, p. 69, que pour tout élément φ de $\mathscr{C}^r_\mathrm{A}(\mathrm{V}; \mathrm{K})$, l'application de $\mathscr{S}^r(\mathrm{V}; \mathrm{M})$ dans $\mathscr{S}^r_\mathrm{A}(\mathrm{X}; \mathrm{M})$ qui associe à $s \in \mathscr{S}^r(\mathrm{V}; \mathrm{M})$ la section φs prolongée par zéro en dehors de V est continue.

Soient maintenant X et Y des variétés de classe C^∞, localement de dimension finie. Soient M et N des fibrés vectoriels de rang fini sur X et Y respectivement. Notons $\mathrm{M} \boxtimes \mathrm{N}$ le fibré vectoriel $\mathrm{pr}_1^* \mathrm{M} \otimes \mathrm{pr}_2^* \mathrm{N}$ sur la variété $\mathrm{X} \times \mathrm{Y}$; sa fibre en un point (x, y) de $\mathrm{X} \times \mathrm{Y}$ s'identifie à $\mathrm{M}_x \otimes \mathrm{N}_y$. Pour tout couple $(s, t) \in \mathscr{S}^\infty(\mathrm{X}; \mathrm{M}) \times \mathscr{S}^\infty(\mathrm{Y}; \mathrm{N})$, l'application $(x, y) \mapsto s(x) \otimes t(y)$ est une section de classe C^∞ de $\mathrm{M} \boxtimes \mathrm{N}$ (*cf.* VAR, R, 7.9.1), que nous noterons $s \boxtimes t$.

PROPOSITION 8. — *Soient* X *et* Y *des variétés séparées de classe* C^∞, *localement de dimension finie. Soient* M *et* N *des fibrés vectoriels (réels ou complexes) de base* X *et* Y *respectivement, de rang fini. Soit* $\omega_{\mathrm{X},\mathrm{Y}} \colon \mathscr{S}^\infty(\mathrm{X}; \mathrm{M}) \otimes_\varepsilon \mathscr{S}^\infty(\mathrm{Y}; \mathrm{N}) \to \mathscr{S}^\infty(\mathrm{X} \times \mathrm{Y}; \mathrm{M} \boxtimes \mathrm{N})$ *l'unique application linéaire vérifiant* $\omega_{\mathrm{X},\mathrm{Y}}(s \otimes t) = s \boxtimes t$ *pour* $s \in \mathscr{S}^\infty(\mathrm{X}, \mathrm{M})$ *et* $t \in \mathscr{S}^\infty(\mathrm{Y}; \mathrm{N})$. *L'application* $\omega_{\mathrm{X},\mathrm{Y}}$ *est continue, injective, stricte et d'image dense ; elle se prolonge en un isomorphisme*

$$\widehat{\omega}_{\mathrm{X},\mathrm{Y}} \colon \mathscr{S}^\infty(\mathrm{X}; \mathrm{M}) \mathbin{\widehat{\otimes}_\varepsilon} \mathscr{S}^\infty(\mathrm{Y}; \mathrm{N}) \to \mathscr{S}^\infty(\mathrm{X} \times \mathrm{Y}; \mathrm{M} \boxtimes \mathrm{N}).$$

Le cas où M et N sont des fibrés triviaux de fibre K n'est autre que la prop. 7 de VI, p. 77 ; compte tenu des propriétés de distributivité et de commutativité du produit tensoriel, le cas où M et N sont trivialisables en résulte.

Passons au cas général, et prouvons d'abord que $\omega_{\mathrm{X},\mathrm{Y}}$ est injective, continue et stricte. Soit $\mathscr{U} = (\mathrm{U}_i)_{i \in \mathrm{I}}$ (resp. $\mathscr{V} = (\mathrm{V}_j)_{j \in \mathrm{J}}$) un recouvrement ouvert de X (resp. Y) par des ouverts de X (resp. Y) au-dessus desquels M (resp. N) est trivialisable. Notons $\mathscr{U} \times \mathscr{V}$ le recouvrement ouvert $(\mathrm{U}_i \times \mathrm{V}_j)_{(i,j) \in \mathrm{I} \times \mathrm{J}}$ de $\mathrm{X} \times \mathrm{Y}$. Écrivons $\mathscr{S}_\mathrm{X}$, $\mathscr{S}_i$, $\mathscr{S}_\mathrm{Y}$ et $\mathscr{S}_j$ pour $\mathscr{S}^\infty(\mathrm{X}; \mathrm{M})$, $\mathscr{S}^\infty(\mathrm{U}_i; \mathrm{M})$, $\mathscr{S}^\infty(\mathrm{Y}; \mathrm{N})$, et $\mathscr{S}^\infty(\mathrm{V}_j; \mathrm{N})$ respectivement, et de même $\mathscr{S}_{\mathrm{X} \times \mathrm{Y}}$ et $\mathscr{S}_{i,j}$ pour $\mathscr{S}^\infty(\mathrm{X} \times \mathrm{Y}; \mathrm{M} \boxtimes \mathrm{N})$ et $\mathscr{S}^\infty(\mathrm{U}_i \times \mathrm{V}_j; \mathrm{M} \boxtimes \mathrm{N})$, respectivement.

Considérons le diagramme commutatif

$$
\begin{array}{ccc}
\mathscr{S}_\mathrm{X} \otimes_\varepsilon \mathscr{S}_\mathrm{Y} & \xrightarrow{\quad \omega_{\mathrm{X},\mathrm{Y}} \quad} & \mathscr{S}_{\mathrm{X} \times \mathrm{Y}} \\
{\scriptstyle r_\mathscr{U} \otimes_\varepsilon r_\mathscr{V}} \downarrow & & \downarrow {\scriptstyle r_{\mathscr{U} \times \mathscr{V}}} \\
\displaystyle\prod_{i \in \mathrm{I}} \mathscr{S}_i \otimes_\varepsilon \prod_{j \in \mathrm{J}} \mathscr{S}_j \xrightarrow{\ v\ } \prod_{(i,j) \in \mathrm{I} \times \mathrm{J}} (\mathscr{S}_i \otimes_\varepsilon \mathscr{S}_j) \xrightarrow{(\omega_{\mathrm{U}_i, \mathrm{V}_j})_{i,j}} & & \displaystyle\prod_{(i,j) \in \mathrm{I} \times \mathrm{J}} \mathscr{S}_{i,j}
\end{array}
$$

où $r_\mathscr{U}$, $r_\mathscr{V}$ et $r_{\mathscr{U} \times \mathscr{V}}$ sont les applications définies dans la remarque 1 et v est l'application canonique (VI, p. 29, prop. 12). Les applications $r_\mathscr{U}$, $r_\mathscr{V}$ et $r_{\mathscr{U} \times \mathscr{V}}$ sont injectives, continues et strictes ; il en va de même de v (*loc. cit.*) et de $r_\mathscr{U} \otimes_\varepsilon r_\mathscr{V}$ (VI, p. 48, prop. 27). Enfin, chacune des applications $\omega_{\mathrm{U}_i, \mathrm{V}_j}$ est injective, continue et stricte d'après le début de la démonstration ; il en va donc de même de $(\omega_{\mathrm{U}_i, \mathrm{V}_j})_{i,j}$. Ainsi, les applications $r_{\mathscr{U} \times \mathscr{V}} \circ \omega_{\mathrm{X},\mathrm{Y}}$ et $r_{\mathscr{U} \times \mathscr{V}}$ sont injectives, continues et strictes. En raisonnant directement sur la définition des morphismes stricts (TG, III, p. 16, déf. 1), on en déduit qu'il en va de même de $\omega_{\mathrm{X},\mathrm{Y}}$.

Pour achever la démonstration de la proposition, il reste à prouver que l'image de $\omega_{\mathrm{X},\mathrm{Y}}$ est dense dans $\mathscr{S}^\infty(\mathrm{X} \times \mathrm{Y}; \mathrm{M} \boxtimes \mathrm{N})$; vu la définition de la topologie de la C^∞-convergence compacte, il suffit de démontrer que, pour tout élément s de $\mathscr{S}^\infty(\mathrm{X} \times \mathrm{Y}; \mathrm{M} \boxtimes \mathrm{N})$ et toute partie compacte C de $\mathrm{X} \times \mathrm{Y}$, il existe un élément de $\mathscr{S}^\infty(\mathrm{X} \times \mathrm{Y}; \mathrm{M} \boxtimes \mathrm{N})$ adhérent à l'image de $\omega_{\mathrm{X},\mathrm{Y}}$ et qui coïncide avec s dans un voisinage de C. On peut supposer que C est de la forme $\mathrm{A} \times \mathrm{B}$, où A est une partie compacte de X et B une partie compacte de Y.

Soit $(\mathrm{U}_i)_{i \in \mathrm{I}}$ (resp. $(\mathrm{V}_j)_{j \in \mathrm{J}}$) un recouvrement fini de A (resp. B) par des ouverts de X (resp. Y) au-dessus desquels le fibré M (resp. N) est trivialisable. Choisissons une famille $(\varphi_i)_{i \in \mathrm{I}}$ de fonctions positives de classe C^∞ de X dans $\mathbf{R}$, de telle façon que le support de φ_i soit contenu dans U_i pour tout $i \in \mathrm{I}$ et que l'on ait $\sum \varphi_i = 1$ au voisinage de A (VI, p. 66, prop. 3). De même, choisissons pour chaque $j \in \mathrm{J}$ une fonction positive $\psi_j \in \mathscr{C}^\infty(\mathrm{Y}; \mathbf{R})$ de support contenu dans V_j, de telle façon que l'on ait $\sum \psi_j = 1$ au voisinage de B. Notons

$$\varphi \colon \bigoplus_{i \in \mathrm{I}} \mathscr{S}^{\infty}(\mathrm{U}_i; \mathrm{M}) \longrightarrow \mathscr{S}^{\infty}(\mathrm{X}; \mathrm{M}),$$

$$\psi \colon \bigoplus_{j \in \mathrm{J}} \mathscr{S}^{\infty}(\mathrm{V}_j; \mathrm{N}) \longrightarrow \mathscr{S}^{\infty}(\mathrm{Y}; \mathrm{N}) \text{ et}$$

$$\chi \colon \bigoplus_{(i,j) \in \mathrm{I} \times \mathrm{J}} \mathscr{S}^{\infty}(\mathrm{U}_i \times \mathrm{V}_j; \mathrm{M} \boxtimes \mathrm{N}) \longrightarrow \mathscr{S}^{\infty}(\mathrm{X} \times \mathrm{Y}; \mathrm{M} \boxtimes \mathrm{N})$$

les applications définies par

$$\varphi((s_i)_{i \in \mathrm{I}}) = \sum_i \varphi_i s_i, \quad \psi((t_j)_{j \in \mathrm{J}}) = \sum_j \psi_j t_j,$$

$$\chi((u_{ij})_{(i,j) \in \mathrm{I} \times \mathrm{J}}) = \sum_{i,j} \varphi_i \psi_j u_{ij}$$

en convenant que les sections d'un fibré vectoriel au-dessus d'un ouvert sont prolongées par zéro en dehors de cet ouvert. Ces applications sont linéaires et continues d'après la remarque 3. Considérons le diagramme commutatif

$$
\begin{array}{ccc}
\displaystyle\bigoplus_{(i,j) \in \mathrm{I} \times \mathrm{J}} \mathscr{S}_{\mathrm{U}_i} \otimes_{\varepsilon} \mathscr{S}_{\mathrm{V}_j} & \xrightarrow{\ \varphi \otimes \psi\ } & \mathscr{S}_{\mathrm{X}} \otimes_{\varepsilon} \mathscr{S}_{\mathrm{Y}} \\[2mm]
\ \downarrow{\scriptstyle \bigoplus_{i,j} \omega_{\mathrm{U}_i, \mathrm{V}_j}} & & \ \downarrow{\scriptstyle \omega_{\mathrm{X},\mathrm{Y}}} \\[2mm]
\displaystyle\bigoplus_{i,j} \mathscr{S}_{\mathrm{U}_i \times \mathrm{V}_j} & \xrightarrow{\quad \chi \quad} & \mathscr{S}_{\mathrm{X} \times \mathrm{Y}},
\end{array}
$$

avec les conventions précédentes concernant les notations. Notons s' l'élément $(s|_{\mathrm{U}_i \times \mathrm{V}_j})_{(i,j) \in \mathrm{I} \times \mathrm{J}}$ de $\bigoplus_{i,j} \mathscr{S}_{\mathrm{U}_i \times \mathrm{V}_j}$. On sait par l'étude du cas où M et N sont trivialisables que s' est adhérent à l'image de $\bigoplus_{i,j} \omega_{\mathrm{U}_i, \mathrm{V}_j}$; donc la section $\chi(s')$ est adhérente à l'image de $\omega_{\mathrm{X},\mathrm{Y}}$. Comme $\chi(s')$ coïncide avec s dans un voisinage de $\mathrm{A} \times \mathrm{B}$, cela conclut la démonstration.

7. Espaces de fonctions ou de sections analytiques

Dans ce numéro, on suppose que $\mathrm{K} = \mathbf{C}$. Soit X une variété analytique complexe, localement de dimension finie. Si E est un espace localement convexe *séparé*, on note $\mathscr{C}^{\omega}(\mathrm{X}; \mathrm{E})$ l'espace des applications holomorphes de X dans E (VAR, R, 5.3.1) muni de la topologie de la convergence compacte. L'espace $\mathscr{C}^{\omega}(\mathrm{X}; \mathrm{E})$ est séparé puisque $\mathscr{C}(\mathrm{X}; \mathrm{E})$ l'est (VI, p. 63). On note $\mathscr{C}^{\omega}(\mathrm{X}) = \mathscr{C}^{\omega}(\mathrm{X}; \mathbf{C})$.

PROPOSITION 9. — *Si* E *est complet, alors* $\mathscr{C}^\omega(X; E)$ *est complet.*

Soit $\mathfrak{F}$ un filtre de Cauchy sur $\mathscr{C}^\omega(X; E)$. D'après TG, X, p. 9, cor. 3, le filtre $\mathfrak{F}$ converge vers une fonction $f \in \mathscr{C}(X; E)$; il s'agit de prouver que f est holomorphe. Pour cela, on peut supposer que X est un ouvert d'un espace $\mathbf{C}^n$, où n est un entier positif. En vertu de VAR, R, 3.3.1, il suffit de montrer que pour toute forme linéaire continue u sur E, la fonction $u \circ f$ est holomorphe. On peut donc supposer E $= \mathbf{C}$. La topologie de $\mathscr{C}^\omega(X)$ est définie par les restrictions à $\mathscr{C}^\omega(X)$ des semi-normes p_C, où C parcourt l'ensemble des parties compactes de X ; puisque X est dénombrable à l'infini, l'espace $\mathscr{C}^\omega(X)$ est donc métrisable (II, p. 4, prop. 2). Il suffit donc de prouver que f est holomorphe lorsque $\mathfrak{F}$ est le filtre élémentaire associé à une suite de Cauchy dans $\mathscr{C}^\omega(X)$; dans ce cas, l'assertion résulte de VAR, R, 3.3.2.

Soit M un fibré vectoriel analytique complexe de base X. On note $\mathscr{S}^\omega(X; M)$ l'espace vectoriel des sections analytiques de M. Pour toute carte vectorielle $t = (\mathrm{U}, \varphi, \mathrm{F})$ de M, on note $\varrho_t \colon \mathscr{S}^\omega(X; M) \to \mathscr{C}(\mathrm{U}; \mathrm{F})$ l'application associée (*cf.* VI, p. 78, n°6). On munit l'espace $\mathscr{S}^\omega(X; M)$ de la topologie la moins fine qui rend continues les applications ϱ_t ; cette topologie est appelée topologie de la convergence compacte sur $\mathscr{S}^\omega(X; M)$. Elle est définie par la famille des semi-normes $p_\mathrm{C} \circ \varrho_t$, où $t = (\mathrm{U}, \varphi, \mathrm{F})$ est une carte vectorielle de M et C est une partie compacte de U.

Remarques. — 1) Soit $\mathscr{U} = (\mathrm{U}_i)_{i \in \mathrm{I}}$ un recouvrement ouvert de X et soit

$$r_{\mathscr{U}} \colon \mathscr{S}^\omega(X; M) \to \prod_{i \in \mathrm{I}} \mathscr{S}^\omega(\mathrm{U}_i; M)$$

l'application linéaire qui associe à une section analytique de M la famille de ses restrictions aux ouverts U_i. On montre comme dans la remarque 1 de VI, p. 68 que $r_{\mathscr{U}}$ est *injective, continue, stricte et d'image fermée* ; son image est le noyau de l'application linéaire continue

$$d_{\mathscr{U}} \colon \prod_{i \in \mathrm{I}} \mathscr{S}^\omega(\mathrm{U}_i; M) \longrightarrow \prod_{(i,j) \in \mathrm{I} \times \mathrm{I}} \mathscr{S}^\omega(\mathrm{U}_i \cap \mathrm{U}_j; M)$$

définie par $d_{\mathscr{U}}((s_i)_{i \in \mathrm{I}}) = (s_i|_{\mathrm{U}_i \cap \mathrm{U}_j} - s_j|_{\mathrm{U}_i \cap \mathrm{U}_j})_{(i,j) \in \mathrm{I} \times \mathrm{I}}$.

Si M admet au-dessus de chaque ouvert U_i une carte vectorielle $t_i = (\mathrm{U}_i, \varphi_i, \mathrm{F}_i)$, l'espace $\mathscr{S}^\omega(X; M)$ s'identifie donc à un sous-espace fermé de $\prod_i \mathscr{C}^\omega(\mathrm{U}_i; \mathrm{F}_i)$. Il résulte alors de la prop. 9 que l'espace

$\mathscr{S}^{\omega}(X; M)$ est *complet*; c'est un espace de Fréchet si la topologie de X admet une base dénombrable (II, p. 4, prop. 2).

2) Soient X_0 et M_0 les variétés analytiques réelles sous-jacentes à X et M respectivement. Pour tout $r \in \mathbf{N} \cup \{\infty\}$, *l'injection canonique de* $\mathscr{S}^{\omega}(X; M)$ *dans* $\mathscr{S}^{r}(X_0; M_0)$ *est continue et stricte, et donc d'image fermée* puisque $\mathscr{S}^{\omega}(X; M)$ est complet. En effet, vu la remarque 1, il suffit de prouver que l'injection canonique de $\mathscr{C}^{\omega}(X; F)$ dans $\mathscr{C}^{r}(X; F)$ est continue et stricte lorsque X est un polydisque ouvert de $\mathbf{C}^{n}$ et lorsque F est un espace de Banach, auquel cas l'assertion résulte des inégalités de Cauchy (VAR, R, 3.3.3) et de la prop. 12 de VI, p. 17.

3) Soit $T'(X)$ le fibré cotangent de X (VAR, R, 8.2.2). Pour tout élément f de $\mathscr{C}^{\omega}(X)$, la différentielle df est une section analytique de $T'(X)$ (*loc. cit.*); on définit ainsi une application linéaire $d \colon \mathscr{C}^{\omega}(X) \to \mathscr{S}^{\omega}(X; T'(X))$. Montrons que cette application est continue.

Soit $\mathscr{A}$ un atlas vectoriel de $T'(X)$ (VAR, R, 7.1.1). On peut supposer que pour tout élément $t = (U_t, \varphi_t, F_t)$ de $\mathscr{A}$, l'ouvert U_t est le domaine d'une carte (U_t, ψ_t, E_t) de la variété X; l'espace F_t s'identifie alors à E'_t. Posons $V_t = \psi_t(U_t)$; l'application $\varrho_t \colon \mathscr{S}^{\omega}(X; T'(X)) \to \mathscr{C}(U_t; F_t)$ induit un isomorphisme ϱ_t^{ω} de $\mathscr{S}^{\omega}(U_t; T'(X))$ sur $\mathscr{C}^{\omega}(V_t; F_t)$.

Soit $\widetilde{r}_{\mathscr{A}} \colon \mathscr{C}^{\omega}(X) \to \prod_{t \in \mathscr{A}} \mathscr{C}^{\omega}(V_t)$ l'application $f \mapsto (f \circ \psi_t^{-1})_{t \in \mathscr{A}}$, et soit $\widetilde{\varrho}_{\mathscr{A}} \colon \mathscr{S}^{\omega}(X; T'(X)) \to \prod_{t \in \mathscr{A}} \mathscr{C}^{\omega}(V_t; F_t)$ l'application linéaire $s \mapsto (\varrho_t^{\omega}(s) \circ \psi_t^{-1})_{t \in \mathscr{A}}$. Si l'on note $\delta \colon \prod_{t \in \mathscr{A}} \mathscr{C}^{\omega}(V_t) \to \prod_{t \in \mathscr{A}} \mathscr{C}^{\omega}(V_t, F_t)$ l'application $(g_t)_{t \in \mathscr{A}} \mapsto (dg_t)_{t \in \mathscr{A}}$, alors le diagramme suivant est commutatif :

$$\begin{array}{ccc}
\mathscr{C}^{\omega}(X) & \xrightarrow{\ \widetilde{r}_{\mathscr{A}}\ } & \prod_{t \in \mathscr{A}} \mathscr{C}^{\omega}(V_t) \\
\downarrow{\scriptstyle d} & & \downarrow{\scriptstyle \delta} \\
\mathscr{S}^{\omega}(X; T'(X)) & \xrightarrow{\ \widetilde{\varrho}_{\mathscr{A}}\ } & \prod_{t \in \mathscr{A}} \mathscr{C}^{\omega}(V_t, F_t).
\end{array}$$

D'après la remarque 1, les applications $r_{\mathscr{A}}$ et $\varrho_{\mathscr{A}}$ sont injectives, continues, strictes et d'image fermée. Par ailleurs, l'application δ est continue d'après VAR, R, 3.3.2 ; la continuité de d en résulte.

8. Fonctions analytiques dans des ouverts convexes de $\mathbf{C}^n$

On suppose encore que $\mathrm{K} = \mathbf{C}$. Soit V un espace vectoriel complexe de dimension finie. Pour tout espace localement convexe séparé E, on note $\mathrm{Pol}(\mathrm{V}; \mathrm{E})$ l'espace vectoriel des applications polynomiales sur V à valeurs dans E. On pose $\mathrm{Pol}(\mathrm{V}) = \mathrm{Pol}(\mathrm{V}; \mathbf{C})$.

Soient C une partie compacte de V et F un espace de Banach. On note $\mathrm{B}(\mathrm{C}; \mathrm{F})$ le sous-espace vectoriel de $\mathscr{C}(\mathrm{C}; \mathrm{F})$ formé des fonctions qui sont holomorphes dans l'intérieur de C ; on le munit de la norme induite par celle de $\mathscr{C}(\mathrm{C}; \mathrm{F})$. D'après VAR, R, 3.3.2, l'espace $\mathrm{B}(\mathrm{C}; \mathrm{F})$ est fermé dans $\mathscr{C}(\mathrm{C}; \mathrm{F})$; c'est donc un espace de Banach. On écrit $\mathrm{B}(\mathrm{C})$ au lieu de $\mathrm{B}(\mathrm{C}; \mathbf{C})$.

PROPOSITION 10. —   a) *Soient* C *une partie convexe compacte d'intérieur non vide de* V *et* F *un espace de Banach. L'application de restriction* $\mathrm{Pol}(\mathrm{V}; \mathrm{F}) \to \mathrm{B}(\mathrm{C}; \mathrm{F})$ *est injective et d'image dense.*

b) *Soient* U *une partie convexe ouverte non vide de* V, *et soit* E *un espace localement convexe séparé. L'application de restriction* $\mathrm{Pol}(\mathrm{V}; \mathrm{E}) \to \mathscr{C}^{\omega}(\mathrm{U}; \mathrm{E})$ *est injective et d'image dense.*

L'injectivité de ces deux applications résulte du principe du prolongement analytique (VAR, R, 3.2.5).

La partie convexe compacte C de V est polynomialement convexe (TS, I, p. 45, exemple), c'est-à-dire que, pour tout point a de $\mathrm{V} - \mathrm{C}$, il existe un élément P de $\mathrm{Pol}(\mathrm{V})$ tel que $|\mathrm{P}(a)| > \sup_{z \in \mathrm{C}}|\mathrm{P}(z)|$. D'après le cor. 2 de TS, I, p. 69, l'adhérence de $\mathrm{Pol}(\mathrm{V}; \mathrm{F})$ dans $\mathrm{B}(\mathrm{C}; \mathrm{F})$ contient les restrictions à C des fonctions holomorphes dans un voisinage de C. Soit alors $f \in \mathrm{B}(\mathrm{C}; \mathrm{F})$; soit z_0 un point intérieur de C. Pour $0 < \alpha < 1$, la fonction $f_\alpha \colon z \mapsto f(z_0 + \alpha(z - z_0))$ est définie dans un voisinage ouvert de C et holomorphe dans ce voisinage ; lorsque α tend vers 1, la restriction de f_α à C tend vers f dans $\mathrm{B}(\mathrm{C}; \mathrm{F})$, en raison de la continuité uniforme de f dans C. Puisque les fonctions $f_\alpha|_{\mathrm{C}}$ sont adhérentes à l'image de $\mathrm{Pol}(\mathrm{V}; \mathrm{F})$ dans $\mathrm{B}(\mathrm{C}; \mathrm{F})$, il en va de même de f, d'où a).

Prouvons que l'image M de $\mathrm{Pol}(\mathrm{V}; \mathrm{E})$ dans $\mathscr{C}^{\omega}(\mathrm{U}; \mathrm{E})$ est dense ; il suffit de prouver la même assertion lorsqu'on munit $\mathscr{C}^{\omega}(\mathrm{U}; \mathrm{E})$ d'une semi-norme $p_{\mathrm{L},q}$, où L est une partie convexe compacte de U d'intérieur non vide et q est une semi-norme continue sur E. Soit $\varphi_{\mathrm{E},q}$ l'application canonique de E dans $\widehat{\mathrm{E}}_q$. En composant l'application de restriction de $\mathscr{C}^{\omega}(\mathrm{U}; \mathrm{E})$ dans $\mathrm{B}(\mathrm{L}; \mathrm{E})$ avec l'application de $\mathrm{B}(\mathrm{L}; \mathrm{E})$ dans $\mathrm{B}(\mathrm{L}; \widehat{\mathrm{E}}_q)$

déduite de $\varphi_{\mathrm{E},q}$, on obtient une application isométrique de $\mathscr{C}^\omega(\mathrm{U};\mathrm{E})$ dans $\mathrm{B}(\mathrm{L};\widehat{\mathrm{E}}_q)$. Cette dernière applique M sur l'image de l'application de restriction $\mathrm{Pol}(\mathrm{V};\widehat{\mathrm{E}}_q) \to \mathrm{B}(\mathrm{L};\widehat{\mathrm{E}}_q)$, image qui est dense d'après a), d'où b).

Soient C une partie compacte de V et F un espace de Banach. Considérons, comme dans le nº 1 de VI, p. 63, l'unique application linéaire $\Phi_{\mathrm{C},\mathrm{F}} \colon \mathscr{C}(\mathrm{C}) \otimes_\varepsilon \mathrm{F} \to \mathscr{C}(\mathrm{C};\mathrm{F})$ qui associe à $f \otimes v$ la fonction $x \mapsto f(x)v$. Elle est continue (VI, p. 63, prop. 1, a)) et induit une application linéaire continue $\Phi_{\mathrm{C},\mathrm{F}}^\omega \colon \mathrm{B}(\mathrm{C}) \otimes_\varepsilon \mathrm{F} \to \mathrm{B}(\mathrm{C};\mathrm{F})$. On en déduit une application linéaire continue $\widehat{\Phi}_{\mathrm{C},\mathrm{F}}^\omega \colon \mathrm{B}(\mathrm{C}) \widehat{\otimes}_\varepsilon \mathrm{F} \to \mathrm{B}(\mathrm{C};\mathrm{F})$ par passage aux séparés complétés. De manière analogue, soient U une partie ouverte de V et E un espace localement convexe séparé ; on déduit de $\Phi_{\mathrm{U},\widehat{\mathrm{E}}}$ une application linéaire continue $\widehat{\Phi}_{\mathrm{U},\mathrm{E}}^\omega \colon \mathscr{C}^\omega(\mathrm{U}) \widehat{\otimes}_\varepsilon \mathrm{E} \to \mathscr{C}^\omega(\mathrm{U};\widehat{\mathrm{E}})$ ($cf.$ VI, p. 64).

PROPOSITION 11. —   a) *Soient* C *une partie compacte de* V *et* F *un espace de Banach. L'application* $\widehat{\Phi}_{\mathrm{C},\mathrm{F}}^\omega \colon \mathrm{B}(\mathrm{C}) \widehat{\otimes}_\varepsilon \mathrm{F} \to \mathrm{B}(\mathrm{C};\mathrm{F})$ *est isométrique. Si* C *est convexe, c'est un isomorphisme.*

b) *Soient* U *une partie ouverte de* V *et* E *un espace localement convexe séparé. L'application* $\widehat{\Phi}_{\mathrm{U},\mathrm{E}}^\omega \colon \mathscr{C}^\omega(\mathrm{U}) \widehat{\otimes}_\varepsilon \mathrm{E} \to \mathscr{C}^\omega(\mathrm{U};\widehat{\mathrm{E}})$ *est injective, stricte et d'image fermée. Si* U *est convexe, c'est un isomorphisme.*

L'application $\widehat{\Phi}_{\mathrm{C},\mathrm{F}}^\omega$ se déduit, par passage aux sous-espaces, de la composée de l'application $\widehat{\Phi}_{\mathrm{C},\mathrm{F}} \colon \mathscr{C}(\mathrm{C}) \widehat{\otimes}_\varepsilon \mathrm{F} \to \mathscr{C}(\mathrm{C};\mathrm{F})$ (VI, p. 64, th. 1) et de $\iota \widehat{\otimes}_\varepsilon 1_\mathrm{F} \colon \mathrm{B}(\mathrm{C}) \widehat{\otimes}_\varepsilon \mathrm{F} \to \mathscr{C}(\mathrm{C}) \widehat{\otimes}_\varepsilon \mathrm{F}$, où $\iota \colon \mathrm{B}(\mathrm{C}) \to \mathscr{C}(\mathrm{C})$ est l'injection canonique. La première est un isomorphisme (*loc. cit.*) ; la seconde est isométrique puisque la construction tensorielle ε est injective (VI, p. 43, prop. 21). L'application $\widehat{\Phi}_{\mathrm{C},\mathrm{F}}^\omega$ est donc isométrique.

Par ailleurs, l'application $\iota \widehat{\otimes}_\varepsilon 1_\mathrm{F}$ est injective et stricte d'après la proposition 26 de VI, p. 47 ; l'application $\widehat{\Phi}_{\mathrm{C},\mathrm{F}}^\omega$ est donc injective et stricte. Son image est un sous-espace vectoriel complet de $\mathrm{B}(\mathrm{C};\mathrm{F})$ d'après le lemme 8 de TS, I, p. 107 ; elle est donc fermée dans $\mathrm{B}(\mathrm{C};\mathrm{F})$. Il reste à montrer qu'elle est dense dans $\mathrm{B}(\mathrm{C};\mathrm{F})$ lorsque C est convexe. Si C est d'intérieur vide, alors $\mathrm{B}(\mathrm{C};\mathrm{F}) = \mathscr{C}(\mathrm{F};\mathrm{G})$ et $\widehat{\Phi}_{\mathrm{C},\mathrm{F}}^\omega$ est surjective (VI, p. 64, th. 1). Si C est convexe d'intérieur non vide, l'image de $\widehat{\Phi}_{\mathrm{C},\mathrm{F}}^\omega$ contient l'ensemble des restrictions à C d'éléments de $\mathrm{Pol}(\mathrm{V};\mathrm{F})$, ensemble qui est dense dans $\mathrm{B}(\mathrm{C};\mathrm{F})$ d'après la prop. 10, a) ; cela achève la preuve de a).

De même, l'application $\widehat{\Phi}^{\omega}_{U,E} \colon \mathscr{C}^{\omega}(U) \,\widehat{\otimes}_{\varepsilon}\, E \to \mathscr{C}^{\omega}(U;\widehat{E})$ est injective, stricte et d'image fermée d'après le th. 1 de VI, p. 64, la prop. 26 de VI, p. 47 et la prop. 9 de VI, p. 83. Si U est convexe, l'image de $\widehat{\Phi}^{\omega}_{U,E}$ contient l'ensemble des restrictions à U d'éléments de $\mathrm{Pol}(V;\widehat{E})$, ensemble qui est dense dans $\mathscr{C}^{\omega}(U;\widehat{E})$ d'après la prop. 10, $b)$; d'où $b)$.

Soient V_1 et V_2 des espaces vectoriels complexes de dimension finie. Soient C_1 et C_2 des parties compactes de V_1 et V_2 respectivement. Si $\Psi_{V_1,V_2} \colon \mathscr{C}(V_1) \otimes \mathscr{C}(V_2) \to \mathscr{C}(V_1 \times V_2)$ est l'unique application linéaire qui associe à $f \otimes g$ la fonction $(x,y) \mapsto f(x)g(y)$ (VI, p. 65), alors Ψ_{V_1,V_2} applique $B(C_1) \otimes B(C_2)$ dans $B(C_1 \times C_2)$. On déduit donc de l'application $\widehat{\Psi}_{C_1,C_2} \colon \mathscr{C}(C_1) \,\widehat{\otimes}_{\varepsilon}\, \mathscr{C}(C_2) \to \mathscr{C}(C_1 \times C_2)$ (*loc. cit.*) une application linéaire continue $\widehat{\Psi}^{\omega}_{C_1,C_2} \colon B(C_1) \,\widehat{\otimes}_{\varepsilon}\, B(C_2) \to B(C_1 \times C_2)$. De même, si U_1 et U_2 sont des parties ouvertes de V_1 et V_2 respectivement, on déduit de Ψ_{U_1,U_2} une application linéaire continue $\Psi^{\omega}_{U_1,U_2} \colon \mathscr{C}^{\omega}(U_1) \otimes_{\varepsilon} \mathscr{C}^{\omega}(U_2) \to \mathscr{C}^{\omega}(U_1 \times U_2)$.

PROPOSITION 12. — *Soient* V_1 *et* V_2 *des espaces vectoriels complexes de dimension finie.*

a) *Soient* C_1 *et* C_2 *des parties compactes convexes d'intérieurs non vides de* V_1 *et* V_2 *respectivement. L'application* $\widehat{\Psi}^{\omega}_{C_1,C_2}$ *est un isomorphisme isométrique de* $B(C_1) \,\widehat{\otimes}_{\varepsilon}\, B(C_2)$ *sur* $B(C_1 \times C_2)$.

b) *Soient* U_1 *et* U_2 *des ouverts convexes de* V_1 *et* V_2 *respectivement. Alors* $\Psi^{\omega}_{U_1,U_2} \colon \mathscr{C}^{\omega}(U_1) \otimes_{\varepsilon} \mathscr{C}^{\omega}(U_2) \to \mathscr{C}^{\omega}(U_1 \times U_2)$ *est injective, stricte et d'image dense. Elle induit par passage aux séparés complétés un isomorphisme de* $\mathscr{C}^{\omega}(U_1) \,\widehat{\otimes}_{\varepsilon}\, \mathscr{C}^{\omega}(U_2)$ *sur* $\mathscr{C}^{\omega}(U_1 \times U_2)$.

L'application $\widehat{\Psi}_{C_1,C_2}$ est injective et stricte (VI, p. 65, prop. 2) ; par ailleurs, si $\iota_{C_1} \colon B(C_1) \to \mathscr{C}(C_1)$ et $\iota_{C_2} \colon B(C_2) \to \mathscr{C}(C_2)$ désignent les applications canoniques, alors $\iota_{C_1} \,\widehat{\otimes}_{\varepsilon}\, \iota_{C_2}$ est isométrique ; il en va de même de l'application canonique $\iota_{C_1 \times C_2} \colon B(C_1 \times C_2) \to \mathscr{C}(C_1 \times C_2)$. Comme $\iota_{C_1 \times C_2} \circ \widehat{\Psi}_{C_1,C_2} = \widehat{\Psi}_{C_1,C_2} \circ (\iota_{C_1} \,\widehat{\otimes}_{\varepsilon}\, \iota_{C_2})$ par définition, il en résulte que l'application $\widehat{\Psi}^{\omega}_{C_1,C_2}$ est isométrique. Elle est donc injective puisque $B(C_1) \,\widehat{\otimes}_{\varepsilon}\, B(C_2)$ est séparé, stricte d'après la prop. 12 de VI, p. 17, et d'image fermée d'après le lemme 8 de TS, I, p. 107.

Par ailleurs, si $j_{U_1} \colon \mathscr{C}^{\omega}(U_1) \to \mathscr{C}(U_1)$ et $j_{U_2} \colon \mathscr{C}^{\omega}(U_2) \to \mathscr{C}(U_2)$ désignent les applications canoniques, alors $j_{U_1} \otimes_{\varepsilon} j_{U_2}$ est injective et stricte d'après la prop. 26 de VI, p. 47 ; compte tenu de la prop. 2 de

VI, p. 65 et du fait que la topologie de $\mathscr{C}^\omega(\mathrm{U}_1 \times \mathrm{U}_2)$ est induite par celle de $\mathscr{C}(\mathrm{V}_1 \times \mathrm{V}_2)$, on en déduit que $\Psi^\omega_{\mathrm{U}_1,\mathrm{U}_2}$ est injective et stricte.

Puisque $\Psi_{\mathrm{V}_1,\mathrm{V}_2}$ applique $\mathrm{Pol}(\mathrm{V}_1) \otimes \mathrm{Pol}(\mathrm{V}_2)$ sur $\mathrm{Pol}(\mathrm{V}_1 \times \mathrm{V}_2)$, l'image de $\widehat{\Psi}^\omega_{\mathrm{C}_1,\mathrm{C}_2}$ (resp. $\Psi^\omega_{\mathrm{U}_1,\mathrm{U}_2}$) contient l'ensemble des restrictions à $\mathrm{C}_1 \times \mathrm{C}_2$ (resp. à $\mathrm{U}_1 \times \mathrm{U}_2$) d'éléments de $\mathrm{Pol}(\mathrm{V}_1 \times \mathrm{V}_2)$. D'après la prop. 10, les applications $\widehat{\Psi}^\omega_{\mathrm{C}_1,\mathrm{C}_2}$ et $\Psi^\omega_{\mathrm{U}_1,\mathrm{U}_2}$ sont donc d'image dense. Cela démontre $a)$ et la première assertion de $b)$; la seconde assertion de $b)$ résulte de la première et de la prop. 13 de VI, p. 18.

9. Espaces L^1

Soit X un espace topologique localement compact, muni d'une mesure positive μ. Soit E un espace de Banach sur le corps K (égal à $\mathbf{R}$ ou $\mathbf{C}$). Dans ce numéro, pour $1 \leqslant p \leqslant \infty$, on note $\mathscr{L}^p(\mathrm{X}; \mathrm{E})$ et $\mathrm{L}^p(\mathrm{X}; \mathrm{E})$ les espaces semi-normés notés $\mathscr{L}^p_{\mathrm{E}}(\mathrm{X}, \mu)$, et $\mathrm{L}^p_{\mathrm{E}}(\mathrm{X}, \mu)$ dans le n° 9 de VI, p. 10. Rappelons que $\mathscr{L}^p(\mathrm{X}; \mathrm{E})$ est complet et que $\mathrm{L}^p(\mathrm{X}; \mathrm{E})$ est un espace de Banach. On pose $\mathscr{L}^p(\mathrm{X}) = \mathscr{L}^p(\mathrm{X}; \mathrm{K})$ et $\mathrm{L}^p(\mathrm{X}) = \mathrm{L}^p(\mathrm{X}; \mathrm{K})$.

Notons Φ^1 l'unique application linéaire de $\mathscr{L}^1(\mathrm{X}) \otimes \mathrm{E}$ dans $\mathscr{L}^1(\mathrm{X}; \mathrm{E})$ qui associe à $\varphi \otimes e$, pour $\varphi \in \mathscr{L}^1(\mathrm{X})$ et $e \in \mathrm{E}$, la fonction $x \mapsto \varphi(x)e$. Elle est continue de norme $\leqslant 1$ de $\mathscr{L}^1(\mathrm{X}) \otimes_\pi \mathrm{E}$ dans $\mathscr{L}^1(\mathrm{X}; \mathrm{E})$: en effet, si $t \in \mathscr{L}^1(\mathrm{X}) \otimes \mathrm{E}$ et si $(x_i, e_i)_{i \in \mathrm{I}}$ est une écriture de t, alors

$$(1) \quad \|\Phi^1(t)\|_{\mathscr{L}^1(\mathrm{X};\mathrm{E})} = \int_\mathrm{X} \Big\| \sum_{i \in \mathrm{I}} \varphi_i(x)e_i \Big\|_\mathrm{E} d\mu(x) \leqslant \sum_{i \in \mathrm{I}} \|\varphi_i\|_{\mathscr{L}^1(\mathrm{X})} \|e_i\|_\mathrm{E} \, ;$$

par passage à la borne inférieure, on en déduit $\|\Phi^1(t)\| \leqslant \|t\|_\pi$.

L'application Φ^1 induit donc, par passage aux séparés complétés, une application linéaire continue de $\mathscr{L}^1(\mathrm{X}) \widehat{\otimes}_\pi \mathrm{E}$ dans $\mathrm{L}^1(\mathrm{X}; \mathrm{E})$. Or $\mathscr{L}^1(\mathrm{X}) \widehat{\otimes}_\pi \mathrm{E}$ s'identifie à $\mathrm{L}^1(\mathrm{X}) \widehat{\otimes}_\pi \mathrm{E}$ (VI, p. 55, prop. 34) ; on déduit donc de Φ^1 une application linéaire continue $\widehat{\Phi}^1 \colon \mathrm{L}^1(\mathrm{X}) \widehat{\otimes}_\pi \mathrm{E} \to \mathrm{L}^1(\mathrm{X}; \mathrm{E})$.

Théorème 3. — *Soit* X *un espace topologique localement compact, soit* μ *une mesure positive sur* X, *et soit* E *un espace de Banach.*

a) L'application $\Phi^1 \colon \mathscr{L}^1(\mathrm{X}) \otimes_\pi \mathrm{E} \to \mathscr{L}^1(\mathrm{X}; \mathrm{E})$ *est injective, isométrique et d'image dense.*

b) L'application $\widehat{\Phi}^1 \colon \mathrm{L}^1(\mathrm{X}) \widehat{\otimes}_\pi \mathrm{E} \to \mathrm{L}^1(\mathrm{X}; \mathrm{E})$ *est un isomorphisme isométrique.*

Prouvons que Φ^1 est injective. Soit $(e_i)_{i \in \mathrm{I}}$ une base de l'espace vectoriel E (A, II, p. 95, th. 1). Tout élément de $\mathscr{L}^1(\mathrm{X}) \otimes \mathrm{E}$ s'écrit d'une seule manière sous la forme $t = \sum_{i \in I} \varphi_i \otimes e_i$, où $\varphi_i \in \mathscr{L}^1(X)$ pour tout i et où la famille $(\varphi_i)_{i \in I}$ est à support fini (A, II, p. 62, cor. 1). Si $\Phi^1(t) = 0$, alors pour tout $x \in X$, on a $\sum_{i \in I} \varphi_i(x)e_i = 0$, d'où $\varphi_i(x) = 0$ pour tout i. Ainsi les fonctions φ_i sont nulles ; il en résulte que $t = 0$, d'où l'injectivité de Φ^1.

Notons $\mathscr{E}(X)$ et $\mathscr{E}(X ; E)$ les sous-espaces de $\mathscr{L}^1(X)$ et $\mathscr{L}^1(X ; E)$ formés des fonctions qui ne prennent qu'un nombre fini de valeurs, c'est-à-dire des fonctions étagées par rapport au clan des parties μ-intégrables (INT, IV, p. 160, § 4, n° 9, déf. 4). Pour $\varphi \in \mathscr{E}(X)$ et $e \in E$, l'application $x \mapsto \varphi(x)e$ appartient à $\mathscr{E}(X ; E)$; par ailleurs, l'espace $\mathscr{E}(X ; E)$ est engendré par les fonctions de la forme $x \mapsto \varphi_M(x)e$, où $e \in E$ et où φ_M est la fonction caractéristique d'une partie intégrable M de X (*loc. cit.*). L'image de $\mathscr{E}(X) \otimes E$ par Φ^1 est donc égale à $\mathscr{E}(X ; E)$, qui est dense dans $\mathscr{L}^1(X ; E)$ (INT, IV, p. 162, § 4, n° 10, cor. 1).

Cela prouve que Φ^1 est d'image dense. Prouvons qu'elle est isométrique. Puisque $\mathscr{E}(X)$ est dense dans $\mathscr{L}^1(X)$ (*loc. cit.*), l'espace $\mathscr{E}(X) \otimes E$ est dense dans $\mathscr{L}^1(X) \otimes_\pi E$ (VI, p. 23, remarque 1). Il suffit donc de vérifier que pour tout t dans $\mathscr{E}(X) \otimes E$, on a $\|\Phi^1(t)\|_{\mathscr{L}^1(X ; E)} = \|t\|_\pi$.

Soit t un élément de $\mathscr{E}(X) \otimes E$. On a $\|\Phi^1(t)\| \leqslant \|t\|_\pi$ d'après l'inégalité (1). D'autre part, soit S la partie finie de E formée des valeurs prises par $\Phi^1(t)$; pour $s \in S$, notons X_s l'ensemble des points de X où $\Phi^1(t)$ prend la valeur s, et soit φ_s la fonction caractéristique de X_s. On a alors $\Phi^1(t) = \Phi^1(\sum_s \varphi_s \otimes s)$. Puisque Φ^1 est injective, on en déduit que $t = \sum_s \varphi_s \otimes s$, puis que

$$\|\Phi^1(t)\|_{\mathscr{L}^1(X ; E)} = \sum_{s \in S} \mu(X_s)\|s\|_E = \sum_{s \in S} \|\varphi_s\|_{\mathscr{L}^1(X)} \|s\|_E \geqslant \|t\|_\pi.$$

On obtient finalement $\|\Phi^1(t)\| = \|t\|_\pi$, ce qui conclut la preuve de a). L'assertion b) s'en déduit aussitôt (VI, p. 18, prop. 13 et remarque).

Soient X et Y des espaces topologiques localement compacts, et soient μ et ν des mesures positives sur X et Y respectivement. Munissons l'espace $X \times Y$ de la mesure produit $\mu \otimes \nu$.

Soit $f \in \mathscr{L}^1(X \times Y)$; notons N l'ensemble des éléments x de X tels que la fonction $y \mapsto f(x, y)$ ne soit pas ν-intégrable. En vertu du théorème de Lebesgue–Fubini (INT, V, p. 96, § 8, n° 4, th. 1), l'ensemble N est μ-négligeable. Notons $\Gamma(f)\colon X \to L^1(Y)$ l'application qui est nulle sur N et qui associe à tout $x \in X \smallsetminus N$ la classe de la fonction $y \mapsto f(x, y)$.

PROPOSITION 13. —   a) *Pour tout $f \in \mathscr{L}^1(X \times Y)$, l'application* $\Gamma(f)\colon X \to L^1(Y)$ *est μ-intégrable.*

b) *L'application $f \mapsto \Gamma(f)$, de $\mathscr{L}^1(X \times Y)$ dans $\mathscr{L}^1(X; L^1(Y))$, est isométrique. Elle induit un isomorphisme isométrique de $L^1(X \times Y)$ sur $L^1(X; L^1(Y))$.*

Prouvons $a)$. D'après le théorème de Lebesgue–Fubini (INT, V, *loc. cit.*), la fonction $x \mapsto \|\Gamma(f)(x)\|_{L^1(Y)}$ est μ-intégrable sur X et vérifie

$$(2) \qquad \int_X \|\Gamma(f)(x)\|_{L^1(Y)} d\mu(x) = \int_{X \times Y} |f(x,y)| d(\mu \otimes \nu)(x,y).$$

Pour tout $\varepsilon > 0$, il existe une fonction continue h sur $X \times Y$, à support compact, telle que $\|f - h\|_{\mathscr{L}^1(X \times Y)} < \varepsilon$ (INT, IV, p. 129, § 3, n° 4, déf. 2). La fonction $\Gamma(h)\colon X \to L^1(Y)$ est continue et à support compact : sa continuité résulte du th. 3 de TG, X, p. 28 et de la prop. 4 de INT, IV, p. 127, § 3, n° 3, compte tenu de la compacité de l'image du support de h par la surjection canonique de $X \times Y$ dans Y. D'après la formule (2), on a de plus

$$\int_X \|\Gamma(f) - \Gamma(h)\|_{L^1(Y)} d\mu < \varepsilon.$$

Par conséquent, la fonction $\Gamma(f)$ est μ-intégrable sur X, d'où $a)$; de plus, on a $\|\Gamma(f)\|_{\mathscr{L}^1(X;L^1(Y))} = \|f\|_{\mathscr{L}^1(X \times Y)}$ d'après (2), ce qui prouve la première assertion de $b)$. Par passage aux espaces normés associés, on en déduit une application linéaire isométrique $\widehat{\Gamma}$ de $L^1(X \times Y)$ dans $L^1(X; L^1(Y))$. Puisque $L^1(X \times Y)$ et $L^1(X; L^1(Y))$ sont des espaces de Banach, l'application $\widehat{\Gamma}$ est injective d'image fermée (TS, I, p. 107, lemme 8). L'image de $\widehat{\Gamma}$ contient le sous-espace engendré par les fonctions $x \mapsto g(x)h$, pour $g \in \mathscr{L}^1(X)$ et $h \in L^1(Y)$; ce sous-espace est dense dans $L^1(X; L^1(Y))$ vu le th. 3, donc $\widehat{\Gamma}$ est un isomorphisme, et la proposition est démontrée.

Si f et g sont des fonctions à valeurs scalaires sur X et Y respectivement, notons $f \boxtimes g$ la fonction $(x,y) \mapsto f(x)g(y)$ sur $X \times Y$. Si $f \in \mathscr{L}^1(X)$ et $g \in \mathscr{L}^1(Y)$, alors $f \boxtimes g$ appartient à $\mathscr{L}^1(X \times Y)$ d'après le cor. 2 de INT, V, p. 95, § 8, n° 3.

Notons $\Psi^1 \colon \mathscr{L}^1(X) \otimes \mathscr{L}^1(Y) \to \mathscr{L}^1(X \times Y)$ l'unique application linéaire qui associe à $f \otimes g$ la fonction $f \boxtimes g$. Rappelons par ailleurs que le séparé complété de $\mathscr{L}^1(X) \otimes_\pi \mathscr{L}^1(Y)$ s'identifie à $L^1(X) \widehat{\otimes}_\pi L^1(Y)$ d'après la prop. 34 de VI, p. 55.

PROPOSITION 14. — *L'application Ψ^1 est isométrique ; elle induit par passage aux séparés complétés un isomorphisme isométrique $\widehat{\Psi}^1$ de $L^1(X) \widehat{\otimes}_\pi L^1(Y)$ sur $L^1(X \times Y)$.*

Soit β la surjection canonique de $\mathscr{L}^1(Y)$ sur $L^1(Y)$. Elle est isométrique (VI, p. 7), donc $1_{\mathscr{L}^1(X)} \otimes \beta$ est isométrique de $\mathscr{L}^1(X) \otimes_\pi \mathscr{L}^1(Y)$ dans $\mathscr{L}^1(X) \otimes_\pi L^1(Y)$ d'après la prop. 7 de VI, p. 22. On a

$$(3) \qquad \Gamma \circ \Psi^1 = \Phi^1 \circ (1_{\mathscr{L}^1(X)} \otimes \beta),$$

où $\Gamma \colon \mathscr{L}^1(X \times Y) \to \mathscr{L}^1(X; L^1(Y))$ est l'application de la prop. 13 et $\Phi^1 \colon \mathscr{L}^1(X) \otimes_\pi L^1(Y) \to \mathscr{L}^1(X; L^1(Y))$ celle du th. 3. Ces applications étant isométriques, on en déduit que Ψ^1 est isométrique. Si $\widehat{\Psi}^1 \colon L^1(X) \widehat{\otimes}_\pi L^1(Y) \to L^1(X \times Y)$ désigne l'application déduite de Ψ^1 par passage aux séparés complétés, alors la relation (3) implique l'égalité $\widehat{\Gamma} \circ \widehat{\Psi}^1 = \widehat{\Phi}^1$; la proposition en résulte, puisque $\widehat{\Gamma}$ et $\widehat{\Phi}^1$ sont des isomorphismes isométriques.

Si $f \in \mathscr{L}^\infty(X)$ et $g \in \mathscr{L}^\infty(X)$, alors $f \boxtimes g$ appartient à $\mathscr{L}^\infty(X \times Y)$. En effet, par définition de $\mathscr{L}^\infty(X)$ et $\mathscr{L}^\infty(Y)$, il existe des fonctions mesurables et bornées f_0 et g_0 sur X et Y respectivement, et des parties localement négligeables N_f et N_g de X et Y respectivement, telles que f et f_0 coïncident sur $X - N_f$ et que g et g_0 coïncident sur $Y - N_g$. L'application $f_0 \boxtimes g_0$ est alors mesurable et bornée (INT, V, p. 90, § 8, n° 2, cor. 1) et coïncide avec $f \boxtimes g$ sur le complémentaire de $(X \times N_g) \cup (N_f \times Y)$, qui est localement $(\mu \otimes \nu)$-négligeable d'après la prop. 4 de INT, V, p. 91, § 8, n° 2. On a donc $f \boxtimes g \in \mathscr{L}^\infty(X \times Y)$, comme annoncé.

Soit $\Psi^\infty \colon \mathscr{L}^\infty(X) \otimes \mathscr{L}^\infty(Y) \to \mathscr{L}^\infty(X \times Y)$ l'unique application linéaire qui associe à $f \otimes g$ la fonction $f \boxtimes g$.

COROLLAIRE 1. — *L'application Ψ^∞ est isométrique. Elle induit par passage aux séparés complétés une application isométrique $\widehat{\Psi}^\infty$ de $L^\infty(X) \widehat{\otimes}_\varepsilon L^\infty(Y)$ dans $L^\infty(X \times Y)$.*

Vu la dualité des espaces L^p (INT, V, p. 61, § 5, n° 8, th. 4), cela résulte de la prop. 14 et du cor. 2 p. 54 de la prop. 32 de VI, p. 53.

L'application $\widehat{\Psi}^\infty$ n'est pas bijective en général (VI, p. 145, exerc. 12).

COROLLAIRE 2. —   a) *Soit $k \in \mathscr{L}^\infty(X \times Y)$. Pour tout $f \in \mathscr{L}^1(X)$, il existe une partie localement ν-négligeable H de Y telle que la fonction $x \mapsto k(x,y)f(x)$ soit μ-intégrable pour tout élément y de $Y - H$. La fonction $y \mapsto \int_X k(x,y)f(x)d\mu(x)$, prolongée par 0 sur H, appartient* *alors à $\mathscr{L}^\infty(Y)$ et sa classe dans $L^\infty(Y)$ ne dépend pas du choix de H ; notons-la $u_k(f)$. L'application linéaire $u_k \colon L^1(X) \to L^\infty(Y)$ ainsi définie est continue.*

b) *L'application $k \mapsto u_k$ induit un isomorphisme isométrique de $L^\infty(X \times Y)$ sur $\mathscr{L}(L^1(X); L^\infty(Y))$.*

D'après INT, IV, p. 206, § 6, n° 3, on peut écrire $k = k_0 + k_1$ où k_0 est une fonction localement $(\mu \otimes \nu)$-négligeable sur $X \times Y$ et k_1 est une fonction mesurable et bornée sur $X \times Y$ satisfaisant à $|k_1(x,y)| \leqslant \|k\|_\infty$.

Soit H l'ensemble des $y \in Y$ tels que les fonctions $x \mapsto k_0(x,y)f(x)$ et $x \mapsto k_1(x,y)f(x)$ ne sont pas μ-intégrables. La partie H de Y est localement ν-négligeable : cela résulte du théorème de Lebesgue–Fubini (INT, V, p. 96, § 8, n° 4, th. 1), appliqué sur $U \times Y$ lorsque U parcourt l'ensemble des ouverts intégrables de X.

De plus, si l'on note $\widetilde{u}_k(f)$ la fonction

$$y \mapsto \int_X k(x,y)f(x)d\mu(x)$$

sur $Y - H$, prolongée par 0 sur H, alors $\widetilde{u}_k(f)$ est localement ν-intégrable sur Y (*loc. cit.*), et pour $y \in Y - H$, on a

$$|\widetilde{u}_k(f)(y)| = \left| \int_X k_1(x,y)f(x)d\mu(x) \right| \leqslant \|k\|_\infty \|f\|_1,$$

de sorte que $\widetilde{u}_k(f)$ appartient à $\mathscr{L}^\infty(Y)$ et vérifie $\|\widetilde{u}_k\|_\infty \leqslant \|k\|_\infty \|f\|_1$. Si H' est une partie localement ν-négligeable de Y telle que la fonction $x \mapsto k(x,y)f(x)$ soit μ-intégrable pour tout $y \in Y - H'$, alors l'application $y \mapsto \int_X k(x,y)f(x)d\mu(x)$ sur $Y - H'$, prolongée par 0 sur H', coïncide ν-presque partout avec $\widetilde{u}_k(f)$, puisque $H \cup H'$ est localement ν-négligeable (INT, IV, p. 172, § 5, n° 2).

L'assertion *a)* en résulte aussitôt ; en outre, pour tout $g \in \mathscr{L}^1(Y)$, la fonction $g\,\widetilde{u}_k(f)$ est ν-intégrable, et l'on a

$$(4) \quad \int_Y g(y)\,\widetilde{u}_k(f)(y)\,d\nu(y) = \int_{X \times Y} k(x,y)f(x)g(y)d(\mu \otimes \nu)(x,y)$$

d'après le théorème de Lebesgue–Fubini (INT, V, *loc. cit.*).

Pour prouver *b)*, notons κ_1 l'application de $L^\infty(X \times Y)$ dans $\mathscr{L}(L^1(X); L^\infty(Y))$ déduite de $k \mapsto u_k$. Notons κ_2 la composition

$$L^\infty(X \times Y) \xrightarrow{\varphi} L^1(X \times Y)' \xrightarrow{{}^t\widehat{\Psi}^1} (L^1(X) \,\widehat{\otimes}_\pi\, L^1(Y))'$$

$$\xrightarrow{\zeta} \mathscr{L}(L^1(X); L^\infty(Y)),$$

où φ est l'isomorphisme de dualité (INT, V, p. 61, § 5, n$^{\circ}$ 8), où $^{t}\widehat{\Psi}^{1}$ désigne le transposé de l'isomorphisme isométrique de la prop. 14, et où ζ est l'isomorphisme isométrique déduit du cor. 1 de la prop. 32 de VI, p. 53 en identifiant $(\mathrm{L}^{1}(\mathrm{X}) \,\widehat{\otimes}_{\pi} \mathrm{L}^{1}(\mathrm{Y}))'$ à $(\mathrm{L}^{1}(\mathrm{X}) \otimes_{\pi} \mathrm{L}^{1}(\mathrm{Y}))'$ isométriquement comme dans l'exemple 2 de VI, p. 4.

Nous allons montrer que $\kappa_1 = \kappa_2$; puisque chacune des applications φ, $\widehat{\Psi}^{1}$ et ζ est bijective et isométrique, cela suffira à conclure.

Soient $k \in \mathscr{L}^{\infty}(\mathrm{X} \times \mathrm{Y})$, $f \in \mathscr{L}^{1}(\mathrm{X})$, $g \in \mathscr{L}^{1}(\mathrm{Y})$, et soient $\overline{k}, \overline{f}, \overline{g}$ leurs classes dans $\mathrm{L}^{\infty}(\mathrm{X} \times \mathrm{Y})$, $\mathrm{L}^{1}(\mathrm{X})$, $\mathrm{L}^{1}(\mathrm{Y})$, respectivement.

Identifions $\mathrm{L}^{\infty}(\mathrm{X})$ au dual de $\mathrm{L}^{1}(\mathrm{X})$, et $\mathrm{L}^{1}(\mathrm{X}) \otimes_{\pi} \mathrm{L}^{1}(\mathrm{Y})$ à un sous-espace dense de $\mathrm{L}^{1}(\mathrm{X}) \,\widehat{\otimes}_{\pi} \mathrm{L}^{1}(\mathrm{Y})$. Moyennant ces identifications, on a

$$
\begin{aligned}
\langle \overline{g}, \kappa_2(\overline{k})(\overline{f}) \rangle &= \langle \overline{f} \otimes \overline{g}, {}^{t}\widehat{\Psi}^{1} \circ \varphi(\overline{k}) \rangle \quad \text{(par définition de } \zeta) \\
&= \langle \widehat{\Psi}^{1}(\overline{f} \otimes \overline{g}), \varphi(\overline{k}) \rangle \\
&= \int_{\mathrm{X} \times \mathrm{Y}} k(x,y) f(x) g(y) d(\mu \otimes \nu)(x,y) \\
&= \int_{\mathrm{Y}} \widetilde{u}_k(f)\, g\, d\nu \qquad \text{(d'après (4))}.
\end{aligned}
$$

Il en résulte que la classe $u_k(f)$ de $\widetilde{u}_k(f)$ dans $\mathrm{L}^{\infty}(\mathrm{X})$ est égale à $\kappa_2(\overline{k})(\overline{f})$; cela prouve que $\kappa_1(\overline{k}) = \kappa_2(\overline{k})$, d'où le corollaire.

Remarque. — Les énoncés de ce numéro s'étendent immédiatement au cas où les mesures considérées sont réelles ou complexes.

§ 4. DUALITÉS ET ENVELOPPES DE CONSTRUCTIONS TENSORIELLES

Dans ce paragraphe, si E *est un espace vectoriel, on note* $\mathscr{F}(\mathrm{E})$ *l'ensemble des sous-espaces de dimension finie de* E. *Si* (E, p) *et* (F, q) *sont des espaces semi-normés et si* $t \in \mathrm{E} \otimes \mathrm{F}$, *on note* $\mathscr{R}_{\mathrm{F}}^{\mathrm{E}}(t)$, *ou* $\mathscr{R}(t)$ *s'il n'y a pas d'ambiguïté, l'ensemble des couples* $(\widetilde{\mathrm{E}}, \widetilde{\mathrm{F}}) \in \mathscr{F}(\mathrm{E}) \times \mathscr{F}(\mathrm{F})$ *tels que l'on ait* $t \in \widetilde{\mathrm{E}} \otimes \widetilde{\mathrm{F}}$. *Cet ensemble est non vide, puisque* t *admet une écriture.*

1. Enveloppe finie d'une construction tensorielle locale

Dans ce numéro, on fixe une construction tensorielle locale η.

Pour tout couple (E, p) et (F, q) d'espaces semi-normés et pour tout $t \in E \otimes F$, posons

$$(1) \qquad (p \otimes_{\eta^\sharp} q)(t) = \inf_{(\widetilde{E}, \widetilde{F}) \in \mathscr{R}(t)} (p|_{\widetilde{E}} \otimes_\eta q|_{\widetilde{F}})(t).$$

PROPOSITION 1. — a) *Pour tout couple $((E, p), (F, q))$ d'espaces semi-normés, l'application $t \mapsto (p \otimes_{\eta^\sharp} q)(t)$, de $E \otimes F$ dans $\mathbf{R}$, est une semi-norme sur $E \otimes F$.*

b) *Si (E, p) et (F, q) sont des espaces semi-normés de dimension finie, alors $p \otimes_{\eta^\sharp} q = p \otimes_\eta q$.*

c) *La donnée des semi-normes $p \otimes_{\eta^\sharp} q$, pour tout couple $((E, p), (F, q))$ d'espaces semi-normés, définit une construction tensorielle $\eta^\sharp$.*

Soient (E, p) et (F, q) des espaces semi-normés. La fonction $p \otimes_{\eta^\sharp} q$ est positive sur $E \otimes F$; pour tout $t \in E \otimes F$ et pour tout $\lambda \in K$, on a $(p \otimes_{\eta^\sharp} q)(\lambda t) = |\lambda|(p \otimes_{\eta^\sharp} q)(t)$. Soient t_1, t_2 des éléments de $E \otimes F$, et soient $(E_1, F_1), (E_2, F_2)$ des éléments de $\mathscr{R}(t_1)$ et $\mathscr{R}(t_2)$ respectivement. Alors $(E_1 + E_2, F_1 + F_2)$ appartient à $\mathscr{R}(t_1 + t_2)$. On a donc

$$(p \otimes_{\eta^\sharp} q)(t_1 + t_2) \leqslant (p|_{E_1+E_2} \otimes_\eta q|_{F_1+F_2})(t_1 + t_2)$$
$$\leqslant (p|_{E_1+E_2} \otimes_\eta q|_{F_1+F_2})(t_1) + (p|_{E_1+E_2} \otimes_\eta q|_{F_1+F_2})(t_2)$$
$$\leqslant (p|_{E_1} \otimes_\eta q|_{F_1})(t_1) + (p|_{E_2} \otimes_\eta q|_{F_2})(t_2),$$

où la dernière inégalité résulte de la prop. 3 de VI, p. 20. En passant à la borne inférieure dans $\mathscr{R}(t_1)$ et dans $\mathscr{R}(t_2)$, on obtient l'inégalité $(p \otimes_{\eta^\sharp} q)(t_1 + t_2) \leqslant (p \otimes_{\eta^\sharp} q)(t_1) + (p \otimes_{\eta^\sharp} q)(t_2)$. Ainsi, $p \otimes_{\eta^\sharp} q$ est une semi-norme sur $E \otimes F$, ce qui prouve *a*).

Si E et F sont de dimension finie, alors le couple (E, F) appartient à $\mathscr{R}(t)$ et la borne inférieure dans (1) est égale à $(p \otimes_\eta q)(t)$ d'après *loc. cit.*, d'où *b*).

Prouvons *c*). La condition (CT2) pour $\eta^\sharp$ résulte de la condition (CT2) pour η et de l'assertion *b*). Montrons que la condition (CT1) est vérifiée par $\eta^\sharp$. Soient $(E, p), (F, q), (E_1, p_1), (F_1, q_1)$ des espaces semi-normés et soient $u \colon E \to E_1$, $v \colon F \to F_1$ des applications linéaires continues. Soient t un élément de $E \otimes F$ et $(\widetilde{E}, \widetilde{F})$ un élément de $\mathscr{R}(t)$. Le couple $(u(\widetilde{E}), v(\widetilde{F}))$ appartient à $\mathscr{R}^{E_1}_{F_1}((u \otimes v)(t))$, donc

$$(p_1 \otimes_{\eta^\sharp} q_1)\big((u \otimes v)(t)\big) \leqslant \big(p_1|_{u(\widetilde{E})} \otimes_\eta q_1|_{v(\widetilde{F})}\big)\big((u \otimes v)(t)\big).$$

Notons $\widetilde{u}\colon \widetilde{\mathrm{E}} \to u(\widetilde{\mathrm{E}})$ et $\widetilde{v}\colon \widetilde{\mathrm{F}} \to v(\widetilde{\mathrm{F}})$ les applications déduites de u et v par passage aux sous-espaces. On a $\|\widetilde{u}\| \leqslant \|u\|$ et $\|\widetilde{v}\| \leqslant \|v\|$; compte tenu de la condition (CT1) pour η, l'inégalité précédente implique donc

$$(p_1 \otimes_{\eta^\sharp} q_1)\big((u \otimes v)(t)\big) \leqslant \|u\|\|v\|(p|_{\widetilde{\mathrm{E}}} \otimes_\eta q|_{\widetilde{\mathrm{F}}})(t).$$

En passant à la borne inférieure sur le couple $(\widetilde{\mathrm{E}}, \widetilde{\mathrm{F}})$, on obtient l'inégalité $(p_1 \otimes_{\eta^\sharp} q_1)\big((u \otimes v)(t)\big) \leqslant \|u\|\|v\|(p \otimes_{\eta^\sharp} q)(t)$, ce qui prouve la condition (CT1) pour $\eta^\sharp$.

Définition 1. — *On dit que la construction tensorielle $\eta^\sharp$ est l'enveloppe finie de η.*

Remarque. — Si η_1, η_2 sont des constructions tensorielles locales et si $\eta_1 \leqslant \eta_2$, alors $\eta_1^\sharp \leqslant \eta_2^\sharp$.

En effet, si (E, p) et (F, q) sont des espaces semi-normés, si t est un élément de $\mathrm{E} \otimes \mathrm{F}$ et si $(\widetilde{\mathrm{E}}, \widetilde{\mathrm{F}})$ est un élément de $\mathscr{R}(t)$, alors

$$(p \otimes_{\eta_1^\sharp} q)(t) \leqslant (p|_{\widetilde{\mathrm{E}}} \otimes_{\eta_1} q|_{\widetilde{\mathrm{F}}})(t) \leqslant (p|_{\widetilde{\mathrm{E}}} \otimes_{\eta_2} q|_{\widetilde{\mathrm{F}}})(t) \,;$$

en passant à la borne inférieure, on obtient $(p \otimes_{\eta_1^\sharp} q)(t) \leqslant (p \otimes_{\eta_2^\sharp} q)(t)$.

Lemme 1. — Soient (E, p) et (F, q) des espaces semi-normés. Soit M un sous-espace de dimension finie de $\mathrm{E} \otimes \mathrm{F}$, et soit α un nombre réel > 0. Il existe $\mathrm{A} \in \mathscr{F}(\mathrm{E})$ et $\mathrm{B} \in \mathscr{F}(\mathrm{F})$ vérifiant $\mathrm{M} \subset \mathrm{A} \otimes \mathrm{B}$ et tels que l'on ait les inégalités

$$(p \otimes_{\eta^\sharp} q)|_{\mathrm{M}} \leqslant (p|_{\mathrm{A}} \otimes_\eta q|_{\mathrm{B}})|_{\mathrm{M}} \leqslant (1 + \alpha)(p \otimes_{\eta^\sharp} q)|_{\mathrm{M}}$$

de semi-normes sur M.

Il suffit de démontrer le résultat lorsque M est de la forme $\mathrm{M_E} \otimes \mathrm{M_F}$ pour $\mathrm{M_E} \in \mathscr{F}(\mathrm{E})$ et $\mathrm{M_F} \in \mathscr{F}(\mathrm{F})$, puisqu'il est alors vrai pour tout sous-espace vectoriel de $\mathrm{M_E} \otimes \mathrm{M_F}$. Fixons donc $\mathrm{M_E} \in \mathscr{F}(\mathrm{E})$ et $\mathrm{M_F} \in \mathscr{F}(\mathrm{F})$, et soit $\mathrm{M} = \mathrm{M_E} \otimes \mathrm{M_F}$. Notons $r = (p \otimes_{\eta^\sharp} q)|_{\mathrm{M}}$ et $r' = (p|_{\mathrm{M_E}} \otimes_\eta q|_{\mathrm{M_F}})$.

D'après la prop. 10 de VI, p. 26, les semi-normes r et r' sur M ont le même noyau. L'espace M étant de dimension finie, il existe donc un nombre réel $k > 0$ tel que l'on ait $r' \leqslant k\,r$ (VI, p. 9, prop. 6).

Notons B_r la boule unité de (M, r). Elle est précompacte (VI, p. 8, prop. 5) ; il existe donc une partie finie T de B_r telle que tout élément t de B_r vérifie $r(t - \tau) < \alpha/(2k)$ pour un $\tau \in \mathrm{T}$ (TG, II, p. 29, th. 3). Quitte à ajouter à T une base de M contenue dans B_r, on peut en outre supposer que T engendre M. D'après la formule (1), pour tout $\tau \in \mathrm{T}$, il existe $(\mathrm{E}_\tau, \mathrm{F}_\tau)$ dans $\mathscr{R}(\tau)$ tel que l'on ait $(p|_{\mathrm{E}_\tau} \otimes_\eta q|_{\mathrm{F}_\tau})(\tau) < 1 + (\alpha/2)$.

Soit A (resp. B) la somme de M_E (resp. M_F) et des sous-espaces E_τ (resp. F_τ). Les espaces A et B sont de dimension finie et on a $M \subset A \otimes B$.

Soit $t \in B_r$. Soit τ un élément de T tel que l'on ait $r(t - \tau) < \alpha/(2k)$. Compte tenu de la prop. 3 de VI, p. 20, on a

$$
\begin{aligned}
(p|_A \otimes_\eta q|_B)(t) &\leqslant (p|_A \otimes_\eta q|_B)(\tau) + (p|_A \otimes_\eta q|_B)(t - \tau) \\
&\leqslant (p|_{E_\tau} \otimes_\eta q|_{F_\tau})(\tau) + (p|_{M_E} \otimes_\eta q|_{M_F})(t - \tau) \\
&\leqslant 1 + (\alpha/2) + r'(t - \tau) \\
&\leqslant 1 + (\alpha/2) + k\,r(t - \tau) \\
&\leqslant 1 + \alpha.
\end{aligned}
$$

Cette inégalité étant vérifiée par tout élément t de B_r, on en déduit $(p|_A \otimes_\eta q|_B)|_M \leqslant (1 + \alpha)(p \otimes_{\eta^\sharp} q)|_M$ par homogénéité des semi-normes. L'inégalité $(p \otimes_{\eta^\sharp} q)|_M \leqslant (p|_A \otimes_\eta q|_B)|_M$ découle quant à elle de la formule (1).

Lemme 2. — Soient (E, p), (F, q) et (G, r) des espaces semi-normés, et soit β un nombre réel > 0.

a) Soit N un sous-espace de dimension finie de $E \otimes (F \otimes G)$. Il existe un élément (A, B, C) de $\mathscr{F}(E) \times \mathscr{F}(F) \times \mathscr{F}(G)$ tel que N soit inclus dans $A \otimes (B \otimes C)$ et que l'on ait

$$
\big(p \otimes_{\eta^\sharp} (q \otimes_{\eta^\sharp} r)\big)\big|_N \leqslant \big(p|_A \otimes_\eta (q|_B \otimes_\eta r|_C)\big)\big|_N \leqslant (1 + \beta)\big(p \otimes_{\eta^\sharp} (q \otimes_{\eta^\sharp} r)\big)\big|_N.
$$

b) Soit N un sous-espace de dimension finie de $(E \otimes F) \otimes G$. Il existe des sous-espaces de dimension finie $A \subset E$, $B \subset F$ et $C \subset G$ tels que N soit inclus dans $(A \otimes B) \otimes C$ et que l'on ait

$$
\big((p \otimes_{\eta^\sharp} q) \otimes_{\eta^\sharp} r\big)\big|_N \leqslant \big((p|_A \otimes_\eta q|_B) \otimes_\eta r|_C\big)\big|_N \leqslant (1 + \beta)\big((p \otimes_{\eta^\sharp} q) \otimes_{\eta^\sharp} r\big)\big|_N.
$$

Prouvons $a)$. Soit α un nombre réel > 0 vérifiant $(1 + \alpha)^2 \leqslant 1 + \beta$. Fixons $A \in \mathscr{F}(E)$ et $M \in \mathscr{F}(F \otimes G)$ vérifiant $N \subset A \otimes M$ et

$$
(2) \qquad (p|_A \otimes_\eta (q \otimes_{\eta^\sharp} r)|_M)\,|_N \leqslant (1 + \alpha)\,(p \otimes_{\eta^\sharp} (q \otimes_{\eta^\sharp} r))\,|_N
$$

(lemme 1). Soient $B \in \mathscr{F}(F)$ et $C \in \mathscr{F}(G)$ tels que l'on ait $M \subset B \otimes C$ et

$$
(3) \qquad (q|_B \otimes_\eta r|_C)|_M \leqslant (1 + \alpha)(q \otimes_{\eta^\sharp} r)|_M.
$$

Soit s la semi-norme $(q|_B \otimes_\eta r|_C)|_M$ sur M.

On a $\big(p|_A \otimes_\eta (q|_B \otimes_\eta r|_C)\big)|_{A\otimes M} \leqslant p|_A \otimes_\eta s|_M$ (VI, p. 20, prop. 3). Vu la proposition 1, b), on en déduit

$$\big(p|_A \otimes_\eta (q|_B \otimes_\eta r|_C)\big)|_N \leqslant (p|_A \otimes_{\eta^\sharp} s)|_N$$
$$\leqslant (1 + \alpha)\,(p|_A \otimes_{\eta^\sharp} (q \otimes_{\eta^\sharp} r)|_M)\,|_N \text{ d'après (3)}$$
$$\leqslant (1 + \alpha)^2\,(p \otimes_{\eta^\sharp} (q \otimes_{\eta^\sharp} r))\,|_N \text{ d'après (2).}$$

Puisque l'inégalité $(p \otimes_{\eta^\sharp} (q \otimes_{\eta^\sharp} r))|_N \leqslant \big(p|_A \otimes_\eta (q|_B \otimes_\eta r|_C)\big)|_N$ résulte aussitôt de la définition de $\eta^\sharp$ et de la prop. 1 de VI, p. 20, cela démontre l'assertion a). L'assertion b) s'obtient de la même manière.

PROPOSITION 2. — *Soit η une construction tensorielle locale.*

a) *On a $({}^t\eta)^\sharp = {}^t(\eta^\sharp)$.*

b) *La construction locale η est commutative si et seulement si la construction tensorielle $\eta^\sharp$ est commutative.*

c) *La construction locale η est associative si et seulement si la construction tensorielle $\eta^\sharp$ est associative.*

d) *La construction locale η est injective à gauche (resp. à droite) si et seulement si la construction tensorielle $\eta^\sharp$ est injective à gauche (resp. à droite).*

e) *La construction locale η est projective à gauche (resp. à droite) si et seulement si la construction tensorielle $\eta^\sharp$ est projective à gauche (resp. à droite).*

L'assertion a) découle de la formule (1), et b) découle de a).

Prouvons c). Si $\eta^\sharp$ est associative, alors η l'est aussi vu la prop. 1, b).

Supposons η associative. Soient (E, p), (F, q), (G, r) des espaces semi-normés, et soit $t \in (E \otimes F) \otimes G$. D'après le lemme 2, b), on a

$$(4) \quad ((p \otimes_{\eta^\sharp} q) \otimes_{\eta^\sharp} r)(t) = \inf_{(A,B,C)\in\mathscr{R}_G^{E,F}(t)} ((p|_A \otimes_\eta q|_B) \otimes_\eta r|_C)(t)$$

où $\mathscr{R}_G^{E,F}(t)$ est l'ensemble des $(A, B, C) \in \mathscr{F}(E) \times \mathscr{F}(F) \times \mathscr{F}(G)$ tels que t appartienne à $(A \otimes B) \otimes C$.

Notons Φ l'isomorphisme canonique de $(E \otimes F) \otimes G$ sur $E \otimes (F \otimes G)$ (A, II, p. 64, prop. 8). D'après le lemme 2, a), on a

$$(5) \quad (p \otimes_{\eta^\sharp} (q \otimes_{\eta^\sharp} r))(\Phi(t)) = \inf_{(A,B,C)\in\mathscr{R}_{F,G}^{E}(\Phi(t))} (p|_A \otimes_\eta (q|_B \otimes_\eta r|_C))(\Phi(t))$$

où $\mathscr{R}_{F,G}^{E}(\Phi(t))$ est l'ensemble des $(A, B, C) \in \mathscr{F}(E) \times \mathscr{F}(F) \times \mathscr{F}(G)$ tels que $\Phi(t)$ appartienne à $A \otimes (B \otimes C)$. On a $\mathscr{R}_G^{E,F}(t) = \mathscr{R}_{F,G}^{E}(\Phi(t))$ par définition de l'isomorphisme Φ; puisque η est associative, les membres de droite de (4) et (5) sont égaux. Cela prouve que $\eta^\sharp$ est associative.

Prouvons d). Supposons η injective à gauche. Fixons des espaces semi-normés (E, p), (F, q), (G, r), ainsi qu'une application linéaire isométrique $u \colon E \to F$. Soit t un élément de $E \otimes G$. Il s'agit de montrer que $(q \otimes_{\eta^\sharp} r)\big((u \otimes 1_G)(t)\big) = (p \otimes_{\eta^\sharp} r)(t)$. Puisque les applications linéaires u et 1_G sont de norme $\leqslant 1$, on déduit de la condition (CT1) pour $\eta^\sharp$ l'inégalité

$$(6) \qquad (q \otimes_{\eta^\sharp} r)\big((u \otimes 1_G)(t)\big) \leqslant (p \otimes_{\eta^\sharp} r)(t).$$

Soit α un nombre réel > 0, et soit $(\widetilde{E}, \widetilde{G})$ un élément de $\mathscr{R}(t)$. Posons $M = u(\widetilde{E}) \otimes \widetilde{G}$. D'après le lemme 1, il existe $A \in \mathscr{F}(F)$ et $B \in \mathscr{F}(G)$ tels que l'on ait $M \subset A \otimes B$ et que l'injection canonique de $(M, q \otimes_{\eta^\sharp} r)$ dans $(A \otimes B, q|_A \otimes_\eta r|_B)$ soit de norme $\leqslant (1 + \alpha)$; on a alors

$$(q|_A \otimes_\eta r|_B)((u \otimes 1_G)(t)) \leqslant (1 + \alpha)(q \otimes_{\eta^\sharp} r)((u \otimes 1_G)(t)).$$

Quitte à agrandir A et B et à invoquer la prop. 3 de VI, p. 20, on peut en outre supposer que A contient $u(\widetilde{E})$ et que B contient $\widetilde{G}$. On a alors $t \in \widetilde{E} \otimes B$, donc

$$(p \otimes_{\eta^\sharp} r)(t) \leqslant (p|_{\widetilde{E}} \otimes_\eta r|_B)(t);$$

or η est injective à gauche et u est isométrique, donc l'application de $\widetilde{E} \otimes B$ dans $A \otimes B$ déduite de $u \otimes 1_B$ est isométrique, si bien que

$$(p|_{\widetilde{E}} \otimes_\eta r|_B)(t) = (q|_A \otimes r|_B)\big((u \otimes_\eta 1_G)(t)\big).$$

Compte tenu des deux inégalités précédentes, on en déduit que la majoration $(p \otimes_{\eta^\sharp} r)(t) \leqslant (1 + \alpha)(q \otimes_{\eta^\sharp} r)((u \otimes 1_G)(t))$ est valable pour tout $\alpha > 0$, d'où l'égalité dans (6). Ainsi $\eta^\sharp$ est injective à gauche.

Si η est injective à droite, alors ${}^t\eta$ est injective à gauche, donc $({}^t\eta)^\sharp$ est injective à gauche; or a) $({}^t\eta)^\sharp = {}^t(\eta^\sharp)$ d'après a), donc $\eta^\sharp$ est injective à droite. Par ailleurs, si $\eta^\sharp$ est injective à gauche (resp. à droite), alors η l'est aussi par restriction aux espaces de dimension finie (prop. 1, b)), d'où d).

Démontrons e). Supposons que la construction tensorielle locale η est projective à gauche. Soient (E, p) et (F, q) des espaces semi-normés, soit E_1 un espace vectoriel et soit $u \colon E \to E_1$ une application linéaire surjective. Soit p_1 la semi-norme quotient de p par u. Notons B et B_1 les boules unité ouvertes de $(E \otimes F, p \otimes_{\eta^\sharp} q)$ et de $(E_1 \otimes F, p_1 \otimes_{\eta^\sharp} q)$ respectivement. Il s'agit de prouver que $p_1 \otimes_{\eta^\sharp} q$ est la semi-norme quotient de $p \otimes_{\eta^\sharp} q$ par $u \otimes 1_{\mathrm{F}}$; d'après la prop. 1 de VI, p. 4, cela revient à vérifier l'égalité $(u \otimes 1_{\mathrm{F}})(\mathrm{B}) = \mathrm{B}_1$.

L'inclusion $(u \otimes 1_{\mathrm{F}})(\mathrm{B}) \subset \mathrm{B}_1$ découle de (CT1). Réciproquement, soit $x \in \mathrm{B}_1$. Par définition de $\eta^\sharp$, il existe $(\widetilde{\mathrm{E}}_1, \widetilde{\mathrm{F}}) \in \mathscr{R}(x)$ tel que l'on ait $(p_1|\widetilde{\mathrm{E}}_1 \otimes_\eta q|\widetilde{\mathrm{F}})(x) < 1$. Soit α un nombre réel > 0 vérifiant $(1 + \alpha)(p_1|\widetilde{\mathrm{E}}_1 \otimes_\eta q|\widetilde{\mathrm{F}})(x) < 1$. D'après la prop. 7 de VI, p. 9, il existe un sous-espace de dimension finie $\widetilde{\mathrm{E}}$ de E tel que l'on ait $u(\widetilde{\mathrm{E}}) = \widetilde{\mathrm{E}}_1$ et

$$p_1|\widetilde{\mathrm{E}}_1 \leqslant \overline{p} \leqslant (1 + \alpha)\, p_1|\widetilde{\mathrm{E}}_1$$

où $\overline{p}$ est la semi-norme quotient de $p|\widetilde{\mathrm{E}}$ par l'application de $\widetilde{\mathrm{E}}$ dans $\widetilde{\mathrm{E}}_1$ déduite de u. Compte tenu des prop. 1 et 2 de VI, p. 20, on a alors

$$(\overline{p} \otimes_\eta q|\widetilde{\mathrm{F}})(x) \leqslant (1 + \alpha)\big(p_1|\widetilde{\mathrm{E}}_1 \otimes_\eta q|\widetilde{\mathrm{F}}\big)(x) < 1.$$

Puisque η est projective à gauche, $\overline{p} \otimes_\eta q|\widetilde{\mathrm{F}}$ est la semi-norme quotient de $p|\widetilde{\mathrm{E}} \otimes_\eta q|\widetilde{\mathrm{F}}$ par $u \otimes 1_{\mathrm{F}}$. D'après la prop. 1 de VI, p. 4, il existe donc $y \in \widetilde{\mathrm{E}}$ vérifiant $(u \otimes 1_{\mathrm{F}})(y) = x$ et $(p|\widetilde{\mathrm{E}} \otimes_\eta q|\widetilde{\mathrm{F}})(y) < 1$, d'où $(p \otimes_{\eta^\sharp} q)(y) < 1$ par définition de $\eta^\sharp$. On a donc $y \in \mathrm{B}$, si bien que x appartient à $(u \otimes 1_{\mathrm{F}})(\mathrm{B})$. Cela prouve que $\eta^\sharp$ est projective à gauche.

Si η est projective à droite, alors ${}^t\eta$ est projective à gauche, donc $({}^t\eta)^\sharp$ est projective à gauche ; or $({}^t\eta)^\sharp = {}^t(\eta^\sharp)$ d'après $a)$, donc $\eta^\sharp$ est projective à droite. Enfin, si $\eta^\sharp$ est projective à gauche (resp. projective à droite), alors η l'est aussi d'après la prop. 1, $b)$.

2. Enveloppe finie d'une construction tensorielle

Rappelons que si γ est une construction tensorielle (globale), on note $\gamma^\flat$ la construction tensorielle locale obtenue en restreignant γ aux espaces semi-normés de dimension finie (VI, p. 37, n° 8).

Définition 2. — *Soit γ une construction tensorielle. On appelle enveloppe finie de γ, et on note $\gamma^\natural$, la construction tensorielle $(\gamma^\flat)^\sharp$.*

Remarques. — 1) On a $\gamma \leqslant \gamma^\natural$ d'après la prop. 3 de VI, p. 20 et la formule (1) de VI, p. 94. De plus $(\gamma^\natural)^\flat = \gamma^\flat$ (VI, p. 94, prop. 1, $b)$).

2) Si γ_1, γ_2 sont des constructions tensorielles et si $\gamma_1^\flat \leqslant \gamma_2^\flat$, c'est-à-dire si $(p \otimes_{\gamma_1} q) \leqslant (p \otimes_{\gamma_2} q)$ pour tout couple $((\mathrm{E}, p), (\mathrm{F}, q))$ d'espaces semi-normés de dimension finie, alors $\gamma_1^\natural \leqslant \gamma_2^\natural$ (VI, p. 95, remarque).

En particulier, si $\gamma_1 \leqslant \gamma_2$, alors $\gamma_1^\natural \leqslant \gamma_2^\natural$.

3) Si γ_1, γ_2 sont des constructions tensorielles, alors il résulte aussitôt des remarques 1 et 2 que l'on a $\gamma_1^{\natural} = \gamma_2^{\natural}$ si et seulement si γ_1 et γ_2 coïncident sur les espaces de dimension finie.

Compte tenu de la prop. 2 de VI, p. 97 et des définitions du n° 8 de VI, p. 37, le passage à l'enveloppe finie a les propriétés suivantes :

PROPOSITION 3. — *Soit γ une construction tensorielle.*
   a) *On a $({}^{t}\gamma)^{\natural} = {}^{t}(\gamma^{\natural})$.*
   b) *La construction γ est localement commutative si et seulement si $\gamma^{\natural}$ est commutative.*
   c) *La construction γ est localement associative si et seulement si $\gamma^{\natural}$ est associative.*
   d) *La construction γ est localement injective à gauche (resp. localement injective à droite, localement injective) si et seulement si $\gamma^{\natural}$ est injective à gauche (resp. injective à droite, injective).*
   e) *La construction γ est localement projective à gauche (resp. localement projective à droite, localement projective) si et seulement si $\gamma^{\natural}$ est projective à gauche (resp. projective à droite, projective).*

DÉFINITION 3. — *On dit que la construction tensorielle γ est* de type fini *si elle vérifie $\gamma^{\natural} = \gamma$.*

Remarques. — 4) Pour toute construction tensorielle γ, on a $(\gamma^{\natural})^{\natural} = \gamma^{\natural}$ puisque $(\gamma^{\natural})^{\flat} = \gamma^{\flat}$ (remarque 1). La construction tensorielle $\gamma^{\natural}$ est donc de type fini.

5) Soit γ une construction tensorielle. Si δ est une construction tensorielle de type fini vérifiant $\gamma \leqslant \delta$, alors on a $\gamma^{\natural} \leqslant \delta$ d'après la remarque 2. Ainsi, la construction tensorielle $\gamma^{\natural}$ est la plus petite construction tensorielle de type fini qui soit $\geqslant \gamma$.

PROPOSITION 4. — *Toute construction tensorielle injective est de type fini.*

En effet, soit γ une construction tensorielle injective, soient E et F des espaces semi-normés, et soit t un élément de $E \otimes F$. Pour tout élément $(\widetilde{E}, \widetilde{F})$ de $\mathscr{R}(t)$, l'injection canonique de $\widetilde{E} \otimes \widetilde{F}$ dans $E \otimes F$ est égale à $(\iota_{\widetilde{E}} \otimes 1_{F}) \circ (1_{E} \otimes \iota_{\widetilde{F}})$, où $\iota_{\widetilde{E}} \colon \widetilde{E} \to E$ et $\iota_{\widetilde{F}} \colon \widetilde{F} \to F$ sont les injections canoniques. Puisque ces dernières sont isométriques, on déduit de l'injectivité de γ l'égalité $(p|_{\widetilde{E}} \otimes_{\gamma} q|_{\widetilde{F}})(t) = (p \otimes_{\gamma} q)(t)$. Le couple $(\widetilde{E}, \widetilde{F}) \in \mathscr{R}(t)$ étant arbitraire, on a donc $(p \otimes_{\gamma^{\natural}} q)(t) = (p \otimes_{\gamma} q)(t)$ par définition de $\gamma^{\natural}$, d'où la proposition.

PROPOSITION 5. — *Les constructions ε et π sont de type fini.*

Puisque la construction ε est injective (VI, p. 43, prop. 21), elle est de type fini en vertu de la prop. 4. La construction π est la plus grande construction tensorielle (VI, p. 52, remarque 1), donc $\pi^\natural \leqslant \pi$; puisqu'on a aussi $\pi \leqslant \pi^\natural$ (remarque 1 ci-dessus), on a $\pi = \pi^\natural$.

Toute construction tensorielle projective est de type fini (VI, p. 147, exercice 5).

3. Construction tensorielle protoduale

Dans ce numéro, on fixe une construction tensorielle γ.

Si (E, p) et (F, q) sont des espaces semi-normés, munissons E' et F' des normes p' et q' duales de p et q respectivement (VI, p. 3), et notons $\lambda_{\mathrm{E},\mathrm{F}}$ l'application canonique de $\mathrm{E} \otimes \mathrm{F}$ dans $(\mathrm{E}' \otimes_\gamma \mathrm{F}')'$ (VI, p. 37, n° 9 et p. 39, remarque 4).

Définissons une semi-norme $p \otimes_{\gamma^\circ} q$ sur $\mathrm{E} \otimes \mathrm{F}$ par la formule

$$(7) \qquad p \otimes_{\gamma^\circ} q = (p' \otimes_\gamma q')' \circ \lambda_{\mathrm{E},\mathrm{F}},$$

où $(p' \otimes_\gamma q')'$ désigne la norme sur $(\mathrm{E}' \otimes_\gamma \mathrm{F}')'$ duale de $p' \otimes_\gamma q'$. Ainsi

$$(8) \qquad (p \otimes_{\gamma^\circ} q)(t) = \|\lambda_{\mathrm{E},\mathrm{F}}(t)\| = \sup_{\substack{\omega \in \mathrm{E}' \otimes \mathrm{F}' \\ (p' \otimes_\gamma q')(\omega) \leqslant 1}} |\langle \omega, \lambda_{\mathrm{E},\mathrm{F}}(t) \rangle|$$

pour tout t dans $\mathrm{E} \otimes \mathrm{F}$.

Remarque 1. — Autrement dit, $(p \otimes_{\gamma^\circ} q)(t)$ est le plus petit des nombres réels positifs M qui vérifient $|\langle \omega, \lambda_{\mathrm{E},\mathrm{F}}(t) \rangle| \leqslant \mathrm{M}\,(p' \otimes_\gamma q')(\omega)$ pour tout ω dans $\mathrm{E}' \otimes \mathrm{F}'$.

PROPOSITION 6. — *La donnée des semi-normes $p \otimes_{\gamma^\circ} q$, pour tout couple $((\mathrm{E}, p), (\mathrm{F}, q))$ d'espaces semi-normés, définit une construction tensorielle γ°.*

Soient (E, p), (F, q), (E_1, p_1), (F_1, q_1) des espaces semi-normés et soient $u\colon \mathrm{E} \to \mathrm{E}_1$, $v\colon \mathrm{F} \to \mathrm{F}_1$ des applications linéaires continues. Les applications ${}^t u\colon \mathrm{E}_1' \to \mathrm{E}'$ et ${}^t v\colon \mathrm{F}_1' \to \mathrm{F}'$ sont continues de normes respectives $\|u\|$ et $\|v\|$ (VI, p. 8, corollaire).

Soit $t \in \mathrm{E} \otimes \mathrm{F}$; posons $\mathrm{M} = (p \otimes_{\gamma^\circ} q)(t)$. Pour tout $\omega \in \mathrm{E}'_1 \otimes \mathrm{F}'_1$, la remarque 1 de VI, p. 37 montre que l'on a

$$\left| \langle \omega, \lambda_{\mathrm{E}_1,\mathrm{F}_1}((u \otimes v)(t)) \rangle \right| = \left| \langle (^t u \otimes {}^t v)(\omega), \lambda_{\mathrm{E},\mathrm{F}}(t) \rangle \right|$$
$$\leqslant \mathrm{M}(p' \otimes_\gamma q')\big((^t u \otimes {}^t v)(\omega) \big)$$
$$\leqslant \mathrm{M} \|^t u\| \|^t v\| (p'_1 \otimes_\gamma q'_1)(\omega)$$

où la dernière inégalité découle de la condition (CT1) pour γ. Vu la remarque 1 ci-dessus, on a donc

$$(p_1 \otimes_{\gamma^\circ} q_1)((u \otimes v)(t)) \leqslant \|u\| \|v\| (p \otimes_{\gamma^\circ} q)(t)$$

pour tout t dans $\mathrm{E} \otimes \mathrm{F}$. Ainsi $u \otimes v \colon (\mathrm{E} \otimes \mathrm{F}, p \otimes_{\gamma^\circ} q) \to (\mathrm{E}_1 \otimes \mathrm{F}_1, p_1 \otimes_{\gamma^\circ} q_1)$ est continue et vérifie $\|u \otimes v\| \leqslant \|u\| \|v\|$, ce qui démontre (CT1). Par ailleurs, si m est la norme $x \mapsto |x|$ sur K, et si l'on identifie K avec K' par l'isomorphisme canonique de A, II, p. 41, on a

$$(m \otimes_{\gamma^\circ} m)(1 \otimes 1) = \sup_{\substack{\lambda,\mu \in \mathrm{K} \\ (m \otimes_\gamma m)(\lambda \otimes \mu) \leqslant 1}} |\lambda \mu| = \sup_{\substack{\lambda,\mu \in \mathrm{K} \\ m(\lambda \mu) \leqslant 1}} m(\lambda \mu) = 1,$$

d'où la condition (CT2).

DÉFINITION 4. — *La construction tensorielle γ° est appelée* construction protoduale *de la construction tensorielle γ.*

Remarque 2. — Si γ_1, γ_2 sont des constructions tensorielles et si $\gamma_1 \leqslant \gamma_2$, alors $\gamma_1^\circ \geqslant \gamma_2^\circ$ d'après la remarque 1.

PROPOSITION 7. —   a) *On a* $^t(\gamma^\circ) = (^t\gamma)^\circ$.
   b) *Si γ est commutative, alors γ° l'est aussi.*
   c) *Si γ est localement commutative, alors γ° l'est aussi.*
   d) *Si γ est projective à gauche (resp. projective à droite, projective), alors γ° est injective à gauche (resp. injective à droite, injective).*
   e) *Si γ est localement projective à gauche (resp. localement projective à droite, localement projective), alors γ° est localement injective à gauche (resp. localement injective à droite, localement injective).*

L'assertion *a)* découle aussitôt de la formule (7), et *b)* découle de *a)*.

Prouvons *d)* : supposons γ projective à gauche et démontrons que γ° est injective à gauche. Soient (E, p), (E_1, p_1) et (F, q) des espaces semi-normés, (E', p'), (E'_1, p'_1) et (F', q') les espaces normés duals ; soit $u \colon \mathrm{E} \to \mathrm{E}_1$ une application linéaire isométrique. La semi-norme quotient de p'_1 par $^t u$ est alors p' (VI, p. 5, prop. 2). Puisque γ est projective à gauche, la semi-norme quotient de $p'_1 \otimes_\gamma q'$ par $^t u \otimes 1_{\mathrm{F}'}$ est donc $p' \otimes_\gamma q'$.

Soit x un élément de $E \otimes F$. Supposons $(p \otimes_{\gamma^\circ} q)(x) > 1$. Il existe donc $\omega \in E' \otimes F'$ tel que $(p' \otimes_\gamma q')(\omega) < 1$ et $|\langle \omega, \lambda_{E,F}(x)\rangle| > 1$. On déduit de la définition de la semi-norme quotient l'existence d'un élément χ de $E'_1 \otimes F'$ vérifiant $({}^t u \otimes 1_{F'})(\chi) = \omega$ et $(p'_1 \otimes_\gamma q')(\chi) < 1$. D'après la remarque 1 de VI, p. 37, on a

$$\left|\langle \chi, \lambda_{E_1,F}((u \otimes 1_F)(x))\rangle\right| = \left|\langle ({}^t u \otimes 1_{F'})(\chi), \lambda_{E,F}(x)\rangle\right|$$
$$= \left|\langle \omega, \lambda_{E,F}(x)\rangle\right| > 1,$$

donc $(p_1 \otimes_{\gamma^\circ} q)\big((u \otimes 1_F)(x)\big) > 1$ (formule (8)). Par homogénéité, on en déduit l'inégalité $(p_1 \otimes_{\gamma^\circ} q)((u \otimes 1_F)(t)) \geqslant (p \otimes_{\gamma^\circ} q)(t)$ pour tout t dans $E \otimes F$. Compte tenu de la condition (CT1), il en résulte que $u \otimes 1_F \colon E \otimes_{\gamma^\circ} F \to E_1 \otimes_{\gamma^\circ} F$ est isométrique. Ainsi, la construction γ° est injective à gauche.

Supposons γ projective à droite. Alors ${}^t\gamma$ est projective à gauche, donc $({}^t\gamma)^\circ$ est injective à gauche ; d'après a), on en déduit que ${}^t(\gamma^\circ)$ est injective à gauche, puis que ${}^t({}^t(\gamma^\circ)) = \gamma^\circ$ est injective à droite, d'où c).

Les assertions c) et e) s'obtiennent en spécialisant la preuve ci-dessus au cas des espaces semi-normés de dimension finie.

Si E et F sont des espaces semi-normés, notons $\mu_{E,F}$ l'application linéaire canonique de $E' \otimes F'$ dans $(E \otimes_{\gamma^\circ} F)'$ (VI, p. 39, remarque 4).

Lemme 3. — Si E *et* F *sont des espaces normés de dimension finie, alors l'application* $\mu_{E,F}$ *est isométrique de* $E' \otimes_\gamma F'$ *dans* $(E \otimes_{\gamma^\circ} F)'$. *Elle est de plus bijective.*

Si E et F sont des espaces normés de dimension finie, alors $E' = E^*$ et $F' = F^*$ (I, p. 14, cor. 2). D'après le lemme 2 de VI, p. 38, les applications $\mu_{E,F}$ et $\lambda_{E,F}$ sont bijectives, et on a $\mu_{E,F} = {}^t\lambda_{E,F} \circ c_{E'\otimes F'}$, où $c_{E'\otimes F'}$ est l'application canonique de l'espace normé $E' \otimes_\gamma F'$ dans son bidual $(E' \otimes_\gamma F')''$. Cette dernière est isométrique (IV, p. 17). Par ailleurs, l'application linéaire bijective $\lambda_{E,F}$ est isométrique de $E \otimes_{\gamma^\circ} F$ dans $(E' \otimes_\gamma F')'$ par définition de γ° (formule (7)) ; donc sa transposée est isométrique (VI, p. 5, prop. 2), d'où le résultat.

Si E, F et G sont des espaces vectoriels, notons

$$\lambda_G^{E,F} \colon (E \otimes F) \otimes G \to ((E^* \otimes F^*) \otimes G^*)^* \text{ et}$$
$$\lambda_{F,G}^{E} \colon E \otimes (F \otimes G) \to E^* \otimes (F^* \otimes G^*)^*$$

les applications définies dans la remarque 2 de VI, p. 38.

Lemme 4. — *Soient* E, F, G *des espaces normés de dimension finie.*

a) *Pour tout* t *dans* $(E \otimes F) \otimes G$, *on a*

$$((p \otimes_{\gamma^{\circ}} q) \otimes_{\gamma^{\circ}} r)(t) = \sup_{\substack{\varpi \in (E' \otimes F') \otimes G' \\ ((p' \otimes_{\gamma} q') \otimes_{\gamma} r')(\varpi) \leqslant 1}} |\langle \varpi, \lambda_{G}^{E,F}(t) \rangle|.$$

b) *Pour tout* s *dans* $E \otimes (F \otimes G)$, *on a*

$$(p \otimes_{\gamma^{\circ}} (q \otimes_{\gamma^{\circ}} r))(s) = \sup_{\substack{\vartheta \in E' \otimes (F' \otimes G') \\ (p' \otimes_{\gamma} (q' \otimes_{\gamma} r'))(\vartheta) \leqslant 1}} |\langle \vartheta, \lambda_{F,G}^{E}(s) \rangle|.$$

Posons $\widetilde{\mu} = \mu_{E,F} \otimes 1_{G'}$. D'après la prop. 7 de VI, p. 22 et le lemme 3 ci-dessus, l'application $\widetilde{\mu}$ est bijective et isométrique de $(E' \otimes_{\gamma} F') \otimes_{\gamma} G'$ dans $(E \otimes_{\gamma^{\circ}} F)' \otimes_{\gamma} G'$. Pour $t \in (E \otimes F) \otimes G$ et $\varpi \in (E' \otimes F') \otimes G'$, on a

$$\langle \widetilde{\mu}(\varpi), \lambda_{E \otimes F, G}(t) \rangle = \langle \varpi, \lambda_{G}^{E,F}(t) \rangle :$$

en effet, si t est de la forme $(x \otimes y) \otimes z$ et ϖ de la forme $(\varphi \otimes \psi) \otimes \chi$, alors les deux membres sont égaux à $\langle x, \varphi \rangle \langle y, \psi \rangle \langle z, \chi \rangle$; le cas d'éléments t et ϖ arbitraires en résulte par bilinéarité. Or, par définition, on a

$$((p \otimes_{\gamma^{\circ}} q) \otimes_{\gamma^{\circ}} r)(t) = \sup_{\substack{\omega \in (E \otimes F)' \otimes G', \\ ((p \otimes_{\gamma^{\circ}} q)' \otimes_{\gamma} r')(\omega) \leqslant 1}} |\langle \omega, \lambda_{E \otimes F, G}(t) \rangle| ;$$

compte tenu du fait que $\widetilde{\mu} \otimes 1_{G'}$ induit une bijection de la boule unité de $(E' \otimes_{\gamma} F') \otimes_{\gamma} G'$ sur la boule unité de $(E \otimes_{\gamma^{\circ}} F)' \otimes_{\gamma} G'$, l'assertion *a*) s'ensuit. L'assertion *b*) se prouve de la même manière.

PROPOSITION 8. — a) *Si* γ *est localement associative, alors* γ° *l'est aussi.*

b) *Si* γ *est localement injective à gauche* (*resp. localement injective à droite, localement injective*), *alors* γ° *est localement projective à gauche* (*resp. projective à droite, projective*).

Remarque 3. — Si la construction tensorielle γ est injective, il n'est pas vrai que la construction tensorielle γ° soit toujours projective. Par exemple, la construction tensorielle ε° n'est pas projective (VI, p. 146, exercice 3). En particulier, on a $\varepsilon^{\circ} \neq \pi$.

Démontrons l'assertion *a*) de la proposition. Supposons γ localement associative. Soient (E, p), (F, q), (G, r) des espaces semi-normés de dimension finie et $\Phi_{E,F,G} : (E \otimes F) \otimes G \to E \otimes (F \otimes G)$ l'isomorphisme canonique. Vérifions que $\Phi_{E,F,G}$ est isométrique pour les semi-normes

$(p \otimes_{\gamma^\circ} q) \otimes_{\gamma^\circ} r$ et $p \otimes_{\gamma^\circ} (q \otimes_{\gamma^\circ} r)$. Vu la prop. 7 de VI, p. 22, il suffit de traiter le cas où p, q et r sont des normes, ce que nous supposons désormais.

Notons B la boule unité de $p' \otimes_\gamma (q' \otimes_\gamma r')$. Soit $t \in (\mathrm{E} \otimes \mathrm{F}) \otimes \mathrm{G}$. On a

$$(p \otimes_{\gamma^\circ} (q \otimes_{\gamma^\circ} r))(\Phi_{\mathrm{E,F,G}}(t)) = \sup_{\vartheta \in \mathrm{B}} |\langle \vartheta, \lambda^{\mathrm{E}}_{\mathrm{F,G}}(\Phi_{\mathrm{E,F,G}}(t)) \rangle|$$
$$= \sup_{\vartheta \in \mathrm{B}} |\langle \Phi^{-1}_{\mathrm{E',F',G'}}(\vartheta), \lambda^{\mathrm{E,F}}_{\mathrm{G}}(t) \rangle|$$

d'après le lemme 4, $b)$ et la remarque 2 de VI, p. 38. Puisque la construction γ est localement associative, l'application $\Phi^{-1}_{\mathrm{E',F',G'}}$ induit une bijection de B sur la boule unité W de $(p' \otimes_\gamma q') \otimes_\gamma r'$; ainsi,

$$(p \otimes_{\gamma^\circ} (q \otimes_{\gamma^\circ} r))(\Phi_{\mathrm{E,F,G}}(t)) = \sup_{\varpi \in \mathrm{W}} |\langle \varpi, \lambda^{\mathrm{E,F}}_{\mathrm{G}}(t) \rangle|$$
$$= ((p \otimes_{\gamma^\circ} q) \otimes_{\gamma^\circ} r)(t)$$

d'après le lemme 4, $a)$. Cela démontre l'assertion $a)$.

Supposons γ localement injective à gauche. Soient (E, p), (F, q) des espaces semi-normés de dimension finie, soit E_1 un espace vectoriel de dimension finie, et soit $u \colon \mathrm{E} \to \mathrm{E}_1$ une application linéaire surjective. Notons p_1 la semi-norme quotient de p par u. Il s'agit de montrer que $p_1 \otimes_{\gamma^\circ} q$ est la semi-norme quotient de $p \otimes_{\gamma^\circ} q$ par $u \otimes 1_{\mathrm{F}}$. Compte tenu de la prop. 18 de VI, p. 35, il suffit de traiter le cas où p et q sont des normes, ce que nous supposons désormais.

L'application $^t u \colon \mathrm{E}'_1 \to \mathrm{E}'$ est isométrique de (E'_1, p'_1) vers (E', p') (VI, p. 5, prop. 2, $b)$). Puisque γ est localement injective à gauche, l'application $^t u \otimes 1_{\mathrm{F}'}$, de $(\mathrm{E}'_1 \otimes \mathrm{F}', p'_1 \otimes_\gamma q')$ dans $(\mathrm{E}' \otimes \mathrm{F}', p' \otimes_\gamma q')$, est donc isométrique. D'après l'assertion $a)$ de la prop 2 de VI, p. 5, la norme $(p'_1 \otimes_\gamma q')'$ sur $(\mathrm{E}' \otimes \mathrm{F}')'$ est donc la semi-norme quotient de $(p' \otimes_\gamma q')'$ par la transposée $^t(^t u \otimes_\gamma 1_{\mathrm{F}'})$.

Puisque E et F sont des espaces normés de dimension finie, les applications $\lambda_{\mathrm{E,F}} \colon \mathrm{E} \otimes \mathrm{F} \to (\mathrm{E}' \otimes_\gamma \mathrm{F}')'$ et $\lambda_{\mathrm{E}_1, \mathrm{F}} \colon \mathrm{E}_1 \otimes \mathrm{F} \to (\mathrm{E}'_1 \otimes_\gamma \mathrm{F}')'$ sont bijectives (VI, p. 38, lemme 2, $c)$). Elles vérifient

$$u \otimes 1_{\mathrm{F}} = \lambda^{-1}_{\mathrm{E}_1, \mathrm{F}} \circ (^t(^t u \otimes 1_{\mathrm{F}'})) \circ \lambda_{\mathrm{E,F}}$$

d'après la remarque 1 de VI, p. 37. De plus, on a les égalités

$$p \otimes_{\gamma^\circ} q = (p' \otimes_\gamma q')' \circ \lambda_{\mathrm{E,F}} \quad \text{et} \quad p_1 \otimes_{\gamma^\circ} q = (p'_1 \otimes_\gamma q')' \circ \lambda_{\mathrm{E}_1, \mathrm{F}}$$

par définition de γ°. Ainsi $p_1 \otimes_{\gamma^\circ} q$ est la semi-norme quotient de $p \otimes_{\gamma^\circ} q$ par $u \otimes 1_{\mathrm{F}}$, si bien que γ° est localement projective à gauche.

Enfin, si γ est localement injective à droite, alors ${}^t\gamma$ est localement injective à gauche; puisque $\gamma^\circ = {}^t(({}^t\gamma)^\circ)$ d'après la prop. 7, on déduit de ce qui précède que γ° est localement projective à droite.

PROPOSITION 9. — *Les constructions tensorielles π° et ε sont égales.*
Soient (E, p) et (F, q) des espaces semi-normés. Par définition, on a $(p \otimes_{\pi^\circ} q) = (p' \otimes_\pi q')' \circ \lambda_{\mathrm{E},\mathrm{F}}$; or $\lambda_{\mathrm{E},\mathrm{F}}$ induit une isométrie de $\mathrm{E} \otimes_\varepsilon \mathrm{F}$ dans $(\mathrm{E}' \otimes_\pi \mathrm{F}')'$ d'après le cor. 2 de VI, p. 54, donc $p \otimes_{\pi^\circ} q = p \otimes_\varepsilon q$.

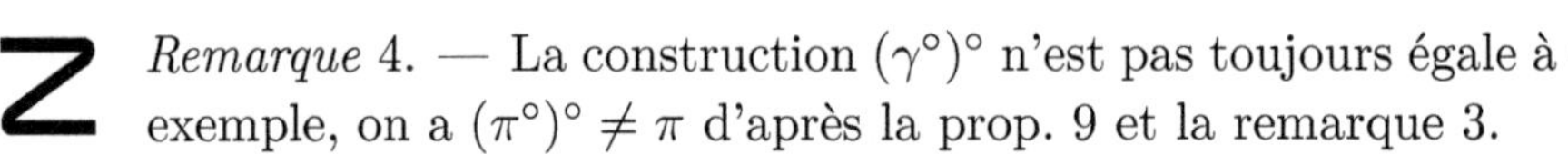

Remarque 4. — La construction $(\gamma^\circ)^\circ$ n'est pas toujours égale à γ. Par exemple, on a $(\pi^\circ)^\circ \neq \pi$ d'après la prop. 9 et la remarque 3.

4. Construction tensorielle duale

DÉFINITION 5. — *Soit γ une construction tensorielle. On appelle construction tensorielle duale de γ, et on note γ', l'enveloppe finie de la construction protoduale γ°.*

Remarques. — 1) La construction tensorielle γ' est de type fini d'après la remarque 4 de VI, p. 100.

2) Si γ_1, γ_2 sont des constructions tensorielles et si $\gamma_1 \leqslant \gamma_2$, alors $\gamma_1' \geqslant \gamma_2'$, compte tenu des propriétés de monotonie de la protodualité et de l'enveloppe finie (VI, p. 102, remarque 2 et VI, p. 99, remarque 2).

Les propriétés suivantes découlent aussitôt des propositions 3, 7 et 8 des numéros précédents :

PROPOSITION 10. — *Soit γ une construction tensorielle.*
a) *On a $({}^t\gamma)' = {}^t(\gamma')$.*
b) *Si γ est localement commutative, alors γ' est commutative.*
c) *Si γ est localement associative, alors γ' est associative.*
d) *Si γ est localement projective à gauche (resp. localement projective à droite, localement projective), alors γ' est injective à gauche (resp. injective à droite, injective).*
e) *Si γ est localement injective à gauche (resp. localement injective à droite, localement injective), alors γ' est projective à gauche (resp. projective à droite, projective).*

THÉORÈME 1. — *Pour toute construction tensorielle γ, la construction $(\gamma')'$ est égale à l'enveloppe finie $\gamma^\natural$ de γ. En particulier, la construction γ est de type fini si et seulement si elle vérifie $(\gamma')' = \gamma$.*

Puisque $(\gamma')'$ et $\gamma^\natural$ sont des constructions tensorielles de type fini, il suffit de prouver qu'elles coïncident sur les espaces semi-normés de dimension finie (VI, p. 100, remarque 3). Compte tenu du corollaire de la prop. 7 de VI, p. 22, il suffit de prouver qu'elles coïncident sur les espaces normés de dimension finie. Soient donc (E, p) et (F, q) des espaces normés de dimension finie ; montrons que $p \otimes_{(\gamma')'} q = p \otimes_\gamma q$.

Soit $s \in E \otimes F$. Puisque $(\gamma')'$ et $(\gamma')^\circ$ coïncident sur les espaces de dimension finie, on a

$$(p \otimes_{(\gamma')'} q)(s) = \sup_{\omega \in B} |\langle \omega, \lambda_{E,F}(s) \rangle|,$$

où B désigne la boule unité de $(E' \otimes F', p' \otimes_{\gamma'} q')$. D'après le lemme 2 de VI, p. 38, on a donc

$$(p \otimes_{(\gamma')'} q)(s) = \sup_{\omega \in B} |\langle (c_E \otimes c_F)(s), \lambda_{E',F'}(\omega) \rangle|,$$

où $c_E \colon E \to E''$ et $c_F \colon F \to F''$ sont les applications canoniques. L'application $\lambda_{E',F'} \colon E' \otimes_{\gamma'} F' \to (E'' \otimes_\gamma F'')'$ étant bijective (*loc. cit.*) et isométrique (VI, p. 101, formule (7)), on en déduit

$$(p \otimes_{(\gamma')'} q)(s) = \sup_{\vartheta \in B_1} |\langle (c_E \otimes c_F)(s), \vartheta \rangle|,$$

où B_1 désigne la boule unité de $((E'' \otimes_\gamma F'')', (p'' \otimes_\gamma q'')')$. Par ailleurs, les applications c_E et c_F sont bijectives (A, II, p. 47, cor. 4) et isométriques (IV, p. 17), donc $c_E \otimes c_F \colon E \otimes_\gamma F \to E'' \otimes_\gamma F''$ est bijective, et isométrique d'après la prop. 7 de VI, p. 22. D'après la prop. 2 de VI, p. 5 et la prop. 1 de VI, p. 4, la transposée ${}^t(c_E \otimes c_F)$ induit donc une bijection entre B_1 et la boule unité B_2 de $((E \otimes_\gamma F)', (p \otimes_\gamma q)')$, d'où

$$(p \otimes_{(\gamma')'} q)(s) = \sup_{\varpi \in B_2} |\langle s, \varpi \rangle|.$$

Puisque $\sup_{\varpi \in B_2} |\langle s, \omega \rangle| = (p \otimes_\gamma q)(s)$ d'après le théorème de Hahn–Banach (*cf.* II, p. 24, cor. 2), cela conclut la démonstration.

COROLLAIRE. — *On a $\pi' = \varepsilon$ et $\varepsilon' = \pi$.*

On a vu que $\pi^\circ = \varepsilon$ (VI, p. 106, prop. 9) ; on a donc $(\pi^\circ)^\natural = \varepsilon^\natural = \varepsilon$ puisque ε est de type fini (VI, p. 101, prop. 5), d'où $\pi' = \varepsilon$. On en déduit $\varepsilon' = (\pi')' = \pi$, où l'égalité $(\pi')' = \pi$ résulte du fait que π est de type fini (*loc. cit.*) et du th. 1.

5. Enveloppes injective et projective d'une construction tensorielle

Rappelons que si E et F sont des espaces normés et si $u \in \mathscr{L}(\mathrm{E}; \mathrm{F})$, la *conorme* de u (TS, III, p. 61, n° 4) est l'élément de $\overline{\mathbf{R}}_+$ donné par

$$(9) \qquad ((u)) = \inf_{\substack{y \in \mathrm{E}/\operatorname{Ker}(u) \\ y \neq 0}} \frac{\|v(y)\|}{\|y\|},$$

où $v \colon \mathrm{E}/\operatorname{Ker}(u) \to \mathrm{F}$ est l'application déduite de u par passage au quotient (TS, III, p. 61, formule (6)).

Si I est un ensemble, on note $\ell^\infty(\mathrm{I})$ l'espace de Banach des applications bornées de I dans K (VI, p. 10, n° 9).

Lemme 5. — Soit I *un ensemble.*

a) *Soient* E *et* F *des espaces normés, soit* $\iota \colon \mathrm{E} \to \mathrm{F}$ *une application linéaire injective et stricte, et soit* $u \colon \mathrm{E} \to \ell^\infty(\mathrm{I})$ *une application linéaire continue. Il existe une application linéaire continue* $\overline{u} \colon \mathrm{F} \to \ell^\infty(\mathrm{I})$ *vérifiant* $\overline{u} \circ \iota = u$. *Si* $\mathrm{E} \neq 0$, *on peut choisir* $\overline{u}$ *de telle façon que l'inégalité* $((\iota)) \|\overline{u}\| \leqslant \|u\|$ *soit satisfaite.*

b) *Soient* E *et* F *des espaces semi-normés, soit* $\iota \colon \mathrm{E} \to \mathrm{F}$ *une application linéaire isométrique, et soit* $u \colon \mathrm{E} \to \ell^\infty(\mathrm{I})$ *une application linéaire continue. Il existe une application linéaire continue* $\overline{u} \colon \mathrm{F} \to \ell^\infty(\mathrm{I})$ *vérifiant* $\overline{u} \circ \iota = u$ *et* $\|\overline{u}\| = \|u\|$.

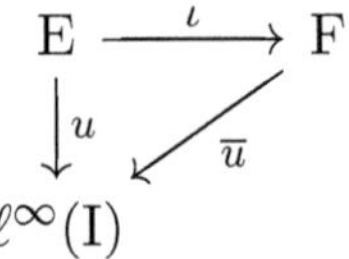

Le diagramme ci-dessus illustre l'existence d'une application $\overline{u}$ vérifiant $u = \overline{u} \circ \iota$.

* Dans le langage des catégories, soit $\mathscr{C}$ la catégorie dont les objets sont les espaces semi-normés et dont les morphismes sont les applications linéaires continues ; la première assertion de a) signifie que $\ell^\infty(\mathrm{I})$ est un objet injectif dans $\mathscr{C}$ relativement à la classe de monomorphismes formée des applications linéaires injectives strictes. *

Sous les hypothèses de a), l'application linéaire bijective $\widetilde{\iota} \colon \mathrm{E} \to \operatorname{Im}(\iota)$ déduite de ι est bicontinue. Pour j dans I et $(x_i)_{i \in \mathrm{I}}$ dans $\ell^\infty(\mathrm{I})$, posons $f_j((x_i)_{i \in \mathrm{I}}) = x_j$. L'application $f_j \circ u \circ \widetilde{\iota}^{-1}$ est une forme linéaire continue sur $\operatorname{Im}(\iota)$. D'après le théorème de Hahn–Banach (II, p. 25, cor. 3), il existe une forme linéaire continue g_j sur F vérifiant $g_j \circ \iota = f_j \circ u$ et $\|g_j\| = \|f_j \circ u \circ \widetilde{\iota}^{-1}\|$. Pour tout $x \in F$ et pour tout $i \in I$, on a

$$(10) \qquad |g_i(x)| \leqslant \|f_i \circ u \circ \widetilde{\iota}^{-1}\|\|x\| \leqslant \|u\|\|\widetilde{\iota}^{-1}\|\|x\|$$

car l'application f_i est de norme 1. Pour tout élément x de F, posons $\overline{u}(x) = (g_i(x))_{i \in I}$; d'après l'inégalité (10), on définit ainsi une application linéaire continue $\overline{u}$ de F dans $\ell^\infty(I)$ vérifiant $\|\overline{u}\| \leqslant \|u\|\|\widetilde{\iota}^{-1}\|$. On a $\overline{u} \circ \iota = u$. Si $E \neq 0$, alors $\iota \neq 0$, d'où $\|\widetilde{\iota}^{-1}\| \neq 0$ et $((\iota)) = \|\widetilde{\iota}^{-1}\|^{-1}$ (TS, III, p. 62, remarque), si bien que $((\iota))\|\overline{u}\| \leqslant \|u\|$.

Sous les hypothèses de b), notons E_0 (resp. F_0) l'espace normé associé à E (resp. F). Le noyau de u contient celui de la semi-norme fixée sur E, donc u induit par passage au quotient une application linéaire continue $u_0 \colon E_0 \to \ell^\infty(I)$. L'application ι étant isométrique, elle induit par passage aux quotients une application linéaire isométrique $\iota_0 \colon E_0 \to F_0$. Si $u = 0$, l'assertion b) est claire. Supposons $u \neq 0$, donc $E_0 \neq 0$. L'application ι_0 est alors injective, stricte, de conorme égale à 1. D'après a), il existe une application linéaire continue $\overline{u_0} \colon F_0 \to \ell^\infty(I)$ vérifiant $\overline{u}_0 \circ \iota_0 = u_0$ et $\|\overline{u}_0\| \leqslant \|u_0\|$, d'où $\|\overline{u}_0\| = \|u_0\|$ puisque ι_0 est isométrique. L'application $\overline{u} \colon F \to \ell^\infty(I)$ obtenue en composant $\overline{u}_0$ et la surjection canonique $F \to F_0$ a les propriétés voulues, d'où le lemme.

Si (E, p) est un espace semi-normé, notons $B_{E'}$ la boule unité de E' pour la norme p' duale de p (VI, p. 3) ; soit

$$\iota_E \colon E \to \ell^\infty(B_{E'})$$

l'application linéaire définie par

$$(11) \qquad \iota_E(x) = (\langle x, x' \rangle)_{x' \in B_{E'}}.$$

D'après le théorème de Hahn–Banach (II, p. 24, cor. 2), elle est isométrique.

Soit γ une construction tensorielle. Si (E, p), (F, q) sont des espaces semi-normés et si t est un élément de $E \otimes F$, posons

$$(12) \qquad (p \otimes_{\widehat{\gamma}} q)(t) = \|(\iota_E \otimes \iota_F)(t)\|_\gamma.$$

L'application $t \mapsto (p \otimes_{\widehat{\gamma}} q)(t)$ est l'unique semi-norme sur $E \otimes F$ qui rend isométrique l'application $\iota_E \otimes \iota_F$.

PROPOSITION 11. —   a) *La donnée des semi-normes $(p \otimes_{\widehat{\gamma}} q)$, pour tout couple $((E, p), (F, q))$ d'espaces semi-normés, définit une construction tensorielle $\widehat{\gamma}$.*

b) *On a $^{t}\widehat{\gamma} = \widehat{(^{t}\gamma)}$.*

c) *Si γ est commutative, alors $\widehat{\gamma}$ l'est aussi.*

d) *Si γ est associative, alors $\widehat{\gamma}$ l'est aussi.*

e) *La construction $\widehat{\gamma}$ est injective et vérifie $\widehat{\gamma} \leqslant \gamma$.*

f) *Si α est une construction tensorielle injective vérifiant $\alpha \leqslant \gamma$, alors $\alpha \leqslant \widehat{\gamma}$.*

Prouvons a). Soient (E, p), (F, q), (E_1, p_1), (F_1, q_1) des espaces semi-normés et $u \colon E \to E_1$, $v \colon F \to F_1$ des applications linéaires continues. D'après le lemme 5, il existe des applications linéaires continues $\widetilde{u} \colon \ell^\infty(B_{E'}) \to \ell^\infty(B_{E'_1})$ et $\widetilde{v} \colon \ell^\infty(B_{F'}) \to \ell^\infty(B_{F'_1})$ telles que $\|\widetilde{u}\| = \|u\|$, $\widetilde{u} \circ \iota_E = \iota_{E_1} \circ u$, $\|\widetilde{v}\| = \|v\|$ et $\widetilde{v} \circ \iota_F = \iota_{F_1} \circ v$. Pour tout $t \in E \otimes F$, on a

$$(p_1 \otimes_{\widehat{\gamma}} q_1)\big((u \otimes v)(t)\big) = \big\|(\iota_{E_1} \otimes \iota_{F_1})\big((u \otimes v)(t)\big)\big\|_\gamma$$
$$= \big\|\big((\widetilde{u} \circ \iota_E) \otimes (\widetilde{v} \circ \iota_F)\big)(t)\big\|_\gamma\,;$$

la condition (CT1) pour la construction tensorielle γ donne alors

$$(p_1 \otimes_{\widehat{\gamma}} q_1)\big((u \otimes v)(t)\big) \leqslant \|\widetilde{u}\|\|\widetilde{v}\|\|(\iota_E \otimes \iota_F)(t)\|_\gamma$$
$$= \|u\|\|v\|(p \otimes_{\widehat{\gamma}} q)(t),$$

d'où la condition (CT1) pour $\widehat{\gamma}$. Par ailleurs, on a

$$\|1 \otimes 1\|_{\widehat{\gamma}} = \|\iota_K(1) \otimes \iota_K(1)\|_\gamma = \|\iota_K(1)\|\|\iota_K(1)\| = |1||1| = 1$$

d'après la prop. 5 de VI, p. 21, d'où la condition (CT2) et l'assertion a).

Les assertions b) et d) résultent aussitôt des définitions, et c) résulte aussitôt de b). Pour prouver e), commençons par démontrer que $\widehat{\gamma}$ est injective à gauche. Soient E, E_1, F des espaces semi-normés et $u \colon E \to E_1$ une application linéaire isométrique. L'application $\iota_{E_1} \circ u$ est isométrique. D'après le lemme 5, il existe donc une application linéaire continue $v \colon \ell^\infty(B_{E'_1}) \to \ell^\infty(B_{E'})$ vérifiant $\|v\| = 1$ et $v \circ \iota_{E_1} \circ u = \iota_E$. Pour tout $t \in E \otimes F$, on a

$$\|t\|_{\widehat{\gamma}} = \|(\iota_E \otimes \iota_F)(t)\|_\gamma$$
$$= \|\big((v \circ \iota_{E_1} \circ u) \otimes \iota_F\big)(t)\|_\gamma\,;$$

vu la condition (CT1) pour γ, il en résulte que

$$\|t\|_{\widehat{\gamma}} \leqslant \|\big((\iota_{E_1} \circ u) \otimes \iota_F\big)(t)\|_\gamma$$
$$= \|(u \otimes 1_F)(t)\|_{\widehat{\gamma}}.$$

Comme $\|u \otimes 1_{\mathrm{F}}\| \leqslant 1$ d'après la condition (CT1) pour $\widehat{\gamma}$, il s'ensuit que $u \otimes 1_{\mathrm{F}}$ est isométrique de $\mathrm{E} \otimes_{\widehat{\gamma}} \mathrm{F}$ dans $\mathrm{E}_1 \otimes_{\widehat{\gamma}} \mathrm{F}$. La construction tensorielle $\widehat{\gamma}$ est donc injective à gauche.

De l'égalité ${}^t\widehat{\gamma} = \widehat{({}^t\gamma)}$ et de ce qui précède, on déduit que $\widehat{\gamma}$ est injective à droite, donc la construction $\widehat{\gamma}$ est injective. De plus, elle vérifie $\widehat{\gamma} \leqslant \gamma$ d'après la formule (12) et la condition (CT1) pour γ, ce qui prouve e).

Enfin, si α est une construction tensorielle injective et si $\alpha \leqslant \gamma$, alors

$$\|t\|_\alpha = \|(\iota_{\mathrm{E}} \otimes \iota_{\mathrm{F}})(t)\|_\alpha \leqslant \|(\iota_{\mathrm{E}} \otimes \iota_{\mathrm{F}})(t)\|_\gamma = \|t\|\widehat{\gamma},$$

d'où f).

DÉFINITION 6. — *On dit que $\widehat{\gamma}$ est* l'enveloppe injective *de γ.*

Remarque 1. — La prop. 11 signifie que $\widehat{\gamma}$ est la plus grande construction tensorielle injective $\leqslant \gamma$. En particulier, la construction $\widehat{\pi}$ est la plus grande construction tensorielle injective.

DÉFINITION 7. — *On appelle* enveloppe projective *de γ, et on note $\check{\gamma}$, la construction tensorielle* $\widehat{(\gamma')}'$.

Remarques. — 2) La construction tensorielle $\check{\gamma}$ est projective et vérifie $\check{\gamma} \geqslant \gamma$. En effet, c'est la construction duale de $\widehat{(\gamma')}$ qui est injective d'après la prop. 11, donc $\check{\gamma}$ est projective (VI, p. 106, prop. 10). Par ailleurs, on a $\widehat{(\gamma')} \leqslant \gamma'$; passant aux constructions duales, on obtient $\check{\gamma} \geqslant (\gamma')'$ (VI, p. 106, remarque). Puisque $(\gamma')' = \gamma^\natural$ (VI, p. 107, th. 1) et $\gamma^\natural \geqslant \gamma$ (VI, p. 99, remarque 1), on a $\check{\gamma} \geqslant \gamma$.

3) La construction $\check{\gamma}$ est la plus petite construction tensorielle projective de type fini qui soit $\geqslant \gamma$.

En effet, si β est une construction tensorielle projective de type fini vérifiant $\beta \geqslant \gamma$, alors $\beta' \leqslant \gamma'$ (VI, p. 106, remarque) ; or β' est injective, donc $\beta' \leqslant \widehat{(\gamma')}$ (remarque 1). Passant aux constructions duales, on obtient $(\beta')' \geqslant \check{\gamma}$, d'où $\beta^\natural \geqslant \check{\gamma}$ et $\beta \geqslant \gamma$ puisque β est de type fini.

En particulier, la construction $\check{\varepsilon}$ est la plus petite construction tensorielle projective de type fini.

On peut montrer que toute construction projective est de type fini (VI, p. 147, exercice 5) ; par conséquent, la remarque 3 signifie en fait que $\check{\gamma}$ est la plus petite construction tensorielle projective $\geqslant \gamma$. La construction $\check{\varepsilon}$ est donc la plus petite construction tensorielle projective.

§ 5. INÉGALITÉ DE GROTHENDIECK

1. Préliminaires

Lemme 1. — Soient a et b des nombres réels positifs. On a

$$(1) \qquad \sqrt{ab} = \frac{1}{2} \inf_{\lambda > 0} (\lambda a + \lambda^{-1} b),$$

$$(2) \qquad \sqrt{ab} = \inf_{\lambda > 0} (\sup(\lambda a, \lambda^{-1} b)).$$

Si $a = 0$, les formules résultent du fait que $\lambda^{-1} b$ tend vers 0 lorsque λ tend vers $+\infty$. De même, les formules sont valides quand $b = 0$.

Supposons $ab \neq 0$. Soit $\lambda > 0$. On a $(\sqrt{\lambda a} - \sqrt{\lambda^{-1} b})^2 \geqslant 0$, donc

$$\sqrt{ab} \leqslant \frac{1}{2}(\lambda a + \lambda^{-1} b) \leqslant \sup(\lambda a, \lambda^{-1} b),$$

avec égalité lorsque $\lambda = \sqrt{b/a}$. Le lemme en résulte aussitôt.

Soient E un espace semi-normé et I un ensemble fini. On munit $\ell^2(\mathrm{I})$ de la structure d'espace hilbertien décrite dans V, p. 18, exemple.

On définit une application linéaire $\alpha_{\mathrm{E,I}} \colon \mathrm{E}^{\mathrm{I}} \to \mathscr{L}(\ell^2(\mathrm{I}); \mathrm{E})$ en posant, pour tout $x = (x_i)_{i \in \mathrm{I}}$ dans E^{I} et pour tout $y = (y_i)_{i \in \mathrm{I}}$ dans $\ell^2(\mathrm{I})$,

$$\alpha_{\mathrm{E,I}}(x)(y) = \sum_{i \in \mathrm{I}} y_i x_i.$$

Si l'on fixe $x \in \mathrm{E}^{\mathrm{I}}$, et si l'on identifie l'espace hilbertien $\ell^2(\mathrm{I})$ à son dual par l'application canonique (V, p. 15, n° 7), alors la transposée de $\alpha_{\mathrm{E,I}}(x)$ s'identifie à une application linéaire continue de E' dans $\ell^2(\mathrm{I})$, que nous noterons $\eta_{\mathrm{E,I}}(x)$.

On définit ainsi une application linéaire $\eta_{\mathrm{E,I}} \colon \mathrm{E}^{\mathrm{I}} \to \mathscr{L}(\mathrm{E}'; \ell^2(\mathrm{I}))$. Pour tout $i \in \mathrm{I}$, notons $e_i \colon \mathrm{I} \to \mathrm{K}$ la fonction définie par $e_i(j) = 0$ si $j \neq i$ et $e_i(j) = 1$ si $i = j$. La famille $(e_i)_{i \in \mathrm{I}}$ est une base orthonormale de $\ell^2(\mathrm{I})$, dite *canonique*. Pour tout $x = (x_i)_{i \in \mathrm{I}}$ dans E^{I} et pour tout $\lambda \in \mathrm{E}'$, on a

$$\eta_{\mathrm{E,I}}(x)(\lambda) = \sum_{i \in \mathrm{I}} \langle x_i, \lambda \rangle e_i.$$

Les applications $x \mapsto \|\alpha_{\mathrm{E,I}}(x)\|_{\mathscr{L}(\ell^2(\mathrm{I}); \mathrm{E})}$ et $x \mapsto \|\eta_{\mathrm{E,I}}(x)\|_{\mathscr{L}(\mathrm{E}'; \ell^2(\mathrm{I}))}$, de E^{I} dans $\mathbf{R}$, sont des semi-normes sur E^{I}.

Lemme 2. — Les semi-normes $x \mapsto \|\alpha_{\mathrm{E,I}}(x)\|$ et $x \mapsto \|\eta_{\mathrm{E,I}}(x)\|$ sur E^{I} sont égales. Si $\mathrm{B}_{\mathrm{E}'}$ désigne la boule unité de E', alors

$$\|\alpha_{\mathrm{E,I}}(x)\| = \|\eta_{\mathrm{E,I}}(x)\| = \sup_{\lambda \in \mathrm{B}_{\mathrm{E}'}} \left(\sum_{i \in \mathrm{I}} |\langle x_i, \lambda \rangle|^2 \right)^{1/2}$$

pour tout $x \in \mathrm{E}^{\mathrm{I}}$.

La première assertion résulte du corollaire p. 8 de la prop. 4 de VI, p. 7. Soit $x \in \mathrm{E}^{\mathrm{I}}$. On a

$$\|\eta_{\mathrm{E,I}}(x)\|_{\mathscr{L}(\mathrm{E}';\ell^2(\mathrm{I}))} = \sup_{\lambda \in \mathrm{B}_{\mathrm{E}'}} \|\eta_{\mathrm{E,I}}(x)(\lambda)\|_{\ell^2(\mathrm{I})} = \sup_{\lambda \in \mathrm{B}_{\mathrm{E}'}} \left\| \sum_{i \in \mathrm{I}} \langle x_i, \lambda \rangle e_i \right\|_{\ell^2(\mathrm{I})}.$$

Or $(e_i)_{i \in \mathrm{I}}$ est une base orthonormale de $\ell^2(\mathrm{I})$, donc pour tout $\lambda \in \mathrm{E}'$,

$$\left\| \sum_{i \in \mathrm{I}} \langle x_i, \lambda \rangle e_i \right\|_{\ell^2(\mathrm{I})} = \left(\sum_{i \in \mathrm{I}} |\langle x_i, \lambda \rangle|^2 \right)^{1/2}$$

(V, p. 22), ce qui démontre la seconde assertion.

Lemme 3. —   a) *Soit* F *un espace semi-normé et soit* $u \in \mathscr{L}(\mathrm{E};\mathrm{F})$. *Soit* $u_{\mathrm{I}} \colon \mathrm{E}^{\mathrm{I}} \to \mathrm{F}^{\mathrm{I}}$ *l'application* $(x_i) \mapsto (u(x_i))$. *Pour tout* $x \in \mathrm{E}^{\mathrm{I}}$, *on a*

$$\|\alpha_{\mathrm{F,I}}(u_{\mathrm{I}}(x))\| \leqslant \|u\|\,\|\alpha_{\mathrm{E,I}}(x)\|.$$

b) *Soient* I_1 *et* I_2 *des ensembles finis. Pour tout* $x \in \mathrm{E}^{\mathrm{I}_1 \cup \mathrm{I}_2}$, *on a*

$$\|\alpha_{\mathrm{E,I}_1 \cup \mathrm{I}_2}(x)\|^2 \leqslant \|\alpha_{\mathrm{E,I}_1}(x)\|^2 + \|\alpha_{\mathrm{E,I}_2}(x)\|^2.$$

Soit λ un élément de la boule unité $\mathrm{B}_{\mathrm{F}'}$ de F'. Soit μ un élément de $\mathrm{B}_{\mathrm{E}'}$ vérifiant ${}^t u(\lambda) = \|{}^t u(\lambda)\|\,\mu$. Comme

$$\sum_{i \in \mathrm{I}} |\langle u(x_i), \lambda \rangle|^2 = \sum_{i \in \mathrm{I}} |\langle x_i, {}^t u(\lambda) \rangle|^2 \leqslant \|{}^t u(\lambda)\|^2 \sum_{i \in \mathrm{I}} |\langle x_i, \mu \rangle|^2$$

$$\leqslant \|{}^t u\|^2 \|\lambda\|^2 \sum_{i \in \mathrm{I}} |\langle x_i, \mu \rangle|^2$$

$$\leqslant \|{}^t u\|^2 \sup_{\nu \in \mathrm{B}_{\mathrm{F}'}} \sum_{i \in \mathrm{I}} |\langle x_i, \nu \rangle|^2,$$

le lemme 2 implique $\|\alpha_{\mathrm{F,I}}(u_{\mathrm{I}}(x))\| \leqslant \|{}^t u\|\|\alpha_{\mathrm{E,I}}(x)\|$. L'assertion a) résulte alors de l'égalité $\|{}^t u\| = \|u\|$ (VI, p. 8, corollaire).

Par ailleurs, pour tout $\lambda \in \mathrm{B}_{\mathrm{E}'}$, on a

$$\sum_{i \in \mathrm{I}_1 \cup \mathrm{I}_2} |\langle x_i, \lambda \rangle|^2 \leqslant \sum_{i \in \mathrm{I}_1} |\langle x_i, \lambda \rangle|^2 + \sum_{i \in \mathrm{I}_2} |\langle x_i, \lambda \rangle|^2$$

$$\leqslant \|\alpha_{\mathrm{E,I}_1}(x)\|^2 + \|\alpha_{\mathrm{E,I}_2}(x)\|^2,$$

d'après le lemme 2, d'où b).

Lemme 4. — Soit X *un espace topologique compact. Soit* E *l'espace de Banach* $\mathscr{C}(\mathrm{X};\mathrm{K})$. *Pour toute famille finie* $f = (f_i)_{i\in\mathrm{I}}$ *d'éléments de* E, *on a l'égalité*

$$\|\alpha_{\mathrm{E},\mathrm{I}}(f)\| = \sup_{x\in\mathrm{X}}\Big(\sum_{i\in\mathrm{I}}|f_i(x)|^2\Big)^{1/2}.$$

Soit B la boule unité fermée de l'espace $\ell^2(\mathrm{I})$. Par définition de $\alpha_{\mathrm{E},\mathrm{I}}$, on a l'égalité

$$\|\alpha_{\mathrm{E},\mathrm{I}}(f)\| = \sup_{y\in\mathrm{B}}\Big\|\sum_{i\in\mathrm{I}}y_i f_i\Big\| = \sup_{y\in\mathrm{B}}\ \sup_{x\in\mathrm{X}}\ \Big|\sum_{i\in\mathrm{I}}y_i f_i(x)\Big|.$$

On conclut en utilisant, pour tout $x \in \mathrm{X}$, l'égalité

$$\sup_{y\in\mathrm{B}}\ \Big|\sum_{i\in\mathrm{I}}y_i f_i(x)\Big| = \Big(\sum_{i\in\mathrm{I}}|f_i(x)|^2\Big)^{1/2}$$

qui résulte du th. 3 de V, p. 15, appliqué à l'élément $(f_i(x))_{i\in\mathrm{I}}$ de $\ell^2(\mathrm{I})$.

2. La construction tensorielle hilbertienne

Soient (E, p) et (F, q) des espaces semi-normés. Si $t \in \mathrm{E} \otimes \mathrm{F}$ et si $(x_i, y_i)_{i\in\mathrm{I}}$ est une écriture de t, identifions l'élément $(x_i, y_i)_{i\in\mathrm{I}}$ de $(\mathrm{E}\times\mathrm{F})^{\mathrm{I}}$ à l'élément $(x, y) = ((x_i)_{i\in\mathrm{I}}, (y_i)_{i\in\mathrm{I}})$ de $\mathrm{E}^{\mathrm{I}} \times \mathrm{F}^{\mathrm{I}}$. Notons $\mathrm{W}(t)$ l'ensemble non vide des nombres réels positifs de la forme

$$\|\alpha_{\mathrm{E},\mathrm{I}}(x)\|\,\|\alpha_{\mathrm{F},\mathrm{I}}(y)\|$$

où $(x, y) = (x_i, y_i)_{i\in\mathrm{I}}$ est une écriture de t ; enfin, posons

$$(p \otimes_{\mathrm{h}} q)(t) = \inf \mathrm{W}(t).$$

Lemme 5. — Pour tout t *dans* $\mathrm{E} \otimes \mathrm{F}$, *le nombre réel* $(p \otimes_{\mathrm{h}} q)(t)$ *est le plus grand nombre réel* μ *tel que l'on ait*

$$\mu \leqslant \frac{1}{2}(\|\alpha_{\mathrm{E},\mathrm{I}}(x)\|^2 + \|\alpha_{\mathrm{F},\mathrm{I}}(y)\|^2)$$

pour toute écriture (x, y) *de* t, *ou encore le plus grand* $\mu \in \mathbf{R}$ *vérifiant*

$$\mu \leqslant \sup(\|\alpha_{\mathrm{E},\mathrm{I}}(x)\|^2,\ \|\alpha_{\mathrm{F},\mathrm{I}}(y)\|^2)$$

pour toute écriture (x, y) *de* t.

Cela résulte du lemme 1 de VI, p. 112 et du fait que pour tout t dans $E \otimes F$ et tout $\lambda > 0$, une famille $(x_i, y_i)_{i \in I}$ d'éléments de $E \times F$ est une écriture de t si et seulement s'il en va de même de $(\lambda x_i, \lambda^{-1} y_i)_{i \in I}$.

PROPOSITION 1. — *L'application $p \otimes_h q$ est une semi-norme sur $E \otimes F$.*

Soient t_1 et t_2 des éléments de $E \otimes F$, et pour $k \in \{1, 2\}$, soit $(x_{k,i}, y_{k,i})_{i \in I_k}$ une écriture de t_k. Notons I l'ensemble somme de I_1 et I_2 ; pour i dans I, posons $(x_i, y_i) = (x_{1,i}, y_{1,i})$ si $i \in I_1$ et $(x_i, y_i) = (x_{2,i}, y_{2,i})$ sinon. La famille $(x, y) = (x_i, y_i)_{i \in I}$ est une écriture de $t_1 + t_2$.

D'après le lemme 5, on a donc

$$2(p \otimes_h q)(t_1 + t_2) \leqslant \|\alpha_{E,I}(x)\|^2 + \|\alpha_{F,I}(y)\|^2,$$

d'où

$$2(p \otimes_h q)(t_1 + t_2) \leqslant \|\alpha_{E,I_1}(x)\|^2 + \|\alpha_{E,I_2}(x)\|^2 + \|\alpha_{F,I_1}(y)\|^2 + \|\alpha_{F,I_2}(y)\|^2$$

vu le lemme 3, *b*) de VI, p. 113. Ainsi

$$(p \otimes_h q)(t_1 + t_2) \leqslant (p \otimes_h q)(t_1) + (p \otimes_h q)(t_2)$$

d'après le lemme 5.

On a $(p \otimes_h q)(0) = 0$. Soient $t \in E \otimes F$ et $\alpha \in K - \{0\}$. L'ensemble $W(\alpha t)$ coïncide avec $|\alpha| W(t)$, puisque $(\alpha x, y)$ est une écriture de αt si et seulement si (x, y) est une écriture de t. On a donc l'égalité $(p \otimes_h q)(\alpha t) = |\alpha|(p \otimes_h q)(t)$, ce qui conclut la preuve.

PROPOSITION 2. — *La donnée des semi-normes $p \otimes_h q$, pour tout couple $((E, p), (F, q))$ d'espaces semi-normés, définit une construction tensorielle commutative.*

La construction tensorielle définie dans la prop. 2 est notée h et s'appelle la *construction tensorielle hilbertienne*.

Vérifions (CT1). Soient (E, p), (F, q), (E_1, p_1) et (F_1, q_1) des espaces semi-normés. Soient $u \colon E \to E_1$ et $v \colon F \to F_1$ des applications linéaires continues de norme $\leqslant 1$. Soit $t \in E \otimes F$ et soit $(x, y) = (x_i, y_i)_{i \in I}$ une écriture de t. Alors $(\widetilde{x}, \widetilde{y}) = (u(x_i), v(y_i))_{i \in I}$ est une écriture de $(u \otimes v)(t)$. D'après le lemme 3, *a*) de VI, p. 113, on a

$$(p_1 \otimes_h q_1)((u \otimes v)(t)) \leqslant \|\alpha_{E_1,I}(\widetilde{x})\| \, \|\alpha_{F_1,I}(\widetilde{y})\| \leqslant \|\alpha_{E,I}(x)\| \, \|\alpha_{F,I}(y)\|,$$

d'où $(p_1 \otimes_h q_1)((u \otimes v)(t)) \leqslant (p \otimes_h q)(t)$ par passage à la borne inférieure ; cela prouve que $u \otimes v$ est de norme $\leqslant 1$. La condition (CT1) en résulte.

Démontrons (CT2). Si I est un ensemble fini et si $x = (x_i)_{i \in \mathrm{I}}$ est un élément de $\ell^2(\mathrm{I})$, alors

$$\|\alpha_{\mathrm{K,I}}(x)\| = \left(\sum_{i \in \mathrm{I}} |x_i|^2\right)^{1/2}.$$

Notons m la norme sur K. Comme la famille indexée par $\mathrm{I} = \{1\}$ et formée du seul couple $(1,1)$ est une écriture de $1 \otimes 1$ dans $\mathrm{K} \otimes \mathrm{K}$, on a

$$(3) \qquad (m \otimes_{\mathrm{h}} m)(1 \otimes 1) \leqslant \|\alpha_{\mathrm{K},\{1\}}(1)\|^2 = 1$$

par définition de $(m \otimes_{\mathrm{h}} m)$. Par ailleurs, si $(x, y) = (x_i, y_i)_{i \in \mathrm{I}}$ est une écriture de $1 \otimes 1$ dans $\mathrm{K} \otimes \mathrm{K}$, on a $\sum x_i \otimes y_i = 1 \otimes 1$; appliquant l'isomorphisme canonique de $\mathrm{K} \otimes \mathrm{K}$ sur K, on obtient $\sum_{i \in \mathrm{I}} x_i y_i = 1$, d'où

$$1 = \left|\sum_{i \in \mathrm{I}} x_i y_i\right| \leqslant \left(\sum_{i \in \mathrm{I}} |x_i|^2\right)^{1/2} \left(\sum_{i \in \mathrm{I}} |y_i|^2\right)^{1/2} = \|\alpha_{\mathrm{K,I}}(x)\|\,\|\alpha_{\mathrm{K,I}}(y)\|$$

d'après l'inégalité de Cauchy–Schwarz. Ce qui précède étant valable quelle que soit l'écriture (x, y) de $1 \otimes 1$, on obtient $1 \leqslant (m \otimes_{\mathrm{h}} m)(1)$. Compte tenu de (3), cela démontre la condition (CT2). La donnée des semi-normes $p \otimes_{\mathrm{h}} q$, pour tous espaces semi-normés (E, p) et (F, q), définit donc une construction tensorielle; sa commutativité résulte aussitôt de la définition des semi-normes $p \otimes_{\mathrm{h}} q$.

Remarque. — La construction tensorielle h n'est pas associative (VI, p. 155, exercice 2).

3. Factorisations hilbertiennes d'une application linéaire

Définition 1. — *Soient* E *et* F *des espaces vectoriels topologiques. Soit* $u \colon \mathrm{E} \to \mathrm{F}$ *une application linéaire continue. On appelle* factorisation hilbertienne *de* u *tout triplet* (H, f, g), *où* H *est un espace hilbertien et où* f *et* g *sont des éléments de* $\mathscr{L}(\mathrm{E}; \mathrm{H})$ *et* $\mathscr{L}(\mathrm{H}; \mathrm{F})$ *respectivement, tel que l'on ait* $u = g \circ f$.

Si les espaces E *et* F *sont semi-normés, on note* $\mathrm{N_h}(u)$ *la borne inférieure dans* $[0, +\infty]$ *de l'ensemble des nombres réels de la forme* $\|f\|\,\|g\|$, *où* (H, f, g) *est une factorisation hilbertienne de* u.

Remarques. — Soient E et F des espaces semi-normés.

1) Soit $u\colon \mathrm{E} \to \mathrm{F}$ une application linéaire continue. Quels que soient les espaces semi-normés E_1 et F_1 et les applications linéaires continues $\varphi\colon \mathrm{E}_1 \to \mathrm{E}$ et $\psi\colon \mathrm{F} \to \mathrm{F}_1$, on a l'inégalité

$$\mathrm{N_h}(\psi \circ u \circ \varphi) \leqslant \|\psi\|\,\|\varphi\|\,\mathrm{N_h}(u).$$

2) Si F est séparé, alors toute application linéaire continue de rang fini admet une factorisation hilbertienne.

En effet, supposons F séparé et soit $u \in \mathscr{L}^{\mathrm{f}}(\mathrm{E};\mathrm{F})$. Il existe un ensemble fini I et des familles $(\lambda_i)_{i\in\mathrm{I}}$ dans E' et $y = (y_i)_{i\in\mathrm{I}}$ dans F telles que l'on ait $u(x) = \sum_{i\in\mathrm{I}}\langle x, \lambda_i\rangle y_i$ pour tout $x \in \mathrm{E}$ (*cf.* I, p. 14, th. 2). Soit H l'espace hilbertien $\ell^2(\mathrm{I})$, soit $f\colon \mathrm{E} \to \mathrm{H}$ l'application $x \mapsto (\langle x, \lambda_i\rangle)_{i\in\mathrm{I}}$, et soit $g\colon \mathrm{H} \to \mathrm{F}$ l'application $\alpha_{\mathrm{F},\mathrm{I}}(y)$. Les applications f et g sont alors continues et on a $u = g \circ f$; le triplet (H, f, g) est donc une factorisation hilbertienne de u.

Lemme 6. — *Soient* E *et* F *des espaces semi-normés et* $u \in \mathscr{L}(\mathrm{E};\mathrm{F})$. *Alors* $\mathrm{N_h}(u)$ *est la borne inférieure dans* $[0, +\infty]$ *des nombres réels* $\|f\|\,\|g\|$, *pour les factorisations hilbertiennes* (H, f, g) *de* u *telles que* f *soit d'image dense et* g *injective.*

Soit (H, f, g) une factorisation hilbertienne de u. Notons H_1 l'intersection de l'adhérence de $\mathrm{Im}(f)$ et de l'orthogonal de $\mathrm{Ker}(g)$. Soit p l'orthoprojecteur de H sur H_1, soit $f_1\colon \mathrm{E} \to \mathrm{H}_1$ l'application déduite de $p \circ f$ par passage aux sous-espaces, et soit g_1 la restriction de g à H_1. Par construction, l'application f_1 est d'image dense et l'application g_1 est injective, et on a les inégalités $\|f_1\| \leqslant \|f\|$ et $\|g_1\| \leqslant \|g\|$. Le triplet (H_1, f_1, g_1) est une factorisation hilbertienne de u, puisque pour tout $x \in \mathrm{E}$, on a

$$g_1(f_1(x)) - u(x) = g\big((p - 1_{\mathrm{E}})(f(x))\big) = 0.$$

Le lemme en résulte aussitôt.

Lemme 7. — *Soient* E *et* F *des espaces semi-normés et* $u\colon \mathrm{E} \to \mathrm{F}$ *une application linéaire continue de rang fini.*

a) *Si* (H, f, g) *est une factorisation hilbertienne de* u *avec* f *d'image dense et* g *injective, alors* H *est de dimension finie et* f *est surjective.*

b) *Si* F_1 *est un espace semi-normé et si* $\psi\colon \mathrm{F} \to \mathrm{F}_1$ *est une application linéaire injective et isométrique, alors* $\mathrm{N_h}(u) = \mathrm{N_h}(\psi \circ u)$.

Le sous-espace $u(\mathrm{E}) = g(f(\mathrm{E}))$ de F est de dimension finie, donc complet (I, p. 14, th. 2), et *a fortiori* fermé dans F. Puisque $f(\mathrm{E})$ est dense dans H, on en déduit que l'image de g coïncide avec celle de u, donc est de dimension finie. Comme g est injective, il en résulte que H est de dimension finie, et que le sous-espace dense $\mathrm{Im}(f)$ est égal à H, d'où a).

Soient F_1 un espace semi-normé et $\psi\colon \mathrm{F} \to \mathrm{F}_1$ une application linéaire isométrique. Vu la remarque 1 ci-dessus, on a $\mathrm{N_h}(\psi \circ u) \leqslant \mathrm{N_h}(u)$. Soit (H, f, g_1) une factorisation hilbertienne de $\psi \circ u$ telle que $f\colon \mathrm{E} \to \mathrm{H}$ soit d'image dense et $g_1\colon \mathrm{H} \to \mathrm{F}$ soit injective. Comme $\psi \circ u$ est de rang fini, l'espace H est de dimension finie et f est surjective d'après a). Puisque ψ est injective et $g_1 \circ f = \psi \circ u$, on a $\mathrm{Ker}(f) \subset \mathrm{Ker}(u)$, donc il existe une application linéaire continue $g\colon \mathrm{H} \to \mathrm{F}$ telle que $g \circ f = u$. Le triplet (H, f, g) est alors une factorisation hilbertienne de u. Comme $\psi \circ g \circ f = \psi \circ u = g_1 \circ f$ et comme f est surjective, on a $\psi \circ g = g_1$, d'où $\|g\| = \|g_1\|$ puisque ψ est isométrique. On en déduit l'inégalité $\mathrm{N_h}(u) \leqslant \mathrm{N_h}(\psi \circ u)$ d'après le lemme 6, ce qui démontre b).

Soient E et F des espaces semi-normés. On note $\vartheta_{\mathrm{E,F}}$ l'unique application linéaire de $\mathrm{E} \otimes \mathrm{F}$ dans $\mathscr{L}(\mathrm{E}'; \mathrm{F})$ vérifiant

$$\vartheta_{\mathrm{E,F}}(x \otimes y)(\lambda) = \langle x, \lambda \rangle y$$

pour $x \in \mathrm{E}$, $y \in \mathrm{F}$ et $\lambda \in \mathrm{E}'$. L'image de $\vartheta_{\mathrm{E,F}}$ est l'espace $\mathscr{L}^{\mathrm{f}}(\mathrm{E}'; \mathrm{F})$ des applications linéaires continues de rang fini de E' dans F.

PROPOSITION 3. — *Soient* E *et* F *des espaces semi-normés. Pour tout* t *dans* $\mathrm{E} \otimes \mathrm{F}$*, on a l'égalité* $\mathrm{N_h}(\vartheta_{\mathrm{E,F}}(t)) = \|t\|_{\mathrm{h}}$*. En particulier, toute application linéaire continue de rang fini de* E' *dans* F *admet une factorisation hilbertienne.*

Soit $t \in \mathrm{E} \otimes \mathrm{F}$. Soit $(x, y) = (x_i, y_i)_{i \in \mathrm{I}}$ une écriture de t. Alors $\eta_{\mathrm{E,I}}(x)$ est une application linéaire continue de E' dans l'espace hilbertien $\ell^2(\mathrm{I})$, et $\alpha_{\mathrm{F,I}}(y)$ est une application linéaire de $\ell^2(\mathrm{I})$ dans F. Soit $(e_i)_{i \in \mathrm{I}}$ la base canonique de $\ell^2(\mathrm{I})$. Pour tout $\lambda \in \mathrm{E}'$, on a

$$\alpha_{\mathrm{F,I}}(y)(\eta_{\mathrm{E,I}}(x)(\lambda)) = \alpha_{\mathrm{F,I}}(y)\Big(\sum_{i \in \mathrm{I}} \langle x_i, \lambda \rangle e_i \Big) = \sum_{i \in \mathrm{I}} \langle x_i, \lambda \rangle y_i = \vartheta_{\mathrm{E,F}}(t)(\lambda)$$

de sorte que le triplet $(\ell^2(\mathrm{I}), \alpha_{\mathrm{F,I}}(y), \eta_{\mathrm{E,I}}(x))$ est une factorisation hilbertienne de $\vartheta_{\mathrm{E,F}}(t)$. Ainsi

$$\mathrm{N_h}(\vartheta_{\mathrm{E,F}}(t)) \leqslant \|\alpha_{\mathrm{F,I}}(y)\| \, \|\eta_{\mathrm{E,I}}(x)\| = \|\alpha_{\mathrm{F,I}}(y)\| \, \|\alpha_{\mathrm{E,I}}(x)\|$$

d'après le lemme 2 de VI, p. 112. Cette inégalité étant valide quelle que soit l'écriture (x, y) de t, on obtient $\mathrm{N_h}(\vartheta_{\mathrm{E,F}}(t)) \leqslant \|t\|_{\mathrm{h}}$ par définition.

Soit (H, f, g) une factorisation hilbertienne de $\vartheta_{\mathrm{E,F}}(t)$ telle que l'image de f est dense et que g est injective. Comme $\vartheta_{\mathrm{E,F}}(t)$ est de rang fini, l'espace H est de dimension finie et f est surjective (lemme 7). On peut supposer que $\mathrm{H} = \ell^2(\mathrm{I})$ pour un ensemble fini I (V, p. 23, cor. 2). Notant $(e_i)_{i\in\mathrm{I}}$ la base canonique de $\ell^2(\mathrm{I})$ et $y = (g(e_i))_{i\in\mathrm{I}}$, on a $g = \alpha_{\mathrm{F,I}}(y)$. Comme $t \in \mathrm{E} \otimes \mathrm{Im}(\vartheta_{\mathrm{E,F}}(t))$ et comme y engendre l'image de $\vartheta_{\mathrm{E,F}}(t)$, il existe une famille $x = (x_i)_{i\in\mathrm{I}} \in \mathrm{E}^{\mathrm{I}}$ telle que (x, y) soit une écriture de t (*cf.* A, II, p. 62, cor. 2). Comme

$$g \circ \eta_{\mathrm{E,I}}(x) = \vartheta_{\mathrm{E,F}}(t) = g \circ f$$

et comme g est injective, on a $f = \eta_{\mathrm{E,I}}(x)$. Or $\|\eta_{\mathrm{E,I}}(x)\| = \|\alpha_{\mathrm{E,I}}(x)\|$ (VI, p. 112, lemme 2), si bien que

$$\|t\|_{\mathrm{h}} \leqslant \|\alpha_{\mathrm{E,I}}(x)\|\|\alpha_{\mathrm{F,I}}(y)\| = \|f\|\|g\|.$$

Vu le lemme 7, on en déduit $\|t\|_{\mathrm{h}} \leqslant \mathrm{N}_{\mathrm{h}}(\vartheta_{\mathrm{E,F}}(t))$. Cela conclut la preuve.

Corollaire. — *La construction tensorielle* h *est injective.*

Comme la construction tensorielle h est commutative, il suffit de démontrer qu'elle est injective à droite. D'après la prop. 16 de VI, p. 34, il suffit de démontrer que si E, F et F_1 sont des espaces normés, et si $u\colon \mathrm{F} \to \mathrm{F}_1$ est une application linéaire isométrique, alors $1_{\mathrm{E}} \otimes u$ est isométrique de $\mathrm{E} \otimes_{\mathrm{h}} \mathrm{F}$ dans $\mathrm{E} \otimes_{\mathrm{h}} \mathrm{F}_1$. Or, si E, F et F_1 sont des espaces normés, si $u \in \mathscr{L}(\mathrm{F}; \mathrm{F}_1)$ est isométrique, et si $t \in \mathrm{E} \otimes \mathrm{F}$, on a

$$\vartheta_{\mathrm{E,F}_1}((1_{\mathrm{E}} \otimes u)(t)) = u \circ \vartheta_{\mathrm{E,F}}(t):$$

cette formule résulte aussitôt des définitions lorsque t est un tenseur pur de $\mathrm{E} \otimes \mathrm{F}$, et le cas général en résulte par linéarité. Pour tout $t \in \mathrm{E} \otimes \mathrm{F}$, on a donc $\|(1_{\mathrm{E}} \otimes u)(t)\|_{\mathrm{h}} = \mathrm{N}_{\mathrm{h}}(u \circ \vartheta_{\mathrm{E,F}}(t))$ d'après la prop. 3 ; or u est injective et isométrique, donc $\mathrm{N}_{\mathrm{h}}(u \circ \vartheta_{\mathrm{E,F}}(t)) = \mathrm{N}_{\mathrm{h}}(\vartheta_{\mathrm{E,F}}(t))$ d'après le lemme 7, puis $\|(1_{\mathrm{E}} \otimes u)(t)\|_{\mathrm{h}} = \|t\|_{\mathrm{h}}$ d'après la prop. 3.

4. L'inégalité de Grothendieck

Rappelons que la lettre K désigne un corps égal à $\mathbf{R}$ ou $\mathbf{C}$.

Théorème 1 (Inégalité de Grothendieck). — *Il existe un nombre réel* C *tel que, quels que soient les espaces topologiques compacts* X, Y, *et quel que soit* t *dans* $\mathscr{C}(\mathrm{X}; \mathrm{K}) \otimes \mathscr{C}(\mathrm{Y}; \mathrm{K})$, *on ait*

$$\|t\|_{\pi} \leqslant \mathrm{C}\|t\|_{\mathrm{h}}.$$

On appelle *constante de Grothendieck de* K, et on note $\mathsf{G_K}$, la borne inférieure de l'ensemble des nombres réels C tels que $\|t\|_\pi \leqslant C\|t\|_h$ quels que soient les espaces compacts X, Y et l'élément $t \in \mathscr{C}(X; K) \otimes \mathscr{C}(Y; K)$. On a alors $\|t\|_\pi \leqslant \mathsf{G_K}\|t\|_h$ sous les hypothèses du théorème.

Remarque. — On a $\mathsf{G_K} \geqslant 1$, puisque si $X = Y = \{0\}$, les espaces $\mathscr{C}(X; K)$ et $\mathscr{C}(Y; K)$ s'identifient isométriquement à K, et puisque les constructions tensorielles h et π coïncident sur $K \otimes K$ d'après (CT2).

Si X et Y sont des espaces compacts, notons $c_K(X, Y) \in [0, +\infty]$ la borne inférieure de l'ensemble des nombres réels $c \geqslant 0$ tels que l'on ait $\|t\|_\pi \leqslant c\|t\|_h$ pour tout $t \in \mathscr{C}(X; K) \otimes \mathscr{C}(Y; K)$. La commutativité de la construction tensorielle h implique que $c_K(X, Y) = c_K(Y, X)$.

Nous démontrerons l'inégalité de Grothendieck en plusieurs étapes, en établissant dans le n° 5 de VI, p. 121 les propositions suivantes.

PROPOSITION 4. — *Si* X *et* Y *sont des espaces compacts finis, alors*

$$c_\mathbf{R}(X, Y) \leqslant \operatorname{sh}(\pi/2).$$

PROPOSITION 5. — *Soit* Y *un espace compact. Si* C $\geqslant 0$ *est un nombre réel tel que* $c_K(X, Y) \leqslant$ C *pour tout espace compact fini* X, *alors* $c_K(X, Y) \leqslant$ C *pour tout espace compact* X.

PROPOSITION 6. — *Quels que soient les espaces compacts* X *et* Y, *on a*

$$c_\mathbf{C}(X, Y) \leqslant c_\mathbf{R}(X, Y).$$

Voyons comment déduire le théorème 1 de ces propositions. Posons $C = \operatorname{sh}(\pi/2)$. D'après la proposition 4, on a $c_\mathbf{R}(X, Y) \leqslant C$ pour tous espaces compacts finis X et Y ; appliquant alors la proposition 5, on obtient $c_\mathbf{R}(X, Y) \leqslant C$ lorsque X est un espace compact et Y un espace compact fini. Appliquant de nouveau cette proposition et la relation $c_\mathbf{R}(X, Y) = c_\mathbf{R}(Y, X)$, on en déduit l'inégalité $c_\mathbf{R}(X, Y) \leqslant C$ pour tous espaces compacts X et Y. Cela démontre le théorème 1 lorsque $K = \mathbf{R}$; le cas où $K = \mathbf{C}$ en résulte aussitôt d'après la proposition 6.

Remarque. — L'argument ci-dessus montre que $\mathsf{G_C} \leqslant \mathsf{G_R} \leqslant \operatorname{sh}(\pi/2)$. On peut montrer les inégalités $\mathsf{G_C} < \mathsf{G_R}$ (VI, p. 157, exercice 10) et $\mathsf{G_R} \leqslant \dfrac{\pi}{2\log(1+\sqrt{2})}$ (VI, p. 159, exercice 11).

5. Preuve de l'inégalité de Grothendieck

L'objet de ce numéro est de prouver les prop. 4, 5 et 6 de VI, p. 120.

Lemme 8. — Soient X *et* Y *des espaces topologiques compacts. Pour tout* $t \in \mathscr{C}(X; K) \otimes \mathscr{C}(Y; K)$ *et pour tout nombre réel* $\nu > \|t\|_{\mathrm{h}}$, *il existe une écriture* $(f_i, g_i)_{i \in I}$ *de* t *telle que les fonctions* $\sum_{i \in I} |f_i|^2$ *et* $\sum_{i \in I} |g_i|^2$, *respectivement sur* X *et sur* Y, *soient constantes de valeur* ν.

De plus, si $K = \mathbf{C}$, *il existe une écriture* $(f_i, g_i)_{i \in I}$ *de* t *telle que*

$$\sum_{i \in I} |f_i|^2 < \nu, \qquad \sum_{i \in I} |g_i|^2 < \nu$$

et que les familles de fonctions $(\mathscr{R}(f_i))_{i \in I}$, $(\mathscr{I}(f_i))_{i \in I}$, $(\mathscr{R}(g_i))_{i \in I}$ *et* $(\mathscr{I}(g_i))_{i \in I}$ *soient toutes les quatre non nulles.*

Soit $t \in \mathscr{C}(X; K) \otimes \mathscr{C}(Y; K)$ et soit ν un nombre réel $> \|t\|_{\mathrm{h}}$. D'après le lemme 4 de VI, p. 114 et la première assertion du lemme 5 de VI, p. 114, il existe une écriture $(f_j, g_j)_{j \in J}$ de t telle que l'on ait

$$\left\| \sum_{j \in J} |f_j|^2 \right\| < \nu, \qquad \left\| \sum_{j \in J} |g_j|^2 \right\| < \nu.$$

Soit I l'ensemble somme de J et d'un ensemble $\{k, \ell\}$ à deux éléments. Si l'on prolonge la famille (f_j, g_j) en posant

$$(f_k, g_k) = \left(0, \nu - \sum_{j \in J} |g_j|^2\right), \qquad (f_\ell, g_\ell) = \left(\nu - \sum_{j \in J} |f_j|^2, 0\right),$$

on obtient une écriture $(f_i, g_i)_{i \in I}$ de t avec $\sum_{i \in I} |f_i|^2 = \sum_{i \in I} |g_i|^2 = \nu$.

De manière analogue, si $K = \mathbf{C}$ et si toutes les fonctions $\mathscr{R}(f_j)$ sont nulles, on peut prolonger la famille $(f_j, g_j)_{j \in J}$ en adjoignant à J un élément $k \notin J$ et en posant

$$f_k(x) = \varepsilon, \qquad g_k(y) = 0$$

pour $x \in X$ et $y \in Y$, où $\varepsilon > 0$ est un nombre réel tel que

$$\left\| \sum_{j \in J} |f_j|^2 \right\| + \varepsilon^2 \leqslant \nu.$$

On a alors $\mathscr{R}(f_k) \neq 0$. Quitte à prolonger à nouveau la famille, on peut de même garantir que l'une au moins des fonctions $\mathscr{R}(g_j)$, l'une au moins des $\mathscr{I}(f_j)$ et l'une au moins des $\mathscr{I}(g_j)$ soient non nulles. Le lemme 8 est démontré.

On note s$\colon \mathbf{R} \to \{-1, 0, 1\}$ la fonction signe, définie par $s(0) = 0$ et $s(t) = \frac{t}{|t|}$ si $t \in \mathbf{R} - \{0\}$. L'application s est mesurable (INT, IV, p. 173, § 5, n° 2, cor. 4).

Dans la suite de ce numéro, on munit $\mathbf{C}$ de l'unique structure d'espace hilbertien réel de dimension 2 qui fait de $(1, i)$ une base orthonormale de $\mathbf{C}$. Soit $\mathbf{U} \subset \mathbf{C}$ le cercle unité et soit m la mesure de Haar de masse totale 1 sur $\mathbf{U}$.

Lemme 9. — *Pour tout* $(x, y) \in \mathbf{U} \times \mathbf{U}$, *on a l'égalité*

$$(4) \qquad \langle x \,|\, y \rangle = \sin\Big(\frac{\pi}{2} \int_{\mathbf{U}} s(\langle x \,|\, z \rangle)\, s(\langle y \,|\, z \rangle)\, dm(z)\Big).$$

Pour tout $(x, y) \in \mathbf{U} \times \mathbf{U}$, l'application

$$z \mapsto s(\langle x \,|\, z \rangle)\, s(\langle y \,|\, z \rangle),$$

de $\mathbf{U}$ dans $\mathbf{R}$, est bornée et mesurable, donc intégrable par rapport à la mesure m.

Soit $e\colon \mathbf{R} \to \mathbf{C}$ la fonction définie par $e(t) = e^{2i\pi t}$. La fonction e définit par passage au quotient un isomorphisme $\mathbf{R}/\mathbf{Z} \to \mathbf{U}$ de groupes localement compacts commutatifs ; la mesure m s'identifie par cet isomorphisme à la mesure de Haar normalisée sur $\mathbf{R}/\mathbf{Z}$.

Pour tout $(x, y) \in \mathbf{U} \times \mathbf{U}$, on a $\langle x \,|\, y \rangle = \langle 1 \,|\, x^{-1} y \rangle$; compte tenu de l'invariance de la mesure m par les translations de $\mathbf{U}$, il suffit donc de vérifier (4) dans le cas où $x = 1$, ce que nous supposons désormais.

Pour tout $(w, z) \in \mathbf{U} \times \mathbf{U}$, si l'on écrit $w = e(a)$ et $z = e(b)$ avec $(a, b) \in \mathbf{R}^2$, on a $\langle w \,|\, z \rangle = \cos(2\pi(a - b))$. Ainsi $\langle 1 \,|\, z \rangle = \cos(2\pi b)$, dont le signe prend la valeur 1 pour $-1/4 < b < 1/4$ et prend la valeur -1 pour $1/4 < b < 3/4$ (TG, VIII, p. 12).

Écrivons $y = e(t)$ avec $t \in \mathbf{R}$. On a alors

$$\int_{\mathbf{U}} s(\langle 1 \,|\, z \rangle)\, s(\langle y \,|\, z \rangle)\, dm(z) = \int_{-1/4}^{3/4} s(\langle 1 \,|\, e(\theta) \rangle)\, s(\langle y \,|\, e(\theta) \rangle)\, d\theta$$

$$= \int_{-1/4}^{1/4} s(\cos(2\pi(t - \theta)))\, d\theta - \int_{1/4}^{3/4} s(\cos(2\pi(t - \theta)))\, d\theta.$$

Puisque

$$\int_{-1/4}^{3/4} s(\cos(2\pi(t - \theta)))\, d\theta = \int_{0}^{1} s(\cos(2\pi\theta))\, d\theta = 0,$$

il vient

$$\int_{\mathbf{U}} \mathrm{s}(\langle 1 \mid z \rangle)\, \mathrm{s}(\langle y \mid z \rangle)\, dm(z) = 2 \int_{-1/4}^{1/4} \mathrm{s}\big(\cos(2\pi(t-\theta))\big)\, d\theta$$

$$= 2 \int_{-1/4+t}^{1/4+t} \mathrm{s}\big(\cos(2\pi u)\big)\, du.$$

Si k désigne la partie entière de $2t$, c'est-à-dire l'unique entier vérifiant $-1/4 + t < 1/4 + k/2 \leqslant 1/4 + t$ (TG, IV, p. 41), on a alors les égalités

$$\mathrm{s}(\cos(2\pi u)) = \begin{cases} (-1)^k & \text{si } -1/4 + t < u < 1/4 + k/2, \\ (-1)^{k+1} & \text{si } 1/4 + k/2 < u < 1/4 + t \end{cases}$$

(TG, VIII, p. 12). Ainsi

$$\int_{-1/4+t}^{1/4+t} \mathrm{s}\big(\cos(2\pi u)\big)\, du = (-1)^k \int_{-1/4+t}^{1/4+k/2} du + (-1)^{k+1} \int_{1/4+k/2}^{1/4+t} du$$

$$= (-1)^k \left(k + \frac{1}{2} - 2t \right).$$

En combinant ces formules, on obtient

$$\frac{\pi}{2} \int_{\mathbf{U}} \mathrm{s}(\langle 1 \mid z \rangle)\, \mathrm{s}(\langle y \mid z \rangle)\, dm(z) = (-1)^k \left(2\pi t - k\pi - \frac{\pi}{2} \right).$$

Le sinus du membre de droite étant égal à $\cos(2\pi t) = \langle 1 \mid y \rangle$ (TG, VIII, p. 11), cela démontre le lemme 9.

Lemme 10. — *Soit* E *un espace hilbertien réel de dimension finie. Notons* $\mathrm{S_E}$ *la sphère unité de* E *et* μ_E *la mesure gaussienne canonique sur* E (INT, IX, p. 79, § 6, n° 6). *Pour tout* $(x, y) \in \mathrm{S_E} \times \mathrm{S_E}$, *on a*

$$(5) \qquad \langle x \mid y \rangle = \sin\left(\frac{\pi}{2} \int_\mathrm{E} \mathrm{s}(\langle x \mid z \rangle)\, \mathrm{s}(\langle y \mid z \rangle)\, d\mu_\mathrm{E}(z) \right).$$

Quels que soient x et y dans E, l'application

$$z \mapsto \mathrm{s}(\langle x \mid z \rangle)\, \mathrm{s}(\langle y \mid z \rangle),$$

de E dans $\mathbf{R}$, est bornée et mesurable, donc intégrable par rapport à μ_E qui est de masse totale 1 (INT, IX, p. 76, § 6, n° 5, prop. 4).

La formule (5) est immédiate si $\dim(\mathrm{E}) = 0$. Si $\dim(\mathrm{E}) = 1$, alors $\mathrm{S_E}$ s'identifie à $\{-1, 1\}$ et la formule résulte des égalités $\sin(\pi/2) = 1$ et $\sin(-\pi/2) = -1$.

Supposons E de dimension 2. Choisissons une base orthonormale de E, et identifions E à $\mathbf{C}$ par l'unique isomorphisme d'espaces hilbertiens réels qui envoie la base donnée de E sur $(1, i)$; la sphère $\mathrm{S_E}$

s'identifie alors à $\mathbf{U}$. L'image m de la mesure μ_{E} par l'application continue $z \mapsto z/\|z\|$ de E dans S_{E} s'identifie alors à une mesure de Haar sur $\mathbf{U}$: en effet, pour tout $z_0 \in \mathbf{U}$, la translation $z \mapsto z_0 z$ de $\mathbf{U}$ est la restriction de l'automorphisme $x \mapsto z_0 x$ de l'espace hilbertien $\mathrm{E} = \mathbf{C}$, donc la mesure image est invariante par translation puisque μ_{E} est invariante par les automorphismes de E (INT, IX, p. 78, § 6, n° 5, prop. 5) ; comme μ_{E} est de masse totale 1, il en va de même de m.

Compte tenu des remarques ci-dessus, on a

$$\int_{\mathrm{E}} \mathrm{s}(\langle x \mid z \rangle)\, \mathrm{s}(\langle y \mid z \rangle)\, d\mu_{\mathrm{E}}(z) = \int_{\mathbf{U}} \mathrm{s}(\langle x \mid z \rangle)\, \mathrm{s}(\langle y \mid z \rangle)\, dm(z)$$

(INT, V, p. 71, § 6, n° 2, th. 1) ; la formule (5) pour E résulte donc du lemme 9.

Supposons maintenant $\dim(\mathrm{E}) > 2$. Soient F le sous-espace de E engendré par $\{x, y\}$ et $p\colon \mathrm{E} \to \mathrm{F}$ l'application déduite de l'orthoprojecteur sur E d'image F par passage au sous-espace. L'image de μ_{E} par p est la mesure μ_{F} (INT, IX, p. 78, § 6, n° 5, prop. 5) ; comme $\langle x \mid z \rangle = \langle x \mid p(z) \rangle$ et $\langle y \mid z \rangle = \langle y \mid p(z) \rangle$ pour tout $z \in \mathrm{E}$, le th. 1 de INT, V, p. 71, § 6, n° 2 implique la relation

$$\int_{\mathrm{E}} \mathrm{s}(\langle x \mid z \rangle)\, \mathrm{s}(\langle y \mid z \rangle)\, d\mu_{\mathrm{E}}(z) = \int_{\mathrm{F}} \mathrm{s}(\langle x \mid w \rangle)\, \mathrm{s}(\langle y \mid w \rangle)\, d\mu_{\mathrm{F}}(w) = \langle x \mid y \rangle$$

d'après la formule déjà obtenue pour l'espace hilbertien F de dimension $\leqslant 2$. Cela conclut la démonstration du lemme 10.

Démontrons la proposition 4 de VI, p. 120.

Soient X et Y des espaces compacts finis. Soit t un élément de $\mathscr{C}(\mathrm{X}; \mathbf{R}) \otimes \mathscr{C}(\mathrm{Y}; \mathbf{R})$ vérifiant $\|t\|_{\mathrm{h}} < 1$. En vertu du lemme 8, il existe une écriture $(f_i, g_i)_{i \in \mathrm{I}}$ de t telle que les fonctions $\sum_{i \in \mathrm{I}} |f_i|^2$ et $\sum_{i \in \mathrm{I}} |g_i|^2$ soient constantes de valeur 1.

Soit E l'espace hilbertien réel $\ell^2_{\mathbf{R}}(\mathrm{I})$. Considérons les applications $\mathrm{F}\colon \mathrm{X} \to \mathrm{S}_{\mathrm{E}}$ et $\mathrm{G}\colon \mathrm{Y} \to \mathrm{S}_{\mathrm{E}}$ définies par les formules $\mathrm{F}(x) = (f_i(x))_{i \in \mathrm{I}}$ et $\mathrm{G}(y) = (g_i(y))_{i \in \mathrm{I}}$. Pour tout $z \in \mathrm{E}$, définissons des applications $\varphi_z\colon \mathrm{X} \to \mathbf{R}$ et $\psi_z\colon \mathrm{Y} \to \mathbf{R}$ par les formules $\varphi_z(x) = \mathrm{s}(\langle \mathrm{F}(x) \mid z \rangle)$ et $\psi_z(y) = \mathrm{s}(\langle \mathrm{G}(y) \mid z \rangle)$. Puisque X et Y sont discrets, les fonctions φ_z et ψ_z appartiennent à $\mathscr{C}(\mathrm{X}; \mathbf{R})$ et $\mathscr{C}(\mathrm{Y}; \mathbf{R})$ respectivement.

Soit $\Psi\colon \mathscr{C}(\mathrm{X}; \mathbf{R}) \otimes \mathscr{C}(\mathrm{Y}, \mathbf{R}) \to \mathscr{C}(\mathrm{X} \times \mathrm{Y}; \mathbf{R})$ l'unique application linéaire qui associe à $f \otimes g$ la fonction $(x, y) \mapsto f(x)g(y)$. Puisque X et Y sont finis et discrets, l'application Ψ est un isomorphisme de

$\mathbf{R}$-algèbres. On identifie ainsi $\mathscr{C}(X;\mathbf{R}) \otimes \mathscr{C}(Y;\mathbf{R})$ avec $\mathscr{C}(X \times Y;\mathbf{R})$. L'application $z \mapsto \varphi_z \otimes \psi_z$, de E dans $\mathscr{C}(X;\mathbf{R}) \otimes \mathscr{C}(Y;\mathbf{R})$, s'identifie alors à l'application

$$z \mapsto \big((x,y) \mapsto s(\langle F(x) \,|\, z\rangle)\, s(\langle G(y) \,|\, z\rangle)\big)$$

de E dans $\mathscr{C}(X \times Y;\mathbf{R})$. Elle est donc bornée et mesurable (INT, IV, p. 175, § 5, nº 4, cor. 4), donc μ_E-intégrable puisque μ_E est bornée. Considérons l'élément

$$u = \frac{\pi}{2} \int_E \varphi_z \otimes \psi_z \, d\mu_E(z)$$

de $\mathscr{C}(X \times Y;\mathbf{R})$. Pour tout $z \in E$, on a $\|\varphi_z \otimes \psi_z\|_\pi = \|\varphi_z\|\,\|\psi_z\| \leqslant 1$ d'après la prop. 5 de VI, p. 21. Comme μ_E est de masse totale 1, on en déduit l'inégalité $\|u\|_\pi \leqslant \pi/2$ (INT, III, p. 79, § 3, nº 3, prop. 6). En outre, on a $t = \sin(u)$ dans $\mathscr{C}(X \times Y;\mathbf{R})$, puisque le lemme 10 implique

$$t(x,y) = \sum_{i \in I} f_i(x) g_i(y) = \langle F(x) \,|\, G(y)\rangle = \sin(u)(x,y)$$

pour tout $x \in Y$ et tout $y \in Y$.

L'espace $\mathscr{C}(X \times Y;\mathbf{R})$, muni de la norme $f \mapsto \|f\|_\pi$ déduite de celle de $\mathscr{C}(X;\mathbf{R}) \otimes_\pi \mathscr{C}(Y;\mathbf{R})$ par transport de structure, est une algèbre de Banach (VI, p. 54, prop. 33). On a donc

$$\|t\|_\pi = \|\sin(u)\|_\pi = \left\| \sum_{n \in \mathbf{N}} \frac{(-1)^n}{(2n+1)!} u^{2n+1} \right\|_\pi$$
$$\leqslant \sum_{n \in \mathbf{N}} \frac{1}{(2n+1)!} \|u\|_\pi^{2n+1} = \operatorname{sh}(\|u\|_\pi)$$

(FVR, III, p. 17–18). Par conséquent, l'inégalité $\|t\|_\pi \leqslant \operatorname{sh}(\pi/2)$ est valide pour tout t tel que $\|t\|_h < 1$. Ainsi $\|t\|_\pi \leqslant \operatorname{sh}(\pi/2)\|t\|_h$ pour tout $t \in \mathscr{C}(X;\mathbf{R}) \otimes \mathscr{C}(Y;\mathbf{R})$, ce qui démontre la prop. 4 de VI, p. 120.

Démontrons la proposition 5 de VI, p. 120. Soient Y un espace topologique compact et C un nombre réel tels que $c_K(X, Y) \leqslant C$ pour tout espace compact fini X. Soit X un espace compact et soit t un élément de $\mathscr{C}(X;K) \otimes \mathscr{C}(Y;K)$ vérifiant $\|t\|_\pi < 1$. Par définition de la construction maximale π, il existe une écriture $(f_i, g_i)_{i \in I}$ de t vérifiant

$$\sum_{i \in I} \|f_i\| \|g_i\| \leqslant 1.$$

Notons E le sous-espace de $\mathscr{C}(X;K)$ engendré par la famille $(f_i)_{i \in I}$, muni de la norme induite par celle de $\mathscr{C}(X;K)$. Soit $j \colon E \to \mathscr{C}(X;K)$

l'inclusion de E dans $\mathscr{C}(\mathrm{X};\mathrm{K})$. On a alors $t = (j \otimes 1_{\mathscr{C}(\mathrm{Y};\mathrm{K})})(s)$, où s désigne l'élément $\sum_{i\in\mathrm{I}} f_i \otimes g_i$ de $\mathrm{E} \otimes \mathscr{C}(\mathrm{Y};\mathrm{K})$. On a $\|s\|_\pi \leqslant 1$ par définition, et $\|s\|_\mathrm{h} = \|t\|_\mathrm{h}$ puisque la construction tensorielle h est injective (VI, p. 119, cor. 3).

Soit ε un nombre réel > 0. Puisque E est de dimension finie, sa boule unité $\mathrm{B_E}$ est précompacte (VI, p. 8, prop. 5) ; il existe donc un ensemble fini $\mathrm{A} \subset \mathrm{B_E}$ tel que les boules ouvertes de rayon ε centrées en les éléments de A recouvrent $\mathrm{B_E}$. D'après le lemme 5 de TS, III, p. 20, il existe un sous-ensemble fini $\mathrm{X_0}$ de X et une application linéaire continue $u \colon \mathscr{C}(\mathrm{X_0};\mathrm{K}) \to \mathscr{C}(\mathrm{X};\mathrm{K})$ de norme $\leqslant 1$ vérifiant $\|g - u(g|_{\mathrm{X_0}})\| \leqslant \varepsilon$ pour toute fonction $g \in \mathrm{A}$.

Notons $r \colon \mathrm{E} \to \mathscr{C}(\mathrm{X_0};\mathrm{K})$ l'application de restriction $f \mapsto f|_{\mathrm{X_0}}$. Pour tout $f \in \mathrm{B_E}$, il existe un élément g de A vérifiant $\|f - g\| \leqslant \varepsilon$, d'où

$$\|f - u(r(f))\| \leqslant \|f - g\| + \|g - u(g|_{\mathrm{X_0}})\| + \|u(f|_{\mathrm{X_0}}) - u(g|_{\mathrm{X_0}})\|$$
$$\leqslant 3\varepsilon.$$

On a donc $\|j - u \circ r\| \leqslant 3\varepsilon$.

Écrivons $t = t_1 + t_2$, où

$$t_1 = \big((u \circ r) \otimes 1_{\mathscr{C}(\mathrm{Y};\mathrm{K})}\big)(s) \quad \text{et} \quad t_2 = \big((j - u \circ r) \otimes 1_{\mathscr{C}(\mathrm{Y};\mathrm{K})}\big)(s).$$

D'après la condition (CT1) et l'inégalité $\|j - u \circ r\| \leqslant 3\varepsilon$, on a

$$\|t_2\|_\pi \leqslant 3\varepsilon\|s\|_\pi \leqslant 3\varepsilon.$$

Par ailleurs, en utilisant à nouveau deux fois (CT1) et le fait que $c_\mathrm{K}(\mathrm{X_0}, \mathrm{Y}) \leqslant \mathrm{C}$ par hypothèse, on obtient l'inégalité

$$\|t_1\|_\pi \leqslant \|(r \otimes 1_{\mathscr{C}(\mathrm{Y};\mathrm{K})})(s)\|_\pi \leqslant \mathrm{C}\,\|(r \otimes 1_{\mathscr{C}(\mathrm{Y};\mathrm{K})})(s)\|_\mathrm{h} \leqslant \mathrm{C}\,\|s\|_\mathrm{h} < \mathrm{C}.$$

Par conséquent, l'inégalité $\|t\|_\pi \leqslant \mathrm{C} + 3\varepsilon$ est valide pour tout $\varepsilon > 0$, donc $\|t\|_\pi \leqslant \mathrm{C}$. Cette inégalité étant démontrée pour tout t tel que $\|t\|_\mathrm{h} < 1$, la proposition 5 de VI, p. 120 est prouvée.

Enfin, démontrons la proposition 6 de VI, p. 120. Pour tout espace topologique W, notons $\mathrm{D(W)}$ l'espace topologique somme de la famille (W, W) (TG, I, p. 15), c'est-à-dire la somme topologique de deux copies de W. L'espace $\mathscr{C}(\mathrm{D(W)};\mathbf{R})$ s'identifie à $\mathscr{C}(\mathrm{W};\mathbf{R}) \times \mathscr{C}(\mathrm{W};\mathbf{R})$ muni de la norme $\|(f_1, f_2)\| = \sup(\|f_1\|, \|f_2\|)$ (VI, p. 12, exemple 1).

Soient X et Y des espaces compacts. Soit $t \in \mathscr{C}(\mathrm{X};\mathbf{C}) \otimes \mathscr{C}(\mathrm{Y};\mathbf{C})$. Supposons $\|t\|_\mathrm{h} < 1$. En vertu du lemme 8, il existe une écriture

$(f, g) = (f_j, g_j)_{j \in J}$ de t vérifiant

$$\sum_{j \in J} |f_j|^2 < 1, \qquad \sum_{j \in J} |g_j|^2 < 1,$$

et telle que les quatre familles $(\mathscr{R}(f_j))_{j \in J}$, $(\mathscr{I}(f_j))_{j \in J}$, $(\mathscr{R}(g_j))_{j \in J}$ et $(\mathscr{I}(g_j))_{j \in J}$ soient non nulles.

Soit E l'espace hilbertien complexe $\ell^2_{\mathbf{C}}(J)$ et soient $F \colon X \to E$ et $G \colon Y \to E$ les applications définies par

$$F(x) = (f_j(x))_{j \in J}, \qquad G(y) = (g_j(y))_{j \in J}$$

pour $x \in X$ et $y \in Y$. Étendons les fonctions « partie réelle et imaginaire » de $\mathbf{C}$ dans $\mathbf{R}$ en des applications $\mathscr{R}$ et $\mathscr{I}$ de $\ell^2_{\mathbf{C}}(J)$ dans $\ell^2_{\mathbf{R}}(J)$ en posant $\mathscr{R}((x_j)_{j \in J}) = (\mathscr{R}(x_j))_{j \in J}$ et $\mathscr{I}((x_j)_{j \in J}) = (\mathscr{I}(x_j))_{j \in J}$. Les applications $\mathscr{R} \circ F$, $\mathscr{R} \circ G$, $\mathscr{I} \circ F$ et $\mathscr{I} \circ G$ sont non nulles.

Soient $j_{\mathrm{X}} \colon \mathscr{C}(D(X); \mathbf{R}) \to \mathscr{C}(X; \mathbf{C})$ et $j_{\mathrm{Y}} \colon \mathscr{C}(D(Y); \mathbf{R}) \to \mathscr{C}(Y; \mathbf{C})$ les applications $\mathbf{R}$-linéaires définies par

$$j_{\mathrm{X}}(\varphi_1, \varphi_2) = \|\mathscr{R} \circ F\| \, \varphi_1 + i \, \|\mathscr{I} \circ F\| \, \varphi_2,$$

$$j_{\mathrm{Y}}(\psi_1, \psi_2) = \|\mathscr{R} \circ G\| \, \psi_1 + i \, \|\mathscr{I} \circ G\| \, \psi_2,$$

pour $(\varphi_1, \varphi_2) \in \mathscr{C}(D(X), \mathbf{R})$ et $(\psi_1, \psi_2) \in \mathscr{C}(D(Y), \mathbf{R})$. Les applications j_{X} et j_{Y} sont continues de norme $\leqslant 1$, puisque par construction les fonctions $\|F\|$ et $\|G\|$ sont à valeurs $\leqslant 1$.

Soit s l'élément de $\mathscr{C}(X; \mathbf{C}) \otimes_{\mathbf{R}} \mathscr{C}(Y; \mathbf{C})$ défini par

$$s = \sum_{j \in J} f_j \otimes g_j,$$

et soit r l'élément de $\mathscr{C}(D(X); \mathbf{R}) \otimes_{\mathbf{R}} \mathscr{C}(D(Y); \mathbf{R})$ défini par

$$(6) \qquad r = \sum_{j \in J} \Big(\frac{\mathscr{R}(f_j)}{\|\mathscr{R} \circ F\|}, \frac{\mathscr{I}(f_j)}{\|\mathscr{I} \circ F\|} \Big) \otimes \Big(\frac{\mathscr{R}(g_j)}{\|\mathscr{R} \circ G\|}, \frac{\mathscr{I}(g_j)}{\|\mathscr{I} \circ G\|} \Big).$$

On a par définition $s = (j_{\mathrm{X}} \otimes j_{\mathrm{Y}})(r)$, donc $\|s\|_\pi \leqslant \|r\|_\pi$ d'après la condition (CT1).

Par ailleurs, l'application canonique de $\mathscr{C}(X; \mathbf{C}) \otimes_{\mathbf{R}} \mathscr{C}(Y; \mathbf{C})$ dans $\mathscr{C}(X; \mathbf{C}) \otimes_{\mathbf{C}} \mathscr{C}(Y; \mathbf{C})$ (A, II, p. 53, prop. 2) envoie s sur t. Par définition de la construction tensorielle π, on en déduit l'inégalité $\|t\|_\pi \leqslant \|s\|_\pi$.

On en conclut que si c est un nombre réel $> c_{\mathbf{R}}(X; Y)$, alors

$$\|t\|_\pi \leqslant \|r\|_\pi \leqslant c \|r\|_{\mathrm{h}}.$$

Or l'écriture (6) et le lemme 4 de VI, p. 114 impliquent que $\|r\|_\mathrm{h} \leqslant 1$. Ainsi, on a $\|t\|_\pi \leqslant c$ pour tout t tel que $\|t\|_\mathrm{h} < 1$, puis $\|t\|_\pi \leqslant c\|t\|_\mathrm{h}$ pour tout $t \in \mathscr{C}(\mathrm{X};\mathbf{C}) \otimes \mathscr{C}(\mathrm{Y};\mathbf{C})$. On a donc $c_\mathbf{C}(\mathrm{X};\mathrm{Y}) \leqslant c$ pour tout $c > c_\mathbf{R}(\mathrm{X};\mathrm{Y})$, ce qui achève la démonstration.

6. Applications aux espaces stellaires

Rappelons qu'un espace normé E sur K est *stellaire* (VI, p. 13, déf. 2) s'il existe un espace topologique compact X et une application linéaire bijective isométrique de E sur l'espace de Banach $\mathscr{C}(\mathrm{X};\mathrm{K})$.

Théorème 2. — *Soient* E *et* F *des espaces stellaires. Pour tout élément t de* $\mathrm{E} \otimes \mathrm{F}$, *on a* $\|t\|_\pi \leqslant \mathsf{G}_\mathrm{K}\|t\|_\mathrm{h}$.

Cela résulte de l'inégalité de Grothendieck (VI, p. 119, th. 1) par transport de structure.

Lemme 11. — Soit E *un espace vectoriel réel. Soit* C *un cône non vide de sommet* 0 *dans* E, *et soit* λ *une forme linéaire sur* E. *Si* α *est un nombre réel tel que l'on ait* $\lambda \leqslant \alpha$ *sur* C, *alors* $\alpha \geqslant 0$.

Soit $x \in \mathrm{C}$; pour tout $r > 0$, on a $rx \in \mathrm{C}$, donc $\alpha \geqslant \lambda(rx) = r\lambda(x)$. Faisant tendre r vers 0, on obtient $\alpha \geqslant 0$, ce qu'il fallait démontrer.

Proposition 7. — *Soient* X *et* Y *des espaces topologiques compacts. Soit* $\varphi\colon \mathscr{C}(\mathrm{X};\mathrm{K}) \times \mathscr{C}(\mathrm{Y};\mathrm{K}) \to \mathrm{K}$ *une forme bilinéaire continue. Alors il existe des mesures* λ *sur* X *et* μ *sur* Y, *positives et toutes deux de masse* $\leqslant 1$, *telles que pour tout* $(f,g) \in \mathscr{C}(\mathrm{X};\mathrm{K}) \times \mathscr{C}(\mathrm{Y};\mathrm{K})$, *on ait*

$$|\varphi(f,g)| \leqslant \mathsf{G}_\mathrm{K}\|\varphi\|\left(\int_\mathrm{X} |f|^2 d\lambda\right)^{1/2}\left(\int_\mathrm{Y} |g|^2 d\mu\right)^{1/2}.$$

Si X *et* Y *sont non vides, on peut choisir* λ *et* μ *toutes deux de masse* 1.

Si X ou Y est vide, on peut poser $\lambda = \mu = 0$. Supposons X et Y non vides. Il suffit alors de démontrer le résultat lorsque φ est de norme 1, ce que nous supposons également.

Soient $(f_i, g_i)_{i \in \mathrm{I}}$ une famille finie d'éléments de $\mathscr{C}(\mathrm{X};\mathrm{K}) \times \mathscr{C}(\mathrm{Y};\mathrm{K})$ et $(\lambda_i)_{i \in \mathrm{I}}$ une famille d'éléments de K de module 1 telles que l'on ait $|\varphi(f_i, g_i)| = \lambda_i\varphi(f_i, g_i)$ pour tout i dans I. Posons $t = \sum \lambda_i f_i \otimes g_i$, et notons encore φ la forme linéaire sur $\mathscr{C}(\mathrm{X};\mathrm{K}) \otimes \mathscr{C}(\mathrm{Y};\mathrm{K})$ associée à φ (VI, p. 48, n° 12). D'après la prop. 32 de VI, p. 53, on a $|\varphi(t)| \leqslant \|t\|_\pi$.

D'après le théorème 1 de VI, p. 119, le lemme 4 de VI, p. 114 et le lemme 5 de VI, p. 114, on a

$$(7) \qquad \sum_{i \in I} |\varphi(f_i, g_i)| = \varphi(t) \leqslant \|t\|_\pi \leqslant \mathsf{G}_K \|t\|_h$$

$$\leqslant \frac{\mathsf{G}_K}{2}\left(\left\| \sum_{i \in I} |f_i|^2 \right\| + \left\| \sum_{i \in I} |g_i|^2 \right\| \right).$$

Pour tout $(f, g) \in \mathscr{C}(X; K) \times \mathscr{C}(Y; K)$, notons $\psi(f, g) \in \mathscr{C}(X \times Y; \mathbf{R})$ la fonction

$$(x, y) \mapsto |\varphi(f, g)| - \frac{\mathsf{G}_K}{2}\left(|f(x)|^2 + |g(y)|^2 \right).$$

Notons C_1 le cône convexe de $\mathscr{C}(X \times Y; \mathbf{R})$ engendré par les fonctions $\psi(f, g)$. Soit d'autre part C_2 le cône convexe formé des fonctions continues $f \colon X \times Y \to \mathbf{R}$ telles que $f(x, y) > 0$ pour tout $(x, y) \in X \times Y$.

L'inégalité (7) implique que les cônes C_1 et C_2 sont disjoints. Les ensembles convexes C_1 et C_2 sont non vides puisque $X \times Y$ est non vide. De plus C_2 est ouvert ; il résulte donc de la prop. 1 de II, p. 40, qu'il existe un nombre réel α et une forme linéaire continue non nulle ν sur $\mathscr{C}(X \times Y; \mathbf{R})$ telle que l'on ait $\nu \leqslant \alpha$ sur C_1 et $\nu \geqslant \alpha$ sur C_2. Puisque C_1 et C_2 sont des cônes de sommet 0, on a $\alpha = 0$ (lemme 11). Soit $\nu_{(\mathbf{C})}$ la forme linéaire sur $\mathscr{C}(X \times Y; \mathbf{C})$ déduite de ν par extension du corps des scalaires. C'est une mesure sur $X \times Y$. Identifions $\mathscr{C}(X \times Y; \mathbf{R})$ à un sous-espace de $\mathscr{C}(X \times Y; \mathbf{C})$. L'adhérence de C_2 contient alors toutes les fonctions continues positives de $X \times Y$ dans $\mathbf{C}$; la mesure $\nu_{(\mathbf{C})}$ est donc positive. Comme $X \times Y$ est compact, cette mesure est bornée, et on peut supposer qu'elle est de masse totale 1, quitte à la remplacer par $\nu/\|\nu\|$.

Notons λ (resp. μ) la mesure sur X (resp. Y) image de $\nu_{(\mathbf{C})}$ par la projection $\mathrm{pr}_1 \colon X \times Y \to X$ (resp. $\mathrm{pr}_2 \colon X \times Y \to Y$). Les mesures λ et μ sont positives et chacune est de masse totale 1.

Soit $(f, g) \in \mathscr{C}(X; K) \times \mathscr{C}(Y; K)$. Pour tout nombre réel $r > 0$, on a l'inégalité $\nu(\psi(rf, r^{-1}g)) \leqslant 0$, c'est-à-dire

$$|\varphi(f, g)| \leqslant \frac{\mathsf{G}_K}{2} \int_{X \times Y} (r|f(x)|^2 + r^{-1}|g(y)|^2)\, d\nu(x, y)$$

$$= \frac{\mathsf{G}_K}{2}\left(r \int_X |f|^2 d\lambda + r^{-1} \int_Y |g|^2 d\mu \right)$$

(INT, V, p. 71, § 6, n° 2, th. 1). La formule (1) de VI, p. 112 achève alors la démonstration.

Remarque. — Dans la proposition 7, on ne peut pas remplacer $\mathsf{G_K}$ par un réel strictement inférieur (VI, p. 159, exercice 12).

Rappelons qu'un espace normé F sur K est *co-stellaire* (VI, p. 13, déf. 2) s'il existe un espace localement compact T, une mesure μ sur T et une application linéaire bijective isométrique de F sur $\mathrm{L}_{\mathrm{K}}^1(\mathrm{T}, \mu)$.

THÉORÈME 3. — *Soient* E *un espace stellaire et* F *un espace co-stellaire. Soit* $u\colon \mathrm{E} \to \mathrm{F}$ *une application linéaire continue. Alors* $\mathrm{N}_{\mathrm{h}}(u) \leqslant \mathsf{G_K}\|u\|$. *En particulier, l'application* u *admet une factorisation hilbertienne.*

Le dual fort F′ de F est un espace stellaire (VI, p. 14, prop. 10), ce qui permet de supposer que $\mathrm{E} = \mathscr{C}(\mathrm{X}; \mathrm{K})$ et $\mathrm{F}' = \mathscr{C}(\mathrm{Y}; \mathrm{K})$ pour des espaces compacts X et Y.

Soit $\varphi\colon \mathscr{C}(\mathrm{X}; \mathrm{K}) \times \mathscr{C}(\mathrm{Y}; \mathrm{K}) \to \mathrm{K}$ l'application bilinéaire

$$(f, g) \mapsto \langle u(f), g \rangle.$$

L'application φ est continue et vérifie $\|\varphi\| = \|u\|$ (IV, p. 8, remarque 2). D'après la prop. 7, il existe une mesure λ sur X, positive et de masse totale $\leqslant 1$, telle que

$$|\langle u(f), g \rangle| \leqslant \mathsf{G_K}\|u\|\left(\int_{\mathrm{X}} |f|^2 d\lambda\right)^{1/2}\|g\|$$

quels que soient f dans $\mathscr{C}(\mathrm{X}; \mathrm{K})$ et g dans $\mathscr{C}(\mathrm{Y}; \mathrm{K})$. Compte tenu de la prop 8, (i) de IV, p. 7, il en résulte que

$$\|u(f)\| \leqslant \mathsf{G_K}\|u\|\left(\int_{\mathrm{X}} |f|^2 d\lambda\right)^{1/2}.$$

Soit α l'application canonique de $\mathscr{C}(\mathrm{X}; \mathrm{K})$ dans $\mathrm{L}_{\mathrm{K}}^2(\mathrm{X}, \lambda)$. Vu l'inégalité qui précède, le noyau de α est contenu dans celui de u. Il existe donc une unique application linéaire $\beta\colon \mathrm{Im}(\alpha) \to \mathscr{C}(\mathrm{Y}; \mathrm{K})$ telle que $\beta \circ \alpha = u$. L'application β est continue et vérifie $\|\beta\| \leqslant \mathsf{G_K}\|u\|$. Comme l'image de α est dense par définition (INT, IV, p. 129, § 3, n° 4, déf. 2), il existe une unique application linéaire continue $\widetilde{\beta}\colon \mathrm{L}_{\mathrm{K}}^2(\mathrm{X}, \lambda) \to \mathscr{C}(\mathrm{Y}; \mathrm{K})$ qui prolonge β ; elle vérifie $\|\widetilde{\beta}\| = \|\beta\|$. Le triplet $(\mathrm{L}_{\mathrm{K}}^2(\mathrm{X}, \lambda), \alpha, \widetilde{\beta})$ est alors une factorisation hilbertienne de u. Puisque l'application α est de norme $\leqslant 1$, on obtient $\mathrm{N}_{\mathrm{h}}(u) \leqslant \|\alpha\|\|\widetilde{\beta}\| \leqslant \|\beta\| \leqslant \mathsf{G_K}\|u\|$, ce qu'il fallait démontrer.

7. Comparaison de h et de l'enveloppe injective de π

Rappelons qu'on note $\widehat{\pi}$ l'enveloppe injective de la construction tensorielle maximale (VI, p. 108, n° 5).

THÉORÈME 4. — *Quels que soient les espaces semi-normés* E *et* F, *on a*

$$\|t\|_{\mathrm{h}} \leqslant \|t\|_{\widehat{\pi}} \leqslant \mathsf{G}_{\mathrm{K}}\|t\|_{\mathrm{h}}$$

pour tout $t \in \mathrm{E} \otimes \mathrm{F}$.

Soit t un élément de $\mathrm{E} \otimes \mathrm{F}$. L'inégalité $\|t\|_{\mathrm{h}} \leqslant \|t\|_{\widehat{\pi}}$ découle de l'injectivité de la construction h (cor. de la prop. 3 de VI, p. 119), puisque $\widehat{\pi}$ est la plus grande construction tensorielle injective (VI, p. 111, remarque 1). Il reste à montrer que $\|t\|_{\widehat{\pi}} \leqslant \mathsf{G}_{\mathrm{K}}\|t\|_{\mathrm{h}}$.

Soit ι_{E} (resp. ι_{F}) l'application isométrique de E dans $\ell^{\infty}(\mathrm{B}_{\mathrm{E}'})$ (resp. de F dans $\ell^{\infty}(\mathrm{B}_{\mathrm{F}'})$) définie dans la formule (11) de VI, p. 109. Par définition de l'enveloppe injective $\widehat{\pi}$ (VI, p. 109, formule (12)), on a

$$\|t\|_{\widehat{\pi}} = \|(\iota_{\mathrm{E}} \otimes \iota_{\mathrm{F}})(t)\|_{\pi}.$$

Par ailleurs, les espaces $\ell^{\infty}(\mathrm{B}_{\mathrm{E}'})$ et $\ell^{\infty}(\mathrm{B}_{\mathrm{F}'})$ sont des espaces stellaires (VI, p. 13, exemple 2) ; d'après l'inégalité de Grothendieck (VI, p. 128, th. 2), on a donc

$$\|(\iota_{\mathrm{E}} \otimes \iota_{\mathrm{F}})(t)\|_{\pi} \leqslant \mathsf{G}_{\mathrm{K}}\|(\iota_{\mathrm{E}} \otimes \iota_{\mathrm{F}})(t)\|_{\mathrm{h}}.$$

Comme $\|(\iota_{\mathrm{E}} \otimes \iota_{\mathrm{F}})(t)\|_{\mathrm{h}} \leqslant \|t\|_{\mathrm{h}}$ d'après la condition (CT1) appliquée à la construction h, on obtient l'inégalité voulue.

Le théorème 4 admet la forme duale suivante. On note h$'$ la construction duale de la construction h (VI, p. 106, déf. 5) et $\check{\varepsilon}$ l'enveloppe projective de la construction tensorielle ε (VI, p. 111, déf. 7).

COROLLAIRE 1. — *Quels que soient les espaces semi-normés* E *et* F, *on a*

$$\mathsf{G}_{\mathrm{K}}^{-1}\|t\|_{\mathrm{h}'} \leqslant \|t\|_{\check{\varepsilon}} \leqslant \|t\|_{\mathrm{h}'}$$

pour tout $t \in \mathrm{E} \otimes \mathrm{F}$.

Cela découle des égalités $\check{\varepsilon} = (\widehat{\varepsilon'})' = (\widehat{\pi})'$ (VI, p. 111, déf. 7 et p. 107, cor. 4) et des propriétés de décroissance de la dualité (VI, p. 106, remarque 2).

COROLLAIRE 2. —   a) *Les constructions tensorielles injectives* h *et* $\widehat{\pi}$ *sont équivalentes.*

b) *Les constructions tensorielles projectives* h' *et* $\overset{\smile}{\varepsilon}$ *sont équivalentes.* Cela résulte aussitôt du th. 4 et du cor. 1, vu la définition de l'équivalence pour les constructions tensorielles (VI, p. 19).

La construction tensorielle h vérifie l'inégalité $\mathrm{h} \leqslant \mathrm{h}'$, et les constructions h' et $\overset{\smile}{\mathrm{h}}$ sont équivalentes (VI, p. 164, exercice 19).

Exercices

§ 1

1)   Soit E un espace normé. Soient L un sous-espace de dimension finie de l'espace dual E' et χ un élément du bidual E''. Pour tout nombre réel $\alpha > 1$, il existe un élément x de E tel que l'on ait $\|x\|_E \leqslant \alpha \|\chi\|_{E''}$ et $\langle x, \varphi \rangle = \langle \varphi, \chi \rangle$ pour tout $\varphi \in L$ (« Lemme de Helly »).

2)   Si V est un espace de Banach, notons B_V la boule unité ouverte de V et S_V sa sphère unité. Dans tout l'exercice, on fixe un espace de Banach F et note $c_F \colon F \to F''$ l'application canonique. Dans les questions $a)$ à $c)$, on considère un espace de Banach E et une application linéaire continue $u \colon E \to F$ d'image fermée.

$a)$ Pour tout $v \in \mathscr{L}^{\mathrm{f}}(E; F)$, l'application $u + v$ est d'image fermée.

$b)$ Soit $y \in F$. S'il existe $\chi \in B_{E''}$ vérifiant $({}^{tt}u)(\chi) = c_F(y)$, alors il existe $x \in B_E$ vérifiant $u(x) = y$.

$c)$ Supposons E de dimension finie. Soit ε un nombre réel vérifiant $0 < \varepsilon < 1$. Soit $(x_j)_{j \in J}$ une famille finie d'éléments de S_E telle que les parties $x_j + \varepsilon B_E$ de E recouvrent S_E. Si $1 - \varepsilon \leqslant \|u(x_j)\| \leqslant 1 + \varepsilon$ pour tout $j \in J$, alors pour tout $x \in E$, on a

$$\left(\frac{1 - 3\varepsilon}{1 - \varepsilon} \right) \|x\| \leqslant \|u(x)\| \leqslant \left(\frac{1 + \varepsilon}{1 - \varepsilon} \right) \|x\|.$$

$d)$ ¶ Soient A un sous-espace vectoriel de dimension finie de F'' et B un sous-espace vectoriel de dimension finie de F'. Pour tout nombre réel $\alpha > 1$, il existe une application linéaire continue injective stricte $u\colon A \to F$, de norme $\leqslant \alpha$ et de conorme $\geqslant \alpha^{-1}$, telle que l'on ait $\langle u(x), \lambda \rangle = \langle \lambda, x \rangle$ pour tout $(x, \lambda) \in A \times B$ et $u(x) = x$ pour tout $x \in A \cap \mathrm{Im}(c_F)$ (« Principe de réflexivité locale dans les espaces de Banach »).

3) Soit p un élément de $[1, +\infty]$. L'espace p-somme d'une famille d'espaces de Banach est un espace de Banach.

4) Soit p un élément de $[1, +\infty]$. Si E est l'espace p-somme d'une famille dénombrable d'espaces normés tous isomorphes à $\ell_{\mathrm{K}}^{p}(\mathbf{N})$, alors il existe une application linéaire isométrique bijective de E sur $\ell_{\mathrm{K}}^{p}(\mathbf{N})$.

5) Si $\mathscr{E} = (\mathrm{E}_i)_{i \in \mathrm{I}}$ est une famille d'espaces semi-normés indexée par un ensemble I, notons $c_0(\mathscr{E})$ le sous-espace vectoriel de $\prod_{i \in \mathrm{I}} \mathrm{E}_i$ formé des familles $x = (x_i)_{i \in \mathrm{I}}$ telles que la fonction $\mathrm{N}_x \colon i \mapsto \|x_i\|_{\mathrm{E}_i}$ tende vers 0 à l'infini lorsque l'on munit I de la topologie discrète. Munissons $c_0(\mathscr{E})$ de la semi-norme $x \mapsto \sup_{i \in \mathrm{I}} \|x_i\|_{\mathrm{E}_i}$; l'espace semi-normé ainsi obtenu est appelé *espace c_0-somme de la famille* $(\mathrm{E}_i)_{i \in \mathrm{I}}$.

Si X est un espace topologique localement compact, notons $\mathscr{C}_0(\mathrm{X})$ le sous-espace de $\mathscr{C}^b(\mathrm{X})$ formé des fonctions qui tendent vers 0 à l'infini.

a) L'espace $c_0(\mathscr{E})$ est séparé (resp. complet) si et seulement si chacun des espaces E_i est séparé (resp. complet).

b) La c_0-somme d'une famille d'espaces stellaires est un espace stellaire.

c) Si $\mathscr{A} = (\mathrm{A}_i)_{i \in \mathrm{I}}$ est une famille d'algèbres stellaires, alors $c_0(\mathscr{A})$ est une sous-algèbre stellaire de l'algèbre stellaire produit des A_i (TS, I, p. 103, exemple 5) ; si chaque A_i est de type dénombrable, alors $c_0(\mathscr{A})$ est de type dénombrable.

d) Soient F l'espace de Banach $\mathscr{C}_0(\mathbf{N})$ et $\mathscr{F}$ la famille $(\mathrm{F}_n)_{n \in \mathbf{N}}$ où $\mathrm{F}_n = \mathrm{F}$ pour tout $n \in \mathbf{N}$. Définir une application linéaire bijective et isométrique de $c_0(\mathscr{F})$ sur F.

6) Soit T un espace topologiquement localement compact et non compact. L'espace de Banach $\mathscr{C}_0(\mathrm{T})$ n'est pas stellaire, mais son dual fort est co-stellaire.

7) Soit E un espace de Banach.

a) Il existe un espace stellaire F et une application linéaire isométrique bijective de E sur un sous-espace vectoriel de F.

b) Il existe un espace co-stellaire F et une surjection linéaire continue $p\colon F \to E$ tels que la norme de E soit le quotient de celle de F par p.

8) *a)* Soient T un espace compact et E l'espace de Banach $\mathscr{C}(\mathrm{T}; \mathbf{R})$. L'ensemble des points extrémaux de la boule unité de E', muni de la topologie $\sigma(\mathrm{E}', \mathrm{E})$ (II, p. 45, déf. 2) est homéomorphe à la somme de deux copies de T.

b)   Soit T' un espace compact. Les espaces T et T' sont homéomorphes si et seulement s'il existe une bijection isométrique de $\mathscr{C}(T; \mathbf{R})$ sur $\mathscr{C}(T'; \mathbf{R})$ (« théorème de Banach–Stone »).

9)   On dit qu'un espace de Banach E a la *propriété d'extension* si, pour tout espace normé F, pour tout sous-espace F_0 de F et tout élément u de $\mathscr{L}(F_0; E)$, il existe un élément $\widetilde{u}$ de $\mathscr{L}(F; E)$ qui prolonge u et vérifie $\|\widetilde{u}\| = \|u\|$.

a)   Pour tout ensemble Γ, l'espace $\ell^\infty(\Gamma)$ a la propriété d'extension.

b)   Soit T un espace compact. Les conditions suivantes sont équivalentes :

     (i) l'espace T est extrêmement discontinu (TG, I, § 11, exerc. 21 ; on dit aussi que T est *stonien*) ;

     (ii) l'espace $\mathscr{C}(T; \mathbf{R})$ est complètement réticulé (INT, II, p. 20, § 1, n° 3, déf. 2) ;

     (iii) pour toute famille $\mathscr{B}$ de boules fermées dans $\mathscr{C}(T; \mathbf{R})$ dont les intersections deux à deux sont non vides, l'intersection de la famille $\mathscr{B}$ est non vide ;

     (iv) l'espace $\mathscr{C}(T; \mathbf{R})$ a la propriété d'extension.

(Pour l'équivalence de (i) et (ii), *cf.* INT, II, §1, exercice 13. Pour l'implication (iv)$\Rightarrow$(ii), utiliser l'existence d'une rétraction de norme $\leqslant 1$ de l'inclusion canonique de $\mathscr{C}(T; \mathbf{R})$ dans $\ell^\infty_{\mathbf{R}}(T)$.)

¶ 10) Soit E un espace de Banach réel possédant la propriété d'extension. Cet exercice démontre que E est un espace stellaire.

Soit Z l'ensemble des points extrémaux de la boule unité de E', muni de la topologie $\sigma(E', E)$. Soit U un ouvert de Z tel que $U \cap (-U) = \varnothing$, maximal pour cette propriété. Soit T l'adhérence de U dans $(E', \sigma(E', E))$.

a)   On a $T \cap (-U) = \varnothing$ et $Z \subset T \cup (-T)$.

b)   L'application $j : E \to \mathscr{C}(T; \mathbf{R})$, définie par $j(x)(f) = f(x)$ pour $x \in E$ et $f \in T$, est isométrique. Elle admet donc une section r de norme $\leqslant 1$.

c)   Soit $f \in U$ et soit μ la mesure sur T définie par $\mu = {}^t r(f)$. La mesure μ est égale à l'évaluation en f. (Montrer que tout ouvert V de T ne contenant pas f vérifie la relation $|\mu|(V) = 0$.)

d)   L'application j est surjective. L'espace E est stellaire.

¶ 11) Soit E un espace de Banach réel dont le dual fort est stellaire. Soit T un espace topologique compact et soit $j \colon \mathscr{C}(T; \mathbf{R}) \to E'$ une application linéaire isométrique bijective.

a)   Le sous ensemble de $\mathscr{C}(T; \mathbf{R})$ formé des fonctions à valeurs positives est fermé pour la topologie image par j^{-1} de la topologie $\sigma(E', E)$. (Utiliser le théorème de Banach–Dieudonné, IV, p. 24, th. 1).

b)   L'espace $\mathscr{C}(T; \mathbf{R})$ est complètement réticulé, donc T est stonien (exerc. 9).

c) Soit c_{E} l'application canonique de E dans E''. Pour tout $x \in$ E, la mesure ${}^{t}j \circ c_{\mathrm{E}}(x)$ est normale (INT, V, p. 110, §5, exerc. 11). L'espace T est hyperstonien (INT, V, *loc. cit.*).

d) L'application ${}^{t}j \circ c_{\mathrm{E}}$ est une isométrie bijective de E sur le sous-ensemble de $\mathscr{M}(\mathrm{T}; \mathbf{R})$ formé des mesures normales.

e) L'espace E est co-stellaire.

12) Soient E un espace localement convexe et F un sous-espace vectoriel de E, que l'on munit de la topologie déduite de celle de E.

a) Soit p une semi-norme continue sur F. Il existe un voisinage ouvert convexe symétrique U de 0 dans E tel que $\mathrm{U} \cap \mathrm{F}$ coïncide avec la boule unité ouverte de p.

b) Toute semi-norme continue sur F peut être prolongée en une semi-norme continue sur E.

§ 2

1) Soient E et F des espaces localement convexes.

a) Soient E'_{s} et F'_{s} les duals faibles de E et F respectivement (III, p. 14). Soit $\mathscr{B}(\mathrm{E}'_{s}, \mathrm{F}'_{s})$ l'espace des formes bilinéaires séparément continues sur $\mathrm{E}'_{s} \times \mathrm{F}'_{s}$ (IV, p. 25, n° 6) ; on le munit de la topologie de la convergence uniforme sur les produits de parties équicontinues. Montrer que $\mathrm{E} \otimes_{\varepsilon} \mathrm{F}$ s'identifie à un sous-espace de $\mathscr{B}(\mathrm{E}'_{s}, \mathrm{F}'_{s})$.

b) On note E'_{τ} le dual de E muni de la topologie de Mackey (IV, p. 2) ; on munit $\mathscr{L}(\mathrm{E}'_{\tau}; \mathrm{F})$ de la topologie de la convergence uniforme sur les parties équicontinues de E'. Définir un isomorphisme de $\mathscr{L}(\mathrm{E}'_{\tau}; \mathrm{F})$ sur $\mathscr{B}(\mathrm{E}'_{s}, \mathrm{F}'_{s})$.

c) Si E et F sont séparés et complets, il en va de même de $\mathscr{B}(\mathrm{E}'_{s}, \mathrm{F}'_{s})$ et de $\mathscr{L}(\mathrm{E}'_{\tau}; \mathrm{F})$; le produit tensoriel $\mathrm{E} \,\widehat{\otimes}_{\varepsilon}\, \mathrm{F}$ s'identifie alors à un sous-espace fermé de $\mathscr{B}(\mathrm{E}'_{s}, \mathrm{F}'_{s})$ ou de $\mathscr{L}(\mathrm{E}'_{\tau}; \mathrm{F})$.

d) Soit E'_{c} le dual de E muni de la topologie de la convergence compacte. Prouver que $\mathscr{L}(\mathrm{E}'_{c}; \mathrm{F})$, muni de la topologie de la convergence uniforme sur les parties équicontinues de E', est un sous-espace fermé de $\mathscr{L}(\mathrm{E}'_{\tau}; \mathrm{F})$. Si E et F sont complets, l'espace $\mathrm{E} \,\widehat{\otimes}_{\varepsilon}\, \mathrm{F}$ s'identifie à un sous-espace fermé de $\mathscr{L}(\mathrm{E}'_{\tau}; \mathrm{F})$; si de plus F est séparé et possède la propriété d'approximation, alors $\mathrm{E} \,\widehat{\otimes}_{\varepsilon}\, \mathrm{F}$ est isomorphe à $\mathscr{L}(\mathrm{E}'_{c}; \mathrm{F})$.

2)   Soient E et F des espaces localement convexes séparés. On note E_τ l'espace E muni de la topologie de Mackey $\tau(E, E')$, et E' le dual fort de E (égal au dual fort de E_τ).

a)   L'application canonique de $E' \otimes F$ dans $\mathscr{L}(E; F)$ induit un morphisme injectif strict de $E' \otimes_\varepsilon F$ dans $\mathscr{L}_b(E_\tau; F)$.

b)   Si E' et F sont complets, en déduire un isomorphisme de $E' \,\widehat{\otimes}_\varepsilon\, F$ sur un sous-espace fermé de $\mathscr{L}_b(E_\tau; F)$.

3)   Soient E et F des espaces de Banach. Soit γ une construction tensorielle.

a)   Si E ou F est de dimension finie, alors l'espace $E \otimes_\gamma F$ est complet.

b)   Si E et F sont de dimension infinie, alors l'espace $E \otimes_\gamma F$ n'est pas complet. (Prouver que si $(x_k)_{k \in \mathbf{N}}$ et $(y_k)_{k \in \mathbf{N}}$ sont des suites libres dans les boules unité de E et F, alors $\left(\sum_{k \leqslant n} \frac{1}{2^k} x_k \otimes y_k \right)_{n \in \mathbf{N}}$ est une suite de Cauchy dans $E \otimes_\gamma F$ mais ne converge pas dans $E \otimes_\gamma F$.)

4)   Soient E et F des espaces localement convexes. Soient E_0 et F_0 des sous-espaces de E et F respectivement, et soient $i \colon E_0 \to E$ et $j \colon F_0 \to F$ les injections canoniques.

a)   Pour que l'application $i \,\widehat{\otimes}_\pi\, j$ soit injective et stricte, il faut et il suffit que tout ensemble équicontinu de formes bilinéaires sur $E_0 \times F_0$ soit la restriction d'un ensemble équicontinu de formes bilinéaires sur $E \times F$. Si en outre E et F sont métrisables, il suffit que toute forme bilinéaire continue sur $E_0 \times F_0$ soit la restriction d'une forme bilinéaire continue sur $E \times F$ (*cf.* IV, § 4, n° 1).

b)   On suppose que E et F sont semi-normés. Pour que $i \,\widehat{\otimes}_\pi\, j$ soit isométrique, il faut et il suffit que toute forme bilinéaire continue sur $E_0 \times F_0$ soit la restriction d'une forme bilinéaire de même norme sur $E \times F$.

c)   Soient E l'espace $\mathbf{R}^3$ muni de la norme $\|(x, y, z)\| = \sup(|x|, |y|, |z|)$. Soit E_0 le sous-espace formé des triplets (x, y, z) tels que $x + y + z = 0$. Montrer que toute forme bilinéaire sur $E \times E_0'$ qui prolonge la forme bilinéaire canonique sur $E_0 \times E_0'$ est de norme $\geqslant \frac{4}{3}$. En déduire que la construction tensorielle π n'est pas injective, puis que la construction tensorielle ε n'est pas projective.

5)   Soient E et F des espaces localement convexes ; on suppose E bornologique ou tonnelé. L'application canonique de $E \,\widehat{\otimes}_\pi\, F$ dans $E'' \,\widehat{\otimes}_\pi\, F$ est injective et stricte ; elle est isométrique lorsque E et F sont semi-normés (utiliser l'exercice précédent).

6)   Soient F un espace de Banach et E un sous-espace fermé de F. On suppose que l'image de l'application canonique de E dans E'' est un sous-espace direct de E'' (TS, III, p. 55, déf. 1). Pour que l'application canonique $u \colon E \,\widehat{\otimes}_\pi\, E' \to F \,\widehat{\otimes}_\pi\, F'$ soit injective et stricte, il faut et il suffit que E soit direct dans F.

En déduire un exemple où u n'est pas injective stricte (utiliser TS, III, p. 117, exercice 31).

7) Soient G et H des espaces hilbertiens de dimension infinie. Prouver que l'espace $\mathrm{G} \,\widehat{\otimes}_\pi\, \mathrm{H}$ n'est pas réflexif (observer que l'espace $\ell^1(\mathbf{N})$ s'identifie à un quotient de $\ell^2(\mathbf{N}) \,\widehat{\otimes}_\pi\, \ell^2(\mathbf{N})$ mais n'est pas réflexif, *cf.* IV, p. 18, exemple 1).

8) Soient E et F des espaces semi-normés.

a) L'application canonique de $\mathrm{E}' \otimes \mathrm{F}'$ dans $(\mathrm{E} \otimes \mathrm{F})^*$ est injective et induit une application continue de norme $\leqslant 1$ de $\mathrm{E}' \otimes_\pi \mathrm{F}'$ dans $(\mathrm{E} \otimes_\varepsilon \mathrm{F})'$.

b) Montrer que l'application canonique $\lambda_{\mathrm{E},\mathrm{F}} \colon \mathrm{E} \otimes \mathrm{F} \to (\mathrm{E}' \otimes \mathrm{F}')^*$ induit une application continue de norme $\leqslant 1$ de $\mathrm{E} \otimes_\pi \mathrm{F}$ dans $(\mathrm{E}' \otimes_\varepsilon \mathrm{F}')'$. Caractériser les couples (E, F) d'espaces semi-normés pour lesquels $\lambda_{\mathrm{E},\mathrm{F}}$ est injective.

9) Soit E un espace de Banach. Le but de cet exercice est de montrer l'équivalence entre les propriétés suivantes :

  (i) l'espace E possède la propriété d'approximation métrique (TS, III, p. 118, exercice 35) ;

  (ii) pour tout espace de Banach F, l'application canonique de $\mathrm{E} \otimes \mathrm{F}$ dans $(\mathrm{E}' \otimes \mathrm{F}')^*$ induit une application isométrique de $\mathrm{E} \otimes_\pi \mathrm{F}$ dans $(\mathrm{E}' \otimes_\varepsilon \mathrm{F}')'$.

a) Montrer que (i) implique (ii) en utilisant le cor. 1 de la prop. 32 de VI, p. 53, le cor. de la prop. 20 de VI, p. 42 et la prop. 25 de VI, p. 46.

  On suppose désormais que E satisfait (ii).

b) L'application canonique de $\mathrm{E} \otimes \mathrm{E}'$ dans $\mathscr{L}(\mathrm{E})$ induit une application isométrique de $\mathrm{E} \otimes_\pi \mathrm{E}'$ dans $\mathscr{L}(\mathrm{E})$.

c) La boule unité de $\mathscr{L}^\mathrm{f}(\mathrm{E})$ est dense dans la boule unité de $\mathscr{L}(\mathrm{E})$ pour la topologie de la convergence simple.

d) L'espace E possède la propriété d'approximation métrique.

10) Soit Δ l'ensemble triadique de Cantor (TG, IV, p. 9).

a) Si E est un espace de Banach de type dénombrable, il existe une application linéaire isométrique de E dans $\mathscr{C}(\Delta)$ (combiner TG, IX, p. 92, exerc. 11 et EVT, III, p. 19, corollaire 2).

b) L'espace $\mathscr{C}(\Delta)$ est un espace d'approximation qui admet un sous-espace fermé n'ayant pas la propriété d'approximation.

11) Soit F un espace localement convexe qui est un *espace* (DF), c'est-à-dire (*cf.* IV, p. 58, exerc. 2) qu'il est semi-tonnelé (IV, p. 21) et que sa bornologie canonique admet une base dénombrable.

a) Soit (U_n) une suite de voisinages convexes, équilibrés et fermés de 0 dans F. Prouver qu'il existe une suite (λ_n) d'éléments de K tels que l'intersection des $\lambda_n \mathrm{U}_n$ soit un voisinage de 0.

b) Soit (E_n) une suite d'espaces localement convexes. Montrer que les applications canoniques

$$\bigoplus_n (E_n \otimes_\pi F) \to \left(\bigoplus_n E_n\right) \otimes_\pi F$$

et

$$\bigoplus_n (E_n \,\widehat{\otimes}_\pi\, F) \to \left(\bigoplus_n E_n\right) \widehat{\otimes}_\pi F$$

sont des isomorphismes.

12) Prouver que la bijection canonique $h \colon (K \otimes_\pi K^{\mathbf{N}})^{(\mathbf{N})} \to K^{(\mathbf{N})} \otimes_\pi K^{\mathbf{N}}$ n'est pas bicontinue (observer que le premier espace est complet, mais pas le second). En déduire que l'espace $K^{(\mathbf{N})} \otimes_\pi K^{\mathbf{N}}$ n'est pas tonnelé, bien que son complété le soit.

13) Soit F un espace de Fréchet dont la topologie ne peut pas être définie par une seule norme.

a) Soient I un ensemble infini et $(E_i)_{i \in I}$ une famille d'espaces localement convexes non nuls. Démontrer que l'application canonique

$$u \colon \bigoplus_i E_i \,\widehat{\otimes}_\pi\, F \to \left(\bigoplus_i E_i\right) \widehat{\otimes}_\pi F$$

n'est pas un isomorphisme. (Construire une famille $(\eta_i)_{i \in I}$ d'éléments de F' qui engendre un sous-espace n'ayant aucune famille génératrice équicontinue ; pour tout $i \in I$, soit ξ_i un élément non nul de E'_i. Prouver que l'élément $(\xi_i \,\widehat{\otimes}_\pi\, \eta_i)_{i \in I}$ de $\prod_{i \in I}(E_i \,\widehat{\otimes}_\pi\, F)'$ n'appartient pas à l'image de ${}^t u$.)

b) Soit E un espace localement convexe, limite inductive stricte d'une suite strictement croissante de sous-espaces (E_n). Montrer de même que l'application canonique

$$\varinjlim (E_n \,\widehat{\otimes}_\pi\, F) \to E \,\widehat{\otimes}_\pi\, F$$

n'est pas un isomorphisme.

14) Pour tout espace semi-normé V, tout nombre réel $r \geqslant 1$ et toute suite $x = (x_n)_{n \in \mathbf{N}}$ d'éléments de V, on pose

$$\|x\|_r = \left(\sum_{n \in \mathbf{N}} \|x_n\|^r\right)^{1/r} \quad \text{et} \quad \|x\|_r^* = \sup_{x' \in B_{V'}} \left(\sum_{n \in \mathbf{N}} |\langle x_n, x'\rangle|^r\right)^{1/r}$$

où $B_{V'}$ désigne la boule unité de V'. On pose aussi $\|x\|_\infty = \|x\|_\infty^* = \sup_n \|x_n\|$.

Soit r un nombre réel $\geqslant 1$. Soit s l'élément de $[1, +\infty]$ tel que $1/s + 1/r = 1$. Si E et F sont des espaces semi-normés, alors pour tout $t \in E \otimes F$, on pose

$$\|t\|_{g_r} = \inf \|(x_i)\|_r \|(y_i)\|_s^*, \qquad \|t\|_{d_r} = \inf \|(x_i)\|_s^* \|(y_i)\|_r,$$

la borne inférieure étant prise sur l'ensemble des suites à support fini $(x_i, y_i)_{i \in \mathbf{N}}$ d'éléments de $E \times F$ vérifiant $t = \sum x_i \otimes y_i$.

a)   La donnée des semi-normes $t \mapsto \|t\|_{g_r}$ et $t \mapsto \|t\|_{d_r}$ définit des constructions tensorielles g_r et d_r (« constructions de Chevet–Saphar »). On a $d_r = {}^t g_r$.

b)   Les constructions g_1 et d_1 sont égales à la construction tensorielle maximale.

c)   Pour tout $r' \geqslant r$, on a $g_r \geqslant g_{r'}$ et $d_r \geqslant d_{r'}$.

   (Soit ϱ tel que $1/\varrho = 1/r - 1/r'$, et soit $t \in \mathrm{E} \otimes \mathrm{F}$; écrire $t = \sum_n \lambda_n x_n \otimes y_n$, avec $\|(x_n)\|_\infty = 1$, $\|(y_n)\|_s^* = 1$, $\|(\lambda_n)\|_\varrho \leqslant \|t\| + \varepsilon$, puis $\lambda_n = \alpha_n \beta_n$ avec $\|(\alpha_n)\|_{r'} = \|(\lambda_n)\|_r$ et $\|(\beta_n)\|_\varrho = 1$.)

d)   Si E et F sont des espaces hilbertiens, les semi-normes $\|\cdot\|_{g_2}$ et $\|\cdot\|_{d_2}$ sur $\mathrm{E} \otimes \mathrm{F}$ coïncident avec celle du produit tensoriel préhilbertien $\mathrm{E} \otimes_2 \mathrm{F}$ (V, p. 25).

e)   Soit t un élément de $\mathrm{E} \,\widehat{\otimes}_{g_r}\, \mathrm{F}$. Montrer que pour tout nombre réel $\varepsilon > 0$, il existe une suite $x = (x_n)$ d'éléments de E et une suite $y = (y_n)$ d'éléments de F telle que l'on ait $t = \sum_n x_n \otimes y_n$ et $\|t\|_{g_r} \leqslant \|x\|_r \|y\|_s^* \leqslant \|t\|_{g_r} + \varepsilon$.

15)   Soient E et F des espaces hilbertiens. Soit $\mathscr{L}^1(\mathrm{E}; \mathrm{F})$ l'espace des applications nucléaires de E dans F (noté $\mathscr{L}_1(\mathrm{E}; \mathrm{F})$ dans le n° 8 de TS, IV, p. 167). Définir des applications semi-linéaires isométriques de $\mathrm{E} \,\widehat{\otimes}_\pi\, \mathrm{F}$ sur $\mathscr{L}^1(\mathrm{E}; \mathrm{F})$ et de $\mathrm{E} \,\widehat{\otimes}_\varepsilon\, \mathrm{F}$ sur $\mathscr{L}^c(\mathrm{E}; \mathrm{F})$ de telle façon que l'application canonique $\mathrm{E} \,\widehat{\otimes}_\pi\, \mathrm{F} \to \mathrm{E} \,\widehat{\otimes}_\varepsilon\, \mathrm{F}$ s'identifie à l'injection canonique de $\mathscr{L}^1(\mathrm{E}; \mathrm{F})$ dans $\mathscr{L}^c(\mathrm{E}; \mathrm{F})$.

16)   Soient E et F des espaces hilbertiens. Pour tout $u \in \mathscr{L}(\mathrm{E}; \mathrm{F})$, notons $\|u\|_2$ la borne supérieure des nombres $\left(\sum_{i \in \mathrm{I}} \|u(e_i)\|^2 \right)^{1/2}$ quand $(e_i)_{i \in \mathrm{I}}$ parcourt l'ensemble des familles orthonormales finies d'éléments de E (V, p. 52, formule (32)). Soit $\mathscr{L}^2(\mathrm{E}; \mathrm{F})$ l'espace des applications de Hilbert–Schmidt de E dans F, muni de la norme $u \mapsto \|u\|_2$ (V, p. 52, th. 1).

   Soient (x_n) une suite d'éléments de E et (y_n) une suite d'éléments de F. On suppose que $\|y_n\| \leqslant 1$ pour tout n et que $\sum_n |\langle x_n \mid z \rangle| \leqslant \|z\|$ pour tout $z \in \mathrm{E}$. Soit $u \colon \mathrm{E} \to \mathrm{F}$ l'application linéaire continue définie par $u(z) = \sum \langle x_n \mid z \rangle y_n$.

a)   Démontrer la formule

$$\|u\|_2^2 = \sum_{p,q} \langle x_p \mid x_q \rangle \langle y_p \mid y_q \rangle.$$

b)   Soient (a_n) et (b_n) des suites d'éléments de l'intervalle $[0, 1]$. Démontrer l'inégalité

$$\left| \sum_{p,q} a_p b_q \langle x_p \mid x_q \rangle \right| \leqslant 1.$$

c)   Déduire de *b)* l'inégalité $\|u\|_2^2 \leqslant \mathsf{G}_\mathrm{K}$, où G_K est la constante de Grothendieck de K (VI, p. 120, déf. 4). En particulier, on a $u \in \mathscr{L}^2(\mathrm{E}; \mathrm{F})$.

17)   Soient E et F des espaces hilbertiens. Soit $u \in \mathscr{L}(\mathrm{E};\mathrm{F})$. Soit c_0 le sous-espace fermé de l'espace de Banach $\mathscr{C}^b(\mathbf{N};\mathrm{K})$ (VI, p. 12) formé des suites qui tendent vers 0. Les conditions suivantes sont équivalentes :

     (i) le morphisme u est une application de Hilbert–Schmidt ;

     (ii) il existe des applications linéaires continues $f\colon \mathrm{E} \to \ell^1(\mathbf{N})$ et $g\colon \ell^1(\mathbf{N}) \to \mathrm{F}$ telles que $g \circ f = u$;

     (iii) il existe des applications linéaires continues $f\colon \mathrm{E} \to c_0$ et $g\colon c_0 \to \mathrm{F}$ telles que $g \circ f = u$.

18)   Soient E un espace hilbertien et $u\colon \ell^1(\mathbf{N}) \to \mathrm{E}$ une application linéaire continue surjective (*cf.* IV, p. 63, exerc. 7). Vérifier que l'application $u \,\widehat{\otimes}_\varepsilon\, 1_\mathrm{E}$, de $\ell^1(\mathbf{N}) \,\widehat{\otimes}_\varepsilon\, \mathrm{E}$ dans $\mathrm{E} \,\widehat{\otimes}_\varepsilon\, \mathrm{E}$, n'est pas surjective (dans le cas contraire, tout endomorphisme compact de E serait de la forme $u \circ g$ avec $g \in \mathscr{L}^c(\mathrm{E};\ell^1(\mathbf{N}))$), donc serait de Hilbert–Schmidt d'après l'exercice précédent). En déduire que l'application $u \otimes_\varepsilon 1_\mathrm{E}\colon \ell^1(\mathbf{N}) \otimes_\varepsilon \mathrm{E} \to \mathrm{E} \otimes_\varepsilon \mathrm{E}$ n'est pas stricte.

19)   Soit E un espace semi-normé.

a)   Soit I un ensemble fini et soit F l'espace de Banach $\ell^\infty(\mathrm{I})$. L'application canonique $\mu_{\mathrm{E},\mathrm{F}}\colon \mathrm{E}' \otimes \mathrm{F}' \to (\mathrm{E} \otimes_\varepsilon \mathrm{F})'$ (VI, p. 39, remarque 4) est isométrique de $\mathrm{E}' \otimes_\pi \mathrm{F}'$ dans $(\mathrm{E} \otimes_\varepsilon \mathrm{F})'$. (Utiliser VI, p. 64 et VI, p. 88).

b)   Un espace normé G est dit *polyédral* s'il existe un ensemble fini I_0 et une application linéaire isométrique $u\colon \mathrm{G} \to \ell^\infty(\mathrm{I}_0)$. Si G est un espace polyédral, l'application $\mu_{\mathrm{E},\mathrm{G}}$ est une isométrie de $\mathrm{E}' \otimes_\pi \mathrm{G}'$ dans $(\mathrm{E} \otimes_\varepsilon \mathrm{G})'$.

c)   Soit (H,p) un espace normé de dimension finie et soit $\alpha > 1$. Il existe une semi-norme p_0 sur H vérifiant $p \leqslant p_0 \leqslant \alpha\,p$ et telle que l'espace normé (H,p_0) soit polyédral.

d)   Pour tout espace normé H de dimension finie, l'application $\mu_{\mathrm{E},\mathrm{H}}$ est une isométrie de $\mathrm{E}' \otimes_\pi \mathrm{H}'$ dans $(\mathrm{E} \otimes_\varepsilon \mathrm{H})'$, et l'application $\lambda_{\mathrm{E},\mathrm{H}}\colon \mathrm{E} \otimes \mathrm{H} \to (\mathrm{E}' \otimes_\varepsilon \mathrm{H}')'$ (VI, p. 39, remarque 4) est une isométrie de $\mathrm{E} \otimes_\pi \mathrm{H}$ dans $(\mathrm{E}' \otimes_\varepsilon \mathrm{H}')'$.

20)   Soient E et F des espaces semi-normés. Soit $\zeta\colon (\mathrm{E} \otimes_\pi \mathrm{F})' \to \mathscr{L}(\mathrm{E};\mathrm{F}')$ l'application définie dans le cor. 1 de VI, p. 54. Pour tout $\varphi \in (\mathrm{E} \otimes_\pi \mathrm{F})'$, notons $\widehat{\varphi}$ l'unique élément de $(\mathrm{E} \otimes_\pi \mathrm{F}'')'$ tel que l'on ait $\langle x \otimes \chi, \widehat{\varphi} \rangle = \langle \chi, \zeta(\varphi) \rangle$ pour tout $(x,\chi) \in \mathrm{E} \times \mathrm{F}''$.

a)   Soit γ une construction tensorielle. Pour tout élément φ de $(\mathrm{E} \otimes_\pi \mathrm{F})'$, la forme linéaire $\varphi\colon \mathrm{E} \otimes \mathrm{F} \to \mathrm{K}$ est continue sur $\mathrm{E} \otimes_\gamma \mathrm{F}$ si et seulement si la forme linéaire $\widehat{\varphi}\colon \mathrm{E} \otimes \mathrm{F}'' \to \mathrm{K}$ est continue sur $\mathrm{E} \otimes_\gamma \mathrm{F}''$. (Utiliser le principe de réflexivité locale de l'exercice 2 de VI, p. 133.)

b)   Soit $c_\mathrm{F}\colon \mathrm{F} \to \mathrm{F}''$ l'application canonique. Pour toute construction tensorielle γ, l'application $\mathrm{id}_\mathrm{E} \otimes c_\mathrm{F}$, de $\mathrm{E} \otimes_\gamma \mathrm{F}$ dans $\mathrm{E} \otimes_\gamma \mathrm{F}''$, est isométrique.

¶ 21) Soit E un espace de Banach réel. Les conditions suivantes sont équivalentes :

    (i) L'espace E est co-stellaire ;

    (ii) L'espace E′ a la propriété d'extension (VI, p. 135, exercice 9) ;

    (iii) Quels que soient les espaces de Banach F, F_1 et l'application linéaire isométrique $u : F \to F_1$, l'application $1_E \otimes u : E \otimes_\pi F \to E \otimes_\pi F_1$ est isométrique.

<h2 style="text-align:center">§ 3</h2>

1)   Soit E un espace de Banach ; on note $c_0(E)$ l'ensemble des suites tendant vers 0 dans E, muni de la norme $\|(x_n)\| = \sup\|x_n\|$. On pose $c_0 = c_0(K)$. Définir un isomorphisme isométrique de $c_0 \widehat{\otimes}_\varepsilon E$ sur $c_0(E)$.

2)   Soient I un ensemble et E un espace localement convexe. On dit qu'une famille $(x_i)_{i\in I}$ d'éléments de E est *faiblement sommable* si la famille $(\langle x_i, \lambda\rangle)_{i\in I}$ est sommable pour tout $\lambda \in E'$. On note $\ell^1[I;E]$ l'espace des familles faiblement sommables dans E indexées par I. Pour tout voisinage U de 0 dans E et tout élément $x = (x_i)_{i\in I}$ de $\ell^1[I;E]$, on pose

$$(1) \qquad p_U(x) = \sup_{\lambda\in U^\circ} \sum_{i\in I} |\langle x_i, \lambda\rangle|,$$

où U° est le polaire de U (II, p. 47).

a)   Pour tout voisinage U de 0 dans E, la formule (1) définit une semi-norme p_U sur $\ell^1[I;E]$ (utiliser le cor. 3 de III, p. 28).

On munit l'espace $\ell^1[I;E]$ de la topologie définie par les semi-normes p_U quand U parcourt l'ensemble des voisinages de 0 dans E.

b)   Si E est séparé et complet (resp. métrisable, resp. un espace de Banach), il en va de même de $\ell^1[I;E]$.

c)   On suppose désormais E séparé et complet. Soit $\ell^1(I;E)$ le sous-espace de $\ell^1[I;E]$ formé des familles sommables. Prouver que $\ell^1(I;E)$ est un sous-espace vectoriel fermé de $\ell^1[I;E]$.

d)   Soient $(a_i)_{i\in I}$ une famille tendant vers 0 dans K et $(x_i)_{i\in I}$ une famille faiblement sommable dans E. Prouver que la famille $(a_i x_i)_{i\in I}$ est sommable.

e)   Définir un isomorphisme topologique de $\ell^1(I) \widehat{\otimes}_\varepsilon E$ sur $\ell^1(I;E)$.

3)   Soit I un ensemble. Soient E un espace localement convexe et $\mathscr{P}$ l'ensemble des semi-normes continues sur E. Pour tout $p \in \mathscr{P}$ et pour tout élément $x = (x_i)_{i\in I}$ de E^I, on pose $\tilde{p}(x) = \sum_i p(x_i)$. On dit que la famille

x est *absolument sommable* lorsque $\widetilde{p}(x) < +\infty$ pour tout $p \in \mathscr{P}$. On note $\ell^1\{I; E\}$ l'espace des familles absolument sommables dans E indexées par I, et on le munit de la topologie définie par les semi-normes $\widetilde{p}$ pour $p \in \mathscr{P}$.

a)   On a $\ell^1\{I; E\} \subset \ell^1[I; E]$ et l'injection canonique de $\ell^1\{I; E\}$ dans $\ell^1[I; E]$ est continue.

b)   Si E est séparé et complet (resp. métrisable, resp. un espace de Banach), il en va de même de $\ell^1\{I; E\}$.

c)   On suppose que E est séparé et complet. Soit $\Phi \colon \ell^1(I) \otimes E \to \ell^1\{I; E\}$ l'unique application linéaire qui associe à $(a_i)_{i \in I} \otimes x$ la famille $(a_i x)_{i \in I}$. L'application Φ se prolonge en un isomorphisme de $\ell^1(I) \,\widehat{\otimes}_\pi\, E$ sur $\ell^1\{I; E\}$.

4)   Soient E un espace de Banach et F un sous-espace vectoriel fermé de E. Soient X un espace localement compact et μ une mesure positive sur X.

a)   Toute application linéaire continue de F dans $L^\infty(X, \mu)$ se prolonge en une application linéaire continue de E dans $L^\infty(X, \mu)$, de même norme.

b)   Si E est réflexif, toute application linéaire continue de $L^1(X, \mu)$ dans E/F se relève en une application linéaire continue $L^1(X, \mu) \to E$, de même norme.

5)   Soit X un espace localement compact muni d'une mesure positive μ, et soit E un espace localement convexe. Pour toute semi-norme continue q sur E et toute fonction $f \colon X \to E$, on pose $N_q(f) = \int^* q(f(x)) d\mu(x)$. On note $\mathscr{F}^1(X; E)$ l'espace des fonctions $f \colon X \to E$ vérifiant $N_q(f) < +\infty$ pour toute semi-norme continue q sur E, muni de la topologie définie par les semi-normes N_q. On note $\mathscr{L}^1(X; E)$ l'adhérence dans $\mathscr{F}^1(X; E)$ de l'ensemble des fonctions continues à support compact, et $L^1(X; E)$ l'espace séparé associé.

a)   Si E est un espace de Fréchet, il en va de même de $L^1(X; E)$.

b)   Définir un isomorphisme de $L^1(X) \,\widehat{\otimes}_\pi\, E$ sur $L^1(X; E)$ (comparer $\mathscr{F}^1(X; E)$ à la limite projective des $L^1(X; \widehat{E}_q)$). Comparer avec l'exercice 3.

6)   Soient X un espace topologique compact et E un espace de Banach. Soit $\Phi_{X,E} \colon \mathscr{C}(X) \otimes E \to \mathscr{C}(X; E)$ l'application définie dans le n° 1 de VI, p. 63. L'image de $\Phi_{X,E}$ est le sous-espace de $\mathscr{C}(X; E)$ formé des fonctions $f \colon X \to E$ telles qu'il existe un sous-espace de dimension finie $F \subset E$ vérifiant $\operatorname{Im}(f) \subset F$.

7)   Soit X un espace topologique localement compact, soit μ une mesure positive sur X, et soit E un espace de Banach.

a)   Soit $\Phi^1 \colon \mathscr{L}^1(X) \otimes E \to \mathscr{L}^1(X; E)$ l'application définie dans le n° 9 de VI, p. 88. L'image de Φ^1 est le sous-espace de $\mathscr{L}^1(X; E)$ formé des fonctions intégrables $f \colon X \to E$ telles qu'il existe un sous-espace de dimension finie $F \subset E$ tel que l'on ait $f(x) \in F$ pour μ-presque tout $x \in X$.

b)   Soit $\widehat{\Phi}^1 \colon \mathrm{L}^1(\mathrm{X}) \widehat{\otimes}_\pi \mathrm{E} \to \mathrm{L}^1(\mathrm{X};\mathrm{E})$ l'isomorphisme déduit de Φ^1 (VI, p. 88, th. 3). L'image par $\widehat{\Phi}$ du sous-espace $\mathrm{L}^1(\mathrm{X}) \otimes \mathrm{E}$ de $\mathrm{L}^1(\mathrm{X}) \widehat{\otimes}_\varepsilon \mathrm{E}$ est formée des classes dans $\mathrm{L}^1(\mathrm{X};\mathrm{E})$ de fonctions intégrables dont un représentant prend ses valeurs dans un sous-espace de dimension finie de F.

8)   On désigne par $\mathscr{S}$ le sous-espace vectoriel de $\mathrm{K}^{\mathbf{N}}$ formé des suites $(a_n)_{n\in\mathbf{N}}$ telles que pour tout entier $\alpha \geqslant 0$, la suite $(n^\alpha a_n)_{n\in\mathbf{N}}$ soit bornée. Pour $\alpha \in \mathbf{N}$ et $(a_n) \in \mathscr{S}$, on pose $p_\alpha((a_n)) = \sup_n |n^\alpha a_n|$. On munit l'espace $\mathscr{S}$ de la topologie définie par les semi-normes p_α. L'espace localement convexe ainsi obtenu est appelé *espace des suites à décroissance rapide.*

a)   Pour tout entier $n \geqslant 1$, décrire un isomorphisme $\mathscr{C}^\infty((\mathbf{R}/\mathbf{Z})^n) \to \mathscr{S}$.

b)   En déduire un isomorphisme de $\mathscr{S} \widehat{\otimes}_\pi \mathscr{S}$ sur $\mathscr{S}$.

9)   Pour tout $n \in \mathbf{N}$, on note $\mathscr{S}(\mathbf{R}^n)$ l'espace de Schwartz de $\mathbf{R}^n$ (TS, IV, p. 209, n° 7). Soient p et q des entiers positifs. Identifions $\mathbf{R}^p \times \mathbf{R}^q$ à $\mathbf{R}^{p+q}$.

a)   Pour tout $f \in \mathscr{S}(\mathbf{R}^p)$ et tout $g \in \mathscr{S}(\mathbf{R}^q)$, la fonction $(x,y) \mapsto f(x)g(y)$ appartient à $\mathscr{S}(\mathbf{R}^{p+q})$.

b)   Soit $\Theta \colon \mathscr{S}(\mathbf{R}^p) \otimes_\varepsilon \mathscr{S}(\mathbf{R}^q) \to \mathscr{S}(\mathbf{R}^{p+q})$ l'unique application linéaire qui associe à $f \otimes g$ la fonction $(x,y) \mapsto f(x)g(y)$. L'application Θ est continue, injective, stricte et d'image dense ; elle induit un isomorphisme topologique de $\mathscr{S}(\mathbf{R}^p) \widehat{\otimes}_\varepsilon \mathscr{S}(\mathbf{R}^q)$ sur $\mathscr{S}(\mathbf{R}^{p+q})$.

10)   Soient X et Y des espaces localement compacts, munis de mesures positives μ et ν respectivement. On munit l'espace $\mathrm{X} \times \mathrm{Y}$ de la mesure produit $\mu \otimes \nu$. Soit p un nombre réel $\geqslant 1$. Définir comme dans la prop. 13 de VI, p. 90 un isomorphisme isométrique de $\mathrm{L}^p(\mathrm{X} \times \mathrm{Y})$ sur $\mathrm{L}^p(\mathrm{X};\mathrm{L}^p(\mathrm{Y}))$.

11)   Soit $\overline{\mathbf{N}}$ le sous-ensemble $\mathbf{N} \cup \{\infty\}$ de $\overline{\mathbf{R}}$. Notons c l'espace de Banach $\mathscr{C}(\overline{\mathbf{N}})$. Soient X un espace localement compact et μ une mesure sur X.

a)   Soit $f \in \mathscr{L}^1(\mathrm{X},\mu)$ et soit $(f_n)_{n\in\mathbf{N}}$ une suite de fonctions dans $\mathscr{L}^1(\mathrm{X},\mu)$. Les conditions suivantes sont équivalentes :

    (i) La suite $(f_n)_{n\in\mathbf{N}}$ converge simplement vers f et il existe une fonction positive $g \in \mathscr{L}^1(\mathrm{X},\mu)$ telle que l'on ait $|f_n(x)| \leqslant g(x)$ pour tout $n \in \mathbf{N}$ et μ-presque tout $x \in \mathrm{X}$;

    (ii) La fonction $x \mapsto ((f_n(x))_{n\in\mathbf{N}}, f(x))$ appartient à $\mathscr{L}^1(\mathrm{X},\mu;c)$.

(Déduire de TG, IX, p. 68, prop. 14, que la tribu borélienne de c est la tribu induite par celle de $\mathrm{K}^{\overline{\mathbf{N}}}$.)

    Lorsque ces conditions sont vérifiées, on dira que *la suite (f_n) converge vers f pour la convergence simple dominée sur* X.

b)   Soit Y un espace localement compact, soit ν une mesure sur Y, et soit $u \colon \mathscr{L}^1(\mathrm{X},\mu) \to \mathscr{L}^1(\mathrm{Y},\nu)$ une application linéaire continue. Si la suite (f_n)

tend vers f pour la convergence simple dominée sur X, alors la suite $(u(f_n))$ tend vers $u(f)$ pour la convergence simple dominée sur Y.

c)   Établir un énoncé analogue à a) lorsque f et les f_n sont des fonctions μ-intégrables de X dans un espace de Banach E. (Se ramener au cas où E est de type dénombrable, puis raisonner comme ci-dessus.)

d)   Soient T un espace compact métrisable et F$:$ X $\times$ T $\to$ E une application. On suppose que pour tout $t \in$ T, la fonction $x \mapsto$ F(x,t) est μ-intégrable. Les conditions suivantes sont équivalentes :

(i) Pour tout $x \in$ X, la fonction $t \mapsto$ F(x,t) est continue et il existe une fonction positive $g \in \mathscr{L}^1(\mathrm{X}, \mu)$ telle que $\|\mathrm{F}(x,t)\| \leqslant g(x)$ pour tout $t \in$ T et presque tout $x \in$ X ;

(ii) On a F $\in \mathscr{L}^1(\mathrm{X}, \mu; \mathscr{C}(\mathrm{T}; \mathrm{E}))$.

12) a) Soient n un entier $\geqslant 1$ et A $= (a_{ij})$ une matrice $n \times n$ à termes réels. Soit η un nombre réel > 0. On suppose que A est symétrique et que pour tout $i \in \{1, \ldots, n\}$, on a $a_{ij} = 1$ si $i = j$ et $|a_{ij}| \leqslant \eta$ si $i \neq j$. Alors

$$\mathrm{rg}(\mathrm{A}) \geqslant \frac{n}{1 + (n-1)\eta^2}.$$

b)   Soient n un entier $\geqslant 1$ et B une matrice $n \times n$ à termes réels. Soit P $\in$ K[T] un polynôme de degré k. Alors $\mathrm{rg}(\mathrm{P(B)}) \leqslant \binom{k + \mathrm{rg(B)}}{k}$; de plus, si P est le polynôme T^k, on a $\mathrm{rg}(\mathrm{P(B)}) \leqslant \binom{k + \mathrm{rg(B)} - 1}{k}$.

c)   Il existe un nombre réel $c > 0$ vérifiant la propriété suivante : pour tout entier $n \geqslant 1$, pour toute matrice M $= (m_{ij})_{1 \leqslant i,j \leqslant n}$ à termes réels, et pour tout $\eta \in [1/\sqrt{n}, 1/2[$, si $m_{ii} = 1$ pour tout i et $|m_{ij}| \leqslant \eta$ pour $i \neq j$, alors

$$\mathrm{rg}(\mathrm{M}) \geqslant \frac{c}{\varepsilon^2 \log(1/\varepsilon)} \log(n).$$

d)   Soit $c > 0$ un nombre réel vérifiant c). Pour tout entier $n \geqslant 1$, pour toute matrice M $= (m_{ij})_{1 \leqslant i,j \leqslant n}$ à termes réels, et pour tout $\eta \in [1/2\sqrt{n}, 1/4[$, si l'on a $|b_{ii}| \geqslant 1/2$ pour tout i et $|m_{ij}| \leqslant \eta$ pour $i \neq j$, alors

$$\mathrm{rg}(\mathrm{M}) \geqslant \frac{c}{\varepsilon^2 \log(1/\varepsilon)} \log(n).$$

e)   Soit A $= (a_{ij})_{i,j \in \mathbf{N}}$ un élément de $\ell_{\mathbf{R}}^\infty(\mathbf{N}^2)$, et soit $u\colon \ell^1(\mathbf{N}) \to \ell^1(\mathbf{N})$ l'application linéaire continue dont la matrice par rapport à la base canonique de $\ell^1(\mathbf{N})$ est égale à A. Soit 1_Δ la fonction caractéristique de la diagonale de $\mathbf{N}^2$. Déduire de d) que si $\|\mathrm{A} - 1_\Delta\|_\infty < 1/8$, alors u est de rang infini.

f)   Soit $\widehat{\Psi}_\infty$ l'application isométrique de $\ell^\infty(\mathbf{N}) \widehat{\otimes}_\varepsilon \ell^\infty(\mathbf{N})$ dans $\ell^\infty(\mathbf{N}^2)$ obtenue dans le corollaire 1 de VI, p. 91 si l'on y prend X $=$ Y $= \mathbf{N}$ munis de la mesure de comptage. L'image de $\widehat{\Psi}$ ne contient pas 1_Δ.

$$\S\ 4$$

1) Il existe une construction tensorielle γ vérifiant $\gamma' = \gamma$. (Définir par récurrence une suite de constructions tensorielles (α_n) par les relations $\alpha_0 = \pi$ et $\alpha_{n+1} = \frac{\alpha_n + \alpha'_n}{2}$, puis faire tendre n vers l'infini.)

2) Pour tout nombre réel $r \geqslant 1$, les constructions g_r et d_r (VI, p. 139, exercice 14) sont de type fini, la construction g_r est projective à gauche et la construction d_r est projective à droite.

3) Le but de cet exercice est de montrer que la construction tensorielle ε° n'est pas projective.

a) Soient E et F des espaces de Banach. Les constructions ε° et π coïncident sur $E \otimes F$ si et seulement si l'application canonique de $E \otimes F$ dans $(E' \otimes F')^*$ induit une application isométrique de $E \otimes_\pi F$ dans $(E' \otimes_\varepsilon F')'$.

b) Soit E un espace de Banach. Il existe un ensemble I et une application linéaire surjective $u\colon \ell^1(I) \to E$ telle que la norme de E soit le quotient de la norme de $\ell^1(I)$ par u.

c) Pour tout espace de Banach F, les constructions tensorielles ε° et π coïncident sur $\ell^1(I) \otimes F$ (utiliser l'exerc. 9 de VI, p. 138 et TS, III, p. 118, exerc. 36).

d) La construction tensorielle ε° n'est pas projective à gauche. (Soit E un espace de Banach ne possédant pas la propriété d'approximation —un tel espace est construit dans TS, III, p. 112, exercice 25. Observer à l'aide de l'exercice précédent qu'il existe un espace de Banach F tel que les constructions tensorielles ε° et π ne coïncident pas sur $E \otimes F$.)

4) Soit γ une construction tensorielle. Le but de cet exercice est de montrer que γ et $\gamma^\natural$ coïncident sur les couples d'espaces normés possédant la propriété d'approximation métrique (TS, III, p. 118, exercice 35). Rappelons qu'un espace normé E possède cette propriété si et seulement si l'application id_E est adhérente, dans $\mathscr{L}(E)$ muni de la topologie de la convergence compacte, à l'ensemble des éléments de norme $\leqslant 1$ de $\mathscr{L}^{\mathrm{f}}(E)$.

Soient E et F des espaces normés possédant la propriété d'approximation métrique. On note p et q les normes données sur E et sur F, respectivement.

Soit t un élément de $E \otimes F$. Dans les questions *a)* et *b)*, on fixe un nombre réel $\varepsilon > 0$ ainsi qu'une écriture $(x_i, y_i)_{1 \leqslant i \leqslant n}$ de t.

a) Posons $\mathrm{M} = \sum_{i=1}^n p(x_i) + q(y_i)$. Il existe $u \in \mathscr{L}^{\mathrm{f}}(E)$ et $v \in \mathscr{L}^{\mathrm{f}}(F)$ tels que l'on ait $p(u(x_i) - x_i) < \frac{\varepsilon}{\mathrm{M}}$ et $q(v(y_i) - y_i) < \frac{\varepsilon}{\mathrm{M}}$ pour tout $i \in \{1, \ldots, n\}$.

b) Il existe des sous-espaces de dimension finie $A \subset E$ et $B \subset F$ tels que t et $(u \otimes v)(t)$ appartiennent à $A \otimes B$ et qu'on ait $(p|_A \otimes_\gamma q|_B)(t - (u \otimes v)(t)) < \varepsilon$.

c) On a $(p \otimes_\gamma q)(t) = (p \otimes_{\gamma^\natural} q)(t)$.

5) Le but de cet exercice est de montrer que toute construction tensorielle projective est de type fini.

a) Soit (E, p) un espace normé. Il existe un espace normé $(\widetilde{E}, \widetilde{p})$ ayant la propriété d'approximation métrique, et une application linéaire surjective $u \colon \widetilde{E} \to E$, tels que p soit le quotient de $\widetilde{p}$ par u. (Méthode de l'exercice 3.)

Dans les questions *b)* à *d)*, on fixe une construction tensorielle γ. Soient (E, p) et (F, q) des espaces normés, et soient $(\widetilde{E}, \widetilde{p})$ et $(\widetilde{F}, \widetilde{q})$ des espaces normés ayant la propriété d'approximation métrique. Soient $u \colon \widetilde{E} \to E$ et $v \colon \widetilde{F} \to F$ des applications linéaires continues surjectives. Supposons que p (resp. q) soit le quotient de $\widetilde{p}$ (resp. $\widetilde{q}$) par u (resp. v).

b) On a $\widetilde{p} \otimes_\gamma \widetilde{q} = \widetilde{p} \otimes_{\gamma^\natural} \widetilde{q}$.

c) Soient ε un nombre réel > 0 et t un élément de $E \otimes F$.

Il existe des sous-espaces de dimension finie $A \subset \widetilde{E}$, $B \subset \widetilde{F}$, et un élément $\widetilde{t} \in A \otimes B$, tels que l'on ait $(u \otimes v)(\widetilde{t}) = t$ et $(\widetilde{p}|_A \otimes_\gamma \widetilde{q}|_B)(\widetilde{t}) \leqslant (1 + \varepsilon)(p \otimes_\gamma q)(t)$.

En déduire l'inégalité $(p \otimes_{\gamma^\natural} q)(t) \leqslant (1 + \varepsilon)(p \otimes_\gamma q)(t)$.

d) En déduire que γ et $\gamma^\natural$ coïncident sur les couples d'espaces normés, puis que γ est de type fini.

6) Dans cet exercice, si (E, p) est un espace semi-normé, on note $\mathscr{C}(E)$ l'ensemble des sous-espaces fermés de codimension finie de E. Pour tout élément A de $\mathscr{C}(E)$, on note $\pi_{E/A}$ la surjection canonique de E sur E/A, et on note $p_{E/A}$ la semi-norme sur E/A quotient de p par $\pi_{E/A}$.

Soit γ une construction tensorielle.

a) Soient (E, p) et (F, q) des espaces semi-normés. Pour tout (A, B) dans $\mathscr{C}(E) \times \mathscr{C}(F)$ et pour tout t dans $E \otimes F$, on a

$$(p_{E/A} \otimes_\gamma q_{F/B})\big((\pi_{E/A} \otimes \pi_{F/B})(t)\big) \leqslant (p \otimes_\gamma q)(t).$$

La formule

$$(2) \qquad (p \otimes_{\check{\gamma}} q)(t) = \sup_{(A,B) \in \mathscr{C}(E) \times \mathscr{C}(F)} (p_{E/A} \otimes_\gamma q_{F/B})\big((\pi_{E/A} \otimes \pi_{F/B})(t)\big)$$

définit une semi-norme $p \otimes_{\check{\gamma}} q$ sur $E \otimes F$.

b) La formule (2) définit une construction tensorielle $\check{\gamma}$.

On dit que $\check{\gamma}$ est l'*enveloppe cofinie* de γ, et que γ est *de type cofini* si elle est égale à son enveloppe cofinie.

c) La construction tensorielle ε est de type cofini.

d) Quelle que soit la construction tensorielle γ, la construction protoduale γ° est de type cofini.

e) La construction duale γ' est de type cofini si et seulement si l'on a $\gamma^\circ = \gamma'$.

f)   La construction tensorielle π n'est pas de type cofini.

7)   Soit γ une construction tensorielle. Montrer l'égalité $\gamma^\circ = ((\gamma^\circ)^\circ)^\circ$. (Remarquer que ces deux constructions coïncident sur les couples d'espaces normés de dimension finie, puis utiliser l'exercice 6.)

8)   Soit γ une construction tensorielle. Si E et F sont des espaces de Banach et possèdent tous deux la propriété d'approximation métrique, alors $\gamma^\natural, \gamma$ et $\check{\gamma}$ coïncident sur $E \otimes F$. (Adapter la méthode de l'exercice 4.)

9)   Soient (E, p) et (F, q) des espaces semi-normés. Rappelons que si E et F sont de dimension finie, alors l'application canonique $\lambda_{E,F}$ de $E \otimes_\gamma F$ dans $(E' \otimes_{\gamma'} F')'$ est isométrique. Dans la suite, on ne suppose pas E et F de dimension finie.

a)   Pour tout $t \in E \otimes F$, la forme linéaire $\lambda_{E,F}(t)$ sur $E' \otimes F'$ est continue lorsqu'on munit $E' \otimes F'$ de la semi-norme $(p' \otimes_{\gamma'} q')'$.

b)   L'application $\lambda_{E,F}$ est isométrique de $E \otimes_{\check{\gamma}} F$ dans $(E' \otimes_{\gamma'} F')'$.

10)   Soit γ une construction tensorielle. On dit que γ est *adaptée aux algèbres semi-normées* si pour tout couple $((E, p), (F, q))$ d'algèbres semi-normées, la semi-norme $p \otimes_\gamma q$ est compatible avec la structure d'algèbre de $E \otimes F$ (VI, p. 54).

Si E_1, E_2, F_1 et F_2 sont des espaces vectoriels, soit

$$\Psi\colon (E_1 \otimes E_2) \otimes (F_1 \otimes F_2) \to (E_1 \otimes F_1) \otimes (E_2 \otimes F_2)$$

l'unique application linéaire vérifiant

$$\Psi\big((e_1 \otimes e_2) \otimes (f_1 \otimes f_2)\big) = \big((e_1 \otimes f_1) \otimes (e_2 \otimes f_2)\big)$$

quels que soient $e_1 \in E_1$, $e_2 \in E_2$, $f_1 \in F_1$ et $f_2 \in F_2$. Soit

$$\Theta\colon \mathscr{L}(E_1, F_1) \otimes \mathscr{L}(E_2, F_2) \to \mathscr{L}(E_1 \otimes E_2, F_1 \otimes F_2)$$

l'unique application linéaire vérifiant $\Theta(u_1 \otimes u_2)(e_1 \otimes e_2) = u_1(e_1) \otimes u_2(e_2)$ quels que soient $u_1 \in \mathscr{L}(E_1, F_1)$, $u_2 \in \mathscr{L}(E_2, F_2)$, $e_1 \in E_1$ et $e_2 \in E_2$.

a)   Les conditions suivantes sont équivalentes :

(i) La construction γ est adaptée aux algèbres semi-normées ;

(ii) Quels que soient les espaces semi-normés E_1, E_2, F_1, F_2, l'application Ψ est continue de $(E_1 \otimes_\gamma E_2) \otimes_\pi (F_1 \otimes_\gamma F_2)$ dans $(E_1 \otimes_\pi F_1) \otimes_\gamma (E_2 \otimes_\pi F_2)$. Si de plus γ est de type fini, elles sont encore équivalentes à :

(iii) Quels que soient les espaces semi-normés E_1, E_2, F_1, F_2, l'application Θ est continue de $\mathscr{L}(E_1, F_1) \otimes_{\gamma'} \mathscr{L}(E_2, F_2)$ dans $\mathscr{L}(E_1 \otimes_\gamma E_2, F_1 \otimes_{\gamma'} F_2)$.

(Pour montrer que (i) implique (ii), munir les espaces $E_i \oplus F_i \oplus (E_i \otimes_\pi F_i)$ pour $i \in \{1, 2\}$ de structures d'algèbres semi-normées.)

b)   Si γ est de type fini et adaptée aux algèbres semi-normées, alors il existe un nombre réel $c > 0$ tel que pour tout couple $((E, p), (F, q))$ d'espaces semi-normés, l'inégalité $(p \otimes_{\gamma'} q) \leqslant c\,(p \otimes_\gamma q)$ soit satisfaite sur $E \otimes F$.

c)   La construction ε n'est pas adaptée aux algèbres semi-normées.

11)   Appelons *famille $(\gamma_i)_{i \in I}$ de constructions tensorielles*[2] la donnée d'un ensemble I et, pour tout élément i de I et pour tout couple $((E, p), (F, q))$ d'espaces semi-normés, d'une semi-norme $p \otimes_{\gamma_i} q$ sur $E \otimes F$, de telle façon que, pour tout $i \in I$, la donnée des semi-normes $p \otimes_{\gamma_i} q$ (quels que soient les espaces semi-normés (E, p), (F, q)) définisse une construction tensorielle γ_i.

Soit $(\gamma_i)_{i \in I}$ une famille de constructions tensorielles. Quels que soient les espaces semi-normés (E, p), (F, q), et quel que soit $t \in E \otimes F$, posons

$$(3) \qquad (p \otimes_\gamma q)(t) = \sup_{i \in I} (p \otimes_{\gamma_i} q)(t)$$

si I est non vide, et $(p \otimes_\gamma q)(t) = (p \otimes_\varepsilon q)(t)$ si I est vide.

a)   La donnée des applications $t \mapsto (p \otimes_\gamma q)(t)$, pour tout couple $((E, p), (F, q))$ d'espaces semi-normés, définit une construction tensorielle.

On appelle *borne supérieure* de la famille $(\gamma_i)_{i \in I}$, et on note $\sup_{i \in I} \gamma_i$, la construction tensorielle définie par la formule (3).

b)   On a l'égalité $^t(\sup_{i \in I} \gamma_i) = \sup_{i \in I}(^t\gamma_i)$. Si $(\gamma_i)_{i \in I}$ est une famille de constructions tensorielles commutatives (resp. associatives, injectives), alors $\sup_{i \in I} \gamma_i$ est commutative (resp. associative, injective).

c)   ¶ Si $(\gamma_i)_{i \in I}$ est une famille de constructions tensorielles projectives, il n'est pas toujours vrai que $\sup_{i \in I} \gamma_i$ soit projective.

12)   Il existe une famille $(\gamma_i)_{i \in I}$ de constructions tensorielles telle que chaque γ_i soit de type fini, mais que $\sup_{i \in I} \gamma_i$ ne soit pas de type fini.

(Considérer une construction γ qui n'est pas de type fini, et la borne supérieure α de la famille des constructions tensorielles de type fini qui sont $\leqslant \gamma$. Supposer α de type fini et tenter de comparer la construction tensorielle $\frac{1}{2}(\alpha + \gamma^\natural)$ avec la construction γ.)

13)   Soit $(\gamma_i)_{i \in I}$ une famille de constructions tensorielles. Pour tout $i \in I$ et pour tout couple $((E, p), (F, q))$ d'espaces semi-normés, notons $B_{E \otimes F, i}$ la boule unité de l'espace semi-normé $(E \otimes F, p \otimes_{\gamma_i} q_i)$.

---

[2]Cette notion de famille n'est pas un cas particulier de la notion définie dans E, II, p. 14 : en effet, il n'existe pas d'ensemble contenant comme éléments tous les espaces semi-normés sur K. Voir cependant l'exercice 14 pour le cas des constructions tensorielles de type fini.

a)   L'enveloppe convexe $B_{E \otimes F}$ de la réunion des $B_{E \otimes F, i}$, $i \in I$, est une partie convexe équilibrée non vide de $E \otimes F$. La jauge de $B_{E \otimes F}$ définit une semi-norme sur $E \otimes F$, que l'on note $p \otimes_\gamma q$.

Convenons par ailleurs de noter $\gamma = \pi$ si $(\gamma_i)_{i \in I}$ est la famille vide.

b)   La donnée des semi-normes $p \otimes_\gamma q$, pour tout couple $((E, p), (F, q))$ d'espaces semi-normés, définit une construction tensorielle. On dit que c'est la *borne inférieure* de la famille $(\gamma_i)_{i \in I}$ et on la note $\inf_{i \in I} \gamma_i$.

c)   On a l'égalité $(\inf_{i \in I} \gamma_i)^\natural = \inf_{i \in I} \gamma_i^\natural$.

d)   Si I est non vide, alors les constructions $\inf_{i \in I}(\gamma_i)$ et $(\sup_{i \in I}(\gamma_i^\circ))^\circ$ coïncident sur les espaces de dimension finie.

e)   La construction tensorielle $(\inf_{i \in I} \gamma_i)^\natural$ est égale à $\left(\sup_{i \in I} \gamma_i'\right)'$.

14)   Soit A l'ensemble des familles (n, m, p, q) où n et m sont des entiers positifs et où p et q sont des semi-normes sur K^n et K^m respectivement. Soit B l'ensemble des familles (m, n, r) où m, n soient des entiers positifs et où r est une semi-norme sur $K^n \otimes K^m$. Soit J l'ensemble des applications $f \colon A \to B$ vérifiant les conditions suivantes :

(i) Pour tout $a = (n, m, p, q) \in A$, on a $\mathrm{pr}_1(f(a)) = n$ et $\mathrm{pr}_2(f(a)) = m$, autrement dit $\mathrm{pr}_3(f(a))$ est une semi-norme sur $K^n \otimes K^m$;

(ii) Si $a = (n, m, p, q)$ et $a_1 = (n_1, m_1, p_1, q_1)$ sont des éléments de A, si $u \colon K^n \to K^{n_1}$, $v \colon K^m \to K^{m_1}$ sont des applications linéaires, et si l'on munit $K^n \otimes K^m$ de la semi-norme $\mathrm{pr}_3(f(a))$ et $K^{n_1} \otimes K^{m_1}$ de la semi-norme $\mathrm{pr}_3(f(a_1))$, alors on a $\|u \otimes v\| \leqslant \|u\| \|v\|$;

(iii) Si m est la norme $z \mapsto |z|$ sur K et si l'on identifie $K \otimes K$ à K par l'isomorphisme canonique, alors $\mathrm{pr}_3(f(1, 1, m, m))$ est égale à m.

a)   Soit f un élément de J. Il existe une unique construction tensorielle de type fini γ_f telle que pour $a = (n, m, p, q)$ dans A, la semi-norme $p \otimes_{\gamma_j} q$ sur $K^n \otimes K^m$ soit égale à $\mathrm{pr}_3(f(a))$.

b)   Toute construction tensorielle de type fini est égale à l'une des constructions γ_f, $f \in J$.

c)   Soit γ une construction tensorielle. Il existe un ensemble I et une famille $(\gamma_i)_{i \in I}$ de constructions tensorielles injectives $\leqslant \gamma$ telle que toute construction tensorielle injective $\leqslant \gamma$ soit égale à l'une des γ_i. La borne supérieure de la famille $(\gamma_i)_{i \in I}$ est l'enveloppe injective $\widehat{\gamma}$.

15)   Si E un espace de Banach et si B_E est sa boule unité, on note $\beta_E \colon \ell^1(B_E) \to E$ l'application qui à une famille sommable d'éléments de B_E associe sa somme. Soient γ une construction tensorielle et $\check{\gamma}$ son enveloppe projective.

Soient E et F des espaces de Banach. L'application $\beta_E \otimes \beta_F$ est continue de $\ell^1(B_E) \otimes_\gamma \ell^1(B_F)$ dans $E \otimes_{\breve{\gamma}} F$, et $\|\cdot\|_E \otimes_{\breve{\gamma}} \|\cdot\|_F$ est la semi-norme quotient de $\|\cdot\|_{\ell^1(B_E)} \otimes_\gamma \|\cdot\|_{\ell^1(B_F)}$ par $\beta_E \otimes \beta_F$.

¶ 16) Soit γ une construction tensorielle. On dit que γ est *totalement accessible* si ses enveloppes finie et cofinie vérifient $\gamma^\natural = \breve{\gamma}$, autrement dit si γ est de type fini et cofini. On dit que γ est *accessible* si pour tout couple $((E, p), (F, q))$ d'espaces semi-normés dont l'un est de dimension finie, on a $p \otimes_{\breve{\gamma}} q = p \otimes_{\gamma^\natural} q$.

a)   La construction γ est totalement accessible si et seulement si on a l'égalité $(\gamma')^\circ = \gamma$.

b)   Toute construction tensorielle injective est totalement accessible.

     (Utiliser le fait que tout espace de Banach E se plonge dans l'espace $\mathscr{C}(B_{E'})$, qui a la propriété d'approximation métrique d'après TS, III, p. 118, exerc. 36.)

c)   La construction γ est accessible si et seulement si $p \otimes_{\breve{\gamma}} q = p \otimes_{\gamma^\natural} q$ dès que (E, p), (F, q) sont des espaces de Banach dont l'un a la propriété d'approximation métrique. (Utiliser l'exercice 9 de VI, p. 138.)

d)   La construction γ est accessible si et seulement si la construction γ' l'est.

e)   Si γ est totalement accessible, alors γ' est accessible.

f)   Il existe une construction tensorielle γ qui n'est pas totalement accessible et telle que γ' soit accessible.

g)   Toute construction tensorielle projective est accessible.[3]

17)   Soit γ une construction tensorielle. Si (E, p) et (F, q) sont des espaces semi-normés et si t est un élément de $E \otimes F$, on pose

$$(4) \qquad\qquad (p \otimes_{/\gamma} q)(t) = \|(\iota_E \otimes 1_F)(t)\|_\gamma$$

où $\iota_E \colon E \to \ell^\infty(B_{E'})$ est l'application de la formule (11) de VI, p. 109.

a)   La formule (4) définit une construction tensorielle $/\gamma$.

b)   La construction $/\gamma$ est injective à gauche et vérifie $/\gamma \leqslant \gamma$; c'est la plus grande construction injective à gauche $\leqslant \gamma$.

c)   Soit $\widetilde{\gamma}$ une construction tensorielle injective à gauche. On a $\widetilde{\gamma} = /\gamma$ si et seulement si pour tout entier $n \geqslant 1$ et tout espace semi-normé F, les constructions tensorielles γ et $\widetilde{\gamma}$ coïncident sur $\ell^\infty(\{1, \ldots, n\}) \otimes F$.

d)   On a $(/\gamma)^\natural = /(\gamma^\natural)$.

e)   Notons $\gamma\backslash$ la construction ${}^t(/({}^t\gamma))$; il s'agit de la plus grande construction injective à droite $\leqslant \gamma$.

---

[3] Pour un exemple de construction tensorielle de type fini non accessible, voir G. Pisier, « Counterexamples to a conjecture of Grothendieck », Acta Math. 151 (1983), p. 181–208.

f)   L'enveloppe injective $\widehat{\gamma}$ vérifie $\widehat{\gamma} \leqslant /\gamma$ et $\widehat{\gamma} \leqslant \gamma\backslash$. On a $/(\gamma\backslash) = (/\gamma)\backslash = \widehat{\gamma}$.

g)   Notons $\backslash\gamma$ la construction $(/(\gamma'))'$. La construction $\backslash\gamma$ est projective à gauche ; c'est la seule construction projective à gauche qui coïncide avec γ sur tout espace de la forme $\ell^1(\{1,\ldots,n\}) \otimes \mathrm{F}$ où n est un entier $\geqslant 1$ et F un espace semi-normé. On a $(\backslash\gamma)^\natural = \backslash(\gamma^\natural)$.

h)   La construction $\backslash\gamma$ est la plus petite construction tensorielle projective à gauche qui soit $\geqslant \gamma$.

i)   Notons $\gamma/$ la construction $^t(\backslash(^t\gamma))$; vérifier qu'il s'agit de la plus petite construction projective à droite $\geqslant \gamma$ et que $\backslash(\gamma/) = (\backslash\gamma)/ = \widecheck{\gamma}$.

j)   On a les égalités $(\gamma\backslash)' = (\gamma')/$ et $(\gamma')\backslash = (\gamma/)'$.

k)   Si E est un espace stellaire (resp. co-stellaire), alors on a $\mathrm{E} \otimes_{/\gamma} \mathrm{F} = \mathrm{E} \otimes_\gamma \mathrm{F}$ (resp. $\mathrm{E} \otimes_{\backslash\gamma} \mathrm{F} = \mathrm{E} \otimes_\gamma \mathrm{F}$) pour tout espace semi-normé F.

18)   Soient γ et $\widetilde{\gamma}$ des constructions tensorielles. On dit que $\widetilde{\gamma}$ peut être *obtenue à partir de γ par une suite d'opérations fondamentales* s'il existe une suite finie $(\gamma_0,\ldots,\gamma_n)$ de constructions tensorielles vérifiant $\gamma_0 = \gamma$, $\gamma_n = \widetilde{\gamma}$ et telle que pour tout $i \in \{0,\ldots,n-1\}$, on ait $\gamma_{i+1} = {}^t\gamma_i, \gamma_i'$ ou $/\gamma_i$.

a)   La construction tensorielle hilbertienne (VI, p. 114, n° 2) est équivalente à une construction obtenue à partir de π par une suite d'opérations fondamentales.

b)   Il existe une famille $(\gamma_i)_{1\leqslant i\leqslant 14}$ de 14 constructions tensorielles telle que si γ est une construction obtenue à partir de π par une suite d'opérations fondamentales, alors γ est équivalente à l'une des constructions γ_i.

19)   Soient E et F des espaces de Banach, et soit p un nombre réel $\geqslant 1$. On dit qu'une application $u \in \mathscr{L}(\mathrm{E};\mathrm{F})$ est *p-sommante* s'il existe un nombre réel $c \geqslant 0$ tel que l'on ait $\|(u(x_i))\|_p \leqslant c\|(x_i)\|_p^*$ pour toute suite finie (x_i) d'éléments de E, les notations $\|(x_i)\|_p, \|(x_i)\|_p^*$ étant celles de l'exercice 14 de VI, p. 139. On note alors $\pi_p(u)$ le plus petit nombre réel c pour laquelle cette inégalité est vérifiée pour toute suite finie (x_i). On note $\Pi^p(\mathrm{E};\mathrm{F})$ l'ensemble des applications p-sommantes de E dans F.

a)   Démontrer que π_p est une norme sur l'espace vectoriel $\Pi^p(\mathrm{E};\mathrm{F})$, qui en fait un espace de Banach.

b)   On dit qu'une famille $(x_i)_{i\in\mathrm{I}}$ d'éléments de E est *absolument p-sommable* (resp. *faiblement p-sommable*) si elle vérifie $\|(x_i)\|_p < \infty$ (resp. $\|(x_i)\|_p^* < \infty$).

Prouver qu'une application $u \in \mathscr{L}(\mathrm{E};\mathrm{F})$ est p-sommante si et seulement si elle transforme toute famille faiblement p-sommable en une famille absolument p-sommable.

c)   Soient E_1, F_1 des espaces de Banach, $f \in \mathscr{L}(\mathrm{E}_1;\mathrm{E})$, $g \in \mathscr{L}(\mathrm{F};\mathrm{F}_1)$. Si $u \in \Pi^p(\mathrm{E};\mathrm{F})$, on a $g \circ u \circ f \in \Pi^p(\mathrm{E}_1;\mathrm{F}_1)$ et $\pi_p(g \circ u \circ f) \leqslant \|g\|_\infty \pi_p(u)\|f\|_\infty$.

d) Soit $q \geqslant p$. On a $\Pi^p(\mathrm{E}; \mathrm{F}) \subset \Pi^q(\mathrm{E}; \mathrm{F})$ et $\pi_q(u) \leqslant \pi_p(u)$ pour tout $u \in \Pi^p(\mathrm{E}; \mathrm{F})$. (Soit $r = pq/(q-p)$; observer que pour toute famille faiblement q-sommable $(x_i)_{i \in \mathrm{I}}$ dans E et pour toute famille $(\lambda_i)_{i \in \mathrm{I}} \in \ell^r(\mathrm{I})$, la famille $(\lambda_i x_i)$ est faiblement p-sommable.)

20) On conserve les notations de l'exercice précédent et on note p' l'élément $p/(p-1)$ de $[1, \infty]$. On considère les constructions tensorielles g_p, d_p définies dans l'exercice 14 de VI, p. 139. Définir des isomorphismes d'espaces de Banach de $(\mathrm{E} \otimes_{g_p} \mathrm{F})'$ sur $\Pi^{p'}(\mathrm{F}; \mathrm{E}')$ et de $(\mathrm{E} \otimes_{d_p} \mathrm{F})'$ sur $\Pi^{p'}(\mathrm{E}; \mathrm{F}')$.

¶ 21) On conserve les notations de l'exercice 19.

a) Soit $u \in \mathscr{L}(\mathrm{E}; \mathrm{F})$. Les conditions suivantes sont équivalentes (« théorème de représentation de Pietsch ») :

(i) L'application u est p-sommante ;

(ii) Il existe une mesure positive μ de masse totale 1 sur la boule unité $\mathrm{B}_{\mathrm{E}'}$ de E' munie de la topologie faible, et un nombre réel $c \geqslant 0$, tels que l'on ait

$$\|u(x)\| \leqslant c\Big(\int_{\mathrm{B}_{\mathrm{E}'}} |\langle x, x'\rangle|^p d\mu(x')\Big)^{1/p}$$

pour tout x dans E.

(iii) Il existe un espace compact T, une mesure positive μ sur T de masse totale 1 et une application linéaire continue $\varphi \colon \mathrm{E} \to \mathscr{C}(\mathrm{T})$, tels que l'on ait

$$\|u(x)\| \leqslant \Big(\int_{\mathrm{T}} |\varphi(x)(t)|^p d\mu(t)\Big)^{1/p}$$

pour tout $x \in \mathrm{E}.^{(4)}$
De plus, si ces conditions sont vérifiées, on peut prendre $c = \pi_p(u)$ dans la condition (ii), et on a $\pi_p(u) \leqslant \|\varphi\|$ dans la condition (iii).

(Pour prouver que (i) implique (ii), considérer dans $\mathscr{C}(\mathrm{B}_{\mathrm{E}'})$ le cône convexe C formé des fonctions de la forme

$$t \mapsto \|(u(x_i))\|_p^p - \pi_p(u)^p \sum |\langle x_i, t\rangle|^p$$

pour toutes les suites finies (x_i) d'éléments de E. Montrer à l'aide du théorème de Hahn–Banach qu'il existe une mesure positive sur $\mathrm{B}_{\mathrm{E}'}$ telle que l'on ait $\int_{\mathrm{B}_{\mathrm{E}'}} f d\mu \leqslant 0$ pour tout $f \in \mathrm{C}$, d'où le résultat en considérant une suite dont un seul élément est non nul.)

b) Soit T un espace compact muni d'une mesure positive. L'application canonique k_{T}^p de $\mathscr{C}(\mathrm{T})$ dans $\mathrm{L}^p(\mathrm{T})$ est p-sommante.

$^{(4)}$Autrement dit, la semi-norme $x \mapsto \|u(x)\|$ sur E est majorée par une semi-norme p-intégrale (VII, p. 249, définition 2).

c) Soit $u \in \mathcal{L}(\mathrm{E};\mathrm{F})$. Pour que u soit p-sommante, il faut et il suffit qu'il existe un espace compact T muni d'une mesure positive de masse 1, un sous-espace fermé L de $\mathrm{L}^p(\mathrm{T})$, et des applications linéaires continues $f\colon \mathrm{E} \to \mathscr{C}(\mathrm{T})$ et $g\colon \mathrm{L} \to \mathrm{F}$, tels que l'on ait $k_{\mathrm{T}}^p(f(x)) \in \mathrm{L}$ et $g(k_{\mathrm{T}}^p(f(x))) = u(x)$ pour tout $x \in \mathrm{E}$ (« théorème de factorisation de Pietsch »). On a alors $\pi_p(u) \leqslant \|f\|\|g\|$, et les applications f et g peuvent être choisies de telle façon qu'il y ait égalité.

d) Si $p \leqslant 2$, on peut prendre $\mathrm{L} = \mathrm{L}^p(\mathrm{T})$ dans la question *c)*.

e) Toute application p-sommante est faiblement compacte (TS, III, p. 115, exerc. 27) et transforme toute partie faiblement relativement compacte de E en une partie relativement compacte de F. (Utiliser *c)* et le théorème de Dunford–Pettis, INT, VI, p. 46, § 2, n° 5, cor. 2 du th. 1).

¶ 22) Soit n un entier $\geqslant 1$. Notons ℓ_1^n (resp. ℓ_∞^n) l'espace $\ell^1(\{1,\dots,n\})$ (resp. $\ell^\infty(\{1,\dots,n\})$) et fixons un espace de Banach F. Notons θ l'application canonique de $(\ell_\infty^n)^* \otimes \mathrm{F}$ dans $\mathscr{L}(\ell_\infty^n,\mathrm{F})$.

Soient t un élément de $(\ell_\infty^n)^* \otimes \mathrm{F}$ et u l'application linéaire $\theta(t)\colon \ell_\infty^n \to \mathrm{F}$.

a) L'application u est p-sommante et on a $\pi_p(u) \leqslant \|t\|_{g_p}$ (notations de l'exercice 14 de VI, p. 139).

b) Il existe une famille $(\mu_i)_{1\leqslant i\leqslant n}$ de nombres réels positifs de somme 1 telle que l'on ait $\|u(x)\|^p \leqslant \pi_p(u)^p \sum_{i=1}^n \mu_i |x(i)|^p$ pour tout $x \in \ell_\infty^n$. (Adapter la méthode de l'exercice 21.)

c) Vérifier que $\pi_p(u) \geqslant \|t\|_{g_p}$ en écrivant $t = \sum_{i=1}^n (\mu_i^{1/p} e_i) \otimes (\mu_i^{-1/p} u(e_i))$, où $(e_i)_{1\leqslant i\leqslant n}$ est la base canonique de ℓ_1^n.

d) En déduire que θ définit un isomorphisme isométrique de $(\ell_1^n) \otimes_{g_p} \mathrm{F}$ sur l'espace normé $(\Pi^p(\ell_\infty^n,\mathrm{F}), \pi_p)$.

e) Soit E un espace normé de dimension finie. Définir des isomorphismes isométriques de $\mathrm{E} \otimes_{g_p} \ell_\infty^n$ sur $\Pi^p(\mathrm{E}^*, \ell_\infty^n)$ et sur $(\mathrm{E}^* \otimes_{d_q} \ell_1^n)^*$, où q est l'exposant conjugué de p.

23) On fixe un nombre réel $p \geqslant 1$, on note q l'exposant conjugué de p et on utilise les notations des exercices 17 et 22.

a) Si E est un espace normé de dimension finie, alors les constructions tensorielles g_p et d_q' coïncident sur $\mathrm{E} \otimes \ell_\infty^n$ pour tout entier $n \geqslant 1$.

b) On a $(d_p)' = g_q\backslash$ et $(g_p)' = /d_q$.

c) On a $\backslash(g_p\backslash) = g_p$ et $(\backslash g_p)\backslash = g_p\backslash$.

d) On a $d_2' = g_2$ et $g_2' = d_2$.

§ 5

1) Soient H un espace préhilbertien et E un espace semi-normé. Montrer que les constructions tensorielles ε et h coïncident sur $H \otimes E$.

2) Pour $p \in \{1, 2, \infty\}$, on note $\|\cdot\|_p$ la norme sur $\mathbf{R}^{(\mathbf{N})}$ induite par celle de $\ell^p(\mathbf{N})$, et on note X_p l'espace normé $(\mathbf{R}^{(\mathbf{N})}, \|\cdot\|_p)$.

On considère sur $\mathbf{R}^{(\mathbf{N})} \otimes \mathbf{R}^{(\mathbf{N})} \otimes \mathbf{R}^{(\mathbf{N})}$ la norme $\|\cdot\|_g$ obtenue par transport de structure à partir de la norme de $(X_2 \otimes_{\mathrm{h}} X_2) \otimes_{\mathrm{h}} X_1$, et la norme $\|\cdot\|_d$ obtenue par transport de structure à partir de celle de $X_2 \otimes_{\mathrm{h}} (X_2 \otimes_{\mathrm{h}} X_1)$.

Soit $(e_n)_{n \in \mathbf{N}}$ la base canonique de $\mathbf{R}^{(\mathbf{N})}$. Pour tout $n \in \mathbf{N}$, on pose

$$t_n = \sum_{k=0}^{n-1} e_k \otimes e_k \otimes e_k \; ;$$

c'est un élément de $\mathbf{R}^{(\mathbf{N})} \otimes \mathbf{R}^{(\mathbf{N})} \otimes \mathbf{R}^{(\mathbf{N})}$.

a) Soit $u \colon \mathbf{R}^{(\mathbf{N})} \to \mathbf{R}^{(\mathbf{N})} \otimes \mathbf{R}^{(\mathbf{N})}$ l'unique application linéaire qui vérifie $u(e_n) = e_n \otimes e_n$ pour tout $n \in \mathbf{N}$. L'application u est isométrique de X_2 dans $X_2 \otimes_{\mathrm{h}} X_1$, et isométrique de X_∞ dans $X_2 \otimes_{\mathrm{h}} X_2$.

b) On a $\|t_n\|_d = 1$ pour tout entier $n > 0$. (Utiliser l'injectivité de h.)

c) Soit $n \in \mathbf{N}$, soit $a \in \mathbf{R}_+$ et soit $\|\cdot\|$ une norme hilbertienne sur $\mathbf{R}^n$ telle que l'on ait $\|x\|_1 \leqslant \|x\| \leqslant a\|x\|_1$ pour tout $x \in \mathbf{R}^n$. On a alors $a \geqslant \sqrt{n}$.

d) On a $\|t_n\|_g = \sqrt{n}$ pour tout $n \in \mathbf{N}$.

e) La construction tensorielle hilbertienne n'est pas associative.

3) Si $(x_i)_{i \in \mathrm{I}}$ est une famille d'éléments d'un espace semi-normé E, on note $w((x_i)_{i \in \mathrm{I}})$ l'élément de $[0, +\infty]$ défini par

$$(5) \qquad w\big((x_i)_{i \in \mathrm{I}}\big) = \sup_{x' \in \mathrm{B}_{\mathrm{E}'}} \left(\sum_{i \in \mathrm{I}} |\langle x_i, x' \rangle|^2 \right)^{1/2},$$

où $\mathrm{B}_{\mathrm{E}'}$ est la boule unité de E'. Lorsque I est fini, il s'agit du nombre $\|\alpha_{\mathrm{E},\mathrm{I}}((x_i)_{i \in \mathrm{I}})\|$ considéré dans le lemme 2 de VI, p. 112.

Soient E et F des espaces semi-normés, et soit $t \in \mathrm{E} \,\widehat{\otimes}_{\mathrm{h}}\, \mathrm{F}$. Il existe une suite $(x_n, y_n)_{n \in \mathbf{N}}$ d'éléments de $\mathrm{E} \times \mathrm{F}$ telle que les quantités $w((x_n)_{n \in \mathbf{N}})$ et $w((y_n)_{n \in \mathbf{N}})$ soient finies et que l'on ait $t = \sum_{n \in \mathbf{N}} x_n \,\widehat{\otimes}_\pi\, y_n$. De plus, on a

$$\|t\|_{\mathrm{h}} = \inf\big\{w((x_n)_{n \in \mathbf{N}})w((y_n)_{n \in \mathbf{N}})\big\}$$

où la borne inférieure est prise sur les choix de telles suites $(x_n, y_n)_{n \in \mathbf{N}}$.

4) Soient n un entier $\geqslant 1$ et E l'espace vectoriel des matrices de taille $n \times n$ à termes dans K, muni de la norme $\|\cdot\|_{\mathscr{L}(\mathrm{K}^n)}$ associée à la norme euclidienne

sur K^n. Si $M = (m_{ij})_{1 \leqslant i,j \leqslant n}$ est un élément de E, on note σ_M l'endomorphisme de E qui associe à une matrice (a_{ij}) la matrice $(m_{ij} a_{ij})$ (« opérateur de multiplication de Schur associé à M ».)

a)   Pour tout $M = (m_{ij})$ dans E, les conditions suivantes sont équivalentes :

     (i) L'application σ_M est de norme $\leqslant 1$;

     (ii) Il existe un espace hilbertien H et des familles $(x_i)_{1 \leqslant i \leqslant n}$, $(y_j)_{1 \leqslant j \leqslant n}$ dans la boule unité de H telles que l'on ait $m_{ij} = \langle x_i \,|\, y_j \rangle$ pour tous i, j ;

     (iii) Si (e_i) désigne la base canonique de K^n et si l'on munit K^n de la norme $\|\cdot\|_\infty$, alors l'élément $\mu = \sum_{i,j=1}^{n} m_{ij} e_i \otimes e_j$ de $\mathrm{K}^n \otimes_{\mathrm{h}} \mathrm{K}^n$ vérifie $\|\mu\|_{\mathrm{h}} \leqslant 1$.

(Prouver d'abord que (ii) équivaut à (iii) et implique (i). Pour prouver que (i) implique (iii), démontrer qu'on a toujours $\|\mu\|_{\mathrm{h}} \leqslant \|\sigma_M\|$ en identifiant l'espace dual de $\mathrm{K}^n \otimes_{\mathrm{h}} \mathrm{K}^n$ à $(\ell^1(\{1,\dots,n\}) \otimes_{\mathrm{h}'} \ell^1(\{1,\dots,n\}))$ et en considérant la borne supérieure des nombres $|\langle \mu, x \rangle|$ lorsque x parcourt la boule unité de cet espace ; utiliser pour cela l'exercice 16.)

b)   Soit $\mathscr{S}$ l'ensemble des endomorphismes u de E qui sont de la forme $u = \sigma_M$ avec $M \in$ E et vérifient $\|u\| \leqslant 1$. Soit $\mathscr{S}_0$ l'ensemble des endomorphismes de E de la forme $\sigma_{a\,{}^t b}$ où a et b sont des éléments de K^n de norme euclidienne $\leqslant 1$, identifiés à des matrices de taille $n \times 1$. Notons $\mathscr{C}$ l'enveloppe convexe fermée de $\mathscr{S}_0$. On a les inclusions $\mathscr{C} \subset \mathscr{S} \subset \mathsf{G}_{\mathrm{K}} \mathscr{C}$.

5)   Le but de cet exercice est de montrer qu'aucune construction tensorielle n'est à la fois injective et projective.

a)   Soient E un espace hilbertien de type dénombrable et $(e_n)_{n \in \mathbf{N}}$ une base orthonormale de E. Pour tout $n \in \mathbf{N}$, soit t_n l'élément $\sum_{i=0}^{n} e_i \otimes e_i$ de $\mathrm{E} \otimes \mathrm{E}$. On a $n \leqslant \|t_n\|_{\widehat{\pi}} \|t_n\|_{\check{\varepsilon}}$ pour tout $n \in \mathbf{N}$.

b)   Avec les notations de la question précédente, on a $\|t_n\|_{\check{\varepsilon}} \geqslant n \mathsf{G}_{\mathrm{K}}^{-2} \|t_n\|_{\widehat{\pi}}$ pour tout $n \in \mathbf{N}$.

c)   Supposons qu'il existe une construction tensorielle injective et projective. Vérifier que $\check{\varepsilon} \leqslant \widehat{\pi}$, puis conclure à l'aide des questions précédentes.

6)   *a)*   On a $\widehat{\pi} \leqslant \mathsf{G}_{\mathrm{K}}^2 \, \check{\varepsilon}$, mais les constructions tensorielles $\widehat{\pi}$ et $\check{\varepsilon}$ ne sont pas équivalentes.

b)   Si γ_1 est une construction tensorielle injective et si γ_2 est une construction tensorielle projective, alors $\gamma_1 \leqslant \mathsf{G}_{\mathrm{K}}^2 \gamma_2$.

7)   *a)* Soit I un ensemble. Il existe une application linéaire isométrique de $\ell^2(\mathrm{I})$ dans un espace co-stellaire.

b)   Soit E un espace de Banach. Les conditions suivantes sont équivalentes :

     (i) la norme de E est équivalente à une norme hilbertienne ;

(ii) il existe des espaces co-stellaires F et G, un isomorphisme isométrique de E sur un sous-espace fermé de F et un isomorphisme isométrique de E' sur un sous-espace fermé de G.
(Utiliser le th. 3 de VI, p. 130.)

8) Si A et B sont des espaces de Banach, on note $\mathscr{I}(A;B)$ l'ensemble des isomorphismes de A sur B, c'est-à-dire (I, p. 19, cor. 1) l'ensemble des applications linéaires continues bijectives de A dans B. Lorsqu'il est non vide, on pose $d(A, B) = \inf_{u \in \mathscr{I}(A,B)} \|u\| \|u^{-1}\|$ (« distance de Banach–Mazur »).

Soit E un espace de Banach sur K. Soient F et G des espaces co-stellaires ; soient U et V des sous-espaces fermés de F et G tels qu'il existe un isomorphisme isométrique de E (resp. E') sur U (resp. V). Alors il existe un espace hilbertien H tel que l'on ait l'inégalité $d(E, H) \leqslant \mathsf{G}_K \, d(E, U) \, d(E', V)$.

9) Soit n un entier $\geqslant 1$. Soient E l'espace euclidien $\mathbf{R}^n$ et S sa sphère unité. Pour tout entier $i \in \{1, \dots, n\}$, on note p_i la restriction de la fonction pr_i à S. Soit μ l'unique mesure sur S qui est positive, de masse 1 et invariante par les automorphismes de E.

a) Pour tout $i \in \{1, \dots, n\}$, on a $\mu(p_i^2) = 1/n$ et $\mu(|p_i|) = \alpha_n$ où (α_n) est une suite de nombres réels vérifiant $\lim_{n \to \infty} \sqrt{n} \alpha_n = \sqrt{2/\pi}$.

b) Soit t l'élément $\sum_{i=1}^n p_i \otimes p_i$ de $\mathscr{C}(S; \mathbf{R}) \otimes \mathscr{C}(S; \mathbf{R})$. On a $\|t\|_{\mathrm{h}} \leqslant 1$.

c) L'application linéaire $u : \mathscr{C}(S; \mathbf{R}) \to \ell^2(\{1, \dots, n\})$ qui, à une fonction continue f, associe $(\mu(fp_i))_{1 \leqslant i \leqslant n}$, vérifie $\|u\| = \alpha_n$.

d) La forme bilinéaire $\varphi : \mathscr{C}(S; \mathbf{R}) \times \mathscr{C}(S; \mathbf{R}) \to \mathbf{R}$ qui, à un couple (f, g), associe $\langle u(f) \,|\, u(g) \rangle$, vérifie $\|\varphi\| = \alpha_n^2$.

e) On a $\sum_{j=1}^n \varphi(p_j, p_j) = 1/n$ et $\|t\|_\pi \geqslant 1/(n\alpha_n^2)$.

f) En déduire que $\mathsf{G}_{\mathbf{R}} \geqslant \pi/2$ en faisant tendre n vers l'infini.

10) Si I et J sont des ensembles finis, si $a \in K^{I \times J}$ est une matrice, et si q est un élément de $q \in [2, \infty]$, posons

$$\mathsf{G}_q(a) = \sup \left| \sum_{i \in I} \sum_{j \in J} a_{ij} \int_X f_i g_j \, d\mu \right|$$

où la borne supérieure est prise sur les familles de fonctions $(f_i)_{i \in I}$ et $(g_j)_{j \in J}$ dans la boule unité d'un espace $L^q(X, \mu)$, où μ est une mesure positive de masse totale 1 sur un espace localement compact X.

a) La constante de Grothendieck G_K est la borne inférieure de l'ensemble des nombres réels C qui vérifient l'inégalité $\mathsf{G}_2(a) \leqslant \mathrm{C}\mathsf{G}_\infty(a)$ pour toutes les matrices a à coefficients dans K.

b) On suppose désormais que $K = \mathbf{C}$ et on note $\mathbf{U}$ le cercle unité dans $\mathbf{C}$. Dans cette question et la suivante, on fixe un nombre réel $q \geqslant 2$, des ensembles finis I et J, une matrice $a \in \mathbf{C}^{\mathrm{I} \times \mathrm{J}}$, un espace localement compact X et une mesure positive μ de masse 1 sur X. On note s: $\mathbf{C}^* \to \mathbf{U}$ la fonction $x \mapsto x/|x|$. Soient $(f_i)_{i \in \mathrm{I}}$ et $(g_j)_{j \in \mathrm{J}}$ des familles de fonctions qui appartiennent à la boule unité de $\mathscr{L}^q(\mathrm{X}, \mu)$ et qui ne s'annulent pas. La fonction $\Phi \colon \mathbf{C} \to \mathbf{C}$ définie par

$$\Phi(z) = \sum_{i \in \mathrm{I}} \sum_{j \in \mathrm{J}} a_{ij} \int_{\mathrm{X}} \mathrm{s}(f_i)\mathrm{s}(g_j)|f_i|^z|g_j|^z d\mu$$

est holomorphe. On a de plus

$$\sup_{\mathscr{R}(z)=0} |\Phi(z)| \leqslant \mathrm{G}_{\infty}(a)$$

$$\sup_{\mathscr{R}(z)=q/2} |\Phi(z)| \leqslant \mathrm{G}_2(a)$$

et donc (considérer $\Phi(1)$ et utiliser *le lemme des trois droites$_*$)

$$\mathrm{G}_q(a) \leqslant \mathrm{G}_{\infty}^{1-2/q}(a)\mathrm{G}_2(a)^{2/q}.$$

c) Soit $a \in \mathbf{C}^{\mathrm{I} \times \mathrm{J}}$. Soient $(f_i)_{i \in \mathrm{I}}$ et $(g_j)_{j \in \mathrm{J}}$ des familles finies contenues dans la boule unité de $\mathscr{L}^2(\mathrm{X}, \mu)$. Soit E le sous-espace vectoriel de $\mathscr{L}^2(\mathrm{X}, \mu)$ engendré par les f_j et les g_j. Notons n la dimension de E. Soit ν la mesure gaussienne canonique sur $\mathbf{C}^n$, identifié à l'espace hilbertien réel $\mathbf{R}^{2n}$. Notons F l'espace des formes linéaires sur $\mathbf{C}^n$ et pour tout $q \geqslant 2$, identifions F à un sous-espace de $\mathscr{L}^q(\mathbf{C}, \nu)$. On a alors

$$\|\varphi\|^q_{\mathscr{L}^q(\mathrm{X},\mu)} = \Gamma\left(1 + \frac{q}{2}\right) \|\varphi\|^q_{\mathscr{L}^2(\mathrm{X},\mu)}$$

pour tout $\varphi \in \mathrm{F}$, où Γ est la fonction introduite dans FVR, VII, p. 3, déf. 1. (Adapter la preuve de INT, IX, p. 78, § 6, n° 5, prop. 6).

En déduire l'inégalité

$$\mathrm{G}_2(a) \leqslant \Gamma\left(1 + \frac{q}{2}\right)^{2/q} \mathrm{G}_q(a).$$

(Utiliser le fait que $\mathrm{E} \subset \mathscr{L}^2(\mathrm{X}, \mu)$ et $\mathrm{F} \subset \mathscr{L}^2(\mathbf{C}^n, \nu)$ sont isométriques.)

d) En déduire que pour toute matrice a à termes dans K et tout nombre réel $q > 2$, on a l'inégalité

$$\mathrm{G}_2(a) \leqslant \Gamma\left(1 + \frac{q}{2}\right)^{2/(q-2)} \mathrm{G}_{\infty}(a),$$

puis que $\mathrm{G}_2(a) \leqslant \exp(\Gamma'(2))\mathrm{G}_{\infty}(a)$.

e) Déduire de FVR, VII, p. 14, prop. 2 la relation $\Gamma'(2) = 1 - \gamma$ où γ est la constante d'Euler.

Conclure alors de *a)* et *d)* que $\mathsf{G}_{\mathbf{C}} \leqslant e^{1-\gamma} \approx 1{,}527$. (Pour cette dernière approximation, *cf.* FVR, V, p. 32).

Combiné avec l'exercice 9, cela implique que $\mathsf{G}_{\mathbf{C}} < \mathsf{G}_{\mathbf{R}}$.

11) Le but de cet exercice est de démontrer l'inégalité $\mathsf{G_R} \leqslant \pi/(2c)$, où c est le nombre réel $\log(1 + \sqrt{2})$.

Soient X et Y des espaces compacts finis. On rappelle que l'unique application linéaire de $\mathscr{C}(X; \mathbf{R}) \otimes \mathscr{C}(Y; \mathbf{R})$ dans $\mathscr{C}(X \times Y; \mathbf{R})$ qui, à un élément $f \otimes g$, associe la fonction $(x, y) \mapsto f(x)g(y)$, est un isomorphisme de $\mathbf{R}$-algèbres. On identifie ainsi $\mathscr{C}(X; \mathbf{R}) \otimes \mathscr{C}(Y; \mathbf{R})$ à $\mathscr{C}(X \times Y; \mathbf{R})$, et on note $\|\cdot\|_\mathrm{h}$ et $\|\cdot\|_\pi$ les normes sur $\mathscr{C}(X \times Y; \mathbf{R})$ déduites de celles de $\mathscr{C}(X; \mathbf{R}) \otimes_\mathrm{h} \mathscr{C}(Y; \mathbf{R})$ et $\mathscr{C}(X; \mathbf{R}) \otimes_\pi \mathscr{C}(Y; \mathbf{R})$ par transport de structure.

a) La norme $\|\cdot\|_\mathrm{h}$ fait de $\mathscr{C}(X \times Y; \mathbf{R})$ une algèbre de Banach.

Dans les questions b) à d), on fixe un élément f de $\mathscr{C}(X \times Y; \mathbf{R})$ et on suppose $\|f\|_\mathrm{h} < 1$.

b) On a $\|\sin(cf)\|_\mathrm{h} < 1$.

c) Il existe un ensemble fini I et des familles $(a_x)_{x \in X}$ et $(b_y)_{y \in Y}$ d'éléments de la sphère unité de $\ell^2_\mathbf{R}(I)$ telles que l'on ait

$$\sin(cf(x, y)) = \sin\Big(\frac{\pi}{2} \int_{\ell^2(I)} \mathrm{s}(\langle a_x \mid z \rangle) \mathrm{s}(\langle b_y \mid z \rangle) d\mu(z)\Big)$$

pour tout $(x, y) \in X \times Y$, où μ est la mesure gaussienne canonique sur $\ell^2_\mathbf{R}(I)$.

d) On a l'inégalité $c\|f\|_\pi \leqslant \pi/2$.

e) La constante de Grothendieck $\mathsf{G_R}$ vérifie $\mathsf{G_R} \leqslant \pi/(2c)$.

12) a) La constante de Grothendieck $\mathsf{G_K}$ est la borne inférieure de l'ensemble des nombres réels C ayant la propriété suivante : si X et Y sont des espaces topologiques compacts et si $\varphi \colon \mathscr{C}(X; K) \times \mathscr{C}(Y; K) \to K$ est une forme bilinéaire continue, il existe des mesures λ sur X et μ sur Y, positives et de norme 1, telles que pour tout $(f, g) \in \mathscr{C}(X) \times \mathscr{C}(Y)$, l'on ait

$$|\varphi(f, g)| \leqslant \mathrm{C}\|\varphi\| \Big(\int_X |f|^2 d\lambda\Big)^{1/2} \Big(\int_Y |g|^2 d\mu\Big)^{1/2}.$$

(Utiliser la prop. 32 de VI, p. 53.)

b) La constante $\mathsf{G_K}$ est le plus petit nombre réel C ayant la propriété suivante : si X et Y sont des espaces topologiques compacts, si φ et une forme bilinéaire continue sur $\mathscr{C}(X; K) \times \mathscr{C}(Y; K)$, et si $(f_i, g_i)_{i \in I}$ est une famille finie d'éléments de $\mathscr{C}(X; K) \times \mathscr{C}(Y; K)$, alors

$$\Big|\sum_{i \in I} \varphi(f_i, g_i)\Big| \leqslant \mathrm{C}\,\|\varphi\| \sup_X \Big(\sum_{i \in I} |f_i|\Big)^{1/2} \sup_Y \Big(\sum_{i \in I} |g_i|\Big)^{1/2}.$$

c) La constante $\mathsf{G_K}$ est le plus petit nombre réel C ayant la propriété suivante : si n est un entier $\geqslant 1$, si $(a_{ij})_{1 \leqslant i, j \leqslant n}$ est une matrice $n \times n$ à termes dans K telle que l'on ait

$$\Big|\sum_{i, j} a_{ij} x_i y_j\Big| \leqslant 1$$

quelles que soient les familles $(a_i)_{1 \leqslant i \leqslant n}$ et $(b_j)_{1 \leqslant j \leqslant n}$ de scalaires de valeur absolue $\leqslant 1$, alors pour tout espace hilbertien E, et quels que soient les éléments $x_1, \ldots, x_n, y_1, \ldots, y_n$ de E de norme 1, on a

$$\left| \sum_{i,j} a_{ij} \langle x_i \,|\, y_j \rangle \right| \leqslant \mathrm{C}.$$

d) Il existe un nombre réel $c \in [0, \mathsf{G_K}]$ vérifiant la propriété suivante : quels que soient les espaces compacts X et Y, l'espace hilbertien E sur K, les éléments u et v de $\mathscr{L}(\mathscr{C}(\mathrm{X}; \mathrm{K}); \mathrm{E})$ et $\mathscr{L}(\mathscr{C}(\mathrm{Y}; \mathrm{K}); \mathrm{E})$ respectivement, et quelle que soit la famille finie $(f_i, g_i)_{i \in \mathrm{I}}$ d'éléments de $\mathscr{C}(\mathrm{X}) \times \mathscr{C}(\mathrm{Y})$, on a

$$\left| \sum_{i \in \mathrm{I}} \langle u(f_i) \,|\, v(g_j) \rangle \right| \leqslant c \, \|u\| \|v\| \sup_{\mathrm{X}} \left(\sum_{i \in \mathrm{I}} |f_i| \right)^{1/2} \sup_{\mathrm{Y}} \left(\sum_{i \in \mathrm{I}} |g_i| \right)^{1/2}.$$

13) On note $\mathsf{g_K}$ le plus petit nombre réel possédant la propriété de la question *d*) de l'exercice précédent.

a) Le nombre $\sqrt{\mathsf{g_K}}$ est la borne inférieure de l'ensemble des nombres réels $c \geqslant 0$ tels que pour tout espace compact X, tout espace hilbertien E sur K, toute application linéaire continue $u \colon \mathscr{C}(\mathrm{X}; \mathrm{K}) \to \mathrm{E}$ et toute famille finie $(f_i)_{i \in \mathrm{I}}$ d'éléments de $\mathscr{C}(\mathrm{X}; \mathrm{K})$, on ait

$$\left(\sum_{i \in \mathrm{I}} \|u(f_i)\|^2 \right)^{1/2} \leqslant c \, \|u\| \sup_{\mathrm{X}} \left(\sum_{i \in \mathrm{I}} |f_i| \right)^{1/2}.$$

Soit γ_{K} la mesure gaussienne canonique sur K. Dans la suite de l'exercice, on montre l'égalité $\mathsf{g_K} = \left(\int_{\mathrm{K}} |x| d\gamma_{\mathrm{K}}(x) \right)^{-2}$.

b) Soient T un espace localement compact et μ une mesure positive sur T. Soient E un espace hilbertien sur K et $v \colon \mathrm{E} \to \mathrm{L}^1(\mathrm{T}, \mu)$ une application linéaire continue. Pour toute famille finie $(x_i)_{i \in \mathrm{I}}$ d'éléments de E, on a

$$\left(\int_{\mathrm{K}} |x| d\gamma_{\mathrm{K}}(x) \right) \left\| \left(\sum_{i \in \mathrm{I}} |v(x_i)| \right)^{1/2} \right\|_{\mathrm{L}^1(\mathrm{T},\mu)} \leqslant \|v\| \left(\sum_{i \in \mathrm{I}} \|x_i\|^2 \right)^{1/2}.$$

c) En déduire l'inégalité $\mathsf{g_K} \leqslant \left(\int_{\mathrm{K}} |x| d\gamma_{\mathrm{K}}(x) \right)^{-2}$.

d) Soient T un espace localement compact et μ une mesure sur E. Soit $(f_i, g_i)_{i \in \mathrm{I}}$ une famille finie d'éléments de $\mathrm{L}^1(\mathrm{T}, \mu) \times \mathrm{L}^\infty(\mathrm{T}, \mu)$. Soient a et b des nombres réels $\geqslant 0$. Supposons que l'on ait $\int_{\mathrm{T}} f_i(t) g_j(t) d\mu(t) = 0$ pour tous $i \neq j$ dans I, et $\int_{\mathrm{T}} f_i(t) g_i(t) d\mu(t) = 1$ pour tout $i \in \mathrm{I}$. Supposons en outre que pour toute famille $(\alpha_i)_{i \in \mathrm{I}}$ d'éléments de K, on ait

$$a \left(\sum_{i \in \mathrm{I}} |\alpha_i|^2 \right)^{1/2} \geqslant \left\| \sum_{i \in \mathrm{I}} \alpha_i f_i \right\|_{\mathrm{L}^1(\mathrm{T},\mu)} \quad \text{et} \quad \left\| \left(\sum_{i \in \mathrm{I}} |g_j|^2 \right)^{1/2} \right\|_{\mathrm{L}^\infty(\mathrm{T},\mu)} \leqslant b \, \sqrt{\mathrm{Card}(\mathrm{I})}.$$

On a alors $ab \geqslant 1/\sqrt{\mathsf{g_K}}$.

e) En déduire l'inégalité $\mathsf{g_K} \geqslant \left(\int_{\mathrm{K}} |x| d\gamma_{\mathrm{K}}(x) \right)^{-2}$.

14) Pour tout entier $n \geqslant 1$, notons t_n l'élément de $(\mathrm{K}^n)^* \otimes (\mathrm{K}^n)$ correspondant à 1_{K^n} par l'isomorphisme canonique de $(\mathrm{K}^n)^* \otimes (\mathrm{K}^n)$ sur $\mathscr{L}(\mathrm{K}^n)$. Munissons K^n de la norme associée à la structure d'espace hilbertien décrite dans V, p. 4, exemple 3, et l'espace dual $(\mathrm{K}^n)^*$ de la norme duale. La suite $(\|t_n\|_{\widehat{\pi}})_{n \geqslant 1}$ converge vers G_K.

15) Si E est un espace de Banach réel et si $(y_i)_{i \in \mathrm{I}}$, $(x_j)_{j \in \mathrm{J}}$ sont des familles finies d'éléments de E, écrivons $(y_i)_{i \in \mathrm{I}} \prec (x_j)_{j \in \mathrm{J}}$ lorsque l'inégalité

$$\sum_{i \in \mathrm{I}} |\langle y_i, \varphi \rangle|^2 \leqslant \sum_{j \in \mathrm{J}} |\langle x_j, \varphi \rangle|^2$$

est satisfaite pour toute forme linéaire continue φ sur E. Si $A = (a_{ij})$ est une matrice carrée à termes réels de taille $n \geqslant 1$, on note $\|A\|_{\mathscr{L}(\mathbf{R}^n)}$ la norme de l'endomorphisme de l'espace euclidien $\mathbf{R}^n$ défini par A.

Soient E et F des espaces de Banach, soit $u \colon \mathrm{E} \to \mathrm{F}$ une application linéaire continue, et soit C un nombre réel positif. Dans cet exercice, on vérifie l'équivalence entre les propriétés suivantes :

(i) L'application u admet une factorisation hilbertienne et $\mathrm{N}_\mathrm{h}(u) \leqslant \mathrm{C}$;

(ii) Pour tout entier $n \geqslant 1$, pour toute famille $(x_1, \ldots, x_n)$ d'éléments de E, et pour toute matrice $A = (a_{ij})_{1 \leqslant i,j \leqslant n}$ vérifiant $\|A\|_{\mathscr{L}(\mathbf{R}^n)} \leqslant 1$, on a

$$\sum_{i=1}^n \left\| \sum_{j=1}^n a_{ij} u(x_j) \right\|^2 \leqslant \mathrm{C}^2 \sum_{j=1}^n \|x_j\|^2 \, ;$$

(iii) Pour toutes familles finies $(x_j)_{j \in \mathrm{J}}$, $(y_i)_{i \in \mathrm{I}}$ d'éléments de E, la relation $(y_i)_{i \in \mathrm{I}} \prec (x_j)_{j \in \mathrm{J}}$ implique l'inégalité $\sum_{i \in \mathrm{I}} \|u(y_i)\|^2 \leqslant \mathrm{C}^2 \sum_{j \in \mathrm{J}} \|x_j\|^2$.

a) Montrer que (i) implique (ii).

b) Soient n un entier $\geqslant 1$ et $(x_j)_{1 \leqslant j \leqslant n}$, $(y_i)_{1 \leqslant i \leqslant n}$ des éléments de E^n. On a $(y_i) \prec (x_j)$ si et seulement s'il existe une matrice $A = (a_{ij})_{1 \leqslant i,j \leqslant n}$ vérifiant $\|A\|_{\mathscr{L}(\mathbf{R}^n)} \leqslant 1$ et $y_i = \sum_{j=1}^n a_{ij} x_j$ pour tout i.

c) En déduire que (ii) implique (iii).

d) Soient V un espace vectoriel réel et $p \colon \mathrm{V} \to \mathbf{R}$ une fonction sous-linéaire. Soient Γ un cône convexe dans V et $q \colon \Gamma \to \mathbf{R}$ une fonction telle que l'inégalité $q(x + y) \geqslant q(x) + q(y)$ et l'égalité $q(\lambda x) = \lambda q(x)$ soient satisfaites pour tout (x, y) dans Γ^2 et tout λ dans $\mathbf{R}_+$. Si l'on a $q(x) \leqslant p(x)$ pour tout $x \in \Gamma$, alors il existe une forme linéaire f sur E vérifiant $q \leqslant f$ sur Γ et $f \leqslant p$ sur V.

e) On suppose vérifiée la propriété (iii). Considérons l'espace V des fonctions $\alpha \colon \mathrm{E}' \to \mathbf{R}$ telles qu'il existe une famille finie $(x_i)_{i \in \mathrm{I}}$ dans E vérifiant $|\alpha(\varphi)| \leqslant \sum_{j \in \mathrm{J}} |\langle x_j, \varphi \rangle|$ pour tout $\varphi \in \mathrm{E}'$. Pour $x \in \mathrm{E}$, notons $v_x \colon \mathrm{E}' \to \mathbf{R}$ la fonction $\varphi \mapsto \langle x, \varphi \rangle$. Montrer qu'il existe une forme linéaire f sur V vérifiant $\|u(x)\|^2 \leqslant \langle |v_x|, f \rangle \leqslant \mathrm{C}^2 \|x\|^2$ pour tout $x \in \mathrm{E}$.

f) En déduire que (iii) implique (i). (Avec les notations de la question précédente, montrer que la forme bilinéaire $(x, y) \mapsto f(v_x v_y)$ définit sur E une structure d'espace préhilbertien réel, puis utiliser l'espace hilbertien associé pour construire une factorisation hilbertienne de u.)

¶ 16) *a)* Soient X un ensemble et E l'espace de Banach $\ell^1(X)$, dont on note $(e_x)_{x \in X}$ la base canonique. Soit $(y_i)_{i \in I}$ une famille finie d'éléments de E. Les conditions suivantes sont équivalentes :

(i) Il existe une famille finie $(x_j)_{j \in J}$ d'éléments de E telle que l'on ait $\sum_{j \in J} \|x_j\|^2 \leqslant 1$ et $(y_i) \prec (x_j)$ (notations de l'exercice 15) ;

(ii) Il existe une famille à support fini $(\beta_x)_{x \in X}$ de scalaires vérifiant $\sum_{x \in X} |\beta_x|^2 \leqslant 1$ et une application linéaire continue $u \colon \ell^2(X) \to \ell^2(I)$ de norme $\leqslant 1$ telles que l'on ait $y_i = \sum_{x \in X} u(e_x)(i) \beta_x e_x$ pour tout i.

(iii) Il existe une famille à support fini $(\beta_x)_{x \in X}$ de scalaires telle que l'on ait $(y_i)_{i \in I} \prec (\beta_x e_x)_{x \in X}$.

(Pour vérifier que (i) implique (ii), utiliser la question *b)* de l'exercice 15.)

b) Soient X et Y des ensembles finis et t un élément de $\ell^1(X) \otimes \ell^1(Y)$. On a

$$\|t\|_{\mathrm{h}'} = \inf \|A\|_{\mathscr{L}(\ell^2(X),\, \ell^2(Y))} \Big(\sum_{x \in X} |\beta_x|^2 \Big)^{1/2} \Big(\sum_{y \in Y} |\alpha_y|^2 \Big)^{1/2},$$

la borne inférieure étant prise sur les triplets $((\alpha_y)_{y \in Y}, (\beta_x)_{x \in X}, A)$ tels que (α_y), (β_x) soient des familles de scalaires et $A = (a_{x,y})_{(x,y) \in X \times Y}$ soit une matrice vérifiant la condition $t = \sum_{(x,y) \in X \times Y} \alpha_y \beta_x a_{x,y} e_x \otimes e_y$.

c) Soient E et F des espaces de Banach. Pour tout t dans $E \otimes F$, on a l'égalité

$$\|t\|_{\mathrm{h}'} = \inf \|A\|_{\mathscr{L}(K^n)} \Big(\sum_{i=1}^{n} \|x_i\|^2 \Big)^{1/2} \Big(\sum_{j=1}^{n} \|y_j\|^2 \Big)^{1/2},$$

la borne inférieure étant prise sur les familles $(n, (x_i)_{1 \leqslant i \leqslant n}, (y_j)_{1 \leqslant j \leqslant n}, A)$ où n est un entier $\geqslant 1$, où $(x_i)_{1 \leqslant i \leqslant n}$ et $(y_j)_{1 \leqslant j \leqslant n}$ appartiennent à E^n et F^n, et où $A = (a_{ij})$ est une matrice $n \times n$ vérifiant $t = \sum_{i,j=1}^{n} a_{ij} x_i \otimes x_j$.

17) Soient E et F des espaces de Banach. Dans tout l'exercice, on munit les boules unité $B_{E'}$ et $B_{F'}$ de la topologie faible. On fixe une forme linéaire φ sur $E \otimes F$ et on note β_φ la forme bilinéaire $(x, y) \mapsto \langle x \otimes y, \varphi \rangle$ sur $E \times F$.

Le but de l'exercice est de montrer que les conditions suivantes sont équivalentes :

(i) La forme linéaire φ est continue sur $E \otimes_{\mathrm{h}} F$;

(ii) Il existe un nombre réel $C > 0$, et des mesures positives $\mu_{B_{E'}}$, $\mu_{B_{F'}}$ de masse totale 1 sur $B_{E'}$ et $B_{F'}$ respectivement, tels que l'on ait

$$(6) \quad |\beta_\varphi(x, y)| \leqslant C \Big(\int_{B_{E'}} |\langle x, \xi \rangle|^2 \, d\mu_{B_{E'}}(\xi) \Big)^{1/2} \Big(\int_{B} |\langle y, \eta \rangle|^2 \, d\mu_{B_{F'}}(\eta) \Big)^{1/2}$$

pour tout (x, y) de $E \times F$;

(iii) Il existe un espace de Banach G et des applications 2-sommantes $u \colon E \to G$ et $v \colon F \to G'$ tels que l'on ait $\beta_\varphi(x, y) = \langle u(x), v(y)\rangle$ pour tout (x, y) dans $E \times F$. (Pour la notion d'application 2-sommante, voir les exercices 19 et 21 de VI, p. 153.)

$a)$ Dans les questions $a)$ et $b)$, on suppose que φ vérifie (i). On munit $(E \otimes_{\mathrm{h}} F)'$ de la norme $\|\cdot\|_{\mathrm{h}}^*$ duale de la norme $t \mapsto \|t\|_{\mathrm{h}}$ sur $E \otimes F$ et on fixe un nombre réel $C \geqslant \|\varphi\|_{\mathrm{h}}^*$. Soit $\mathscr{V}$ la partie de $\mathscr{C}(B_{E'} \times B_{F'})$ dont les éléments sont les fonctions $B_{E'} \times B_{F'} \to K$ de la forme

$$(\xi, \eta) \mapsto \sum_{(x,y) \in A} \beta_\varphi(x, y) - \frac{C}{2} \sum_{(x,y) \in A} |\langle x, \xi\rangle|^2 + |\langle y, \eta\rangle|^2$$

où A est une partie finie de $B_{E'} \times B_{F'}$.

La partie $\mathscr{V}$ de $\mathscr{C}(B_{E'} \times B_{F'})$ est convexe et tout élément de $\mathscr{V}$ prend au moins une valeur négative.

$b)$ Il existe une mesure positive μ de masse totale 1 sur $B_{E'} \times B_{F'}$ vérifiant

$$|\beta_\varphi(x, y)| \leqslant \frac{C}{2} \int_{B_{E'} \times B_{F'}} \left(|\langle x, \xi\rangle|^2 + |\langle y, \eta\rangle|^2\right) d\mu(\xi, \eta)$$

pour tout (x, y) de $E \times F$. (Utiliser la méthode de l'exercice 21 de VI, p. 153.)

$c)$ Montrer que (i) implique (ii) en utilisant la formule (1) de VI, p. 112.

$d)$ Si φ vérifie la condition (i), alors $\|\varphi\|_{\mathrm{h}}^*$ est le plus petit des nombres $C \geqslant 0$ tels qu'il existe des mesures positives $\mu_{B_{E'}}$, $\mu_{B_{F'}}$ de masse totale 1 vérifiant la condition (6).

$e)$ Dans cette question, on suppose vérifiée l'assertion (ii), dont on reprend les notations. Soient B l'espace compact $B_{E'} \times B_{F'}$ et μ la mesure $\mu_{B_{E'}} \otimes \mu_{B_{F'}}$ sur B. Soit $u_E \colon E \to L^2(B, \mu)$ l'application qui à un élément x de E associe la classe de la fonction $(\xi, \eta) \mapsto \langle x, \xi\rangle$ sur B, et soit $u_F \colon F \to L^2(B, \mu)$ l'application qui à y associe la classe de la fonction $(\xi, \eta) \mapsto \langle y, \eta\rangle$. Déduire de l'exercice 21 de VI, p. 153 que u_E et u_F sont 2-sommantes. En déduire que la forme bilinéaire sur $\mathrm{Im}(u_E) \times \mathrm{Im}(u_F)$ déduite de β_φ se prolonge en une forme bilinéaire continue β_1 de norme $\leqslant C$ sur $L^2(B, \mu)$. Soit w l'endomorphisme de $L^2(B, \mu)$ associé à β' ; en considérant les applications $u = u_E$ et $v = w \circ u_F$, vérifier l'assertion (iii).

$f)$ Si φ vérifie la condition (i), alors $\|\varphi\|_{\mathrm{h}}^*$ est le plus petit nombre réel M tel qu'il existe un espace de Banach G et des applications 2-sommantes $u \colon E \to G$ et $v \colon F \to G'$ tels que l'on ait $M = \pi_2(u)\pi_2(v^*)$ et $\beta_\varphi(x, y) = \langle u(x), v(y)\rangle$ pour tout (x, y) dans $E \times F$.

$g)$ L'assertion (iii) implique l'assertion (i).

18)   Soient E et F des espaces de Banach, et soit u une application linéaire de E dans F. On dit que u est *2-dominée* s'il existe un nombre réel $C \geqslant 0$ tel que l'on ait $|\sum_{i \in I} \langle u(x_i), \eta_i \rangle| \leqslant C \, \|\alpha_{E,I}(x)\| \, \|\alpha_{F',I}(\eta)\|$ quels que soient l'ensemble fini I, l'élément x de E^I et l'élément η de $(F')^I$ (les notations sont celles du n° 1 de VI, p. 112). On note alors $\delta_2(u)$ la borne inférieure de l'ensemble des réels $C \geqslant 0$ vérifiant cette condition.

$a)$ L'application u est 2-dominée si et seulement si elle admet une factorisation hilbertienne (H, a, b) telle que a et $^t b$ soient 2-sommantes. On a alors $\delta_2(u) = \inf \pi_2(a)\pi_2(^t b)$, la borne inférieure étant prise sur les factorisations hilbertiennes (H, a, b) de u telles que a et $^t b$ soient 2-sommantes. (Utiliser l'exercice précédent.)

$b)$ Soit φ une forme linéaire sur $E \otimes F$. Notons u_φ l'application de E dans F^* qui associe à un élément x de E la forme linéaire $y \mapsto \langle x \otimes y, \varphi \rangle$ sur F.

La forme linéaire φ est continue sur $E \otimes_h F$ si et seulement si l'application u_φ est 2-dominée ; dans ce cas, la norme $\|\varphi\|_h^*$ (exerc. 17) est égale à $\delta_2(u_\varphi)$.

19)   a) Soient E et F des espaces de Banach. On munit $(E \otimes_{h'} F)'$ de la norme $\|\cdot\|_{h'}^*$, duale de la norme $t \mapsto \|t\|_{h'}$ sur $E \otimes_{h'} F$. Soit φ un élément de $(E \otimes_{h'} F)'$ et $u_\varphi \colon E \to F'$ l'application définie dans la question $b)$ de l'exerc. 18. Le nombre $\|\varphi\|_{h'}^*$ est la borne inférieure de l'ensemble des nombres réels de la forme $\|a\| \|b\|$ où (H, a, b) est une factorisation hilbertienne de u_φ.

$b)$ En déduire que la construction tensorielle h vérifie $h \leqslant h'$.

(Si E et F sont des espaces normés de dimension finie, comparer les quantités $\|\varphi\|_h^*$ et $\|\varphi\|_{h'}^*$ en utilisant la question $a)$ et l'exercice 18.)

$c)$ La construction tensorielle h' est équivalente à l'enveloppe projective de h.

CHAPITRE VII

Applications et espaces nucléaires

Dans ce chapitre, la lettre K *désigne soit le corps* $\mathbf{R}$ *des nombres réels, soit le corps* $\mathbf{C}$ *des nombres complexes. Tous les espaces vectoriels considérés sont relatifs à ce corps. Si* E *est un espace vectoriel, on note* 1_{E} *l'application identique de* E.

On reprend les conventions et notations du chapitre VI *sur les espaces semi-normés et les espaces localement convexes. En particulier, si* E *et* F *sont des espaces localement convexes, on note* $\mathscr{L}(\mathrm{E};\mathrm{F})$ *l'espace vectoriel des applications linéaires continues de* E *dans* F, *et* $\mathscr{L}_b(\mathrm{E};\mathrm{F})$ *l'espace vectoriel topologique obtenu en munissant* $\mathscr{L}(\mathrm{E};\mathrm{F})$ *de la topologie de la convergence bornée. On note* $\mathscr{L}^{\mathrm{f}}(\mathrm{E};\mathrm{F})$ *le sous-espace de* $\mathscr{L}(\mathrm{E};\mathrm{F})$ *formé des applications linéaires continues de rang fini. Si* F *est séparé, on note* $\mathscr{L}^{\mathrm{c}}(\mathrm{E};\mathrm{F})$ *l'espace des applications linéaires compactes de* E *dans* F (TS, III, *p.* 2, *déf.* 1).

Si E *et* F *sont des espaces semi-normés, et si* $u \mapsto \|u\|_{\mathscr{L}(\mathrm{E};\mathrm{F})}$ *désigne la semi-norme canonique sur* $\mathscr{L}(\mathrm{E};\mathrm{F})$ (VI, *p.* 3, $\mathrm{n^o}$ 2), *on écrit parfois* $\|u\|_{\infty}$ *plutôt que* $\|u\|_{\mathscr{L}(\mathrm{E};\mathrm{F})}$ *lorsqu'aucune confusion ne peut en résulter.*

Si E *est un espace vectoriel et si* p *est une semi-norme sur* E, *on note* (E,p) *ou* E_p *l'espace semi-normé défini par* E *et* p. *Dans ce cas, le dual* E' *de* E_p *est muni de la norme duale de la semi-norme* p (VI, *p.* 3). *Cette norme fait de* E' *un espace de Banach* (III, *p.* 24, *cor.* 2).

Si E *est un espace hilbertien et si* x *et* y *sont des éléments de* E, *on note* $\langle x \,|\, y \rangle_{\mathrm{E}}$ *ou* $\langle x \,|\, y \rangle$ *le produit scalaire de* x *et* y *dans* E.

© N. Bourbaki 2026

N. Bourbaki, *Espaces Vectoriels Topologiques*,
https://doi.org/10.1007/978-3-032-12156-1_2

Ce chapitre utilise les chapitres antérieurs des cinq premiers Livres (E, A, TG, FVR, EVT I–VI). On y fait aussi appel à des résultats des Livres d'Intégration (chapitres I à V) et de Théories spectrales (chapitres I à IV), ainsi qu'au fascicule de résultats consacré aux Variétés.

§ 1. APPLICATIONS NUCLÉAIRES

1. Applications nucléaires

Si E et F sont des espaces vectoriels, si x' est une forme linéaire sur E et si y est un élément de F, nous noterons $\langle\,\cdot\,, x'\rangle y$ l'application linéaire $x \mapsto \langle x, x'\rangle y$ de E dans F.

Soient E un espace localement convexe et F un espace localement convexe séparé. Rappelons que $\mathscr{L}_b(\mathrm{E}; \mathrm{F})$ est séparé (III, p. 15, prop. 3) ; on peut donc parler de famille sommable dans cet espace (TG, III, p. 37, définition 1).

Lemme 1. — Soient I *un ensemble,* $(x'_i)_{i\in\mathrm{I}}$ *une famille équicontinue d'éléments de* E', $(y_i)_{i\in\mathrm{I}}$ *une famille bornée d'éléments d'une partie convexe équilibrée complète de* F, *et* $(a_i)_{i\in\mathrm{I}}$ *une famille sommable de scalaires. La famille* $(a_i\langle\,\cdot\,, x'_i\rangle y_i)_{i\in\mathrm{I}}$ *est alors sommable dans* $\mathscr{L}_b(\mathrm{E}; \mathrm{F})$.

Pour toute partie finie J de I, posons

$$v_{\mathrm{J}} = \sum_{i\in\mathrm{J}} a_i\langle\,\cdot\,, x'_i\rangle y_i.$$

La famille $(x'_i)_{i\in\mathrm{I}}$ est équicontinue ; d'après le n° 4 de III, p. 16, il existe donc une semi-norme continue p sur E satisfaisant à $|\langle x, x'_i\rangle| \leqslant p(x)$ pour tout $x \in \mathrm{E}$ et tout $i \in \mathrm{I}$. Pour toute semi-norme continue q sur F, on a alors

$$(1) \qquad q(v_{\mathrm{J}}(x)) \leqslant p(x) \sup_{i\in\mathrm{J}} q(y_i) \sum_{i\in\mathrm{J}} |a_i|.$$

Puisque $(y_i)_{i\in\mathrm{I}}$ est bornée et $(a_i)_{i\in\mathrm{I}}$ est sommable, il existe donc un nombre réel $c \geqslant 0$ tel que l'on ait

$$q(v_{\mathrm{J}}(x)) \leqslant c\,p(x)$$

pour toute partie finie J de I et tout $x \in \mathrm{E}$. On en déduit que les v_{J} forment une famille équicontinue de $\mathscr{L}(\mathrm{E}; \mathrm{F})$ (II, p. 7, prop. 5).

D'autre part, pour toute partie finie J de I, notons Φ_J l'ensemble des éléments de $\mathscr{L}_b(\mathrm{E};\mathrm{F})$ de la forme v_H, où H parcourt les parties finies de I contenant J. Les ensembles Φ_J forment la base d'un filtre Φ sur $\mathscr{L}_b(\mathrm{E};\mathrm{F})$, et il résulte de (1), de la sommabilité de $(a_i)_{i\in\mathrm{I}}$ et du fait que la famille $(y_i)_{i\in\mathrm{I}}$ est bornée que Φ est un filtre de Cauchy.

Soit $x \in \mathrm{E}$. La famille $(|a_i\langle x, x'_i\rangle|)_{i\in\mathrm{I}}$ est sommable, puisque $(x'_i)_{i\in\mathrm{I}}$ est équicontinue et $(a_i)_{i\in\mathrm{I}}$ sommable ; notons $a(x)$ la somme de cette famille. Soit C une partie convexe équilibrée complète de F contenant les y_i. Pour toute partie finie J de I, l'élément $v_\mathrm{J}(x)$ appartient à la partie complète $a(x)\mathrm{C}$ de F, puisqu'il existe des nombres complexes λ_i de module $\leqslant 1$ tels que l'on ait

$$v_\mathrm{J}(x) = \sum_{i\in\mathrm{J}} |a_i\langle x, x'_i\rangle|\lambda_i\, y_i,$$

et puisque $\lambda_i y_i$ appartient pour tout i à la partie équilibrée C.

La base de filtre de Cauchy $\Phi(x)$ (*cf.* TG, X, p. 1, Notations) converge dans $a(x)\mathrm{C}$, donc dans F. Ainsi Φ converge dans F^E pour la topologie de la convergence simple. Vu ce qui précède et vu la prop. 4 de III, p. 16, sa limite u est une application linéaire continue de E dans F, et Φ converge uniformément vers u dans toute partie bornée de E (TG, X, p. 6, prop. 5). Ainsi, la famille $(a_i\langle\cdot, x'_i\rangle y_i)_{i\in\mathrm{I}}$ est sommable dans $\mathscr{L}_b(\mathrm{E};\mathrm{F})$; le lemme est démontré.

Remarque 1. — Les conditions du lemme sont satisfaites lorsque $(y_i)_{i\in\mathrm{I}}$ est une famille d'éléments d'une partie convexe compacte C de F, les formes linéaires $(x'_i)_{i\in\mathrm{I}}$ et les scalaires $(a_i)_{i\in\mathrm{I}}$ vérifiant les mêmes conditions que ci-dessus. En effet, l'enveloppe convexe équilibrée fermée de C est alors compacte (II, p. 27, cor. de la prop. 3 et IV, p. 2, remarque 1), donc bornée et complète.

Lorsque $(x'_i)_{i\in\mathrm{I}}$, $(y_i)_{i\in\mathrm{I}}$, $(a_i)_{i\in\mathrm{I}}$ sont des familles vérifiant les hypothèses du lemme 1, on notera

$$\sum_{i\in\mathrm{I}} a_i\langle\cdot, x'_i\rangle y_i$$

la somme dans $\mathscr{L}_b(\mathrm{E};\mathrm{F})$ de la famille $(a_i\langle\cdot, x'_i\rangle y_i)_{i\in\mathrm{I}}$.

Définition 1. — *Soient* E *un espace localement convexe et* F *un espace localement convexe séparé. On dit qu'une application* $u\colon \mathrm{E} \to \mathrm{F}$ *est* nucléaire *s'il existe un ensemble* I, *une famille équicontinue* $(x'_i)_{i\in\mathrm{I}}$ *d'éléments de* E′, *une famille bornée* $(y_i)_{i\in\mathrm{I}}$ *d'éléments d'une partie convexe équilibrée complète de* F, *et une famille sommable* $(a_i)_{i\in\mathrm{I}}$ *de scalaires, tels que l'on ait*

$$u = \sum_{i\in\mathrm{I}} a_i\langle\cdot, x_i'\rangle y_i.$$

Une famille $(x_i', y_i, a_i)_{i\in\mathrm{I}}$ *vérifiant ces conditions est appelée une* écriture nucléaire *de* u.

On note $\mathscr{L}^1(\mathrm{E};\mathrm{F})$ l'ensemble des applications nucléaires de E dans F. Il est contenu dans $\mathscr{L}(\mathrm{E};\mathrm{F})$. On écrit $\mathscr{L}^1(\mathrm{F})$ au lieu de $\mathscr{L}^1(\mathrm{F};\mathrm{F})$.

Remarques. — 2) Sous les hypothèses de la déf. 1, l'ensemble des indices $i \in \mathrm{I}$ tels que $a_i \neq 0$ est dénombrable (TG, III, p. 38, cor. 1). On peut donc dans la définition supposer l'ensemble I égal à **N**.

3) Soient E un espace semi-normé et F un espace de Banach. Pour qu'une application linéaire $u\colon \mathrm{E} \to \mathrm{F}$ soit nucléaire, il faut et il suffit qu'il existe des suites $(\xi_i')_{i\in\mathbf{N}}$ dans E′ et $(\eta_i)_{i\in\mathbf{N}}$ dans F satisfaisant à

$$\sum_{i\in\mathbf{N}}\|\xi_i'\|\|\eta_i\| < +\infty \quad \text{et} \quad u = \sum_{i\in\mathbf{N}}\langle\cdot, \xi_i'\rangle\eta_i.$$

En effet, si cette condition est vérifiée, alors pour tout $i \in \mathbf{N}$, on peut écrire $\langle\cdot, \xi_i'\rangle\eta_i = a_i\langle\cdot, x_i'\rangle y_i$, avec $\|x_i'\| \leqslant 1$, $\|y_i\| \leqslant 1$ et $a_i = \|\xi_i'\|\|\eta_i\|$; les suites $(x_i')_{i\in\mathbf{N}}$, $(y_i)_{i\in\mathbf{N}}$ et $(a_i)_{i\in\mathbf{N}}$ vérifient les conditions de la déf. 1. Inversement, si u est nucléaire et si $(x_i', y_i, a_i)_{i\in\mathbf{N}}$ est une écriture nucléaire de u indexée par **N** (remarque 2), il suffit de poser $\xi_i' = a_i x_i'$ et $\eta_i = y_i$.

4) Avec les notations de la déf. 1, dire que la famille (x_i') de E′ est équicontinue signifie qu'il existe une semi-norme continue p sur E pour laquelle (x_i') est équicontinue en tant que famille de E_p' ; par conséquent, u appartient à $\mathscr{L}^1(\mathrm{E};\mathrm{F})$ si et seulement s'il existe une semi-norme continue p sur E telle que u appartienne à $\mathscr{L}^1(\mathrm{E}_p;\mathrm{F})$.

Lemme 2. — *Soit* $(\alpha_i)_{i\in\mathbf{N}}$ *une suite sommable dans* K. *Il existe une suite* $(a_i)_{i\in\mathbf{N}}$ *sommable dans* K *et une suite* $(b_i)_{i\in\mathbf{N}}$ *tendant vers* 0 *dans* K *telles que l'on ait* $\alpha_i = a_i b_i^2$ *pour tout* $i \in \mathbf{N}$.

Soit $(n_k)_{k\geqslant 1}$ une suite d'entiers strictement croissante telle que l'on ait $n_1 = 0$ et $\sum_{i\geqslant n_k}|\alpha_i| \leqslant 2^{-3k}$ pour $k \geqslant 2$; une telle suite existe puisque la suite $(\alpha_i)_{i\in\mathbf{N}}$ est sommable. Pour tout entier $i \geqslant 0$, il existe un unique entier $k \geqslant 1$ vérifiant $n_k \leqslant i < n_{k+1}$; posons alors $a_i = 2^{2k}\alpha_i$ et $b_i = 2^{-k}$. Les suites $(a_i)_{i\in\mathbf{N}}$ et $(b_i)_{i\in\mathbf{N}}$ ont les propriétés voulues. En effet, on a $\alpha_i = a_i b_i^2$ pour tout i, et la suite $(b_i)_{i \in \mathbf{N}}$ converge vers 0 par construction ; enfin, on a

$$\sum_{i \in \mathbf{N}} |a_i| = \sum_{k \geqslant 1} 2^{2k} \sum_{i=n_k}^{n_{k+1}-1} |\alpha_i| \leqslant \sum_{k \geqslant 1} 2^{2k} \sum_{i \geqslant n_k} |\alpha_i| \leqslant \sum_{k \geqslant 1} 2^{-k},$$

donc la suite $(a_i)_{i \in \mathrm{I}}$ est sommable.

Lemme 3. — Soient E *un espace localement convexe et* F *un espace localement convexe séparé. Soit* $u\colon \mathrm{E} \to \mathrm{F}$ *une application nucléaire.*

a) *Il existe une écriture nucléaire* $(x_i', y_i, a_i)_{i \in \mathbf{N}}$ *de* u *telle que les suites* $(x_i')_{i \in \mathbf{N}}$ *et* $(y_i)_{i \in \mathbf{N}}$ *tendent vers* 0 *dans* E$'$ *et* F *respectivement, et que* $(y_i)_{i \in \mathbf{N}}$ *soit contenue dans une partie convexe équilibrée* compacte *de* F.

b) *Supposons* E *semi-normé et* F *normé. Pour toute écriture nucléaire* $(\xi_i', \eta_i, \alpha_i)_{i \in \mathbf{N}}$ *de* u *indexée par* $\mathbf{N}$, *il existe une écriture nucléaire* $(x_i', y_i, a_i)_{i \in \mathbf{N}}$ *de* u *satisfaisant aux propriétés de* a) *et telle que l'on ait* $|\alpha_i| \|\xi_i'\| \|\eta_i\| = |a_i| \|x_i'\| \|y_i\|$ *pour tout* $i \in \mathbf{N}$.

Soit $(\xi_i', \eta_i, \alpha_i)_{i \in \mathbf{N}}$ une écriture nucléaire de u indexée par $\mathbf{N}$ (remarque 2). Soient $(a_i)_{i \in \mathbf{N}}$ et $(b_i)_{i \in \mathbf{N}}$ des suites d'éléments de K telles que $(a_i)_{i \in \mathbf{N}}$ soit sommable, que $(b_i)_{i \in \mathbf{N}}$ tende vers 0 et que l'on ait $\alpha_i = a_i b_i^2$ pour tout $i \in \mathbf{N}$ (lemme 2). Pour tout $i \in \mathbf{N}$, posons $x_i' = b_i \xi_i'$ et $y_i = b_i \eta_i$. On a alors $u = \sum_{i \in \mathbf{N}} a_i \langle \cdot, x_i' \rangle y_i$; de plus, la suite $(x_i')_{i \in \mathbf{N}}$ est équicontinue et tend vers 0. Enfin, la suite $(y_i)_{i \in \mathbf{N}}$ tend vers 0 et est contenue dans une partie convexe complète de F ; d'après le cor. de la prop. 3 de II, p. 27 et la remarque 1 de IV, p. 2, appliqués à la partie compacte de F dont les éléments sont 0 et les y_i, on en déduit que l'enveloppe convexe fermée équilibrée de $(y_i)_{i \in \mathbf{N}}$ est compacte, d'où a). Si E est semi-normé et F normé, on a de plus $|a_i| \|x_i'\| \|y_i\| = |\alpha_i| \|\xi_i'\| \|\eta_i\|$ pour tout $i \in \mathbf{N}$, d'où b).

Proposition 1. — *Soient* E *un espace localement convexe et* F *un espace localement convexe séparé. Soit* $u\colon \mathrm{E} \to \mathrm{F}$ *une application linéaire.*

a) *Si* u *est continue et de rang fini, alors* u *est nucléaire.*

b) *Si* u *est nucléaire, alors* u *est compacte.*

Supposons u continue et de rang fini. Comme F est séparé, il existe un entier $n \geqslant 0$ et des éléments $x_1', \dots, x_n'$ de E$'$ et $y_1, \dots, y_n$ de F tels que l'on ait $u = \sum_{i=1}^n \langle \cdot, x_i' \rangle y_i$ (*cf.* I, p. 14, th. 2). Par suite, u est nucléaire.

Supposons u nucléaire. Soient $(x'_i)_{i \in \mathbf{N}}$ une suite équicontinue dans E$'$, $(y_i)_{i \in \mathbf{N}}$ une suite d'éléments de F contenue dans une partie convexe équilibrée compacte C de F, et $(a_i)_{i \in \mathbf{N}}$ une suite sommable de scalaires, telles que l'on ait $u = \sum_{i \in \mathbf{N}} a_i \langle \cdot, x'_i \rangle y_i$ (lemme 3). Puisque $(x'_i)_{i \in \mathbf{N}}$ est équicontinue, il existe un voisinage U de 0 dans E tel que l'on ait $|\langle x, x'_i \rangle| \leqslant 1$ pour tout x dans U et tout entier i (III, p. 16, n° 4). On a alors $u(\mathrm{U}) \subset a\mathrm{C}$ avec $a = \sum_{i \in \mathbf{N}} |a_i|$, donc u est compacte.

PROPOSITION 2. — *Soient* E *un espace localement convexe et* F *un espace localement convexe séparé.*

a) *L'ensemble* $\mathscr{L}^1(\mathrm{E}; \mathrm{F})$ *est un sous-espace vectoriel de* $\mathscr{L}(\mathrm{E}; \mathrm{F})$.

b) *Soient* E_1 *un espace localement convexe et* F_1 *un espace localement convexe séparé, et soient* $v \in \mathscr{L}(\mathrm{E}_1; \mathrm{E})$ *et* $w \in \mathscr{L}(\mathrm{F}; \mathrm{F}_1)$. *Si* $u \colon \mathrm{E} \to \mathrm{F}$ *est nucléaire, l'application* $w \circ u \circ v \colon \mathrm{E}_1 \to \mathrm{F}_1$ *est nucléaire.*

Si u est nucléaire et si $t \in \mathrm{K}$, il est immédiat que tu est nucléaire. Soient u_1, u_2 des éléments de $\mathscr{L}^1(\mathrm{E}; \mathrm{F})$. Pour $k \in \{1, 2\}$, soit $(x'_{k,i}, y_{k,i}, a_{k,i})_{i \in \mathrm{I}_k}$ une écriture nucléaire de u_k telle que la famille $(y_{k,i})_{i \in \mathrm{I}_k}$ soit contenue dans une partie convexe compacte C_k de F (lemme 3). Notons I l'ensemble somme de I_1 et I_2 ; pour $i \in \mathrm{I}$, posons

$$a_i = a_{k,i}, \quad x'_i = x'_{k,i}, \quad y_i = y_{k,i}$$

si $i \in \mathrm{I}_k$.

La famille $(a_i)_{i \in \mathrm{I}}$ est sommable et la famille $(x'_i)_{i \in \mathrm{I}}$ est équicontinue. La famille $(y_i)_{i \in \mathrm{I}}$ est contenue dans l'enveloppe convexe de $\mathrm{C}_1 \cup \mathrm{C}_2$, qui est compacte (II, p. 14, prop. 15). L'application $u_1 + u_2$, égale à

$$\sum_{i \in \mathrm{I}} a_i \langle \cdot, x'_i \rangle y_i,$$

est donc nucléaire (VII, p. 167, remarque 1), ce qui entraîne a).

Soit $u \colon \mathrm{E} \to \mathrm{F}$ une application nucléaire. Soit $(x'_i, y_i, a_i)_{i \in \mathbf{N}}$ une écriture nucléaire de u vérifiant les conditions du lemme 3, a), et soit C une partie convexe compacte de F contenant les y_i. La suite $({}^t v(x'_i))_{i \in \mathbf{N}}$ est équicontinue dans E'_1 et la suite $(w(y_i))_{i \in \mathbf{N}}$ est contenue dans l'ensemble convexe compact $w(\mathrm{C})$. L'application $w \circ u \circ v$ est égale à

$$\sum_{i \in \mathbf{N}} a_i \langle \cdot, {}^t v(x'_i) \rangle w(y_i) \, ;$$

elle est donc nucléaire (VII, p. 167, remarque 1), d'où b).

Remarque 5. — Soient I et J des ensembles finis. Soient $(E_j)_{j \in J}$ et $(F_i)_{i \in I}$ des familles d'espaces localement convexes, les F_i étant supposés séparés. Supposons donnée, pour tout $(i, j) \in I \times J$, une application linéaire $u_{ij} \colon E_j \to F_i$. Soient E et F les sommes directes topologiques de $(E_j)_{j \in J}$ et $(F_i)_{i \in I}$ (II, p. 32, déf. 2) ; l'espace F est séparé (III, p. 34, cor. 2). Soit $u \colon E \to F$ l'application qui, à un élément de E écrit sous la forme $\sum_{j \in J} x_j$ avec $x_j \in E_j$ pour $j \in J$, associe l'élément $\sum_{i \in I} u_{ij}(x_j)$.

L'application u est alors nucléaire si et seulement si les applications u_{ij} sont toutes nucléaires.

En effet, pour $(i, j) \in I \times J$, désignons par $p_j \colon E \to E_j$ et $q_i \colon F \to F_i$ les projections canoniques, et par $\alpha_j \colon E_j \to E$ et $\beta_i \colon F_i \to F$ les injections canoniques. On a alors $u = \sum_{(i,j) \in I \times J} \beta_i \circ u_{ij} \circ p_j$ et pour tout $(i, j) \in I \times J$, on a $u_{ij} = q_i \circ u \circ \alpha_j$, d'où l'assertion vu la prop. 2.

L'assertion n'est pas toujours vraie si l'on ne suppose pas I et J finis (VII, p. 286, exerc. 6).

PROPOSITION 3. — *Soient* E *un espace localement convexe et* F *un espace localement convexe séparé.*

a) *Soit φ l'application canonique de* E *dans son séparé complété* $\widehat{E}$. *Si $u \colon E \to F$ est une application nucléaire, alors il existe une unique application continue $\overline{u} \colon \widehat{E} \to F$ telle que $u = \overline{u} \circ \varphi$. L'application $\overline{u}$ est alors nucléaire.*

b) *Si $u \colon E \to F$ est nucléaire, l'application $\widehat{u} \colon \widehat{E} \to \widehat{F}$ déduite de u est nucléaire, et son image est contenue dans* F.

Soit $(x'_i, y_i, a_i)_{i \in \mathbf{N}}$ une écriture nucléaire de u indexée par $\mathbf{N}$ (remarque 2). La suite $(x'_i)_{i \in \mathbf{N}}$ définit une suite équicontinue $(\overline{x}'_i)_{i \in \mathbf{N}}$ de $\widehat{E}'$ (TG, X, p. 15, prop. 4) ; d'après le lemme 1, la suite $(a_i \langle \cdot, \overline{x}'_i \rangle y_i)_{i \in \mathbf{N}}$ est sommable dans $\mathscr{L}_b(\widehat{E}; F)$. Sa somme $\overline{u} = \sum_{i \in \mathbf{N}} a_i \langle \cdot, \overline{x}'_i \rangle y_i$ est une application nucléaire ; c'est l'unique application continue de $\widehat{E}$ dans F vérifiant $\overline{u} \circ \varphi = u$, ce qui prouve l'assertion a). L'assertion b) en découle aussitôt d'après la prop. 2, b).

PROPOSITION 4. — *Soient* F *un espace localement convexe séparé et* E *un sous-espace vectoriel de* F. *Pour que l'injection canonique de* E *dans* F *soit nucléaire, il faut et il suffit que* E *soit de dimension finie.*

En effet, si l'injection canonique est nucléaire, elle est compacte (prop. 1, b)), donc E est de dimension finie (TS, III, p. 2, remarque 3). Inversement, si E est de dimension finie, cette injection est continue et de rang fini, donc nucléaire (prop. 1, a)).

Corollaire. — *Si* E *est un espace localement convexe séparé de dimension infinie, alors aucun élément de* $\mathscr{L}^1(E)$ *n'est inversible dans* $\mathscr{L}(E)$.

En effet, la prop. 2 montre que $\mathscr{L}^1(E)$ est un idéal bilatère de $\mathscr{L}(E)$; s'il contenait un élément inversible, on aurait $\mathscr{L}^1(E) = \mathscr{L}(E)$, ce qui est impossible d'après la prop. 4.

Rappelons que si A est une algèbre unifère sur un corps commutatif, on dit qu'une sous-algèbre B de A est *pleine* si tout élément de B qui est inversible dans A est inversible dans B (TS, I, p. 5, déf. 3).

Proposition 5. — *Soit* A *une algèbre unifère sur un corps commutatif* L *; notons* e *l'élément unité de* A. *Soit* I *un idéal à gauche de* A.

a) *Soient* $v \in A$ *et* $\lambda \in L - \{0\}$. *Si* v *est inversible et si* $v - \lambda e$ *appartient à* I, *alors* $v^{-1} - \lambda^{-1}e$ *appartient à* I.

b) *L'ensemble* $B = L \cdot e + I$ *est une sous-algèbre pleine de* A.

Si $v \in A$ est inversible dans A, et si $\lambda \in L$ est non nul, alors

$$v^{-1} - \lambda^{-1}e = \lambda^{-1}v^{-1}(\lambda e - v),$$

d'où l'assertion *a*).

Le fait que B soit une sous-algèbre de A résulte aussitôt des définitions. Vérifions que c'est une sous-algèbre pleine de A, c'est-à-dire que si $v \in B$ est inversible dans A, alors $v^{-1} \in B$. C'est vrai si $I = A$. Supposons $I \neq A$; alors aucun élément inversible de A n'appartient à I. Par conséquent, si $\lambda \in L$ et $u \in I$, et si l'élément $v = \lambda e - u$ de B est inversible dans A, alors $\lambda \neq 0$, donc $v^{-1} - \lambda^{-1}e$ appartient à I d'après *a*). On a alors $v^{-1} \in B$, ce qu'il fallait démontrer.

Corollaire. — *Soit* E *un espace localement convexe séparé.*

a) *Soient* $v \in \mathscr{L}(E)$ *et* $\lambda \in K - \{0\}$. *Si* v *est inversible et si* $v - \lambda 1_E$ *est nucléaire, alors* $v^{-1} - \lambda^{-1}1_E$ *est nucléaire.*

b) *L'ensemble* $K \cdot 1_E + \mathscr{L}^1(E)$ *est une sous-algèbre pleine de* $\mathscr{L}(E)$.

Cela résulte aussitôt de la prop. 5, puisque $\mathscr{L}^1(E)$ est un idéal bilatère de l'algèbre unifère $\mathscr{L}(E)$ d'après la prop. 2.

2. Changement du corps de base

PROPOSITION 6. — *Soient* E *et* F *des espaces localement convexes complexes, l'espace* F *étant supposé séparé, et soit* $u \in \mathscr{L}(\mathrm{E};\mathrm{F})$. *Notons* E_0 *et* F_0 *les espaces localement convexes réels sous-jacents à* E *et* F. *Pour que* u *soit nucléaire, il faut et il suffit que l'application* **R***-linéaire* $u\colon \mathrm{E}_0 \to \mathrm{F}_0$ *soit nucléaire.*

Supposons que u appartienne à $\mathscr{L}^1(\mathrm{E}_0;\mathrm{F}_0)$. Soit $(x'_k, y_k, a_k)_{k \in \mathrm{I}}$ une écriture nucléaire de u. Pour $k \in \mathrm{I}$, notons $\widetilde{x}'_k$ l'application de E dans $\mathbf{C}$ définie par

$$\langle x, \widetilde{x}'_k \rangle = \frac{1}{2}(\langle x, x'_k \rangle - i\langle ix, x'_k \rangle).$$

pour tout $x \in \mathrm{E}$; on définit ainsi une forme linéaire continue sur E. La suite $(\widetilde{x}'_n)_{n \in \mathbf{N}}$ dans E' est équicontinue ; puisque u est $\mathbf{C}$-linéaire, on a $u(x) = \frac{1}{2}(u(x) - iu(ix))$ pour $x \in \mathrm{E}$, d'où $u = \sum_{k \in \mathrm{I}} a_n \langle \cdot, \widetilde{x}'_k \rangle y_k$ dans $\mathscr{L}_b(\mathrm{E};\mathrm{F})$, ce qui entraîne que $u \in \mathscr{L}^1(\mathrm{E};\mathrm{F})$.

Supposons inversement que u appartienne à $\mathscr{L}^1(\mathrm{E};\mathrm{F})$. Il existe alors des suites sommables $(b_n)_{n \in \mathbf{N}}$ et $(c_n)_{n \in \mathbf{N}}$ dans $\mathbf{R}$, des suites équicontinues $(u'_n)_{n \in \mathbf{N}}$ et $(v'_n)_{n \in \mathbf{N}}$ dans E'_0, et une suite $(y_n)_{n \in \mathbf{N}}$ d'éléments d'une partie convexe équilibrée complète de F, telles que l'on ait

$$u = \sum_{n \in \mathbf{N}} (b_n + ic_n)\langle \cdot, u'_n + iv'_n \rangle y_n$$

dans $\mathscr{L}_b(\mathrm{E};\mathrm{F})$. Dans l'espace $\mathscr{L}_b(\mathrm{E}_0;\mathrm{F}_0)$, on a alors

$$u = \sum_{n \in \mathbf{N}} b_n \langle \cdot, u'_n \rangle y_n - \sum_{n \in \mathbf{N}} c_n \langle \cdot, v'_n \rangle y_n$$
$$+ \sum_{n \in \mathbf{N}} b_n \langle \cdot, v'_n \rangle iy_n + \sum_{n \in \mathbf{N}} c_n \langle \cdot, u'_n \rangle iy_n \,;$$

d'après la prop. 2, *a*) de VII, p. 170, il en résulte que $u \in \mathscr{L}^1(\mathrm{E}_0;\mathrm{F}_0)$, ce qui achève la démonstration.

Si E est un espace localement convexe réel, on note $\mathrm{E}_{(\mathbf{C})}$ l'espace localement convexe complexifié de E (II, p. 65). Si F est un espace localement convexe réel et si $u\colon \mathrm{E} \to \mathrm{F}$ est une application linéaire, on note $u_{(\mathbf{C})}\colon \mathrm{E}_{(\mathbf{C})} \to \mathrm{F}_{(\mathbf{C})}$ l'application $\mathbf{C}$-linéaire déduite de u par extension du corps des scalaires (A, II, p. 82, corollaire), dite *complexifiée* de u.

CorollAIRE 1. — *Soient* E *et* F *des espaces localement convexes réels,
l'espace* F *étant supposé séparé, et soit* $u \in \mathscr{L}(E; F)$. *Pour que* u *soit
nucléaire, il faut et il suffit que* $u_{(\mathbf{C})}$ *soit nucléaire.*

En effet, l'application $u_{(\mathbf{C})}$ est nucléaire si et seulement si l'application $\mathbf{R}$-linéaire sous-jacente est nucléaire (prop. 6). D'après II, p. 65,
cette dernière s'identifie à $u \oplus u \colon E \oplus E \to F \oplus F$, qui est nucléaire si
et seulement si u est nucléaire (VII, p. 171, remarque 5).

CorollAIRE 2. — *Soient* E *un espace localement convexe réel et* F *un
espace localement convexe complexe séparé, et soit* v *une application*
$\mathbf{R}$-*linéaire continue de* E *dans* F. *Soit* $\widetilde{v} \colon E_{(\mathbf{C})} \to F$ *l'unique application*
$\mathbf{C}$-*linéaire qui prolonge* v *; alors* $\widetilde{v}$ *est nucléaire si et seulement si* v *est
nucléaire.*

En tant qu'application $\mathbf{R}$-linéaire, $\widetilde{v}$ s'identifie à l'application
$(x, y) \mapsto v(x) + iv(y)$ de $E \oplus E$ dans F, d'où le résultat (*loc. cit.*).

3. Relation entre $\mathscr{L}^1(E; F)$ et $E' \widehat{\otimes}_\pi F$

Soient E et F des espaces localement convexes, l'espace F étant
supposé séparé. Munissons les espaces E' et $\mathscr{L}(E; F)$ de la topologie de
la convergence bornée. Rappelons (VI, p. 46, prop. 25) que l'application
canonique $E' \otimes F \to \mathscr{L}(E; F)$ est une application linéaire continue de
$E' \otimes_\varepsilon F$ dans $\mathscr{L}_b(E; F)$, donc *a fortiori* de $E' \otimes_\pi F$ dans $\mathscr{L}_b(E; F)$. Par
passage aux séparés complétés, on en déduit une application linéaire
continue $\widehat{\theta}_\pi \colon E' \widehat{\otimes}_\pi F \to \widehat{\mathscr{L}_b(E; F)}$. Si E est *bornologique* et F *complet*,
l'espace $\mathscr{L}_b(E; F)$ est complet (III, p. 23, prop. 12) et séparé (III, p. 15,
prop. 3), de sorte que $\widehat{\theta}_\pi$ s'identifie à une application linéaire continue
de $E' \widehat{\otimes}_\pi F$ dans $\mathscr{L}_b(E; F)$, dite *canonique*. Pour $x' \in E'$ et $y \in F$,
l'application $\widehat{\theta}_\pi(x' \widehat{\otimes}_\pi y)$ de E dans F est de rang $\leqslant 1$, égale à $\langle \cdot, x' \rangle y$.

Lemme 4. — Soit E *un espace localement convexe bornologique, et
soit* F *un espace localement convexe séparé et complet. Soit* $u \colon E \to F$
une application nucléaire. Si $(x'_i, y_i, a_i)_{i \in I}$ *est une écriture nucléaire
de* u, *alors la famille* $(a_i\, x'_i \widehat{\otimes}_\pi y_i)_{i \in I}$ *est sommable dans* $E \widehat{\otimes}_\pi F$ *et sa
somme* s *vérifie* $\widehat{\theta}_\pi(s) = u$.

Les familles (x'_i) et (y_i) sont bornées (*cf.* III, p. 22, prop. 9 pour le
cas de (x'_i)) ; il en va donc de même de la famille $(x'_i \otimes y_i)$ d'après la
remarque 2 de VI, p. 23. D'après le critère de Cauchy (TG, III, p. 38,

th. 1), la suite $(a_i\, x_i'\,\widehat{\otimes}_\pi\, y_i)$ est donc sommable dans $\mathrm{E}'\,\widehat{\otimes}_\pi\,\mathrm{F}$; l'image par $\widehat{\theta}_\pi$ de sa somme est égale à $\sum_{i\in\mathrm{I}} a_i\langle\cdot, x_i'\rangle y_i = u$, d'où le lemme.

PROPOSITION 7. — *Soit* E *un espace localement convexe bornologique et soit* F *un espace localement convexe séparé et complet.*

a) *On a* $\mathscr{L}^1(\mathrm{E};\mathrm{F}) \subset \mathrm{Im}(\widehat{\theta}_\pi)$.

b) *Si* E′ *et* F *sont des espaces de Fréchet, alors* $\mathscr{L}^1(\mathrm{E};\mathrm{F}) = \mathrm{Im}(\widehat{\theta}_\pi)$.

L'assertion *a*) résulte aussitôt du lemme 4. Sous les hypothèses de *b*), soit t un élément de $\mathrm{E}'\,\widehat{\otimes}_\pi\,\mathrm{F}$. En vertu du théorème 1 de VI, p. 59, il existe une suite (x_i') tendant vers 0 dans E′, une suite (y_i) tendant vers 0 dans F, et une suite sommable (a_i) dans K, telles que l'on ait $t = \sum_i a_i x_i'\,\widehat{\otimes}_\pi\, y_i$. Puisque E est bornologique, la suite (x_i') est équicontinue (III, p. 22, prop. 10). Puisque F est un espace de Fréchet, donc complet, les familles (x_i'), (y_i) et (a_i) satisfont aux conditions du lemme 1 de VII, p. 166. Ainsi, l'application $\widehat{\theta}_\pi(t) = \sum_i a_i\langle\cdot, x_i'\rangle y_i$ est nucléaire, ce qu'il fallait démontrer.

Exemple. — Si E est semi-normé et si F est un espace de Banach, alors $\widehat{\theta}_\pi$ définit par passage aux sous-espaces une application linéaire surjective de l'espace de Banach $\mathrm{E}'\widehat{\otimes}_\pi\mathrm{F}$ sur l'espace vectoriel $\mathscr{L}^1(\mathrm{E};\mathrm{F})$.

4. Norme nucléaire

Soient E un espace semi-normé et F un espace de Banach. D'après la prop. 2 de VII, p. 175, l'application $\widehat{\theta}_\pi$ identifie $\mathscr{L}^1(\mathrm{E};\mathrm{F})$ au quotient de l'espace de Banach $\mathrm{E}'\widehat{\otimes}_\pi\mathrm{F}$ par le sous-espace fermé $\mathrm{Ker}(\widehat{\theta}_\pi)$. La norme quotient sur $\mathscr{L}^1(\mathrm{E};\mathrm{F})$ est appelée *norme nucléaire*. La norme nucléaire d'un élément u de $\mathscr{L}^1(\mathrm{E};\mathrm{F})$ est notée $\|u\|_1$. L'espace $\mathscr{L}^1(\mathrm{E};\mathrm{F})$, muni de cette norme, est donc un espace de Banach.

Soit $u\colon \mathrm{E}\to\mathrm{F}$ une application nucléaire. D'après le lemme 4 de VII, p. 174 et le corollaire 3 de VI, p. 61, si $(x_i',y_i,a_i)_{i\in\mathrm{I}}$ est une écriture nucléaire de u, alors $\|u\|_1 \leqslant \sum_{i\in\mathrm{I}}|a_i|\,\|x_i'\|\,\|y_i\|$. De plus, vu la remarque 2 de VII, p. 168, on a

$$(2) \qquad \|u\|_1 = \inf \sum_{i\in\mathbf{N}}|a_i|\,\|x_i'\|\,\|y_i\|,$$

la borne inférieure étant prise sur l'ensemble des écritures nucléaires de u indexées par $\mathbf{N}$. D'après la remarque 3 de VII, p. 168, on a aussi

$$(3) \qquad \|u\|_1 = \inf \sum_{i \in \mathbf{N}} \|\xi_i'\| \|\eta_i\|,$$

la borne inférieure étant prise sur l'ensemble des suites $(\xi_i', \eta_i)_{i \in \mathbf{N}}$ dans $\mathrm{E}' \times \mathrm{F}$ satisfaisant à $\sum_{i \in \mathbf{N}} \|\xi_i'\| \|\eta_i\| < +\infty$ et $u = \sum_{i \in \mathbf{N}} \langle \cdot, \xi_i' \rangle \eta_i$.

Remarques. — 1) Si $u \in \mathscr{L}^1(\mathrm{E}; \mathrm{F})$ et si $(x_i', y_i, a_i)_{i \in \mathbf{N}}$ est une écriture nucléaire de u indexée par $\mathbf{N}$, il résulte de la formule (2) que la série $\sum a_i \langle \cdot, x_i' \rangle y_i$ est absolument convergente dans l'espace normé $\mathscr{L}^1(\mathrm{E}; \mathrm{F})$, de somme égale à u. En particulier, les applications linéaires continues de rang $\leqslant 1$ forment une partie totale de l'espace de Banach $\mathscr{L}^1(\mathrm{E}; \mathrm{F})$, et $\mathscr{L}^{\mathrm{f}}(\mathrm{E}; \mathrm{F})$ est dense dans $\mathscr{L}^1(\mathrm{E}; \mathrm{F})$.

2) Rappelons que l'application canonique $\mathrm{E}' \otimes_\varepsilon \mathrm{F} \to \mathscr{L}(\mathrm{E}; \mathrm{F})$ est isométrique (VI, p. 43, cor. de la prop. 20). Puisque l'application identique de $\mathrm{E}' \otimes_\pi \mathrm{F}$ dans $\mathrm{E}' \otimes_\varepsilon \mathrm{F}$ est de norme $\leqslant 1$ (VI, p. 52, remarque 1), et puisque $\mathscr{L}(\mathrm{E}; \mathrm{F})$ est un espace de Banach (III, p. 24, cor. 2), il en résulte que $\widehat{\theta}_\pi$ est de norme $\leqslant 1$. Tout élément u de $\mathscr{L}^1(\mathrm{E}; \mathrm{F})$ vérifie donc

$$(4) \qquad \|u\|_{\mathscr{L}(\mathrm{E}; \mathrm{F})} \leqslant \|u\|_1.$$

Pour éviter toute confusion, on notera parfois $\|u\|_\infty$ la norme de u dans $\mathscr{L}(\mathrm{E}; \mathrm{F})$.

PROPOSITION 8. — *Soient* E *et* $\widetilde{\mathrm{E}}$ *des espaces semi-normés et soient* F *et* $\widetilde{\mathrm{F}}$ *des espaces de Banach. Soit* $u \colon \mathrm{E} \to \mathrm{F}$ *une application nucléaire et soient* $f \colon \mathrm{E} \to \widetilde{\mathrm{E}}$ *et* $g \colon \widetilde{\mathrm{F}} \to \mathrm{F}$ *des applications linéaires continues. L'application* $g \circ u \circ f$ *est alors nucléaire et vérifie*

$$\|g \circ u \circ f\|_1 \leqslant \|g\|_\infty \|u\|_1 \|f\|_\infty.$$

L'application $g \circ u \circ f$ est nucléaire (VII, p. 170, prop. 2). Soient (ξ_i'), (η_i) des suites dans E' et F respectivement, telles que $\sum_i \|\xi_i'\| \|\eta_i\| < +\infty$ et $u = \sum_i \langle \cdot, \xi_i' \rangle \eta_i$. On a alors $g \circ u \circ f = \sum_i \langle \cdot, {}^t f(\xi_i') \rangle g(\eta_i)$, d'où

$$\|g \circ u \circ f\|_1 \leqslant \sum_i \|{}^t f(\xi_i')\| \|g(\eta_i)\| \leqslant \|g\|_\infty \|{}^t f\|_\infty \sum_i \|\xi_i'\| \|\eta_i\|.$$

Compte tenu de l'égalité $\|{}^t f\|_\infty = \|f\|_\infty$ (VI, p. 8, cor. de la prop. 4), on en déduit l'inégalité de la proposition par passage à la borne inférieure (formule (3)).

Dans la suite de ce numéro, la lettre E désigne un espace de Banach et $\mathscr{L}^1(\mathrm{E})$ est muni de la norme nucléaire, qui en fait un espace de Banach.

COROLLAIRE 1. — *L'espace $\mathscr{L}^1(\mathrm{E})$ est une sous-algèbre de de $\mathscr{L}(\mathrm{E})$ et la norme nucléaire est compatible avec la structure d'algèbre de $\mathscr{L}^1(\mathrm{E})$.*

Le fait que $\mathscr{L}^1(\mathrm{E})$ soit une sous-algèbre de $\mathscr{L}(\mathrm{E})$ résulte de la prop. 2 de VII, p. 170 ; le fait que la norme de $\mathscr{L}^1(\mathrm{E})$ soit compatible avec sa structure d'algèbre résulte de la prop. 8 et de l'inégalité (4).

Supposons à présent que E est un espace de Banach *complexe* de dimension infinie. Soit $u \in \mathscr{L}(\mathrm{E})$; soit $\mathscr{O}(\mathrm{Sp}(u))$ l'algèbre des germes de fonctions holomorphes au voisinage du spectre de u (TS, I, p. 49, n° 1). Si $f \in \mathscr{O}(\mathrm{Sp}(u))$, notons $f(u)$ l'élément de $\mathscr{L}(\mathrm{E})$ défini par le calcul fonctionnel holomorphe sur $\mathscr{L}(\mathrm{E})$ (TS, I, p. 74, n° 9).

COROLLAIRE 2. — *Soit $u \in \mathscr{L}^1(\mathrm{E})$ et soit $f \in \mathscr{O}(\mathrm{Sp}(u))$. L'endomorphisme $f(u)$ appartient à $\mathscr{L}^1(\mathrm{E})$ si et seulement si on a $f(0) = 0$.*

Notons A la sous-algèbre unifère $\mathrm{K} \cdot 1_{\mathrm{E}} + \mathscr{L}^1(\mathrm{E})$ de $\mathscr{L}(\mathrm{E})$. Elle s'identifie à l'algèbre unifère déduite de $\mathscr{L}^1(\mathrm{E})$ par adjonction d'un élément unité puisque $1_{\mathrm{E}} \notin \mathscr{L}^1(\mathrm{E})$ (VII, p. 172, cor. de la prop. 4). Munie de la norme définie par

$$\|\lambda 1_{\mathrm{E}} + u\|_{\mathrm{A}} = |\lambda| + \|u\|_1,$$

c'est une algèbre de Banach (TS, I, p. 16).

La sous-algèbre A de $\mathscr{L}(\mathrm{E})$ est pleine (VII, p. 172, corollaire), donc le spectre $\mathrm{Sp}_{\mathrm{A}}(u)$ de u dans A est égal au spectre $\mathrm{Sp}(u)$ de u dans $\mathscr{L}(\mathrm{E})$ (TS, I, p. 5, n° 5). Il contient 0 (VII, p. 172, cor. de la prop. 4). Compte tenu de l'inégalité (4), l'injection canonique de A dans $\mathscr{L}(\mathrm{E})$ est continue. D'après la prop. 7 de TS, I, p. 75, l'élément $f(u)$ de $\mathscr{L}(\mathrm{E})$ coïncide donc avec l'élément v de A défini à partir de f par le calcul fonctionnel holomorphe sur A. Or v appartient à la sous-algèbre $\mathscr{L}^1(\mathrm{E})$ de A si et seulement si $f(0) = 0$ (TS, I, p. 88, n° 14), d'où le résultat.

Remarque 3. — Soient E et F des espaces de Banach sur $\mathbf{R}$, et soit γ une construction tensorielle sur $\mathbf{R}$. Munissons les espaces vectoriels complexifiés $\mathrm{E}_{(\mathbf{C})}$ et $\mathrm{F}_{(\mathbf{C})}$ des normes d'espaces vectoriels complexes associées à γ et aux semi-normes données sur E et F (VI, p. 33, n° 6).

Si $u \colon \mathrm{E} \to \mathrm{F}$ est une application nucléaire, alors l'application linéaire complexifiée $u_{(\mathbf{C})} \colon \mathrm{E}_{(\mathbf{C})} \to \mathrm{F}_{(\mathbf{C})}$ est nucléaire (VII, p. 173, cor. 1) ; vérifions que $\|u_{(\mathbf{C})}\|_1 \leqslant \|u\|_1$.

Soit $(\xi_i', \eta_i)_{i \in \mathbf{N}}$ une suite dans $\mathrm{E}' \times \mathrm{F}$ vérifiant $\sum_{i \in \mathbf{N}} \|\xi_i'\| \|\eta_i\| < +\infty$ et $u = \sum_{i \in \mathbf{N}} \langle \cdot, \xi_i' \rangle \eta_i$ (VII, p. 168, remarque 3). Pour tout $i \in \mathbf{N}$, notons $\widetilde{\xi}_i'$ l'application $(\xi_i')_{(\mathbf{C})}$, de $\mathrm{E}_{(\mathbf{C})}$ dans $\mathbf{C}$; c'est une forme linéaire sur l'espace vectoriel complexe $\mathrm{E}_{(\mathbf{C})}$. On a l'inégalité $\|\widetilde{\xi}_i'\| \leqslant \|\xi_i'\|$ (VI, p. 33, remarque 3). Notons $\widetilde{\eta}_i$ l'élément $1 \otimes \eta_i$ de $\mathrm{F}_{(\mathbf{C})}$; il est de norme $\|\eta_i\|$ (VI, p. 21, prop. 5). On a donc $\sum_i \|\widetilde{\xi}_i'\| \|\widetilde{\eta}_i\| \leqslant \sum_i \|\xi_i'\| \|\eta_i\| < +\infty$. De plus, les applications $u_{(\mathbf{C})}$ et $\sum_{i \in \mathbf{N}} \langle \cdot, \widetilde{\xi}_i' \rangle \widetilde{\eta}_i$ sont $\mathbf{C}$-linéaires et coïncident sur le sous-espace vectoriel $\mathbf{R} \otimes \mathrm{E}$ de $\mathrm{E}_{(\mathbf{C})}$; elles sont donc égales. Ainsi $\|u_{(\mathbf{C})}\|_1 \leqslant \sum_i \|\xi_i'\| \|\eta_i\|$. Vu la formule (3), on a donc $\|u_{(\mathbf{C})}\|_1 \leqslant \|u\|_1$.

5. Applications nucléaires entre espaces hilbertiens

Soit S une partie fermée de $\mathbf{C}$ stable par la conjugaison complexe $z \mapsto \overline{z}$. Notons $\mathscr{C}(\mathrm{S})^{(\mathbf{R})}$ l'ensemble des fonctions continues $f \colon \mathrm{S} \to \mathbf{C}$ telles que l'on ait $f(\overline{z}) = \overline{f(z)}$ pour tout $z \in \mathrm{S}$. Si S est compacte et si $\mathscr{C}(\mathrm{S})$ désigne l'algèbre de Banach complexe des fonctions continues de S dans $\mathbf{C}$, alors $\mathscr{C}(\mathrm{S})^{(\mathbf{R})}$ est une sous-algèbre de Banach réelle de $\mathscr{C}(\mathrm{S})$; elle contient la sous-algèbre $\mathrm{P}(\mathrm{S})$ formée des restrictions à S des fonctions de la forme $z \mapsto g(z, \overline{z})$, où $g \in \mathbf{R}[\mathrm{X}, \mathrm{Y}]$.

Lemme 5. — La sous-algèbre $\mathrm{P}(\mathrm{S})$ *est dense dans* $\mathscr{C}(\mathrm{S})^{(\mathbf{R})}$.

En effet, définissons une application $\Psi \colon \mathscr{C}(\mathrm{S}) \to \mathscr{C}(\mathrm{S})$ en posant $\Psi(f)(z) = \frac{1}{2}(f(z) + \overline{f(\overline{z})})$ pour $f \in \mathscr{C}(\mathrm{S})$ et $z \in \mathrm{S}$. L'application Ψ est un projecteur continu de $\mathscr{C}(\mathrm{S})$, d'image $\mathscr{C}(\mathrm{S})^{(\mathbf{R})}$. La sous-algèbre $\mathrm{P}(\mathrm{S})$ de $\mathscr{C}(\mathrm{S})^{(\mathbf{R})}$ est l'image par Ψ de l'ensemble $\widetilde{\mathrm{P}}(\mathrm{S})$ des restrictions à S de fonctions de la forme $z \mapsto g(z, \overline{z})$ pour $g \in \mathbf{C}[\mathrm{X}, \mathrm{Y}]$. Or $\widetilde{\mathrm{P}}(\mathrm{S})$ est dense dans $\mathscr{C}(\mathrm{S})$ d'après le cor. 1 de TG, X, p. 40, donc $\mathrm{P}(\mathrm{S})$ est dense dans $\mathscr{C}(\mathrm{S})^{(\mathbf{R})}$ d'après la prop. 1 de TG, I, p. 9.

Si E est un espace hilbertien réel, notons $\mathrm{E}_{(\mathbf{C})}$ l'espace hilbertien complexifié de E (V, p. 4, exemple 5 et p. 6, exemple 1).

PROPOSITION 9. — *Soit* E *un espace hilbertien réel. Soit* u *un endomorphisme hermitien de* E. *Soit* $\mathrm{S} = \mathrm{Sp}(u_{(\mathbf{C})})$ *le spectre de l'endomorphisme* $u_{(\mathbf{C})}$ *de* $\mathrm{E}_{(\mathbf{C})}$ *(c'est une partie compacte de* $\mathbf{C}$ *stable par la conjugaison complexe).*

Il existe un unique morphisme unifère continu $\varphi_u \colon \mathscr{C}(\mathrm{S})^{(\mathbf{R})} \to \mathscr{L}(\mathrm{E})$ d'algèbres de Banach réelles tel que l'on ait

$$\varphi_u(f)_{(\mathbf{C})} = f(u_{(\mathbf{C})})$$

pour tout élément f de $\mathscr{C}(\mathrm{S})^{(\mathbf{R})}$.

Pour $f \in \mathscr{C}(\mathrm{S})^{(\mathbf{R})}$, on notera $f(u)$ l'élément $\varphi_u(f)$ de $\mathscr{L}(\mathrm{E})$.

L'unicité résulte du fait que l'espace vectoriel complexe $\mathscr{C}(\mathrm{S})$ est engendré par $\mathscr{C}(\mathrm{S})^{(\mathbf{R})}$, et de l'unicité du calcul fonctionnel continu pour l'élément $u_{(\mathbf{C})}$ de l'algèbre stellaire $\mathscr{L}(\mathrm{E}_{(\mathbf{C})})$ (TS, I, p. 111, prop. 7).

Démontrons l'existence de φ_u. Soit $\sigma \colon \mathrm{E}_{(\mathbf{C})} \to \mathrm{E}_{(\mathbf{C})}$ l'application $\mathbf{R}$-linéaire déduite de la conjugaison complexe (A, V, p. 60, nº 4). Si $v \colon \mathrm{E}_{(\mathbf{C})} \to \mathrm{E}_{(\mathbf{C})}$ est une application linéaire, alors pour qu'il existe $w \in \mathscr{L}(\mathrm{E})$ tel que $v = w_{(\mathbf{C})}$, il faut et il suffit que l'on ait $v \circ \sigma = \sigma \circ v$ (A, V, p. 60, prop. 6) ; dans ce cas w est unique (A, II, p. 121, prop. 3).

Soit A l'ensemble des éléments f de $\mathscr{C}(\mathrm{S})^{(\mathbf{R})}$ tels que l'on ait

$$f(u_{(\mathbf{C})}) \circ \sigma = \sigma \circ f(u_{(\mathbf{C})}).$$

L'ensemble A est une sous-algèbre unifère réelle fermée de $\mathscr{C}(\mathrm{S})^{(\mathbf{R})}$. L'application identique de S et la restriction à S de la conjugaison complexe appartiennent à A, donc A contient la sous-algèbre P(S). Compte tenu du lemme 5, il en résulte que $\mathrm{A} = \mathscr{C}(\mathrm{S})^{(\mathbf{R})}$. Pour tout $f \in \mathscr{C}(\mathrm{S})^{(\mathbf{R})}$, on déduit de ce qui précède l'existence d'un unique endomorphisme v de E vérifiant $v_{(\mathbf{C})} = f(u_{(\mathbf{C})})$. On pose $\varphi_u(f) = v$. L'application $f \mapsto f(u_{(\mathbf{C})})$ étant un morphisme unifère d'algèbres, l'application $\varphi_u \colon \mathscr{C}(\mathrm{S})^{(\mathbf{R})} \to \mathscr{L}(\mathrm{E})$ est un morphisme unifère d'algèbres. Vu la définition de la structure d'espace hilbertien complexe sur $\mathrm{E}_{(\mathbf{C})}$ (V, p. 4, exemple 5), l'application $v \mapsto v_{(\mathbf{C})}$, de $\mathscr{L}(\mathrm{E})$ dans $\mathscr{L}(\mathrm{E}_{(\mathbf{C})})$, est isométrique. Pour tout $f \in \mathscr{C}(\mathrm{S})^{(\mathbf{R})}$, on a donc

$$\|\varphi_u(f)\|_{\mathscr{L}(\mathrm{E})} = \|f(u_{(\mathbf{C})})\|_{\mathscr{L}(\mathrm{E}_{(\mathbf{C})})} \leqslant \|f\|_{\mathscr{C}(\mathrm{S})},$$

la dernière inégalité résultant de la prop. 2 de TS, I, p. 104. Ainsi φ_u est continu ; la proposition est démontrée.

Soient E et F des espaces hilbertiens sur K. Lorsque $\mathrm{K} = \mathbf{C}$, on rappelle (TS, I, p. 139, déf. 3) que pour $u \in \mathscr{L}(\mathrm{E}; \mathrm{F})$, on note $|u|$ l'endomorphisme positif $\sqrt{u^* \circ u}$ de E. Lorsque $\mathrm{K} = \mathbf{R}$, il résulte de la proposition 9 que l'élément $|u_{(\mathbf{C})}|$ de $\mathscr{L}(\mathrm{E}_{(\mathbf{C})})$ est de la forme $v_{(\mathbf{C})}$ pour un unique endomorphisme $v \in \mathscr{L}(\mathrm{E})$, qui est encore noté $|u|$; on a donc $|u|_{(\mathbf{C})} = |u_{(\mathbf{C})}|$. Cet endomorphisme de $\mathscr{L}(\mathrm{E}_{(\mathbf{C})})$ est positif.

*Lemme 6. — Soient $\xi \in E$ et $\eta \in F$. Soit $u\colon E \to F$ l'application
définie par $u(x) = \langle \xi \mid x \rangle \eta$ pour tout $x \in E$.*

   a) L'application u est linéaire, continue, de norme $\|\xi\|\|\eta\|$.

   b) L'adjoint de u est donné par $u^*(y) = \langle \eta \mid y \rangle \xi$ pour tout $y \in F$.

   *c) L'application $|u|$ est de rang $\leqslant 1$ et si $\xi \neq 0$, alors pour tout $x \in E$,
on a*

$$|u|(x) = \frac{\|\eta\|}{\|\xi\|} \langle \xi \mid x \rangle \xi.$$

   d) *La trace* $\mathrm{Tr}(|u|)$ (A, VIII, App. 4, p. 455) *vaut* $\|\xi\|\|\eta\|$.

Les assertions *a*) et *b*) résultent aussitôt des définitions.

Supposons $K = \mathbf{C}$. Si $\xi \neq 0$, soit v l'endomorphisme de E défini par

$$v(x) = \frac{\|\eta\|}{\|\xi\|} \langle \xi \mid x \rangle \xi$$

pour tout $x \in E$. Il est positif, puisque

$$\langle x \mid v(x) \rangle = \frac{\|\eta\|}{\|\xi\|} \langle \xi \mid x \rangle \langle x \mid \xi \rangle = \frac{\|\eta\|}{\|\xi\|} |\langle \xi \mid x \rangle|^2 \geqslant 0$$

pour tout $x \in E$. De plus,

$$v^2(x) = \frac{\|\eta\|^2}{\|\xi\|^2} \langle \xi \mid x \rangle \langle \xi \mid \xi \rangle \xi = u^*(u(x))$$

de sorte que v est un endomorphisme positif tel que $v^2 = u^* \circ u$: on a
donc $v = |u|$ d'après la prop. 16 de TS, I, p. 118. L'endomorphisme v
est de rang 1 et vérifie $v(\xi) = \|\xi\|\|\eta\|\xi$; sa trace est donc $\|\xi\|\|\eta\|$ d'après
la formule (22) de V, p. 48. Si $\xi = 0$, alors $|u| = u = 0$ est de trace
nulle, de sorte que le lemme est entièrement démontré quand $K = \mathbf{C}$.

   Lorsque $K = \mathbf{R}$, on obtient le résultat en appliquant ce qui précède
à ξ et η, interprétés comme éléments de $E_{(\mathbf{C})}$ et $F_{(\mathbf{C})}$, respectivement,
vu la définition de $|u|$ et l'égalité $\mathrm{Tr}(|u|) = \mathrm{Tr}(|u|_{(\mathbf{C})})$ (V, p. 50).

Proposition 10. — *L'espace $\mathscr{L}^1(E;F)$ est l'espace des applications
linéaires u de E dans F telles que $|u|$ est de trace finie. On a de plus*

$$\|u\|_1 = \mathrm{Tr}(|u|)$$

pour tout $u \in \mathscr{L}^1(E;F)$.

   Autrement dit, l'espace normé $\mathscr{L}^1(E;F)$ coïncide avec l'espace
$\mathscr{L}_1(E;F)$ introduit dans la déf. 4 de TS, IV, p. 169. Si $E = F$, alors
$\mathscr{L}^1(E)$ coïncide aussi avec l'espace défini dans V, p. 50, déf. 8, ainsi
qu'annoncé dans V, p. 50, remarque 1 (TS, IV, p. 170, prop. 17).

Démontrons la proposition. Soit $u \in \mathscr{L}(E; F)$. Supposons $|u|$ de trace finie. L'application u est compacte (TS, IV, p. 165, cor. 1). Soit $(e_i)_{i \in I}$ une base orthonormale de l'espace initial $\mathrm{Ker}(u)^\circ$ de u, soit $(f_i)_{i \in I}$ une famille orthonormale de F, et soit $(\alpha_i)_{i \in I}$ une famille dans $\mathbf{R}_+^*$, telles que l'on ait $u(e_i) = \alpha_i f_i$ pour tout $i \in I$ (TS, IV, p. 150, cor. 2).

La famille $(\alpha_i)_{i \in I}$ est sommable dans $\mathbf{R}$ (TS, IV, p. 165, cor. 4) et la famille $(e_i)_{i \in I}$ est bornée dans E. Pour chaque $i \in I$, notons λ_i la forme linéaire continue $x \mapsto \langle e_i \,|\, x \rangle$ sur E. La famille $(\lambda_i)_{i \in I}$ est équicontinue dans E'. D'après le lemme 1 de VII, p. 166, la famille $(\alpha_i \langle \cdot, \lambda_i \rangle f_i)$ est sommable dans $\mathscr{L}_b(E; F)$. Sa somme est égale à u puisque

$$u(x) = \sum_{i \in I} \alpha_i \langle e_i \,|\, x \rangle f_i$$

pour tout $x \in E$ (TS, IV, p. 151, formule (1)) ; ainsi u est nucléaire (VII, p. 167, déf. 1).

Par ailleurs, on a

$$\|u\|_1 \leqslant \sum_i \alpha_i \|f_i\| \|e_i\| = \sum_i \alpha_i = \mathrm{Tr}(|u|)$$

d'après le cor. 4 de TS, IV, p. 165, d'où

$$(5) \qquad\qquad \|u\|_1 \leqslant \mathrm{Tr}(|u|).$$

Soit maintenant $u \in \mathscr{L}^1(E; F)$. D'après la remarque 3 de VII, p. 168, il existe une suite $(\eta_i)_{i \in \mathbf{N}}$ dans E et une suite $(\lambda_i)_{i \in \mathbf{N}}$ dans E' telles que la famille $(\|\eta_i\| \|\lambda_i\|)$ est sommable dans $\mathbf{R}$, et telles que u est la somme dans $\mathscr{L}_b(E; F)$ des applications linéaires v_i définies par $x \mapsto \langle x, \lambda_i \rangle \eta_i$. Soit $\xi_i \in E$ l'élément tel que $\langle x, \lambda_i \rangle = \langle \xi_i \,|\, x \rangle$ pour tout $x \in E$ (V, p. 15, th. 3). On a $\|\xi_i\| = \|\lambda_i\|$ (*loc. cit.*).

Pour tout $i \in \mathbf{N}$, l'application $v_i \colon x \mapsto \langle \xi_i \,|\, x \rangle \eta_i$ est de rang $\leqslant 1$ et on a $\mathrm{Tr}(|v_i|) = \|\xi_i\| \|\eta_i\|$ (lemme 6). D'après TS, IV, p. 171, cor. de la prop. 18, et TS, IV, p. 169, remarque 4, il en résulte que $|u|$ est de trace finie et vérifie

$$\mathrm{Tr}(|u|) \leqslant \sum_i \|v_i\| = \sum_i \|\xi_i\| \|\eta_i\|.$$

La première assertion est donc démontrée. Par ailleurs, en passant à la borne inférieure, on déduit de la dernière inégalité et de la formule (3) de VII, p. 176 que l'on a $\mathrm{Tr}(|u|) \leqslant \|u\|_1$ pour tout $u \in \mathscr{L}^1(E; F)$. Compte tenu de (5), cela permet de conclure que $\|u\|_1 = \mathrm{Tr}(|u|)$.

Corollaire. — *Pour toute application nucléaire $u\colon \mathrm{E} \to \mathrm{F}$, l'adjoint $u^*\colon \mathrm{F} \to \mathrm{E}$ est une application nucléaire et vérifie $\|u^*\|_1 = \|u\|_1$.*

Vu la prop. 10, c'est une reformulation du lemme 8 de TS, IV, p. 169.

Proposition 11. — *Soit $(\mathrm{E}_i)_{i\in\mathrm{I}}$ une famille filtrante croissante de sous-espaces fermés de E, de réunion dense dans E. Pour $i \in \mathrm{I}$, notons π_i l'orthoprojecteur de E d'image E_i. Pour tout $u \in \mathscr{L}^1(\mathrm{E})$, on a*

$$\lim_i \pi_i u \pi_i = u \ \text{ dans } \mathscr{L}^1(\mathrm{E}),$$

la limite étant prise selon le filtre des sections de I (TG, I, p. 38, exemple 2). De plus, la convergence est uniforme sur toute partie précompacte de $\mathscr{L}^1(\mathrm{E})$.

Pour tout $i \in \mathrm{I}$, notons w_i l'endomorphisme $u \mapsto \pi_i u \pi_i$ de $\mathscr{L}^1(\mathrm{E})$. Chaque w_i est continu de norme $\leqslant 1$, car pour tout $u \in \mathscr{L}^1(\mathrm{E})$, on a $\|\pi_i u \pi_i\|_1 \leqslant \|\pi_i\|_\infty \|u\|_1 \|\pi_i\|_\infty \leqslant \|u\|_1$ (VII, p. 176, prop. 8). La famille $(w_i)_{i\in\mathrm{I}}$ est donc équicontinue dans $\mathscr{L}(\mathscr{L}^1(\mathrm{E}))$. Par ailleurs, les endomorphismes continus de rang 1 forment une partie totale de $\mathscr{L}^1(\mathrm{E})$ d'après la remarque 1 de VII, p. 176. Compte tenu de la proposition 5 de III, p. 17, il suffit donc de vérifier que si u est un endomorphisme continu de rang $\leqslant 1$ de E, alors

$$(6) \qquad \lim_i \|w_i(u) - u\|_1 = 0.$$

Montrons d'abord que si un élément v de $\mathscr{L}(\mathrm{E})$ est de rang $\leqslant 1$, alors $\lim_i \pi_i v = v$ dans $\mathscr{L}^1(\mathrm{E})$. Écrivons $v = \langle \cdot, \lambda \rangle \eta$ où $\eta \in \mathrm{E}$ et $\lambda \in \mathrm{E}'$. Soit ε un nombre réel > 0. Par hypothèse, il existe $i_0 \in \mathrm{I}$ et $\widetilde{\eta} \in \mathrm{E}_{i_0}$ tels que l'on ait $\|\lambda\|\|\eta - \widetilde{\eta}\| < \varepsilon/2$. Posons $w = \langle \cdot, \lambda \rangle \widetilde{\eta}$, de sorte que $\|v - w\|_1 < \varepsilon/2$ d'après la formule (2) de VII, p. 175.

Pour tout $i \geqslant i_0$, on a alors $\pi_i w = w$, si bien que

$$\|\pi_i v - v\|_1 \leqslant \|\pi_i v - \pi_i w\|_1 + \|\pi_i w - v\|_1 \leqslant \|\pi_i\|_\infty \|v - w\|_1 + \|v - w\|_1 < \varepsilon.$$

On a donc $\lim_i \pi_i v = v$, comme annoncé. Remarquons par ailleurs que pour tout $u \in \mathscr{L}(\mathrm{E})$, on a

$$w_i(u) - u = \pi_i u \pi_i - u = (\pi_i u - u)\pi_i + (\pi_i u^* - u^*)^*.$$

Si u appartient à $\mathscr{L}^1(\mathrm{E})$, alors il en va de même de son adjoint et on a

$$\|w_i(u) - u\|_1 \leqslant \|\pi_i u - u\|_1 \|\pi_i\|_\infty + \|(\pi_i u^* - u^*)^*\|_1$$
$$\leqslant \|\pi_i u - u\|_1 + \|\pi_i u^* - u^*\|_1$$

vu le corollaire de la prop. 10. Si u est de rang $\leqslant 1$, alors u^* est de rang $\leqslant 1$ (lemme 6) ; ainsi

$$\lim_i \|\pi_i u - u\|_1 = \lim_i \|\pi_i u^* - u^*\|_1 = 0$$

d'après ce qui précède, ce qui prouve (6) et conclut la démonstration.

6. Factorisations d'une application nucléaire

Désignons simplement par ℓ^2 l'espace hilbertien $\ell_{\mathrm{K}}^2(\mathbf{N})$, par ℓ^1 l'espace de Banach $\ell_{\mathrm{K}}^1(\mathbf{N})$ des suites sommables dans K, et par ℓ^∞ l'espace de Banach $\ell_{\mathrm{K}}^\infty(\mathbf{N})$ des suites bornées dans K (VI, p. 10, n° 9).

Pour tout élément $a = (a_i)_{i\in\mathbf{N}}$ de ℓ^1, notons $\Phi_a \colon \ell^\infty \to \ell^1$ l'application définie par $\Phi_a((x_i)_{i\in\mathbf{N}}) = (a_i x_i)_{i\in\mathbf{N}}$.

PROPOSITION 12. — *Soient* E *un espace localement convexe et* F *un espace localement convexe séparé. Pour qu'une application* $u\colon \mathrm{E} \to \mathrm{F}$ *soit nucléaire, il faut et il suffit qu'il existe des applications linéaires continues* $f\colon \mathrm{E} \to \ell^\infty$ *et* $g\colon \ell^1 \to \mathrm{F}$ *et un élément* a *de* ℓ^1 *tels que l'on ait* $u = g \circ \Phi_a \circ f$.

Remarquons d'abord que pour tout $a \in \ell^1$, l'application Φ_a est nucléaire : en effet, pour tout $i \in \mathbf{N}$, notons e_i' la forme linéaire $(x_j)_{j\in\mathbf{N}} \mapsto x_i$ sur ℓ^∞, et $f_i = (f_{i,j})_{j\in\mathbf{N}}$ l'élément de ℓ^1 défini par $f_{i,i} = 1$ et $f_{i,j} = 0$ pour $j \neq i$. On a $\|e_i'\| = \|f_i\| = 1$, et $\Phi_a = \sum_i a_i \langle \cdot, e_i' \rangle f_i$, donc Φ_a est nucléaire. Si $f \in \mathscr{L}(\mathrm{E}; \ell^\infty)$, $g \in \mathscr{L}(\ell^1; \mathrm{F})$ et $a \in \ell^1$, l'application $g \circ \Phi_a \circ f$ est donc nucléaire (VII, p. 170, prop. 2).

Soit u une application nucléaire de E dans F, soit $(x_i', y_i, a_i)_{i\in\mathbf{N}}$ une écriture nucléaire de u, et soit C une partie convexe équilibrée complète de F contenant les y_i. Pour $x \in \mathrm{E}$, posons $f(x) = (\langle x, x_i' \rangle)_{i\in\mathbf{N}}$. Puisque $(x_i')_{i\in\mathbf{N}}$ est équicontinue, donc bornée (III, p. 22, prop. 9), la suite $f(x)$ appartient à ℓ^∞ pour tout $x \in \mathrm{E}$ et l'application linéaire $f\colon \mathrm{E} \to \ell^\infty$ ainsi définie est continue. D'autre part, pour tout élément $t = (t_i)_{i\in\mathbf{N}}$ de ℓ^1, la suite $(t_i y_i)$ est sommable dans F en vertu du lemme 1 de VII, p. 166 (appliqué avec E = K). Pour toute semi-norme continue q sur F, on a

$$q\Big(\sum_{i\in\mathbf{N}} t_i y_i\Big) \leqslant \|t\|_{\ell^1} \sup_{i\in\mathbf{N}} q(y_i).$$

Il en résulte que l'application $g\colon \ell^1 \to \mathrm{F}$ définie par $g(t) = \sum_i t_i y_i$ est continue. On a alors $u = g \circ \Phi_a \circ f$, d'où la proposition.

Corollaire 1. — *Soient* E *un espace localement convexe, soit* F *un espace localement convexe séparé, et soit* $u \in \mathscr{L}(\mathrm{E};\mathrm{F})$. *Les conditions suivantes sont équivalentes :*

(i) *L'application* u *est nucléaire ;*

(ii) *Il existe un espace de Banach* V *et* $(f,g) \in \mathscr{L}(\mathrm{E};\mathrm{V}) \times (\mathrm{V};\mathrm{F})$ *tels que* g *soit nucléaire et que l'on ait* $u = g \circ f$;

(iii) *Il existe un espace de Banach* V *et* $(f,g) \in \mathscr{L}(\mathrm{E};\mathrm{V}) \times \mathscr{L}(\mathrm{V};\mathrm{F})$ *tels que* f *soit nucléaire et que l'on ait* $u = g \circ f$.

Les implications (ii) $\implies$ (i) et (iii) $\implies$ (i) résultent de la proposition 2 de VII, p. 170. Supposons u nucléaire et écrivons $u = g_1 \circ \Phi_a \circ f_1$ avec $f_1 \in \mathscr{L}(\mathrm{E};\ell^\infty)$, $g_1 \in \mathscr{L}(\ell^1;\mathrm{F})$ et $a \in \ell^1$ (prop. 12). L'application Φ_a est nucléaire (*loc. cit.*), donc $g_1 \circ \Phi_a$ et $\Phi_a \circ f_1$ sont nucléaires (VII, p. 170, prop. 2). Posant $(\mathrm{V}, f, g) = (\ell^1, f_1, g_1 \circ \Phi_a)$, on en déduit que la condition (ii) est vérifiée ; posant $(\mathrm{V}, f, g) = (\ell^\infty, \Phi_a \circ f_1, g_1)$, on en déduit que (iii) l'est également, ce qui conclut la démonstration.

Rappelons que si E et F sont des espaces vectoriels topologiques et si $u \in \mathscr{L}(\mathrm{E};\mathrm{F})$, une *factorisation hilbertienne* de u est un triplet (H, f, g) où H est un espace hilbertien et $f \in \mathscr{L}(\mathrm{E};\mathrm{H})$, $g \in \mathscr{L}(\mathrm{H};\mathrm{F})$ vérifient $u = g \circ f$ (VI, p. 116, déf. 1).

Corollaire 2. — *Soient* E *un espace localement convexe et* F *un espace localement convexe séparé. Toute application nucléaire de* E *dans* F *admet une factorisation hilbertienne.*

Compte tenu de la proposition 12, il suffit de traiter le cas $u = \Phi_a$ pour $a \in \ell^1$. Choisissons, pour chaque entier $i \geqslant 0$, des scalaires b_i et c_i satisfaisant à $|b_i| = |c_i| = |a_i|^{1/2}$ et $b_i c_i = a_i$. Soit $(x_i)_{i \in \mathbf{N}}$ une suite d'éléments de K. Dans $[0, +\infty]$, on a

$$\sum_{i \in \mathbf{N}} |b_i x_i|^2 \leqslant \left(\sum_{i \in \mathbf{N}} |a_i| \right) \sup_{i \in \mathbf{N}} |x_i|^2$$

et

$$\sum_{i \in \mathbf{N}} |c_i x_i| \leqslant \left(\sum_{i \in \mathbf{N}} |a_i| \right)^{1/2} \left(\sum_{i \in \mathbf{N}} |x_i|^2 \right)^{1/2},$$

la seconde inégalité résultant de l'inégalité de Cauchy–Schwarz. Par conséquent, les applications $(x_i) \mapsto (b_i x_i)$ et $(x_i) \mapsto (c_i x_i)$ de $\mathrm{K}^{\mathbf{N}}$ dans $\mathrm{K}^{\mathbf{N}}$ induisent des applications linéaires continues $v \colon \ell^\infty \to \ell^2$ et $w \colon \ell^2 \to \ell^1$ respectivement ; on a $\Phi_a = w \circ v$, d'où le corollaire.

Rappelons que si E et F sont des espaces semi-normés, et si $u\colon \mathrm{E} \to \mathrm{F}$ est une application linéaire continue, on note $\mathrm{N_h}(u)$ la borne inférieure des nombres $\|f\|_\infty \|g\|_\infty$, pour les factorisations hilbertiennes (H, f, g) de u (VI, p. 116, déf. 1).

PROPOSITION 13. —   a) *Soient* E *un espace semi-normé et* F *un espace de Banach. Pour tout* $u \in \mathscr{L}^1(\mathrm{E}; \mathrm{F})$*, on a* $\mathrm{N_h}(u) \leqslant \|u\|_1$.

b) *Soit* E *un espace de Banach. Pour tout* $u \in \mathscr{L}^1(\mathrm{E})$ *et pour tout* $\alpha > \|u\|_1$*, il existe une factorisation hilbertienne* (H, f, g) *de* u *telle que* $f \circ g$ *soit une application de Hilbert–Schmidt et que l'on ait* $\|f \circ g\|_2 \leqslant \alpha$ *et* $\|f\|_\infty \|g\|_\infty \leqslant \alpha$.

Soient E un espace semi-normé et F un espace de Banach, et soit $u \in \mathscr{L}^1(\mathrm{E}; \mathrm{F})$. Soit α un nombre réel $> \|u\|_1$. Il existe des suites $(x_i')_{i \in \mathbf{N}}$ dans E' et $(y_i)_{i \in \mathbf{N}}$ dans F telles que l'on ait

$$u = \sum_{i \in \mathbf{N}} \langle \cdot, x_i' \rangle y_i, \quad \text{et} \quad \sum_{i \in \mathbf{N}} \|x_i'\| \|y_i\| \leqslant \alpha$$

(VII, p. 176, formule (3)). Quitte à remplacer y_i par 0 si $x_i' = 0$, et à remplacer (x_i', y_i), lorsque $x_i' \neq 0$, par $(\lambda_i^{-1} x_i', \lambda_i y_i)$ en posant $\lambda_i = \sqrt{\|y_i\|/\|x_i'\|}$, on peut supposer que $\|x_i'\| = \|y_i\|$ pour tout $i \in \mathbf{N}$.

Pour $x \in \mathrm{E}$, notons $f(x)$ l'élément $(\langle x, x_i' \rangle)_{i \in \mathbf{N}}$ de $\mathrm{K}^{\mathbf{N}}$. On a

$$\sum_{i \in \mathbf{N}} |\langle x, x_i' \rangle|^2 \leqslant \Big(\sum_{i \in \mathbf{N}} \|x_i'\|^2 \Big) \|x\|^2 \leqslant \alpha \|x\|^2$$

pour tout $x \in \mathrm{E}$, ce qui prouve que f définit une application linéaire continue de E dans ℓ^2, de norme $\leqslant \alpha^{1/2}$. Soit $a = (a_i)_{i \in \mathbf{N}}$ un élément de ℓ^2 ; d'après l'inégalité de Cauchy–Schwarz, on a

$$\Big(\sum_{i \in \mathbf{N}} |a_i| \|y_i\| \Big)^2 \leqslant \Big(\sum_{i \in \mathbf{N}} |a_i|^2 \Big) \Big(\sum_{i \in \mathbf{N}} \|y_i\|^2 \Big) \leqslant \alpha \sum_{i \in \mathbf{N}} |a_i|^2 ;$$

la famille $(a_i y_i)_{i \in \mathbf{N}}$ est donc sommable dans F. De plus, on définit une application linéaire $g\colon \ell^2 \to \mathrm{F}$ en posant $g(a) = \sum a_i y_i$; cette application est continue de norme $\leqslant \alpha^{1/2}$. Pour $x \in \mathrm{E}$, on a

$$g(f(x)) = \sum_{i \in \mathbf{N}} \langle x, x_i' \rangle y_i = u(x).$$

Le triplet (ℓ^2, f, g) est donc une factorisation hilbertienne de u et vérifie $\|f\|_\infty \|g\|_\infty \leqslant \alpha$, ce qui prouve a).

En conservant les notations ci-dessus, supposons E = F et notons $(e_j)_{j \in \mathbf{N}}$ la base canonique de ℓ^2 ; on a $f(g(e_j)) = f(y_j) = (\langle y_j, x_i' \rangle)_{i \in \mathbf{N}}$

pour tout $j \in \mathbf{N}$, donc

$$\sum_{j \in \mathbf{N}} \|f(g(e_j))\|^2 = \sum_{i,j} |\langle y_j, x_i' \rangle|^2$$

$$\leqslant \sum_{i,j} \|x_i'\|^2 \|y_j\|^2 = \Big(\sum_{i \in \mathbf{N}} \|x_i'\|^2\Big)\Big(\sum_{j \in \mathbf{N}} \|y_j\|^2\Big) \leqslant \alpha^2.$$

D'après V, p. 52, formule (34), il en résulte que $f \circ g$ est une application de Hilbert–Schmidt et vérifie $\|f \circ g\|_2 \leqslant \alpha$, d'où b).

Corollaire. — *Soient* E *et* F *des espaces de Banach, et soient* $v \in \mathscr{L}^1(\mathrm{E}; \mathrm{F})$ *et* $w \in \mathscr{L}^1(\mathrm{F}; \mathrm{E})$. *Pour tout nombre réel* $\alpha > \|v\|_1\|w\|_1$, *l'endomorphisme* $w \circ v$ *de* E *admet une factorisation hilbertienne* (H, f, g) *telle que* $g \colon \mathrm{H} \to \mathrm{E}$ *soit nucléaire et que l'on ait* $\|f \circ g\|_1 \leqslant \alpha$.

Il existe un nombre réel β vérifiant $\beta > \|v\|_1$ et $\beta\|w\|_1 \leqslant \alpha$. D'après la prop. 13, l'application linéaire $v \colon \mathrm{E} \to \mathrm{F}$ admet une factorisation hilbertienne (H, f, h) vérifiant $\|f\|_\infty \|h\|_\infty \leqslant \beta$. Posons $g = w \circ h$; alors g est nucléaire, on a $g \circ f = w \circ v$, et

$$\|f \circ g\|_1 \leqslant \|f\|_\infty \|g\|_1 \leqslant \|f\|_\infty \|h\|_\infty \|w\|_1 \leqslant \beta\|w\|_1 \leqslant \alpha$$

d'après la prop. 8 de VII, p. 176.

7. Transposée d'une application nucléaire

Proposition 14. — *Soient* E *un espace localement convexe et* F *un espace localement convexe séparé. Munissons* E' *de la topologie de la convergence bornée et* F' *de l'une des topologies suivantes : la topologie de la convergence bornée, la topologie de la convergence compacte ou la topologie de la convergence convexe compacte. Pour toute application nucléaire* $u \colon \mathrm{E} \to \mathrm{F}$, *l'application* ${}^t u \colon \mathrm{F}' \to \mathrm{E}'$ *est alors nucléaire.*

Rappelons que E', muni de la topologie de la convergence bornée, est séparé (III, p. 15, prop. 3).

Soit $(x_i', y_i, a_i)_{i \in \mathbf{N}}$ une écriture nucléaire de u telle que la suite $(y_i)_{i \in \mathbf{N}}$ soit contenue dans une partie convexe compacte C de F (VII, p. 169, lemme 3). Munissons F' de l'une des topologies considérées dans l'énoncé et notons $y \mapsto \widetilde{y}$ l'application canonique de F dans le dual de F' (IV, p. 14, n° 1).

Considérons le polaire C° de C, c'est-à-dire l'ensemble des éléments λ de F' vérifiant $\mathscr{R}(\langle x, \lambda \rangle) \geqslant -1$ pour tout $x \in \mathrm{C}$. C'est un voisinage de 0 dans F' puisque C est convexe et compact, et *a fortiori* borné. La suite $(\widetilde{y}_i)$, qui est contenue dans le polaire de $C°$, est donc équicontinue (III, p. 19, prop. 7). D'autre part, l'enveloppe convexe équilibrée fermée de la suite (x'_i) est équicontinue (III, p. 16 et TG, X, p. 15), donc bornée et complète (III, p. 22, prop. 9 et 11). Par conséquent, la suite $(a_i\langle\cdot,\widetilde{y}_i\rangle x'_i)$ est sommable dans $\mathscr{L}_b(F';E')$ (VII, p. 166, lemme 1). Pour $x \in E$ et $y' \in F'$, on a

$$\langle x, {}^t u(y')\rangle = \langle u(x), y'\rangle = \sum_i a_i\langle x, x'_i\rangle\langle y_i, y'\rangle = \Big\langle x, \sum_i a_i\langle y', \widetilde{y}_i\rangle x'_i\Big\rangle,$$

d'où

$$(7) \qquad\qquad {}^t u = \sum_i a_i\langle\cdot, \widetilde{y}_i\rangle x'_i,$$

ce qui prouve que ${}^t u$ est nucléaire.

Remarque. — Supposons que E et F soient des espaces de Banach. Il résulte de la formule (7) que

$$\|{}^t u\|_1 \leqslant \sum_i |a_i|\|x'_i\|\|y_i\|,$$

quelle que soit l'écriture $(x'_i, y_i, a_i)_{i\in\mathbf{N}}$ de u telle que $(y_i)_{i\in\mathbf{N}}$ soit contenue dans une partie convexe compacte de F. Compte tenu de l'assertion *b*) du lemme 3 de VII, p. 169, on en déduit

$$\|{}^t u\|_1 \leqslant \|u\|_1$$

par passage à la borne inférieure. Cette inégalité est une égalité si F est réflexif ou si E' est un espace d'approximation (VII, p. 292, exerc. 24).

8. Prolongement et relèvement d'applications nucléaires

PROPOSITION 15. — *Soient* E *un espace localement convexe et* F *un espace localement convexe séparé. Soient* E_0 *un espace localement convexe et* $\iota\colon E_0 \to E$ *une application linéaire continue injective et stricte. Soit* $u_0\colon E_0 \to F$ *une application nucléaire.*

    a) *Il existe une application nucléaire* $u\colon E \to F$ *vérifiant* $u_0 = u \circ \iota$.

b) *Supposons que* E *et* E_0 *soient des espaces normés non nuls et que* F *soit un espace de Banach. Pour tout* $\varepsilon > 0$, *il existe une application nucléaire* $u \colon E \to F$ *telle que l'on ait* $u_0 = u \circ \iota$ *et qui vérifie*

$$((\iota))\|u\|_1 \leqslant \|u_0\|_1 + \varepsilon$$

où $((\iota))$ *est la conorme de* ι (VI, p. 108, formule (9)).

Soit $(x'_k, y_k, a_k)_{k \in \mathbf{N}}$ une écriture nucléaire de u_0 indexée par $\mathbf{N}$. Dans le cas où E_0 est normé non nul et où F est un espace de Banach, on peut choisir $(x'_k, y_k, a_k)_{k \in \mathbf{N}}$ de telle façon que $\sum_k |a_k| \|x'_k\| \|y_k\| \leqslant \|u_0\|_1 + \varepsilon$ (VII, p. 175, n° 4), ce que nous supposons désormais.

Soit V l'image de ι et soit $\widetilde{\iota} \colon E_0 \to V$ l'application linéaire bijective continue déduite de ι. Comme ι est stricte, l'application linéaire $\widetilde{\iota}^{-1}$ est continue. Pour tout $k \in \mathbf{N}$, notons $\widetilde{x}'_k$ la forme linéaire continue $x'_k \circ \widetilde{\iota}^{-1}$ sur V. D'après le théorème de Hahn–Banach, il existe une suite équicontinue $(\overline{x}'_k)$ dans E' telle que $\overline{x}'_k$ prolonge $\widetilde{x}'_k$ pour tout $k \in \mathbf{N}$ (II, p. 24, cor. 1). Si E est semi-normé, on peut de plus choisir $\overline{x}'_k$ de telle façon que $\|\overline{x}'_k\| = \|\widetilde{x}'_k\| \leqslant \|x'_k\| \|\widetilde{\iota}^{-1}\|_\infty$.

La famille $(\overline{x}'_k, y_k, a_k)_{k \in \mathbf{N}}$ satisfait aux conditions du lemme 1 de VII, p. 166 ; l'application $u = \sum_k a_k \langle \cdot, \overline{x}'_k \rangle y_k$ est donc nucléaire, et vérifie $u_0 = u \circ \iota$. De plus, si E et E_0 sont des espaces normés non nuls, on a

$$\|u\|_1 \leqslant \sum_k |a_k| \|x'_k\| \|\widetilde{\iota}^{-1}\|_\infty \|y_k\| \leqslant \|\widetilde{\iota}^{-1}\|_\infty \left(\|u_0\|_1 + \varepsilon\right).$$

Lorsque E_0 et E sont normés et non nuls, la conorme de ι est > 0 et vérifie $((\iota)) = \|\widetilde{\iota}^{-1}\|_\infty^{-1}$ (TS, III, p. 62, formule (10)). L'inégalité précédente implique donc $((\iota))\|u\|_1 \leqslant \|u_0\|_1 + \varepsilon$, et le lemme est démontré.

COROLLAIRE. — *Soient* E *un espace localement convexe et* F *un espace localement convexe séparé. Soient* E_0 *un sous-espace vectoriel de* E *et* $u_0 \colon E_0 \to F$ *une application nucléaire.*

a) *Il existe une application nucléaire* $u \colon E \to F$ *qui prolonge* u_0.

b) *Supposons que* E *soit un espace semi-normé et* F *un espace de Banach. Pour tout* $\varepsilon > 0$, *il existe une application nucléaire* $u \colon E \to F$ *qui prolonge* u_0 *et vérifie* $\|u\|_1 \leqslant \|u_0\|_1 + \varepsilon$.

L'assertion *a*) résulte aussitôt de la prop. 15, en munissant E_0 de la topologie induite par celle de E et en prenant pour ι l'injection canonique de E_0 dans E.

L'assertion *b*) est claire lorsque E_0 est nul ; démontrons-la lorsque E_0 est non nul. Notons $\overline{E}$ l'espace normé associé à E et $\beta_E \colon E \to \overline{E}$ la surjection canonique. Soient $\overline{\mathrm{E}}_0$ le sous-espace $\beta_{\mathrm{E}}(\mathrm{E}_0)$ de $\overline{\mathrm{E}}$ et β_{E_0} la restriction de β_{E} à E_0. Comme F est séparé, il existe une unique application linéaire continue $\overline{u}_0\colon \overline{\mathrm{E}}_0 \to \mathrm{F}$ qui vérifie $\overline{u}_0 \circ \beta_{\mathrm{E}_0} = u_0$ (VI, p. 7, prop. 4). Par ailleurs, l'application ${}^t\beta_{\mathrm{E}_0}\colon \overline{\mathrm{E}}_0' \to \mathrm{E}_0'$ est bijective et isométrique (*loc. cit.*) ; il en résulte que l'application $\overline{u}_0$ est nucléaire et qu'une suite $(x_i', y_i, a_i)_{i \in \mathbf{N}}$ est une écriture nucléaire de u_0 si et seulement si la suite $({}^t\beta_{\mathrm{E}_0}^{-1}(x_i'), y_i, a_i)_{i \in \mathbf{N}}$ est une écriture nucléaire de $\overline{u}_0$. Vu la formule (3) de VII, p. 176, on a donc $\|\overline{u}_0\|_1 = \|u_0\|_1$.

L'injection canonique de $\overline{\mathrm{E}}_0$ dans $\overline{\mathrm{E}}$ est de conorme 1 (*cf.* TS, III, p. 62, formule (10)). D'après la prop. 15, il existe une application nucléaire $v\colon \overline{\mathrm{E}} \to \mathrm{F}$ qui prolonge $\overline{u}_0$ et vérifie $\|v\|_1 \leqslant \|\overline{u}_0\|_1 + \varepsilon$. L'application $u = v \circ \beta_{\mathrm{E}}$, de E dans F, est alors nucléaire (VII, p. 176, prop. 8) ; de plus, on a $\|u\|_1 \leqslant \|v\|_1 \|\beta_{\mathrm{E}}\|_\infty$ (*loc. cit.*), d'où $\|u\|_1 \leqslant \|\overline{u}_0\|_1 + \varepsilon$ puisque β_{E} est isométrique (VI, p. 7, remarque 6). Cela démontre le corollaire.

PROPOSITION 16. — *Soit* E *un espace localement convexe, soient* F *et* F_1 *des espaces de Fréchet, soit* $p\colon \mathrm{F} \to \mathrm{F}_1$ *une application linéaire continue surjective, et soit* $v\colon \mathrm{E} \to \mathrm{F}_1$ *une application nucléaire.*

a) *Il existe une application nucléaire* $u\colon \mathrm{E} \to \mathrm{F}$ *telle que* $v = p \circ u$.

b) *Supposons que* E *soit un espace semi-normé, que* F *et* F_1 *soient des espaces de Banach, et que* p *soit non nulle. Pour tout* $\varepsilon > 0$, *il existe* $u \in \mathscr{L}^1(\mathrm{E};\mathrm{F})$ *vérifiant* $v = p \circ u$ *et* $((p))\|u\|_1 \leqslant \|v\|_1 + \varepsilon$.

Soit $(x_i', y_i, a_i)_{i \in \mathbf{N}}$ une écriture nucléaire de v telle que la suite $(y_i)_{i \in \mathbf{N}}$ tende vers 0 dans F_1 (VII, p. 169, lemme 3). Il existe une suite $(\overline{y}_i)_{i \in \mathbf{N}}$ tendant vers 0 dans F telle que l'on ait $p(\overline{y}_i) = y_i$ pour tout $i \in \mathbf{N}$: en effet, il existe une section continue $s\colon \mathrm{F}_1 \to \mathrm{F}$ de p (II, p. 37, prop. 12 ; cette application n'est pas nécessairement linéaire), et il suffit de poser $\overline{y}_i = s(y_i) - s(0)$ pour $i \in \mathbf{N}$. L'application $u = \sum_i a_i \langle \cdot, x_i' \rangle \overline{y}_i$ est alors nucléaire et vérifie $v = p \circ u$, d'où a).

Plaçons-nous sous les hypothèses de b). Comme p est stricte (I, p. 17, th. 1) et non nulle, sa conorme est un nombre réel > 0 (TS, III, p. 62, remarque). L'assertion b) est donc claire si $v = 0$; supposons désormais $v \neq 0$. Soit $\varepsilon > 0$, et soit α un nombre réel > 0 vérifiant $(1 + \alpha)^2 \leqslant 1 + \varepsilon/\|v\|_1$. Soit $(x_i', y_i, a_i)_{i \in \mathbf{N}}$ une écriture nucléaire de v telle que l'on ait

$$\sum_i |a_i| \|x_i'\| \|y_i\| \leqslant (1 + \alpha)\|v\|_1.$$

Posons $c = \frac{((p))}{1+\alpha}$. Comme $c < ((p))$, le lemme 2 de TS, III, p. 62 implique qu'il existe pour tout $i \in \mathbf{N}$ un élément z_i de F tel que l'on ait $p(z_i) = y_i$ et $c\|z_i\| \leqslant \|y_i\|$. Si l'on pose $u = \sum_{i \in \mathbf{N}} a_i \langle \cdot, x_i' \rangle z_i$, on a alors $p \circ u = v$ et

$$c\|u\|_1 \leqslant \sum_i |a_i| \|x_i'\| \|y_i\| \leqslant (1 + \alpha)\|v\|_1,$$

d'où

$$((p))\|u\|_1 \leqslant (1 + \alpha)^2 \|v\|_1 \leqslant \|v\|_1 + \varepsilon,$$

ce qui prouve l'assertion b).

Remarque. — La prop. 16, b) s'applique notamment lorsque la norme de F_1 est la norme quotient de celle de F par p. Dans ce cas, l'application linéaire surjective p induit un isomorphisme isométrique de $\mathrm{F}/\operatorname{Ker}(p)$ (muni de la norme quotient de celle de F) sur F_1, donc la conorme $((p))$ est égale à 1. Pour tout $v \in \mathscr{L}^1(\mathrm{E}_0; \mathrm{F})$ et pour tout $\varepsilon > 0$, il existe donc $u \in \mathscr{L}^1(\mathrm{E}; \mathrm{F})$ vérifiant $v = p \circ u$ et $\|u\|_1 \leqslant \|v\|_1 + \varepsilon$.

9. Applications nucléaires et produits tensoriels

PROPOSITION 17. — *Soient* E, E_1 *et* F *des espaces localement convexes, l'espace* E_1 *étant supposé séparé. Soit* $u\colon \mathrm{E} \to \mathrm{E}_1$ *une application nucléaire.*

a) *L'application* $u \otimes 1_{\mathrm{F}}$ *est continue de* $\mathrm{E} \otimes_\varepsilon \mathrm{F}$ *dans* $\mathrm{E}_1 \otimes_\pi \mathrm{F}$.

b) *Si* E *et* F *sont semi-normés et si* E_1 *est un espace de Banach, alors* $\|u \otimes 1_{\mathrm{F}}\|_\infty \leqslant \|u\|_1$.

Traitons d'abord le cas où E et F sont semi-normés et où E_1 est un espace de Banach. Soit $(x_i', y_i, a_i)_{i \in \mathbf{N}}$ une écriture nucléaire de u indexée par $\mathbf{N}$. Comme les suites $(x_i')_{i \in \mathbf{N}}$ et $(y_i)_{i \in \mathbf{N}}$ sont bornées dans E' et E_1 respectivement, la suite $(y_i \mathbin{\widehat{\otimes}_\pi} x_i')_{i \in \mathbf{N}}$ est bornée dans $\mathrm{E}_1 \mathbin{\widehat{\otimes}_\pi} \mathrm{E}'$ d'après la prop. 5 de VI, p. 21, donc la suite $(a_i y_i \mathbin{\widehat{\otimes}_\pi} x_i')_{i \in \mathbf{N}}$ est sommable dans $\mathrm{E}_1 \mathbin{\widehat{\otimes}_\pi} \mathrm{E}'$. Notons v sa somme. On a

$$\|v\|_\pi \leqslant \sum_{i \in \mathbf{N}} |a_i| \|x_i'\| \|y_i\|$$

d'après le cor. 3 de VI, p. 61.

Soit $\alpha\colon \mathrm{E} \otimes \mathrm{F} \to \mathscr{L}(\mathrm{E}'; \mathrm{F})$ l'unique application linéaire qui associe à $x \otimes y$ l'application $x' \mapsto \langle x, x' \rangle y$ pour tout $(x, y) \in \mathrm{E} \times \mathrm{F}$ (VI, p. 42). Notons φ l'application canonique de $\mathrm{E}_1 \otimes_\pi \mathrm{F}$ dans $\mathrm{E}_1 \mathbin{\widehat{\otimes}_\pi} \mathrm{F}$.

Soit t un élément de $E \otimes F$, et soit τ l'image de t par l'application canonique de $E \otimes_\pi F$ dans $E \widehat{\otimes}_\pi F$. On a $(u \widehat{\otimes}_\pi 1_F)(\tau) = \varphi((u \otimes_\pi 1_F)(t))$.

Démontrons l'égalité

$$(8) \qquad (u \widehat{\otimes}_\pi 1_F)(\tau) = (1_{E_1} \widehat{\otimes}_\pi \alpha(t))(v).$$

Par linéarité, il suffit de la vérifier lorsque $t = x \otimes z$, avec $x \in E$ et $z \in F$; pour tout entier $n \geqslant 0$, on a alors

$$(1_{E_1} \otimes_\pi \alpha(t))\Big(\sum_{i \leqslant n} a_i\, y_i \otimes x_i'\Big) = \sum_{i \leqslant n} a_i\, y_i \otimes \langle x, x_i' \rangle z$$

dans $E_1 \otimes F$; appliquant φ aux deux membres, on obtient l'égalité

$$(1_{E_1} \widehat{\otimes}_\pi \alpha(t))\Big(\sum_{i \leqslant n} a_i\, y_i \widehat{\otimes}_\pi x_i'\Big) = \sum_{i \leqslant n} a_i\, y_i \widehat{\otimes}_\pi \langle x, x_i' \rangle z.$$

Quand n tend vers l'infini, le membre de gauche de cette égalité converge vers $(1_{E_1} \widehat{\otimes}_\pi \alpha(t))(v)$, tandis que le membre de droite converge vers $\varphi((u \otimes 1_F)(t)) = (u \widehat{\otimes}_\pi 1_F)(\tau)$. La formule (8) en résulte.

On déduit de cette formule l'inégalité

$$\|(u \widehat{\otimes}_\pi 1_F)(\tau)\|_\pi = \|(1_{E_1} \widehat{\otimes}_\pi \alpha(t))(v)\|_\pi$$
$$\leqslant \|1_{E_1} \widehat{\otimes}_\pi \alpha(t)\|_\infty \|v\|_\pi \leqslant \|\alpha(t)\|_\infty \|v\|_\pi.$$

Puisque α est isométrique de $E \otimes_\varepsilon F$ dans $\mathscr{L}(E', F)$ (VI, p. 42, prop. 20), et puisque φ est isométrique (VI, p. 4, exemple 1), il vient

$$\|(u \otimes 1_F)(t)\|_\pi = \|(u \widehat{\otimes}_\pi 1_F)(\tau)\|_\pi \leqslant \|t\|_\varepsilon \|v\|_\pi.$$

Par conséquent, l'application $u \otimes 1_F$ est continue de $E \otimes_\varepsilon F$ dans $E_1 \otimes_\pi F$ et vérifie

$$\|u \otimes 1_F\|_\infty \leqslant \|v\|_\pi \leqslant \sum_i |a_i| \|x_i'\| \|y_i\|.$$

Par passage à la borne inférieure sur l'écriture $(x_i', y_i, a_i)_{i \in \mathbf{N}}$, on obtient l'inégalité $\|u \otimes 1_F\|_\infty \leqslant \|u\|_1$, et l'assertion $b)$ est démontrée.

Dans le cas général, il existe des espaces de Banach B et B_1, une application nucléaire $v \colon B \to B_1$ et des applications linéaires continues $f \colon E \to B$ et $g \colon B_1 \to F$ telles que $u = g \circ v \circ f$ (VII, p. 183, prop. 12). Notons q et q_1 les normes de B et B_1 respectivement ; d'après ce qui précède, pour toute semi-norme continue p sur F, l'application $v \otimes 1_F$ de $B \otimes F$ dans $B_1 \otimes F$ est continue lorsqu'on munit $B \otimes F$ et $B_1 \otimes F$ des semi-normes $q \otimes_\varepsilon p$ et $q_1 \otimes_\pi p$ respectivement. Il en résulte que $v \otimes 1_F$

est une application linéaire continue de $B \otimes_\varepsilon F$ dans $B_1 \otimes_\pi F$. Ainsi, les trois applications linéaires figurant dans le diagramme

$$E \otimes_\varepsilon F \xrightarrow{f \otimes 1_F} B \otimes_\varepsilon F \xrightarrow{v \otimes 1_F} B_1 \otimes_\pi F \xrightarrow{g \otimes 1_F} E_1 \otimes_\pi F$$

sont continues ; puisque l'application $u \otimes 1_F$ s'obtient en les composant, elle est donc continue de $E \otimes_\varepsilon F$ dans $E_1 \otimes_\pi F$, ce qui prouve l'assertion a).

COROLLAIRE. — *Soient γ et δ des constructions tensorielles. Soient E, F des espaces localement convexes et E_1, F_1 des espaces localement convexes séparés. Soient $u \in \mathscr{L}^1(E; E_1)$ et $v \in \mathscr{L}(F; F_1)$.*

a) L'application $u \otimes v \colon E \otimes_\gamma F \to E_1 \otimes_\delta F_1$ est continue.

b) Si de plus E, F et F_1 sont semi-normés et si E_1 est un espace de Banach, alors on a l'inégalité $\|u \otimes v\|_{\mathscr{L}(E \otimes_\gamma F; E_1 \otimes_\delta F_1)} \leqslant \|u\|_1 \|v\|_\infty$.

Cela résulte aussitôt de la prop. 17 et du fait que $u \otimes v$ s'obtient en composant les applications linéaires figurant dans le diagramme

$$E \otimes_\gamma F \xrightarrow{1_{E \otimes F}} E \otimes_\varepsilon F \xrightarrow{u \otimes 1_F} E_1 \otimes_\pi F \xrightarrow{1_{E_1} \otimes v} E_1 \otimes_\pi F_1 \xrightarrow{1_{E_1} \otimes F_1} E_1 \otimes_\delta F_1.$$

PROPOSITION 18. — *Soient E, F des espaces localement convexes et E_1, F_1 des espaces localement convexes séparés. Soient $u \colon E \to E_1$ et $v \colon F \to F_1$ des applications nucléaires.*

a) L'application linéaire continue w de $E \widehat{\otimes}_\varepsilon F$ dans $E_1 \widehat{\otimes}_\pi F_1$, déduite de $u \otimes v$ par passage aux séparés complétés, est nucléaire.

b) Si E et F sont semi-normés et si E_1 et F_1 sont des espaces de Banach, alors on a l'inégalité $\|w\|_1 \leqslant \|u\|_1 \|v\|_1$.

Supposons d'abord que E, F, E_1 et F_1 soient des espaces de Banach. Soient $(x'_i, y_i, a_i)_{i \in I}$ et $(z'_j, t_j, b_j)_{j \in J}$ des écritures nucléaires de u et v respectivement. La famille $(a_i b_j)_{(i,j) \in I \times J}$ est sommable dans K (TG, IV, p. 35, prop. 1 et TG, VIII, p. 16, prop. 1). De plus, d'après la prop. 5 de VI, p. 21, on a $\|y_i \otimes t_j\|_\pi = \|y_i\| \|t_j\|$ pour tout $(i, j) \in I \times J$. Pour tout $(i, j) \in I \times J$, identifions $x'_i \otimes z'_j$ à une forme linéaire continue sur $E \otimes_\varepsilon F$ comme dans le n° 1 de VI, p. 21, et notons $x'_i \widehat{\otimes}_\varepsilon z'_j$ la forme linéaire continue sur $E \widehat{\otimes}_\varepsilon F$ qui s'en déduit par passage aux séparés complétés ; on a alors $\|x'_i \widehat{\otimes}_\varepsilon z'_j\|_\infty = \|x'_i\| \|z'_j\|$ d'après la prop. 6 de VI, p. 21 et l'exemple 2 de VI, p. 4. Par conséquent, les familles $(x'_i \widehat{\otimes}_\varepsilon z'_j)$ et $(y_i \widehat{\otimes}_\pi t_j)$ sont bornées dans $(E \widehat{\otimes}_\varepsilon F)'$ et $E_1 \widehat{\otimes}_\pi F_1$ respectivement.

Pour tout $x \in \mathrm{E}$ et pour tout $z \in \mathrm{F}$, on a alors

$$w(x \mathbin{\widehat{\otimes}_\varepsilon} z) = \left(\sum_i a_i \langle x, x_i' \rangle y_i \right) \mathbin{\widehat{\otimes}_\pi} \left(\sum_j b_j \langle z, z_j' \rangle t_j \right)$$

$$= \sum_{i,j} a_i b_j \langle x \mathbin{\widehat{\otimes}_\varepsilon} z, x_i' \mathbin{\widehat{\otimes}_\varepsilon} z_j' \rangle \, (y_i \mathbin{\widehat{\otimes}_\pi} t_j).$$

Ainsi, w coïncide sur l'image de l'application canonique de $\mathrm{E} \otimes \mathrm{F}$ dans $\mathrm{E} \mathbin{\widehat{\otimes}_\varepsilon} \mathrm{F}$ avec l'application nucléaire

$$\sum_{i,j} a_i b_j \langle \cdot, x_i' \mathbin{\widehat{\otimes}_\varepsilon} z_j' \rangle \, (y_i \mathbin{\widehat{\otimes}_\pi} t_j) \,;$$

elle lui est donc égale. Par conséquent, w est nucléaire et vérifie

$$\|w\|_1 \leqslant \sum_{i,j} |a_i b_j| \, \|x_i' \mathbin{\widehat{\otimes}_\varepsilon} z_j'\|_\infty \|y_i \otimes t_j\|_\pi$$

$$= \left(\sum_i |a_i| \|x_i'\| \|y_i\| \right) \left(\sum_j |b_j| \|z_j'\| \|t_j\| \right),$$

d'où $\|w\|_1 \leqslant \|u\|_1 \|v\|_1$ par passage à la borne inférieure. Cela démontre l'assertion b).

Dans le cas général, il existe des espaces de Banach B et B_1 et des applications $u_0 \in \mathscr{L}(\mathrm{E}; \mathrm{B})$, $u_1 \in \mathscr{L}^1(\mathrm{B}; \mathrm{B}_1)$ et $u_2 \in \mathscr{L}(\mathrm{B}_1; \mathrm{E}_1)$ telles que l'on ait $u = u_2 \circ u_1 \circ u_0$ (VII, p. 183, prop. 12) ; de même, il existe des espaces de Banach C et C_1 et des applications $v_0 \in \mathscr{L}(\mathrm{F}; \mathrm{C})$, $v_1 \in \mathscr{L}^1(\mathrm{C}; \mathrm{C}_1)$ et $v_2 \in \mathscr{L}(\mathrm{C}_1; \mathrm{F}_1)$ telles que l'on ait $v = v_2 \circ v_1 \circ v_0$. D'après b), l'application linéaire continue $w_1 \colon \mathrm{B} \mathbin{\widehat{\otimes}_\varepsilon} \mathrm{C} \to \mathrm{B}_1 \mathbin{\widehat{\otimes}_\pi} \mathrm{C}_1$ déduite de $u_1 \otimes v_1$ est nucléaire. De plus, les applications $w_0 = u_0 \mathbin{\widehat{\otimes}_\varepsilon} v_0$ et $w_2 = u_2 \mathbin{\widehat{\otimes}_\pi} v_2$ sont continues de $\mathrm{E} \mathbin{\widehat{\otimes}_\varepsilon} \mathrm{F}$ dans $\mathrm{B} \mathbin{\widehat{\otimes}_\varepsilon} \mathrm{C}$ et de $\mathrm{B}_1 \mathbin{\widehat{\otimes}_\pi} \mathrm{C}_1$ dans $\mathrm{E}_1 \mathbin{\widehat{\otimes}_\pi} \mathrm{F}_1$ respectivement (VI, p. 26, n° 4). On a $w = w_2 \circ w_1 \circ w_0$ (*loc. cit.*) ; vu la prop. 2 de VII, p. 170, l'application w est donc nucléaire, ce qui achève la démontrastion.

Corollaire. — *Soient γ et δ des constructions tensorielles. Soient E, F des espaces localement convexes et E_1, F_1 des espaces localement convexes séparés. Soient $u \colon \mathrm{E} \to \mathrm{E}_1$ et $v \colon \mathrm{F} \to \mathrm{F}_1$ des applications nucléaires.*

a) L'application linéaire continue $w_\gamma^\delta \colon \mathrm{E} \mathbin{\widehat{\otimes}_\gamma} \mathrm{F} \to \mathrm{E}_1 \mathbin{\widehat{\otimes}_\delta} \mathrm{F}_1$, déduite de $u \otimes v$ par passage aux séparés complétés, est nucléaire.

b) Si E et F sont semi-normés et si E_1 et F_1 sont des espaces de Banach, on a de plus $\|w_\gamma^\delta\|_1 \leqslant \|u\|_1 \|v\|_1$.

L'application $1_{E\otimes F} : E \otimes_\gamma F \to E \otimes_\varepsilon F$ est continue, et de norme $\leqslant 1$ lorsque E, F, E_1 et F_1 sont semi-normés (VI, p. 40, remarque) ; passant aux séparés complétés, on en déduit une application linéaire continue $i_\gamma^\varepsilon : E \,\widehat{\otimes}_\gamma\, F \to E \,\widehat{\otimes}_\varepsilon\, F$, de norme $\leqslant 1$ dans le cas semi-normé. De même, on déduit de $1_{E_1\otimes F_1}$ une application linéaire continue j_γ^ε de $E_1 \,\widehat{\otimes}_\pi\, F_1$ dans $E \,\widehat{\otimes}_\delta\, F$, de norme $\leqslant 1$ dans le cas semi-normé. On a alors l'égalité $w_\gamma^\delta = j_\pi^\delta \circ w_\varepsilon^\pi \circ i_\gamma^\varepsilon$. Comme w_ε^π est nucléaire (prop. 18), l'assertion $a)$ résulte de la prop. 2 de VII, p. 170. Si de plus E et F sont semi-normés et si E_1 et F_1 sont des espaces de Banach, alors

$$\|w_\gamma^\delta\|_1 \leqslant \|j_\pi^\delta\|_\infty \|w_\varepsilon^\pi\|_1 \|i_\gamma^\varepsilon\|_\infty \leqslant \|w_\varepsilon^\pi\|_1$$

(VII, p. 176, prop. 8). L'assertion $b)$ en résulte vu la prop. 18, $b)$.

10. Applications polynucléaires

Si E est un espace localement convexe et F un espace localement convexe séparé, et si k est un entier $\geqslant 2$, on dit qu'une application $u : E \to F$ est *composée de k applications nucléaires* s'il existe des espaces localement convexes séparés $F_1, \dots, F_k$ avec $F_k = F$, et des applications nucléaires $u_1 : E \to F_1$ et $u_j : F_{j-1} \to F_j$ pour $2 \leqslant j \leqslant k$, tels que l'on ait $u = u_k \circ u_{k-1} \circ \cdots \circ u_1$.

Définition 2. — *Soit* E *un espace localement convexe, soit* F *un espace localement convexe séparé, et soit* $u : E \to F$ *une application de* E *dans* F. *On dit que* u *est* binucléaire *si elle est composée de deux applications nucléaires. On dit que* u *est* polynucléaire *si pour tout entier* $k \geqslant 1$, *elle est composée de k applications nucléaires.*

Remarques. — Soient E un espace localement convexe et F un espace localement convexe séparé.

1) Toute application linéaire continue de rang fini de E dans F est polynucléaire. En effet, soit $u \in \mathscr{L}^{\mathrm{f}}(E; F)$; notons V l'image de u, et soient $\iota : V \to F$ l'injection canonique et $\widetilde{u} : E \to V$ l'application linéaire continue déduite de u par passage aux sous-espaces. Le sous-espace V de F est de dimension finie, donc ι est nucléaire (VII, p. 171, prop. 4). L'application $\widetilde{u}$ est linéaire continue de rang fini, donc nucléaire (VII, p. 169, prop. 1). Pour tout entier $k \geqslant 2$, on a $u = \iota \circ (1_V)^{k-2} \circ \widetilde{u}$;

puisque 1_V est nucléaire (*loc. cit.*), on en déduit que u est composée de k applications nucléaires, d'où notre assertion.

2) Les applications binucléaires de E dans F forment un sous-espace vectoriel de $\mathscr{L}(E; F)$.

En effet, soient u_1 et u_2 des applications binucléaires de E dans F, et soient α_1 et α_2 des éléments de K. Pour $i \in \{1, 2\}$, fixons un espace localement convexe séparé G_i et des applications nucléaires $v_i \colon G_i \to F$ et $w_i \colon E \to G_i$ vérifiant $u_i = v_i \circ w_i$. Les applications $v \colon G_1 \oplus G_2 \to F$ et $w \colon E \to G_1 \oplus G_2$ définies en posant $w(x) = (\alpha_1 w_1(x), \alpha_2 w_2(x))$ et $v(z_1, z_2) = v_1(z_1) + v_2(z_2)$ sont nucléaires (VII, p. 171, remarque 5) et vérifient $\alpha_1 u_1 + \alpha_2 u_2 = v \circ w$, d'où l'assertion.

On démontre de même que les applications polynucléaires de E dans F forment un sous-espace vectoriel de $\mathscr{L}(E; F)$.

3) Si E est séparé, les applications binucléaires (resp. polynucléaires) forment un idéal de $\mathscr{L}(E)$ d'après la prop. 2 de VII, p. 170.

Dans la suite de ce numéro, on fixe un espace localement convexe E, un espace localement convexe séparé F, et une application nucléaire u de E dans F.

Soient E_0 un sous-espace vectoriel de E et F_0 un sous-espace vectoriel *fermé* de F. Supposons que l'on ait $u(E_0) \subset F_0$. On déduit alors de u des applications linéaires continues $u_0 \colon E_0 \to F_0$ et $u_1 \colon E/E_0 \to F/F_0$. Le diagramme suivant est commutatif :

$$
\begin{array}{ccccccccc}
0 & \longrightarrow & E_0 & \longrightarrow & E & \longrightarrow & E/E_0 & \longrightarrow & 0 \\
& & \downarrow{\scriptstyle u_0} & & \downarrow{\scriptstyle u} & & \downarrow{\scriptstyle u_1} & & \\
0 & \longrightarrow & F_0 & \longrightarrow & F & \longrightarrow & F/F_0 & \longrightarrow & 0.
\end{array}
$$

Les applications u_0 et u_1 ne sont pas nucléaires en général (VII, p. 286, exercice 5). Nous allons cependant voir qu'elles le sont toujours lorsque u est binucléaire. Démontrons d'abord le lemme suivant, où l'on suppose toujours u nucléaire.

Lemme 7. —   a) *Il existe une application linéaire continue v de* E *dans* F_0 *qui prolonge* u_0.

b) *Notons $\pi \colon F \to F/F_0$ la surjection canonique. Il existe une application linéaire continue $w \colon E/E_0 \to F$ telle que l'on ait $u_1 = \pi \circ w$.*

Prouvons *a*). Fixons un espace hilbertien H et des applications linéaires continues $f \colon E \to H$ et $g \colon H \to F$ telles que $g \circ f = u$ (VII,

p. 184, cor. 2). Soit p l'orthoprojecteur de H dont l'image est le sous-espace fermé $g^{-1}(F_0)$. Pour tout $x \in E$, posons $v(x) = g(p(f(x)))$; c'est un élément de F_0. L'application $v \colon E \to F_0$ ainsi définie est linéaire et continue ; pour $x \in E_0$, on a $f(x) \in g^{-1}(F_0)$, d'où $p(f(x)) = f(x)$ et $v(x) = u_0(x)$. L'application v prolonge donc u_0.

Prouvons b). L'application $x \mapsto u(x) - v(x)$ s'annule sur E_0, donc définit par passage au quotient une application linéaire continue $w \colon E/E_0 \to F$. Si x est un élément de E, de classe $\dot{x}$ dans E/E_0, on a $w(\dot{x}) \equiv u(x)$ (mod. F_0), donc $\pi(w(\dot{x})) = \pi(u(x)) = u_1(\dot{x})$, d'où le résultat.

PROPOSITION 19. — *Soit k un entier $\geqslant 2$. Si u est composée de k applications nucléaires, alors u_0 et u_1 sont composées de $k-1$ applications nucléaires.*

Il existe un espace localement convexe séparé G, une application $f \colon E \to G$, composée de $k - 1$ applications nucléaires, et une application nucléaire $g \colon G \to F$, tels que l'on ait $u = g \circ f$. Posons $G_0 = g^{-1}(F_0)$ et notons $g_0 \colon G_0 \to F_0$ l'application linéaire continue déduite de g par passage aux sous-espaces. D'après le lemme 7, il existe une application linéaire continue $h \colon G \to F_0$ qui prolonge g_0. Si $i \colon E_0 \to E$ est l'injection canonique, alors $u_0 = h \circ f \circ i$; comme f est composée de $k - 1$ applications nucléaires, il en va de même de u_0 (VII, p. 170, prop. 2).

Conservons les notations précédentes, mais supposons cette fois que f soit nucléaire et g soit composée de $k - 1$ applications nucléaires. Soit $f_1 \colon E/E_0 \to G/G_0$ l'application linéaire continue déduite de f par passage aux quotients. Soient $\pi \colon G \to G/G_0$ la surjection canonique et $j \colon E/E_0 \to G$ une application linéaire continue qui vérifie $\pi \circ j = f_1$ (lemme 7). Si $p \colon F \to F/F_0$ désigne la surjection canonique, on a $u_1 = p \circ g \circ j$; ainsi u_1 est composée de $k - 1$ applications nucléaires (VII, p. 170, prop. 2). La proposition est démontrée.

COROLLAIRE. — *Si u est binucléaire (resp. polynucléaire), alors u_0 et u_1 sont nucléaires (resp. polynucléaires).*

11. Opérateurs définis par des noyaux

Soit Y un espace topologique localement compact muni d'une mesure positive ν, et soit E un espace de Banach.

Pour $p \in [1, \infty]$, notons $\mathscr{L}_E^p(Y, \nu)$ (resp. $\mathscr{L}^p(Y, \nu)$) l'espace des fonctions ν-mesurables sur Y, à valeurs dans E (resp. K), de puissance p-ème intégrable si $p < \infty$ ou bornées en mesure si $p = \infty$. On note $L_E^p(Y, \nu)$ (resp. $L^p(Y, \nu)$) l'espace normé associé (*cf.* VI, p. 88, n° 9). S'il n'y a pas d'ambiguïté sur la mesure considérée, on note $\mathscr{L}_E^p(Y)$ et $L_E^p(Y)$ plutôt que $\mathscr{L}_E^p(Y, \nu)$ et $L_E^p(Y, \nu)$.

Soit $\widetilde{N}$ un élément de $\mathscr{L}_E^1(Y)$. Pour tout élément f de $\mathscr{L}^\infty(Y)$, la fonction $f\widetilde{N} \colon Y \to E$ est intégrable. On pose

$$v_{\widetilde{N}}(f) = \int_Y f(y)\widetilde{N}(y)\, d\nu(y).$$

L'application $f \mapsto v_{\widetilde{N}}(f)$ définit par passage au quotient une application linéaire $v_{\widetilde{N}} \colon L^\infty(Y) \to E$. Celle-ci ne dépend que de la classe N de $\widetilde{N}$ dans $L_E^1(Y)$. Pour tout $N \in L_E^1(Y)$, on obtient ainsi une application linéaire $v_N \colon L^\infty(Y) \to E$. Quel que soit $\widetilde{N}$ dans $\mathscr{L}_E^1(Y)$, on a

$$\|v_{\widetilde{N}}(f)\| \leqslant \|f\|_\infty \|\widetilde{N}\|_1$$

pour toute fonction $f \in \mathscr{L}^\infty(Y)$. Par conséquent, les applications $v_{\widetilde{N}}$ et v_N sont toutes continues et l'application linéaire $N \mapsto v_N$, de $L_E^1(Y)$ dans $\mathscr{L}(L^\infty(Y); E)$, est elle-même continue de norme $\leqslant 1$.

PROPOSITION 20. —   a) *Pour tout élément* $\widetilde{N}$ *de* $\mathscr{L}_E^1(Y)$, *l'application* $v_{\widetilde{N}} \colon L^\infty(Y) \to E$ *est nucléaire.*

b) *L'application linéaire* $N \mapsto v_N$ *de* $L_E^1(Y)$ *dans* $\mathscr{L}^1(L^\infty(Y); E)$ *est isométrique.*

On note $\Phi^1 \colon \mathscr{L}^1(Y) \otimes E \to \mathscr{L}_E^1(Y)$ l'application définie dans le n° 9 de VI, p. 88, et $\widehat{\Phi}^1 \colon L^1(Y) \widehat{\otimes}_\pi E \to L_E^1(Y)$ l'application qui s'en déduit, qui est un isomorphisme isométrique (VI, p. 88, th. 3). On note par ailleurs $\widehat{\theta}_\pi \colon L^\infty(Y)' \widehat{\otimes}_\pi E \to \mathscr{L}(L^\infty(Y); E)$ l'application définie dans le n° 3 de VII, p. 174. Enfin, on note $h \colon L^1(Y) \to L^\infty(Y)'$ l'application linéaire isométrique qui associe à $f \in L^1(Y)$ la forme linéaire continue $g \mapsto \int_Y fg\, d\nu$ sur $L^\infty(Y)$ (INT, V, p. 61, § 5, n° 8).

Démontrons que l'application $N \mapsto v_N$ coïncide avec l'application linéaire φ_Y composée des applications

$$L_E^1(Y) \xrightarrow{(\widehat{\Phi}^1)^{-1}} L^1(Y) \widehat{\otimes}_\pi E \xrightarrow{h\,\widehat{\otimes}_\pi 1_E} L^\infty(Y)' \widehat{\otimes}_\pi E \xrightarrow{\widehat{\theta}_\pi} \mathscr{L}(L^\infty(Y); E).$$

Puisque les applications $N \mapsto v_N$ et φ_Y sont continues, et puisque le sous-espace de $\mathscr{L}_E^1(Y)$ formé des fonctions qui ne prennent qu'un nombre fini de valeurs est dense dans $\mathscr{L}_E^1(Y)$ (INT, IV, p. 162, § 4, n° 10, cor. 1), il suffit de vérifier que $v_{\mathrm{N}} = \varphi_{\mathrm{Y}}(\mathrm{N})$ lorsqu'il existe une partie intégrable A de Y et un vecteur $e \in \mathrm{E}$ tels que N soit la classe de la fonction $x \mapsto \varphi(x)e$.

La classe de $\Phi^1(\varphi \otimes e)$ dans $\mathrm{L}^1_{\mathrm{E}}(\mathrm{Y})$ est égale à N, donc $(\widehat{\Phi}^1)^{-1}(\mathrm{N})$ est l'image de $\varphi \otimes e$ par l'application canonique de $\mathscr{L}^1(\mathrm{Y}) \otimes \mathrm{E}$ dans son séparé complété, qui s'identifie à $\mathrm{L}^1(\mathrm{Y}) \widehat{\otimes}_\pi \mathrm{E}$ d'après la prop. 34 de VI, p. 55. Par définition de $h \widehat{\otimes}_\pi 1_{\mathrm{E}}$ et $\widehat{\theta}_\pi$, on en déduit que

$$\varphi_{\mathrm{Y}}(\mathrm{N})(f) = \Big(\int_{\mathrm{A}} f \Big)\, e = v_{\mathrm{N}}(f)$$

pour tout élément f de $\mathrm{L}^\infty(\mathrm{Y})$, donc $\varphi_{\mathrm{Y}}(\mathrm{N}) = v_{\mathrm{N}}$ comme annoncé.

L'assertion a) en résulte aussitôt puisque $\widehat{\theta}_\pi$ est à valeurs dans $\mathscr{L}^1(\mathrm{L}^\infty(\mathrm{Y}); \mathrm{E})$ (VII, p. 175, prop. 2, b)).

Prouvons b). Les applications $\widehat{\Phi}^1$ et $h \widehat{\otimes}_\pi 1_{\mathrm{E}}$ sont de norme $\leqslant 1$ (cela résulte du th. 3 de VI, p. 88 et de la condition (CT1), puisque h est isométrique). Par définition de la norme nucléaire (VII, p. 175, n° 4), il en va de même de l'application $\mathrm{L}^\infty(\mathrm{Y})' \widehat{\otimes}_\pi \mathrm{E} \to \mathscr{L}^1(\mathrm{L}^\infty(\mathrm{Y}); \mathrm{E})$ déduite de $\widehat{\theta}_\pi$ par passage aux sous-espaces. Ainsi φ_{Y} est de norme $\leqslant 1$. Il reste à démontrer l'inégalité $\|\mathrm{N}\|_{\mathrm{L}^1_{\mathrm{E}}(\mathrm{Y})} \leqslant \|\varphi_{\mathrm{Y}}(\mathrm{N})\|_1$ pour $\mathrm{N} \in \mathrm{L}^1_{\mathrm{E}}(\mathrm{Y})$.

Supposons d'abord que l'espace Y est *fini*, de sorte que les espaces $\mathrm{L}^1(\mathrm{Y})$ et $\mathrm{L}^\infty(\mathrm{Y})$ sont de dimension finie. Alors h est un isomorphisme isométrique et il en va de même de $h \widehat{\otimes}_\pi 1_{\mathrm{E}}$; d'autre part l'application $\widehat{\theta}_\pi$, qui s'identifie à l'application canonique de $\mathrm{L}^\infty(\mathrm{Y})^* \otimes \mathrm{E}$ dans $\mathrm{Hom}_{\mathrm{K}}(\mathrm{L}^\infty(\mathrm{Y}); \mathrm{E})$, est bijective (A, II, p. 75, prop. 2) ; elle est donc isométrique par définition de la norme nucléaire (VII, p. 175, n° 4). Ainsi φ_{Y} est isométrique dans ce cas.

Passons au cas général. Soit $(\mathrm{Y}_i)_{i \in \mathrm{I}}$ une famille finie de parties intégrables de Y, mutuellement disjointes, de mesures strictement positives. Pour tout $i \in \mathrm{I}$, notons φ_i la fonction caractéristique de Y_i. Munissons I de la topologie discrète et de l'unique mesure μ telle que l'on ait $\mu(\{i\}) = \nu(\mathrm{Y}_i)$ pour tout $i \in \mathrm{I}$. Définissons des applications linéaires $\alpha \colon \mathrm{L}^1_{\mathrm{E}}(\mathrm{I}, \mu) \to \mathrm{L}^1_{\mathrm{E}}(\mathrm{Y}, \nu)$ et $\beta \colon \mathrm{L}^\infty(\mathrm{I}, \mu) \to \mathrm{L}^\infty(\mathrm{Y}, \nu)$ par

$$\alpha(e) = \sum_{i \in \mathrm{I}} e(i)\varphi_i, \qquad \beta(a) = \sum_{i \in \mathrm{I}} a(i)\varphi_i,$$

en identifiant les éléments de $\mathrm{L}^1_{\mathrm{E}}(\mathrm{I}, \mu)$ et $\mathrm{L}^\infty(\mathrm{I}, \mu)$ à des fonctions définies sur I. L'application α est isométrique, puisque pour $e \in \mathrm{L}^1_{\mathrm{E}}(\mathrm{I}, \mu)$, on a

$$\|\alpha(e)\|_{L^1_E(Y,\nu)} = \sum_i \nu(Y_i)\|e(i)\|_E = \|e\|_{L^1_E(I,\mu)}.$$

L'application β est aussi isométrique, puisque pour tout $a \in L^\infty(I,\mu)$, la fonction $\beta(a)$ est constante de valeur $a(i)$ sur chacune des parties Y_i et nulle en dehors de la réunion des Y_i, d'où

$$\|\beta(a)\|_{L^\infty(Y,\nu)} = \sup_{i\in I} |a(i)| = \|a\|_{L^\infty(I,\mu)}.$$

Par ailleurs, pour $u \in \mathscr{L}^1(L^\infty(Y,\nu);E)$, posons $\gamma(u) = u \circ \beta$. Le diagramme

$$
\begin{array}{ccc}
L^1_E(I,\mu) & \xrightarrow{\ \varphi_I\ } & \mathscr{L}^1(L^\infty(I,\mu);E) \\
\Big\downarrow{\scriptstyle\alpha} & & \Big\uparrow{\scriptstyle\gamma} \\
L^1_E(Y,\nu) & \xrightarrow{\ \varphi_Y\ } & \mathscr{L}^1(L^\infty(Y,\nu);E)
\end{array}
$$

est alors commutatif. Compte tenu de la prop. 8 de VII, p. 176, on a donc $\|\gamma(u)\|_1 \leqslant \|u\|_1$, de sorte que γ est de norme $\leqslant 1$.

Soient alors $e \in L^1_E(I,\mu)$ et $N = \alpha(e)$. D'après le cas déjà traité d'un espace fini, l'application φ_I est isométrique. On a donc

$$\|N\|_{L^1_E(Y,\nu)} = \|e\|_{L^1_E(I,\mu)} = \|\varphi_I(e)\|_1 = \|\gamma \circ \varphi_Y(N)\|_1 \leqslant \|\varphi_Y(N)\|_1.$$

Il en résulte que la même inégalité est valide lorsque N est la classe dans $L^1_E(Y)$ d'une fonction de $\mathscr{L}^1_E(Y)$ ne prenant qu'un nombre fini de valeurs. Comme précédemment, on en déduit que cette inégalité est satisfaite pour tout élément N de $L^1_E(Y)$, ce qui achève la démonstration.

Soit X un ensemble; fixons des applications $k\colon X \times Y \to K$ et $f\colon Y \to K$. Pour tout élément x de X tel que la fonction $y \mapsto k(x,y)f(y)$ soit ν-intégrable sur Y, on pose

$$u_k(f)(x) = \int_Y k(x,y)f(y)d\nu(y)$$

(*cf.* TS, III, p. 25, nº 3).

COROLLAIRE 1. — *Soient* X *et* Y *des espaces localement compacts, munis de mesures positives* μ *et* ν *respectivement; munissons* X $\times$ Y *de la mesure produit* $\mu \otimes \nu$. *Soit* k *une fonction* $(\mu \otimes \nu)$-*intégrable sur* X $\times$ Y.

a) *Pour toute fonction* $f \in \mathscr{L}^\infty(Y,\nu)$, *la fonction* $u_k(f)$ *est définie* μ-*presque partout et est* μ-*intégrable sur* X.

b) *L'application* $f \mapsto u_k(f)$ *définit une application nucléaire* u_k *de* $L^\infty(Y,\nu)$ *dans* $L^1(X,\mu)$.

c) *L'application $k \mapsto u_k$ définit une application linéaire isométrique de $L^1(X \times Y, \mu \otimes \nu)$ dans $\mathscr{L}^1(L^\infty(Y, \nu); L^1(X, \mu))$.*

D'après le théorème de Lebesgue–Fubini (INT, V, p. 96, § 8, n° 4, th. 1) appliqué à la fonction $(\mu \otimes \nu)$-intégrable $(x, y) \mapsto k(x, y)f(y)$ sur $X \times Y$, la fonction $y \mapsto k(x, y)f(y)$ est ν-intégrable pour μ-presque tout $x \in X$. L'intégrale définissant la fonction $u_k(f)$ est donc définie μ-presque partout, et d'après *loc. cit.*, la fonction $u_k(f)$ est μ-intégrable. Cela démontre a).

De manière analogue, la fonction $k_y \colon x \mapsto k(x, y)$ est μ-intégrable pour ν-presque tout $y \in Y$, et l'application $y \mapsto k_y$ ainsi définie est ν-intégrable.

Notons $w \colon L^1(X \times Y, \mu \otimes \nu) \to \mathscr{L}^1(L^\infty(Y, \nu); L^1(X, \mu))$ l'application composée de l'isomorphisme isométrique

$$\Gamma \colon L^1(X \times Y, \mu \otimes \nu) \to L^1_{L^1(X, \mu)}(Y, \nu)$$

de la prop. 13 de VI, p. 90, et de l'application linéaire isométrique

$$L^1_{L^1(X, \mu)}(Y, \nu) \to \mathscr{L}^1(L^\infty(Y, \nu); L^1(X, \mu))$$

définie dans la prop. 20. Pour prouver les assertions b) et c), il suffit de démontrer que $u_k = w(k)$. Soient $f \in \mathscr{L}^\infty(Y)$ et $g \in \mathscr{L}^\infty(X)$. Convenons de noter encore k, f, g les classes dans $L^1(X \times Y)$, $L^\infty(Y)$ et $L^\infty(X)$ des fonctions k, f et g respectivement. Par définition, on a $w(k)(f) = \int_Y k_y f(y) d\nu(y)$ et, en identifiant $L^\infty(X)$ au dual de $L^1(X)$ (INT, V, p. 61, § 5, n° 8, th. 4), on a

$$\langle w(k)(f), g \rangle = \int_Y \langle k_y, g \rangle f(y) d\nu(y) \quad \text{(INT, IV, p. 142, § 4, n° 2, th. 1)}$$

$$= \int_Y f(y) \left(\int_X k(x, y) g(x) d\mu(x) \right) d\nu(y).$$

Comme la fonction $(x, y) \mapsto k(x, y)g(x)f(y)$ est $(\mu \otimes \nu)$-intégrable sur $X \times Y$, il résulte du th. de Lebesgue–Fubini (INT, V, p. 96, § 8, n° 4, th. 1) que l'intégrale ci-dessus est égale à

$$\int_X g(x) \left(\int_Y k(x, y) f(y) d\nu(y) \right) d\mu(x) = \langle u_k(f), g \rangle.$$

On a donc $\langle w(k)(f), g \rangle = \langle u_k(f), g \rangle$ pour $f \in L^\infty(Y)$ et $g \in L^\infty(X)$. Cela démontre que $u_k = w(k)$, d'où b) et c).

CorollaIRE 2. — *Soient* X *et* Y *des espaces compacts. Soit* ν *une mesure positive sur* Y.

a) *Soit* $k \in \mathscr{C}(X \times Y)$. *Pour toute fonction* $f \in \mathscr{C}(Y)$, *la fonction* $u_k(f)\colon X \to K$ *est continue. L'application* $u_k\colon \mathscr{C}(Y) \to \mathscr{C}(X)$ *ainsi définie est nucléaire.*

b) *L'application* $k \mapsto u_k$, *de* $\mathscr{C}(X \times Y)$ *dans* $\mathscr{L}^1(\mathscr{C}(Y);\mathscr{C}(X))$, *est continue de norme* $\leqslant \nu(Y)$.

Pour $k \in \mathscr{C}(X \times Y)$ et $y \in Y$, considérons la fonction continue $k_y\colon x \mapsto k(x,y)$ sur X. L'application $y \mapsto k_y$ de Y dans $\mathscr{C}(X)$ est continue.

Soit $p\colon \mathscr{C}(Y) \to L^\infty(Y,\nu)$ l'application canonique. D'après la prop. 8 de VII, p. 176, on définit une application linéaire

$$r\colon \ \mathscr{L}^1(L^\infty(Y,\nu);\mathscr{C}(X)) \to \mathscr{L}^1(\mathscr{C}(Y);\mathscr{C}(X)).$$

en posant $r(u) = u \circ p$. L'application r est continue de norme $\leqslant 1$ (*loc. cit.*). Considérons l'application linéaire ϖ composée des applications

$$\mathscr{C}(X \times Y) \xrightarrow{\ \Gamma\ } L^1_{\mathscr{C}(X)}(Y,\nu) \xrightarrow{\ \varphi_Y\ } \mathscr{L}^1(L^\infty(Y,\nu);\mathscr{C}(X))$$
$$\xrightarrow{\ r\ } \mathscr{L}^1(\mathscr{C}(Y);\mathscr{C}(X))$$

où φ_Y est l'application linéaire isométrique définie dans la prop. 20, *b*) (en prenant $E = \mathscr{C}(X)$) et où Γ associe à une fonction k la classe de la fonction continue $y \mapsto k_y$. Comme l'application Γ est continue de norme $\leqslant \nu(Y)$, l'application ϖ est continue de norme $\leqslant \nu(Y)$.

Soient $k \in \mathscr{C}(X \times Y)$ et $f \in \mathscr{C}(Y)$. On a $\varpi(k)(f) = \int_Y k_y f(y) d\nu(y)$ par définition de ϖ. Appliquant la forme linéaire continue $g \mapsto g(x)$ sur $\mathscr{C}(X)$, on en déduit que $\varpi(k)(f)(x) = \int_Y k(x,y)f(y)d\nu(y)$ pour tout $x \in X$, donc $\varpi(k) = u_k$, ce qui entraîne le corollaire.

Les énoncés de la prop. 20 et de ses corollaires s'étendent au cas où les mesures considérées sont réelles ou complexes.

12. Affaiblissement de classe de différentiabilité

On note $\mathbf{T} = \mathbf{R}/\mathbf{Z}$. C'est un groupe de Lie réel compact commutatif (LIE, III, p. 201, prop. 11, (ii)).

Lemme 8. — Soient n *et* m *des entiers positifs. L'injection canonique de* $\mathscr{C}^{m+n+1}(\mathbf{T}^n)$ *dans* $\mathscr{C}^m(\mathbf{T}^n)$ *est nucléaire.*

Vu le corollaire 1 de VII, p. 173, il suffit de traiter le cas $K = \mathbf{C}$, puisque pour tout $k \in \mathbf{N}$, l'espace complexifié de $\mathscr{C}^k(\mathbf{T}^n, \mathbf{R})$ s'identifie à $\mathscr{C}^k(\mathbf{T}^n, \mathbf{C})$ d'après VAR, R, 8.8.2. On peut en outre supposer $n \geqslant 1$.

Identifions les fonctions sur $\mathbf{T}^n$ aux fonctions périodiques sur $\mathbf{R}^n$ dont le groupe des périodes (TG, VII, p. 10) contient $\mathbf{Z}^n$. Pour tout $p = (p_1, \ldots, p_n)$ dans $\mathbf{Z}^n$, notons $e_p \colon \mathbf{R}^n \to \mathbf{C}$ la fonction définie par

$$e_p(x_1, \ldots, x_n) = \exp(2i\pi(p_1 x_1 + \cdots + p_n x_n)).$$

Les fonctions e_p pour $p \in \mathbf{Z}^n$ forment le groupe dual de $\mathbf{T}^n$ (TS, II, p. 241). Pour $\alpha = (\alpha_1, \ldots, \alpha_n) \in \mathbf{Z}^n$, notons $|\alpha| = |\alpha_1| + \cdots + |\alpha_n|$ et posons $p^\alpha = p_1^{\alpha_1} \cdots p_n^{\alpha_n}$ pour $p \in \mathbf{Z}^n$. Rappelons qu'on désigne par ∂^α l'opérateur différentiel $\partial_{\alpha_1} \circ \cdots \circ \partial_{\alpha_n}$ sur $\mathbf{R}^n$ (VI, p. 67, n° 3). On a alors

$$\partial^\alpha e_p = (2i\pi)^{|\alpha|} p^\alpha e_p.$$

pour tout $p \in \mathbf{Z}^n$.

Ainsi, la famille des fonctions $(|p| + 1)^{-m} e_p$, où p parcourt $\mathbf{Z}^n$, est bornée dans $\mathscr{C}^m(\mathbf{T}^n)$. Pour $f \in \mathscr{C}^{m+n+1}(\mathbf{T}^n)$ et $p \in \mathbf{Z}^n$, posons

$$c_p(f) = \int_{[0,1]^n} f(y) e_{-p}(y) dy.$$

Pour $\alpha \in \mathbf{N}^n$ et $|\alpha| \leqslant m + n + 1$, on obtient en intégrant par parties (FVR, II, p. 10) la formule

$$p^\alpha c_p(f) = (2i\pi)^{-|\alpha|} \int_{[0,1]^n} \partial^\alpha f(y) e_{-p}(y) dy,$$

d'où

$$|p^\alpha c_p(f)| \leqslant \sup_x |\partial^\alpha f(x)|.$$

Vu la définition de la topologie de $\mathscr{C}^{m+n+1}(\mathbf{T}^n)$, il en résulte que chacune des applications $f \mapsto c_p(f)$ est une forme linéaire continue sur $\mathscr{C}^{m+n+1}(\mathbf{T}^n)$ (*cf.* VI, p. 69, remarque 2), et que la famille $\big((|p| + 1)^{m+n+1} c_p\big)_{p \in \mathbf{Z}^n}$ est équicontinue.

Pour $p \in \mathbf{Z}^n$, posons $a_p = (|p| + 1)^{-n-1}$, $y_p = (|p| + 1)^{-m} e_p$ et $x'_p = (|p|+1)^{m+n+1} c_p$. La famille $(a_p)_{p \in \mathbf{Z}^n}$ est sommable (TS, IV, p. 199, prop. 3), la famille $(x'_p)_{p \in \mathbf{Z}^n}$ d'éléments de $\mathscr{C}^{m+n+1}(\mathbf{T}^n)'$ est équicontinue, et la famille $(y_p)_{p \in \mathbf{Z}^n}$ est bornée dans l'espace normable $\mathscr{C}^m(\mathbf{T}^n)$. D'après le lemme 1 de VII, p. 166, la famille $(a_p \langle \cdot, x'_i \rangle y_i)_{p \in \mathbf{Z}^n}$ est donc sommable dans $\mathscr{L}_b(\mathscr{C}^{m+n+1}(\mathbf{T}^n); \mathscr{C}^m(\mathbf{T}^n))$ et sa somme u est une application nucléaire. Soit $f \in \mathscr{C}^{m+n+1}(\mathbf{T}^n)$. Pour tout $p \in \mathbf{Z}^n$, on a

$a_p\langle f, x'_p\rangle y_p = c_p(f)e_p$; la série $\sum_{p\in\mathbf{Z}^n} a_p\langle f, x'_i\rangle y_i$ est donc la série de Fourier de f (TS, II, p. 241). Elle converge uniformément vers $u(f)$ vu les définitions de u et de la topologie de $\mathscr{C}^m(\mathbf{T}^n)$; d'après la formule d'inversion de Fourier (TS, II, p. 219, prop. 12), les fonctions f et $u(f)$ ont donc même classe dans $\mathrm{L}^2(\mathbf{T}^n)$. Comme elles sont continues, elles sont égales. Ainsi l'application nucléaire $u\colon \mathscr{C}^{m+n+1}(\mathbf{T}^n) \to \mathscr{C}^m(\mathbf{T}^n)$ coïncide avec l'injection canonique, d'où le lemme.

L'injection canonique de $\mathscr{C}^1(\mathbf{T})$ dans $\mathscr{C}(\mathbf{T})$ n'est pas nucléaire (VII, p. 287, exercice 9).

Lemme 9. — Soient n et m des entiers positifs. Soit r un élément de $\mathbf{N}\cup\{\infty\}$ tel que $m+n < r$. Soient U et V des ouverts de $\mathbf{R}^n$ tels que $\overline{\mathrm{U}}$ soit compact et contenu dans V. L'application $\varrho\colon \mathscr{C}^r(\mathrm{V}) \to \mathscr{C}^m(\mathrm{U})$ définie par $\varrho(f) = f|_{\mathrm{U}}$ est nucléaire.

Supposons d'abord $r < \infty$. Comme $\mathbf{R}^n$ est une variété de classe C^∞ isomorphe à $]0,1[^n$ (*cf.* TG, IV, p. 13, prop. 1), il suffit de traiter le cas où V est contenu dans $]0,1[^n$. Soit $\varphi \in \mathscr{C}^\infty(\mathrm{V})$ une fonction égale à 1 sur U et dont le support S est compact (VI, p. 66, prop. 3). Pour tout élément f de $\mathscr{C}^r(\mathrm{V})$, soit $\widetilde{f}$ la fonction sur $\mathbf{R}^n$ dont le groupe des périodes contient $\mathbf{Z}^n$, qui coïncide avec φf sur V, et qui est nulle dans $[0,1]^n - \mathrm{S}$; notons $\nu(f)$ la fonction sur $\mathbf{T}^n$ déduite de $\widetilde{f}$ par passage au quotient ; les fonctions $\widetilde{f}$ et $\nu(f)$ sont de classe C^r. L'application linéaire $\nu\colon \mathscr{C}^r(\mathrm{V}) \to \mathscr{C}^r(\mathbf{T}^n)$ est linéaire et continue. D'autre part, la surjection canonique de $\mathbf{R}^n$ dans $\mathbf{T}^n$ induit un isomorphisme de classe C^∞ de U sur une partie ouverte U' de $\mathbf{T}^n$, qui définit un isomorphisme $u\colon \mathscr{C}^m(\mathrm{U}') \to \mathscr{C}^m(\mathrm{U})$. Enfin, notons $\varrho'\colon \mathscr{C}^r(\mathbf{T}^n) \to \mathscr{C}^m(\mathbf{T}^n)$ l'application canonique et $r\colon \mathscr{C}^m(\mathbf{T}^n) \to \mathscr{C}^m(\mathrm{U}')$ l'application $g \mapsto g|_{\mathrm{U}'}$. On a alors $\varrho = u \circ r \circ \varrho' \circ \nu$. D'après le lemme 8, l'application ϱ' est nucléaire, donc ϱ est nucléaire (VII, p. 170, prop. 2, *b*)).

Supposons maintenant $r = \infty$. Alors ϱ est la composée de l'application $f \mapsto f|_{\mathrm{U}}$ de $\mathscr{C}^{m+n+1}(\mathrm{V})$ dans $\mathscr{C}^m(\mathrm{U})$, qui est nucléaire d'après ce qui précède, et de l'injection canonique de $\mathscr{C}^\infty(\mathrm{V})$ dans $\mathscr{C}^{m+n+1}(\mathrm{V})$, qui est continue. L'application ϱ est donc nucléaire (*loc. cit.*).

PROPOSITION 21. — *Soient m et n des entiers positifs et $r \in \mathbf{N} \cup \{\infty\}$. Supposons $m + n < r$. Soient X une variété réelle de classe C^r et U un ouvert relativement compact de X. On suppose X de dimension $\leqslant n$ en tout point de U. Soit M un fibré vectoriel de base X et de rang fini. L'application de restriction $\varrho\colon \mathscr{S}^r(\mathrm{X};\mathrm{M}) \to \mathscr{S}^m(\mathrm{U};\mathrm{M})$ est nucléaire.*

Traitons d'abord le cas où $\overline{\mathrm{U}}$ est contenu dans un ouvert V qui est un domaine de carte de X, de dimension $\leqslant n$, et sur lequel M est isomorphe au fibré trivial de fibre K^ℓ pour un certain entier $\ell \geqslant 0$. L'application de restriction $\varrho_0 \colon \mathscr{C}^r(\mathrm{V}) \to \mathscr{C}^m(\mathrm{U})$ est nucléaire d'après le lemme 9. De plus, le n° 6 de VI, p. 78 et le th. 2 de VI, p. 75 fournissent des isomorphismes de $\mathscr{S}^r(\mathrm{V};\mathrm{M})$ sur $\mathscr{C}^r(\mathrm{V}) \widehat{\otimes}_\varepsilon \mathrm{K}^\ell$ et de $\mathscr{S}^m(\mathrm{U};\mathrm{M})$ sur $\mathscr{C}^m(\mathrm{U}) \widehat{\otimes}_\varepsilon \mathrm{K}^\ell$, qui identifient l'application de restriction de $\mathscr{S}^r(\mathrm{V};\mathrm{M})$ dans $\mathscr{S}^m(\mathrm{U};\mathrm{M})$ à l'application $\varrho_0 \widehat{\otimes}_\varepsilon 1_{\mathrm{K}^\ell} \colon \mathscr{C}^r(\mathrm{V}) \widehat{\otimes}_\varepsilon \mathrm{K}^\ell \to \mathscr{C}^m(\mathrm{U}) \widehat{\otimes}_\varepsilon \mathrm{K}^\ell$. Cette dernière est nucléaire (VII, p. 193, cor. de la prop. 18), d'où la proposition dans ce cas.

Dans le cas général, $\overline{\mathrm{U}}$ est recouvert par une famille finie $(\mathrm{V}_i)_{i \in \mathrm{I}}$ d'ouverts de X, de dimension $\leqslant n$, telle que, pour tout i, l'ensemble $\overline{\mathrm{V}}_i$ est contenu dans un domaine de carte de X au-dessus duquel M est trivialisable. Pour tout $i \in \mathrm{I}$, posons $\mathrm{U}_i = \mathrm{V}_i \cap \mathrm{U}$. L'ouvert relativement compact U est paracompact (VI, p. 65, lemme 1). Choisissons une partition de l'unité $(\varphi_i)_{i \in \mathrm{I}}$ sur U, de classe C^r, subordonnée au recouvrement $(\mathrm{U}_i)_{i \in \mathrm{I}}$ (VAR, R, 5.3.6). D'après la première partie de la démonstration, l'application $u \colon \mathscr{S}^r(\mathrm{X};\mathrm{M}) \to \bigoplus_i \mathscr{S}^m(\mathrm{U}_i;\mathrm{M})$ définie par $u(s) = (s|_{\mathrm{U}_i})_{i \in \mathrm{I}}$ est nucléaire (VII, p. 171, remarque 5). D'autre part, notons $v \colon \bigoplus_i \mathscr{S}^m(\mathrm{U}_i;\mathrm{M}) \to \mathscr{S}^m(\mathrm{U};\mathrm{M})$ l'application qui associe à une famille $(s_i)_{i \in \mathrm{I}}$ la somme des sections $\varphi_i s_i$ prolongées par zéro dans $\mathrm{U} - \mathrm{U}_i$. L'application v est linéaire et continue (VI, p. 80, remarque 3). On a $\varrho = v \circ u$ par construction, de sorte que ϱ est nucléaire.

COROLLAIRE. — *Pour tout entier positif m, l'application de restriction* $\varrho \colon \mathscr{S}^\infty(\mathrm{X};\mathrm{M}) \to \mathscr{S}^m(\mathrm{U};\mathrm{M})$ *est polynucléaire.*

Soit k un entier $\geqslant 1$. La variété X est localement compacte ; d'après la prop. 10 de TG, I, p. 65, il existe des ouverts relativement compacts $\mathrm{V}_0, \ldots, \mathrm{V}_k$ de X, avec $\mathrm{V}_0 = \mathrm{U}$, vérifiant les inclusions

$$\mathrm{U} = \mathrm{V}_0 \subset \overline{\mathrm{V}}_0 \subset \mathrm{V}_1 \subset \overline{\mathrm{V}}_1 \subset \cdots \subset \mathrm{V}_k \subset \overline{\mathrm{V}}_k \subset \mathrm{X}.$$

D'après la prop. 21, pour tout $\ell \in \{1, \ldots, k\}$, l'application de restriction $\varrho_\ell \colon \mathscr{S}^{m+\ell(n+1)}(\mathrm{V}_\ell;\mathrm{M}) \to \mathscr{S}^{m+(\ell-1)(n+1)}(\mathrm{V}_{\ell-1};\mathrm{M})$ est nucléaire. L'application ϱ est composée de $\varrho_k \circ \cdots \varrho_1$ et de l'application de restriction $\mathscr{S}^\infty(\mathrm{X};\mathrm{M}) \to \mathscr{S}^{m+k(n+1)}(\mathrm{V}_k;\mathrm{M})$, qui est nucléaire (prop. 21). Elle est donc composée de $k+1$ applications nucléaires, d'où le corollaire.

PROPOSITION 22. — *Soit* X *une variété analytique complexe, localement de dimension finie. Soient* M *un fibré vectoriel analytique complexe sur* X, *de rang fini, et* U *un ouvert relativement compact de* X. *L'application de restriction* $\sigma\colon \mathscr{S}^\omega(X;M) \to \mathscr{S}^\omega(U;M)$ *est polynucléaire.*

Notons X_0 et U_0 les variétés analytiques réelles sous-jacentes à X et U. Soit M_0 le fibré vectoriel sur X_0 déduit de M. Considérons le diagramme commutatif

$$
\begin{array}{ccc}
\mathscr{S}^\omega(X;M) & \xrightarrow{\ i\ } & \mathscr{S}^\infty(X_0;M_0) \\[2pt]
\Big\downarrow{\scriptstyle\sigma} & & \Big\downarrow{\scriptstyle\varrho} \\[2pt]
\mathscr{S}^\omega(U;M) & \xrightarrow{\ j\ } & \mathscr{S}^0(U_0;M_0),
\end{array}
$$

où i et j sont les injections canoniques et ϱ l'application de restriction. Les applications linéaires i et j sont continues, strictes et d'image fermée (VI, p. 84, remarque 2). L'image F_0 de j est donc un sous-espace fermé de $\mathscr{S}^0(U_0;M_0)$ contenant l'image de $\varrho \circ i$. Comme ϱ est polynucléaire (cor. de la prop. 21), l'application $\varrho \circ i$ est polynucléaire (*cf.* VII, p. 170, prop. 2) ; d'après le corollaire de la prop. 19 de VII, p. 196, l'application $\widetilde{\sigma}\colon \mathscr{S}^\omega(X;M) \to F_0$ déduite de $\varrho \circ \iota$ est donc polynucléaire. Or l'application $\widetilde{\jmath}\colon \mathscr{S}^\omega(U;M) \to F_0$ déduite de j est un isomorphisme topologique, donc $\sigma = \widetilde{\jmath}^{\,-1} \circ \widetilde{\sigma}$ est polynucléaire.

§ 2. TRACE ET DÉTERMINANT DANS LES ESPACES HILBERTIENS

Dans les $n^{os}\,1$ à 4 de ce paragraphe, on fixe un espace hilbertien complexe E. *Le cas d'un espace hilbertien réel est abordé dans le $n^o\,5$. Comme dans le $n^o\,3$ de* TS, IV, p. 151, *on note* I_E *l'intervalle d'entiers* $\{0,1,\dots,\dim(E)-1\}$ *si* E *est de dimension finie et* $I_E = \mathbf{N}$ *sinon. Lorsque* u *est un endomorphisme compact de* E, *on note* $(\alpha_n(u))_{n\in I_E}$ *la suite élargie des valeurs singulières de* u (TS, IV, p. 156, déf. 3).*

Si F *est un sous-espace fermé de* E, *on désigne par* F° *l'orthogonal de* F (V, p. 12) *et par* i_F *l'injection canonique de* F *dans* E. *Pour tout* $x \in$ E, *l'élément* $i_F^*(x)$ *de* F *est la projection orthogonale de* x

sur F (V, p. 9, n° 5). *Pour tout endomorphisme u de E, on note u_{F} l'endomorphisme $i_{\mathrm{F}}^* \circ u \circ i_{\mathrm{F}}$ de* F.

1. Déterminant d'une perturbation nucléaire de l'identité

Pour tout entier $n \geqslant 0$, considérons la n-ème puissance extérieure hilbertienne $\widehat{\wedge}^n \mathrm{E}$ de E (V, p. 34). L'espace $\widehat{\wedge}^0 \mathrm{E}$ s'identifie à $\mathbf{C}$.

Lemme 1. — Soit u un endomorphisme nucléaire de E. Pour tout entier $n \geqslant 1$, l'endomorphisme $\widehat{\wedge}^n u$ de $\widehat{\wedge}^n \mathrm{E}$ est nucléaire et vérifie

$$\left\| \widehat{\wedge}^n u \right\|_1 = \sum_{p_1 < \cdots < p_n} \alpha_{p_1}(u) \cdots \alpha_{p_n}(u) \leqslant \frac{1}{n!} \|u\|_1^n$$

où les indices $p_1, \ldots, p_n$ sont pris dans $\mathrm{I_E}$.

D'après la prop. 3 de TS, IV, p. 152 et la remarque 3 de TS, IV, p. 151, il existe une suite orthonormale $(e_i)_{i \in \mathrm{I_E}}$ dans E telle que l'on ait $|u|(e_i) = \alpha_i(u) e_i$ pour tout i et $|u|(x) = 0$ pour tout élément x de E orthogonal aux e_i. Soit n un entier $\geqslant 1$; notons S l'ensemble des suites $(p_1, \ldots, p_n)$ de $\mathrm{I_E}$ vérifiant $p_1 < \cdots < p_n$. Pour tout $\sigma = (p_1, \ldots, p_n)$ dans S, posons $e_\sigma = e_{p_1} \wedge \cdots \wedge e_{p_n}$ et $\alpha_\sigma = \alpha_{p_1}(u) \cdots \alpha_{p_n}(u)$. Alors les e_σ, pour $\sigma \in \mathrm{S}$, forment une famille orthonormale de vecteurs propres de $\widehat{\wedge}^n |u|$ pour les valeurs propres α_σ.

Soit $\mathscr{B}$ une base orthonormale de E contenant $(e_i)_{i \in \mathrm{I_E}}$ (une telle base existe d'après le th. 2 de V, p. 23). Compte tenu de la prop. 5 de V, p. 34 appliquée à la base $\mathscr{B}$, il existe une base orthonormale de $\widehat{\wedge}^n u$ dont les éléments z qui ne sont égaux à aucun des e_σ vérifient $\widehat{\wedge}^n |u|(z) = 0$. On a donc $\operatorname{Tr} \widehat{\wedge}^n |u| = \sum_\sigma \alpha_\sigma$ (V, p. 49, formule (25)).

Comme $\left| \widehat{\wedge}^n u \right| = \widehat{\wedge}^n |u|$ (TS, IV, p. 158, lemme 3, c)) et comme $\left\| \widehat{\wedge}^n u \right\|_1 = \operatorname{Tr} \left| \widehat{\wedge}^n u \right|$ (VII, p. 180, prop. 10), on en déduit que $\widehat{\wedge}^n u$ est nucléaire et que $\left\| \widehat{\wedge}^n u \right\|_1 = \sum_\sigma \alpha_\sigma$. Par ailleurs, on a $\|u\|_1 = \sum_p \alpha_p(u)$ (*loc. cit.* et TS, IV, p. 165, cor. 4), donc

$$\|u\|_1^n = \left(\sum_p \alpha_p(u) \right)^n \geqslant n! \sum_\sigma \alpha_\sigma,$$

ce qui démontre le lemme.

Notons $\widehat{\wedge} E$ la somme hilbertienne externe de la famille $(\widehat{\wedge}^n E)_{n \in \mathbf{N}}$ (V, p. 34). Rappelons que l'espace vectoriel sous-jacent à $\widehat{\wedge} E$ est le sous-espace de $\prod_{n \in \mathbf{N}} \widehat{\wedge}^n E$ formé des familles $(x_n)_{n \in \mathbf{N}}$ telles que $\sum_{n \in \mathbf{N}} \|x_n\|^2$ soit finie (V, p. 17, n° 1).

Lemme 2. — Soit u un endomorphisme nucléaire de E. Pour tout élément $(x_n)_{n \in \mathbf{N}}$ de $\widehat{\wedge} E$, la famille $\left((\widehat{\wedge}^n u)(x_n)\right)_{n \in \mathbf{N}}$ appartient à $\widehat{\wedge} E$. L'application $(x_n)_{n \in \mathbf{N}} \mapsto \left((\widehat{\wedge}^n u)(x_n)\right)_{n \in \mathbf{N}}$ est un endomorphisme continu de $\widehat{\wedge} E$.

En effet, pour tout entier positif n, on a $\|\widehat{\wedge}^n u\|_\infty \leqslant \|\widehat{\wedge}^n u\|_1 \leqslant \frac{1}{n!} \|u\|_1^n$ d'après le lemme 1 et l'inégalité (4) de VII, p. 176. La suite $\left(\|\widehat{\wedge}^n u\|_\infty\right)_{n \in \mathbf{N}}$ est donc bornée ; pour tout $(x_n)_{n \in \mathbf{N}}$ dans $\widehat{\wedge} E$, on a $\sum_{n \in \mathbf{N}} \|(\widehat{\wedge}^n u)(x_n)\|^2 \leqslant \left(\sup_{n \in \mathbf{N}} \|\widehat{\wedge}^n u\|_\infty\right) \sum_{n \in \mathbf{N}} \|x_n\|^2$, d'où l'assertion.

Pour tout $u \in \mathscr{L}^1(E)$, nous noterons $\widehat{\wedge} u$ l'endomorphisme de $\widehat{\wedge} E$ défini par $(\widehat{\wedge} u)((x_n)_{n \in \mathbf{N}}) = \left((\widehat{\wedge}^n u)(x_n)\right)_{n \in \mathbf{N}}$. Pour tout entier $n \geqslant 0$, nous identifierons $\widehat{\wedge}^n E$ à un sous-espace vectoriel de $\widehat{\wedge} E$ par l'application canonique (V, p. 18) ; le sous-espace $\widehat{\wedge}^n E$ est alors stable par $\widehat{\wedge} u$, qui y coïncide avec $\widehat{\wedge}^n u$.

Lemme 3. — Soit $u \in \mathscr{L}^1(E)$. L'endomorphisme $\widehat{\wedge} u$ de $\widehat{\wedge} E$ est nucléaire et vérifie

$$\|\widehat{\wedge} u\|_1 = \prod_{p \in I_E}(1 + \alpha_p(u)) \leqslant \exp(\|u\|_1).$$

Pour tout $n \in \mathbf{N}$, le sous-espace $\widehat{\wedge}^n E$ de $\widehat{\wedge} E$ est stable par $|\widehat{\wedge} u|$, qui y coïncide avec $|\widehat{\wedge}^n u|$: cela résulte du lemme 2 de TS, I, p. 133, appliqué à l'endomorphisme positif $(\widehat{\wedge} u)^* \circ (\widehat{\wedge} u)$ de $\widehat{\wedge} E$, à la fonction continue $x \mapsto |x|^{1/2}$ et à la famille de sous-espaces formée de $\widehat{\wedge}^n E$ et de son orthogonal. D'après la remarque 2 de V, p. 51, on a donc $\operatorname{Tr}|\widehat{\wedge} u| = \sum_{n \in \mathbf{N}} \operatorname{Tr}|\widehat{\wedge}^n u|$. Vu la prop. 10 de VII, p. 180 et le lemme 1 ci-dessus, on en déduit

$$\|\widehat{\wedge} u\|_1 = \sum_{n \in \mathbf{N}} \|\widehat{\wedge}^n u\|_1 = 1 + \sum_{n \geqslant 1} \sum_{p_1 < \cdots < p_n} \alpha_{p_1}(u) \cdots \alpha_{p_n}(u),$$

où les indices p_i sont pris dans I_E. Le membre de droite de cette égalité est égal à $\prod_{p \in I_E}(1 + \alpha_p(u))$. En outre, on a $\sum_{n \in \mathbf{N}} \|\widehat{\wedge}^n u\|_1 \leqslant \sum_{n \in \mathbf{N}} \frac{\|u\|_1^n}{n!}$ d'après le lemme 1, d'où le lemme 3.

Dans la proposition qui suit, on munit $\mathscr{L}^1(\mathrm{E})$ de la norme nucléaire et on utilise la terminologie de VAR concernant les polynômes-continus et les séries convergentes (VAR, R, § 3 et Appendice).

Proposition 1. — a) *Soit $n \in \mathbf{N}$. L'application $\Lambda_n \colon u \mapsto \operatorname{Tr} \widehat{\wedge}^n u$, de $\mathscr{L}^1(\mathrm{E})$ dans $\mathbf{C}$, est un polynôme-continu homogène de degré n.*

b) *La série $\sum_{n=0}^{\infty} \Lambda_n$ est de rayon de convergence infini et on a l'égalité $\sum_{n=0}^{\infty} \operatorname{Tr}(\widehat{\wedge}^n u) = \operatorname{Tr} \widehat{\wedge} u$ pour tout $u \in \mathscr{L}^1(\mathrm{E})$.*

c) *L'application $u \mapsto \operatorname{Tr} \widehat{\wedge} u$, de $\mathscr{L}^1(\mathrm{E})$ dans $\mathbf{C}$, est analytique.*

Pour chaque $n \in \mathbf{N}$, l'application Λ_n s'obtient en composant :

– le polynôme-continu $\mathscr{L}^1(\mathrm{E}) \to \mathscr{L}^1(\widehat{\mathrm{T}}^n\mathrm{E})$ de degré n associé à l'application multilinéaire continue $(u_1, \ldots, u_n) \mapsto u_1 \widehat{\otimes} u_2 \widehat{\otimes} \cdots \widehat{\otimes} u_n$ (*cf.* V, p. 28, n° 2 et p. 50, prop. 14, ainsi que VAR, R, A.1) ;

– l'application linéaire continue $\lambda \colon \mathscr{L}^1(\widehat{\mathrm{T}}^n\mathrm{E}) \to \mathscr{L}^1(\widehat{\wedge}^n\mathrm{E})$ déduite d'une part, de l'homomorphisme $\widehat{\wedge}^n\mathrm{E} \to \widehat{\mathrm{T}}^n\mathrm{E}$ défini dans V, p. 33, et d'autre part, de l'homomorphisme $\widehat{\mathrm{T}}^n\mathrm{E} \to \widehat{\wedge}^n\mathrm{E}$ obtenu à partir de l'application canonique $\mathrm{T}^n\mathrm{E} \to \wedge^n\mathrm{E}$ par passage aux complétés ;

– la forme linéaire continue $\operatorname{Tr} \colon \mathscr{L}^1(\widehat{\wedge}^n\mathrm{E}) \to \mathbf{C}$.

Si $\mathrm{E} \neq 0$, alors $\lambda \neq 0$ et $\operatorname{Tr} \neq 0$; dans tous les cas Λ_n est donc un polynôme-continu homogène de degré total n. En outre, vu le lemme 1, l'application multilinéaire $u \mapsto \widehat{\wedge}^n u$, de $\mathscr{L}^1(\mathrm{E})$ dans $\mathscr{L}^1(\widehat{\wedge}^n\mathrm{E})$, est continue de norme $\leqslant 1/(n!)$. Puisque l'application $u \mapsto \operatorname{Tr}(u)$ est continue de norme $\leqslant 1$ (TS, IV, p. 170, prop. 17), et puisque $\sum \frac{\mathrm{R}^n}{n!}$ converge pour tout $\mathrm{R} > 0$, on en déduit que la série $\sum_n \operatorname{Tr} \widehat{\wedge}^n u$ est de rayon de convergence infini (VAR, R, 3.1.5) et que sa somme est l'application $u \mapsto \operatorname{Tr} \widehat{\wedge} u$ (V, p. 51, remarque 2), d'où la proposition.

Définition 1. — *Soit v un élément de $1_{\mathrm{E}} + \mathscr{L}^1(\mathrm{E})$. On appelle déterminant de v, et on note $\det(v)$, le nombre complexe $\operatorname{Tr} \widehat{\wedge}(v - 1_{\mathrm{E}})$.*

Pour tout $u \in \mathscr{L}^1(\mathrm{E})$, on a donc $\det(1_{\mathrm{E}} + u) = \operatorname{Tr} \widehat{\wedge} u$.

Exemples. — 1) L'application identique 1_{E} appartient à $1_{\mathrm{E}} + \mathscr{L}^1(\mathrm{E})$ et on a $\det(1_{\mathrm{E}}) = 1$.

2) Si E est de dimension finie, alors $1_{\mathrm{E}} + \mathscr{L}^1(\mathrm{E}) = \mathscr{L}(\mathrm{E})$ et la notion de déterminant introduite dans la définition 1 coïncide avec la notion introduite dans A, III (*cf.* A, III, p. 97, corollaire).

Proposition 2. — *Soit v un élément de $1_{\mathrm{E}} + \mathscr{L}^1(\mathrm{E})$ et soit F un sous-espace fermé de E tel que l'on ait $v(x) = x$ pour tout $x \in \mathrm{F}^{\circ}$. Alors v_{F} appartient à $1_{\mathrm{F}} + \mathscr{L}^1(\mathrm{F})$ et on a l'égalité $\det(v) = \det(v_{\mathrm{F}})$.*

Posons $u = v - 1_E$. On a $v_F - 1_F = u_F$; or $u_F = i_F^* \circ u \circ i_F$ est nucléaire (VII, p. 170, prop. 2, b)), donc v_F appartient à $1_F + \mathscr{L}^1(F)$. Pour tout $n \in \mathbf{N}^*$, il existe une base orthonormale de $\widehat{\bigwedge}^n E$ dont les éléments sont de la forme $x_1 \wedge \cdots \wedge x_n$, où chaque x_i appartient à F ou F° (V, p. 34, prop. 5). On a $F° \subset \operatorname{Ker} u$, donc $\widehat{\bigwedge}^n u$ est nul sur $(\widehat{\bigwedge}^n F)°$ (*cf.* A, III, p. 78, formule (4)), ce qui entraîne $\operatorname{Tr} \widehat{\bigwedge}^n u = \operatorname{Tr} \widehat{\bigwedge}^n u_F$ d'après le lemme 3, e) de TS, IV, p. 158 et d'après V, p. 50. Ainsi $\det(1_E + u) = \det(1_F + u_F)$, ce qu'il fallait démontrer.

COROLLAIRE 1. — *Si $u \in \mathscr{L}^f(E)$, alors le nombre $\det(1_E + u)$ coïncide avec celui défini dans A, VIII, p. 455.*

En effet, posons $F = \operatorname{Ker}(u)° + \operatorname{Im}(u)$; alors $\det(1+u) = \det(1_F + u_F)$ (prop. 2). Comme F est de dimension finie, il résulte de l'exemple 2 et de la prop. 3, a) de A, VIII, p. 455, que $\det(1_F + u_F)$ coïncide avec le nombre noté $\det(1 + u)$ dans A, VIII, *loc. cit.*

COROLLAIRE 2. — *Soient F un sous-espace fermé de E et π_F l'ortho-projecteur de E d'image F. Pour tout u dans $\mathscr{L}^1(E)$, on a les égalités $\operatorname{Tr}(\pi_F u \pi_F) = \operatorname{Tr}(u_F)$ et $\det(1_E + \pi_F u \pi_F) = \det(1_F + u_F)$.*

Posons $w = \pi_F u \pi_F$. Alors w et u_F coïncident sur F, et w est nul sur F° ; l'égalité $\operatorname{Tr}(\pi_F u \pi_F) = \operatorname{Tr}(u_F)$ en résulte d'après V, p. 50. En outre, l'application w est nucléaire (VII, p. 170, prop. 2, b)). Comme $i_F^* \circ i_F = 1_F$ et $i_F \circ i_F^* = \pi_F$, on a

$$w_F = i_F^* \pi_F u \pi_F i_F = (i_F^* i_F) i_F^* u i_F (i_F^* i_F) = i_F^* u i_F = u_F.$$

Appliquant la prop. 2 à $1_E + w$, on obtient $\det(1_E + w) = \det(1_F + u_F)$, ce qu'il fallait démontrer.

COROLLAIRE 3. — *Soit p un orthoprojecteur de E dont le noyau est de dimension finie. L'application p appartient à $1_E + \mathscr{L}^1(E)$ et si $p \neq 1_E$, alors $\det(p) = 0$.*

En effet, l'application $1_E - p$ est continue de rang fini ; si l'on pose $F = \operatorname{Ker} p$, on a $\det(p) = \det(p_F)$ d'après la prop. 2. Or F est de dimension finie non nulle et $p_F = 0$, donc $\det(p_F) = 0$ d'après l'exemple 2.

PROPOSITION 3. — *Soit u un endomorphisme nucléaire de E.*
   a) *On a $|\det(1_E + u)| \leqslant \exp(\|u\|_1)$.*
   b) *Soit $z \in \mathbf{C}$. Pour tout $\varepsilon > 0$, on a*

$$|\det(1_E + zu)| \leqslant e^{\varepsilon |z|}$$

dès que $|z|$ est assez grand.

Comme $|\det(1_E + zu)| = |\mathrm{Tr}(\widehat{\Lambda}(zu))| \leqslant \mathrm{Tr}|\widehat{\Lambda}(zu)| = \|\widehat{\Lambda}(zu)\|_1$ pour tout $z \in \mathbf{C}$ (TS, IV, p. 170, prop. 17), le lemme 3 implique aussitôt $a)$, ainsi que l'inégalité

$$|\det(1_E + zu)| \leqslant \|\widehat{\Lambda}(zu)\|_1 = \prod_{n=0}^{\infty} (1 + \alpha_n(u)|z|).$$

Pour tout entier $N \geqslant 1$, on a donc

$$|\det(1_E + zu)| \leqslant \prod_{n=0}^{N-1} (1 + \alpha_n(u)|z|) \exp\Big(\sum_{n=N}^{\infty} \alpha_n(u)|z| \Big).$$

Soit $\varepsilon > 0$. La série $\sum \alpha_n(u)$ étant convergente, il existe un entier $N \geqslant 1$ tel que l'on ait $\sum_{n=N}^{\infty} \alpha_n(u) \leqslant \frac{\varepsilon}{2}$. Or, si $|z|$ est assez grand, on a $\prod_{n=0}^{N-1}(1 + \alpha_n(u)|z|) \leqslant \exp\left(\frac{\varepsilon}{2}|z|\right)$ (*cf.* FVR, V, p. 5, exemple 3) ; l'assertion $b)$ en résulte.

PROPOSITION 4. — *Soit $(E_j)_{j \in J}$ une famille filtrante croissante de sous-espaces fermés de E, de réunion dense dans E. Alors pour tout élément v de $1_E + \mathscr{L}^1(E)$, on a*

$$\det(v) = \lim_j \det(v_{E_j}),$$

la limite étant prise suivant le filtre des sections de J. De plus, la convergence est uniforme sur toute partie précompacte de $1_E + \mathscr{L}^1(E)$.

Posons $u = v - 1_E$ et pour tout $j \in J$, notons π_j l'orthoprojecteur de E d'image E_j. D'après la prop. 11 de VII, p. 182, on a $u = \lim_j \pi_j u \pi_j$ dans $\mathscr{L}^1(E)$, et la convergence est uniforme sur toute partie précompacte de $\mathscr{L}^1(E)$. Compte tenu de la prop. 1, on en déduit

$$\det(v) = \det(1_E + u) = \lim_j \det(1_E + \pi_j u \pi_j)$$

uniformément sur toute partie précompacte de $\mathscr{L}^1(E)$. Or

$$\det(1_E + \pi_j u \pi_j) = \det(1_{E_j} + u_{E_j}) = \det(v_{E_j})$$

pour tout $j \in J$ (cor. 2), d'où la proposition.

COROLLAIRE. — *Soit $\mathscr{F}(E)$ l'ensemble des sous-espaces de dimension finie de E, ordonné par l'inclusion. Alors on a*

$$\det(v) = \lim_{F \in \mathscr{F}(E)} \det(v_F)$$

pour tout $v \in 1_E + \mathscr{L}^1(E)$, et la convergence est uniforme sur toute partie précompacte de $1_E + \mathscr{L}^1(E)$.

PROPOSITION 5. — *Soit v un élément de $1_E + \mathscr{L}^1(E)$.*

a) *Pour tout élément v' de $1_E + \mathscr{L}^1(E)$, l'endomorphisme $v \circ v'$ appartient à $1_E + \mathscr{L}^1(E)$ et on a*

$$\det(v \circ v') = \det(v) \det(v').$$

b) *Soient L un sous-espace fermé de E stable par v et S un supplémentaire topologique de L. Alors v_L et v_S appartiennent à $1_L + \mathscr{L}^1(L)$ et $1_S + \mathscr{L}^1(S)$ respectivement, et on a l'égalité*

$$\det(v) = \det(v_L) \det(v_S).$$

c) *Pour que v soit inversible dans $\mathscr{L}(E)$, il faut et il suffit que le déterminant de v soit non nul; dans ce cas on a $v^{-1} \in 1_E + \mathscr{L}^1(E)$.*

Soit $v' \in 1_E + \mathscr{L}^1(E)$. Posons $u = v - 1_E$ et $u' = v' - 1_E$; alors $v \circ v' - 1_E = u + v \circ u'$ appartient à $\mathscr{L}^1(E)$ d'après la prop. 2 de VII, p. 170, donc $v \circ v'$ est bien un élément de $1_E + \mathscr{L}^1(E)$.

Supposons d'abord que u et u' soient de rang fini; soit F l'orthogonal de $\operatorname{Ker} u \cap \operatorname{Ker} u'$. Alors, pour $x \in F^\circ$, on a $v(x) = v'(x) = vv'(x) = x$, donc $\det(v) = \det(v_F)$, $\det(v') = \det(v'_F)$ et $\det(vv') = \det((vv')_F)$ (prop. 2). Mais $(vv')_F = v_F v'_F$ puisque $v(F^\circ) \subset F^\circ$; par ailleurs l'espace $F = \operatorname{Ker}(u)^\circ + \operatorname{Ker}(u')^\circ$ est de dimension finie, donc v_F et v'_F vérifient l'égalité $\det(v_F) \det(v'_F) = \det(v_F v'_F)$, ce qui démontre l'assertion a) dans le cas où u et u' sont de rang fini. Dans le cas général, les applications u et u' sont limites dans $\mathscr{L}^1(E)$ d'opérateurs de rang fini (VII, p. 176, remarque 1), et les applications qui associent à (u, u') les nombres $\det(1 + u)$, $\det(1 + u')$ et $\det(1 + u + u' + uu')$ sont continues d'après la prop. 1; l'assertion a) découle donc du cas déjà traité.

Sous les hypothèses de b), posons $u = v - 1_E$; alors u est nucléaire, donc $v_F - 1_F = i_F^* \circ u \circ i_F$ et $u_S - 1_S = i_S^* \circ u \circ i_S$ sont nucléaires (VII, p. 170, prop. 2). Soit $\mathscr{F}(L)$ (resp. $\mathscr{F}(S)$) l'ensemble des sous-espaces de dimension finie de L (resp. S). Si $(M, N) \in \mathscr{F}(L) \times \mathscr{F}(S)$, on a

$$(1) \qquad \det(v_{M+N}) = \det(v_M) \det(v_N).$$

En effet, si l'on considère l'élément $w = v_{M+N}$ de $\mathscr{L}(M + N)$, on a $w(M) \subset M$, d'où $\det(w) = \det(w_M) \det(w_N)$ d'après la formule (30) de A, III, p. 100, ce qui prouve l'égalité (1) puisque $w_M = v_M$ et $w_N = v_N$. En passant à la limite sur le couple (M, N) et compte tenu de la proposition 4 et de son corollaire, on obtient b).

Supposons v inversible dans $\mathscr{L}(E)$. Alors $v^{-1} - 1_E$ appartient à $\mathscr{L}^1(E)$ d'après le corollaire de la prop. 5 de VII, p. 172. D'après a), on a donc $\det(v)\det(v^{-1}) = \det(1_{\mathrm{E}}) = 1$ et $\det(v) \neq 0$. Supposons au contraire que v ne soit pas inversible. Alors -1 appartient à $\mathrm{Sp}(v - 1_{\mathrm{E}})$. Comme $v - 1_{\mathrm{E}}$ est compact, on en déduit que -1 est valeur propre de $v - 1_{\mathrm{E}}$ et que l'espace propre correspondant, égal à $\mathrm{Ker}\,v$, est de dimension finie (TS, III, p. 90, prop. 5). En appliquant $b)$ à $\mathrm{L} = \mathrm{Ker}\,v$, on constate que $\det(v) = 0$, d'où $c)$.

COROLLAIRE. — *Soit $u \in \mathscr{L}^1(\mathrm{E})$ et soit L un sous-espace fermé de E contenant l'image de u. Alors $\det(1_{\mathrm{E}} + u) = \det(1_{\mathrm{L}} + u_{\mathrm{L}})$.*

Cela découle de l'assertion $b)$ de la proposition, puisque $u_{\mathrm{L}^\circ} = 0$.

2. Déterminant et valeurs propres

Soit u un endomorphisme continu de l'espace hilbertien complexe E. Pour tout $\lambda \in \mathbf{C}$, on note $\mathrm{N}_\lambda = \bigcup_{k \in \mathbf{N}} \mathrm{Ker}\left((u - \lambda 1_{\mathrm{E}})^k\right)$ le nilespace de $u - \lambda 1_{\mathrm{E}}$, et $\mathrm{I}_\lambda = \bigcap_{k \in \mathbf{N}} \left(\mathrm{Im}(u - \lambda 1_{\mathrm{E}})^k\right)$ son conilespace (TS, III, p. 45, n° 4). On définit un élément $m_\lambda(u)$ de $\overline{\mathbf{N}} = \mathbf{N} \cup \{+\infty\}$ en posant $m_\lambda(u) = \dim(\mathrm{N}_\lambda)$ si N_λ est de dimension finie et $m_\lambda(u) = +\infty$ sinon.

Si u est compact et si $\lambda \neq 0$, alors N_λ et I_λ sont fermés, stables par u, et E est somme directe topologique de N_λ et I_λ (TS, III, p. 77, n° 5). L'espace N_λ est alors de dimension finie et la restriction de $u - \lambda 1_{\mathrm{E}}$ à N_λ est nilpotente (*cf.* TS, III, p. 83), tandis que $u - \lambda 1_{\mathrm{E}}$ induit un automorphisme de I_λ (TS, III, p. 47, prop. 6, $b)$). En outre, pour u compact et $\lambda \neq 0$, on a $m_\lambda(u) \neq 0$ si et seulement si λ appartient au spectre de u ; l'entier $m_\lambda(u)$ est alors la multiplicité spectrale de λ pour u (TS, III, p. 82, déf. 1). Si u est compact, alors le spectre $\mathrm{Sp}(u)$ est dénombrable et ses éléments non nuls sont des valeurs propres de u (TS, III, p. 83, prop. 1).

Lemme 4. — Soit u un endomorphisme compact de l'espace hilbertien complexe E. Soit n un entier appartenant à I_{E} et soit $(\lambda_0, \ldots, \lambda_n)$ un élément de $\mathbf{C}^{n+1}$. On suppose que pour tout $\lambda \in \mathbf{C}$, l'ensemble des $i \in \{0, \ldots, n\}$ tels que $\lambda_i = \lambda$ est de cardinal $\leqslant m_\lambda(u)$.

a) On a l'inégalité $|\lambda_0 \cdots \lambda_n| \leqslant \alpha_0(u) \cdots \alpha_n(u)$.

b) Soit $g\colon \mathbf{R}_+ \to [-\infty, +\infty[$ une fonction croissante telle que $g \circ \exp$ soit convexe. Alors $\sum\limits_{i=0}^{n} g(|\lambda_i|) \leqslant \sum\limits_{i=0}^{n} g(\alpha_i(u))$.

Il suffit de démontrer a) dans le cas où tous les λ_i sont non nuls. Soit λ un nombre complexe non nul. Puisque la restriction de $u - \lambda 1_{\mathrm{E}}$ à N_λ est nilpotente et puisque $\dim(\mathrm{N}_\lambda) = m_\lambda(u)$, il existe une base de N_λ par rapport à laquelle la matrice de $(u - \lambda 1_{\mathrm{E}})_{\mathrm{N}_\lambda}$ est triangulaire supérieure de diagonale nulle (*cf.* A, VII, p. 33, cor. 3 et p. 35, cor. de la prop. 8). Il existe donc un sous-espace L_λ de N_λ, stable par u, de dimension égale au nombre d'entiers $i \in \{0, \dots, n\}$ vérifiant $\lambda_i = \lambda$. La somme L des sous-espaces L_λ, pour $\lambda \in \mathbf{C}^*$, est directe puisque les N_λ sont en somme directe (*cf.* TS, I, p. 129, nº 2 et TS, III, p. 83, prop. 2). Elle est de dimension $n+1$, et on a par construction $\det(u_{\mathrm{L}}) = \lambda_0 \cdots \lambda_n$. Par ailleurs, on a

$$|\det(u_{\mathrm{L}})| = \|\wedge^{n+1}(u_{\mathrm{L}})\| \leqslant \|\widehat{\wedge}^{n+1} u\| = \alpha_0(u) \cdots \alpha_n(u),$$

où l'inégalité découle du lemme 3, *e*) de TS, IV, p. 158 et la seconde égalité découle de la proposition 10 de TS, IV, p. 159. Cela démontre a).

Quitte à réordonner les λ_i, on peut supposer $|\lambda_0| \geqslant \cdots \geqslant |\lambda_n| \geqslant 0$; compte tenu de a), on peut appliquer le lemme 5 de TS, IV, p. 161 à la fonction convexe croissante $g \circ \exp$, en y prenant les a_i égaux aux $\ln(|\lambda_i|)$, les b_i aux $\ln(\alpha_i(u))$ et les ϱ_i égaux à 1. L'assertion b) en résulte.

PROPOSITION 6. — *Soit u un élément de $\mathscr{L}^1(\mathrm{E})$. On a l'inégalité*

$$\sum_{\lambda \in \mathbf{C}^*} m_\lambda(u)|\lambda| \leqslant \|u\|_1.$$

Posons $\mathrm{J} = \mathbf{C}^* \times \mathbf{N}^*$ et pour tout élément $j = (z, k)$ de J, posons $\lambda_j = z$ si $k \leqslant m_z(u)$ et $\lambda_j = 0$ sinon. Pour toute partie finie J_0 de J, on a $\sum_{j \in \mathrm{J}_0} |\lambda_j| \leqslant \mathrm{Tr}(|u|)$: cela résulte de l'assertion b) du lemme 4 appliquée à la fonction $g \colon x \mapsto x$, et du fait que la famille $(\alpha_n(u))_{n \in \mathrm{I}_{\mathrm{E}}}$ est sommable de somme égale à $\mathrm{Tr}(|u|)$ d'après la prop. 13 de TS, IV, p. 166. Ainsi, la famille $(|\lambda_j|)_{j \in \mathrm{J}}$ est sommable de somme $\leqslant \mathrm{Tr}(|u|)$. D'après le lemme 7 de TS, IV, p. 166, on en déduit que la famille $(m_\lambda(u)\lambda)_{\lambda \in \mathbf{C}^*}$ est sommable et vérifie $\sum_{\lambda \in \mathbf{C}^*} m_\lambda(u)|\lambda| \leqslant \mathrm{Tr}(|u|)$. Puisque $\mathrm{Tr}(|u|) = \|u\|_1$ (VII, p. 180, prop. 10), cela démontre la proposition.

Soit u un élément de $\mathscr{L}^1(\mathrm{E})$. D'après la proposition 1 de VII, p. 208, la fonction $z \mapsto \det(1_{\mathrm{E}} + zu)$ est analytique sur $\mathbf{C}$, somme de la série entière $\sum_{n=0}^\infty z^n \mathrm{Tr}\left(\widehat{\wedge}^n u\right)$.

Pour tout $k \in \mathbf{N}$, nous dirons qu'une fonction de $\mathbf{C}$ dans $\mathbf{C}$ admet en un point z_0 de $\mathbf{C}$ un zéro d'ordre égal à k si, au point z_0, son ordre de contact avec la fonction nulle (VAR, R, 1.1.2) est égal à k.

PROPOSITION 7. — *Soit u un endomorphisme nucléaire de* E. *Pour tout $\lambda \in \mathbf{C}^*$, la fonction $z \mapsto \det(1_E + zu)$ admet au point $-\frac{1}{\lambda}$ un zéro d'ordre égal à $m_\lambda(u)$.*

Soit λ un nombre complexe non nul. L'espace E est somme directe topologique de N_λ et I_λ ; d'après la prop. 5, *a*) de VII, p. 211, l'application u_{I_λ} est nucléaire et pour tout $z \in \mathbf{C}$, on a

$$(2) \qquad \det(1_E + zu) = \det(1_{I_\lambda} + zu_{I_\lambda})\det(1_{N_\lambda} + zu_{N_\lambda}).$$

Or $1_{I_\lambda} - \frac{1}{\lambda}u_{I_\lambda}$ est un automorphisme de I_λ (TS, III, p. 47, prop. 6, *b*)), donc la fonction continue $z \mapsto \det(1_{I_\lambda} + z\,u_{I_\lambda})$ ne s'annule pas au voisinage de $z = -\frac{1}{\lambda}$. Par ailleurs, l'endomorphisme $u_{N_\lambda} - \lambda 1_{N_\lambda}$ de N_λ est nilpotent et $\dim(N_\lambda) = m_\lambda(u)$, donc pour tout $z \in \mathbf{C}$, on a

$$\det(1_{N_\lambda} + zu_{N_\lambda}) = (1 + z\lambda)^{m_\lambda(u)}.$$

Vu la formule (2), cela achève la démonstration.

COROLLAIRE. — *Soit u un endomorphisme nucléaire de* E, *et soit* F *un sous-espace fermé de* E *stable par u. Si* S *est un supplémentaire topologique de* F *dans* E *et si λ est un nombre complexe non nul, alors $m_\lambda(u_S) \leqslant m_\lambda(u)$. En particulier, si $\lambda \in \mathbf{C}^*$ appartient au spectre de u_S, alors il appartient au spectre de u.*

En effet, on a $\det(1_E + zu) = \det(1_F + zu_F)\det(1_S + zu_S)$ pour tout $z \in \mathbf{C}$ (VII, p. 211, prop. 5, *b*)). La fonction $z \mapsto \det(1_S + zu_S)$ admet en $z = -\frac{1}{\lambda}$ un zéro d'ordre $m_\lambda(u_S)$ d'après la prop. 7, donc $z \mapsto \det(1_E + zu)$ y admet un zéro d'ordre $\geqslant m_\lambda(u_S)$. La prop. 7 implique donc $m_\lambda(u_S) \leqslant m_\lambda(u)$, d'où le corollaire.

THÉORÈME 1. — *Soit u un élément de $\mathscr{L}^1(E)$. Pour tout $z \in \mathbf{C}$, le produit infini $\prod_{\lambda \in \mathbf{C}^*}(1 + z\lambda)^{m_\lambda(u)}$ est absolument convergent et on a*

$$\det(1_E + zu) = \prod_{\lambda \in \mathbf{C}^*}(1 + z\lambda)^{m_\lambda(u)}.$$

Le fait que le produit infini soit absolument convergent découle de la prop. 6, compte tenu de la définition 1 de TG, VIII, p. 18.

Notons T l'adhérence du sous-espace de E engendré par les N_λ ; alors $u(T) \subset T$. D'après la proposition 5, $b)$ de VII, p. 211, on a

$$(3) \qquad \det(1_E + zu) = \det(1_T + zu_T)\det(1_{T^\circ} + zu_{T^\circ}).$$

Par ailleurs, pour tout $\lambda \in \mathbf{C}^*$, on a

$$\det(1_{N_\lambda} + zu_{N_\lambda}) = (1 + z\lambda)^{m_\lambda(u)}.$$

Pour toute partie finie A de $\mathbf{C}^*$, définissons

$$N_A = \bigoplus_{\lambda \in A} N_\lambda.$$

Les propriétés de multiplicativité du déterminant en dimension finie assurent alors

$$\det(1_{N_A} + zu_{N_A}) = \prod_{\lambda \in A} \det(1_{N_\lambda} + zu_{N_\lambda}) = \prod_{\lambda \in A} (1 + z\lambda)^{m_\lambda(u)}.$$

La réunion des N_A est dense dans T. D'après la prop. 4 de VII, p. 210, et puisque le produit $\prod_{\lambda \in \mathbf{C}^*}(1 + z\lambda)^{m_\lambda(u)}$ est absolument convergent, on en déduit

$$(4) \qquad \det(1_T + zu_T) = \prod_{\lambda \in \mathbf{C}^*}(1 + z\lambda)^{m_\lambda(u)}.$$

Les relations (3) et (4) ramènent la démonstration du th. 1 à celle de

$$\det(1_{T^\circ} + zu_{T^\circ}) = 1.$$

Or l'endomorphisme u_{T° de T° est quasi-nilpotent, c'est-à-dire que son spectre est réduit à $\{0\}$ (TS, I, p. 21, déf. 3). En effet, pour tout $\lambda \in \mathbf{C}^*$, les formules (3) et (4) et la prop. 7 montrent que la fonction $z \mapsto \det(1_E + zu)$ admet en $z = -\frac{1}{\lambda}$ un zéro d'ordre supérieur ou égal à $m_\lambda(u) + m_\lambda(u_{T^\circ})$. On a donc $m_\lambda(u_{T^\circ}) = 0$ pour tout $\lambda \neq 0$ (prop. 7), d'où $\mathrm{Sp}(u_{T^\circ}) = \{0\}$.

Le théorème 1 résulte donc du lemme suivant :

Lemme 5. — Soit u un endomorphisme nucléaire de E. *Si u est quasi-nilpotent, alors* $\det(1_E + u) = 1$.

Démontrons d'abord :

Lemme 6. — Soit F *un espace hilbertien complexe de dimension finie. Soient v un élément de $\mathscr{L}(F)$ et ϱ son rayon spectral. Soit $D_v \colon \mathbf{C} \to \mathbf{C}$*

la fonction analytique $z \mapsto \det(1 + zv)$. *Soit* $z \in \mathbf{C}$. *Si* $|z|\varrho < 1$, *alors* on a $\mathrm{D}_v(z) \neq 0$ *et*

$$\left| \frac{\mathrm{D}'_v}{\mathrm{D}_v}(z) - \mathrm{Tr}(v) \right| \leqslant \frac{\varrho|z|}{1 - \varrho|z|} \|v\|_1.$$

Notons S le spectre de v. On a $\varrho = \sup_{\lambda \in \mathrm{S}} |\lambda|$ (TS, I, p. 24, th. 1). Pour tout $z \in \mathbf{C}$, on a l'égalité

$$\mathrm{D}_v(z) = \prod_{\lambda \in \mathrm{S}} (1 + \lambda z)^{m_\lambda(v)}$$

(TS, III, p. 85, exemple 1). Si $\varrho|z| < 1$, on a donc $\mathrm{D}_v(z) \neq 0$ et

$$\frac{\mathrm{D}'_v}{\mathrm{D}_v}(z) = \sum_{\lambda \in \mathrm{S}} \frac{m_\lambda(v)\lambda}{1 + \lambda z} = \sum_{\lambda \in \mathrm{S}} m_\lambda(v)\lambda - z \sum_{\lambda \in \mathrm{S}} \frac{m_\lambda(v)\lambda^2}{1 + \lambda z}.$$

Comme $\mathrm{Tr}(v) = \sum_{\lambda \in \mathrm{S}} m_\lambda(v)\lambda$, il vient

$$\left| \frac{\mathrm{D}'_v}{\mathrm{D}_v}(z) - \mathrm{Tr}(v) \right| \leqslant \left(\sum_{\lambda \in \mathrm{S}} m_\lambda(v)|\lambda| \right) \frac{\varrho|z|}{1 - \varrho|z|}.$$

Puisque $\sum_{\lambda \in \mathrm{S}} m_\lambda(v)|\lambda| \leqslant \|v\|_1$ (prop. 6), le lemme 6 s'ensuit.

Démontrons maintenant le lemme 5. Soit $u \in \mathscr{L}^1(\mathrm{E})$; supposons u quasi-nilpotent. Pour $z \in \mathbf{C}$, notons $\mathrm{D}(z) = \det(1_\mathrm{E} + zu)$ et pour tout sous-espace F de E de dimension finie, notons $\mathrm{D}_\mathrm{F}(z) = \det(1_\mathrm{F} + zu_\mathrm{F})$. Les fonctions D et D_F sont holomorphes sur $\mathbf{C}$ (VII, p. 208, prop. 1). D'après la proposition 7, la fonction D ne s'annule pas sur $\mathbf{C}$. D'après la proposition 4 de VII, p. 210, la fonction D est limite des fonctions D_F, la convergence étant uniforme sur toute partie compacte de $\mathbf{C}$. Par conséquent, on a $\mathrm{D} = \lim_{\mathrm{F} \in \mathscr{F}(\mathrm{E})} \mathrm{D}_\mathrm{F}$ dans l'espace $\mathscr{C}^\omega(\mathbf{C})$ des fonctions holomorphes de $\mathbf{C}$ dans $\mathbf{C}$ (*cf.* VI, p. 82, n° 7).

Pour tout sous-espace fermé F de E, on a $\varrho(u_\mathrm{F}) = \varrho(\pi_\mathrm{F} u \pi_\mathrm{F})$: en effet, pour tout $\lambda \in \mathbf{C}^*$, on a $m_\lambda(u_\mathrm{F}) = m_\lambda(\pi_\mathrm{F} u \pi_\mathrm{F})$ d'après le cor. 2 de VII, p. 209 et la prop. 7. Or $\pi_\mathrm{F} u \pi_\mathrm{F}$ converge vers u dans $\mathscr{L}^1(\mathrm{E})$ suivant le filtre des sections de $\mathscr{F}(\mathrm{E})$ (VII, p. 182, prop. 11). Vu l'inégalité (4) de VII, p. 176, il en résulte que $\pi_\mathrm{F} u \pi_\mathrm{F}$ converge vers u dans $\mathscr{L}(\mathrm{E})$. Comme le rayon spectral de u est nul par hypothèse, et comme le rayon spectral définit une fonction semi-continue sur $\mathscr{L}(\mathrm{E})$ (TS, I, p. 21, remarque 2), on en déduit

$$(5) \qquad\qquad \lim_\mathrm{F} \varrho(u_\mathrm{F}) = 0.$$

Soit $R > 0$. D'après (5), il existe un sous-espace de dimension finie $F_0 \subset E$ tel que l'on ait $\varrho(u_F) < R^{-1}$ pour tout sous-espace de dimension finie F de E contenant F_0. D'après le lemme 6, pour un tel $F \supset F_0$, la fonction $D_F = D_{u_F}$ ne s'annule pas pour $|z| < R$. De plus, si $|z| < R$, alors

$$\frac{D'}{D}(z) = \lim_{F \supset F_0} \frac{D'_F}{D_F}(z)$$

d'après le corollaire de la prop. 4 de VII, p. 210 et compte tenu de VAR, R, 3.3.2.

Comme $\|u_F\|_1 \leqslant \|u\|_1$ pour tout $F \in \mathscr{F}(E)$, on déduit de (5) que

$$\lim_{F \supset F_0} \frac{\varrho(u_F)|z|\|u_F\|_1}{1 - \varrho(u_F)|z|} = 0$$

pour $|z| < R$. Compte tenu du lemme 6, on a donc

$$\lim_{F \supset F_0} \frac{D'_F}{D_F}(z) = \lim_{F \supset F_0} \operatorname{Tr}(u_F)$$

pour $|z| < R$. Or $\operatorname{Tr}(u_F) = \operatorname{Tr}(\pi_F u \pi_F)$ pour tout $F \supset F_0$ (VII, p. 209, cor. 2) et $u = \lim_{F \supset F_0} \pi_F u \pi_F$ dans $\mathscr{L}^1(E)$ (VII, p. 182, prop. 11). Par continuité de la trace sur $\mathscr{L}^1(E)$, on en déduit

$$\frac{D'}{D}(z) = \lim_{F \supset F_0} \frac{D'_F}{D_F}(z) = \operatorname{Tr}(u).$$

En particulier, la fonction $f \colon t \mapsto D(t)$ est solution de l'équation différentielle $f' = \operatorname{Tr}(u)f$ sur l'intervalle $]{-}R, R[$, et vérifie $f(0) = 1$. On a donc $D(t) = e^{t\operatorname{Tr}(u)}$ pour tout nombre réel t tel que $|t| < R$ (FVR, IV, p. 27, prop. 7 et p. 17, th. 1) ; puisque R est arbitraire, il vient $D(t) = e^{t\operatorname{Tr}(u)}$ pour tout $t \in \mathbf{R}$. Compte tenu de la prop. 3, $b)$ de VII, p. 209, on a donc nécessairement $\operatorname{Tr}(u) = 0$, d'où $D(t) = 1$ pour tout $t \in \mathbf{R}$. Ainsi $\det(1_E + u) = D(1) = 1$, ce qui démontre le lemme 5 et conclut la preuve du théorème 1.

Remarque. — * La proposition 3 de VII, p. 209 signifie que la fonction holomorphe $z \mapsto \det(1_E + zu)$ est une fonction entière d'ordre 0. Compte tenu de la prop. 7, le th. 1 découle alors aussitôt du « théorème de factorisation » de J. Hadamard.[1] *

---

[1]« Étude sur les propriétés des fonctions entières et en particulier d'une fonction considérée par Riemann », J. Math. Pures Appl. (1893), p. 171–216.

Corollaire 1 (« Théorème de Lidskii »). — *Pour tout $u \in \mathscr{L}^1(\mathrm{E})$, la série $\sum_{\lambda \in \mathbf{C}^*} m_\lambda(u)\lambda$ est absolument convergente et on a*

$$\mathrm{Tr}\, u = \sum_{\lambda \in \mathbf{C}^*} m_\lambda(u)\lambda.$$

La prop. 6 montre que la série $\sum_{\lambda \in \mathbf{C}^*} m_\lambda(u)\lambda$ est absolument convergente. La fonction $\mathrm{P}\colon z \mapsto \prod_{\lambda \in \mathbf{C}^*}(1 + z\lambda)^{m_\lambda(u)}$ est holomorphe sur $\mathbf{C}$ vu le th. 1; il résulte de VAR, R, 3.2.11, que sa dérivée en $z = 0$ est la somme $\sum_{\lambda \in \mathbf{C}^*} m_\lambda(u)\lambda$. Par ailleurs, vu le th. 1 et l'égalité $\det(1_{\mathrm{E}} + zu) = \sum_{n=0}^{\infty} z^n \,\mathrm{Tr}(\overset{n}{\widehat{\wedge}} u)$ (VII, p. 213), le nombre $\mathrm{P}'(0)$ coïncide avec la dérivée en $z = 0$ de la fonction analytique $z \mapsto \sum z^n \,\mathrm{Tr}\left(\overset{n}{\widehat{\wedge}} u\right)$; cette dérivée est égale à $\mathrm{Tr}(u)$, d'où le corollaire 1.

Corollaire 2. — *Pour tout u dans $\mathscr{L}^1(\mathrm{E})$, l'endomorphisme e^u appartient à $1_{\mathrm{E}} + \mathscr{L}^1(\mathrm{E})$ et vérifie $\det(e^u) = e^{\mathrm{Tr}\, u}$.*

L'endomorphisme $e^u - 1_{\mathrm{E}} = u \circ \left(\sum_{n>0} u^{n-1}/n!\right)$ est nucléaire d'après la prop. 2 de VII, p. 170. Si μ est un nombre complexe non nul, alors l'ensemble des éléments λ de $\mathrm{Sp}(u)$ vérifiant $e^\lambda = \mu$ est fini. En effet, il s'agit de l'intersection de $\mathrm{Sp}(u)$, qui est compact (TS, I, p. 24, th. 1), avec un ensemble de la forme $\lambda_0 + 2i\pi\mathbf{Z}$ pour un $\lambda_0 \in \mathbf{C}$ (FVR, III, p. 9). D'après le cor. 2 de TS, III, p. 84, les éléments non nuls de $\mathrm{Sp}(e^u - 1_{\mathrm{E}})$ sont donc de la forme $e^\lambda - 1$ avec $\lambda \in \mathrm{Sp}(u) - 2i\pi\mathbf{Z}$, et la multiplicité spectrale de tout élément $\mu \in \mathrm{Sp}(e^u - 1_{\mathrm{E}}) - \{0\}$ est la somme des $m_\lambda(u)$, pour $\lambda \in \mathrm{Sp}(u)$ vérifiant $e^\lambda - 1 = \mu$. Le théorème 1 fournit alors l'égalité

$$\det(e^u) = \prod_{\lambda \in \mathbf{C}^*}(1 + e^\lambda - 1)^{m_\lambda(u)} = \exp\left(\sum_{\lambda \in \mathbf{C}^*} m_\lambda(u)\lambda\right).$$

Le corollaire 2 découle de cette égalité et du corollaire 1.

3. Déterminant et traces des puissances

Dans ce numéro, on exprime $\det(1_{\mathrm{E}} + u)$, pour $u \in \mathscr{L}^1(\mathrm{E})$, comme somme d'expressions polynomiales en les traces des puissances de u.

Considérons l'algèbre $\mathrm{A} = \mathbf{Q}[(\mathrm{T}_i)_{i \in \mathbf{N}^*}][[\zeta]]$ des séries formelles à une indéterminée ζ et à coefficients dans $\mathbf{Q}[(\mathrm{T}_i)_{i \in \mathbf{N}^*}]$. Pour tout f dans A, notons $\omega(f)$ l'ordre de f (A, IV, p. 23, n° 1). Munissons A de la topologie canonique (A, IV, p. 24, n° 2). Si $(f_n)_{n \in \mathbf{N}}$ est une suite d'éléments de A, alors $(f_n)_{n \in \mathbf{N}}$ est sommable si et seulement si la suite $(\omega(f_n))_{n\in\mathbf{N}}$ tend vers l'infini (A, IV, p. 24, lemme 1 et p. 25, exemple c)). Ainsi, la fonction $\exp\colon f \mapsto \sum_p f^p/p!$ est définie et continue sur l'ensemble des éléments f de A vérifiant $\omega(f) \geqslant 1$. Elle satisfait à l'identité $\exp(f+g) = \exp(f)\exp(g)$ (A, IV, p. 38).

Introduisons une suite $(\mathrm{P}_p)_{p\in\mathbf{N}}$ d'éléments de $\mathbf{Q}[(\mathrm{T}_i)_{i\in\mathbf{N}^*}]$ en posant $\mathrm{P}_0 = 1$ et

$$\mathrm{P}_p = \sum_{\substack{k_1,\dots,\,k_p\in\mathbf{N} \\ k_1+2k_2+\cdots+pk_p=p}} \frac{\mathrm{T}_1^{k_1}\cdots\mathrm{T}_p^{k_p}}{k_1!\cdots k_p!}$$

pour $p \geqslant 1$. Pour tout entier $p \geqslant 1$, le polynôme P_p est à coefficients positifs et appartient à la sous-algèbre $\mathbf{Q}[\mathrm{T}_1,\dots,\mathrm{T}_p]$ de $\mathbf{Q}[(\mathrm{T}_i)_{i\in\mathbf{N}^*}]$.

Lemme 7. — La famille $(\mathrm{P}_p\zeta^p)_{p\in\mathbf{N}}$ est sommable dans A, et on a $\exp(\sum_{i\geqslant 1}\mathrm{T}_i\zeta^i) = \sum_{p\in\mathbf{N}}\mathrm{P}_p\zeta^p$.

Pour tout entier $i \geqslant 1$, posons $v_i = \exp(\mathrm{T}_i\zeta^i)$ et $u_i = v_i - 1$. Alors les suites $(\omega(\mathrm{T}_i\zeta^i))_{i\in\mathbf{N}^*}$ et $(\omega(u_i))_{i\in\mathbf{N}^*}$ tendent vers l'infini, donc les familles $(\mathrm{T}_i\zeta^i)_{i\in\mathbf{N}^*}$ et $(u_i)_{i\in\mathbf{N}^*}$ sont sommables. D'après la prop. 2 de A, IV, p. 25, la famille $(v_i)_{i\in\mathbf{N}^*}$ est donc multipliable dans A ; son produit est égal à $\exp\left(\sum_{i\in\mathbf{N}^*}\mathrm{T}_i\zeta^i\right)$ par définition d'un produit infini. Le lemme résulte alors de l'identité $\exp(\mathrm{T}_i\zeta^i) = \sum_{k\geqslant 0}\frac{1}{k!}\mathrm{T}_i^k\zeta^{ik}$ et de l'expression des coefficients d'un produit de séries formelles (A, IV, p. 23, formule (1) et p. 25, prop. 2).

Lemme 8. — Pour tout entier positif p, on a

$$\mathrm{P}_p(\mathrm{T}_1,\dots,\mathrm{T}_p) = \sum_{q+r=p} \frac{\mathrm{T}_1^q}{q!}\mathrm{P}_r(0,\mathrm{T}_2,\dots,\mathrm{T}_r)$$

et

$$\mathrm{P}_p(0,\mathrm{T}_2,\dots,\mathrm{T}_p) = \sum_{q+r=p}(-1)^q\frac{\mathrm{T}_1^q}{q!}\mathrm{P}_r(\mathrm{T}_1,\mathrm{T}_2,\dots,\mathrm{T}_r).$$

La première formule découle de l'égalité

$$\exp\left(\sum_{m\geqslant 1}\mathrm{T}_m\zeta^m\right) = \exp(\mathrm{T}_1\zeta)\exp\left(\sum_{m\geqslant 2}\mathrm{T}_m\zeta^m\right)$$

et du fait que $\exp(\sum_{m\geqslant 2}\mathrm{T}_m\zeta^m) = \sum_{p\geqslant 0}\mathrm{P}_p(0,\mathrm{T}_2,\dots,\mathrm{T}_p)\zeta^p$ d'après le lemme 7. La seconde formule s'obtient de même à partir de l'égalité

$$\exp(-\mathrm{T}_1\zeta)\exp\left(\sum_{m\geqslant 1}\mathrm{T}_m\zeta^m\right) = \exp\left(\sum_{m\geqslant 2}\mathrm{T}_m\zeta^m\right).$$

Lemme 9. — *Soit* L *un corps de caractéristique nulle, soit* V *un espace vectoriel de dimension finie sur* L, *et soit* v *un endomorphisme de* V.

a) *Dans l'algèbre* $L[[\zeta]]$ *des séries formelles à une indéterminée, on a l'égalité*

$$\det(1_V + \zeta v) = \exp\left(\sum_{m \geqslant 1} \mathrm{Tr}(v^m)\frac{(-1)^{m-1}}{m}\zeta^m\right).$$

b) *Pour tout* $i \geqslant 1$, *posons* $t_i(v) = (-1)^{i-1}\mathrm{Tr}(v^i)/i$. *On a alors*

$$\mathrm{Tr} \wedge^n v = P_n(t_1(v), t_2(v), \dots, t_n(v))$$

pour tout $n \in \mathbf{N}$.

D'après le corollaire 6 de A, VII, p. 38, l'identité

$$\zeta\frac{d}{d\zeta}\log\det(1_V + \zeta v) = \sum_{m \geqslant 1}(-1)^{m-1}(\mathrm{Tr}\,v^m)\,\zeta^m$$

est valable dans $L[[\zeta]]$ (*cf.* A, IV, p. 38, pour la définition du logarithme dans $1 + \zeta\,L[[\zeta]]$). Comme la série formelle $\log\det(1_V + \zeta V)$ est sans terme constant, on en déduit

$$\log\det(1_V + \zeta v) = \sum_{m \geqslant 1}(-1)^{m-1}\frac{\mathrm{Tr}\,v^m}{m}\zeta^m,$$

d'où a).

Dans l'algèbre $L[[\zeta]]$, on a donc $\det(1_V + \zeta v) = \exp(\sum_{i \in \mathbf{N}^*} t_i(v)\zeta^i)$. Cette série formelle est égale à $\sum_{n \in \mathbf{N}} P_n(t_1(v), \dots, t_n(v))\zeta^n$ d'après le lemme 7. On a par ailleurs $\det(1_V + \zeta v) = \sum_{n \in \mathbf{N}} \mathrm{Tr}(\wedge^n v)\zeta^n$: cela résulte des définitions de A, VIII, App. 4, n° 2, p. 455, appliquées dans le $L[[\zeta]]$-module déduit de V par extension de l'anneau des scalaires. Par conséquent, l'identité

$$\sum_{n \in \mathbf{N}} P_n(t_1(v), \dots, t_n(v))\zeta^n = \sum_{n \in \mathbf{N}} \mathrm{Tr}(\wedge^n v)\zeta^n$$

est valable dans $L[[\zeta]]$, d'où b).

Pour tout $u \in \mathscr{L}^1(E)$ et pour tout entier $i \geqslant 1$, l'endomorphisme u^i de E est nucléaire d'après la proposition 2 de VII, p. 170 ; posons $t_i(u) = (-1)^{i-1}\mathrm{Tr}(u^i)/i$.

PROPOSITION 8. — *Pour tout* u *dans* $\mathscr{L}^1(E)$ *et pour tout* $n \in \mathbf{N}$, *on a*

$$\mathrm{Tr}\,\widehat{\wedge}^n u = P_n(t_1(u), t_2(u), \dots, t_n(u)).$$

Par continuité, il suffit de démontrer cette égalité lorsque u est de rang fini (VII, p. 176, remarque 1). Si F est un sous-espace de dimension finie contenant l'image de u, alors on a $\operatorname{Tr} u^k = \operatorname{Tr} u_{\mathrm{F}}^k$ pour tout $k \in \mathbf{N}$, ainsi que l'égalité $\operatorname{Tr} \widehat{\bigwedge}^n u = \operatorname{Tr} \bigwedge^n u_{\mathrm{F}}$ pour tout n (*cf.* A, VIII, p. 455). Or, pour tout $n \in \mathbf{N}$, on a $\operatorname{Tr} \bigwedge^n u_{\mathrm{F}} = \mathrm{P}_n(t_1(u_{\mathrm{F}}), t_2(u_{\mathrm{F}}), \dots, t_n(u_{\mathrm{F}}))$ d'après le lemme 9, *b*), d'où la proposition.

Corollaire. — *Si u est un élément de $\mathscr{L}^1(\mathrm{E})$, alors la série $\sum_{p \in \mathbf{N}} \mathrm{P}_p(t_1(u), t_2(u), \dots, t_p(u))$ est absolument convergente et on a*

$$\det(1_{\mathrm{E}} + u) = \sum_{p \in \mathbf{N}} \mathrm{P}_p(t_1(u), t_2(u), \dots, t_p(u)).$$

4. Déterminant régularisé des éléments de $1_{\mathrm{E}} + \mathscr{L}^2(\mathrm{E})$

Dans ce numéro, l'espace $\mathscr{L}^1(\mathrm{E})$ des endomorphismes nucléaires de E est muni de la norme nucléaire, et l'espace $\mathscr{L}^2(\mathrm{E})$ des endomorphismes de Hilbert–Schmidt de E est muni de la norme $v \mapsto \|v\|_2$. On a $\mathscr{L}^1(\mathrm{E}) \subset \mathscr{L}^2(\mathrm{E})$ (V, p. 56, cor. 2).

Lemme 10. —   a) *Si v est un endomorphisme de Hilbert–Schmidt de E, alors l'endomorphisme $\mathrm{R}(v) = (1_{\mathrm{E}} + v)e^{-v} - 1_{\mathrm{E}}$ est nucléaire.*
 b) *L'application $v \mapsto \mathrm{R}(v)$, de $\mathscr{L}^2(\mathrm{E})$ dans $\mathscr{L}^1(\mathrm{E})$, est analytique.*
 Considérons la fonction $f \colon z \mapsto (1 + z)e^{-z} - 1$, de $\mathbf{C}$ dans $\mathbf{C}$. C'est la somme de la série entière $\sum_{m \geqslant 2}(-1)^{m-1}\frac{m-1}{m!}z^m$, qui est de rayon de convergence infini (*cf.* VAR, R, 3.1.5, 3.2.9). Pour tout $m \geqslant 2$ et tout $v \in \mathscr{L}^2(\mathrm{E})$, on a $v^m \in \mathscr{L}^1(\mathrm{E})$ et $\|v^m\|_1 \leqslant \|v\|_2^m$ (*cf.* TS, IV, p. 163, corollaire, *c*), et TS, IV, p. 165, cor. 4). Ainsi, la série entière $\sum_{m \geqslant 2}(-1)^{m-1}\frac{m-1}{m!}v^m$ sur $\mathscr{L}^2(\mathrm{E})$, à valeurs dans $\mathscr{L}^1(\mathrm{E})$, est de rayon de convergence infini, et on a $\mathrm{R}(v) = \sum_{m \geqslant 2}(-1)^{m-1}\frac{m-1}{m!}v^m$ pour tout $v \in \mathscr{L}^2(\mathrm{E})$. Les assertions *a*) et *b*) en résultent.

Définition 2. — *Soit w un endomorphisme de E de la forme $1_{\mathrm{E}} + v$ avec $v \in \mathscr{L}^2(\mathrm{E})$. On appelle* déterminant régularisé *de w le nombre complexe* $\det_{\mathrm{reg}}(w) = \det(1_{\mathrm{E}} + \mathrm{R}(v))$.

Pour tout $v \in \mathscr{L}^2(\mathrm{E})$, on a donc

$$\det_{\mathrm{reg}}(1_{\mathrm{E}} + v) = \det(1_{\mathrm{E}} + \mathrm{R}(v)) = \det\big((1_{\mathrm{E}} + v)e^{-v}\big).$$

Lemme 11. — Soit w un élément de $1_\mathrm{E} + \mathscr{L}^1(\mathrm{E})$. On a la relation

$$\mathrm{det}_{\mathrm{reg}}(w) = \det(w)\, e^{-\operatorname{Tr}(w - 1_\mathrm{E})}.$$

Posons $v = w - 1_\mathrm{E}$. L'endomorphisme e^{-v} appartient à $1_\mathrm{E} + \mathscr{L}^1(\mathrm{E})$ d'après le cor. 2 de VII, p. 218, et on a

$$\det\big((1_\mathrm{E} + v)e^{-v}\big) = \det(1_\mathrm{E} + v)\det(e^{-v}) = \det(w)e^{-\operatorname{Tr} v}$$

par multiplicativité du déterminant (VII, p. 211, prop. 5), d'où $a)$ et $b)$.

PROPOSITION 9. — *Soient $v \in \mathscr{L}^2(\mathrm{E})$ et $z \in \mathbf{C}$.*

   a) *Si $z \neq 0$, alors la famille $\big((1 + z\lambda)^{m_\lambda(v)}e^{-z\lambda m_\lambda(v)}\big)_{\lambda \in \mathbf{C}\text{-}\{0,-1/z\}}$ est multipliable dans $\mathbf{C}^*$.*

   b) *La famille $\big((1 + z\lambda)^{m_\lambda(v)}e^{-z\lambda m_\lambda(v)}\big)_{\lambda \in \mathbf{C}^*}$ est multipliable dans $\mathbf{C}$.*

   c) *On a l'égalité*

$$\mathrm{det}_{\mathrm{reg}}(1_\mathrm{E} + zv) = \prod_{\lambda \in \mathbf{C}^*}(1 + z\lambda)^{m_\lambda(v)}e^{-z\lambda m_\lambda(v)}.$$

Les assertions sont claires si $z = 0$. Supposons $z \neq 0$. Par définition du déterminant régularisé, on a $\mathrm{det}_{\mathrm{reg}}(1_\mathrm{E} + zv) = \det(1_\mathrm{E} + zv')$ où v' est l'endomorphisme $z^{-1}\mathrm{R}(zv)$, qui est nucléaire (lemme 10). On a $v' = f(v)$, où f est la fonction holomorphe $\lambda \mapsto z^{-1}\big((1 + z\lambda)e^{-z\lambda} - 1\big)$ sur $\mathbf{C}$. D'après la prop. 6 de VII, p. 213, on a donc

$$(6) \qquad \sum_{\mu \in \mathbf{C}^*} m_\mu(f(v))|\mu| < +\infty$$

tandis que le théorème 1 de VII, p. 214 implique l'égalité

$$(7) \qquad \mathrm{det}_{\mathrm{reg}}(1_\mathrm{E} + zv) = \prod_{\mu \in \mathbf{C}^*}(1 + z\mu)^{m_\mu(f(v))}.$$

Puisque $f(v) = v'$ est nucléaire, donc compact, les éléments non nuls de $\mathrm{Sp}(f(v))$ sont des valeurs propres de $f(v)$ de multiplicité spectrale finie et non nulle (TS, III, p. 90, prop. 5). Ils sont de la forme $\mu = f(\lambda)$ pour $\lambda \in \mathrm{Sp}(v) \cap \mathbf{C}^*$ (TS, I, p. 75, prop. 8). De plus, il résulte du cor. 2 de TS, III, p. 84 que pour tout $\mu \in \mathbf{C}^*$ de multiplicité spectrale non nulle pour $f(v)$, l'ensemble des $\lambda \in \mathbf{C}^*$ vérifiant $f(\lambda) = \mu$ est fini. La multiplicité spectrale $m_\mu(f(v))$ est alors la somme (finie) des multiplicités spectrales $m_\lambda(v)$, pour $\lambda \in \mathbf{C}^* \cap f^{-1}(\mu)$. Si $\mu = f(\lambda)$ avec $\lambda \in \mathbf{C}^*$, alors on a $1 + z\mu = (1 + z\lambda)e^{-z\lambda}$. Compte tenu de (6), on en déduit que la famille $\big(m_\lambda(v)\big|(1 + z\lambda)e^{-z\lambda} - 1\big|\big)_{\lambda \in \mathbf{C}^*}$ est sommable. L'assertion $a)$ résulte alors du th. 1 de TG, VIII, p. 16, tandis que b) résulte aussitôt de a). En outre, les observations qui précèdent montrent que

$$(8) \qquad (1 + z\mu)^{m_\mu(f(v))} = \prod_{\lambda \in \mathbf{C}^* \cap f^{-1}(\mu)} (1 + z\lambda)^{m_\lambda(v)} e^{-z\lambda m_\lambda(v)}$$

pour tout $\mu \in \mathbf{C}^*$; vu la formule (7), l'assertion c) s'ensuit.

COROLLAIRE 1. — *Pour tout $\lambda \in \mathbf{C}^*$, la fonction $z \mapsto \det_{\mathrm{reg}}(1_{\mathrm{E}} + zv)$ admet en $-1/\lambda$ un zéro d'ordre égal à $m_\lambda(v)$.*

Conservons les notations de la preuve de la prop. 9. Soit $\lambda \in \mathbf{C}^*$. Compte tenu du th. 1 de VII, p. 214 et de la prop. 7 de VII, p. 214 appliqués à $f(v)$, il résulte des formules (7) et (8) que la fonction continue $z \mapsto \left(\prod_{\lambda' \in f^{-1}(\lambda)} (1 + z\lambda')^{m_{\lambda'}(v)} e^{-z\lambda' m_{\lambda'}(v)} \right)^{-1} \det_{\mathrm{reg}}(1_{\mathrm{E}} + zv)$, de $\mathbf{C} - \{-1/\lambda\}$ dans $\mathbf{C}$, admet un unique prolongement continu à $\mathbf{C}$, dont la valeur en $z = -1/\lambda$ est non nulle d'après la prop. 9, a). Comme la fonction $z \mapsto \prod_{\lambda' \in f^{-1}(f(\lambda))} (1 + z\lambda')^{m_{\lambda'}(v)} e^{-z\lambda' m_{\lambda'}(v)}$ admet en $-1/\lambda$ un zéro d'ordre égal à $m_\lambda(v)$, le corollaire s'ensuit.

COROLLAIRE 2. — *Soit w un élément de $1_{\mathrm{E}} + \mathscr{L}^2(\mathrm{E})$. Alors w est inversible dans $\mathscr{L}(\mathrm{E})$ si et seulement si $\det_{\mathrm{reg}}(w) \neq 0$. Dans ce cas, son inverse est un élément de $1_{\mathrm{E}} + \mathscr{L}^2(\mathrm{E})$.*

En effet, si l'on écrit $w = 1 + v$ avec $v \in \mathscr{L}^2(\mathrm{E})$, il résulte du corollaire 1 que $\det_{\mathrm{reg}}(w) \neq 0$ si et seulement si $m_{-1}(v) = 0$; puisque cette dernière condition est remplie si et seulement si $1 + v$ est inversible (TS, III, p. 82), la première assertion s'ensuit. La seconde résulte de la prop. 5 de VII, p. 172 et du fait que $\mathscr{L}^2(\mathrm{E})$ est un idéal de $\mathscr{L}(\mathrm{E})$ d'après V, p. 52.

Compte tenu du lemme 10, b) et de la prop. 1 de VII, p. 208 le déterminant régularisé définit une fonction analytique sur l'espace affine $1_{\mathrm{E}} + \mathscr{L}^2(\mathrm{E})$, donnée par une série entière de rayon de convergence infini. Soit $(b_p)_{p \in \mathbf{N}}$ l'unique suite de polynômes-continus sur $\mathscr{L}^2(\mathrm{E})$ telle que b_p soit homogène de degré p pour tout $p \in \mathbf{N}$, et que l'application $v \mapsto \det_{\mathrm{reg}}(1_{\mathrm{E}} + v)$ soit la somme de la série convergente $\sum_{p \in \mathbf{N}} b_p$.

Si $v \in \mathscr{L}^2(\mathrm{E})$, alors pour tout entier $i \geqslant 2$, l'endomorphisme v^i est de trace finie (TS, IV, p. 169, prop. 15) ; posons $t_i(v) = (-1)^{i-1} \operatorname{Tr} v^i / i$. Pour tout entier $p \geqslant 0$, notons P_p l'élément de $\mathbf{Q}[\mathrm{T}_1, \ldots, \mathrm{T}_p]$ défini dans le n° 3 de VII, p. 218.

Lemme 12. — *Soit* $v \in \mathscr{L}^2(\mathrm{E})$. *On a*

$$b_p(v) = \mathrm{P}_p(0, t_2(v), \ldots, t_p(v))$$

pour tout entier $p \geqslant 0$.

Par continuité et puisque $\mathscr{L}^{\mathrm{f}}(\mathrm{E})$ est dense dans $\mathscr{L}^2(\mathrm{E})$ (V, p. 52, th. 1), il suffit de démontrer la formule pour v de rang fini. Pour un tel v, le corollaire de la proposition 8 de VII, p. 220 implique l'égalité $\det(1_{\mathrm{E}} + v) = \sum_p \mathrm{P}_p(t_1(v), \ldots, t_p(v))$, où $t_1(v) = \mathrm{Tr}\, v$. Vu le lemme 11, on a $\det_{\mathrm{reg}}(1_{\mathrm{E}} + v) = e^{-t_1(v)} \det(1_{\mathrm{E}} + v)$; pour tout p, on a donc

$$b_p(v) = \sum_{q+r=p} \frac{(-t_1(v))^q}{q!} \mathrm{Tr}\, \widehat{\wedge}^r v.$$

D'après la proposition 8 de VII, p. 220 et le lemme 8 de VII, p. 219, cela implique le résultat.

PROPOSITION 10. — *Soit* v *un élément de* $\mathscr{L}^2(\mathrm{E})$.
  a) *On a* $|\det_{\mathrm{reg}}(1_{\mathrm{E}} + v)| \leqslant \exp(\frac{1}{2}\|v\|_2^2)$.
  b) *Pour tout entier* $p \geqslant 1$, *on a* $|b_p(v)| \leqslant \left(\frac{e}{p}\right)^{p/2}\|v\|_2^p$.

Pour tout $\lambda \in \mathbf{C}$, on a

$$|(1+\lambda)e^{-\lambda}|^2 = (1+2\mathscr{R}(\lambda)+|\lambda|^2)e^{-2\mathscr{R}\lambda} \leqslant e^{2\mathscr{R}(\lambda)+|\lambda|^2}e^{-2\mathscr{R}(\lambda)} = e^{|\lambda|^2} ;$$

ainsi $|(1+\lambda)e^{-\lambda}| \leqslant e^{|\lambda|^2/2}$. En appliquant ces majorations à l'égalité de la proposition 9, on obtient

$$(9) \qquad \left|\det_{\mathrm{reg}}(1_{\mathrm{E}} + v)\right| \leqslant \exp\left(\frac{1}{2}\sum_{\lambda \in \mathbf{C}^*} m_\lambda(v)|\lambda|^2\right).$$

La somme des entiers positifs $m_\lambda(v)$, pour $\lambda \in \mathbf{C}^*$, est inférieure au cardinal de I_{E} ; d'après le lemme 4, b) de VII, p. 212, on a donc $\sum_{\lambda \in \mathbf{C}^*} m_\lambda(v)|\lambda|^2 \leqslant \sum_{n \in \mathrm{I}_{\mathrm{E}}} \alpha_n(v)^2$. De plus, la somme $\sum_{n \in \mathrm{I}_{\mathrm{E}}} \alpha_n(v)^2$ est égale à $\|v\|_2^2$ d'après le cor. 3 de TS, IV, p. 165, compte tenu de la définition de la suite élargie des valeurs singulières (TS, IV, p. 156, déf. 3). Ainsi $\sum_{\lambda \in \mathbf{C}^*} m_\lambda(v)|\lambda|^2 \leqslant \|v\|_2^2$; vu l'inégalité (9), l'assertion a) en résulte.

Prouvons b). Munissons le groupe commutatif compact $\mathbf{T} = \mathbf{R}/\mathbf{Z}$ de la mesure de Haar normalisée, et identifions les fonctions sur $\mathbf{T}$ aux fonctions périodiques sur $\mathbf{R}$ dont le groupe des périodes contient $\mathbf{Z}$.

Soit $r > 0$. Considérons la fonction continue $\varphi \colon \mathbf{T} \to \mathbf{C}$ définie par $\varphi(\theta) = \det_{\mathrm{reg}}(1_{\mathrm{E}} + re^{2i\pi\theta}v)$. Pour $p \in \mathbf{Z}$, notons e_p le caractère unitaire $\theta \mapsto e^{2i\pi p\theta}$ de $\mathbf{T}$. Dans l'espace hilbertien $\mathrm{L}^2(\mathbf{T})$, la série $\sum_{p \geqslant 0} b_p(v)r^p e_p$

est absolument convergente et sa somme est la classe de la fonction φ ; c'est donc la série de Fourier de φ (*cf.* TS, II, p. 216, corollaire). Appliquant la formule de Plancherel (TS, II, p. 217, formule (23)), et vu le cor. 2 de TS, II, p. 235, on obtient l'égalité

$$\sum_{p \geqslant 0} |b_p(v)|^2 r^{2p} = \int_0^1 \left| \det_{\mathrm{reg}}(1_{\mathrm{E}} + re^{2i\pi\theta}v) \right|^2 d\theta.$$

Compte tenu de la majoration $|\det_{\mathrm{reg}}(1_{\mathrm{E}} + re^{2i\pi\theta}v)|^2 \leqslant \exp(r^2\|v\|_2^2)$ (formule (9)), cela implique, pour tout $p \in \mathbf{N}$,

$$|b_p(v)|^2 r^{2p} \leqslant \exp(r^2\|v\|_2^2), \text{ c'est-à-dire } |b_p(v)| \leqslant \frac{1}{r^p}\exp(r^2\|v\|_2^2/2).$$

Si $r = p^{1/2}/\|v\|_2$, alors $r^{-p}\exp(r^2\|v\|_2^2/2) = p^{-p/2}\|v\|_2^p\, e^{p/2}$, d'où b).

Lemme 13. — *Pour tous* $w = 1_{\mathrm{E}} + v$ *et* $w' = 1_{\mathrm{E}} + v'$ *dans* $1_{\mathrm{E}} + \mathscr{L}^2(\mathrm{E})$, *l'élément* ww' *appartient à* $1_{\mathrm{E}} + \mathscr{L}^2(\mathrm{E})$, *on a* $vv' \in \mathscr{L}^1(\mathrm{E})$ *et*

$$(10) \qquad \det_{\mathrm{reg}}(ww') = \det_{\mathrm{reg}}(w)\det_{\mathrm{reg}}(w')e^{-\operatorname{Tr} vv'}.$$

Le fait que vv' appartient à $\mathscr{L}^1(\mathrm{E})$ découle de la prop. 15 de TS, IV, p. 169 ; on a donc $vv' \in \mathscr{L}^2(\mathrm{E})$ d'après le cor. 2 de V, p. 56, si bien que $ww' - 1_{\mathrm{E}} = vv' - v - v'$ appartient aussi à $\mathscr{L}^2(\mathrm{E})$. En outre, les nombres $\det_{\mathrm{reg}}((1_{\mathrm{E}}+v)(1_{\mathrm{E}}+v'))$ et $\det_{\mathrm{reg}}(1_{\mathrm{E}}+v)\det_{\mathrm{reg}}(1_{\mathrm{E}}+v')e^{-\operatorname{Tr}(vv')}$ dépendent continûment du couple $(v, v') \in \mathscr{L}^2(\mathrm{E}) \times \mathscr{L}^2(\mathrm{E})$ vu les prop. 15 et 17 de TS, IV, p. 169–170 et la continuité du déterminant régularisé. Puisque $\mathscr{L}^1(\mathrm{E})$ est dense dans $\mathscr{L}^2(\mathrm{E})$ d'après le th. 1 de V, p. 52, il suffit donc de démontrer (10) lorsque v et v' sont dans $\mathscr{L}^1(\mathrm{E})$. Cela résulte alors du lemme 11 et de la multiplicativité du déterminant.

5. Cas des espaces hilbertiens réels

Soit E un espace hilbertien réel. Notons $\mathrm{E}_{(\mathbf{C})}$ l'espace hilbertien complexifié de E (V, p. 4, exemple 5 et V, p. 6, exemple 1).

Soit u un endomorphisme de E, et soit $u_{(\mathbf{C})}$ l'endomorphisme de $\mathrm{E}_{(\mathbf{C})}$ déduit de u. Alors u est compact si et seulement si $u_{(\mathbf{C})}$ est compact (TS, III, p. 2, remarque 4), et u est nucléaire si et seulement si $u_{(\mathbf{C})}$ est nucléaire (TS, IV, p. 169, remarque 1). Si u est nucléaire, alors on a $\operatorname{Tr}(u) = \operatorname{Tr}(u_{(\mathbf{C})})$ et $\|u\|_1 = \|u_{(\mathbf{C})}\|_1$ (TS, IV, p. 164 et TS, IV, p. 169, remarque 1). On a $(u^* \circ u)_{(\mathbf{C})} = u_{(\mathbf{C})}^* \circ u_{(\mathbf{C})}$ d'après le lemme 3 de TS, IV, p. 239 ; par conséquent, l'endomorphisme u est de Hilbert–Schmidt si et seulement s'il en va de même de $u_{(\mathbf{C})}$, et dans ce cas on a $\|u\|_2 = \|u_{(\mathbf{C})}\|_2$ (V, p. 51, n° 7).

Pour tout $\lambda \in \mathbf{C}$, on note $m_\lambda(u)$ l'élément $m_\lambda(u_{(\mathbf{C})})$ de $\overline{\mathbf{N}}$. Si u est compact, on note $(\alpha_n(u))_{n\in\mathrm{I_E}}$ la suite $(\alpha_n(u_{(\mathbf{C})}))_{n\in\mathrm{I_E}}$.

Avec ces notations, on a $m_\lambda(u) = m_{\overline{\lambda}}(u)$ pour tout $\lambda \in \mathbf{C}$: en effet, si $c\colon \mathrm{E}_{(\mathbf{C})} \to \mathrm{E}_{(\mathbf{C})}$ est la conjugaison relative à E, alors c induit un isomorphisme entre les espaces vectoriels réels sous-jacents aux nilespaces N_λ et $\mathrm{N}_{\overline{\lambda}}$ pour $u_{(\mathbf{C})}$; les dimensions complexes de ces nilespaces sont donc égales, si bien que $m_\lambda(u) = m_{\overline{\lambda}}(u)$.

Pour tout $n \in \mathbf{N}$, la proposition 8 de A, III, p. 83 fournit un isomorphisme d'espaces vectoriels complexes de $\wedge^n(\mathrm{E}_{(\mathbf{C})})$ sur $(\wedge^n_{\mathbf{R}}\mathrm{E})_{(\mathbf{C})}$. Cet isomorphisme est compatible avec les structures d'espace préhilbertien sur $\wedge^n(\mathrm{E}_{(\mathbf{C})})$ et $(\wedge^n_{\mathbf{R}}\mathrm{E})_{(\mathbf{C})}$ définies dans le n° 4 de V, p. 33. Par passage aux complétés, on en déduit un isomorphisme de $\widehat{\wedge}^n(\mathrm{E}_{(\mathbf{C})})$ sur l'espace hilbertien complété de $(\wedge^n_{\mathbf{R}}\mathrm{E})_{(\mathbf{C})}$; or ce dernier s'identifie canoniquement à $\big(\widehat{\wedge}^n_{\mathbf{R}}\mathrm{E}\big)_{(\mathbf{C})}$ d'après le cor. 1 de TG, II, p. 26, compte tenu de II, p. 65. On définit ainsi un isomorphisme $\psi\colon \widehat{\wedge}^n(\mathrm{E}_{(\mathbf{C})}) \to \big(\widehat{\wedge}^n_{\mathbf{R}}\mathrm{E}\big)_{(\mathbf{C})}$. Le diagramme d'espaces vectoriels complexes

$$
\begin{array}{ccc}
\widehat{\wedge}^n(\mathrm{E}_{(\mathbf{C})}) & \xrightarrow{\ \widehat{\wedge}^n(u_{(\mathbf{C})})\ } & \widehat{\wedge}^n(\mathrm{E}_{(\mathbf{C})}) \\[2pt]
\downarrow{\scriptstyle\psi} & & \downarrow{\scriptstyle\psi} \\[2pt]
(\widehat{\wedge}^n_{\mathbf{R}}\mathrm{E})_{(\mathbf{C})} & \xrightarrow{\ (\widehat{\wedge}^n u)_{(\mathbf{C})}\ } & (\widehat{\wedge}^n_{\mathbf{R}}\mathrm{E})_{(\mathbf{C})}
\end{array}
$$

est alors commutatif. En effet, si $(e_i)_{i\in\mathrm{I}}$ est une base orthonormale de l'espace hilbertien réel E, et si l'on identifie E à une partie de $\mathrm{E}_{(\mathbf{C})}$ comme dans l'exemple 5 de V, p. 4, alors $(e_i)_{i\in\mathrm{I}}$ est aussi une base orthonormale de $\mathrm{E}_{(\mathbf{C})}$; de plus, si l'on munit I d'une structure d'ordre total, alors les éléments $e_{j_1} \wedge \cdots \wedge e_{j_n}$, pour $j_1 < \cdots < j_n$, forment une base orthonormale de l'espace hilbertien complexe $\widehat{\wedge}^n(\mathrm{E}_{(\mathbf{C})})$ d'après la prop. 5 de V, p. 34 ; il résulte directement des définitions que les applications $\psi \circ \widehat{\wedge}^n(u_{(\mathbf{C})})$ et $(\widehat{\wedge}^n u)_{(\mathbf{C})} \circ \psi$ coïncident sur cette base.

Avec les notations ci-dessus concernant les multiplicités spectrales et valeurs singulières, le lemme 1 de VII, p. 206 et le lemme 4 de VII, p. 212 restent valables pour les espaces hilbertiens réels, et se déduisent immédiatement du cas complexe compte tenu des remarques ci-dessus concernant les espaces complexifiés des puissances extérieures.

Par conséquent, si u est un endomorphisme nucléaire de E, on peut définir comme dans le n° 1 de VII, p. 206 un endomorphisme $\widehat{\wedge}u$ de $\widehat{\wedge}$E ; l'endomorphisme $\widehat{\wedge}u$ est nucléaire et vérifie $\mathrm{Tr}(\widehat{\wedge}u) = \mathrm{Tr}(\widehat{\wedge}u_{(\mathbf{C})})$. De plus, l'application $u \mapsto \mathrm{Tr}(\widehat{\wedge}u)$, de $\mathscr{L}^1(\mathrm{E})$ dans $\mathbf{R}$, est analytique (*cf.* VII, p. 208, prop. 1).

Pour tout élément v de $1_{\mathrm{E}} + \mathscr{L}^1(\mathrm{E})$, on appelle *déterminant* de v, et on note $\det(v)$, le nombre réel $\mathrm{Tr}\,\widehat{\wedge}(v - 1_{\mathrm{E}})$.

Il résulte aussitôt de ce qui précède que v appartient à $1_{\mathrm{E}} + \mathscr{L}^1(\mathrm{E})$ si et seulement si $v_{(\mathbf{C})}$ appartient à $1_{\mathrm{E}_{(\mathbf{C})}} + \mathscr{L}^1(\mathrm{E}_{(\mathbf{C})})$, et que dans ce cas on a $\det(v_{(\mathbf{C})}) = \det(v)$.

Si $z \in \mathbf{C}$ et $u \in \mathscr{L}^1(\mathrm{E})$, on pose $\det(1_{\mathrm{E}} + zu) = \det(1_{\mathrm{E}_{(\mathbf{C})}} + zu_{(\mathbf{C})})$.

On laisse à la lectrice ou au lecteur le soin de vérifier qu'avec les conventions de ce numéro, les définitions et les résultats des n°s 1 à 4 s'étendent au cas des espaces hilbertiens réels (sans en modifier les énoncés), et de ramener les démonstrations des résultats correspondants au cas des espaces hilbertiens complexes.

§ 3. TRACE ET DÉTERMINANT DANS LES ESPACES DE BANACH

Dans ce paragraphe, le corps de base K *est* $\mathbf{R}$ *ou* $\mathbf{C}$. *Si* E *est un espace de Banach, on munit* $\mathscr{L}^1(\mathrm{E})$ *de la norme nucléaire* (VII, p. 174).

Si K $= \mathbf{C}$ *et si* $u \in \mathscr{L}(\mathrm{E})$, *alors pour tout* $\lambda \in \mathbf{C}$, *on note* $m_\lambda(u)$ *la dimension du nilespace de* $u - \lambda 1_{\mathrm{E}}$ *lorsque ce nilespace est de dimension finie, et on pose* $m_\lambda(u) = +\infty$ *sinon. Cette convention coïncide avec celle introduite dans le* $n° 2$ *de* VII, p. 212. *Si* u *est compact, alors* $m_\lambda(u)$ *est fini pour tout* $\lambda \in \mathbf{C}^*$ (*cf.* TS, III, p. 83 *et* p. 90).

Lorsque K $= \mathbf{R}$, *l'espace complexifié* $\mathrm{E}_{(\mathbf{C})}$ *est normable et complet* (VI, p. 33, n° 6) ; *pour* $u \in \mathscr{L}(\mathrm{E})$ *et pour* $\lambda \in \mathbf{C}$, *on définit* $m_\lambda(u)$ *comme* $m_\lambda(u_{(\mathbf{C})})$, *où* $u_{(\mathbf{C})}$ *est l'endomorphisme de* $\mathrm{E}_{(\mathbf{C})}$ *déduit de* u. *Si* E *est un espace hilbertien réel, cette convention coïncide avec celle du* $n° 5$ *de* VII, p. 225.

Les références au § 2 *sont données pour le cas* K $= \mathbf{C}$. *Pour le cas* K $= \mathbf{R}$, *voir le* $n° 5$ *de* VII, p. 225.

1. Somme des carrés des modules des valeurs propres d'un endomorphisme nucléaire

PROPOSITION 1. — *Soient* E *un espace de Banach et* u *un endomorphisme nucléaire de* E. *On a alors*

$$\sum_{\lambda \in \mathbf{C}^*} m_\lambda(u)|\lambda|^2 \leqslant \|u\|_1^2.$$

Supposons d'abord $K = \mathbf{C}$. Soit ν un nombre réel $> \|u\|_1$. Soit (H, f, g) une factorisation hilbertienne de u telle que $v = f \circ g$ soit un élément de $\mathscr{L}^2(H)$ vérifiant $\|v\|_2 \leqslant \nu$ (VII, p. 185, prop. 13). Pour $\lambda \in \mathbf{C}^*$, les nilespaces de $u - \lambda 1_E$ et $v - \lambda 1_E$ ont la même dimension (*cf.* TS, III, p. 49, prop. 10), donc $m_\lambda(u) = m_\lambda(v)$. En notant $(\alpha_n(v))_{n \in I_H}$ la suite élargie des valeurs singulières de v (TS, IV, p. 156, déf. 3), il résulte du lemme 4, *b*) de VII, p. 212 que l'on a

$$\sum_{\lambda \in \mathbf{C}^*} m_\lambda(u)|\lambda|^2 \leqslant \sum_{n \in I_H} \alpha_n(v)^2 = \|v\|_2^2 \leqslant \nu^2,$$

l'égalité $\|v\|_2^2 = \sum_{n \in I_H} \alpha_n(v)^2$ résultant de la prop. 12 de TS, IV, p. 164 appliquée à $v^* \circ v$. Ainsi $\sum_{\lambda \in \mathbf{C}^*} m_\lambda(u)|\lambda|^2 \leqslant \nu^2$ pour tout $\nu > \|u\|_1$, d'où la proposition dans le cas $K = \mathbf{C}$.

Supposons $K = \mathbf{R}$ et munissons l'espace complexifié $E_{(\mathbf{C})}$ de la norme d'espace vectoriel complexe associée à la construction tensorielle maximale et à la norme de E (VI, p. 33, n° 6). L'application $u_{(\mathbf{C})}$ est alors nucléaire et vérifie $\sum_{\lambda \in \mathbf{C}^*} m_\lambda(u_{(\mathbf{C})})|\lambda|^2 \leqslant \|u_{(\mathbf{C})}\|_1^2$ d'après ce qui précède. Puisque $\|u_{(\mathbf{C})}\|_1 \leqslant \|u\|_1$ (VII, p. 177, remarque) et puisque par convention on a $m_\lambda(u) = m_\lambda(u_{(\mathbf{C})})$ pour tout $\lambda \in \mathbf{C}^*$, on en déduit la proposition dans le cas $K = \mathbf{R}$.

Remarque. — Lorsque l'espace E est supposé hilbertien, la famille $(m_\lambda(u)\lambda)_{\lambda \in \mathbf{C}^*}$ est sommable (VII, p. 213, lemme 6). Ce n'est pas toujours le cas lorsque E est un espace de Banach (VII, p. 300, exercice 1).

2. Trace d'un endomorphisme binucléaire

Soit E un espace de Banach. Rappelons qu'un endomorphisme u de E est dit *binucléaire* s'il existe un espace localement convexe séparé F et des applications nucléaires $v \colon E \to F$ et $w \colon F \to E$ telles que $u = w \circ v$ (VII, p. 194, déf. 2).

L'ensemble des endomorphismes binucléaires de E est un sous-espace vectoriel de $\mathscr{L}^1(E)$ (VII, p. 195, remarque) ; nous le noterons ici $\mathscr{L}^{\mathrm{bi}}(E)$.

PROPOSITION 2. —   a) *Soit* $u \in \mathscr{L}^{\mathrm{bi}}(E)$. *La famille* $(m_\lambda(u)\lambda)_{\lambda\in\mathbf{C}^*}$ *est sommable. Sa somme, notée* $\mathrm{Tr}(u)$, *est un élément de* K.

b) *Soit* $u \in \mathscr{L}^{\mathrm{bi}}(E)$. *Pour toute factorisation hilbertienne* (H, f, g) *de* u *telle que* $f \circ g$ *soit nucléaire, on a* $\mathrm{Tr}(u) = \mathrm{Tr}(f \circ g)$.

c) *L'application* $\mathrm{Tr} : \mathscr{L}^{\mathrm{bi}}(E) \to K$ *est linéaire.*

Soient $u \in \mathscr{L}^{\mathrm{bi}}(E)$ et (H, f, g) une factorisation hilbertienne de u telle que $f \circ g$ soit nucléaire (VII, p. 186, corollaire de la prop. 13). On a $m_\lambda(u) = m_\lambda(f \circ g)$ pour tout $\lambda \in \mathbf{C}^*$ (*cf.* TS, III, p. 88, prop. 3, *b*)). Vu le cor. 1 de VII, p. 218, il en résulte que la famille $(m_\lambda(u)\lambda)_{\lambda\in\mathbf{C}^*}$ est sommable et que sa somme est égale à $\mathrm{Tr}(f \circ g)$. De plus, dans le cas où $K = \mathbf{R}$, on a $m_\lambda(u) = m_{\overline{\lambda}}(u)$ pour tout $\lambda \in \mathbf{C}^*$ (VII, p. 225, n° 5), si bien que la somme de la famille $(m_\lambda(u)\lambda)_{\lambda\in\mathbf{C}^*}$ est alors un nombre réel. Cela prouve *a*) et *b*).

Prouvons *c*). Il résulte aussitôt des définitions que l'on a $\mathrm{Tr}(\alpha u) = \alpha \, \mathrm{Tr}(u)$ quels que soient $u \in \mathscr{L}^{\mathrm{bi}}(E)$ et $\alpha \in K$. Soient u_1 et u_2 des éléments de $\mathscr{L}^{\mathrm{bi}}(E)$. Fixons des factorisations hilbertiennes (H_1, f_1, g_1), (H_2, f_2, g_2) de u_1 et u_2 respectivement, telles que les applications g_1 et g_2 soient nucléaires (VII, p. 186, cor. de la prop. 13). Notons H la somme hilbertienne externe de H_1 et H_2 ; soient $f\colon E \to H$ et $g\colon H \to E$ les applications représentées par les matrices $\left(\begin{smallmatrix} f_1 \\ f_2 \end{smallmatrix}\right)$ et (g_1, g_2) par rapport à la décomposition $H = H_1 \oplus H_2$. Alors g est nucléaire (VII, p. 171, remarque 5) et on a

$$g \circ f = g_1 \circ f_1 + g_2 \circ f_2 = u_1 + u_2,$$

tandis que l'endomorphisme $f \circ g$ est représenté par la matrice $\left(\begin{smallmatrix} f_1\circ g_1 & f_1\circ g_2 \\ f_2\circ g_1 & f_2\circ g_2 \end{smallmatrix}\right)$. De plus, prenant la réunion d'une base orthonormale de H_1 et d'une base orthonormale de H_2, on obtient une base orthonormale $(e_i)_{i\in I}$ de H ; d'après *b*) et compte tenu de V, p. 50, on obtient

$$\mathrm{Tr}(u_1 + u_2) = \mathrm{Tr}(f \circ g) = \sum_{i\in I} \langle e_i \mid (f \circ g)(e_i)\rangle \, ;$$

ainsi $\mathrm{Tr}(u_1 + u_2) = \mathrm{Tr}(f_1 \circ g_1) + \mathrm{Tr}(f_2 \circ g_2) = \mathrm{Tr}(u_1) + \mathrm{Tr}(u_2)$, ce qui achève la démonstration.

Corollaire. — *Soient* E *un espace de Banach et* u *un endomorphisme nucléaire de* E. *Pour tout entier* $i \geqslant 2$, *l'application* u^i *est binucléaire, la famille* $(m_\lambda(u)\lambda^i)_{\lambda \in \mathbf{C}^*}$ *est sommable et l'on a*

$$\mathrm{Tr}(u^i) = \sum_{\lambda \in \mathbf{C}^*} m_\lambda(u)\lambda^i.$$

Dans le cas où E est un espace de Banach complexe, cela résulte de la proposition 2 ci-dessus et du corollaire 2 de TS, III, p. 84. Le cas des espaces de Banach réels s'en déduit aussitôt.

Remarques. — 1) Si E est un espace hilbertien, la notation Tr introduite dans la proposition 2 est compatible avec celle du chapitre V en vertu du corollaire 1 de VII, p. 218.

2) Si E est un espace de Banach et si u appartient à $\mathscr{L}^{\mathrm{f}}(\mathrm{E})$, alors u est binucléaire (VII, p. 194, remarque 1) ; le scalaire $\mathrm{Tr}(u)$ défini dans la prop. 2 coïncide alors avec la trace de u telle que définie dans A, VIII, App. 4, $n^\circ 2$, p. 455. En effet, si H désigne l'image de u (munie d'une structure arbitraire d'espace hilbertien), si $f \colon \mathrm{E} \to \mathrm{H}$ désigne l'application induite par u, et si $g \colon \mathrm{H} \to \mathrm{E}$ désigne l'injection canonique, alors on a $\mathrm{Tr}(u) = \mathrm{Tr}(f \circ g)$ d'après la prop. 2, $b)$; or $f \circ g$ est l'endomorphisme u_{H} de H induit par u. Notre assertion découle donc de la remarque précédente et de la formule (4) de A, VIII, p. 455.

Proposition 3. — *Soient* E *et* F *des espaces de Banach. La forme bilinéaire* $(u, v) \mapsto \mathrm{Tr}(v \circ u)$ *sur* $\mathscr{L}^1(\mathrm{E}; \mathrm{F}) \times \mathscr{L}^1(\mathrm{F}; \mathrm{E})$ *est continue de norme* $\leqslant 1$. *Pour* $u \in \mathscr{L}^1(\mathrm{E}; \mathrm{F})$ *et* $v \in \mathscr{L}^1(\mathrm{F}; \mathrm{E})$, *on a* $\mathrm{Tr}(v \circ u) = \mathrm{Tr}(u \circ v)$.

Soient $u \in \mathscr{L}^1(\mathrm{E}; \mathrm{F})$ et $v \in \mathscr{L}^1(\mathrm{F}; \mathrm{E})$, et soit ν un nombre réel tel que $\nu > \|u\|_1 \|v\|_1$. Il existe un espace hilbertien H et des applications $f \in \mathscr{L}(\mathrm{E}; \mathrm{H})$ et $g \in \mathscr{L}^1(\mathrm{H}; \mathrm{E})$ telles que l'on ait $g \circ f = v \circ u$ et $\|f \circ g\|_1 \leqslant \nu$ (VII, p. 186, cor. de la prop. 13). On a alors l'égalité $\mathrm{Tr}(v \circ u) = \mathrm{Tr}(f \circ g)$ (prop. 2), d'où $|\mathrm{Tr}(v \circ u)| \leqslant \|f \circ g\|_1 \leqslant \nu$ d'après la prop. 17 de TS, IV, p. 170. Passant à la borne inférieure sur ν, on en déduit que la forme bilinéaire $(u, v) \mapsto \mathrm{Tr}(v \circ u)$ est de norme $\leqslant 1$. La dernière assertion résulte de la prop. 2, $a)$ et du fait que l'égalité $m_\lambda(u \circ v) = m_\lambda(v \circ u)$ est valable pour tout $\lambda \in \mathbf{C}^*$ (*cf.* TS, III, p. 88, prop. 3).

3. Déterminant régularisé dans $1_{\mathrm{E}} + \mathscr{L}^1(\mathrm{E})$

Soit E un espace de Banach.

Lemme 1. — *Pour tout $u \in \mathscr{L}^1(\mathrm{E})$, la famille $\left(((1+\lambda)e^{-\lambda})^{m_\lambda(u)}\right)_{\lambda \in \mathbf{C}^*}$ est multipliable dans $\mathbf{C}$. Si $m_{-1}(u) \neq 0$, elle est multipliable dans $\mathbf{C}^*$.*

Soit $u \in \mathscr{L}^1(\mathrm{E})$, et soit $f \colon \mathbf{C} \to \mathbf{C}$ la fonction $z \mapsto (1 + z)e^{-z} - 1$. D'après le th. 1 de TG, VIII, p. 16, il suffit de vérifier que la famille $(m_\lambda(u)|f(z)|)_{\lambda \in \mathbf{C}^*}$ est sommable dans $\mathbf{R}$. Or, la fonction f est somme de la série entière $\sum_{m \geqslant 2}(-1)^{m-1}\frac{m-1}{m!}z^m$, qui est de rayon de convergence infini. Il existe donc un nombre réel $\mathrm{M} \geqslant 0$ tel que, pour tout $z \in \mathbf{C}$ vérifiant $|z| \leqslant 1$, on ait $|f(z)| \leqslant \mathrm{M}|z|^2$. Comme la famille $(|\lambda|^2 m_\lambda(u))_{\lambda \in \mathbf{C}^*}$ est sommable (VII, p. 228, prop. 1) on en déduit que la famille $(|f(\lambda)|m_\lambda(u))_{\lambda \in \mathbf{C}^*, |\lambda| \leqslant 1}$ est sommable. Par ailleurs, l'ensemble des $\lambda \in \mathbf{C}$ vérifiant $|\lambda| \geqslant 1$ et $m_\lambda(u) \neq 0$ est fini (*loc. cit.*) ; par conséquent, la famille $(|f(\lambda)|m_\lambda(u))_{\lambda \in \mathbf{C}^*}$ est sommable, d'où le lemme.

Définition 1. — *Soit v un élément de $1 + \mathscr{L}^1(\mathrm{E})$. On appelle* déterminant régularisé *de v le scalaire*

$$\det_{\mathrm{reg}}(v) = \prod_{\lambda \in \mathbf{C}^*}((1 + \lambda)e^{-\lambda})^{m_\lambda(v-1)}.$$

Pour tout $u \in \mathscr{L}^1(\mathrm{E})$, on a donc

$$\det_{\mathrm{reg}}(1 + u) = \prod_{\lambda \in \mathbf{C}^*}((1 + \lambda)e^{-\lambda})^{m_\lambda(u)}.$$

Remarques. — 1) Si l'espace E est hilbertien, cette notation est compatible avec celle introduite dans le n° 4 du § 2 (*cf.* VII, p. 222, prop. 9).

2) Si $\mathrm{K} = \mathbf{R}$, on a $m_\lambda(u) = m_{\overline{\lambda}}(u)$ pour tout $\lambda \in \mathbf{C}^*$ (VII, p. 225, n° 5) ; ainsi $\det_{\mathrm{reg}}(1_{\mathrm{E}} + u)$ est un nombre réel lorsque $\mathrm{K} = \mathbf{R}$.

Soit u un endomorphisme nucléaire de E. Pour tout entier $i \geqslant 2$, l'endomorphisme u^i est binucléaire ; on pose $t_i(u) = (-1)^{i-1}\frac{\mathrm{Tr}(u^i)}{i}$, le scalaire $\mathrm{Tr}(u^i)$ étant celui défini dans la prop. 2, *a*) de VII, p. 229. Pour tout $p \in \mathbf{N}$, définissons

$$(1) \qquad\qquad b_p(u) = \mathrm{P}_p(0, t_2(u), \dots, t_p(u)),$$

où P_p est le polynôme introduit dans le n° 3 du § 2, p. 218. On a $b_0(u) = 1$ et $b_1(u) = 0$.

PROPOSITION 4. —   a) *Pour tout $p \geqslant 1$, la fonction $b_p \colon \mathscr{L}^1(E) \to K$ est un polynôme-continu homogène de degré p. Pour $u \in \mathscr{L}^1(E)$, on a*

$$(2) \qquad |b_p(u)| \leqslant \left(\frac{e}{p}\right)^{p/2} \|u\|_1^p.$$

b) *La série $\sum_{p \in \mathbf{N}} b_p$ a un rayon de convergence infini.*

c) *Pour tout $u \in \mathscr{L}^1(E)$, on a $\det_{\mathrm{reg}}(1_E + u) = \sum_{p \in \mathbf{N}} b_p(u)$.*

Soit $u \in \mathscr{L}^1(E)$ et soit ν un nombre réel $> \|u\|_1$. D'après la proposition 13 de VII, p. 185, il existe une factorisation hilbertienne (H, f, g) de u telle que l'application $v = f \circ g$ soit un élément de $\mathscr{L}^2(H)$ et vérifie $\|v\|_2 \leqslant \nu$. On a alors $m_\lambda(u) = m_\lambda(v)$ pour tout $\lambda \in \mathbf{C}^*$ (*cf.* TS, III, p. 88, prop. 3). Compte tenu de la proposition 9 de VII, p. 222 et des définitions précédentes, cela entraîne

$$(3) \qquad \det_{\mathrm{reg}}(1_E + u) = \det_{\mathrm{reg}}(1_E + v),$$

$$\mathrm{Tr}(u^i) = \mathrm{Tr}(v^i) \quad \text{pour tout } i \geqslant 2, \text{ et}$$

$$(4) \qquad b_p(u) = b_p(v) \quad \text{pour tout } p \in \mathbf{N}.$$

L'assertion *b)* de la prop. 10 de VII, p. 224 entraîne alors l'inégalité $|b_p(u)| \leqslant (e/p)^{p/2} \nu^p$, d'où (2) par passage à la borne inférieure sur ν.

Les assertions *a)* et *b)* résultent de là ; l'assertion *c)* résulte du lemme 12 de VII, p. 223 et des égalités (1), (3) et (4).

THÉORÈME 1. —   a) *L'application $u \mapsto \det_{\mathrm{reg}}(1_E + u)$ de $\mathscr{L}^1(E)$ dans K est analytique.*

b) *Pour qu'un élément v de $1_E + \mathscr{L}^1(E)$ soit inversible, il faut et il suffit qu'on ait $\det_{\mathrm{reg}}(v) \neq 0$; dans ce cas, v^{-1} appartient à $1_E + \mathscr{L}^1(E)$.*

c) *Si u est un endomorphisme continu de rang fini de E, alors*

$$\det_{\mathrm{reg}}(1_E + u) = \det(1_E + u) e^{-\mathrm{Tr}(u)}$$

où les termes du second membre sont définis dans A, VIII, p. 455.

d) *Soient $v = 1_E + u$ et $v' = 1_E + u'$ des éléments de $1_E + \mathscr{L}^1(E)$. Alors $v \circ v'$ et $v' \circ v$ appartiennent à $1_E + \mathscr{L}^1(E)$ et l'on a*

$$\det_{\mathrm{reg}}(v \circ v') = \det_{\mathrm{reg}}(v' \circ v) = \det_{\mathrm{reg}}(v) \det_{\mathrm{reg}}(v') e^{-\mathrm{Tr}(u \circ u')}.$$

L'assertion *a)* résulte de la prop. 4. Soit $u \in \mathscr{L}^1(E)$ et soit $v = 1_E + u$. Vu la déf. 1 et le lemme 1, pour que $\det_{\mathrm{reg}}(v)$ soit non nul, il faut et il suffit que l'on ait $m_{-1}(u) = 0$, c'est-à-dire que $1_{E_{(\mathbf{C})}} + u_{(\mathbf{C})}$ soit inversible, ce qui revient à dire que $1_E + u$ est inversible (A, II, p. 118, cor. 2). Si c'est le cas, alors $v^{-1} \in \mathscr{L}^1(E)$ (VII, p. 172, de la prop. 5).

Prouvons c). Soit $u \in \mathscr{L}^{\mathrm{f}}(\mathrm{E})$. Posons $\mathrm{F} = \mathrm{Im}(u)$; notons $\widetilde{u}$ l'application de E dans F déduite de u, et i l'injection canonique de F dans E. On a $u = i \circ \widetilde{u}$; posons $u_{\mathrm{F}} = \widetilde{u} \circ i$. On a $m_\lambda(u) = m_\lambda(u_{\mathrm{F}})$ pour tout $\lambda \in \mathbf{C}^*$, donc

$$\mathrm{det}_{\mathrm{reg}}(1_{\mathrm{E}} + u) = \mathrm{det}_{\mathrm{reg}}(1_{\mathrm{F}} + u_{\mathrm{F}}).$$

L'égalité $\mathrm{det}_{\mathrm{reg}}(1_{\mathrm{F}} + u_{\mathrm{F}}) = \det(1_{\mathrm{F}} + u_{\mathrm{F}})e^{-\mathrm{Tr}(u_{\mathrm{F}})}$ découle immédiatement des définitions ; or $\mathrm{Tr}(u_{\mathrm{F}}) = \mathrm{Tr}(u)$ et $\det(1_{\mathrm{F}} + u_{\mathrm{F}}) = \det(1_{\mathrm{E}} + u)$ d'après A, VIII, p. 455, cor. de la prop. 2 et prop. 3, d'où c).

Avec les notations de d), prouvons l'égalité

$$(5) \qquad \mathrm{det}_{\mathrm{reg}}(v \circ v') = \mathrm{det}_{\mathrm{reg}}(v)\mathrm{det}_{\mathrm{reg}}(v')e^{-\mathrm{Tr}(u \circ u')}.$$

D'après a) et la prop. 3 de VII, p. 230, les deux membres dépendent continûment du couple $(u, u') \in \mathscr{L}^1(\mathrm{E}) \times \mathscr{L}^1(\mathrm{E})$; il suffit donc de vérifier cette égalité lorsque u et u' sont de rang fini. On a dans ce cas

$$\mathrm{det}_{\mathrm{reg}}(v \circ v') = \mathrm{det}_{\mathrm{reg}}(1_{\mathrm{E}} + u + u' + u \circ u')$$
$$= \det(1_{\mathrm{E}} + u + u' + u \circ u')e^{-\mathrm{Tr}(u + u' + u \circ u')}$$

en appliquant c) à l'endomorphisme $u + u' + u \circ u'$, puis

$$\mathrm{det}_{\mathrm{reg}}(v \circ v') = \det(1_{\mathrm{E}} + u)\det(1_{\mathrm{E}} + u')e^{-\mathrm{Tr}(u + u' + u \circ u')}$$

d'après la prop. 3, b) de A, VIII, p. 455. Appliquant c) aux endomorphismes u et u', on obtient (5). Comme on a $\mathrm{Tr}(u \circ u') = \mathrm{Tr}(u' \circ u)$ (VII, p. 230, prop. 3), on en déduit $\mathrm{det}_{\mathrm{reg}}(v \circ v') = \mathrm{det}_{\mathrm{reg}}(v' \circ v)$, d'où d).

Remarque. — Soit u un endomorphisme binucléaire de E ; posons alors $\det(1_{\mathrm{E}} + u) = \mathrm{det}_{\mathrm{reg}}(1_{\mathrm{E}} + u)e^{\mathrm{Tr}(u)}$. En vertu du lemme 11 de VII, p. 222, cette notation est compatible avec celle du n° 4 du § 1 (p. 221) lorsque E est hilbertien. On déduit aussitôt du th. 1 ci-dessus, de la prop. 2 de VII, p. 229, et du th. 1 de TG, VIII, p. 16, les propriétés suivantes :

a) La famille $((1 + \lambda)^{m_\lambda(u)})_{\lambda \in \mathbf{C}^*}$ est multipliable dans $\mathbf{C}$ et on a

$$\det(1_{\mathrm{E}} + u) = \prod_{\lambda \in \mathbf{C}^*}(1 + \lambda)^{m_\lambda(u)}.$$

b) Pour qu'un élément v de $1_{\mathrm{E}} + \mathscr{L}^{\mathrm{bi}}(\mathrm{E})$ soit inversible, il faut et il suffit qu'on ait $\det(v) \neq 0$; dans ce cas on a $v^{-1} \in 1_{\mathrm{E}} + \mathscr{L}^{\mathrm{bi}}(\mathrm{E})$ d'après le cor. de la prop. 5 de VII, p. 172 et la remarque 3 de VII, p. 195.

c) Quels que soient v et v' dans $1_{\mathrm{E}} + \mathscr{L}^{\mathrm{bi}}(\mathrm{E})$, on a l'égalité

$$\det(v \circ v') = \det(v' \circ v) = \det v' \det v.$$

4. La forme trace

Soient E et F des espaces de Banach. Rappelons qu'on a défini dans le n° 3 du § 1 (VII, p. 174) une application linéaire $\widehat{\theta}_\pi : \mathrm{E}' \widehat{\otimes}_\pi \mathrm{F} \to \mathscr{L}(\mathrm{E}; \mathrm{F})$, dite canonique ; cette application est continue de norme $\leqslant 1$ (VII, p. 176, remarque 2) et a pour image $\mathscr{L}^1(\mathrm{E}; \mathrm{F})$ (VII, p. 175, prop. 2).

Si $t \in \mathrm{E}' \widehat{\otimes}_\pi \mathrm{F}$, nous noterons $\check{t}$ l'élément $\widehat{\theta}_\pi(t)$ de $\mathscr{L}^1(\mathrm{E}; \mathrm{F})$. Si t est de la forme $\lambda \widehat{\otimes}_\pi y$ avec $\lambda \in \mathrm{E}'$ et $y \in \mathrm{F}$, alors $\check{t}$ est de rang $\leqslant 1$, égal à l'application $\langle \cdot, \lambda \rangle y$.

Si D et G sont des espaces de Banach, si $f \in \mathscr{L}(\mathrm{F}; \mathrm{G})$ et $g \in \mathscr{L}(\mathrm{D}; \mathrm{E})$, on note $f \diamond t \diamond g$ l'élément $({}^t g \widehat{\otimes}_\pi f)(t)$ de $\mathrm{D}' \widehat{\otimes}_\pi \mathrm{G}$. On écrit simplement $f \diamond t$ lorsque $g = 1_\mathrm{E}$ et $t \diamond g$ lorsque $f = 1_\mathrm{F}$.

PROPOSITION 5. — *Soient* D *et* G *des espaces de Banach, et soient* $f \in \mathscr{L}(\mathrm{F}; \mathrm{G})$ *et* $g \in \mathscr{L}(\mathrm{D}; \mathrm{E})$,

a) *Soient* D_1 *et* G_1 *des espaces de Banach. Soient* $f_1 \in \mathscr{L}(\mathrm{G}; \mathrm{G}_1)$ *et* $g_1 \in \mathscr{L}(\mathrm{D}_1; \mathrm{D})$. *Pour tout* $t \in \mathrm{E}' \widehat{\otimes}_\pi \mathrm{F}$, *on a*

$$f_1 \diamond (f \diamond t \diamond g) \diamond g_1 = (f_1 \circ f) \diamond t \diamond (g \circ g_1).$$

b) *Pour tout* $t \in \mathrm{E}' \widehat{\otimes}_\pi \mathrm{F}$, *on a l'égalité*

$$(f \diamond t \diamond g)^{\vee} = f \circ \check{t} \circ g.$$

L'assertion *a*) résulte aussitôt des propriétés générales des séparés complétés de produits tensoriels topologiques (VI, p. 27, formule (2)). Soient $f \in \mathscr{L}(\mathrm{F}; \mathrm{G})$ et $g \in \mathscr{L}(\mathrm{D}; \mathrm{E})$. Les applications $t \mapsto (f \diamond t \diamond g)^{\vee}$ et $t \mapsto f \circ \check{t} \circ g$, de $\mathrm{E}' \widehat{\otimes}_\pi \mathrm{F}$ dans $\mathrm{D}' \widehat{\otimes}_\pi \mathrm{G}$, sont continues. Montrons qu'elles sont égales. Comme E et F sont séparés, l'espace vectoriel $\mathrm{E}' \otimes \mathrm{F}$ s'identifie à un sous-espace dense de $\mathrm{E}' \widehat{\otimes}_\pi \mathrm{F}$ (VI, p. 24, prop. 8) ; il suffit donc de prouver que l'égalité de *b*) est valable lorsque t est de la forme $\lambda \widehat{\otimes}_\pi y$, avec $\lambda \in \mathrm{E}'$ et $y \in \mathrm{F}$. On a alors $f \diamond t \diamond g = {}^t g(\lambda) \widehat{\otimes}_\pi f(y)$, et pour $z \in \mathrm{D}$,

$$(f \diamond t \diamond g)^{\vee}(z) = \langle z, {}^t g(\lambda) \rangle f(y) = \langle g(z), \lambda \rangle f(y) = (f \circ \check{t} \circ g)(z),$$

d'où le résultat.

Soit E un espace de Banach. La forme bilinéaire canonique sur $\mathrm{E}' \times \mathrm{E}$ définit une forme linéaire sur $\mathrm{E}' \otimes \mathrm{E}$, notée τ_E (*cf.* A, II, p. 78). Si $x \in \mathrm{E}$ et $\lambda \in \mathrm{E}'$, on a $\tau_\mathrm{E}(\lambda \otimes x) = \langle x, \lambda \rangle$. Comme la forme bilinéaire canonique sur $\mathrm{E}' \times \mathrm{E}$ est de norme $\leqslant 1$, la forme τ_E sur $\mathrm{E}' \otimes_\pi \mathrm{E}$ est de norme $\leqslant 1$

(VI, p. 53, prop. 32). Elle admet donc un unique prolongement continu à $E' \widehat{\otimes}_\pi E$, que nous notons encore τ_E.

DÉFINITION 2. — *On dit que τ_E est la* forme trace *sur $E' \widehat{\otimes}_\pi E$.*

S'il n'y a pas d'ambiguïté sur l'espace E considéré, on note τ plutôt que τ_E.

Remarques. — 1) Pour tout $t \in E' \widehat{\otimes}_\pi E$, on a donc

$$|\tau(t)| \leqslant \|t\|_\pi.$$

2) Supposons l'espace E *hilbertien* ; on a alors $\tau(t) = \mathrm{Tr}(\check{t})$ pour tout $t \in E' \widehat{\otimes}_\pi E$. Il suffit en effet de le vérifier lorsque t est de la forme $\lambda \widehat{\otimes}_\pi x$; cela résulte dans ce cas de V, p. 48, formule (22).

Lorsque l'espace E n'est pas supposé hilbertien, il n'existe pas toujours de forme linéaire continue $\mathrm{Tr} \colon \mathscr{L}^1(E) \to K$ vérifiant $\tau(t) = \mathrm{Tr}(\check{t})$ pour tout $t \in E' \widehat{\otimes}_\pi E$: nous verrons en effet au n° 5 que l'existence d'une telle forme linéaire caractérise les espaces d'approximation.

PROPOSITION 6. — *Soient E et F des espaces de Banach, et soit t un élément de $E' \widehat{\otimes}_\pi F$.*

a) *Pour tout $u \in \mathscr{L}(F; E)$, on a*

$$\tau_E(t \diamond u) = \tau_F(u \diamond t).$$

b) *Pour toute application nucléaire $u \colon F \to E$, l'application binucléaire $\check{t} \circ u$ vérifie*

$$\tau_E(t \diamond u) = \mathrm{Tr}(\check{t} \circ u) = \mathrm{Tr}(u \circ \check{t}).$$

Comme $E' \otimes_\pi F$ s'identifie à un sous-espace dense de $E' \widehat{\otimes}_\pi F$, il suffit de vérifier *a*) et *b*) lorsque t est de la forme $\lambda \widehat{\otimes}_\pi y$ avec $\lambda \in E'$, $y \in F$; les scalaires $\tau_E(t \diamond u)$, $\tau_F(u \diamond t)$ et $\mathrm{Tr}(\check{t} \circ u)$ sont alors égaux à $\langle u(y), \lambda \rangle$; comme $\mathrm{Tr}(\check{t} \circ u) = \mathrm{Tr}(u \circ \check{t})$ d'après la prop. 3 de VII, p. 230, la proposition en découle.

Pour $t \in E' \widehat{\otimes}_\pi F$ et $u \in \mathscr{L}(F; E)$, posons

$$\langle t, u \rangle = \tau_E(t \diamond u) = \tau_F(u \diamond t).$$

Notons $\mathscr{L}_{\mathrm{pc}}(F; E)$ l'espace $\mathscr{L}(F; E)$ muni de la topologie de la convergence précompacte (III, p. 14, exemple 2).

PROPOSITION 7. — *Soient* E *et* F *des espaces de Banach. Les formes linéaires continues sur* $\mathscr{L}_{\mathrm{pc}}(\mathrm{F};\mathrm{E})$ *sont les applications* $u \mapsto \langle t, u \rangle$, *pour* $t \in \mathrm{E}' \widehat{\otimes}_\pi \mathrm{F}$.

Soit t un élément de $\mathrm{E}' \widehat{\otimes}_\pi \mathrm{F}$. Écrivons $t = \sum_{i \in \mathbf{N}} a_i\, x_i' \widehat{\otimes}_\pi y_i$ avec $\sum_{i \in \mathbf{N}} |a_i| \leqslant 1$ et $\|x_i'\| \leqslant 1$ pour tout $i \in \mathbf{N}$, tandis que la suite $(y_i)_{i \in \mathbf{N}}$ est contenue dans une partie compacte C de F (*cf.* VI, p. 59, th. 1). On a alors $\check{t} = \sum_{i \in \mathbf{N}} a_i \langle \cdot, x_i' \rangle y_i$. Soit V l'ensemble des éléments u de $\mathscr{L}(\mathrm{F};\mathrm{E})$ vérifiant $\|u(y)\| \leqslant 1$ pour tout $y \in \mathrm{C}$; c'est un voisinage de 0 dans $\mathscr{L}_{\mathrm{pc}}(\mathrm{F};\mathrm{E})$ d'après la remarque 2 de III, p. 13. Pour $u \in \mathrm{V}$, on a l'égalité $u \diamond t = \sum_{i \in \mathbf{N}} a_i \langle \cdot, x_i' \rangle u(y_i)$, si bien que

$$|\langle t, u \rangle| = \left| \sum_i a_i \langle u(y_i), x_i' \rangle \right| \leqslant 1\,;$$

cela prouve que la forme linéaire $u \mapsto \langle t, u \rangle$ sur $\mathscr{L}_{\mathrm{pc}}(\mathrm{F};\mathrm{E})$ est continue.

Soit φ une forme linéaire continue sur $\mathscr{L}_{\mathrm{pc}}(\mathrm{F};\mathrm{E})$. Il existe un voisinage W de 0 dans $\mathscr{L}_{\mathrm{pc}}(\mathrm{F};\mathrm{E})$ tel que l'on ait $|\varphi(u)| \leqslant 1$ pour tout $u \in \mathrm{W}$. En vertu du théorème de Banach–Dieudonné (IV, p. 24, cor. 1) et vu la définition de la topologie de $\mathscr{L}_{\mathrm{pc}}(\mathrm{F};\mathrm{E})$, il existe une suite $(z_i)_{i \in \mathbf{N}}$ tendant vers 0 dans F telle que W contienne tout élément u de $\mathscr{L}(\mathrm{F};\mathrm{E})$ satisfaisant à $\|u(z_i)\| \leqslant 1$ pour tout i.

Soit Z l'adhérence dans F de l'ensemble des z_i. D'après la première partie de la démonstration, si $x' \in \mathrm{E}'$ et $z \in \mathrm{F}$, la forme linéaire $u \mapsto \langle x' \widehat{\otimes}_\pi z, u \rangle$ sur $\mathscr{L}_{\mathrm{pc}}(\mathrm{F};\mathrm{E})$ est continue; notons-la $\beta(x', z)$. On définit ainsi une application bilinéaire $\beta \colon \mathrm{E}' \times \mathrm{F} \to \mathscr{L}_{\mathrm{pc}}(\mathrm{F}, \mathrm{E})'$. Le polaire de $\beta(\mathrm{B}_{\mathrm{E}'} \times \mathrm{Z})$ dans $\mathscr{L}_{\mathrm{pc}}(\mathrm{F};\mathrm{E})$ est alors formé des éléments u de $\mathscr{L}_{\mathrm{pc}}(\mathrm{F};\mathrm{E})$ vérifiant $\|u(z_i)\| \leqslant 1$ pour tout i : en effet, si l'on note $\mathrm{B}_{\mathrm{E}'}$ la boule unité de E' et si $z \in \mathrm{F}$, alors il résulte du théorème de Hahn–Banach (II, p. 24, cor. 2) que l'on a $\|u(z)\| \leqslant 1$ si et seulement si, pour tout élément $x' \in \mathrm{B}_{\mathrm{E}'}$, on a $|\langle u(z), x' \rangle| \leqslant 1$, c'est-à-dire $|\langle x' \widehat{\otimes}_\pi z, u \rangle| \leqslant 1$.

Ainsi, la forme linéaire φ appartient au bipolaire de $\beta(\mathrm{B}_{\mathrm{E}'} \times \mathrm{Z})$ dans $\mathscr{L}_{\mathrm{pc}}(\mathrm{F};\mathrm{E})'$. D'après le théorème des bipolaires (II, p. 48, th. 1), on en déduit que φ appartient à l'enveloppe convexe équilibrée fermée de $\beta(\mathrm{B}_{\mathrm{E}'} \times \mathrm{Z})$ pour la topologie $\sigma(\mathscr{L}_{\mathrm{pc}}(\mathrm{F};\mathrm{E})', \mathscr{L}_{\mathrm{pc}}(\mathrm{F};\mathrm{E}))$, c'est-à-dire pour la topologie faible de $\mathscr{L}_{\mathrm{pc}}(\mathrm{F};\mathrm{E})'$. Munissons $\mathrm{B}_{\mathrm{E}'}$ et $\mathscr{L}_{\mathrm{pc}}(\mathrm{F};\mathrm{E})'$ de leur topologie faible, et F de sa topologie d'espace de Banach. La restriction de β à $\mathrm{B}_{\mathrm{E}'} \times \mathrm{F}$ est alors continue : pour le vérifier, il s'agit de voir que pour tout $u \in \mathscr{L}(\mathrm{F};\mathrm{E})$, l'application $(x', z) \mapsto \langle u, \beta(x', z) \rangle = \langle u(z), x' \rangle$ de $\mathrm{B}_{\mathrm{E}'} \times \mathrm{F}$ dans K est continue; or cela résulte de ce que l'application canonique de $B_{E'} \times E$ dans K est continue (TG, X, p. 13, cor. 4). D'après le lemme 5 de VI, p. 44, on en déduit l'existence d'une mesure positive μ de masse totale 1 sur l'espace compact $B_{E'} \times Z$ telle que

$$\varphi(u) = \int \langle u, \beta(x', z) \rangle d\mu(x', z)$$

pour tout $u \in \mathscr{L}(F; E)$.

On peut supposer que les z_i sont non nuls et deux à deux distincts. Pour tout $u \in \mathscr{L}(F; E)$, il vient

$$(6) \qquad \varphi(u) = \sum_{i \in \mathbf{N}} \int_{B_{E'} \times \{z_i'\}} \langle u(z_i), x' \rangle d\mu(x', z_i).$$

Pour $i \in \mathbf{N}$, introduisons l'élément x_i' de E' donné par

$$x_i' = \int_{B_{E'} \times \{z_i\}} x' d\mu(x', z_i).$$

On a $\|x_i'\| \leqslant \mu(B_{E'} \times \{z_i\})$, d'où $\sum_i \|x_i'\| \leqslant 1$; par conséquent, la famille $(x_i' \mathbin{\widehat{\otimes}}_\pi z_i)_{i \in \mathbf{N}}$ est sommable dans $E' \mathbin{\widehat{\otimes}}_\pi F$. Soit t sa somme. Pour tout $u \in \mathscr{L}(F; E)$, on a alors $\langle t, u \rangle = \sum_{i \in \mathbf{N}} \langle u(z_i), x_i' \rangle$; vu la formule (6), on obtient

$$\varphi(u) = \sum_{i \in \mathbf{N}} \langle u(z_i), x_i' \rangle = \langle t, u \rangle,$$

ce qui achève la démonstration.

5. La propriété d'approximation dans les espaces de Banach

Rappelons que si E et F sont des espaces localement convexes, l'application identique de $E \otimes F$ est continue de $E \otimes_\pi F$ dans $E \otimes_\varepsilon F$ (*cf.* VI, p. 40, remarque 1) ; elle induit donc par passage aux séparés complétés une application linéaire continue de $E \mathbin{\widehat{\otimes}}_\pi F$ dans $E \mathbin{\widehat{\otimes}}_\varepsilon F$, dite *canonique*.

Dans ce numéro, on note $\widehat{\theta}_{F;E} \colon F' \mathbin{\widehat{\otimes}}_\pi E \to \mathscr{L}(F; E)$ l'application canonique (VII, p. 174), et on écrit $\widehat{\theta}_E$ plutôt que $\widehat{\theta}_{E;E}$.

THÉORÈME 2. — *Soit* E *un espace de Banach. Les conditions suivantes sont équivalentes :*

(i) *L'espace* E *possède la propriété d'approximation* (TS, III, p. 14, déf. 2) ;

(ii) *La forme trace sur* $E' \mathbin{\widehat{\otimes}}_\pi E$ *s'annule sur le noyau de* $\widehat{\theta}_E$;

(iii) *L'application* $\widehat{\theta}_E \colon E' \mathbin{\widehat{\otimes}}_\pi E \to \mathscr{L}(E)$ *est injective;*

(iv) *Pour tout espace de Banach* F, *l'application* $\widehat{\theta}_{\mathrm{F};\mathrm{E}}$ *est injective* ;

(v) *Pour tout espace de Banach* F, *l'application canonique de* $\mathrm{F}\,\widehat{\otimes}_\pi\,\mathrm{E}$ *dans* $\mathrm{F}\,\widehat{\otimes}_\varepsilon\,\mathrm{E}$ *est injective.*

Prouvons l'implication (v) $\Rightarrow$ (iv). Soit F un espace de Banach. L'application $\widehat{\theta}_{\mathrm{F};\mathrm{E}}\colon \mathrm{F}'\,\widehat{\otimes}_\pi\,\mathrm{E} \to \mathscr{L}(\mathrm{F};\mathrm{E})$ est composée de l'application canonique $\kappa\colon \mathrm{F}'\,\widehat{\otimes}_\pi\,\mathrm{E} \to \mathrm{F}'\,\widehat{\otimes}_\varepsilon\,\mathrm{E}$ et de l'application $\widetilde{\theta}_\varepsilon$ de $\mathrm{F}'\,\widehat{\otimes}_\varepsilon\,\mathrm{E}$ dans $\mathscr{L}(\mathrm{F};\mathrm{E})$ déduite de l'application canonique $\theta\colon \mathrm{F}'\otimes_\varepsilon\mathrm{E} \to \mathscr{L}(\mathrm{F};\mathrm{E})$ (VI, p. 43, cor. de la prop. 20) par passage aux séparés complétés. Comme $\mathrm{F}'\otimes_\varepsilon\mathrm{E}$ est séparé et comme θ est isométrique (*loc. cit.*), les applications θ et $\widetilde{\theta}_\varepsilon$ sont injectives, donc l'injectivité de κ entraîne celle de $\widehat{\theta}_{\mathrm{F};\mathrm{E}}$.

Les implications (iv) $\Rightarrow$ (iii) $\Rightarrow$ (ii) sont claires.

Prouvons l'implication (ii) $\Rightarrow$ (v). Soit F un espace de Banach, et soit $s \in \mathrm{F}\,\widehat{\otimes}_\pi\,\mathrm{E}$. Soit $g \in \mathscr{L}(\mathrm{F};\mathrm{E}')$; posons $t = (g\,\widehat{\otimes}_\pi\,1_{\mathrm{E}})(s)$, de sorte que t appartient à $\mathrm{E}'\,\widehat{\otimes}_\pi\,\mathrm{E}$. Notons $\check{t} = \widehat{\theta}_{\mathrm{E}}(t)$.

Soit ϑ l'unique application linéaire de $\mathrm{F}\otimes\mathrm{E}$ dans $\mathscr{L}(\mathrm{F}';\mathrm{E})$ vérifiant $\vartheta(y\otimes x)(\lambda) = \langle y,\lambda\rangle x$ pour $x \in \mathrm{E}$, $y \in \mathrm{F}$ et $\lambda \in \mathrm{E}'$; elle est isométrique de $\mathrm{F}\otimes_\varepsilon\mathrm{E}$ dans $\mathscr{L}(\mathrm{F}';\mathrm{E})$ (VI, p. 42, prop. 20), et induit donc par passage aux séparés complétés une application linéaire continue $\widehat{\vartheta}$ de $\mathrm{F}\,\widehat{\otimes}_\pi\,\mathrm{E}$ dans $\mathscr{L}(\mathrm{F}';\mathrm{E})$. En la composant avec l'application canonique de $\mathrm{E}\,\widehat{\otimes}_\pi\,\mathrm{F}$ dans $\mathrm{E}\,\widehat{\otimes}_\varepsilon\,\mathrm{F}$, on obtient une application linéaire continue $\widehat{\vartheta}$ de $\mathrm{F}\,\widehat{\otimes}_\pi\,\mathrm{E}$ dans $\mathscr{L}(\mathrm{F}';\mathrm{E})$. Posons $\check{s} = \widehat{\vartheta}(s)$.

Soit $\zeta\colon (\mathrm{F}\otimes_\pi\mathrm{E})' \to \mathscr{L}(\mathrm{F};\mathrm{E}')$ la bijection définie dans le cor. 1 de la prop. 32 de VI, p. 53 ; on a donc $\langle y\otimes x, h\rangle = \langle x, \zeta(h)(y)\rangle$ quels que soient $y \in \mathrm{F}$, $x \in \mathrm{E}$ et $h \in (\mathrm{F}\otimes_\pi\mathrm{E})'$. Identifions $(\mathrm{F}\otimes_\pi\mathrm{E})'$ et $(\mathrm{F}\,\widehat{\otimes}_\pi\,\mathrm{E})'$ (III, p. 16, n° 3) et posons $g' = \zeta^{-1}(g)$. Vérifions que

$$(7) \qquad\qquad \langle s, g'\rangle = \tau(t)$$

et, si l'on désigne par $c_{\mathrm{E}}\colon \mathrm{E} \to \mathrm{E}''$ l'application canonique, que

$$(8) \qquad\qquad \check{t} = \check{s}\circ({}^{t}g\circ c_{\mathrm{E}}).$$

Par linéarité et continuité, il suffit de démontrer ces formules lorsque s est de la forme $y\,\widehat{\otimes}_\pi\,x$ avec $x \in \mathrm{E}$ et $y \in \mathrm{F}$, de sorte que $\check{s}(\ell) = \langle y,\ell\rangle x$ pour tout $\ell \in \mathrm{F}'$. On a alors $t = g(y)\,\widehat{\otimes}_\pi\,x$, d'où

$$\langle s, g'\rangle = \langle x, g(y)\rangle = \tau(t)$$

et, pour $z \in \mathrm{E}$,

$$\check{t}(z) = \langle z, g(y)\rangle x = \langle g(y), c_{\mathrm{E}}(z)\rangle x = \langle y, ({}^{t}g(c_{\mathrm{E}}))(z)\rangle x = \check{s}({}^{t}g\circ c_{\mathrm{E}}(z)).$$

Cela démontre les égalités (7) et (8).

Supposons maintenant que l'image de s par l'application canonique de $F \widehat{\otimes}_\pi E$ dans $F \widehat{\otimes}_\varepsilon E$ soit nulle. On a alors $\check{s} = 0$, d'où $t \in \mathrm{Ker}(\widehat{\theta}_E)$ d'après (8). Si (ii) est satisfaite, on en déduit $\tau(t) = 0$, ce qui entraîne $\langle s, g' \rangle = 0$ d'après (7). Ainsi $\langle s, \zeta^{-1}(g) \rangle = 0$ pour tout $g \in \mathscr{L}(F; E')$; puisque ζ est bijective, on en conclut que s appartient au noyau de toute forme linéaire continue sur l'espace séparé $F \widehat{\otimes}_\pi E$. On a donc $s = 0$ (II, p. 26, cor. 1), d'où (v).

Montrons l'implication (i) $\Rightarrow$ (ii). Soit t un élément de $\mathrm{Ker}(\widehat{\theta}_E)$. Considérons la forme linéaire $u \mapsto \langle t, u \rangle = \tau(u \diamond t)$ sur $\mathscr{L}_{\mathrm{pc}}(E)$ introduite au n° 4 de VII, p. 234. Elle est continue (VII, p. 236, prop. 7), et puisque $\check{t} = 0$, elle s'annule sur $\mathscr{L}^1(E)$ (VII, p. 235, prop. 6, b)), donc sur $\mathscr{L}^{\mathrm{f}}(E)$. Si E est un espace d'approximation, alors 1_E est adhérente à $\mathscr{L}^{\mathrm{f}}(E)$ dans $\mathscr{L}_{\mathrm{pc}}(E)$; on a donc $\langle t, 1_E \rangle = 0$, c'est-à-dire $\tau(t) = 0$, d'où (ii).

Enfin, prouvons (ii) $\Rightarrow$ (i). Soit ℓ une forme linéaire continue sur $\mathscr{L}_{\mathrm{pc}}(E)$ s'annulant sur $\mathscr{L}^{\mathrm{f}}(E)$. D'après la prop. 7 de VII, p. 236, il existe un élément t de $E' \widehat{\otimes}_\pi E$ tel que $\ell(u) = \langle t, u \rangle$ pour tout $u \in \mathscr{L}_{\mathrm{pc}}(E)$. Il résulte alors de la prop. 6, b) de VII, p. 235 que pour tout $\xi \in E'$ et tout $x \in E$, on a

$$0 = \ell(\langle \cdot, \xi \rangle x) = \mathrm{Tr}(\check{t} \circ (\langle \cdot, \xi \rangle x)) = \mathrm{Tr}(\langle \cdot, \xi \rangle \check{t}(x)) = \langle \check{t}(x), \xi \rangle,$$

ce qui entraîne $\check{t} = 0$ (II, p. 26, cor. 1). Sous l'hypothèse (ii), on obtient $\tau(t) = 0$, c'est-à-dire $\ell(1_E) = \langle t, 1_E \rangle = 0$. Ainsi l'application 1_E est adhérente à $\mathscr{L}^{\mathrm{f}}(E)$ dans $\mathscr{L}_{\mathrm{pc}}(E)$ (*loc. cit.*), ce qui signifie que E est un espace d'approximation.

Corollaire 1. — *Soit* E *un espace de Banach possédant la propriété d'approximation. Pour tout espace de Banach* F, *l'application canonique* $\widehat{\theta}_{F;E} : F' \widehat{\otimes}_\pi E \to \mathscr{L}(F; E)$ *induit un isomorphisme isométrique de* $F' \widehat{\otimes}_\pi E$ *sur* $\mathscr{L}^1(F; E)$.

En effet, l'application $\widehat{\theta}_{F;E}$ est injective d'après le th. 2, d'image égale à $\mathscr{L}^1(F; E)$ d'après la prop. 2, b) de VII, p. 175, et isométrique par définition de la norme nucléaire (VII, p. 175, n° 4).

Corollaire 2. — *Soit* E *un espace de Banach. Si* E' *possède la propriété d'approximation, alors il en va de même de* E.

Si E' est un espace d'approximation, l'application canonique de $E' \widehat{\otimes}_\pi E$ dans $E' \widehat{\otimes}_\varepsilon E$ est injective (th. 2, (v)). Compte tenu de la prop. 25 de VI, p. 46, il en résulte que l'application $\widehat{\theta}_E : E' \widehat{\otimes}_\pi E \to \mathscr{L}(E)$ est injective, donc E est un espace d'approximation (th. 2).

6. Trace et déterminant dans les espaces d'approximation

Soit E un espace de Banach. Dans tout ce numéro, on suppose que E possède la propriété d'approximation. Pour tout espace de Banach F, notons $t \mapsto \check{t}$ l'application canonique $\widehat{\theta}_{\mathrm{F;E}} \colon \mathrm{F}' \mathbin{\widehat{\otimes}_\pi} \mathrm{E} \to \mathscr{L}^1(\mathrm{F}; \mathrm{E})$; c'est un isomorphisme isométrique d'espaces de Banach (VII, p. 239, cor. 1). En particulier $\mathrm{E}' \mathbin{\widehat{\otimes}_\pi} \mathrm{E}$ s'identifie à $\mathscr{L}^1(\mathrm{E})$, et la forme trace τ_{E} (VII, p. 235, déf. 2) définit une forme linéaire continue

$$(9) \qquad \mathrm{Tr} \colon \mathscr{L}^1(\mathrm{E}) \to \mathrm{K},$$

de norme $\leqslant 1$.

Remarques. — 1) La restriction de l'application $\mathrm{Tr} \colon \mathscr{L}^1(\mathrm{E}) \to \mathrm{K}$ au sous-espace $\mathscr{L}^{\mathrm{bi}}(\mathrm{E})$ coïncide avec la forme trace définie au n° 2 de VII, p. 228 : en effet, si F est un espace de Banach, si $u \in \mathscr{L}^1(\mathrm{E}; \mathrm{F})$ et $v \in \mathscr{L}^1(\mathrm{F}; \mathrm{E})$, et si t est un élément de $\mathrm{F}' \mathbin{\widehat{\otimes}_\pi} \mathrm{E}$ tel que $\check{t} = v$, alors $v \circ u = (t \diamond u)\check{\ }$ d'après la prop. 5, *b*) de VII, p. 234, et $\tau(t \diamond u) = \mathrm{Tr}(v \circ u)$ d'après la prop. 6, *b*) de VII, p. 235. Notre assertion en résulte.

2) Si u appartient à $\mathscr{L}^{\mathrm{f}}(\mathrm{E})$, alors $\mathrm{Tr}(u)$ coïncide également avec la trace de u définie dans A, VIII, p. 454 : cela résulte de la remarque précédente et de la remarque 2 de VII, p. 230.

3) Si $u \in \mathscr{L}^{\mathrm{f}}(\mathrm{E})$ et si F est un sous-espace vectoriel de dimension finie de E contenant l'image de u, on a $\mathrm{Tr}(u) = \mathrm{Tr}(u_{\mathrm{F}})$: vu la remarque précédente, cela résulte du corollaire de la prop. 2 de A, VIII, p. 455.

Définition 3. — *Soit v un endomorphisme de* E *de la forme* $1_{\mathrm{E}} + u$ *avec* $u \in \mathscr{L}^1(\mathrm{E})$. *On appelle* déterminant *de v, et on note* $\det(v)$, *l'élément de* K *défini par*

$$\det(v) = \det(1_{\mathrm{E}} + u) = \det_{\mathrm{reg}}(1_{\mathrm{E}} + u) e^{\mathrm{Tr}(u)}.$$

Remarques. — 4) Lorsque E est un espace hilbertien, il résulte du lemme 11 de VII, p. 222 que cette notation coïncide avec celle introduite dans le n° 1 du § 2 de VII, p. 205.

5) Si $u \in \mathscr{L}^{\mathrm{f}}(\mathrm{E})$, la notation $\det(1_{\mathrm{E}} + u)$ est compatible avec la définition algébrique donnée dans A, VIII, p. 455 (VII, p. 232, th. 1).

Théorème 3. — *Soit* E *un espace de Banach possédant la propriété d'approximation.*

a) *L'application* $u \mapsto \det(1_{\mathrm{E}} + u)$, *de* $\mathscr{L}^1(\mathrm{E})$ *dans* K, *est analytique.*

b) *Pour qu'un élément v de $1_{\mathrm{E}} + \mathscr{L}^1(\mathrm{E})$ soit inversible, il faut et il suffit que l'on ait $\det(v) \neq 0$; dans ce cas v^{-1} appartient à $1_{\mathrm{E}} + \mathscr{L}^1(\mathrm{E})$.*

c) *Soient v et v' des éléments de $1_{\mathrm{E}} + \mathscr{L}^1(\mathrm{E})$. On a*

$$\det(v \circ v') = \det(v' \circ v) = \det(v)\det(v').$$

Comme l'application $u \mapsto \mathrm{Tr}(u)$, de $\mathscr{L}^1(\mathrm{E})$ dans K, est analytique, la fonction $u \mapsto e^{\mathrm{Tr}(u)}$ est analytique sur $\mathscr{L}^1(\mathrm{E})$; les assertions *a*) et *b*) résultent donc des assertions correspondantes du th. 1 de VII, p. 232. Soient v et v' des éléments de $1_{\mathrm{E}} + \mathscr{L}^1(\mathrm{E})$; si l'on écrit $v = 1_{\mathrm{E}} + u$ et $v' = 1_{\mathrm{E}} + u'$ avec u et u' dans $\mathscr{L}^1(\mathrm{E})$, on a

$$\det(v \circ v') = \det_{\mathrm{reg}}(v \circ v')e^{\mathrm{Tr}(v \circ v' - 1_{\mathrm{E}})}$$

$$= \det_{\mathrm{reg}}(v)\det_{\mathrm{reg}}(v')e^{-\mathrm{Tr}(u \circ u')}e^{\mathrm{Tr}(v \circ v' - 1_{\mathrm{E}})} = \det(v)\det(v'),$$

d'après *loc. cit.*, *d*). Cela démontre l'assertion *c*) et le théorème 3.

Considérons les polynômes $\mathrm{P}_p \in \mathbf{Q}[\mathrm{T}_1, \ldots, \mathrm{T}_p]$ définis dans le n° 3 de VII, p. 218. On a l'identité

$$\exp\left(\sum_{i \geqslant 1} \mathrm{T}_i z^i\right) = \sum_{p \in \mathbf{N}} \mathrm{P}_p(\mathrm{T}_1, \ldots, \mathrm{T}_p)z^p$$

(VII, p. 219, lemme 7). Pour tout entier $i \geqslant 1$, posons

$$t_i(u) = (-1)^{i-1}\,\mathrm{Tr}(u^i)/i\,;$$

pour tout entier $p \geqslant 0$, posons de plus

$$(10) \qquad a_p(u) = \mathrm{P}_p(t_1(u), \ldots, t_p(u)).$$

On a $a_0(u) = 1$ et $a_1(u) = \mathrm{Tr}(u)$; si l'on désigne par $(b_r)_{r \in \mathbf{N}}$ la famille de polynômes-continus définie dans la formule (1) de VII, p. 231, il résulte du lemme 8 de VII, p. 219 que l'égalité

$$(11) \qquad a_p(u) = \sum_{q+r=p} \frac{\mathrm{Tr}(u)^q}{q!}b_r(u)$$

est valable pour tout $u \in \mathscr{L}^1(\mathrm{E})$.

La fonction $a_p \colon \mathscr{L}^1(\mathrm{E}) \to \mathrm{K}$ est un polynôme-continu homogène de degré p.

PROPOSITION 8. —   a) *La série $\sum_{p \in \mathbf{N}} a_p$ est de rayon de convergence infini.*

b) *Pour tout $u \in \mathscr{L}^1(\mathrm{E})$, on a*

$$\det(1_{\mathrm{E}} + u) = \sum_{p \in \mathbf{N}} a_p(u).$$

c) *Pour tout $u \in \mathscr{L}^{\mathrm{f}}(\mathrm{E})$ et pour tout $p \in \mathbf{N}$, on a*

$$a_p(u) = \operatorname{Tr}(\wedge^p u).$$

D'après la prop. 4 de VII, p. 232, la série $\sum_{n \in \mathbf{N}} b_n$ est de rayon de convergence infini ; de plus, la forme linéaire $\operatorname{Tr} \colon \mathscr{L}^1(\mathrm{E}) \to \mathrm{K}$ est continue, donc la série $\sum_{n \in \mathbf{N}} \operatorname{Tr}^n/(n!)$ est de rayon de convergence infini. Vu la formule (11), la série $\sum_{p \geqslant 0} a_p$ est donc produit de deux séries de rayon de convergence infini, d'où $a)$. De plus, pour tout élément u de $\mathscr{L}^1(\mathrm{E})$, les séries $\sum_{n \in \mathbf{N}} b_n(u)$ et $\sum_{n \in \mathbf{N}} \operatorname{Tr}(u)^n/(n!)$ sont absolument convergentes, de sommes respectives $\det_{\mathrm{reg}}(u)$ et $e^{\operatorname{Tr}(u)}$. Compte tenu de la déf. 3 et de la formule (11), l'assertion $b)$ s'ensuit.

Soit u un élément de $\mathscr{L}^{\mathrm{f}}(\mathrm{E})$, et soit F l'image de u. Soit $p \in \mathbf{N}$. D'après la remarque 3, on a $t_i(u) = t_i(u_{\mathrm{F}})$ pour tout $i \in \mathbf{N}$; par conséquent $a_p(u) = a_p(u_{\mathrm{F}})$. Or il résulte du lemme 9 de VII, p. 220 que $a_p(u_{\mathrm{F}}) = \operatorname{Tr}(\wedge^p u_{\mathrm{F}})$; puisque $\operatorname{Tr}(\wedge^p u_{\mathrm{F}}) = \operatorname{Tr}(\wedge^p u)$ d'après A, VIII, p. 455, cor. de la prop. 2, on obtient $a_p(u) = \operatorname{Tr}(\wedge^p u)$. Cela démontre $c)$.

Remarque. — Soit u un endomorphisme nucléaire de E. La famille $(m_\lambda(u)\lambda)_{\lambda \in \mathbf{C}^*}$ n'est pas toujours sommable, même lorsque E est un espace d'approximation (VII, p. 300, exercice 1).

7. Produit extérieur d'applications linéaires de rang fini

Dans ce numéro, la lettre A désigne une $\mathbf{Q}$-algèbre commutative unifère et les lettres E et F désignent des modules projectifs sur A. On fixe en outre un entier $p \geqslant 1$.

Comme dans A, III, p. 152, notons $\delta_p \colon \wedge^p \mathrm{E} \to \bigotimes^p \mathrm{E}$ l'unique application linéaire telle que l'on ait

$$\delta_p(x_1 \wedge \cdots \wedge x_p) = \sum_{\sigma \in \mathfrak{S}_p} \varepsilon_\sigma x_{\sigma(1)} \otimes \cdots \otimes x_{\sigma(p)}$$

quels que soient $x_1, \ldots, x_p$ dans E, où σ parcourt le groupe symétrique $\mathfrak{S}_p$ et où ε_σ désigne la signature de σ.

Soit m_p l'unique application linéaire de $\bigotimes^p \mathrm{F}$ dans $\wedge^p\mathrm{F}$ telle que l'on ait $m_p(y_1 \otimes \cdots \otimes y_p) = y_1 \wedge \cdots \wedge y_p$ quels que soient $y_1, \ldots, y_p$ dans F.

DÉFINITION 4. — *Soient $u_1, \ldots, u_p$ des applications linéaires de* E *dans* F. *On appelle* produit extérieur *de la famille* $(u_1, \ldots, u_p)$ *l'application linéaire* $u_1 \wedge \cdots \wedge u_p$ *de* $\wedge^p\mathrm{E}$ *dans* $\wedge^p\mathrm{F}$ *définie par la formule*

$$u_1 \wedge \cdots \wedge u_p = \frac{1}{p!}\, m_p \circ (u_1 \otimes \cdots \otimes u_p) \circ \delta_p.$$

Remarques. — 1) Si tous les u_i sont égaux à une même application u, alors l'application $\wedge^p u = u \wedge \cdots \wedge u$ de $\wedge^p\mathrm{E}$ dans $\wedge^p\mathrm{F}$ est induite par l'application $\wedge u \colon \wedge\mathrm{E} \to \wedge\mathrm{F}$ définie dans A, III, p. 81 : cela résulte directement des définitions, compte tenu de la prop. 5 de A, III, p. 79.

2) Si les applications u_i sont toutes de rang fini, alors l'application $u_1 \otimes \cdots \otimes u_p$ est de rang fini (A, II, p. 62, corollaire 2), et l'application linéaire $u_1 \wedge \cdots \wedge u_p$ est de rang fini.

Rappelons que si M est un A-module projectif et si $\mathrm{End}_\mathrm{A}^{\mathrm{f}}(\mathrm{M})$ désigne le A-module formé des endomorphismes de M de rang fini (A, VIII, App. 4, nᵒ 2, p. 454), on a défini dans A, VIII (*loc. cit.*) une forme linéaire $\mathrm{Tr}\colon \mathrm{End}_\mathrm{A}^{\mathrm{f}}(\mathrm{M}) \to \mathrm{A}$, dite *forme trace*. Rappelons également que le A-module $\wedge^p\mathrm{E}$ est projectif.

PROPOSITION 9. — *Soit* I *un ensemble fini. Pour tout $i \in$ I, soit x_i' une forme linéaire sur* E, *soit y_i un élément de* E ; *notons u_i l'endomorphisme $\langle \cdot, x_i'\rangle y_i$ de* E. *On a alors*

$$\mathrm{Tr}(u_1 \wedge \cdots \wedge u_p) = \frac{1}{p!}\, \det\left(\langle y_j, x_i'\rangle\right)_{1 \leqslant i,j \leqslant p}.$$

Comme $\wedge^p\mathrm{E}$ est engendré par les éléments de la forme $z_1 \wedge \cdots \wedge z_p$ avec $z_1, \ldots, z_p \in \mathrm{E}$, il existe une unique forme linéaire Λ sur $\wedge^p\mathrm{E}$ telle que pour tout $(z_1, \ldots, z_p) \in \mathrm{E}^p$, on ait

$$\langle z_1 \wedge \cdots \wedge z_p, \Lambda\rangle = \det\left(\langle z_j, x_i'\rangle\right)_{1 \leqslant i,j \leqslant p}$$

Notons Υ l'élément $y_1 \wedge \cdots \wedge y_p$ de $\wedge^p E$. Si Z est un élément de $\wedge^p E$ de la forme $z_1 \wedge \cdots \wedge z_p$, alors par définition de $u_1 \wedge \cdots \wedge u_p$, on a

$$(u_1 \wedge \cdots \wedge u_p)(Z) = \frac{1}{p!} \sum_{\sigma \in \mathfrak{S}_p} \varepsilon_\sigma \, u_1(z_{\sigma(1)}) \wedge \cdots \wedge u_p(z_{\sigma(p)})$$

$$= \frac{1}{p!} \sum_{\sigma \in \mathfrak{S}_p} \varepsilon_\sigma \langle z_{\sigma(1)}, x_1' \rangle \cdots \langle z_{\sigma(p)}, x_p' \rangle (y_1 \wedge \cdots \wedge y_p)$$

$$= \frac{1}{p!} \langle Z, \Lambda \rangle \Upsilon.$$

Il en résulte que $u_1 \wedge \cdots \wedge u_p$ est de rang $\leqslant 1$, égal à $\frac{1}{p!} \langle \cdot, \Lambda \rangle \Upsilon$. Par définition de la forme trace (A, VIII, p. 454), on obtient

$$\mathrm{Tr}(u_1 \wedge \cdots \wedge u_p) = \frac{1}{p!} \langle \Upsilon, \Lambda \rangle = \frac{1}{p!} \det \left(\langle y_j, x_i' \rangle \right)_{1 \leqslant i,j \leqslant p},$$

d'où la proposition.

8. Applications définies par des noyaux continus

Soient X un espace topologique compact et μ une mesure positive sur X. Pour tout élément k de $\mathscr{C}(X \times X)$, notons $u_k \colon \mathscr{C}(X) \to \mathscr{C}(X)$ l'application définie par

$$(u_k f)(x) = \int_X k(x,y) f(y) d\mu(y)$$

pour $f \in \mathscr{C}(X)$ et $x \in X$.

Lemme 2. — *Soient k et k' des éléments de* $\mathscr{C}(X \times X)$. *Soit λ la fonction de* $X \times X$ *dans K définie par*

$$\lambda(x,y) = \int_X k(x,z) k'(z,y) d\mu(z)$$

pour x et y dans X. La fonction λ est continue et on a $u_k \circ u_{k'} = u_\lambda$.

La continuité de λ résulte du lemme 2 de INT, III, p. 83, § 4, n° 1, appliqué à la fonction continue $((x,y),z) \mapsto k(x,z) k'(z,y) f(z)$ sur $(X \times X) \times X$. De plus, pour tout $x \in X$, on a

$$(u_\lambda f)(x) = \int_X \left(\int_X k(x,z) k'(z,y) d\mu(z) \right) f(y) \, d\mu(y)$$

$$= \int_{X \times X} k(x,z) \, k'(z,y) \, f(y) \, d\mu(y) \, d\mu(z)$$

d'après le théorème de Fubini (INT, III, p. 84, § 4, n° 1, th. 2)

$$= \int_X k(x,z) \left(\int_X k'(z,y) f(y)\, d\mu(y) \right) d\mu(z)$$

$$= \int_X k(x,z)\, u_{k'}(f)(z)\, d\mu(z) = u_k\big(u_{k'}(f)\big)(x),$$

d'où le lemme.

Soit $p \in \mathbf{N}$. Pour $k_1, \dots, k_p$ dans $\mathscr{C}(X \times X)$, posons

$$\gamma_p(k_1, \dots, k_p) = \frac{1}{p!} \int_{X^p} \det\big((k_i(x_i, x_j))_{1 \leqslant i,j \leqslant p}\big) d\mu(x_1) \cdots d\mu(x_p)\,;$$

on définit ainsi une forme p-linéaire continue sur $\mathscr{C}(X \times X)^p$.

L'application canonique $\Psi_{X,Y}\colon \mathscr{C}(X) \otimes \mathscr{C}(Y) \to \mathscr{C}(X \times Y)$ (VI, p. 65) est injective (VI, p. 65, prop. 2) et d'image dense (TG, X, p. 38, th. 4) ; elle permet donc d'identifier $\mathscr{C}(X) \otimes \mathscr{C}(X)$ à un sous-espace dense de l'espace de Banach $\mathscr{C}(X \times X)$.

Si $k \in \mathscr{C}(X) \otimes \mathscr{C}(X)$, l'application u_k est alors de rang fini : en effet, si $(f_i, g_i)_{i \in I}$ est une écriture de k dans $\mathscr{C}(X) \otimes \mathscr{C}(X)$, alors l'image de u_k est contenue dans le sous-espace de $\mathscr{C}(X)$ engendré par les g_i. L'application linéaire $u_{k_1} \wedge \cdots \wedge u_{k_p}$ est donc de rang fini (VII, p. 243, remarque 2).

Lemme 3. — *Si $k_1, \dots, k_p$ sont des éléments de $\mathscr{C}(X) \otimes \mathscr{C}(X)$, alors*

$$\gamma_p(k_1, \dots, k_p) = \mathrm{Tr}(u_{k_1} \wedge \cdots \wedge u_{k_p}).$$

Par multilinéarité, il suffit de traiter le cas où chaque k_i est de la forme $(x,y) \mapsto f_i(x) g_i(y)$ avec f_i et g_i dans $\mathscr{C}(X)$. On a alors

$$\det\big(k_i(x_i, x_j)_{1 \leqslant i,j \leqslant p}\big) = \det\big((g_i(x_j))_{1 \leqslant i,j \leqslant p}\big) \prod_{i=1}^{p} f_i(x_i)$$

$$= \sum_{\sigma \in \mathfrak{S}_p} \varepsilon_\sigma \prod_{i=1}^{p} f_i(x_i) g_{\sigma(i)}(x_i)\,;$$

d'après le théorème de Fubini (INT, III, p. 84, § 4, n° 1, th. 2), il vient

$$\gamma_p(k_1, \dots, k_p) = \frac{1}{p!} \sum_{\sigma \in \mathfrak{S}_p} \varepsilon_\sigma \prod_{i=1}^{p} \int_X f_i(x) g_{\sigma(i)}(x) d\mu(x)$$

$$= \frac{1}{p!} \det\left(\int_X f_i(x) g_j(x) d\mu(x) \right)_{1 \leqslant i,j \leqslant p}.$$

D'autre part, dans le cas considéré, l'endomorphisme u_{k_i} est égal à $\langle \cdot, \varphi_i \rangle f_i$, où φ_i est la forme linéaire continue $h \mapsto \int_X g_i(y)h(y)d\mu(y)$ sur $\mathscr{C}(X)$. Le lemme 3 résulte alors de la prop. 9 de VII, p. 243.

L'espace de Banach $E = \mathscr{C}(X)$ possède la propriété d'approximation (TS, III, p. 21, prop. 13) ; soit $\mathrm{Tr} \colon \mathscr{L}^1(E) \to K$ l'application linéaire continue définie dans le n° 6 (VII, p. 240, formule (9)). Rappelons que pour tout $k \in \mathscr{C}(X \times X)$, l'endomorphisme u_k de E est nucléaire (VII, p. 200, cor. 2).

PROPOSITION 10. — *Soit k un élément de $\mathscr{C}(X \times X)$.*

a) *On a $\mathrm{Tr}(u_k) = \int_X k(x,x)d\mu(x)$.*

b) *Pour tout $p \in \mathbf{N}$ et tout élément $(x_1, \ldots, x_p)$ de X^p, posons $k^{(p)}(x_1, \ldots, x_p) = \det\big(k(x_i, x_j)_{1 \leqslant i,j \leqslant p}\big)$. La série $\sum_{p \in \mathbf{N}} \frac{1}{p!} \int_{X^p} k^{(p)}$ est absolument convergente et on a l'égalité*

$$\det(1_E + u_k) = \sum_{p \in \mathbf{N}} \frac{1}{p!} \int_{X^p} k^{(p)}(x_1, \ldots, x_p) d\mu(x_1) \cdots d\mu(x_p).$$

Soit $p \in \mathbf{N}$. L'application $c_p \colon k \to \frac{1}{p!} \int_{X^p} k^{(p)}$ est un polynôme-continu homogène de degré p sur $\mathscr{C}(X \times X)$, puisque $c_p(k) = \gamma_p(k, \ldots, k)$ pour tout k. Lorsque k appartient à $\mathscr{C}(X) \otimes \mathscr{C}(X)$, on a de plus $c_p(k) = \mathrm{Tr}(\bigwedge^p u_k)$ d'après le lemme 3, vu la remarque 1 de VII, p. 243.

Soit a_p le polynôme-continu homogène sur $\mathscr{L}^1(E)$ défini dans la formule (10) de VII, p. 241 ; on a $a_p(u) = \mathrm{Tr}(\bigwedge^p u)$ lorsque u est un endomorphisme continu de E de rang fini (VII, p. 241, prop. 8, c)). Ainsi les fonctions polynomiales $k \mapsto c_p(k)$ et $k \mapsto a_p(u_k)$ sur $\mathscr{C}(X \times X)$ sont continues et coïncident sur le sous-espace dense $\mathscr{C}(X) \otimes \mathscr{C}(X)$; elles sont donc égales. Ainsi

$$a_p(u_k) = c_p(k) = \int_{X^p} k^{(p)}(x_1, \ldots, x_p)\, d\mu(x_1) \cdots d\mu(x_p)$$

pour tout $k \in \mathscr{C}(X \times X)$. Puisque la série $\sum_{p \in \mathbf{N}} a_p(u_k)$ est absolument convergente (VII, p. 241, proposition 8, a)), on en déduit que la série $\sum_{p \in \mathbf{N}} \frac{1}{p!} \int_{X^p} k^{(p)}$ est absolument convergente. Par ailleurs, on a $\mathrm{Tr}(u_k) = a_1(u_k)$ par définition (VII, p. 241), et on a l'égalité $\det(1_E + u_k) = \sum_{p \geqslant 0} a_p(u_k)$ (VII, p. 241, prop. 8, b)), d'où la prop. 10.

COROLLAIRE. — *Pour tout entier $p \geqslant 1$, on a*

$$\mathrm{Tr}(u_k^p) = \int_{X^p} k(x_1, x_2)k(x_2, x_3) \cdots k(x_p, x_1)\, d\mu(x_1) \cdots d\mu(x_p).$$

Posons $k_1 = k$ et pour tout entier $p \geqslant 2$, notons k_p la fonction continue sur $X \times X$ définie par

$$k_p(x, y) = \int_{X^p} k(x, x_1) k(x_1, x_2) \cdots k(x_{p-1}, y)\, d\mu(x_1) \cdots d\mu(x_{p-1})$$

Démontrons par récurrence sur $p \geqslant 1$ l'égalité $u_{k_p} = u_k^p$. Elle est vraie pour $p = 1$. Soit p un entier $\geqslant 2$. Supposons $u_{k_{p-1}} = u_k^{p-1}$. En vertu du théorème de Fubini (INT, III, *loc. cit.*), on a

$$k_p(x, y) = \int_X k(x, x_1) k_{p-1}(x_1, y) d\mu(x_1).$$

D'après le lemme 2, il en résulte que $u_{k_p} = u_k \circ u_{k_{p-1}}$; vu l'hypothèse $u_{k_{p-1}} = u_k^{p-1}$, cela achève la récurrence.

Compte tenu de la prop. 10, a), on en déduit que

$$\mathrm{Tr}(u_k^p) = \int_{X^p} k(x_1, x_2) k(x_2, x_3) \cdots k(x_p, x_1) d\mu(x_1) \cdots d\mu(x_p),$$

ce qu'il fallait démontrer.

§ 4. ESPACES NUCLÉAIRES

1. Espaces nucléaires

DÉFINITION 1. — *Un espace localement convexe* E *est dit* nucléaire *si toute application linéaire continue de* E *dans un espace de Banach est nucléaire.*

On dira souvent « espace nucléaire » au lieu de « espace localement convexe nucléaire ».

Remarque 1. — La définition 1 est équivalente à celle donnée dans INT, IX, p. 91, § 6, n° 10 (VII, p. 307, exercice 1).

PROPOSITION 1. —   a) *Pour qu'un espace localement convexe soit nucléaire, il faut et il suffit que son séparé complété soit nucléaire.*
   b) *Toute application linéaire continue d'un espace nucléaire dans un espace de Banach est polynucléaire.*

Soient E un espace localement convexe et B un espace de Banach. Toute application linéaire continue $u\colon \mathrm{E} \to \mathrm{B}$ induit par passage aux séparés complétés une unique application linéaire continue $\overline{u}\colon \widehat{\mathrm{E}} \to \mathrm{B}$, et l'application $u \mapsto \overline{u}$ définit une bijection de $\mathscr{L}(\mathrm{E};\mathrm{B})$ sur $\mathscr{L}(\widehat{\mathrm{E}};\mathrm{B})$ (TG, III, p. 54). L'image de $\mathscr{L}^1(\mathrm{E};\mathrm{B})$ par cette bijection est contenue dans $\mathscr{L}^1(\widehat{\mathrm{E}};\mathrm{B})$ d'après la prop. 3 de VII, p. 171, et égale à $\mathscr{L}^1(\widehat{\mathrm{E}};\mathrm{B})$ d'après la prop. 2 de VII, p. 170. L'assertion $a)$ en résulte.

Soit E un espace nucléaire ; prouvons par récurrence sur l'entier $k \geqslant 1$ que toute application linéaire continue de E dans un espace de Banach est composée de k applications nucléaires. C'est vrai pour $k = 1$ par définition. Soit k un entier $\geqslant 2$; supposons que toute application linéaire continue de E dans un espace de Banach est composée de $(k-1)$ applications nucléaires. Soient B un espace de Banach et $u\colon \mathrm{E} \to \mathrm{B}$ une application linéaire continue. Puisque E est nucléaire, l'application u est nucléaire ; il existe donc une semi-norme continue p sur E telle que $u \in \mathscr{L}^1(\mathrm{E}_p;\mathrm{B})$ (VII, p. 168, remarque 4). L'application $\widehat{u}\colon \widehat{\mathrm{E}}_p \to \mathrm{B}$ déduite de u est donc nucléaire. D'autre part, l'hypothèse de récurrence implique que l'application canonique $\varphi_p\colon \mathrm{E} \to \widehat{\mathrm{E}}_p$ est composée de $(k-1)$ applications nucléaires. Ainsi $u = \widehat{u} \circ \varphi_p$ est composée de k applications nucléaires, d'où $b)$.

COROLLAIRE. — *Un espace normé est nucléaire si et seulement s'il est de dimension finie.*

En effet, si E est un espace normé, alors E s'identifie à un sous-espace de l'espace de Banach $\widehat{\mathrm{E}}$; d'après la prop. 4 de VII, p. 171, l'application canonique $\varphi_{\mathrm{E}}\colon \mathrm{E} \to \widehat{\mathrm{E}}$ est donc nucléaire si et seulement si E est de dimension finie. Si E est nucléaire, alors φ_{E} est nucléaire par définition, donc E est de dimension finie. Inversement, si E est de dimension finie, alors il est nucléaire d'après la prop. 1, $a)$ de VII, p. 169.

2. Changement du corps de base

PROPOSITION 2. — *Soient* E *un espace localement convexe réel et* $\mathrm{E}_{(\mathbf{C})}$ *l'espace localement convexe complexifié de* E. *Pour que* E *soit nucléaire, il faut et il suffit que* $\mathrm{E}_{(\mathbf{C})}$ *soit nucléaire.*

Supposons en effet E nucléaire. Toute application $\mathbf{C}$-linéaire continue $\widetilde{v}$ de $\mathrm{E}_{(\mathbf{C})}$ dans un espace de Banach complexe B est l'extension de l'application $\mathbf{R}$-linéaire continue v de E dans B obtenue par restriction de $\widetilde{v}$ à E (*cf.* A, II, p. 82, prop. 1). Comme v est nucléaire, il résulte du cor. 2 de VII, p. 174 que $\widetilde{v}$ est nucléaire, de sorte que $E_{(\mathbf{C})}$ est nucléaire. Inversement, supposons $E_{(\mathbf{C})}$ nucléaire ; soit V un espace de Banach réel et soit $u \in \mathscr{L}(E; V)$. L'espace $V_{(\mathbf{C})}$ est normable et complet (VI, p. 33, remarque 2) ; par conséquent, l'application $u_{(\mathbf{C})} \colon E_{(\mathbf{C})} \to V_{(\mathbf{C})}$ déduite de u est nucléaire. Vu le cor. 1 de VII, p. 173, il en résulte que u est nucléaire (VII, p. 173, cor. 1), ce qui prouve que E est nucléaire.

PROPOSITION 3. — *Soient* F *un espace localement convexe complexe et* F_0 *l'espace localement convexe réel sous-jacent à* F. *Pour que* F *soit nucléaire, il faut et il suffit que* F_0 *soit nucléaire.*

En effet, si F_0 est nucléaire, il résulte de la prop. 6 de VII, p. 173 que toute application $\mathbf{C}$-linéaire continue de F dans un espace de Banach complexe est nucléaire, donc F est nucléaire. Inversement, supposons F nucléaire ; notons $\overline{F}$ l'espace localement convexe complexe d'espace réel sous-jacent F_0, avec la loi externe $(\lambda, x) \mapsto \overline{\lambda}x$. Pour tout espace de Banach complexe B, notant de même $\overline{B}$ l'espace de Banach complexe ayant même espace réel sous-jacent et loi externe $(\lambda, x) \mapsto \overline{\lambda}x$, on a $\mathscr{L}(\overline{F}; B) = \mathscr{L}(F; \overline{B})$ et $\mathscr{L}^1(\overline{F}; B) = \mathscr{L}^1(F; \overline{B})$ (*loc. cit.*), de sorte que $\overline{F}$ est nucléaire. On en déduit que l'espace $(F_0)_{(\mathbf{C})}$, qui est isomorphe à $F \oplus \overline{F}$ (A, V, p. 61, prop. 8), est nucléaire (VII, p. 171, remarque 5). D'après la prop. 2, l'espace F_0 est donc nucléaire.

3. Semi-normes p-intégrales

Rappelons que si T est un espace topologique localement compact, on désigne par $\mathscr{C}^b(T)$ l'espace de Banach des fonctions continues bornées de T dans K (VI, p. 12, exemple 1).

DÉFINITION 2. — *Soient* E *un espace localement convexe,* p *un nombre réel* $\geqslant 1$. *Une semi-norme* ϱ *sur* E *est dite* p-*intégrale s'il existe un espace localement compact* T, *une mesure positive bornée* μ *sur* T, *et une application linéaire continue* $\varphi \colon E \to \mathscr{C}^b(T)$, *tels que l'on ait*

$$\varrho(x) = \left(\int_T |\varphi(x)(t)|^p d\mu(t) \right)^{1/p}$$

pour tout $x \in E$.

L'ensemble des semi-normes p-intégrales sur E est noté $I^p(E)$; les éléments de $I^1(E)$ sont aussi appelés semi-normes *intégrales* sur E.

Remarques. — Soit E un espace localement convexe.

1) Si p est un nombre réel $\geqslant 1$, alors toute semi-norme p-intégrale sur E est continue.

2) Toute semi-norme 2-intégrale sur E est préhilbertienne ; mais nous verrons qu'une semi-norme continue préhilbertienne sur E n'est pas nécessairement 2-intégrale (VII, p. 254, remarque 8).

3) Si p et q sont des nombres réels $\geqslant 1$ et si $p \leqslant q$, alors toute semi-norme p-intégrale sur E est majorée par une semi-norme q-intégrale. En effet, si T est un espace localement compact, si μ est une mesure positive bornée sur T et si φ est une application continue de E dans $\mathscr{C}^b(\mathrm{T})$, on a

$$\left(\int_{\mathrm{T}} |\varphi(x)(t)|^p d\mu(t) \right)^{\frac{1}{p}} \leqslant \mu(\mathrm{T})^{\frac{1}{p} - \frac{1}{q}} \left(\int_{\mathrm{T}} |\varphi(x)(t)|^q d\mu(t) \right)^{\frac{1}{q}}$$

d'après INT, IV, p. 214, § 6, n° 1, prop. 5. Si l'on note ν la mesure $\alpha\mu$ avec $\alpha = \mu(\mathrm{T})^{(q/p)-1}$, la semi-norme $x \mapsto \left(\int_{\mathrm{T}} |\varphi(x)(t)|^p d\mu(t) \right)^{1/p}$ sur E est donc majorée par la semi-norme $x \mapsto \left(\int_{\mathrm{T}} |\varphi(x)(t)|^q d\nu(t) \right)^{1/q}$.

4) Soient ϱ une semi-norme sur E et p un nombre réel $\geqslant 1$. Les conditions suivantes sont équivalentes :

(i) La semi-norme ϱ est p-intégrale ;

(ii) Il existe un espace compact X, une mesure positive ν sur X, et une application linéaire continue ψ de E dans l'espace $\mathscr{C}(\mathrm{X})$, tels que l'on ait $\varrho(x)^p = \int_{\mathrm{X}} |\psi(x)(t)|^p d\nu(t)$ pour tout $x \in \mathrm{E}$.

En effet, il est clair que (ii) implique (i) ; inversement, supposons que ϱ est p-intégrale, et fixons T, μ, φ comme dans la définition 2. Soient X le compactifié de Stone–Čech de T et $f \colon \mathrm{T} \to \mathrm{X}$ l'application canonique (TG, IX, p. 9, n° 6) ; l'application $\mathrm{F} \colon \mathscr{C}(\mathrm{T}) \to \mathscr{C}^b(\mathrm{X})$ définie en posant $\mathrm{F}(g) = g \circ f$ est un isomorphisme isométrique (*loc. cit.*). Si l'on note ν la mesure positive sur X image de μ par f, et si l'on pose $\psi = \mathrm{F}^{-1} \circ \varphi$, on a alors $\varrho(x)^p = \int_{\mathrm{X}} |\psi(t)|^p d\nu(t)$, d'où l'assertion.

Exemple. — Soit E un espace localement convexe. Soient $(x_i')_{i \in \mathbf{N}}$ une suite équicontinue dans E' et $(a_i)_{i \in \mathbf{N}}$ une suite sommable de nombres réels positifs. Pour $x \in \mathrm{E}$, la suite $(|\langle x, x_i' \rangle|)_{i \in \mathrm{I}}$ est bornée d'après la prop. 4 de II, p. 6, donc la suite $(a_i |\langle x, x_i' \rangle|)$ est sommable ; posons

$$\varrho(x) = \sum_{i \in \mathbf{N}} a_i |\langle x, x_i' \rangle|.$$

Alors ϱ *est une semi-norme intégrale sur* E. En effet, soit μ l'unique mesure positive sur $\mathbf{N}$ qui attribue la masse a_i à l'entier i. La mesure μ est de masse totale finie. Désignons par φ l'application de E dans $\mathscr{C}^b(\mathbf{N})$ qui associe à x la fonction $i \mapsto \langle x, x_i' \rangle$. Alors φ est continue puisque $(x_i')_{i \in \mathbf{N}}$ est équicontinue, et l'on a

$$\int_{\mathbf{N}} |\varphi(x)(i)| d\mu(i) = \sum_{i \in \mathbf{N}} a_i |\langle x, x_i' \rangle| = \varrho(x),$$

d'où notre assertion.

Remarques. — Soit E un espace localement convexe.

5) Soient F un espace localement convexe séparé et $u \colon E \to F$ une application nucléaire. Soit $(x_i', y_i, a_i)_{i \in \mathbf{N}}$ une écriture nucléaire de u indexée par $\mathbf{N}$. Soit q une semi-norme continue sur F ; la suite $(|a_i| q(y_i))$ est sommable, et pour tout $x \in$ E, on a

$$q(u(x)) \leqslant \sum_i |a_i| |\langle x, x_i' \rangle| q(y_i).$$

On déduit donc de l'exemple ci-dessus que *pour toute semi-norme continue q sur* F, *la semi-norme $q \circ u$ est majorée par une semi-norme intégrale sur* E.

6) Soit p un nombre réel $\geqslant 1$. Si ϱ_1 et ϱ_2 sont des éléments de $\mathrm{I}^p(\mathrm{E})$, alors $(\varrho_1^p + \varrho_2^p)^{1/p}$ est un élément de $\mathrm{I}^p(\mathrm{E})$.

En effet, pour $i \in \{1, 2\}$, fixons un espace localement compact T_i, une mesure positive bornée μ_i sur T_i et un élément φ_i de $\mathscr{L}(\mathrm{E}; \mathscr{C}^b(\mathrm{T}_i))$ tels que l'on ait $\varrho_i(x)^p = \int_{\mathrm{T}} |\varphi_i(x)(t)|^p d\mu_i(t)$ pour tout $x \in$ E. Soit T l'espace topologique somme de T_1 et T_2 ; identifions T_1 et T_2 à des parties ouvertes disjointes de T, et l'espace $\mathscr{C}^b(\mathrm{T})$ à l'espace produit $\mathscr{C}^b(\mathrm{T}_1) \times \mathscr{C}^b(\mathrm{T}_2)$ muni de la norme $\|(f_1, f_2)\| = \sup(\|f_1\|, \|f_2\|)$ (VI, p. 12, exemple 1). Notons φ l'application (φ_1, φ_2) de E dans $\mathscr{C}^b(\mathrm{T})$. D'après la prop. 1 de INT, III, p. 65, § 2, n° 1, il existe une unique mesure positive μ sur T dont la restriction à T_1 est μ_1 et dont la restriction à T_2 est μ_2 ; pour tout x dans E, on a

$$\int_{\mathrm{T}} |\varphi(x)(t)|^p d\mu(t) = \int_{\mathrm{T}_1} |\varphi_1(x)(t)|^p d\mu_1(t) + \int_{\mathrm{T}_2} |\varphi_2(x)(t)|^p d\mu_2(t).$$

Si $\varrho = (\varrho_1^p + \varrho_2^p)^{1/p}$, on a donc $\int_{\mathrm{T}} |\varphi(x)(t)|^p d\mu(t) = \varrho(x)^p$, d'où $\varrho \in \mathrm{I}^p(\mathrm{E})$.

7) Si ϱ_1 et ϱ_2 appartiennent à $\mathrm{I}^p(\mathrm{E})$, il existe un élément de $\mathrm{I}^p(\mathrm{E})$ qui majore ϱ_1 et ϱ_2, par exemple la semi-norme $(\varrho_1^p + \varrho_2^p)^{1/p}$ (remarque 6).

Par suite, si $\mathscr{P}$ est un système fondamental de semi-normes sur E, et si toute semi-norme de $\mathscr{P}$ est majorée par un élément de $\mathrm{I}^p(\mathrm{E})$, alors toute semi-norme continue sur E possède cette propriété.

THÉORÈME 1. — *Soient* E *un espace localement convexe et* $\mathscr{P}$ *un système fondamental de semi-normes sur* E. *Les conditions suivantes sont équivalentes* :

(i) *L'espace* E *est nucléaire* ;

(ii) *Toute semi-norme de* $\mathscr{P}$ *est majorée par une semi-norme intégrale* ;

(iii) *Toute semi-norme de* $\mathscr{P}$ *est majorée par une semi-norme* 2-*intégrale* ;

(iv) *L'espace séparé complété* $\widehat{\mathrm{E}}$ *est isomorphe à la limite d'un système projectif filtrant* $(\mathrm{H}_i, f_{ij})_{i \in \mathrm{I}}$ *d'espaces hilbertiens et d'applications linéaires continues, possédant la propriété suivante : pour tout* $i \in \mathrm{I}$, *il existe* $j \geqslant i$ *tel que* f_{ij} *soit une application de Hilbert–Schmidt* ;

(v) *L'espace* $\widehat{\mathrm{E}}$ *est isomorphe à la limite d'un système projectif filtrant* $(\mathrm{H}_i, f_{ij})_{i \in \mathrm{I}}$ *d'espaces hilbertiens et d'applications linéaires continues, possédant la propriété suivante : pour tout* $i \in \mathrm{I}$, *il existe* $j \geqslant i$ *tel que* f_{ij} *soit une application nucléaire* ;

(vi) *L'espace* $\widehat{\mathrm{E}}$ *est isomorphe à la limite d'un système projectif filtrant* $(\mathrm{E}_i, f_{ij})_{i \in \mathrm{I}}$ *d'espaces de Banach et d'applications linéaires continues possédant la propriété suivante : pour tout* $i \in \mathrm{I}$, *il existe* $j \geqslant i$ *tel que* f_{ij} *soit une application nucléaire.*

Prouvons que (i) implique (ii). Supposons E nucléaire, et soit p une semi-norme continue sur E. L'application canonique $i_p \colon \mathrm{E} \to \widehat{\mathrm{E}}_p$ est nucléaire, et la norme $\widehat{p}$ sur $\widehat{\mathrm{E}}_p$ déduite de p par passage aux séparés complétés vérifie $\widehat{p} \circ i_p = p$. Il résulte alors de la remarque 5 que p est majorée par une semi-norme intégrale.

Le fait que (ii) implique (iii) résulte aussitôt de la remarque 3.

Prouvons que (iii) implique (iv). Supposons vérifiée la condition (iii). Alors $\mathrm{I}^2(\mathrm{E})$ est un système fondamental filtrant croissant de semi-normes sur E (remarque 7). Pour p et q dans $\mathrm{I}^2(\mathrm{E})$ avec $p \leqslant q$, notons $f_{pq} \colon \mathrm{E}_q \to \mathrm{E}_p$ l'application identique. L'espace $\widehat{\mathrm{E}}$ est isomorphe à la limite du système projectif d'espaces hilbertiens $(\widehat{\mathrm{E}}_p, \widehat{f}_{pq})$ relatif à $\mathrm{I}^2(\mathrm{E})$ (VI, p. 28, exemple 1). Pour $p \in \mathrm{I}^2(\mathrm{E})$, la norme $\widehat{p}$ sur $\widehat{\mathrm{E}}_p$ déduite de p est hilbertienne (remarque 2). Il suffit donc de prouver que pour tout $p \in \mathrm{I}^2(\mathrm{E})$, il existe $q \in \mathrm{I}^2(\mathrm{E})$, avec $q \geqslant p$, tel que $\widehat{f}_{pq}$ soit une application de Hilbert–Schmidt.

Soit donc $p \in \mathrm{I}^2(\mathrm{E})$; il existe un espace localement compact T, une mesure positive bornée μ sur T, et une application linéaire continue φ de E dans $\mathscr{C}^b(\mathrm{T})$, tels que l'on ait

$$p(x) = \left(\int_{\mathrm{T}} |\varphi(x)(t)|^2 d\mu(t) \right)^{1/2}$$

pour tout $x \in \mathrm{E}$. L'application $x \mapsto \|\varphi(x)\|_{\mathscr{C}^b(\mathrm{T})}$ est une semi-norme continue sur E ; d'après (iii), elle est majorée par un élément q de $\mathrm{I}^2(\mathrm{E})$. L'application linéaire φ de E_q dans $\mathscr{C}^b(\mathrm{T})$ est alors de norme $\leqslant 1$ et induit en une application linéaire $\widehat{\varphi} \colon \widehat{\mathrm{E}}_q \to \mathscr{C}^b(\mathrm{T})$, de norme $\leqslant 1$.

Notons H l'espace hilbertien $\widehat{\mathrm{E}}_q$; soit $(e_i)_{i \in \mathrm{I}}$ une base orthonormale de H. Pour $t \in \mathrm{T}$, notons λ_t la forme linéaire $x \mapsto \widehat{\varphi}(x)(t)$ sur H ; elle est de norme $\leqslant 1$. Pour tout $t \in \mathrm{T}$, on a

$$\|\lambda_t\|^2 = \sum_{i \in \mathrm{I}} |\langle e_i, \lambda_t \rangle|^2$$

d'après la relation de Parseval (V, p. 15, th. 3 et p. 22, prop. 5) ; d'où

$$(1) \qquad \sum_i |\widehat{\varphi}(e_i)(t)|^2 \leqslant 1.$$

D'autre part, pour tout $x \in \mathrm{H}$, on a

$$\widehat{p}(\widehat{f}_{pq}(x)) = \left(\int_{\mathrm{T}} |\widehat{\varphi}(x)(t)|^2 d\mu(t) \right)^{1/2} ;$$

en effet, cette formule se réduit à la définition de p lorsque $x \in \mathrm{E}$, et le cas d'un élément arbitraire de H en résulte par continuité. On a donc

$$\sum_{i \in \mathrm{I}} \widehat{p}(\widehat{f}_{pq}(e_i))^2 = \int_{\mathrm{T}} \sum_{i \in \mathrm{I}} |\widehat{\varphi}(e_i)(t)|^2 d\mu(t) \leqslant \mu(\mathrm{T})$$

d'après la prop. 4 de INT, IV, p. 143, § 4, n° 3 et l'inégalité (1). Cela prouve que $\widehat{f}_{pq}$ est une application de Hilbert–Schmidt (V, p. 52, formule (34)), d'où (iv).

Le fait que (iv) implique (v) résulte de ce que le composé de deux applications de Hilbert–Schmidt est une application nucléaire (TS, IV, p. 169, prop. 15, compte tenu de la prop. 10 de VII, p. 180). Il est par ailleurs clair que (v) implique (vi).

Prouvons que (vi) implique (i). Supposons vérifiée la condition (vi). D'après la prop. 1, a) de VII, p. 247, on peut en outre supposer que E est séparé et complet, limite d'un système projectif filtrant $(\mathrm{E}_i, f_{ij})_{i \in \mathrm{I}}$

tel que pour tout $i \in \mathrm{I}$, il existe $j \geqslant i$ tel que f_{ij} soit nucléaire. Soit $i \in \mathrm{I}$. Il existe des indices $j \geqslant i$ et $k \geqslant j$ tels que les applications f_{ij} et f_{jk} soient nucléaires ; l'application canonique $f_i \colon \mathrm{E} \to \mathrm{E}_i$, égale à $f_{ij} \circ f_{jk} \circ f_k$, est donc binucléaire. Soit q une semi-norme continue sur E_i ; notons p la semi-norme $q \circ f_i$ sur E. L'application $f_i^{\sharp} \colon \mathrm{E} \to \widehat{\mathrm{E}}_{i,q}$ déduite de f_i est alors binucléaire. De plus, f_i induit une isométrie de $\widehat{\mathrm{E}}_p$ sur $\widehat{\mathrm{E}}_{i,q}$, qui permet d'identifier $\widehat{\mathrm{E}}_p$ à un sous-espace fermé de $\widehat{\mathrm{E}}_{i,q}$ (TS, I, p. 107, lemme 8) ; l'application canonique $j_p \colon \mathrm{E} \to \widehat{\mathrm{E}}_p$ s'identifie alors à l'application déduite de $f_i^{\sharp}$ par passage aux sous-espaces. D'après le cor. de la prop. 19 de VII, p. 196, l'application j_p est donc nucléaire.

Soit $\mathscr{Q}$ l'ensemble des semi-normes sur E de la forme $q \circ f_i$, où $i \in \mathrm{I}$ et q est une semi-norme sur E_i. C'est un système fondamental filtrant croissant de semi-normes sur E et pour tout $p \in \mathscr{Q}$, l'application canonique $j_p \colon \mathrm{E} \to \widehat{\mathrm{E}}_p$ est nucléaire. Soient alors B un espace de Banach et $u \colon \mathrm{E} \to \mathrm{B}$ une application linéaire continue ; il existe une semi-norme $p \in \mathscr{Q}$ et une application linéaire continue $v \colon \widehat{\mathrm{E}}_p \to \mathrm{B}$ vérifiant $u = v \circ j_p$ (II, p. 6, prop. 4). Comme j_p est nucléaire, il en va de même de u, de sorte que E est nucléaire. Le th. 1 est démontré.

Corollaire. — *Tout espace nucléaire possède la propriété d'approximation* (TS, III, p. 14, déf. 2).

Comme toute semi-norme 2-intégrale est préhilbertienne, cela résulte de la condition (iii) du théorème et du cor. 4 de TS, III, p. 18.

Remarque 8. — Si E est un espace hilbertien et si la norme de E est 2-intégrale, alors E est nucléaire d'après le th. 1, donc de dimension finie (VII, p. 248, cor. de la prop. 1).

Proposition 4. — *Soient* E *un espace localement convexe et* $\mathscr{P}$ *un système fondamental de semi-normes sur* E. *Les conditions suivantes sont équivalentes :*

(i) *L'espace* E *est nucléaire ;*

(ii) *Pour tout* $p \in \mathscr{P}$, *l'application canonique* $j_p \colon \mathrm{E} \to \widehat{\mathrm{E}}_p$ *est nucléaire ;*

(iii) *Pour tout* $p \in \mathscr{P}$, *il existe un espace localement convexe séparé* F, *une application nucléaire* $u \colon \mathrm{E} \to \mathrm{F}$, *et une semi-norme continue* q *sur* F, *tels que l'on ait* $p = q \circ u$.

Si en outre l'ensemble de semi-normes $\mathscr{P}$ est filtrant croissant, ces conditions sont encore équivalentes à :

(iv) *Pour tout $p \in \mathscr{P}$, il existe une semi-norme $q \in \mathscr{P}$ telle que l'on ait $p \leqslant q$ et que l'application canonique $\varphi_{pq} \colon \widehat{\mathrm{E}}_q \to \widehat{\mathrm{E}}_p$ soit nucléaire.*

Les implications (i) $\Rightarrow$ (ii) et (ii) $\Rightarrow$ (iii) sont claires.

Prouvons que (iii) implique (i). Sous l'hypothèse (iii), toute semi-norme de $\mathscr{P}$ est majorée par une semi-norme intégrale (remarque 5). On déduit alors du th. 1 que E est nucléaire.

Supposons désormais $\mathscr{P}$ filtrant croissant.

Prouvons que (ii) implique (iv). Supposons (ii) satisfaite et fixons $p \in \mathscr{P}$. L'application canonique $j_p \colon \mathrm{E} \to \widehat{\mathrm{E}}_p$ est nucléaire ; d'après la remarque 4 de VII, p. 168, il existe une semi-norme continue r sur E telle que l'application $j_p \colon \mathrm{E}_r \to \widehat{\mathrm{E}}_p$ soit nucléaire. Soit $q \in \mathscr{P}$ une semi-norme vérifiant $q \geqslant p$ et $q \geqslant r$; l'application $j_p \colon \mathrm{E}_q \to \widehat{\mathrm{E}}_p$ est encore nucléaire (VII, p. 170, prop. 2), et il en va donc de même de φ_{pq} (VII, p. 171, prop. 3), d'où (iv).

Prouvons enfin que (iv) implique (ii). Soit $p \in \mathscr{P}$. Si la condition (iv) est satisfaite, il existe une semi-norme $q \in \mathscr{P}$ majorant p et telle que l'application φ_{pq} soit nucléaire. L'application j_p, égale à $\varphi_{pq} \circ j_q$, est alors nucléaire (VII, p. 170, prop. 2), d'où (ii).

COROLLAIRE 1. — *Soit (E_i, f_{ij}) un système projectif d'espaces localement convexes séparés, relatif à un ensemble préordonné I. On suppose que, pour tout $i \in \mathrm{I}$, il existe $j \geqslant i$ tel que f_{ij} soit nucléaire. Alors l'espace $\varprojlim \mathrm{E}_i$ est nucléaire.*

Posons $\mathrm{E} = \varprojlim \mathrm{E}_i$; pour $i \in \mathrm{I}$, notons $f_i \colon \mathrm{E} \to \mathrm{E}_i$ l'application canonique. Elle est nucléaire : en effet, il existe $j \geqslant i$ tel que f_{ij} soit nucléaire, et on a $f_i = f_{ij} \circ f_j$. Pour chaque $i \in \mathrm{I}$, notons $\mathrm{S}(\mathrm{E}_i)$ l'ensemble des semi-normes continues sur E_i. Par définition de la topologie de E, les semi-normes $p \circ f_i$, pour $i \in \mathrm{I}$ et $p \in \mathrm{S}(\mathrm{E}_i)$, forment un système fondamental de semi-normes sur E ; ainsi l'espace E satisfait à la condition (iii) de la prop. 4, d'où le corollaire.

COROLLAIRE 2. — *Soit E un espace localement convexe. Les conditions suivantes sont équivalentes :*

(i) *L'espace E est un espace de Fréchet nucléaire ;*

(ii) *Il existe une suite* $(E_n)_{n\in\mathbf{N}}$ *d'espaces de Banach et pour tout* n *dans* $\mathbf{N}$, *une application nucléaire* $f_n\colon E_{n+1} \to E_n$, *telles que* E *soit isomorphe à* $\varprojlim E_n$.

Si E est un espace de Fréchet, sa topologie peut être définie par ensemble dénombrable filtrant croissant $\mathscr{P}$ de semi-normes (*cf.* II, p. 26 et II, p. 3, remarque 3). L'espace E est alors isomorphe à la limite projective des espaces de Banach $\widehat{E}_p$, $p \in \mathscr{P}$ (VI, p. 28, exemple 1). Si de plus E est nucléaire, la condition (iv) de la prop. 4 montre que, quitte à remplacer $\mathscr{P}$ par une partie cofinale, on peut supposer que $\mathscr{P}$ est formé d'une suite croissante $(p_n)_{n\in\mathbf{N}}$ de semi-normes et que pour tout $n \in \mathbf{N}$, l'application canonique $\widehat{E}_{p_{n+1}} \to \widehat{E}_{p_n}$ est nucléaire. Cela montre que (i) implique (ii). L'implication (ii) $\Rightarrow$ (i) résulte du cor. 1 et du fait qu'un produit dénombrable d'espaces de Banach est un espace de Fréchet (II, p. 29, n° 3).

4. Théorèmes de permanence

PROPOSITION 5. — *Soient* E *un espace localement convexe et* F *un sous-espace vectoriel de* E. *Pour que* E *soit nucléaire, il faut et il suffit que* F *et* E/F *le soient.*

Supposons d'abord E nucléaire. L'ensemble des restrictions à F de semi-normes continues sur E constitue un système fondamental de semi-normes sur F (II, p. 4, n° 3).

Soit q une semi-norme continue sur F. Il existe une famille finie $(p_i)_{i\in\mathrm{I}}$ de semi-normes continues sur E et un nombre réel $a > 0$ tels que l'on ait $q(x) \leqslant a \sup_{i\in\mathrm{I}} p_i(x)$ pour tout $x \in \mathrm{F}$ (II, p. 7, prop. 5). Or la fonction $p = a \sup_{i\in\mathrm{I}} p_i$ est une semi-norme continue sur E ; elle est donc majorée par une semi-norme intégrale (VII, p. 252, th. 1) ; il en va donc de même de la restriction de p à F, donc de q. Ainsi toute semi-norme continue sur F est majorée par une semi-norme intégrale, donc F est nucléaire (*loc. cit.*).

Soit π l'application canonique de E sur E/F, et soit u une application linéaire continue de E/F dans un espace de Banach. D'après la prop. 1 de VII, p. 247, l'application $u \circ \pi$ est binucléaire, donc u est nucléaire (VII, p. 196, cor. de la prop. 19) ; par suite l'espace E/F est nucléaire.

Supposons maintenant F et E/F nucléaires. Soit u une application linéaire continue de E dans un espace de Banach B. Alors $u|_{\mathrm{F}}$ est nucléaire, donc se prolonge en une application nucléaire $v \colon \mathrm{E} \to \mathrm{B}$ (VII, p. 188, cor. de la prop. 15). L'application $u - v$ définit par passage au quotient une application linéaire continue w de E/F dans B ; alors w est nucléaire, donc $u = v + w \circ \pi$ est nucléaire (VII, p. 170, prop. 2). L'espace E est donc nucléaire, ce qu'il fallait démontrer.

Corollaire. — *Soient* E *et* F *des espaces localement convexes et soit* $u \colon \mathrm{E} \to \mathrm{F}$ *une application linéaire continue. On suppose que* E *est nucléaire et que* u *est stricte. Le sous-espace* $\mathrm{Im}(u)$ *de* F *est alors nucléaire.*

En effet, l'application u induit alors un isomorphisme de $\mathrm{Im}(u)$ sur $\mathrm{E}/\mathrm{Ker}(u)$, donc $\mathrm{Im}(u)$ est nucléaire d'après la prop. 5.

Proposition 6. — a) *La somme directe topologique* (II, p. 32) *d'une famille dénombrable d'espaces nucléaires est nucléaire.*

b) *La limite inductive* (II, p. 31) *d'une famille dénombrable filtrante d'espaces nucléaires est nucléaire.*

Soit $(\mathrm{E}_n)_{n \in \mathbf{N}}$ une suite d'espaces nucléaires, soit E la somme directe topologique des E_n, et soit p une semi-norme continue sur E. Pour tout $n \in \mathbf{N}$, notons p_n la restriction de p à E_n ; il existe un espace localement compact T_n, une mesure positive bornée μ_n sur T_n, et une application linéaire continue $\varphi_n \colon \mathrm{E}_n \to \mathscr{C}^b(\mathrm{T}_n)$ tels que l'on ait

$$p_n(x) \leqslant \int_{\mathrm{T}_n} |\varphi_n(x(t))| d\mu_n(t)$$

pour tout $x \in \mathrm{E}_n$ (VII, p. 252, th. 1). Quitte à multiplier φ_n par un nombre réel > 0 adéquat, on peut supposer que $\mu_n(\mathrm{T}_n) = 2^{-n}$. Soit T l'espace topologique somme des espaces topologiques T_n (TG, I, p. 15, exemple III). Il existe sur T une mesure positive μ qui, pour tout $n \in \mathbf{N}$, induit μ_n sur T_n (INT, III, p. 65, § 2, n° 1, prop. 1).

Pour tout $n \in \mathbf{N}$, toute fonction continue de T_n dans K se prolonge de manière unique en une fonction continue sur T nulle sur $\mathrm{T} - \mathrm{T}_n$; on obtient ainsi une application linéaire injective et isométrique de $\mathscr{C}^b(\mathrm{T}_n)$ dans $\mathscr{C}^b(\mathrm{T})$. Composant cette dernière avec $\varphi_n \colon \mathrm{E}_n \to \mathscr{C}^b(\mathrm{T}_n)$, on obtient une application linéaire continue $\widetilde{\varphi}_n \colon \mathrm{E}_n \to \mathscr{C}^b(\mathrm{T})$. Comme E est somme directe topologique des E_n, il existe une unique application linéaire continue $\varphi \colon \mathrm{E} \to \mathscr{C}^b(\mathrm{T})$ dont la restriction à chacun des E_n coïncide avec $\widetilde{\varphi}_n$ (II, p. 33).

Soit $x \in \mathrm{E}$; soit $r \in \mathbf{N}$ tel que l'on puisse écrire $x = x_0 + \cdots + x_r$ avec $x_i \in \mathrm{E}_i$ pour $0 \leqslant i \leqslant r$. On a alors

$$p(x) \leqslant \sum_{i=0}^{r} p_i(x_i) \leqslant \sum_{i=0}^{r} \int_{\mathrm{T}_i} |\varphi_i(x_i)| d\mu_i \leqslant \int_{\mathrm{T}} |\varphi(x)| d\mu,$$

donc p est majorée par une semi-norme intégrale. D'après le th. 1 de VII, p. 252, on en déduit que E est nucléaire, d'où a).

Comme la limite inductive d'une famille filtrante d'espaces localement convexes est isomorphe à un quotient de la somme directe topologique de cette famille (II, p. 33, cor. de la prop. 6), l'assertion b) résulte de a) et de la prop. 5.

PROPOSITION 7. — *La limite d'un système projectif d'espaces nucléaires est nucléaire.*

Compte tenu de la prop. 5, il suffit de prouver qu'un produit d'espaces nucléaires est nucléaire. Soit $(\mathrm{E}_i)_{i \in \mathrm{I}}$ une famille d'espaces nucléaires ; posons $\mathrm{E} = \prod_{i \in \mathrm{I}} \mathrm{E}_i$. Soient F un espace de Banach et $u \colon \mathrm{E} \to \mathrm{F}$ une application linéaire continue. Par définition de la topologie de E (TG, I, p. 24, n° 1), il existe une partie finie J de I telle que le sous-espace $u(\{0\} \times \prod_{i \in \mathrm{I-J}} \mathrm{E}_i)$ soit contenu dans la boule unité de F. Par suite, ce sous-espace est nul, et il existe une application linéaire continue $u' \colon \prod_{j \in \mathrm{J}} \mathrm{E}_j \to \mathrm{F}$ telle que l'on ait $u = u' \circ \mathrm{pr_J}$. Or l'espace $\prod_{j \in \mathrm{J}} \mathrm{E}_j$ est nucléaire (cela résulte de la prop. 6, compte tenu de la prop. 7 de II, p. 33), donc u' est nucléaire, et u est nucléaire.

5. Espaces nucléaires et produits tensoriels

THÉORÈME 2. — *Soit* E *un espace localement convexe. Les propriétés suivantes sont équivalentes* :

    (i) *L'espace* E *est nucléaire* ;

    (ii) *Pour tout espace de Banach* F, *l'application identique de* $\mathrm{E} \otimes_\pi \mathrm{F}$ *dans* $\mathrm{E} \otimes_\varepsilon \mathrm{F}$ *est un isomorphisme* ;

    (ii′) *Pour tout espace de Banach* F, *l'application canonique de* $\mathrm{E} \widehat{\otimes}_\pi \mathrm{F}$ *dans* $\mathrm{E} \widehat{\otimes}_\varepsilon \mathrm{F}$ *est un isomorphisme* ;

    (iii) *Pour tout espace localement convexe* F, *l'application identique de* $\mathrm{E} \otimes_\pi \mathrm{F}$ *dans* $\mathrm{E} \otimes_\varepsilon \mathrm{F}$ *est un isomorphisme* ;

    (iii′) *Pour tout espace localement convexe* F, *l'application canonique de* $\mathrm{E} \widehat{\otimes}_\pi \mathrm{F}$ *dans* $\mathrm{E} \widehat{\otimes}_\varepsilon \mathrm{F}$ *est un isomorphisme.*

Soient E et F des espaces localement convexes. Soient i l'application identique de $E \otimes_\pi F$ dans $E \otimes_\varepsilon F$ et $\hat{\imath}$ l'application canonique de $E \widehat{\otimes}_\pi F$ dans $E \widehat{\otimes}_\varepsilon F$. Si i est un isomorphisme, il en va de même de $\hat{\imath}$; si $\hat{\imath}$ est un isomorphisme, les topologies sur $E \otimes F$ induites par celles de $E \widehat{\otimes}_\pi F$ et $E \widehat{\otimes}_\varepsilon F$ coïncident, de sorte que i est un isomorphisme. Cela prouve l'équivalence de (ii) et (ii′) d'une part, de (iii) et (iii′) d'autre part.

Montrons que (i) implique (iii′). Supposons la condition (i) vérifiée et fixons un espace localement convexe F. Pour toute semi-norme continue p sur E, l'application canonique $j_p \colon E \to \widehat{E}_p$ est nucléaire, donc $j_p \otimes 1_F$ est une application continue de $E \otimes_\varepsilon F$ dans $\widehat{E}_p \otimes_\pi F$ (VII, p. 190, prop. 17). Par passage aux séparés complétés, elle définit donc une application linéaire continue de $E \widehat{\otimes}_\varepsilon F$ dans $\widehat{E}_p \widehat{\otimes}_\pi F$. On en déduit une application linéaire continue j de $E \widehat{\otimes}_\varepsilon F$ dans l'espace $\varprojlim E_p \widehat{\otimes}_\pi F$, qui s'identifie à $E \widehat{\otimes}_\pi F$ (VI, p. 30, exemple 2). Si $x \in E$ et $y \in F$, on a alors $j(x \widehat{\otimes}_\varepsilon y) = x \widehat{\otimes}_\pi y$ par définition de j, tandis que $\hat{\imath}(x \widehat{\otimes}_\pi y) = x \widehat{\otimes}_\varepsilon y$. Comme les applications canoniques de $E \otimes F$ dans $E \widehat{\otimes}_\pi F$ et $E \widehat{\otimes}_\varepsilon F$ sont d'image dense, on en déduit que l'application continue $\hat{\imath}$ est bijective et que sa bijection réciproque est j, qui est continue; cela prouve (iii′).

L'implication (iii) $\Rightarrow$ (ii) est claire.

Vérifions que (ii) implique (i). Supposons vérifiée la condition (ii). Soit p une semi-norme continue sur E. La forme bilinéaire canonique sur $E \times E'_p$ est continue; soit φ la forme linéaire continue associée sur $E \otimes_\pi E'_p$ (VI, p. 53, prop. 32). D'après la condition (ii), la forme linéaire φ est continue sur $E \otimes_\varepsilon E'_p$. Il existe donc une semi-norme continue q sur E telle que φ soit continue sur $E_q \otimes_\varepsilon E'_p$. Notons A et B les boules unité de E'_q et E''_p respectivement, munies de la topologie faible. Elles sont compactes (III, p. 17, cor. 3). D'après la prop. 23 de VI, p. 45, il existe une mesure positive μ sur $A \times B$ telle que pour tout $x \in E$ et tout $y' \in E'_p$, on ait l'égalité

$$(2) \qquad \langle x, y' \rangle = \varphi(x \otimes y') = \int_{A \times B} \langle x, x' \rangle \langle y', y'' \rangle d\mu(x', y'').$$

Faisant varier y' dans la boule unité de E'_p, on déduit de (2) et du théorème de Hahn–Banach (II, p. 24, cor. 2) l'inégalité

$$(3) \qquad p(x) \leqslant \int_{A \times B} |\langle x, x' \rangle| d\mu(x', y'').$$

Soit ψ l'application linéaire de E dans $\mathscr{C}(A \times B)$ qui, à tout $x \in E$, associe la fonction $(x', y'') \mapsto \langle x, x' \rangle$ sur $A \times B$. On a $\|\psi(x)\| \leqslant q(x)$

pour tout $x \in \mathrm{E}$, de sorte que ψ est continue. Il résulte de (3) que

$$p(x) \leqslant \int_{\mathrm{A} \times \mathrm{B}} |\psi(x)| d\mu,$$

ce qui prouve que p est majorée par une semi-norme intégrale. D'après le th. 1 de VII, p. 252, l'espace E est donc nucléaire, ce qui achève la démonstration.

Soient E et F des espaces localement convexes. Si E est nucléaire ou si F est nucléaire, et si γ est une construction tensorielle, il résulte du th. 2 que la topologie de $\mathrm{E} \otimes_\gamma \mathrm{F}$ ne dépend que des topologies de E et F et non de la construction tensorielle γ. On note alors simplement $\mathrm{E} \otimes \mathrm{F}$ cet espace localement convexe ; on dit que c'est *le* produit tensoriel topologique de E et F. On note $\mathrm{E} \widehat{\otimes} \mathrm{F}$ son séparé complété On utilise des notations analogues pour le produit tensoriel de deux applications linéaires continues.

COROLLAIRE 1. — *Soient* E_0, E, E_1 *et* F *des espaces localement convexes. Soit*

$$0 \longrightarrow \mathrm{E}_0 \xrightarrow{u} \mathrm{E} \xrightarrow{v} \mathrm{E}_1 \longrightarrow 0$$

une suite exacte de morphismes stricts. On suppose que E *ou* F *est nucléaire ; dans le premier cas, rappelons que* E_0 *et* E_1 *sont alors nucléaires* (VII, p. 256, prop. 5).

a) *La suite*

$$0 \longrightarrow \mathrm{E}_0 \otimes \mathrm{F} \xrightarrow{u \otimes 1_\mathrm{F}} \mathrm{E} \otimes \mathrm{F} \xrightarrow{v \otimes 1_\mathrm{F}} \mathrm{E}_1 \otimes \mathrm{F} \longrightarrow 0$$

est exacte et les morphismes $u \otimes 1_\mathrm{F}$ *et* $v \otimes 1_\mathrm{F}$ *sont stricts.*

b) *La suite*

$$0 \longrightarrow \mathrm{E}_0 \widehat{\otimes} \mathrm{F} \xrightarrow{u \widehat{\otimes} 1_\mathrm{F}} \mathrm{E} \widehat{\otimes} \mathrm{F} \xrightarrow{v \widehat{\otimes} 1_\mathrm{F}} \mathrm{E}_1 \widehat{\otimes} \mathrm{F}$$

est exacte et le morphisme $u \widehat{\otimes} 1_\mathrm{F}$ *est strict.*

c) *Si* E *et* F *sont métrisables, alors la suite*

$$0 \longrightarrow \mathrm{E}_0 \widehat{\otimes} \mathrm{F} \xrightarrow{u \widehat{\otimes} 1_\mathrm{F}} \mathrm{E} \widehat{\otimes} \mathrm{F} \xrightarrow{v \widehat{\otimes} 1_\mathrm{F}} \mathrm{E}_1 \widehat{\otimes} \mathrm{F} \longrightarrow 0$$

est exacte et les morphismes $u \widehat{\otimes} 1_\mathrm{F}$ *et* $v \widehat{\otimes} 1_\mathrm{F}$ *sont stricts.*

D'après la prop. 14 de A, II, p. 108, la suite d'espaces vectoriels et d'applications linéaires

$$0 \longrightarrow \mathrm{E}_0 \otimes \mathrm{F} \xrightarrow{u \otimes 1_\mathrm{F}} \mathrm{E} \otimes \mathrm{F} \xrightarrow{v \otimes 1_\mathrm{F}} \mathrm{E}_1 \otimes \mathrm{F} \longrightarrow 0$$

est exacte. L'application $u \otimes 1_{\mathrm{F}}$ est stricte d'après la prop. 26 de VI, p. 47, et l'application $v \otimes 1_{\mathrm{F}}$ est stricte d'après la prop. 37, b) de VI, p. 57, d'où a). D'après la prop. 26 de VI, p. 47, l'application $u \widehat{\otimes} 1_{\mathrm{F}}$ est injective et stricte ; comme $\mathrm{E}_0 \widehat{\otimes} \mathrm{F}$ et $\mathrm{E} \widehat{\otimes} \mathrm{F}$ sont complets, elle est donc d'image fermée. Or son image est dense dans $\mathrm{Ker}(v \widehat{\otimes} 1_{\mathrm{F}})$ d'après la prop. 37, c) de VI, p. 57, d'où b). L'assertion c) en résulte aussitôt vu la prop. 37, d) de VI, p. 57.

COROLLAIRE 2. — *Soient* E, E_1 *et* F *des espaces localement convexes, et soit* $u \in \mathscr{L}(\mathrm{E}; \mathrm{E}_1)$. *On suppose que* E *est un espace de Fréchet et que* E_1 *est séparé. On suppose en outre que* F *est nucléaire ou que* E *et* E_1 *sont nucléaires. Soit* i: $\mathrm{Ker}(u) \to \mathrm{E}$ *l'injection canonique. L'application* $i \widehat{\otimes} 1_{\mathrm{F}}$ *induit alors un isomorphisme de* $\mathrm{Ker}(u) \widehat{\otimes} \mathrm{F}$ *sur* $\mathrm{Ker}(u \widehat{\otimes} 1_{\mathrm{F}})$.

Notons $\widetilde{\mathrm{E}}$ l'espace quotient $\mathrm{E}/\mathrm{Ker}(u)$ et p: $\mathrm{E} \to \widetilde{\mathrm{E}}$ l'application canonique. On déduit du cor. 1, b), appliqué à la suite exacte

$$0 \longrightarrow \mathrm{Ker}(u) \overset{i}{\longrightarrow} \mathrm{E} \overset{p}{\longrightarrow} \widetilde{\mathrm{E}} \longrightarrow 0$$

que $i\widehat{\otimes}1_{\mathrm{F}}$ induit un isomorphisme de $\mathrm{Ker}(u)\widehat{\otimes}\mathrm{F}$ sur $\mathrm{Ker}(p\widehat{\otimes}1_{\mathrm{F}})$. D'autre part, soit v: $\widetilde{\mathrm{E}} \to \mathrm{E}_1$ l'application linéaire continue injective déduite de u par passage au quotient. Puisque E_1 est séparé, le noyau $\mathrm{Ker}(u)$ est un sous-espace fermé de E ; puisque E est un espace de Fréchet, l'espace $\widetilde{\mathrm{E}}$ est séparé et complet (TG, IX, p. 25, prop. 4). L'application canonique φ_{E_1}: $\mathrm{E}_1 \to \widehat{\mathrm{E}}_1$ est injective, donc $\widehat{v} = \varphi_{\mathrm{E}_1} \circ v$ est injective ; d'après la prop. 27 de VI, p. 48, on en déduit que $v \widehat{\otimes} 1_{\mathrm{F}}$ est injective. Puisque $u\widehat{\otimes}1_{\mathrm{F}} = (v\widehat{\otimes}1_{\mathrm{F}})\circ(p\widehat{\otimes}1_{\mathrm{F}})$, on a alors $\mathrm{Ker}(p\widehat{\otimes}1_{\mathrm{F}}) = \mathrm{Ker}(u\widehat{\otimes}1_{\mathrm{F}})$, d'où le corollaire.

COROLLAIRE 3. — *Soient* E, E_1 *et* F *des espaces localement convexes et* u: $\mathrm{E} \to \mathrm{E}_1$ *une application linéaire continue d'image fermée. On suppose que* E *et* F *sont des espaces de Fréchet et que* E_1 *est séparé. On suppose en outre que* F *est nucléaire ou que* E *et* E_1 *sont nucléaires ; dans le second cas, l'espace* $\mathrm{Im}(u)$ *est nucléaire* (VII, p. 256, prop. 5 et corollaire). *Notons* j: $\mathrm{Im}(u) \to \mathrm{E}_1$ *l'injection canonique. Alors* $j \widehat{\otimes} 1_{\mathrm{F}}$ *induit un isomorphisme de* $\mathrm{Im}(u) \widehat{\otimes} \mathrm{F}$ *sur* $\mathrm{Im}(u \widehat{\otimes} 1_{\mathrm{F}})$.

Comme u est d'image fermée, l'application j: $\mathrm{Im}(u) \to \mathrm{E}_1$ est continue, injective et stricte. D'après la prop. 26 de VI, p. 47, l'application $j \widehat{\otimes} 1_{\mathrm{F}}$: $\mathrm{Im}(u) \widehat{\otimes} \mathrm{F} \to \mathrm{E}_1 \widehat{\otimes} \mathrm{F}$ est donc injective, continue et stricte ; elle induit ainsi un isomorphisme de $\mathrm{Im}(u) \widehat{\otimes} \mathrm{F}$ sur son image. Il suffit donc de voir que l'image de $j \widehat{\otimes} 1_{\mathrm{F}}$ est égale à $\mathrm{Im}(u \widehat{\otimes} 1_{\mathrm{F}})$.

Soit $\overline{u}\colon \mathrm{E} \to \mathrm{Im}(u)$ l'application linéaire déduite de u ; elle est stricte d'après le th. 1 de I, p. 17. Par ailleurs, le sous-espace $\mathrm{Ker}(u)$ de E est fermé car E_1 est séparé, donc l'injection canonique i de $\mathrm{Ker}(u)$ dans E est stricte. La suite

$$0 \longrightarrow \mathrm{Ker}(u) \xrightarrow{\ i\ } \mathrm{E} \xrightarrow{\ \overline{u}\ } \mathrm{Im}(u) \longrightarrow 0$$

est donc une suite exacte de morphismes stricts ; en vertu du cor. 1, $c)$, la suite

$$0 \longrightarrow \mathrm{Ker}(u) \,\widehat{\otimes}\, \mathrm{F} \xrightarrow{\ i\widehat{\otimes}1_{\mathrm{F}}\ } \mathrm{E} \,\widehat{\otimes}\, \mathrm{F} \xrightarrow{\ \overline{u}\widehat{\otimes}1_{\mathrm{F}}\ } \mathrm{Im}(u) \,\widehat{\otimes}\, \mathrm{F} \longrightarrow 0$$

est exacte. L'application $\overline{u}\,\widehat{\otimes}\,1_{\mathrm{F}}\colon \mathrm{E}\,\widehat{\otimes}\,\mathrm{F} \to \mathrm{Im}(u)\,\widehat{\otimes}\,\mathrm{F}$ est donc surjective. Puisque

$$u \,\widehat{\otimes}\, 1_{\mathrm{F}} = (j \,\widehat{\otimes}\, 1_{\mathrm{F}}) \circ (\overline{u} \,\widehat{\otimes}\, 1_{\mathrm{F}}),$$

on en déduit l'égalité $\mathrm{Im}(u \,\widehat{\otimes}\, 1_{\mathrm{F}}) = \mathrm{Im}(j \,\widehat{\otimes}\, 1_{\mathrm{F}})$, d'où le corollaire.

PROPOSITION 8. — *Si* E *et* F *sont des espaces nucléaires, alors les espaces* $\mathrm{E} \otimes \mathrm{F}$ *et* $\mathrm{E} \,\widehat{\otimes}\, \mathrm{F}$ *sont nucléaires.*

Soit G un espace localement convexe. L'application identique de $\mathrm{F} \otimes_\varepsilon \mathrm{G}$ dans $\mathrm{F} \otimes_\pi \mathrm{G}$ est continue puisque F est nucléaire (th. 2), donc l'application identique de $\mathrm{E}\otimes_\varepsilon(\mathrm{F}\otimes_\varepsilon\mathrm{G})$ dans $\mathrm{E}\otimes_\varepsilon(\mathrm{F}\otimes_\pi\mathrm{G})$ est continue.

Comme E est nucléaire, l'application identique de $\mathrm{E}\otimes_\varepsilon(\mathrm{F}\otimes_\pi\mathrm{G})$ dans $\mathrm{E} \otimes_\pi (\mathrm{F} \otimes_\pi \mathrm{G})$ est aussi continue (*loc. cit.*). L'application identique de $\mathrm{E} \otimes_\varepsilon (\mathrm{F} \otimes_\varepsilon \mathrm{G})$ dans $\mathrm{E} \otimes_\pi (\mathrm{F} \otimes_\pi \mathrm{G})$ est donc continue. Comme les constructions ε et π sont associatives, et comme $\mathrm{E} \otimes_\pi \mathrm{F} = \mathrm{E} \otimes_\varepsilon \mathrm{F}$ puisque E et F sont nucléaires, on en déduit que l'application identique de $(\mathrm{E}\otimes\mathrm{F})\otimes_\varepsilon\mathrm{G}$ dans $(\mathrm{E}\otimes\mathrm{F})\otimes_\pi\mathrm{G}$ est continue. Cela suffit à prouver que $\mathrm{E} \otimes \mathrm{F}$ est nucléaire (*loc. cit.*) ; l'espace $\mathrm{E} \,\widehat{\otimes}\, \mathrm{F}$ est alors aussi nucléaire d'après la prop. 1 de VII, p. 247.

6. Formes bilinéaires nucléaires

DÉFINITION 3. — *Soient* E *et* F *des espaces localement convexes. Une forme bilinéaire* B *sur* $\mathrm{E} \times \mathrm{F}$ *est dite* nucléaire *s'il existe un ensemble* I, *des familles équicontinues* $(\xi_i)_{i\in\mathrm{I}}$ *et* $(\eta_i)_{i\in\mathrm{I}}$ *dans* E' *et* F' *respectivement, et une famille sommable* $(a_i)_{i\in\mathrm{I}}$ *de scalaires, tels que l'on ait*

$$(4) \qquad \mathrm{B}(x,y) = \sum_{i\in\mathrm{I}} a_i \langle x, \xi_i \rangle \langle y, \eta_i \rangle$$

pour tout $x \in \mathrm{E}$ *et tout* $y \in \mathrm{F}$.

Remarques. — Conservons les hypothèses et les notations de la déf. 3.

1) L'ensemble des $i \in \mathrm{I}$ vérifiant $a_i \neq 0$ est dénombrable ; on peut donc toujours supposer $\mathrm{I} = \mathbf{N}$.

2) Les familles $(\xi_i)_{i\in\mathrm{I}}$ et $(\eta_i)_{i\in\mathrm{I}}$ sont bornées dans E'_b et F'_b respectivement (III, p. 22, prop. 9), de sorte que la famille $(\xi_i \otimes \eta_i)_{i\in\mathrm{I}}$ est bornée dans l'espace $\mathrm{E}'_b \otimes_\pi \mathrm{F}'_b$ (VI, p. 23), espace qui est séparé car E'_b et F'_b le sont (III, p. 15, prop. 3 et VI, p. 24, prop. 8). D'après le critère de Cauchy (TG, III, p. 38, th. 1), il en résulte que la famille $(a_i\,\xi_i \,\widehat{\otimes}_\pi\, \eta_i)_{i\in\mathrm{I}}$ est sommable dans $\mathrm{E}'_b \,\widehat{\otimes}_\pi\, \mathrm{F}'_b$.

3) Supposons E semi-normé. La famille $(\xi_i)_{i\in\mathrm{I}}$ est bornée dans l'espace normé E' (III, p. 22, prop. 9 et VI, p. 3, n° 2) ; quitte à remplacer $(\xi_i, \eta_i, a_i)_{i\in\mathrm{I}}$ par $(r^{-1}\xi_i, \eta_i, ra_i)_{i\in\mathrm{I}}$ pour un nombre réel $r > 0$, on peut donc supposer que $(\xi_i)_{i\in\mathrm{I}}$ est contenue dans la boule unité de E'.

De même, lorsque F est semi-normé, on peut toujours supposer que la famille $(\eta_i)_{i\in\mathrm{I}}$ est contenue dans la boule unité de F'.

4) Soient p et q des semi-normes continues sur E et F. Soient p' et q' les normes sur E' et F' duales de p et q. La famille $(p'(\xi_i)q'(\eta_i))_{i\in\mathrm{I}}$ de nombres réels est bornée. Si M désigne sa borne supérieure, on a alors $|\mathrm{B}(x,y)| \leqslant \mathrm{M}\big(\sum_{i\in\mathrm{I}}|a_i|\big)p(x)q(y)$ pour tout $x \in \mathrm{E}$ et tout $y \in \mathrm{F}$. Ainsi, *toute forme bilinéaire nucléaire sur* $\mathrm{E} \times \mathrm{F}$ *est continue.*

THÉORÈME 3. — *Soit* E *un espace localement convexe. Les conditions suivantes sont équivalentes* :

(i) *L'espace* E *est nucléaire* ;

(ii) *Pour tout espace localement convexe* F, *toute forme bilinéaire continue sur* $\mathrm{E} \times \mathrm{F}$ *est nucléaire* ;

(iii) *Pour tout espace de Banach* F, *toute forme bilinéaire continue sur* $\mathrm{E} \times \mathrm{F}$ *est nucléaire.*

Prouvons que (i) implique (ii). Supposons E nucléaire. Soit F un espace localement convexe, et soit B une forme bilinéaire continue sur $\mathrm{E}\times\mathrm{F}$. Il existe des semi-normes continues p sur E et q sur F vérifiant $|\mathrm{B}(x,y)| \leqslant p(x)q(y)$ pour tout $(x,y) \in \mathrm{E} \times \mathrm{F}$ (II, p. 6, prop. 4). Notons $i_p \colon \mathrm{E} \to \widehat{\mathrm{E}}_p$ l'application canonique. Soit $\widetilde{\mathrm{B}}$ l'unique forme bilinéaire continue sur $\widehat{\mathrm{E}}_p \times \mathrm{F}$ telle que l'on ait $\mathrm{B}(x,y) = \widetilde{\mathrm{B}}(i_p(x),y)$ pour tout $x \in \mathrm{E}$ et tout $y \in \mathrm{F}$. Elle vérifie

$$(5) \qquad\qquad |\widetilde{\mathrm{B}}(z,y)| \leqslant \widehat{p}(z)q(y)$$

pour tout $z \in \widehat{\mathrm{E}}_p$ et tout $y \in \mathrm{F}$.

Comme E est nucléaire, l'application canonique i_p est nucléaire. Il existe donc une suite équicontinue $(\lambda_i)_{i\in\mathbf{N}}$ dans E', une suite bornée $(z_i)_{i\in\mathbf{N}}$ dans $\widehat{\mathrm{E}}_p$, et une suite sommable $(a_i)_{i\in\mathbf{N}}$ de scalaires, telles que pour tout $x \in$ E, l'on ait

$$i_p(x) = \sum_{i\in\mathbf{N}} a_i \langle x, \lambda_i \rangle z_i.$$

Pour $x \in$ E et $y \in$ F, on a donc

$$\mathrm{B}(x, y) = \sum_{i\in\mathbf{N}} a_i \langle x, \lambda_i \rangle \widetilde{\mathrm{B}}(z_i, y).$$

Comme la suite $(\widehat{p}(z_i))_{i\in\mathbf{N}}$ est bornée, l'inégalité (5) montre que la famille des formes linéaires $y \mapsto \widetilde{\mathrm{B}}(z_i, y)$ sur F est équicontinue ; ainsi la forme bilinéaire B est nucléaire.

L'implication (ii) $\Rightarrow$ (iii) est claire.

Prouvons que (iii) implique (i). Supposons vérifiée la condition (iii). Soient p une semi-norme continue sur E et i_p l'application canonique de E dans $\widehat{\mathrm{E}}_p$. La forme bilinéaire $(x, \lambda) \mapsto \langle i_p(x), \lambda \rangle$ sur $\mathrm{E} \times \mathrm{E}'_p$ est continue, donc nucléaire d'après (iii). Il existe donc une suite $(\xi_i)_{i\in\mathbf{N}}$ équicontinue dans E', une suite $(\eta_i)_{i\in\mathbf{N}}$ bornée dans E''_p, et une suite sommable $(a_i)_{i\in\mathbf{N}}$ de scalaires, telles que l'on ait

$$\langle i_p(x), \lambda \rangle = \sum_{i\in\mathbf{N}} a_i \langle x, \xi_i \rangle \langle \lambda, \eta_i \rangle$$

quels que soient $x \in$ E et $\lambda \in \mathrm{E}'_p$; vu la remarque 3, on peut de plus supposer que $(\eta_i)_{i\in\mathrm{I}}$ est contenue dans la boule unité de E''_p. Comme

$$p(x) = \widehat{p}(i_p(x)) = \sup_{p'(\lambda)\leqslant 1} |\langle i_p(x), \lambda \rangle|$$

d'après le théorème de Hahn–Banach (II, p. 24, cor. 2), il en résulte que

$$p(x) \leqslant \sum_{i\in\mathbf{N}} |a_i| |\langle x, \xi_i \rangle|$$

pour tout $x \in$ E. Puisque l'application $x \mapsto \sum_{i\in\mathbf{N}} |a_i| |\langle x, \xi_i \rangle|$ est une semi-norme intégrale sur E (VII, p. 250, exemple), on voit que toute semi-norme continue sur E est majorée par une semi-norme intégrale, donc E est nucléaire (VII, p. 252, th. 1).

7. Espaces de Fréchet nucléaires

Rappelons qu'un espace localement convexe E est dit *semi-réflexif* si l'application canonique $c_E \colon E \to E''$ est bijective (IV, p. 15, déf. 2).

PROPOSITION 9. — *Soit* E *un espace nucléaire.*

a) *Toute partie bornée de* E *est précompacte.*

b) *Si* E *est séparé et quasi-complet, toute partie bornée de* E *est relativement compacte, et l'espace* E *est semi-réflexif.*

Soit A une partie bornée de E. Pour toute semi-norme continue p sur E, l'image de A par l'application canonique de E_p dans $\widehat{E}_p$ est relativement compacte d'après la prop. 1, *b*) de VII, p. 169 et la remarque 1 de TS, III, p. 2 ; elle est donc précompacte (TG, III, p. 30, remarque 2). Ainsi A est précompacte (TG, II, p. 31, prop. 3), d'où *a*).

Dans un espace séparé quasi-complet, toute partie précompacte est relativement compacte (III, p. 8), et *a fortiori* relativement compacte pour la topologie affaiblie $\sigma(E, E')$. L'assertion *b*) résulte alors de *a*) et du th. 1 de IV, p. 15.

Rappelons qu'on appelle *espace de Montel* un espace localement convexe séparé, tonnelé, dans lequel toute partie bornée est relativement compacte (IV, p. 18, déf. 4). Tout espace de Montel est réflexif (IV, p. 19).

COROLLAIRE. — *Soit* E *un espace de Fréchet nucléaire.*

a) *L'espace* E *est un espace de Montel, en particulier est réflexif.*

b) *Le dual fort* E'_b *de* E *est un espace de Montel complet et bornologique.*

Tout espace de Fréchet est tonnelé (III, p. 25, cor. de la prop. 2) ; la prop. 9 montre donc que E est un espace de Montel. Il est donc réflexif. Le dual fort d'un espace de Montel est un espace de Montel (IV, p. 19, prop. 9), donc E'_b est un espace de Montel ; il est complet puisque E est un espace de Fréchet (IV, p. 21, prop. 2) et bornologique puisque E est un espace de Fréchet réflexif (IV, p. 23, cor. de la prop. 4).

PROPOSITION 10. — *Soient* E *un espace de Fréchet nucléaire et* F *un espace semi-normé.*

a) *Toute application linéaire continue de* F *dans* E *est polynucléaire.*

b) *Toute application linéaire continue de* F *dans* E'_b *est polynucléaire.*

Prouvons d'abord que si G est un espace semi-normé, alors toute application linéaire continue $u\colon \mathrm{G} \to \mathrm{E}$ est nucléaire. L'image par u de la boule unité de G est bornée, donc relativement compacte (prop. 9). L'application u est donc compacte. Comme E possède la propriété d'approximation (VII, p. 252, cor. du th. 1), on en déduit que u est adhérente à $\mathscr{L}^{\mathrm{f}}(\mathrm{G};\mathrm{E})$ pour la topologie de la convergence bornée (TS, III, p. 16, cor. de la prop. 11). Vu la prop. 25, $b)$ de VI, p. 46, il en résulte que u appartient à l'image de l'application canonique de $\mathrm{G}' \widehat{\otimes}_{\varepsilon} \mathrm{E}$ dans $\mathscr{L}(\mathrm{G};\mathrm{E})$. Or celle-ci est égale à l'image de l'application canonique de $\mathrm{G}' \widehat{\otimes}_{\pi} \mathrm{E}$ dans $\mathscr{L}(\mathrm{G},\mathrm{E})$ puisque E est nucléaire. L'application u est donc nucléaire (VII, p. 175, prop. 2), comme annoncé.

Soit u une application nucléaire de F dans E. D'après le cor. 1 de VII, p. 184, il existe un espace de Banach F_1, une application nucléaire $u_1\colon \mathrm{F} \to \mathrm{F}_1$, et une application linéaire continue $u_2\colon \mathrm{F}_1 \to \mathrm{E}$, telles que l'on ait $u = u_2 \circ u_1$. D'après ce qui précède, l'application u_2 est nucléaire, donc u est binucléaire. Appliquant ce raisonnement à u_2, on en déduit que u est composée de trois applications nucléaires ; en itérant l'argument, on en déduit que u est polynucléaire, d'où $a)$.

Soit $v \in \mathscr{L}(\mathrm{F};\mathrm{E}_b')$. Puisque E est réflexif (cor. de la prop. 9), la transposée ${}^{t}v$ s'identifie à une application linéaire continue de E dans F' ; elle est donc polynucléaire (VII, p. 247, prop. 1), et sa transposée ${}^{tt}v\colon \mathrm{F}'' \to \mathrm{E}_b'$ est polynucléaire (*cf.* VII, p. 186, prop. 14). Comme l'application v est égale à la composée de ${}^{tt}v$ et de l'application canonique $c_{\mathrm{F}}\colon \mathrm{F} \to \mathrm{F}''$, elle est polynucléaire, ce qui achève la démonstration.

Si E et F sont des espaces localement convexes, notons $\mathscr{B}(\mathrm{E},\mathrm{F})$ l'espace des formes bilinéaires continues sur $\mathrm{E} \times \mathrm{F}$. Définissons une application $\psi\colon \mathscr{L}(\mathrm{F};\mathrm{E}_b') \to \mathscr{B}(\mathrm{E},\mathrm{F})$ par $\psi(v)(x,y) = \langle x, v(y)\rangle$ pour $v \in \mathscr{L}(\mathrm{F};\mathrm{E}_b')$, $x \in \mathrm{E}$ et $y \in \mathrm{F}$. Il résulte du cor. 2 de III, p. 30 que si E et F sont des espaces de Fréchet, alors ψ est bijective. Par ailleurs, la prop. 32 de VI, p. 53 permet d'identifier $\mathscr{B}(\mathrm{E},\mathrm{F})$ à l'espace des formes linéaires continues sur $\mathrm{E} \widehat{\otimes}_{\pi} \mathrm{F}$.

Lemme 1. — Soient E *et* F *des espaces de Fréchet. Si l'on munit* $\mathscr{L}(\mathrm{F};\mathrm{E}_b')$ *de la topologie de la convergence compacte et* $\mathscr{B}(\mathrm{E},\mathrm{F})$ *de la topologie de la convergence simple dans* $\mathrm{E} \widehat{\otimes}_{\pi} \mathrm{F}$*, alors l'application* $\psi\colon \mathscr{L}(\mathrm{F};\mathrm{E}_b') \to \mathscr{B}(\mathrm{E},\mathrm{F})$ *est continue.*

Soit $t \in \mathrm{E} \mathbin{\widehat{\otimes}_\pi} \mathrm{F}$. D'après le cor. 1 de VI, p. 61, il existe des parties convexes équilibrées compactes A de E et B de F telles que t appartienne à l'enveloppe convexe équilibrée fermée de l'image de $\mathrm{A} \times \mathrm{B}$ par l'application $(x, y) \mapsto x \mathbin{\widehat{\otimes}_\pi} y$ de $\mathrm{E} \times \mathrm{F}$ dans $\mathrm{E} \mathbin{\widehat{\otimes}_\pi} \mathrm{F}$. Le polaire A° de A est un voisinage de 0 dans E'_b, donc l'ensemble V des éléments u de $\mathscr{L}(\mathrm{F}; \mathrm{E}'_b)$ tels que $u(\mathrm{B}) \subset \mathrm{A}^\circ$ est un voisinage de 0 dans $\mathscr{L}(\mathrm{F}; \mathrm{E}'_b)$ pour la topologie de la convergence compacte (III, p. 13, remarque 2). En identifiant $\mathscr{B}(\mathrm{E}, \mathrm{F})$ au dual de $\mathrm{E} \mathbin{\widehat{\otimes}_\pi} \mathrm{F}$ comme ci-dessus, on a

$$|\langle x \mathbin{\widehat{\otimes}_\pi} y, \psi(u)\rangle| = |\langle x, u(y)\rangle| \leqslant 1$$

pour tout $(x, y) \in \mathrm{A} \times \mathrm{B}$ et pour tout $u \in \mathrm{V}$. On en déduit $|\langle t, \psi(u)\rangle| \leqslant 1$ pour tout $u \in \mathrm{V}$, ce qui démontre le lemme.

Lemme 2. — Soient E *un espace localement convexe et* E$'$ *son dual fort. Si* E *est séparé, complet et tonnelé, et si* E$'$ *est semi-réflexif, alors* E *et* E$'$ *sont réflexifs.*

Comme E est séparé et tonnelé, l'application canonique $c_\mathrm{E} \colon \mathrm{E} \to \mathrm{E}''$ induit un isomorphisme de E sur un sous-espace de E'' (IV, p. 14, prop. 1 et prop. 2), qui est de plus fermé puisque E est complet (TG, II, p. 16, prop. 8). Or, il résulte aussitôt des définitions que l'on a $^t c_\mathrm{E} \circ c_{\mathrm{E}'} = 1_{\mathrm{E}'}$. Comme E$'$ est semi-réflexif, il en résulte que $^t c_\mathrm{E}$ est bijective, donc que c_E est d'image dense d'après la prop. 5 de IV, p. 6. On en conclut que c_E est un isomorphisme, donc E et E$'$ sont réflexifs.

THÉORÈME 4. — *Soit* E *un espace de Fréchet. L'espace* E *est nucléaire si et seulement si son dual fort* E$'$ *est nucléaire.*

Supposons E nucléaire. Soient B un espace de Banach et $u \colon \mathrm{E}' \to \mathrm{B}$ une application linéaire continue. Comme E est réflexif (cor. de la prop. 9), la transposée $^t u$ s'identifie à une application linéaire continue de B' dans E ; elle est donc polynucléaire (prop. 10). Par suite, l'application $^{tt} u$, identifiée à une application de E$'$ dans B'', est polynucléaire (*cf.* VII, p. 186, prop. 14). Or, l'application canonique $c_\mathrm{B} \colon \mathrm{B} \to \mathrm{B}''$ est isométrique (IV, p. 17), donc d'image fermée (TS, I, p. 107, lemme 8). Notons V le sous-espace fermé de B'' image de l'application injective c_B, et $\gamma \colon \mathrm{B} \to \mathrm{V}$ l'isomorphisme déduit de c_B. L'application $^{tt} u$ est binucléaire et s'identifie à $c_\mathrm{B} \circ u$; d'après le cor. de la prop. 19 de VII, p. 196, l'application $v = \gamma \circ u$, de E dans V, est donc nucléaire, si bien que $u = \gamma^{-1} \circ v$ est nucléaire (VII, p. 170, prop. 2). Ainsi E$'$ est nucléaire.

Supposons E' nucléaire. L'espace E' est séparé (III, p. 15, n° 2) et complet (III, p. 24, cor. 1), donc semi-réflexif (prop. 9, b)). En vertu du lemme 2, l'espace E est réflexif, donc E' est bornologique (IV, p. 23, cor. de la prop. 4).

Soit B un espace de Banach. Soit $\alpha\colon E \otimes B \to \mathscr{L}(E'; B)$ l'unique application linéaire vérifiant $\alpha(x \otimes y)(\lambda) = \langle x, \lambda\rangle y$ pour $x \in E$, $\lambda \in E'$ et $y \in B$. Elle est injective et induit une application linéaire continue $\widehat{\alpha}$ de $E \mathbin{\widehat{\otimes}_{\varepsilon}} B$ dans $\mathscr{L}(E'; B)$, qui est injective (VI, p. 47, cor. de la prop. 26). Soit κ l'application canonique de $E \widehat{\otimes}_{\pi} B$ dans $E \widehat{\otimes}_{\varepsilon} B$. Comme E est réflexif, l'application $\widehat{\alpha} \circ \kappa$ s'identifie à l'application canonique $\widehat{\theta}_{\pi}\colon (E')' \widehat{\otimes}_{\pi} B \to \mathscr{L}(E'; B)$ (VII, p. 175), qui est surjective puisque E' est nucléaire (prop. 2, b) de VII, p. 175) ; par suite κ est surjective, donc stricte (cela résulte du th. 1 de I, p. 17, compte tenu du n° 2 de I, p. 17 et de VI, p. 25, cor. de la prop. 8).

Montrons que κ est injective ; d'après la prop. 5 de IV, p. 6, il suffit de voir que ${}^{t}\kappa\colon (E \widehat{\otimes}_{\varepsilon} B)' \to (E \widehat{\otimes}_{\pi} B)'$ est d'image faiblement dense.

Comme E' possède la propriété d'approximation (VII, p. 254, cor. du th. 1), le sous-espace $\mathscr{L}^{\mathrm{f}}(B; E')$ est dense dans $\mathscr{L}(B; E')$ si l'on munit ce dernier de la topologie de la convergence précompacte (TS, III, p. 16, prop. 11). Si l'on identifie $\mathscr{B}(E, F)$ à $(E \widehat{\otimes}_{\pi} F)'$ comme ci-dessus (VII, p. 266), il résulte donc du lemme 1 que $\psi(\mathscr{L}^{\mathrm{f}}(B; E'))$ est faiblement dense dans $(E \widehat{\otimes}_{\pi} B)'$. Or, si $\vartheta\colon E' \otimes B' \to \mathscr{L}^{\mathrm{f}}(B; E')$ est l'unique application linéaire vérifiant $\vartheta(x' \otimes y')(y) = \langle y, y'\rangle x'$ quels que soient $y \in B$, $y' \in B'$ et $x' \in E'$, alors ϑ est bijective ($cf.$ VI, p. 46, prop. 25) ; la composée $\psi \circ \vartheta$ est donc d'image faiblement dense dans $(E \widehat{\otimes}_{\pi} B)'$. Par ailleurs, l'espace $E \otimes_{\pi} B$ est séparé (VI, p. 24, prop. 8), donc toute forme linéaire sur $E \otimes_{\pi} B$ se prolonge au complété $E \widehat{\otimes}_{\pi} B$, ce qui permet d'identifier $(E \widehat{\otimes}_{\pi} B)'$ et $(E \otimes_{\pi} B)'$; la composée $\psi \circ \vartheta$ s'identifie alors à l'application canonique $\mu_{E',B'}$ de $E' \otimes B'$ dans $(E \widehat{\otimes}_{\pi} B)'$ ($cf.$ VI, p. 39). On en déduit que l'image de $\mu_{E',B'}$ est faiblement dense dans $(E \widehat{\otimes}_{\pi} B)'$. Or cette image est contenue dans l'image de ${}^{t}\kappa$, puisque si $x' \in E'$ et $y' \in B'$, alors la forme linéaire $\mu_{E,F}(x' \otimes y')$ est continue sur $E \otimes_{\varepsilon} B$ (VI, p. 39, lemme 3). Cela démontre que ${}^{t}\kappa$ est d'image faiblement dense, donc que κ est injective.

Ainsi, l'application κ est bijective et stricte ; c'est donc un isomorphisme et il résulte du th. 2 de VII, p. 258 que l'espace E est nucléaire.

Soit E un espace localement convexe, limite inductive stricte d'une suite croissante $(E_n)_{n\in\mathbf{N}}$ de sous-espaces fermés, et soit G un espace localement convexe. Pour qu'une application linéaire de E dans G soit continue, il faut et il suffit que sa restriction à chacun des sous-espaces E_n soit continue (II, p. 29, prop. 5). La bijection canonique de $\mathrm{Hom}_K(E;G)$ sur $\varprojlim \mathrm{Hom}_K(E_n;G)$ (A, II, p. 92, prop. 6) induit donc une bijection de $\mathscr{L}(E;G)$ sur $\varprojlim \mathscr{L}(E_n;G)$, que nous noterons d.

De même, si F est la limite d'un système projectif $(F_\alpha, u_{\alpha\beta})$ d'espaces localement convexes et d'applications linéaires continues, et si G est un espace localement convexe, alors la bijection canonique de $\mathrm{Hom}_K(G;F)$ sur $\varprojlim \mathrm{Hom}_K(G;F_\alpha)$ (A, II, p. 90, prop. 2) induit une bijection de $\mathscr{L}(G;F)$ sur $\varprojlim \mathscr{L}(G;F_\alpha)$, notée ℓ.

Lemme 3. — Soit G *un espace localement convexe.*

a) *Soit* E *un espace localement convexe, limite inductive stricte d'une suite croissante* $(E_n)_{n\in\mathbf{N}}$ *de sous-espaces fermés. L'application* $d\colon \mathscr{L}_b(E;G) \to \varprojlim \mathscr{L}_b(E_n;G)$ *est un isomorphisme.*

b) *Soit* $(F_\alpha, u_{\alpha\beta})$ *un système projectif d'espaces localement convexes et d'applications linéaires continues, et soit* F *sa limite. L'application* $\ell\colon \mathscr{L}_b(G;F) \to \varprojlim \mathscr{L}_b(G;F_\alpha)$ *est un isomorphisme.*

D'après la prop. 4 de TG, X, p 5, si l'on désigne par (f_α) la famille des applications canoniques de F dans les F_α, alors la topologie de la convergence bornée sur $\mathscr{L}(G;F)$ est la moins fine qui rende continues les applications $u \mapsto f_\alpha \circ u$ de $\mathscr{L}(G;F)$ dans les $\mathscr{L}_b(G;F_\alpha)$. Par définition de la topologie limite projective sur $\varprojlim \mathscr{L}_b(G;F_\alpha)$, il en résulte que la bijection ℓ est bicontinue.

Prouvons qu'il en va de même de d. Pour tout $n \in \mathbf{N}$, notons $d_n\colon \mathscr{L}_b(E;G) \to \mathscr{L}_b(E_n;G)$ l'homomorphisme de restriction. Si M est une partie bornée de E et V un voisinage de l'origine dans G, notons $T(M,V)$ l'ensemble des applications linéaires continues $u\colon E \to G$ vérifiant $u(M) \subset V$. Lorsque M parcourt l'ensemble des parties bornées de E et lorsque V parcourt les voisinages de l'origine dans G, les ensembles $T(M,V)$ constituent un système fondamental de voisinages de 0 dans $\mathscr{L}_b(E;G)$ (III, p. 13, remarque 2). Or, si M est une partie bornée de E, il existe un entier $n \in \mathbf{N}$ tel que M soit contenue dans E_n et bornée dans E_n (III, p. 5, prop. 6) ; si un tel n est fixé, pour qu'un élément u de $\mathscr{L}(E;G)$ appartienne à $T(M,V)$, il faut et il suffit que l'on ait $d_n(u)(M) \subset V$. Ainsi, lorsque n parcourt $\mathbf{N}$ et T parcourt l'ensemble des voisinages de 0 dans $\mathscr{L}_b(\mathrm{E}_n; \mathrm{G})$, les ensembles $d_n^{-1}(\mathrm{T})$ forment un système fondamental de voisinages de 0 dans $\mathscr{L}_b(\mathrm{E}; \mathrm{G})$. Cela prouve que d est bicontinue et démontre le lemme 3.

PROPOSITION 11. — *Soit* E *un espace localement convexe. Si* E *est limite inductive stricte d'une suite croissante* $(\mathrm{E}_n)_{n\in\mathbf{N}}$ *d'espaces de Fréchet nucléaires* (II, p. 36), *alors le dual fort* E′ *de* E *est nucléaire.*

D'après la prop. 9 de II, p. 35, chacun des espaces E_n s'identifie à un sous-espace vectoriel fermé de E. En vertu du th. 4, chacun des espaces E'_n est nucléaire. Comme toute limite projective d'espaces nucléaires est nucléaire (prop. 7 de VII, p. 258), l'assertion découle du lemme 3, *a*) appliqué avec G = K.

PROPOSITION 12. — *Soit* E *un espace de Fréchet nucléaire. Soient* F *un sous-espace fermé de* E′ *et* F° *l'orthogonal de* F *dans* E. *Désignons par* $p\colon \mathrm{E} \to \mathrm{E}/\mathrm{F}°$ *la surjection canonique. L'espace* E/F° *est alors nucléaire et* $^t p$ *induit un isomorphisme de* (E/F°)′ *sur* F. *En particulier, l'espace* F *est isomorphe au dual d'un espace de Fréchet nucléaire.*

Comme E est réflexif (cor. de la prop. 9), le sous-espace F est égal au polaire de F° (*cf.* II, p. 49, cor. 3). Posons G = E/F° ; c'est un espace de Fréchet puisque F° est fermé dans E. Il est de plus nucléaire (VII, p. 256, prop. 5), donc G′ est nucléaire (th. 4). L'application $^t p\colon \mathrm{G}' \to \mathrm{E}'$ induit un isomorphisme de G′ sur F lorsqu'on munit G′ de la topologie de la convergence uniforme sur les images par p des parties bornées de E (appliquer l'assertion (ii) de la prop. 9 de IV, p. 8, avec M = F° et $\pi = {}^t p$). Montrons que cette topologie coïncide avec la topologie forte, c'est-à-dire que toute partie bornée de G est contenue dans l'image par p d'une partie bornée de E. Soit A une partie bornée de G. Comme G est un espace de Fréchet nucléaire, la partie A est relativement compacte (VII, p. 265, prop. 9, *b*)). L'application $p\colon \mathrm{E} \to \mathrm{G}$ possède une section continue s (II, p. 37, prop. 12) ; alors A est l'image par p de la partie relativement compacte $s(\mathrm{A})$ de E, d'où notre assertion. Ainsi $^t p$ induit un isomorphisme de G'_b sur F, d'où la proposition.

Si E et F sont des espaces localement convexes, considérons les applications linéaires

$$\theta_{\mathrm{E};\mathrm{F}}\colon \mathrm{E}'\otimes \mathrm{F} \to \mathscr{L}(\mathrm{E};\mathrm{F})$$
$$\vartheta_{\mathrm{E};\mathrm{F}}\colon \mathrm{E}\otimes \mathrm{F} \to \mathscr{L}(\mathrm{E}';\mathrm{F})$$

caractérisées par

$$\theta_{\mathrm{E,F}}(\lambda \otimes y)(x) = \vartheta_{\mathrm{E;F}}(x \otimes y)(\lambda) = \langle x, \lambda \rangle y$$

quels que soient $x \in \mathrm{E}$, $\lambda \in \mathrm{E}'$ et $y \in \mathrm{F}$.

Si F est séparé et complet et si E est bornologique, alors $\theta_{\mathrm{E;F}}$ est continue de $\mathrm{E}' \otimes_\varepsilon \mathrm{F}$ dans $\mathscr{L}_b(\mathrm{E};\mathrm{F})$, et induit par passage aux séparés complétés une application linéaire continue

$$\widehat{\theta}_{\mathrm{E;F}} : \mathrm{E}' \widehat{\otimes}_\varepsilon \mathrm{F} \to \mathscr{L}_b(\mathrm{E};\mathrm{F})$$

d'après la prop. 25 de VI, p. 46. De même, si E' est bornologique, alors $\vartheta_{\mathrm{E;F}}$ induit une application linéaire continue

$$\widehat{\vartheta}_{\mathrm{E;F}} : \mathrm{E} \, \widehat{\otimes}_\varepsilon \mathrm{F} \to \mathscr{L}_b(\mathrm{E}';\mathrm{F})$$

d'après le corollaire p. 47 de la prop. 26 de VI, p. 47.

PROPOSITION 13. — *Soient* E *un espace de Fréchet nucléaire et* E′ *son dual fort. Soient* F *un espace localement convexe séparé et complet et* G *un espace localement convexe bornologique. Les applications*

$$\widehat{\theta}_{\mathrm{E;F}} : \mathrm{E}' \widehat{\otimes} \, \mathrm{F} \longrightarrow \mathscr{L}_b(\mathrm{E};\mathrm{F}),$$
$$\widehat{\vartheta}_{\mathrm{E;F}} : \mathrm{E} \, \widehat{\otimes} \, \mathrm{F} \longrightarrow \mathscr{L}_b(\mathrm{E}';\mathrm{F}) \ \mathit{et}$$
$$\widehat{\theta}_{\mathrm{G;E}} : \mathrm{G}' \widehat{\otimes} \, \mathrm{E} \longrightarrow \mathscr{L}_b(\mathrm{G};\mathrm{E})$$

sont des isomorphismes.

Les espaces E, E′ et G étant bornologiques et l'espace E étant réflexif (cor. de la prop. 9), on déduit de la prop. 25 de VI, p. 46 et de son corollaire p. 47 que les trois applications de l'énoncé sont injectives, strictes, et ont pour image l'adhérence de l'ensemble des applications linéaires continues de rang fini. Or, sur les espaces $\mathscr{L}(\mathrm{E};\mathrm{F})$ et $\mathscr{L}(\mathrm{E}';\mathrm{F})$, les topologies de la convergence bornée et de la convergence compacte coïncident puisque E et E′ sont des espaces de Montel (cor. de la prop. 9). Comme E et E′ sont des espaces d'approximation (VII, p. 254, cor. du th. 1), il en résulte que $\widehat{\theta}_{\mathrm{E;F}}$ et $\widehat{\vartheta}_{\mathrm{E;F}}$ sont surjectives (TS, III, p. 16, prop. 11) ; ce sont donc des isomorphismes.

Il reste à vérifier que $\widehat{\theta}_{\mathrm{G;E}}$ est surjective. Pour tout $u \in \mathscr{L}(\mathrm{G};\mathrm{E})$, le diagramme d'applications linéaires continues

$$\begin{array}{ccc}
\mathrm{E}' \otimes \mathrm{E} & \xrightarrow{\ \theta_{\mathrm{E;E}}\ } & \mathscr{L}_b(\mathrm{E};\mathrm{E}) \\
{}^{t}u \otimes 1_{\mathrm{E}} \downarrow & & \downarrow f \mapsto f \circ u \\
\mathrm{G}' \otimes \mathrm{E} & \xrightarrow{\ \theta_{\mathrm{G;E}}\ } & \mathscr{L}_b(\mathrm{G};\mathrm{E})
\end{array}$$

est commutatif, comme on le vérifie aussitôt sur les tenseurs purs de $\mathrm{E}' \otimes \mathrm{E}$. Puisque $\mathscr{L}_b(\mathrm{E};\mathrm{E})$ et $\mathscr{L}_b(\mathrm{G};\mathrm{E})$ sont séparés et complets, on en déduit que, pour tout u dans $\mathscr{L}(\mathrm{G};\mathrm{E})$, le diagramme

$$\begin{array}{ccc}
\mathrm{E}' \widehat{\otimes} \mathrm{E} & \xrightarrow{\ \widehat{\theta}_{\mathrm{E;E}}\ } & \mathscr{L}_b(\mathrm{E};\mathrm{E}) \\
{}^{t}u \widehat{\otimes} 1_{\mathrm{E}} \downarrow & & \downarrow f \mapsto f \circ u \\
\mathrm{G}' \widehat{\otimes} \mathrm{E} & \xrightarrow{\ \widehat{\theta}_{\mathrm{G;E}}\ } & \mathscr{L}_b(\mathrm{G};\mathrm{E})
\end{array}$$

est commutatif. Nous avons vu que $\widehat{\theta}_{\mathrm{E;E}}$ est un isomorphisme ; notons t l'unique antécédent de 1_{E} par $\widehat{\theta}_{\mathrm{E;E}}$. Si u est un élément de $\mathscr{L}(\mathrm{G};\mathrm{E})$, l'élément $v = ({}^{t}u \,\widehat{\otimes}\, 1_{\mathrm{E}})(t)$ de $\mathrm{G}' \widehat{\otimes} \mathrm{E}$ vérifie alors $\widehat{\theta}_{\mathrm{G;E}}(v) = u$, d'où la surjectivité de $\widehat{\theta}_{\mathrm{G;E}}$ et la proposition.

CoROLLAIRE 1. — *Si* E *est un espace de Fréchet nucléaire et si* F *est un espace de Fréchet, alors* $\mathrm{E} \widehat{\otimes} \mathrm{F}$ *est un espace de Fréchet.*

Il résulte de la prop. 3 de IV, p. 22 que $\mathscr{L}_b(\mathrm{E}';\mathrm{F})$ est un espace de Fréchet. Le résultat découle donc de la prop. 13.

CoROLLAIRE 2. — *Soient* E *et* F *des espaces de Fréchet nucléaires. Si l'on munit* $\mathscr{B}(\mathrm{E},\mathrm{F})$ *de la topologie de la convergence uniforme sur les produits de parties bornées de* $\mathrm{E} \times \mathrm{F}$, *alors l'application canonique de* $\mathscr{B}(\mathrm{E},\mathrm{F})$ *dans* $(\mathrm{E} \widehat{\otimes} \mathrm{F})'$ *(VI, p. 49, remarque 1) est un isomorphisme.*

En effet, l'espace $\mathrm{E} \widehat{\otimes} \mathrm{F}$ est un espace de Fréchet d'après le cor. 1, et il est nucléaire d'après la prop. 8 de VII, p. 262 ; ainsi E, F et $\mathrm{E} \widehat{\otimes} \mathrm{F}$ sont des espaces de Montel (cor. de la prop. 9) ; les parties bornées de E, F et $\mathrm{E} \widehat{\otimes} \mathrm{F}$ sont donc relativement compactes. L'assertion résulte alors du cor. 2 de VI, p. 61.

Remarque. — Soient E un espace de Fréchet nucléaire et F un espace de Fréchet. Munissons $\mathscr{B}(\mathrm{E};\mathrm{F})$ de la topologie de la convergence uniforme sur les produits de parties bornées de $\mathrm{E} \times \mathrm{F}$. Considérons le diagramme d'applications linéaires

$$(6) \qquad \begin{array}{ccc} \mathrm{E}' \mathbin{\widehat{\otimes}} \mathrm{F}' & \xrightarrow{\;\alpha\;} & \mathscr{L}_b(\mathrm{E};\mathrm{F}') \\ \Big\downarrow{\scriptstyle\beta} & & \Big\downarrow{\scriptstyle\delta} \\ \mathscr{L}_b(\mathrm{F};\mathrm{E}') & \xrightarrow{\;\gamma\;} & \mathscr{B}(\mathrm{E},\mathrm{F}) \end{array}$$

où α désigne l'application $\widehat{\theta}_{\mathrm{E;F}'}$, où β désigne la composée de $\widehat{\theta}_{\mathrm{F;E}'}$ et de l'isomorphisme de $\mathrm{E}' \mathbin{\widehat{\otimes}} \mathrm{F}'$ sur $\mathrm{F}' \mathbin{\widehat{\otimes}} \mathrm{E}'$ déduit de l'isomorphisme canonique de $\mathrm{E}' \otimes \mathrm{F}'$ sur $\mathrm{F}' \otimes \mathrm{E}'$, et où $\gamma \colon \mathscr{L}(\mathrm{F};\mathrm{E}') \to \mathscr{B}(\mathrm{E},\mathrm{F})$ et $\delta \colon \mathscr{L}(\mathrm{E};\mathrm{F}') \to \mathscr{B}(\mathrm{E},\mathrm{F})$ sont les applications définies par les formules $\gamma(u)(x,y) = u(y)(x)$ et $\delta(v)(x,y) = v(x)(y)$.

Les applications α, β, γ et δ sont alors des isomorphismes d'espaces localement convexes : pour α et β cela résulte de la prop. 13, et pour γ et δ cela résulte du cor. 2 de III, p. 30. De plus, le diagramme (6) est commutatif, puisqu'il résulte aussitôt des définitions que $\delta \circ \alpha$ et $\gamma \circ \beta$ coïncident sur les éléments de la forme $\xi \mathbin{\widehat{\otimes}}_\pi \eta$ avec $\xi \in \mathrm{E}'$ et $\eta \in \mathrm{F}'$; elles sont donc égales puisque ces éléments engendrent un sous-espace dense de $\mathrm{E}' \mathbin{\widehat{\otimes}} \mathrm{F}'$.

8. Espaces de sections différentiables

Soit X une variété de classe C^∞, localement de dimension finie, et soit M un fibré vectoriel réel ou complexe sur X. Rappelons que l'on note $\mathscr{S}^\infty(\mathrm{X};\mathrm{M})$ l'espace des sections de classe C^∞ de M, muni de la topologie de la C^∞-convergence compacte (VI, p. 78, n° 6) ; pour toute partie fermée A de X, on note $\mathscr{S}^\infty_\mathrm{A}(\mathrm{X};\mathrm{M})$ le sous-espace de $\mathscr{S}^\infty(\mathrm{X};\mathrm{M})$ formé des sections dont le support est contenu dans A. On désigne par $\mathscr{S}^\infty_\mathrm{c}(\mathrm{X};\mathrm{M})$ l'espace des sections de classe C^∞ de M à support compact ; on le munit de la topologie localement convexe la plus fine qui rende continues les injections canoniques $\mathscr{S}^\infty_\mathrm{A}(\mathrm{X};\mathrm{M}) \to \mathscr{S}^\infty_\mathrm{c}(\mathrm{X};\mathrm{M})$ pour toute partie compacte A de X, de sorte que $\mathscr{S}^\infty_\mathrm{c}(\mathrm{X};\mathrm{M})$ est la limite inductive des espaces $\mathscr{S}^\infty_\mathrm{A}(\mathrm{X};\mathrm{M})$. On munit le dual $\mathscr{S}^\infty_\mathrm{c}(\mathrm{X};\mathrm{M})'$ de la topologie de la convergence bornée.

Exemple. — Soit n un entier positif et soit U un ouvert de $\mathbf{R}^n$. Soit $\mathscr{D}(\mathrm{U})$ l'espace des fonctions test dans U (TS, IV, p. 200, n° 3) ; si M est le fibré vectoriel trivial $\mathrm{U} \times \mathbf{C}$ sur la variété $\mathrm{X} = \mathrm{U}$, alors $\mathscr{D}(\mathrm{U})$

s'identifie à $\mathscr{S}_c^\infty(X;M)$, et $\mathscr{S}_c^\infty(X;M)'$ s'identifie à l'espace $\mathscr{D}'(U)$ des distributions sur U (TS, IV, p. 203, n° 4)

Remarques. — Supposons que X soit séparée et que sa topologie admette une base dénombrable.

1) L'espace $\mathscr{S}^\infty(X;M)$ est un espace de Fréchet (VI, p. 79, remarque 2). Pour toute partie fermée A de X, l'espace $\mathscr{S}_A^\infty(X;M)$ est fermé dans $\mathscr{S}^\infty(X;M)$ (VI, p. 80, remarque 3) ; c'est donc un espace de Fréchet.

2) Soit $(C_n)_{n\in\mathbf{N}}$ une suite croissante de parties compactes de X telle que toute partie compacte de X soit contenue dans l'un des C_n (une telle suite existe d'après le lemme 1 de VI, p. 65 et d'après TG, I, p. 68, cor. 1). L'espace $\mathscr{S}_c^\infty(X,M)$ est alors réunion croissante des $\mathscr{S}_{C_n}^\infty(X;M)$, qui sont des espaces de Fréchet d'après la remarque précédente. De plus, pour tout $n\in\mathbf{N}$, l'injection canonique de $\mathscr{S}_{C_n}^\infty(X;M)$ dans $\mathscr{S}_{C_{n+1}}^\infty(X;M)$ est continue et stricte (remarque 1) ; ainsi $\mathscr{S}_c^\infty(X;M)$ est limite inductive stricte de la suite des espaces de Fréchet $\mathscr{S}_{C_n}^\infty(X;M)$.

PROPOSITION 14. — *Soit* X *une variété de classe* C^∞, *localement de dimension finie, et soit* M *un fibré vectoriel réel ou complexe sur* X. *Supposons* M *de rang fini.*

a) *L'espace* $\mathscr{S}^\infty(X;M)$ *est nucléaire.*

b) *Supposons que la topologie de* X *soit séparée et possède une base dénombrable. Pour toute partie fermée* A *de* X, *l'espace* $\mathscr{S}_A^\infty(X;M)$ *est alors un espace de Fréchet nucléaire ; de plus, les espaces* $\mathscr{S}_c^\infty(X;M)$ *et* $\mathscr{S}_c^\infty(X;M)'$ *sont nucléaires.*

Prouvons *a*). Comme tout sous-espace d'un produit d'espaces nucléaires est nucléaire (VII, p. 256, prop. 5 et p. 258, prop. 7), il résulte des remarques 1 et 2 de VI, p. 79 qu'il suffit de prouver que l'espace $\mathscr{C}^\infty(X;F)$ est nucléaire lorsque X est une partie ouverte d'un espace $\mathbf{R}^n$ ($n\in\mathbf{N}$) et lorsque F est un espace de Banach de dimension finie. D'après le th. 2 de VI, p. 75 et la prop. 8 de VII, p. 262, il suffit de traiter le cas où F = K. Montrons donc que $\mathscr{C}^\infty(X)$ est nucléaire lorsque X est une partie ouverte d'un espace $\mathbf{R}^n$.

Soit C une partie compacte de X, et soit $\alpha\in\mathbf{N}^n$. Si U est un voisinage ouvert relativement compact de C dans X, et si m est un entier $\geqslant|\alpha|$, alors l'application de restriction $\mathscr{C}^\infty(X)\to\mathscr{C}^m(U)$ est nucléaire (VII, p. 203, prop. 21) ; de plus, elle est isométrique lorsqu'on munit chacun des deux espaces de la semi-norme p_{C,∂^α}. Lorsque C et α

varient, les semi-normes $p_{\mathrm{C},\partial^\alpha}$ définissent la topologie de $\mathscr{C}^\infty(\mathrm{X})$; cet espace vérifie donc la condition (iii) de la prop. 4 de VII, p. 254. Il est donc nucléaire, d'où a).

Sous les hypothèses de b), pour toute partie fermée A de X, l'espace $\mathscr{S}_{\mathrm{A}}^\infty(\mathrm{X};\mathrm{M})$ est un espace de Fréchet (remarque 1), nucléaire d'après a) et la prop. 5 de VII, p. 256. Compte tenu de la remarque 2, il en résulte que $\mathscr{S}_{\mathrm{c}}^\infty(\mathrm{X};\mathrm{M})$ est limite inductive stricte d'une suite d'espaces de Fréchet nucléaires ; ainsi $\mathscr{S}_{\mathrm{c}}^\infty(\mathrm{X};\mathrm{M})$ est nucléaire (VII, p. 257, prop. 6) et son dual fort est nucléaire (VII, p. 270, prop. 11), d'où b).

Soient X et Y des variétés séparées de classe C^∞, localement de dimension finie et dénombrables à l'infini ; soient M et N des fibrés vectoriels de rangs finis et de bases X et Y respectivement. Comme dans le n° 6 de VI, p. 78, notons $\mathrm{M}\boxtimes\mathrm{N}$ le fibré $\mathrm{pr}_1^*\mathrm{M}\otimes\mathrm{pr}_2^*\mathrm{N}$ sur $\mathrm{X}\times\mathrm{Y}$; pour $s\in\mathscr{S}^\infty(\mathrm{X};\mathrm{M})$ et $t\in\mathscr{S}^\infty(\mathrm{Y};\mathrm{N})$, désignons par $s\boxtimes t$ la section $(x,y)\mapsto s(x)\otimes t(y)$ de $\mathrm{M}\boxtimes\mathrm{N}$. Les espaces $\mathscr{S}^\infty(\mathrm{X};\mathrm{M})$ et $\mathscr{S}^\infty(\mathrm{Y};\mathrm{N})$ sont nucléaires (prop. 14) et l'application $s\otimes t\mapsto s\boxtimes t$, de $\mathscr{S}^\infty(\mathrm{X};\mathrm{M})\otimes\mathscr{S}^\infty(\mathrm{Y};\mathrm{N})$ dans $\mathscr{S}^\infty(\mathrm{X}\times\mathrm{Y};\mathrm{M}\boxtimes\mathrm{N})$, se prolonge en un isomorphisme $\widehat{\omega}_{\mathrm{X},\mathrm{Y}}$ de $\mathscr{S}^\infty(\mathrm{X};\mathrm{M})\widehat{\otimes}\mathscr{S}^\infty(\mathrm{Y};\mathrm{N})$ sur $\mathscr{S}^\infty(\mathrm{X}\times\mathrm{Y};\mathrm{M}\boxtimes\mathrm{N})$ (VI, p. 80, prop. 8).

Lemme 4. — Soient A *et* B *des parties fermées de* X *et* Y. *L'isomorphisme* $\widehat{\omega}_{\mathrm{X},\mathrm{Y}}$ *induit un isomorphisme de* $\mathscr{S}_{\mathrm{A}}^\infty(\mathrm{X};\mathrm{M})\widehat{\otimes}\mathscr{S}_{\mathrm{B}}^\infty(\mathrm{Y};\mathrm{N})$ *sur* $\mathscr{S}_{\mathrm{A}\times\mathrm{B}}^\infty(\mathrm{X}\times\mathrm{Y};\mathrm{M}\boxtimes\mathrm{N})$.

Posons $\mathrm{U}=\mathrm{X}-\mathrm{A}$ et $\mathrm{V}=\mathrm{Y}-\mathrm{B}$. L'espace $\mathscr{S}_{\mathrm{A}}^\infty(\mathrm{X};\mathrm{M})$ est le noyau de l'application de restriction $r\colon\mathscr{S}^\infty(\mathrm{X};\mathrm{M})\to\mathscr{S}^\infty(\mathrm{U};\mathrm{M})$. D'après le cor. 2 p. 261 du th. 2 de VII, p. 258, l'espace $\mathscr{S}_{\mathrm{A}}^\infty(\mathrm{X};\mathrm{M})\widehat{\otimes}\mathscr{S}^\infty(\mathrm{Y};\mathrm{N})$ s'identifie au noyau de $r\widehat{\otimes}1_{\mathscr{S}^\infty(\mathrm{Y};\mathrm{N})}$. Le diagramme

$$
\begin{array}{ccc}
\mathscr{S}^\infty(\mathrm{X};\mathrm{M})\widehat{\otimes}\mathscr{S}^\infty(\mathrm{Y};\mathrm{N}) & \xrightarrow{\;r\widehat{\otimes}1\;} & \mathscr{S}^\infty(\mathrm{U};\mathrm{M})\widehat{\otimes}\mathscr{S}^\infty(\mathrm{Y};\mathrm{N}) \\
\Big\downarrow{\widehat{\omega}_{\mathrm{X},\mathrm{Y}}} & & \Big\downarrow{\widehat{\omega}_{\mathrm{U},\mathrm{Y}}} \\
\mathscr{S}^\infty(\mathrm{X}\times\mathrm{Y};\mathrm{M}\boxtimes\mathrm{N}) & \xrightarrow{\;\;\varrho\;\;} & \mathscr{S}^\infty(\mathrm{U}\times\mathrm{Y};\mathrm{M}\boxtimes\mathrm{N}),
\end{array}
$$

où ϱ est l'application de restriction, est commutatif, donc $\widehat{\omega}_{\mathrm{X},\mathrm{Y}}$ se restreint en un isomorphisme $\psi_{\mathrm{A},\mathrm{Y}}$ du noyau de $\widehat{\omega}_{\mathrm{U},\mathrm{Y}}\circ(r\widehat{\otimes}1)$ sur celui de ϱ, c'est-à-dire de $\mathscr{S}_{\mathrm{A}}^\infty(\mathrm{X};\mathrm{M})\widehat{\otimes}\mathscr{S}^\infty(\mathrm{Y};\mathrm{N})$ sur $\mathscr{S}_{\mathrm{A}\times\mathrm{Y}}^\infty(\mathrm{X}\times\mathrm{Y};\mathrm{M}\boxtimes\mathrm{N})$. On définit de même un isomorphisme $\psi_{\mathrm{A},\mathrm{V}}$ de $\mathscr{S}_{\mathrm{A}}^\infty(\mathrm{X};\mathrm{M})\widehat{\otimes}\mathscr{S}^\infty(\mathrm{V};\mathrm{N})$

sur $\mathscr{S}^{\infty}_{A \times V}(X \times V; M \boxtimes N)$. Le diagramme

$$\begin{array}{ccc}
\mathscr{S}^{\infty}_{A}(X; M) \,\widehat{\otimes}\, \mathscr{S}^{\infty}(Y; N) & \xrightarrow{\,1\widehat{\otimes}r'\,} & \mathscr{S}^{\infty}_{A}(X; M) \,\widehat{\otimes}\, \mathscr{S}^{\infty}(V; N) \\[2pt]
\Big\downarrow{\scriptstyle\psi_{A,Y}} & & \Big\downarrow{\scriptstyle\psi_{A,V}} \\[2pt]
\mathscr{S}^{\infty}_{A \times Y}(X \times Y; M \boxtimes N) & \xrightarrow{\;\varrho'\;} & \mathscr{S}^{\infty}_{A \times V}(X \times V; M \boxtimes N),
\end{array}$$

où r' et ϱ' sont les applications de restriction, est alors commutatif ; comme précédemment, on en conclut que $\widehat{\omega}_{X,Y}$ induit un isomorphisme de $\mathscr{S}^{\infty}_{A}(X; M) \,\widehat{\otimes}\, \mathscr{S}^{\infty}_{B}(Y; N)$ sur $\mathscr{S}^{\infty}_{A \times B}(X \times Y; M \boxtimes N)$, d'où le lemme.

THÉORÈME 5 (« Théorème du noyau de Schwartz »)

a) *Soient $k \in \mathscr{S}^{\infty}_{c}(X \times Y; M \boxtimes N)'$ et $u_k \colon \mathscr{S}^{\infty}_{c}(Y; N) \to \mathscr{S}^{\infty}_{c}(X; M)'$ l'application définie par $\langle s, u_k(t) \rangle = \langle s \boxtimes t, k \rangle$ pour $t \in \mathscr{S}^{\infty}_{c}(Y; N)$ et $s \in \mathscr{S}^{\infty}_{c}(X; M)$. L'application u_k est linéaire et continue.*

b) *L'application $k \mapsto u_k$ est un isomorphisme de $\mathscr{S}^{\infty}_{c}(X \times Y; M \boxtimes N)'$ sur $\mathscr{L}_b(\mathscr{S}^{\infty}_{c}(Y; N); \mathscr{S}^{\infty}_{c}(X; M)')$.*

Si A et B sont des parties compactes de X et Y respectivement, considérons les isomorphismes

$$\mathscr{S}^{\infty}_{A \times B}(X \times Y; M \boxtimes N)' \xrightarrow{\,{}^{t}\sigma\,} (\mathscr{S}^{\infty}_{A}(X; M) \,\widehat{\otimes}\, \mathscr{S}^{\infty}_{B}(Y; N))'$$
$$\xrightarrow{\,\tau\,} \mathscr{L}_b(\mathscr{S}^{\infty}_{B}(Y; N); \mathscr{S}^{\infty}_{A}(X; M)'),$$

où σ est l'isomorphisme du lemme 4 et τ est l'isomorphisme déduit du cor. 2 de VII, p. 272 et de la remarque qui le suit. Par définition, pour tout $s \in \mathscr{S}^{\infty}_{A}(X; M)$ et pour tout $t \in \mathscr{S}^{\infty}_{B}(Y; N)$, on a

$$^{t}\sigma(k)(s \otimes t) = \langle s \boxtimes t, k \rangle,$$

et pour tout $\ell \in (\mathscr{S}^{\infty}_{A}(X; M) \,\widehat{\otimes}\, \mathscr{S}^{\infty}_{B}(Y; N))'$, on a

$$\langle s, \tau(\ell) \rangle = \langle s \otimes t, \ell \rangle.$$

Posons $\Upsilon_{A,B} = \tau \circ {}^{t}\sigma$; on a donc

$$(7) \qquad\qquad \langle s, \Upsilon_{A,B}(k)(t) \rangle = \langle s \boxtimes t, k \rangle$$

pour $s \in \mathscr{S}^{\infty}_{A}(X; M)$ et $t \in \mathscr{S}^{\infty}_{B}(Y; N)$.

Soit (A_n) une suite croissante de parties compactes de X telle que toute partie compacte de X soit contenue dans l'un des A_n, et soit (B_n) une suite croissante de parties compactes de Y telle que toute partie compacte de Y soit contenue dans l'un des B_n. L'espace $\mathscr{S}^{\infty}_{c}(X; M)$ est alors limite inductive stricte de la suite des sous-espaces $\mathscr{S}^{\infty}_{A_n}(X; M)$, et $\mathscr{S}^{\infty}_{c}(Y; N)$ est limite inductive stricte des $\mathscr{S}^{\infty}_{B_n}(Y; N)$ (remarque 2).

D'après le lemme 3 de VII, p. 269, l'espace $\mathscr{S}_{\mathrm{c}}^{\infty}(\mathrm{X};\mathrm{M})'$ s'identifie à la limite projective des $\mathscr{S}_{\mathrm{A}_n}^{\infty}(\mathrm{X};\mathrm{M})'$, tandis que $\mathscr{S}_{\mathrm{c}}^{\infty}(\mathrm{X}\times\mathrm{Y};\mathrm{M}\boxtimes\mathrm{N})'$ s'identifie à la limite projective des $\mathscr{S}_{\mathrm{A}_n\times\mathrm{B}_m}^{\infty}(\mathrm{X}\times\mathrm{Y};\mathrm{M}\boxtimes\mathrm{N})'$, et l'espace $\mathscr{L}_b(\mathscr{S}_{\mathrm{c}}^{\infty}(\mathrm{Y};\mathrm{N});\mathscr{S}_{\mathrm{c}}^{\infty}(\mathrm{X};\mathrm{M})')$ à celle des $\mathscr{L}_b(\mathscr{S}_{\mathrm{B}_m}^{\infty}(\mathrm{Y};\mathrm{N});\mathscr{S}_{\mathrm{A}_n}^{\infty}(\mathrm{X};\mathrm{M})')$. Les applications $\Upsilon_{\mathrm{A}_m,\mathrm{B}_n}$ forment un système projectif d'isomorphismes. Vu la formule (7), sa limite Υ satisfait à $\langle s, \Upsilon(k)(t)\rangle = \langle s \boxtimes t, k\rangle$ pour $s \in \mathscr{S}_{\mathrm{c}}^{\infty}(\mathrm{X};\mathrm{M})$, $t \in \mathscr{S}_{\mathrm{c}}^{\infty}(\mathrm{Y};\mathrm{N})$ et $k \in \mathscr{S}_{\mathrm{c}}^{\infty}(\mathrm{X}\times\mathrm{Y};\mathrm{M}\boxtimes\mathrm{N})'$. On a donc $\Upsilon(k) = u_k$ pour tout k ; les assertions $a)$ et $b)$ en résultent aussitôt.

9. Espaces de fonctions ou de sections analytiques

Soit X une variété analytique complexe, localement de dimension finie. Soit M un fibré vectoriel analytique complexe de base X et de rang fini.

PROPOSITION 15. — *L'espace $\mathscr{S}^{\omega}(\mathrm{X};\mathrm{M})$ est nucléaire.*

Notons X_0 et M_0 les variétés réelles sous-jacentes à X et M. La topologie de $\mathscr{S}^{\omega}(\mathrm{X};\mathrm{M})$ est induite par celle de $\mathscr{S}^{\infty}(\mathrm{X}_0;\mathrm{M}_0)$ (VI, p. 84, remarque 2) ; comme ce dernier est nucléaire (VII, p. 274, prop. 14), il en va de même de $\mathscr{S}^{\omega}(\mathrm{X};\mathrm{M})$ d'après la prop. 5 de VII, p. 256.

COROLLAIRE. — *L'espace $\mathscr{C}^{\omega}(\mathrm{X})$ est nucléaire.*

> Si la topologie de X admet une base dénombrable, alors $\mathscr{S}^{\omega}(\mathrm{X};\mathrm{M})$ et $\mathscr{C}^{\omega}(\mathrm{X})$ sont des espaces de Fréchet nucléaires (VI, p. 83, remarque 1).

Soit E un espace localement convexe complexe, séparé et complet. Soit $\Phi_{\mathrm{X},\mathrm{E}}^{\omega}\colon \mathscr{C}^{\omega}(\mathrm{X}) \otimes \mathrm{E} \to \mathscr{C}^{\omega}(\mathrm{X};\mathrm{E})$ l'unique application linéaire qui associe à un tenseur pur $f \otimes e$ la fonction $x \mapsto f(x)e$. Comme $\mathscr{C}^{\omega}(\mathrm{X})$ et $\mathscr{C}^{\omega}(\mathrm{X};\mathrm{E})$ s'identifient à des sous-espaces fermés de $\mathscr{C}^{0}(\mathrm{X})$ et $\mathscr{C}^{0}(\mathrm{X};\mathrm{E})$ respectivement (VI, p. 84, remarque 2), il résulte de la prop. 1 de VI, p. 63 que $\Phi_{\mathrm{X},\mathrm{E}}^{\omega}$ est continue. Puisque $\mathscr{C}^{\omega}(\mathrm{X};\mathrm{E})$ est complet (VI, p. 83, prop. 9), elle se prolonge donc en une application linéaire continue

$$\widehat{\Phi}_{\mathrm{X},\mathrm{E}}^{\omega}\colon \mathscr{C}^{\omega}(\mathrm{X}) \,\widehat{\otimes}\, \mathrm{E} \to \mathscr{C}^{\omega}(\mathrm{X};\mathrm{E}).$$

PROPOSITION 16. — *Si X est paracompacte et si E est un espace de Fréchet, alors $\widehat{\Phi}_{\mathrm{X},\mathrm{E}}^{\omega}$ est un isomorphisme.*

Nous utiliserons le lemme suivant :

Lemme 5. — Supposons que X *soit dénombrable à l'infini et que* E *soit un espace de Fréchet. Soit* $\mathscr{U} = (\mathrm{U}_i)_{i\in\mathrm{I}}$ *un recouvrement ouvert dénombrable de* X*. Si les applications* $\widehat{\Phi}^{\omega}_{\mathrm{U}_i,\mathrm{E}}$ *et* $\widehat{\Phi}^{\omega}_{\mathrm{U}_i\cap\mathrm{U}_j,\mathrm{E}}$ *sont des isomorphismes pour tout* $(i,j)\in\mathrm{I}^2$*, alors* $\widehat{\Phi}_{\mathrm{X};\mathrm{E}}$ *est un isomorphisme.*

Considérons les applications linéaires

$$r_{\mathscr{U},\mathrm{E}}\colon \mathscr{C}^{\omega}(\mathrm{X};\mathrm{E}) \longrightarrow \prod_{i\in\mathrm{I}} \mathscr{C}^{\omega}(\mathrm{U}_i;\mathrm{E})$$

et

$$d_{\mathscr{U},\mathrm{E}}\colon \prod_{i\in\mathrm{I}} \mathscr{C}^{\omega}(\mathrm{U}_i;\mathrm{E}) \longrightarrow \prod_{(i,j)\in\mathrm{I}\times\mathrm{I}} \mathscr{C}^{\omega}(\mathrm{U}_i\cap\mathrm{U}_j;\mathrm{E})$$

définies par $r_{\mathscr{U},\mathrm{E}}(f) = (f|_{\mathrm{U}_i})_{i\in\mathrm{I}}$ et

$$d_{\mathscr{U},\mathrm{E}}((f_i)_{i\in\mathrm{I}}) = (f_i|_{\mathrm{U}_i\cap\mathrm{U}_j} - f_j|_{\mathrm{U}_i\cap\mathrm{U}_j})_{(i,j)\in\mathrm{I}\times\mathrm{I}}.$$

Écrivons r et d plutôt que $r_{\mathscr{U},\mathrm{K}}$ et $d_{\mathscr{U},\mathrm{K}}$.

Il résulte aussitôt des définitions que le diagramme

$$
\begin{array}{ccccc}
0 \to \mathscr{C}^{\omega}(\mathrm{X}) \otimes \mathrm{E} & \xrightarrow{\ r\otimes 1_{\mathrm{E}}\ } & \left(\prod_i \mathscr{C}^{\omega}(\mathrm{U}_i)\right)\otimes \mathrm{E} & \xrightarrow{\ d\otimes 1_{\mathrm{E}}\ } & \left(\prod_{i,j}\mathscr{C}^{\omega}(\mathrm{U}_i\cap\mathrm{U}_j)\right)\otimes \mathrm{E}\\
\downarrow{\scriptstyle \Phi^{\omega}_{\mathrm{X},\mathrm{E}}} & & \downarrow{\scriptstyle \left(\Phi^{\omega}_{\mathrm{U}_i,\mathrm{E}}\right)_i} & & \downarrow{\scriptstyle \left(\Phi^{\omega}_{\mathrm{U}_i\cap\mathrm{U}_j,\mathrm{E}}\right)_{i,j}}\\
0 \longrightarrow \mathscr{C}^{\omega}(\mathrm{X};\mathrm{E}) & \xrightarrow{\ r_{\mathscr{U},\mathrm{E}}\ } & \prod_i \mathscr{C}^{\omega}(\mathrm{U}_i;\mathrm{E}) & \xrightarrow{\ d_{\mathscr{U},\mathrm{E}}\ } & \prod_{i,j}\mathscr{C}^{\omega}(\mathrm{U}_i\cap\mathrm{U}_j;\mathrm{E})
\end{array}
$$

est commutatif. Ainsi, le diagramme **(D)** suivant est commutatif :

$$
\begin{array}{ccccc}
0 \to \mathscr{C}^{\omega}(\mathrm{X}) \widehat{\otimes} \mathrm{E} & \xrightarrow{\ r\widehat{\otimes} 1_{\mathrm{E}}\ } & \left(\prod_i \mathscr{C}^{\omega}(\mathrm{U}_i)\right)\widehat{\otimes} \mathrm{E} & \xrightarrow{\ d\widehat{\otimes} 1_{\mathrm{E}}\ } & \left(\prod_{i,j}\mathscr{C}^{\omega}(\mathrm{U}_i\cap\mathrm{U}_j)\right)\widehat{\otimes} \mathrm{E}\\
\downarrow{\scriptstyle \widehat{\Phi}^{\omega}_{\mathrm{X},\mathrm{E}}} & & \downarrow{\scriptstyle \left(\widehat{\Phi}^{\omega}_{\mathrm{U}_i,\mathrm{E}}\right)_i} & & \downarrow{\scriptstyle \left(\widehat{\Phi}^{\omega}_{\mathrm{U}_i\cap\mathrm{U}_j,\mathrm{E}}\right)_{i,j}}\\
0 \longrightarrow \mathscr{C}^{\omega}(\mathrm{X};\mathrm{E}) & \xrightarrow{\ r_{\mathscr{U},\mathrm{E}}\ } & \prod_i \mathscr{C}^{\omega}(\mathrm{U}_i;\mathrm{E}) & \xrightarrow{\ d_{\mathscr{U},\mathrm{E}}\ } & \prod_{i,j}\mathscr{C}^{\omega}(\mathrm{U}_i\cap\mathrm{U}_j;\mathrm{E}).
\end{array}
$$

Comme tout produit d'espaces nucléaires est nucléaire (VII, p. 258, prop. 7) et tout produit dénombrable d'espaces de Fréchet est un espace de Fréchet (II, p. 29, n° 3), les espaces $\mathscr{C}^{\omega}(\mathrm{X};\mathrm{E})$, $\prod_{i\in\mathrm{I}} \mathscr{C}^{\omega}(\mathrm{U}_i;\mathrm{E})$ et $\prod_{(i,j)\in\mathrm{I}\times\mathrm{I}} \mathscr{C}^{\omega}(\mathrm{U}_i\cap\mathrm{U}_j;\mathrm{E})$ sont des espaces de Fréchet nucléaires. Vu la remarque 1 de VI, p. 83, il en résulte que seconde ligne du diagramme (D) est une suite exacte d'espaces de Fréchet et que l'injection $r_{\mathscr{U},\mathrm{E}}$ est stricte. De même, les espaces $\mathscr{C}^{\omega}(\mathrm{X})$, $\prod_{i\in\mathrm{I}} \mathscr{C}^{\omega}(\mathrm{U}_i)$ et $\prod_{(i,j)\in\mathrm{I}\times\mathrm{I}} \mathscr{C}^{\omega}(\mathrm{U}_i\cap\mathrm{U}_j)$ sont nucléaires, et la première ligne du diagramme (D) est exacte : cela résulte du cor. 2 de VII, p. 261 et du cor. 3 de VII, p. 261, compte tenu du fait que E est un espace de Fréchet. En outre, l'injection $r\widehat{\otimes} 1_{\mathrm{E}}$ est stricte d'après la prop. 27 de VI, p. 48. Ces propriétés du diagramme (D) suffisent à montrer que si les applications $\widehat{\Phi}^{\omega}_{U_i,E}$ et $\widehat{\Phi}^{\omega}_{U_i \cap U_j,E}$ sont des isomorphismes quels que soient i et j, il en va de même de $\widehat{\Phi}^{\omega}_{X,E}$, d'où le lemme.

Démontrons la proposition 16. Supposons X paracompacte, et notons $(X_\alpha)_{\alpha \in A}$ la famille des composantes connexes de X. La remarque 1 de VI, p. 83 fournit des isomorphismes

$$\mathscr{C}^{\omega}(X) \to \prod_{\alpha \in A} \mathscr{C}^{\omega}(X_\alpha), \quad \mathscr{C}^{\omega}(X;E) \to \prod_{\alpha \in A} \mathscr{C}^{\omega}(X_\alpha;E).$$

Comme le produit tensoriel complété commute aux produits d'après la prop. 14 de VI, p. 31, on est ainsi ramené au cas où X est connexe, donc dénombrable à l'infini (TG, I, p. 70, th. 5). Dans ce cas, la variété X est réunion dénombrable de domaines de cartes (VI, p. 65, lemme 1) ; compte tenu du lemme 5, il suffit donc de vérifier que $\widehat{\Phi}^{\omega}_{V,E}$ est un isomorphisme lorsque V est un ouvert quelconque de $\mathbf{C}^n$. Or, un tel ouvert V est réunion dénombrable de boules ouvertes (cela résulte de TG, VI, p. 9 et de TG, I, p. 5, prop. 3, si l'on identifie $\mathbf{C}^n$ à l'espace euclidien $\mathbf{R}^{2n}$). Ces boules sont des ouverts convexes ; or, lorsque U est un ouvert *convexe* de $\mathbf{C}^n$, nous savons que $\widehat{\Phi}^{\omega}_{U,E}$ est un isomorphisme (VI, p. 86, prop. 11). Utilisant à nouveau le lemme 5, on en déduit que $\widehat{\Phi}^{\omega}_{V,E}$ est un isomorphisme, ce qui conclut la démonstration de la prop. 16.

Soient maintenant X et Y des variétés analytiques complexes, séparées et localement de dimension finie. Soient M et N des fibrés vectoriels de rangs finis et de bases respectives X et Y. Si $s \in \mathscr{S}^{\omega}(X;M)$ et $t \in \mathscr{S}^{\omega}(Y;N)$, alors la section $s \boxtimes t$ de $M \boxtimes N$ est analytique (*cf.* VAR, 7.9.1). Notons $\omega_{X,Y} \colon \mathscr{S}^{\omega}(X;M) \otimes \mathscr{S}^{\omega}(Y;N) \to \mathscr{S}^{\omega}(X \times Y; M \boxtimes N)$ l'unique application linéaire qui associe à un tenseur pur $s \otimes t$ la section $s \boxtimes t$ (VI, p. 78). L'application $\omega_{X,Y}$ est continue : cela résulte de la prop. 8 de VI, p. 80, compte tenu de la remarque 2 de VI, p. 84 et du fait que $\mathscr{S}^{\omega}(X;M)$ est nucléaire. Elle se prolonge donc en une application linéaire continue

$$\widehat{\omega}_{X,Y} \colon \mathscr{S}^{\omega}(X;M) \,\widehat{\otimes}\, \mathscr{S}^{\omega}(Y;N) \to \mathscr{S}^{\omega}(X \times Y; M \boxtimes N).$$

PROPOSITION 17. — *Si* X *et* Y *sont paracompactes, alors* $\widehat{\omega}_{X,Y}$ *est un isomorphisme.*

Comme dans la preuve de la prop. 16, la remarque 1 de VI, p. 83 et la prop. 14 de VI, p. 31 permettent de se ramener au cas où X et Y sont dénombrables à l'infini, ce que nous supposons désormais.

Si Z est une variété analytique complexe, séparée, localement de dimension finie et dénombrable à l'infini, si P est un fibré vectoriel de rang fini et de base Z, et si $\mathscr{W} = (W_\alpha)_{\alpha \in A}$ est un recouvrement ouvert dénombrable de Z, notons $\mathscr{S}_Z$ l'espace $\mathscr{S}^\omega(Z; P)$, notons $\mathscr{S}_{\mathscr{W}}$ l'espace $\prod_{\alpha \in A} \mathscr{S}^\omega(W_\alpha; P)$ et posons $\mathscr{S}_{\mathscr{W}}^{(2)} = \prod_{(\alpha,\beta) \in A^2} \mathscr{S}^\omega(W_\alpha \cap W_\beta; P)$. Ce sont des espaces de Fréchet nucléaires. Les applications linéaires

$$r_{\mathscr{W}} : \mathscr{S}_Z \longrightarrow \mathscr{S}_{\mathscr{W}}$$
$$f \longmapsto (f|_{W_\alpha})_{\alpha \in A}$$

et

$$d_{\mathscr{W}} : \mathscr{S}_{\mathscr{W}} \longrightarrow \mathscr{S}_{\mathscr{W}}^{(2)}$$
$$((f_\alpha)_{\alpha \in A}) \longmapsto \left(f_\alpha|_{W_\alpha \cap W_\beta} - f_\beta|_{W_\alpha \cap W_\beta}\right)_{(\alpha,\beta) \in A \times A}$$

sont continues ; de plus, l'application $r_{\mathscr{W}}$ est injective et stricte (VI, p. 83, remarque 1), et la suite

$$0 \longrightarrow \mathscr{S}_Z \xrightarrow{r_{\mathscr{W}}} \mathscr{S}_{\mathscr{W}} \xrightarrow{d_{\mathscr{W}}} \mathscr{S}_{\mathscr{W}}^{(2)}$$

est une suite exacte d'espaces de Fréchet nucléaires.

Soient maintenant $\mathscr{U} = (U_i)_{i \in I}$ et $\mathscr{V} = (V_j)_{j \in J}$ des recouvrements ouverts dénombrables de X et Y respectivement. Notons $\mathscr{U} \times \mathscr{V}$ le recouvrement ouvert $(U_i \times V_j)_{(i,j) \in I \times J}$ de X $\times$ Y. En composant l'application $(\widehat{\omega}_{U_i, V_j})_{(i,j) \in I \times J}$, de $\prod_{(i,j) \in I \times J} \mathscr{S}_{U_i} \widehat{\otimes} \mathscr{S}_{V_j}$ dans $\mathscr{S}_{\mathscr{U} \times \mathscr{V}}$, avec l'isomorphisme canonique de $\mathscr{S}_{\mathscr{U}} \widehat{\otimes} \mathscr{S}_{\mathscr{V}}$ sur $\prod_{(i,j) \in I \times J} \mathscr{S}_{U_i} \widehat{\otimes} \mathscr{S}_{V_j}$ (VI, p. 31, prop. 14), on obtient une application linéaire continue $\Omega : \mathscr{S}_{\mathscr{U}} \widehat{\otimes} \mathscr{S}_{\mathscr{V}} \to \mathscr{S}_{\mathscr{U} \times \mathscr{V}}$. De même, les applications $\widehat{\omega}_{(U_i \cap U_k),(V_j \cap V_\ell)}$ induisent une application linéaire continue $\Omega^{(2)} : \mathscr{S}_{\mathscr{U}}^{(2)} \widehat{\otimes} \mathscr{S}_{\mathscr{V}}^{(2)} \to \mathscr{S}_{\mathscr{U} \times \mathscr{V}}^{(2)}$. Le diagramme

$$(10) \quad \begin{array}{ccccc} 0 \longrightarrow \mathscr{S}_X \widehat{\otimes} \mathscr{S}_Y & \xrightarrow{r_{\mathscr{U}} \widehat{\otimes} r_{\mathscr{V}}} & \mathscr{S}_{\mathscr{U}} \widehat{\otimes} \mathscr{S}_{\mathscr{V}} & \xrightarrow{d_{\mathscr{U}} \widehat{\otimes} d_{\mathscr{V}}} & \mathscr{S}_{\mathscr{U}}^{(2)} \widehat{\otimes} \mathscr{S}_{\mathscr{V}}^{(2)} \\ \downarrow \widehat{\omega}_{X,Y} & & \downarrow \Omega & & \downarrow \Omega^{(2)} \\ 0 \longrightarrow \mathscr{S}_{X \times Y} & \xrightarrow{r_{\mathscr{U} \times \mathscr{V}}} & \mathscr{S}_{\mathscr{U} \times \mathscr{V}} & \xrightarrow{d_{\mathscr{U} \times \mathscr{V}}} & \mathscr{S}_{\mathscr{U} \times \mathscr{V}}^{(2)} \end{array}$$

est alors commutatif. Les injections $r_{\mathscr{U}} \widehat{\otimes} r_{\mathscr{V}}$ et $r_{\mathscr{U} \times \mathscr{V}}$ sont strictes (*cf.* VI, p. 48, prop. 27) et les lignes du diagramme (10) sont strictes (VII, p. 261, cor. 2 et VII, p. 261, cor. 3). De plus, si les applications $\widehat{\omega}_{U_i, V_j}$ et $\widehat{\omega}_{U_i \cap U_k, V_j \cap V_\ell}$ sont des isomorphismes quels que soient $(i,k) \in I^2$ et $(j,\ell) \in J^2$, alors Ω et $\Omega^{(2)}$ sont des isomorphismes. Il en résulte que *si toutes les applications $\widehat{\omega}_{U_i, V_j}$ et $\widehat{\omega}_{U_i \cap U_k, V_j \cap V_\ell}$ sont des isomorphismes, il en sera de même de $\widehat{\omega}_{X,Y}$.*

En prenant pour $\mathscr{U}$ et $\mathscr{V}$ des recouvrements ouverts formés de domaines de cartes vectorielles de M et N (VAR, R, 7.1.1), on en déduit qu'il suffit de traiter le cas où X et Y sont des ouverts d'un espace $\mathbf{C}^n$ et où les fibrés M et N sont triviaux. Comme tout ouvert de $\mathbf{C}^n$ est réunion dénombrable d'ouverts convexes, l'étape précédente permet de plus de se ramener, comme dans la preuve de la prop. 16, au cas où X et Y sont des ouverts *convexes* de $\mathbf{C}^n$. La conclusion résulte alors de la prop. 12 de VI, p. 87.

10. Espaces de Schwartz

Soit d un entier $\geqslant 1$. Appelons *pavé compact* de $\mathbf{R}^d$ toute partie L de $\mathbf{R}^d$ de la forme $\prod_{i=1}^d [a_{i,0}, a_{i,1}]$, où $(a_{i,k})_{1 \leqslant i \leqslant d, k \in \{0,1\}}$ est une famille de nombres réels vérifiant $a_{i,0} \leqslant a_{i,1}$ pour tout $i \in \{1, \ldots, d\}$ (*cf.* TG, VI, p. 1, n° 1). Pour tout élément j de $\{0,1\}^d$, nous noterons L_j l'élément $(a_{1,j_1}, \ldots, a_{d,j_d})$ de $\mathbf{R}^d$. Les points L_j sont appelés les *sommets* de L.

Rappelons que si $j = (j_1, \ldots, j_d)$ est un élément de $\mathbf{N}^d$, on note $|j|$ l'entier $j_1 + \cdots + j_d$.

Lemme 6. — Soient U une partie ouverte de $\mathbf{R}^d$ et F un espace de Banach réel. Pour toute fonction $\varphi \colon U \to F$ de classe C^d et pour tout pavé compact L de $\mathbf{R}^d$ contenu dans U, on a l'égalité

$$\int_L (\partial_1 \cdots \partial_d \varphi)(x)\, dx = \sum_{j \in \{0,1\}^d} (-1)^{d - |j|}\, \varphi(L_j).$$

Raisonnons par récurrence sur l'entier $d \geqslant 1$. Lorsque $d = 1$, la fonction $\partial_1 \cdots \partial_d \varphi$ est la dérivée de φ sur U, et la formule résulte de la remarque 2 de FVR, II, p. 9.

Soit d un entier $\geqslant 1$. Supposons le lemme établi pour l'entier d. Soient U une partie ouverte de $\mathbf{R}^{d+1}$ et $\varphi \colon U \to F$ une fonction de classe C^{d+1}. Soit L un pavé compact de $\mathbf{R}^{d+1}$ contenu dans U, et soit V un pavé ouvert de $\mathbf{R}^{d+1}$ vérifiant $L \subset V \subset U$ (TG, VI, p. 1).

Identifions $\mathbf{R}^{d+1}$ à $\mathbf{R}^d \times \mathbf{R}$; il existe alors un unique pavé compact L' de $\mathbf{R}^d$ et un unique couple (b_0, b_1) de nombres réels vérifiant $b_0 \leqslant b_1$ et $L = L' \times [b_0, b_1]$. La partie ouverte $V \cap \mathbf{R}^d$ de $\mathbf{R}^d$ contient L'.

Pour $t \in [b_0, b_1]$, appliquons l'hypothèse de récurrence à la fonction $\psi_t \colon y \mapsto \partial_{d+1}\varphi(y, t)$ sur $\mathrm{V} \cap \mathbf{R}^d$, et au pavé compact L'. On obtient

$$\int_{\mathrm{L}'} (\partial_1 \cdots \partial_d \, \psi_t)(y) \, dy = \sum_{j \in \{0,1\}^d} (-1)^{d-|j|} \, \psi_t(\mathrm{L}'_j).$$

Comme $(\partial_1 \cdots \partial_d \, \psi_t)(y) = (\partial_1 \cdots \partial_{d+1}\, \varphi)(y, t)$ pour tout $(y, t) \in \mathrm{U}$, on en déduit

$$
\begin{aligned}
\int_{b_0}^{b_1} dt \int_{\mathrm{L}'} (\partial_1 \cdots \partial_{d+1}\, \varphi)(y, t) \, dy &= \sum_{j \in \{0,1\}^d} (-1)^{d-|j|} \int_{b_0}^{b_1} (\partial_{d+1}\varphi)(\mathrm{L}'_j, t) \, dt \\
&= \sum_{j \in \{0,1\}^d} (-1)^{d-|j|} \big(\varphi(\mathrm{L}'_j, b_1) - \varphi(\mathrm{L}'_j, b_0)\big) \\
&= \sum_{\ell \in \{0,1\}^{d+1}} (-1)^{d+1-|\ell|} \varphi(\mathrm{L}_\ell).
\end{aligned}
$$

(8)

Or, si l'on identifie la mesure de Lebesgue sur $\mathbf{R}^{d+1}$ à la mesure produit des mesures de Lebesgue sur $\mathbf{R}^d$ et sur $\mathbf{R}$, il résulte du théorème de Lebesgue–Fubini (INT, V, p. 96, § 8, n° 4, th. 1) que l'on a

$$\int_{\mathrm{L}} (\partial_1 \cdots \partial_{d+1}\, \varphi)(x) \, dx = \int_{b_0}^{b_1} \left(\int_{\mathrm{L}'} (\partial_1 \cdots \partial_{d+1}\, \varphi)(y, t) \, dy\right) dt.$$

Vu la formule (8), cela achève la récurrence et prouve le lemme 6.

Soit $\mathscr{S}(\mathbf{R}^d)$ l'espace de Schwartz de $\mathbf{R}^d$ (TS, IV, p. 209, n° 7). Si $(\alpha, \beta) \in (\mathbf{N}^d)^2$, on note $p_{\alpha,\beta}$ la semi-norme sur $\mathscr{S}(\mathbf{R}^d)$ définie par $p_{\alpha,\beta}(\varphi) = \sup_{\mathbf{R}^d} |\mathrm{X}^\beta \partial^\alpha \varphi|$ pour tout $\varphi \in \mathscr{S}(\mathbf{R}^d)$, où $\partial^\alpha \varphi$ désigne la fonction $\partial_1^{\alpha_1} \cdots \partial_d^{\alpha_d} \varphi$ et X^β la fonction $(x_1, \ldots, x_d) \mapsto x_1^{\beta_1} \cdots x_d^{\beta_d}$. La topologie de $\mathscr{S}(\mathbf{R}^d)$ est définie par les semi-normes $p_{\alpha,\beta}$.

Soit P la fonction polynomiale $x \mapsto \prod_{i=1}^{d}(1 + x_i^2)$ sur $\mathbf{R}^d$. Pour tout φ dans $\mathscr{S}(\mathbf{R}^d)$, notons $u(\varphi) \colon \mathbf{R}^d \to \mathbf{C}$ la fonction continue bornée $x \mapsto \mathrm{P}(x)(\partial_1 \cdots \partial_d \varphi)(x)$. On obtient ainsi une application linéaire u de $\mathscr{S}(\mathbf{R}^d)$ dans l'espace de Banach $\mathscr{C}^b(\mathbf{R}^d; \mathbf{C})$.

Lemme 7. — L'application $u \colon \mathscr{S}(\mathbf{R}^d) \to \mathscr{C}^b(\mathbf{R}^d; \mathbf{C})$ est continue.

En effet, on a $\mathrm{P} = \sum_{\beta \in \{0,2\}^d} \mathrm{X}^\beta$; si l'on note α l'élément de $\mathbf{N}^d$ dont toutes les coordonnées sont égales à 1, de sorte que $\partial_1 \cdots \partial_d = \partial^\alpha$, il en résulte que

$$\sup_{\mathbf{R}^d} |u(\varphi)| = \sup_{\mathbf{R}^d} |\mathrm{P}\, \partial^\alpha \varphi| \leqslant \sum_{\beta \in \{0,2\}^d} p_{\alpha,\beta}(\varphi)$$

pour toute fonction de Schwartz φ sur $\mathbf{R}^d$. Par définition des topologies de $\mathscr{C}^b(\mathbf{R}^d; \mathbf{C})$ et de $\mathscr{S}(\mathbf{R}^d)$, cela suffit à conclure.

La fonction continue $x \mapsto 1/\mathrm{P}(x)$ est intégrable sur $\mathbf{R}^d$ (*cf.* FVR, V, p. 19, n° 2 et INT, III, p. 82, § 4, n° 1). Notons λ la mesure bornée sur $\mathbf{R}^d$ de densité $1/\mathrm{P}$ par rapport à la mesure de Lebesgue.

Lemme 8. — *Soit φ une fonction de Schwartz sur $\mathbf{R}^d$. On a l'inégalité*

$$\sup_{\mathbf{R}^d} |\varphi| \leqslant \int_{\mathbf{R}^d} |u(\varphi)| d\lambda.$$

Soient $x \in \mathbf{R}^d$ et $\mathrm{M} \geqslant 0$; appliquons le lemme 6 au pavé compact $\mathrm{L} = x + [-\mathrm{M}, 0]^d$ de $\mathbf{R}^d$, dont les sommets vérifient $\mathrm{L}_{(1,\ldots,1)-j} = x - \mathrm{M}j$ pour tout $j \in \{0, 1\}^d$. Il vient

$$\sum_{j \in \{0,1\}^d} (-1)^{|j|} \varphi(x - \mathrm{M}j) = \int_{[-\mathrm{M},0]^d + x} (\partial_1 \cdots \partial_d \varphi)(s)\, ds.$$

Comme φ tend vers 0 à l'infini, on en déduit que l'égalité

$$\varphi(x) = \lim_{\mathrm{M} \to +\infty} \int_{[-\mathrm{M},0]^d + x} (\partial_1 \cdots \partial_d \varphi)(s)\, ds$$

est valide pour tout $x \in \mathbf{R}^d$. Or, pour tout $\mathrm{M} \geqslant 0$, on a

$$\left| \int_{[-\mathrm{M},0]^d + x} (\partial_1 \cdots \partial_d \varphi)(s)\, ds \right| \leqslant \int_{\mathbf{R}^d} |(\partial_1 \cdots \partial_d \varphi)(s)|\, ds = \int_{\mathbf{R}^d} |u(\varphi)| d\lambda \, ;$$

le lemme en résulte aussitôt.

PROPOSITION 18. — *L'espace de Schwartz $\mathscr{S}(\mathbf{R}^d)$ est nucléaire.*

D'après le théorème 1 de VII, p. 252, il suffit de montrer que, pour tout $(\alpha, \beta) \in (\mathbf{N}^d)^2$, la semi-norme $p_{\alpha,\beta}$ est majorée par une semi-norme intégrale.

Soient α et β des éléments de $\mathbf{N}^d$. L'application $\delta \colon \mathscr{S}(\mathbf{R}^d) \to \mathscr{S}(\mathbf{R}^d)$ définie par $\delta(\varphi) = \mathrm{X}^\beta \partial^\alpha \varphi$ est continue. Vu le lemme 7, il en va donc de même de l'application linéaire $v = u \circ \delta$, de $\mathscr{S}(\mathbf{R}^d)$ dans $\mathscr{C}^b(\mathbf{R}^d; \mathbf{C})$. De plus, pour tout φ dans $\mathscr{S}(\mathbf{R}^d)$, on a

$$\sup_{\mathbf{R}^d} |\delta(\varphi)| \leqslant \int_{\mathbf{R}^d} \big| u(\delta(\varphi))(s) \big| d\lambda(s)$$

d'après le lemme 8 ; autrement dit,

$$p_{\alpha,\beta}(\varphi) \leqslant \int_{\mathbf{R}^d} |v(\varphi)(s)| d\lambda(s).$$

La semi-norme $\varphi \mapsto \int_{\mathbf{R}^d} |v(\varphi)| d\lambda$ sur $\mathscr{S}(\mathbf{R}^d)$ étant intégrale, la proposition est démontrée.

Corollaire. — *L'espace $\mathscr{S}'(\mathbf{R}^d)$ des distributions tempérées* (TS, IV, p. 214, déf. 4) *est nucléaire.*

L'espace de Schwartz $\mathscr{S}(\mathbf{R}^d)$ est un espace de Fréchet (TS, IV, p. 212, prop. 11). Il est nucléaire d'après la prop. 18. L'espace $\mathscr{S}'(\mathbf{R}^d)$ est par définition le dual fort de $\mathscr{S}(\mathbf{R}^d)$; il est donc nucléaire d'après le théorème 4 de VII, p. 267.

Exercices

§ 1

1) Soit $p \in [1, +\infty]$ et soit $(u_n)_{n \in \mathbf{N}}$ une suite bornée de scalaires. Notons $u \colon \ell^p(\mathbf{N}) \to \ell^p(\mathbf{N})$ l'application linéaire $(x_n)_{n \in \mathbf{N}} \mapsto (u_n x_n)_{n \in \mathbf{N}}$.

Pour que u soit nucléaire, il faut et il suffit que $(u_n)_{n \in \mathbf{N}}$ soit sommable. (Soient $p_n \colon \ell^p(\mathbf{N}) \to \ell^p(\{0, \ldots, n\})$ et $i_n \colon \ell^p(\{0, \ldots, n\}) \to \ell^p(\mathbf{N})$ les applications de restriction et de prolongement par zéro, respectivement ; observer que la suite $(\mathrm{Tr}(p_n u i_n))_{n \in \mathbf{N}}$ est bornée lorsque u est nucléaire.)

2) Soit $u \colon \ell^1(\mathbf{N}) \to \ell^1(\mathbf{N})$ une application linéaire continue. Pour tout $q \in \mathbf{N}$, on note $(a_{p,q})_{p \in \mathbf{N}}$ l'image par u de l'élément $e^{(q)}$ de $\ell^1(\mathbf{N})$ tel que $e_p^{(q)} = \delta_{p,q}$.

a) Pour que u soit continue, il faut et il suffit que l'on ait

$$\sup_q \sum_p |a_{p,q}| < +\infty \,;$$

dans ce cas la norme $\|u\|_\infty$ de u dans $\mathscr{L}(\ell^1(\mathbf{N}))$ est égale à $\sup_q \sum_p |a_{p,q}|$.

b) Pour que u soit compacte, il faut et il suffit que l'on ait

$$\sup_q \sum_{p \geqslant n} |a_{p,q}| \to 0$$

quand n tend vers l'infini.

c) Pour que u soit nucléaire, il faut et il suffit que l'on ait

$$\sup_p \sup_q |a_{p,q}| < +\infty \,;$$

dans ce cas la norme nucléaire $\|u\|_1$ de u est égale à $\sup_p \sup_q |a_{p,q}|$.

3) Soit E un espace normé de dimension finie.

a) Il existe une base de E formée de vecteurs de norme 1 dont la base duale est aussi formée de vecteurs de norme 1 (« Lemme d'Auerbach »).

(Soit $\mathscr{B}$ une base de E ; considérer parmi les bases de E formées de vecteurs de norme $\leqslant 1$ une base $(e_1, \ldots, e_n)$ telle que $|\det_{\mathscr{B}}(e_1, \ldots, e_n)|$ soit maximal.)

b) En déduire que $\|1_E\|_1 = \dim(E)$.

4) Soit E l'espace $\mathbf{R}^3$ muni de la norme définie par $\|x\| = \sup|x_i|$, et soit E_0 le plan dans E d'équation $x_1 + x_2 + x_3 = 0$. Notons i l'injection canonique de E_0 dans E. Calculer les normes nucléaires $\|1_{E_0}\|_1$ et $\|i\|_1$; en déduire que $1_{E_0'} \widehat{\otimes}_\pi i$ n'est pas isométrique, puis que la construction tensorielle π n'est pas injective. (Soit (e_1, e_2, e_3) la base canonique de E ; observer que

$$x(e_1 - e_2) + y(e_2 - e_3) =$$
$$\frac{1}{2}\Big((x - y)(e_1 - e_2 + e_3) + x(e_1 - e_2 - e_3) + y(e_1 + e_2 - e_3)\Big)$$

pour tout $(x, y) \in \mathbf{R}^2$, et calculer d'autre part $\mathrm{Tr}(i \circ p)$, où $p(e_i) = e_i - e_{i+1}$.)

5) Soient F un espace de Banach et E un sous-espace fermé non direct de F (TS, III, p. 55, déf. 1). On suppose que E est facteur direct de son bidual (*cf.* VI, p. 137, exerc. 6).

a) L'application canonique de $\mathscr{L}^1(E; E)$ dans $\mathscr{L}^1(E; F)$ est injective mais n'est pas stricte et son image n'est pas fermée.

Soit I son image, et soit u un élément de $\overline{\mathrm{I}} - \mathrm{I}$.

b) L'application $u \colon E \to F$ est nucléaire et on a $u(E) \subset E$, mais l'endomorphisme de E induit par u n'est pas nucléaire.

c) Soit E° l'orthogonal de E dans F' (II, p. 47, n° 3). L'application de F'/E° dans E' déduite de $^t u$ n'est pas nucléaire, bien que $^t u$ soit nucléaire.

6) Trouver une famille $(E_i)_{i \in I}$ d'espaces localement convexes séparés et, pour tout $i \in I$, un endomorphisme nucléaire u_i de E_i, tels que l'endomorphisme $\bigoplus_{i \in I} u_i$ de $\bigoplus_{i \in I} E_i$ ne soit pas nucléaire.

¶ 7) Soient X un espace compact et B un espace de Banach. Soit u une application nucléaire de $\mathscr{C}(X)$ dans B.

a) Il existe une mesure positive μ sur X qui engendre dans $\mathscr{M}(X)$ la même bande que l'image de $^t u$ (utiliser INT, V, p. 59, § 5, n° 7). On fixe désormais une mesure μ sur X ayant cette propriété.

b) Il existe un unique élément N de $\mathrm{L}^1_B(X, \mu)$ tel que u soit la restriction à $\mathscr{C}(X)$ de l'homomorphisme $v_N \colon \mathrm{L}^\infty(X) \to B$ associé à N (VII, p. 196, n° 11).

c) Soient μ' une mesure positive sur X et N$'$ un élément de $\mathrm{L}^1_\mathrm{B}(\mathrm{X}, \mu')$ tels que u soit la restriction à $\mathscr{C}(\mathrm{X})$ de $v_{\mathrm{N}'}$; montrer qu'il existe une fonction positive $\varrho \in \mathscr{L}^1(\mathrm{X}, \mu')$ telle que $\mu = \varrho \cdot \mu'$ et $\mathrm{N}' = \varrho\mathrm{N}$.

8) On note I l'intervalle $[0, 1]$ muni de la mesure de Lebesgue. Soit P l'endomorphisme de $\mathscr{C}(\mathrm{I})$ qui associe à f la fonction $x \mapsto \int_0^x f(t)dt$.

a) Prouver que P n'est pas nucléaire. (Dans le cas contraire, déduire de l'exercice 7 qu'il existe un élément N de $\mathrm{L}^1_{\mathscr{C}(\mathrm{I})}(\mathrm{I})$ vérifiant $\mathrm{P}(f) = v_\mathrm{N}(f)$ pour tout $f \in \mathscr{C}(\mathrm{I})$; écrire d'autre part P comme $f \mapsto \left[x \mapsto \int_\mathrm{I} \mathrm{N}'(x, y)f(y)dy\right]$ avec $\mathrm{N}' \in \mathrm{L}^1(\mathrm{I} \times \mathrm{I})$, et en déduire une contradiction.)

b) Démontrer que P^2 est nucléaire et que P^3 est binucléaire.

9) Soit $\mathbf{T}$ le tore $\mathbf{R}/\mathbf{Z}$.

a) Montrer que l'injection canonique de $\mathscr{C}^1(\mathbf{T})$ dans $\mathscr{C}(\mathbf{T})$ n'est pas nucléaire. (Utiliser la question *a*) de l'exercice 8.)

b) Soient k, ℓ et n des entiers vérifiant $n \geqslant 1$ et $k \geqslant \ell$. L'injection canonique $\mathscr{C}^k(\mathbf{T}^n) \to \mathscr{C}^\ell(\mathbf{T}^n)$ peut-elle être nucléaire si $k - \ell \leqslant n$?

10) Soient E et F des espaces localement convexes ; soient E'_s et F'_s leurs duals faibles respectifs. Soit b une forme bilinéaire sur $\mathrm{E} \times \mathrm{F}$. Les conditions suivantes sont équivalentes :

(i) La forme linéaire sur $\mathrm{E} \otimes_\varepsilon \mathrm{F}$ associée à b est continue ;

(ii) Il existe des parties compactes équicontinues $\mathrm{A} \subset \mathrm{E}'_s$ et $\mathrm{B} \subset \mathrm{F}'_s$ et une mesure positive μ sur $\mathrm{A} \times \mathrm{B}$ telles que l'on ait

$$b(x, y) = \int_{\mathrm{A} \times \mathrm{B}} \langle x, x'\rangle\langle y, y'\rangle d\mu(x', y')$$

pour tout $x \in \mathrm{E}$ et tout $y \in \mathrm{F}$;

(iii) Il existe un espace compact T, une mesure positive μ sur T, et des applications linéaires continues $e\colon \mathrm{E} \to \mathscr{C}(\mathrm{T})$ et $f\colon \mathrm{F} \to \mathscr{C}(\mathrm{T})$, tels que l'on ait $b(x, y) = \int_\mathrm{T} e(x)f(y)d\mu$ pour $x \in \mathrm{E}$ et $y \in \mathrm{F}$;

(iv) Il existe un espace compact T, une mesure positive μ sur T, et des applications linéaires continues $e\colon \mathrm{E} \to \mathrm{L}^\infty(\mathrm{T}, \mu)$ et $f\colon \mathrm{F} \to \mathrm{L}^\infty(\mathrm{T}, \mu)$, tels que l'on ait $b(x, y) = \int_\mathrm{T} e(x)f(y)d\mu$ pour $x \in \mathrm{E}$ et $y \in \mathrm{F}$.

(Pour prouver que (iv) implique (i), montrer à l'aide du cor. 1 de VI, p. 91 que la forme bilinéaire $(u, v) \mapsto \int uvd\mu$ sur $\mathrm{L}^\infty(\mathrm{T}) \times \mathrm{L}^\infty(\mathrm{T})$ vérifie (i).)

Si ces conditions sont satisfaites, on dit que la forme b est *intégrale*. Toute forme bilinéaire intégrale est continue. Pour qu'une forme bilinéaire continue sur $\mathrm{E} \times \mathrm{F}$ soit intégrale, il faut et il suffit qu'il en soit de même de la forme bilinéaire sur $\widehat{\mathrm{E}} \times \widehat{\mathrm{F}}$ qui s'en déduit. On note $\mathscr{I}(\mathrm{E}, \mathrm{F})$ le sous-espace de $\mathscr{B}(\mathrm{E}, \mathrm{F})$ dont les éléments sont les formes intégrales.

11) Soient E et F des espaces localement convexes, l'espace F étant supposé séparé. On dit qu'une application linéaire u de E dans F est *intégrale* si la forme bilinéaire associée sur $E \times F'_b$ est intégrale (exerc. 10). Toute application linéaire intégrale est continue. On note $\mathscr{L}^i(E; F)$ l'espace des applications linéaires intégrales de E dans F.

a) Soient D et G des espaces localement convexes, l'espace G étant supposé séparé. soient $g \in \mathscr{L}(D; E)$ et $f \in \mathscr{L}(F; G)$. Si u appartient à $\mathscr{L}^i(E; F)$, alors $f \circ u \circ g$ appartient à $\mathscr{L}^i(D; G)$.

b) Toute application nucléaire est intégrale.

c) Soient T un espace compact et μ une mesure positive sur T. L'injection canonique $i_T \colon L^\infty(T) \to L^1(T)$ est intégrale mais n'est pas compacte en général.

d) Soit $u \colon E \to F$ une application linéaire intégrale. Il existe un espace compact T, une mesure positive μ sur T et des applications linéaires continues $f \colon E \to L^\infty(T)$ et $g \colon L^1(T) \to F''$ telles que l'on ait $c_F \circ u = g \circ i_T \circ f$, où c_F désigne l'application canonique de F dans F''.

e) Avec les notations de *d)*, prouver que l'application $c_F \circ u$ est faiblement compacte (TS, III, p. 115, exerc. 27), et que u est faiblement compacte si F est quasi-complet.

12) Soient E et F des espaces localement convexes.

a) On munit F'' de la topologie de la convergence uniforme sur les parties équicontinues de F', de sorte que F s'identifie à un sous-espace de F''. Toute forme bilinéaire continue b sur $E \times F$ admet un unique prolongement continu $\tilde{b}$ à $E \times F''$; pour que b soit intégrale (exerc. 10), il faut et il suffit que $\tilde{b}$ soit intégrale.

b) Supposons F séparé. Soit $u \in \mathscr{L}(E; F)$. Si u est intégrale (exerc. 11), alors ${}^t u$ est intégrale. Si ${}^t u$ est intégrale et si E est bornologique ou tonnelé, alors u est intégrale.

13) Soient E et F des espaces de Banach.

a) Si u est un élément de $\mathscr{L}^i(E; F)$ (exerc. 11), notons $\Phi(u)$ l'unique forme linéaire sur $E \otimes F'$ vérifiant $\Phi(u)(x \otimes y) = \langle u(x), y \rangle$ pour tout $x \in E$ et tout $y \in F'$; on définit ainsi une application de $\mathscr{L}^i(E; F)$ dans $(E \widehat{\otimes}_\varepsilon F')'$.

On munit l'espace $\mathscr{L}^i(E; F)$ de la norme induite par celle de l'espace de Banach $(E \widehat{\otimes}_\varepsilon F')'$, notée $\|u\|_i$.

b) Soient E_1, F_1 des espaces de Banach, $f \in \mathscr{L}(E_1; E)$, $g \in \mathscr{L}(F; F_1)$, $u \in \mathscr{L}^i(E; F)$. Démontrer l'inégalité $\|g \circ u \circ f\| \leqslant \|f\|_\infty \|u\|_i \|g\|_\infty$.

c) Soit $u \in \mathscr{L}^i(E; F)$. L'application ${}^t u$ est intégrale et on a $\|{}^t u\|_i = \|u\|_i$.

d) Soit $u \in \mathscr{L}^i(E; F)$. Démontrer l'inégalité $\|u\|_i \leqslant \|u\|_1$.

14) Soient E et F des espaces de Banach. Soit $u\colon \mathrm{E} \to \mathrm{F}$ une application linéaire continue. Pour que u soit intégrale (exerc. 11), il faut et il suffit que pour tout espace de Banach G, l'application $u \otimes 1_\mathrm{G}\colon \mathrm{E} \otimes_\varepsilon \mathrm{G} \to \mathrm{F} \otimes_\varepsilon \mathrm{G}$ soit continue.

¶ 15) Soient E, F et G des espaces de Banach.

a) Soient $u \in \mathscr{L}(\mathrm{E};\mathrm{F})$ et $v \in \mathscr{L}(\mathrm{F};\mathrm{G})$; on suppose que u est intégrale (exerc. 11) et v faiblement compacte (TS, III, p. 115, exerc. 27). Prouver que $v \circ u$ est nucléaire et vérifie $\|v \circ u\|_1 \leqslant \|v\|_\infty \|u\|_{\mathrm{i}}$.

   (Considérer une factorisation $c_\mathrm{F} \circ u = g \circ i_\mathrm{T} \circ f$ comme dans l'exercice 11, d) ; d'après le théorème de Dunford–Pettis–Phillips (INT, VI, p. 95, § 2, exerc. 24), il existe $\mathrm{N} \in \mathrm{L}^1(\mathrm{T};\mathrm{G}'')$ tel que l'on ait ${}^{tt}v \circ g(\varphi) = \int \mathrm{N}\varphi d\mu$ pour $\varphi \in \mathrm{L}^1(\mathrm{T})$, de sorte que l'application ${}^{tt}v \circ g \circ i_\mathrm{T}$ est nucléaire.)

b) On suppose de plus que F est réflexif. Prouver que les espaces normés $\mathscr{L}^1(\mathrm{E};\mathrm{F})$ et $\mathscr{L}^{\mathrm{i}}(\mathrm{E};\mathrm{F})$ sont égaux.

16) Soient E et F des espaces de Banach. Soit p un nombre réel $\geqslant 1$. Posons $p' = p/(p-1)$ si $p > 1$, et $p' = \infty$ si $p = 1$.

a) L'application canonique de $\mathrm{E}' \otimes \mathrm{F}$ dans $\mathscr{L}(\mathrm{E};\mathrm{F})$ est de norme $\leqslant 1$ lorsqu'on munit $\mathrm{E}' \otimes \mathrm{F}$ de la norme $\|\cdot\|_{g_p}$ (resp. $\|\cdot\|_{d_p}$) définie dans l'exercice 14 de VI, p. 139, et se prolonge donc en une application linéaire de $\mathrm{E}' \,\widehat{\otimes}_{g_p}\, \mathrm{F}$ (resp. $\mathrm{E}' \,\widehat{\otimes}_{d_p}\, \mathrm{F}$) dans $\mathscr{L}(\mathrm{E};\mathrm{F})$.

   On note $\mathscr{L}^{g_p}(\mathrm{E};\mathrm{F})$ (resp. $\mathscr{L}^{d_p}(\mathrm{E};\mathrm{F})$) l'image de cette application, et on note encore $\|\cdot\|_{g_p}$ (resp. $\|\cdot\|_{d_p}$) la norme quotient. Les applications appartenant à $\mathscr{L}^{g_p}(\mathrm{E};\mathrm{F})$ (resp. $\mathscr{L}^{d_p}(\mathrm{E};\mathrm{F})$) sont dites p-*nucléaires à gauche* (resp. *à droite*).

b) Soit $u \in \mathscr{L}(\mathrm{E};\mathrm{F})$. Pour que u soit p-nucléaire à gauche, il faut et il suffit qu'il existe des suites (x'_n) dans E' et (y_n) dans F avec $\|(x'_n)\|_p < +\infty$ et $\|(y_n)\|^*_{p'} < +\infty$ telles que $u = \sum \langle \cdot, x'_n \rangle y_n$. (Notations de VI, p. 139, exerc. 14.)

c) Les applications 1-nucléaires à gauche sont les applications nucléaires.

d) Pour $q \geqslant p$, on a $\mathscr{L}^{g_p}(\mathrm{E};\mathrm{F}) \subset \mathscr{L}^{g_q}(\mathrm{E};\mathrm{F}) \subset \mathscr{L}^c(\mathrm{E};\mathrm{F})$, et on a les inégalités $\|u\|_\infty \leqslant \|u\|_{g_q} \leqslant \|u\|_{g_p}$ pour $u \in \mathscr{L}^{g_p}(\mathrm{E};\mathrm{F})$.

e) Soient E_1 et F_1 des espaces de Banach. Soient $\alpha\colon \mathrm{E}_1 \to \mathrm{E}$ et $\beta\colon \mathrm{F} \to \mathrm{F}_1$ des applications linéaires continues. Si $u \in \mathscr{L}^{g_p}(\mathrm{E};\mathrm{F})$, alors $\beta \circ u \circ \alpha$ appartient à $\mathscr{L}^{g_p}(\mathrm{E}_1;\mathrm{F}_1)$ et on a l'inégalité $\|\beta \circ u \circ \alpha\|_{g_p} \leqslant \|\beta\|_\infty \|u\|_{g_p} \|\alpha\|_\infty$.

f) Soit $a = (a_n) \in \ell^p(\mathbf{N})$; démontrer que l'application $\Phi_a\colon \ell^\infty(\mathbf{N}) \to \ell^p(\mathbf{N})$ définie par $\Phi_a((x_n)) = (a_n x_n)$ est p-nucléaire à gauche.

g) Soit $u \in \mathscr{L}(\mathrm{E};\mathrm{F})$; pour que u soit p-nucléaire à gauche, il faut et il suffit qu'il existe $a \in \ell^p(\mathbf{N})$ et des applications linéaires continues $f\colon \mathrm{E} \to \ell^\infty(\mathbf{N})$ et $g\colon \ell^p(\mathbf{N}) \to \mathrm{F}$ tels que $u = g \circ \Phi_a \circ f$.

h) Énoncer et démontrer les assertions analogues pour les applications p-nucléaires à droite.

17) Soit p un nombre réel $\geqslant 1$. Si u est une application p-nucléaire à gauche (exercice 16), alors u est p-sommante (VI, p. 152, exercice 19).

¶ 18) Soient T un espace compact et μ une mesure positive sur T de masse totale 1. On note k_T l'application canonique de $\mathscr{C}(\mathrm{T})$ dans $\mathrm{L}^2(\mathrm{T})$. Soit H un espace hilbertien.

a) Soit $u \in \mathscr{L}(\mathrm{H}; \mathscr{C}(\mathrm{T}))$; démontrer que $k_\mathrm{T} \circ u \colon \mathrm{H} \to \mathrm{L}^2(\mathrm{T})$ est une application de Hilbert–Schmidt et vérifie $\|k_\mathrm{T} \circ u\|_2 \leqslant \|u\|$. (S'inspirer de la démonstration du th. 1 de V, p. 52.)

b) Soit $v \colon \mathrm{L}^2(\mathrm{T}) \to \mathrm{H}$ une application de Hilbert–Schmidt ; démontrer que $v \circ k_\mathrm{T}$ est nucléaire et que $\|v \circ k_\mathrm{T}\|_1 \leqslant \|v\|_2$. (Se ramener au cas où l'on a $v(f) = \sum_{i=1}^{n} \langle f_i, f \rangle x_i$, les f_i étant des fonctions étagées.)

19) On reprend les notations sur les applications p-sommantes introduites dans l'exercice 19 de VI, p. 152.

Soient E, F et G des espaces de Banach. Soient $u \colon \mathrm{E} \to \mathrm{F}$ et $v \colon \mathrm{F} \to \mathrm{G}$ des applications 2-sommantes.

a) L'application $v \circ u$ est nucléaire et on a $\|v \circ u\|_1 \leqslant \pi_2(u)\pi_2(v)$.

(Utiliser l'exercice 21 de VI, p. 153, *c)* et l'exercice 18 ci-dessus).

b) En déduire une autre démonstration du théorème de Dvoretzky–Rogers (EVT, V, p. 62, exerc. 14) : si toute suite sommable dans E est absolument sommable, alors E est de dimension finie. (Considérer l'application identique.)

20) Pour tout entier $p \geqslant 0$, on note ϱ_p la fonction sur $[0, 1]$ définie par $\varrho_p(t) = (-1)^{[2^p t]}$. On munit $[0, 1]$ de la mesure de Lebesgue.

a) La suite $(\varrho_p)_{p \in \mathbf{N}}$ définit une famille orthonormale dans $\mathrm{L}^2([0, 1])$.

b) Pour $p \leqslant q \leqslant r \leqslant s$, on a

$$\int_0^1 \varrho_p(t)\varrho_q(t)\varrho_r(t)\varrho_s(t)dt = 0$$

dès que $p \neq q$ ou $r \neq s$.

c) Soient $x_1, \ldots, x_n$ des nombres complexes ; posons $\xi = \sum |x_p|^2$. Déduire de *b)* l'inégalité

$$\int_0^1 \left| \sum_{p=1}^{n} x_p \varrho_p(t) \right|^4 dt \leqslant 3\xi^2.$$

Plus généralement, pour tout entier $m \geqslant 1$, prouver qu'il existe un nombre réel $c_m \geqslant 0$ tel que l'on ait

$$\int_0^1 \Big| \sum_{p=1}^n x_p \varrho_p(t) \Big|^{2m} dt \leqslant c_m \xi^m.$$

pour tout $(x_1, \ldots, x_n) \in \mathbf{C}^n$.

d)   Démontrer *l'inégalité de Khintchine*

$$\Big(\sum_{p=1}^n |x_p|^2 \Big)^{1/2} \leqslant \sqrt{3} \int_0^1 \Big| \sum_{p=1}^n x_p \varrho_p(t) \Big| dt.$$

(Majorer la norme L^2 de $\sum x_p \varrho_p(t)$ à l'aide de *c)* et de l'inégalité de Hölder.)

e)   On reprend les notations sur les applications p-sommantes introduites dans l'exercice 19 de VI, p. 152. Soit $i\colon \ell^1(\mathbf{N}) \to \ell^2(\mathbf{N})$ l'injection canonique. Prouver que $\pi_1(i) \leqslant \sqrt{3}$, et en particulier que i est 1-sommante.

(Observer que pour tout $t \in [0,1]$ et toute suite finie (α_p) d'entiers, l'application $(x_p) \mapsto \sum x_{\alpha_p} \varrho_p(t)$ définit une forme linéaire continue sur $\ell^1(\mathbf{N})$, de norme $\leqslant 1$, et appliquer *d)*.)

21)   On reprend les notations sur les applications p-sommantes introduites dans l'exercice 19 de VI, p. 152. Soient E et F des espaces hilbertiens. Soit $u\colon \mathrm{E} \to \mathrm{F}$ une application linéaire continue, et soit p un nombre réel $\geqslant 1$.

a)   L'application u est p-sommante si et seulement si c'est une application de Hilbert–Schmidt. Les normes π_p et $\|\cdot\|_2$ sur $\mathscr{L}^2(\mathrm{E};\mathrm{F})$ sont équivalentes. (Si u est une application de Hilbert–Schmidt, montrer qu'on peut l'écrire sous la forme $u = f \circ i \circ g$, où $i\colon \ell^1(\mathbf{N}) \to \ell^2(\mathbf{N})$ est l'injection canonique et où $g\colon \mathrm{E} \to \ell^1(\mathbf{N})$ et $f\colon \ell^2(\mathbf{N}) \to \mathrm{E}$ sont des applications linéaires continues. Supposons que p soit un entier pair $\geqslant 2$; si u est p-sommante, et si (e_j) est une suite orthonormale dans E, majorer $\big(\sum \|u(e_j)\|^2 \big)^{1/2}$ par $\|u \circ g\|_p$ avec $g(t) = \sum \varrho_p(t) e_p$ (*cf.* exercice 20), puis $\|u \circ g\|_p$ par un multiple de $\pi_p(u)$ à l'aide des exercices 21, *a)* et 20, *c)*.)

b)   On suppose désormais $p > 1$. Démontrer que les normes $\|\cdot\|_{g_p}$ et $\|\cdot\|_{d_p}$ sur $\mathrm{E} \otimes \mathrm{F}$ (VI, p. 139, exercice 14) coïncident avec la norme du produit tensoriel préhilbertien $\mathrm{E} \otimes_2 \mathrm{F}$. (Utiliser l'exercice 20 de VI, p. 153.)

c)   Avec la terminologie de l'exerc. 16, l'application u est p-nucléaire à gauche (resp. à droite) si et seulement si c'est une application de Hilbert–Schmidt.

22)   Soient E et F des espaces de Banach. Une application $u\colon \mathrm{E} \to \mathrm{F}$ est dite *quasi-nucléaire* s'il existe une suite absolument sommable $(x'_n)_{n\in\mathbf{N}}$ dans E' telle que l'on ait

$$\|u(x)\| \leqslant \sum_{n\in\mathbf{N}} |\langle x, x'_n \rangle|$$

pour tout $x \in E$. On pose alors

$$\|u\|_{\mathrm{qn}} = \inf \sum_{n \in \mathbf{N}} \|x'_n\|,$$

la borne inférieure étant prise sur l'ensemble des suites $(x'_n)_{n \in \mathbf{N}}$ satisfaisant l'inégalité précédente.

a) Si l'application u est nucléaire, alors elle est quasi-nucléaire et vérifie $\|u\|_{\mathrm{qn}} \leqslant \|u\|_1$.

b) Soient T un espace localement compact muni d'une mesure positive et $j \colon F \to L^\infty(T)$ une application linéaire isométrique. Pour que $u \colon E \to F$ soit quasi-nucléaire, il faut et il suffit que $j \circ u$ soit nucléaire ; alors $\|j \circ u\|_1 = \|u\|_{\mathrm{qn}}$. (Soit $\varphi \colon E \to \ell^1(\mathbf{N})$ l'application définie par $x \mapsto (\langle x, x'_n \rangle)_{n \in \mathbf{N}}$; construire à l'aide de l'exercice 4 de VI, p. 143 une application linéaire $\psi \colon \ell^1(\mathbf{N}) \to L^\infty(T)$ de norme $\leqslant 1$ telle que $\psi \circ \varphi = j \circ u$.)

c) L'ensemble $\mathscr{L}^{\mathrm{qn}}(E; F)$ des applications quasi-nucléaires de E dans F est un sous-espace vectoriel de $\mathscr{L}(E; F)$; la fonction $u \mapsto \|u\|_{\mathrm{qn}}$ est une norme sur $\mathscr{L}^{\mathrm{qn}}(E; F)$, qui en fait un espace de Banach.

d) Pour que $u \colon E \to F$ soit quasi-nucléaire, il faut et il suffit qu'il existe une injection isométrique i de F dans un espace de Banach telle que $i \circ u$ soit nucléaire.

e) Soient E_1, F_1 des espaces de Banach, $f \in \mathscr{L}(E_1; E)$, $g \in \mathscr{L}(F; F_1)$. Si $u \colon E \to F$ est quasi-nucléaire, il en va de même de $g \circ u \circ f$ et on a l'inégalité $\|g \circ u \circ f\|_{\mathrm{qn}} \leqslant \|f\|_\infty \|u\|_{\mathrm{qn}} \|g\|_\infty$.

f) Démontrer que toute application quasi-nucléaire $u \colon E \to F$ est compacte, 1-sommante, et vérifie $\pi_1(u) \leqslant \|u\|_{\mathrm{qn}}$ (notations de l'exercice 19 de VI, p. 152).

23) Soient E, F et G des espaces de Banach. Soient $u \colon E \to F$ et $v \colon F \to G$ des applications quasi-nucléaires.

a) Pour tout nombre réel $\eta > 0$, construire des applications linéaires continues $f \colon F \to \ell^\infty(\mathbf{N})$ et $g \colon \ell^\infty(\mathbf{N}) \to G$ satisfaisant à $g \circ f = v$, $\|f\| \leqslant 1$ et $\|g\| \leqslant \|v\|_{\mathrm{qn}} + \eta$. (Définir g comme composé d'applications $g_1 \colon \ell^\infty(\mathbf{N}) \to \ell^2(\mathbf{N})$ et $g_2 \colon \ell^2(\mathbf{N}) \to F$, de norme $\leqslant (\|v\|_{\mathrm{qn}} + \eta)^{1/2}$.)

b) En déduire, à l'aide de l'exercice 20, *b)*, que l'application $v \circ u$ est nucléaire et vérifie $\|v \circ u\|_1 \leqslant \|u\|_{\mathrm{qn}} \|v\|_{\mathrm{qn}}$.

¶ 24) Soient E et F des espaces de Banach, et soit $u \in \mathscr{L}(E; F)$. Rappelons que si u est nucléaire, alors sa transposée ${}^t u$ est nucléaire et vérifie $\|{}^t u\|_1 \leqslant \|u_1\|$ (VII, p. 187, remarque).

On suppose que E' est un espace d'approximation. On entend montrer que sous cette hypothèse, l'application u est nucléaire si et seulement si ${}^t u$ est nucléaire, et que dans ce cas on a $\|u\|_1 = \|{}^t u\|_1$.

Si X et Y sont des espaces de Banach, on note $c_{\mathrm{X}}\colon \mathrm{X} \to \mathrm{X}''$ l'application canonique, et on note $\widehat{\theta}_{\mathrm{X},\mathrm{Y}}\colon \mathrm{X}' \widehat{\otimes}_{\pi} \mathrm{Y} \to \mathscr{L}^{1}(\mathrm{X};\mathrm{Y})$ l'application linéaire déduite de l'application notée $\widehat{\theta}_{\pi}$ dans le n° 3 de VII, p. 174.

a) Si ${}^{t}u$ est nucléaire, alors il existe un unique élément w de $\mathrm{F}'' \widehat{\otimes}_{\pi} \mathrm{E}'$ tel que l'on ait ${}^{t}u = \widehat{\theta}_{\mathrm{F}',\mathrm{E}'}(w)$.

b) Supposons ${}^{t}u$ nucléaire. Soit w l'élément de $\mathrm{F}'' \widehat{\otimes}_{\pi} \mathrm{E}'$ défini en *a)*. Il existe un unique élément v de $\mathrm{E}' \widehat{\otimes}_{\pi} \mathrm{F}$ tel que l'on ait

$$ w = (c_{\mathrm{F}} \widehat{\otimes}_{\pi} 1_{\mathrm{E}'})(\kappa_{\mathrm{E}',\mathrm{F}}(v)), $$

où $\kappa_{\mathrm{E}',\mathrm{F}}\colon \mathrm{E}' \widehat{\otimes}_{\pi} \mathrm{F} \to \mathrm{F} \widehat{\otimes}_{\pi} \mathrm{E}'$ désigne l'application canonique.

(Vérifier que si λ est une forme linéaire continue sur $\mathrm{F}'' \widehat{\otimes}_{\pi} \mathrm{E}'$ nulle sur l'image de $c_{\mathrm{F}} \widehat{\otimes}_{\pi} 1_{\mathrm{E}'}$, alors $\langle w, \lambda \rangle = 0$.)

c) Conclure.

25) Soient E et F des espaces de Banach. Soit u une application linéaire continue de E dans F. Pour que u soit intégrale (exerc. 11), il faut et il suffit qu'il existe $c \geqslant 0$ tel que l'on ait $|\mathrm{Tr}(u \circ v)| \leqslant c\|v\|$ pour tout $v \in \mathscr{L}^{\mathrm{f}}(\mathrm{E};\mathrm{F})$. Si c'est le cas, alors $\|u\|_{\mathrm{i}}$ est la borne inférieure de l'ensemble des nombres réels $c \geqslant 0$ tels que cette inégalité soit valide pour tout $v \in \mathscr{L}^{\mathrm{f}}(\mathrm{E};\mathrm{F})$.

26) Soient E un espace normé et F un espace de Banach. Pour tout u dans $\mathscr{L}(\mathrm{E};\mathrm{F})$ et pour tout entier positif n, définissons

$$ \alpha_n(u) = \inf_{\substack{v \in \mathscr{L}^{\mathrm{f}}(\mathrm{E};\mathrm{F}) \\ \mathrm{rg}(v) \leqslant n}} \|u - v\| $$

(« nombres d'approximation de u »).

a) Si n, m sont des entiers positifs et $u, v\colon \mathrm{E} \to \mathrm{F}$ des applications linéaires continues, alors $\alpha_{m+n}(u+v) \leqslant \alpha_m(u) + \alpha_n(v)$. Pour $n \in \mathbf{N}$ fixé, l'application $u \mapsto \alpha_n(u)$, de $\mathscr{L}(\mathrm{E};\mathrm{F})$ dans $\mathbf{R}_{+}$, est lipschitzienne.

b) Pour tout $u \in \mathscr{L}(\mathrm{E};\mathrm{F})$ et pour tout $n \in \mathbf{N}$, on a $\alpha_n(u) = 0$ si et seulement si l'application u est de rang $\leqslant n$.

c) Si E est un espace hilbertien et si $u \in \mathscr{L}(\mathrm{E})$, alors l'ensemble des nombres $\alpha_n(u)$ coïncide avec l'ensemble des valeurs singulières de u.

Dans la suite de l'exercice, on fixe un élément p de $\mathbf{R}_{+}^{*}$. Pour tout $u \in \mathscr{L}(\mathrm{E};\mathrm{F})$, notons $\varrho_p(u)$ l'élément $(\sum_{n \geqslant 1} \alpha_n(u)^p)^{1/p}$ de $[0, +\infty]$. Notons $\mathscr{L}_{\alpha}^{p}(\mathrm{E};\mathrm{F})$ l'ensemble des éléments u de $\mathscr{L}(\mathrm{E};\mathrm{F})$ vérifiant $\varrho_p(u) < +\infty$.

d) L'ensemble $\mathscr{L}_{\alpha}^{p}(\mathrm{E};\mathrm{F})$ est un idéal de $\mathscr{L}(\mathrm{E};\mathrm{F})$.

e) Le seul élément u de $\mathscr{L}(\mathrm{E};\mathrm{F})$ vérifiant $\varrho_p(u) = 0$ est l'application nulle. La fonction $u \mapsto \varrho_p(u)$, de $\mathscr{L}_{\alpha}^{p}(\mathrm{E};\mathrm{F})$ dans $\mathbf{R}_{+}$, vérifie $\varrho_p(\lambda u) = |\lambda|\varrho_p(u)$ pour tout $u \in \mathscr{L}_{\alpha}^{p}(\mathrm{E};\mathrm{F})$ et tout scalaire λ. De plus, il existe un nombre réel $\sigma_p \geqslant 1$ tel que l'on ait $\varrho_p(u + v) \leqslant \sigma_p(\varrho_p(u) + \varrho_p(v))$ pour tous u, v dans $\mathscr{L}(\mathrm{E};\mathrm{F})$.

f)　Si ε est un nombre réel > 0, notons $V(\varepsilon)$ l'ensemble des $v \in \mathscr{L}_\alpha^p(E; F)$ vérifiant $\varrho_p(v) < \varepsilon$. Il existe une topologie métrisable sur $\mathscr{L}_\alpha^p(E; F)$, compatible avec la structure d'espace vectoriel de $\mathscr{L}(E; F)$, pour laquelle les $V(\varepsilon)$ constituent un système fondamental de voisinages de 0. On munit $\mathscr{L}_\alpha^p(E; F)$ de cette topologie.

g)　L'espace $\mathscr{L}_\alpha^p(E; F)$ est complet et $\mathscr{L}^f(E; F)$ est dense dans $\mathscr{L}_\alpha^p(E; F)$.

h)　Tout élément de $\mathscr{L}_\alpha^p(E; F)$ est une application linéaire compacte.

i)　Supposons E et F hilbertiens. L'espace $\mathscr{L}_\alpha^1(E; F)$ coïncide avec l'espace des applications nucléaires de E dans F, et ϱ_1 coïncide avec la norme nucléaire. L'espace $\mathscr{L}_\alpha^2(E; F)$ coïncide avec l'espace des applications de Hilbert–Schmidt de E dans F, et ϱ_2 avec la norme $\|\cdot\|_2$.

27)　*a)* Soient E un espace normé et F un sous-espace de dimension finie de E ; notons r la dimension de F. Il existe des éléments $y_1, \ldots, y_r$ de norme 1 dans F et des éléments $\xi_1', \ldots, \xi_r'$ de norme 1 dans E' tels que l'on ait $\langle y_j, \xi_i' \rangle = \delta_{ij}$ pour tous i, j (symbole de Kronecker) et $x = \sum_{i=1}^r \langle x, \xi_i' \rangle y_i$ pour tout $x \in F$.

　　(Fixer une base $(z_1, \ldots, z_r)$ de F et montrer que $|\det(\langle \xi_i', z_j \rangle)|$ admet un maximum global lorsque les ξ_i' parcourent la boule unité de E' munie de la topologie faible ; obtenir ainsi une base de E' et considérer la base duale.)

b)　Soient E et F des espaces normés et $u\colon E \to F$ une application linéaire continue de rang fini r. On peut écrire u sous la forme $\sum_{i=1}^r \lambda_i \langle \cdot, \xi_i' \rangle \eta_i$ où les η_i sont des éléments de la boule unité de F, les ξ_i' des éléments de la boule unité de E', et les λ_i des scalaires vérifiant $|\lambda_i| \leqslant \|u\|$ pour tout i.

　　Dans la suite de l'exercice, on fixe des espaces de Banach E et F. On reprend les notations de l'exercice 26.

c)　Soit p un élément de $]0, 1]$ et soit u un élément de l'espace $\mathscr{L}_\alpha^p(E, F)$. Il existe une suite $(\xi_i')_{i \in \mathbf{N}}$ dans la boule unité de E', une suite $(\eta_i)_{i \in \mathbf{N}}$ dans la boule unité de F, et un élément $\lambda = (\lambda_i)_{i \in \mathbf{N}}$ de $\ell^p(\mathbf{N})$, tels que l'on ait $u = \sum_{i \in \mathbf{N}} \lambda_i \langle \cdot, \xi_i' \rangle \eta_i$ et $\|\lambda\|_{\ell^p(\mathbf{N})} \leqslant 2^{2+3/p} \varrho_p(u)$.

　　(Pour tout $n \in \mathbf{N}$, il existe $v_n \in \mathscr{L}^f(E, F)$ de rang $\leqslant n$ vérifiant l'inégalité $\|u - v_n\| \leqslant 2\alpha_{2^n - 2}(u)$; appliquer *b)* à $w_n = v_{n+1} - v_n$.)

d)　Pour tout $u \in \mathscr{L}_\alpha^1(E, F)$, l'application u est nucléaire et on a l'inégalité $\|u\|_1 \leqslant 2^5 \varrho_1(u)$.

§ 2

1) Soit E un espace hilbertien. On munit $\mathscr{L}^1(\mathrm{E})$ et $\mathscr{L}^2(\mathrm{E})$ des normes $u \mapsto \|u\|_1$ et $u \mapsto \|u\|_2$ respectivement.

a) L'application $u \mapsto \det(1+u)$, définie sur le sous-espace $\mathscr{L}^{\mathrm{f}}(\mathrm{E})$ de $\mathscr{L}^1(\mathrm{E})$, admet un unique prolongement continu à $\mathscr{L}^1(\mathrm{E})$.

b) Si E est de dimension infinie, alors l'application $u \mapsto \det(1+u)$ n'admet pas de prolongement continu de $\mathscr{L}^{\mathrm{f}}(\mathrm{E})$ à $\mathscr{L}^2(\mathrm{E})$.

2) Soit E un espace hilbertien. Soient u et v des endomorphismes de E.

a) On suppose que E est de dimension finie et on en fixe une base $(e_1, \ldots, e_n)$ formée de vecteurs propres de $|u|$.

Si I est une partie finie de $\{1, \ldots, n\}$ et si $i_1, \ldots, i_m$ sont les éléments de I rangés dans l'ordre croissant, on note e_{I} l'élément $e_{i_1} \wedge \cdots \wedge e_{i_m}$ de $\wedge^m \mathrm{E}$. Pour tous k, m dans $\{0, \ldots, n\}$, on a

$$\sum_{\mathrm{I},\mathrm{J}} |\langle e_{\mathrm{I}} \wedge e_{\mathrm{J}}, (\wedge^m u)(e_{\mathrm{I}}) \wedge (\wedge^k v)(e_{\mathrm{J}})\rangle| \leqslant \mathrm{Tr}(\wedge^m |u|)\,\mathrm{Tr}(\wedge^k |v|),$$

où la somme au membre de gauche est prise sur les sous-ensembles de $\{1, \ldots, n\}$ de cardinaux respectifs m et k, et où le produit scalaire y est pris dans l'espace hilbertien $\wedge \mathrm{E}$.

(Pour $x \in \mathrm{E}$, notons $\varepsilon_x \in \mathscr{L}(\wedge \mathrm{E})$ la multiplication extérieure par x, et ι_x son adjoint ; calculer la trace de l'endomorphisme w de $\wedge^k \mathrm{E}$ déduit de $\iota_{e_{i_m}} \circ \cdots \circ \iota_{e_{i_1}} \circ \varepsilon_{u(e_{i_1})} \circ \cdots \circ \varepsilon_{u(e_{i_m})} \circ \wedge^k v$ par passage aux sous-espaces.)

b) Supposons toujours E de dimension finie. Pour tout $m \in \mathbf{N}$, on a

$$|\mathrm{Tr}(\wedge^m(u+v))| \leqslant \sum_{k=0}^{m} \mathrm{Tr}(\wedge^k |u|)\,\mathrm{Tr}(\wedge^{m-k}|v|).$$

c) On ne suppose plus E de dimension finie. Si u et v sont des endomorphismes nucléaires de E, alors

$$|\det(1+u+v)| \leqslant \det(1+|u|)\det(1+|v|)$$

(« inégalité de Seiler–Simon »).

3) Soient E un espace hilbertien et u un endomorphisme nucléaire de E. Pour tout $z \in \mathrm{K}$, posons $\mathrm{D}(z) = \det(1_{\mathrm{E}} + zu)$. La fonction D est analytique sur K ; pour tout $z \in \mathrm{K}$ tel que $1_{\mathrm{E}} + zu$ soit inversible, on a

$$\frac{\mathrm{D}'(z)}{\mathrm{D}(z)} = \mathrm{Tr}(u(1_{\mathrm{E}} + zu)^{-1}).$$

4) Soient E et F des espaces hilbertiens. Soit w une application linéaire continue bijective de E dans F.

a) Pour tout endomorphisme nucléaire u de E, l'endomorphisme $w \circ u \circ w^{-1}$ de F est nucléaire et on a l'égalité $\mathrm{Tr}(w \circ u \circ w^{-1}) = \mathrm{Tr}(u)$.

b) Soit v un élément de $1_{\mathrm{E}} + \mathscr{L}^1(\mathrm{E})$. On a $w \circ v \circ w^{-1} \in 1_{\mathrm{F}} + \mathscr{L}^1(\mathrm{F})$ et $\det(w \circ v \circ w^{-1}) = \det(u)$.

5) Soit E un espace hilbertien, somme directe de deux sous-espaces fermés L et M. Soit u un endomorphisme nucléaire de E vérifiant $u(\mathrm{L}) \subset \mathrm{L}$. Notons $\left(\begin{smallmatrix} u_1 & h \\ 0 & u_2 \end{smallmatrix}\right)$ la matrice de u par rapport à la décomposition $\mathrm{E} = \mathrm{L} \oplus \mathrm{M}$. Les applications $u_1 \colon \mathrm{L} \to \mathrm{L}$ et $u_2 \colon \mathrm{M} \to \mathrm{M}$ sont alors nucléaires et vérifient

$$\mathrm{Tr}(u) = \mathrm{Tr}(u_1) + \mathrm{Tr}(u_2);$$
$$\det(1_{\mathrm{E}} + u) = \det(1_{\mathrm{L}} + u_1)\det(1_{\mathrm{M}} + u_2).$$

(Traiter d'abord le cas où L et M sont orthogonaux, puis considérer la somme hilbertienne externe de L et M et appliquer l'exercice précédent.)

6) Cet exercice propose une preuve du lemme 5 de VII, p. 215 qui évite de recourir aux inégalités de Weyl.

Soient E un espace hilbertien complexe et u un endomorphisme quasi-nilpotent de E. On note D la fonction $z \mapsto \det(1_{\mathrm{E}} + zu)$ de $\mathbf{C}$ dans $\mathbf{C}$.

a) Il existe une fonction continue $f \colon \mathbf{C} \to \mathbf{C}$ vérifiant $\mathrm{D} = \exp(f)$. Toute fonction vérifiant cette condition est holomorphe.

Fixons une telle fonction f, que l'on peut identifier à une fonction sur $\mathbf{R}^2$. Notons Δ l'opérateur laplacien sur $\mathbf{R}^2$ (TS, IV, p. 269, exemple).

b) La fonction $h = \mathscr{R}(f)$ est de classe C^∞, vérifie $\Delta h = 0$, et pour tout réel $\varepsilon > 0$, on a $|h(z)| \leqslant \varepsilon|z|$ dès que $|z|$ est assez grand.

c) Si $h \colon \mathbf{C} \to \mathbf{R}$ est une fonction vérifiant les conclusions de *b)*, alors pour tout réel $r \geqslant 0$, on a $h(r) \leqslant h(0)$.

(Fixer $\mathrm{R} > 0$ et étudier l'intégrale de h sur $\mathrm{B}(r, \mathrm{R}+r) - \mathrm{B}(0, r)$ en utilisant la propriété de la moyenne ; *cf.* VAR, R, 3.3.4).

d) Toute fonction $h \colon \mathbf{C} \to \mathbf{R}$ vérifiant les conclusions de *b)* est constante.

e) On a $\det(1_{\mathrm{E}} + u) = 1$.

7) Soit E un espace hilbertien complexe, somme hilbertienne de sous-espaces fermés E^+, E^-. Soient p^+, p^- les orthoprojecteurs de E sur E^+, E^- respectivement. Pour tout $u \in \mathscr{L}(\mathrm{E})$, posons $u_{\mathrm{pair}} = p^+ u p^+ + p^- u p^-$ et $u_{\mathrm{impair}} = p^+ u p^- + p^- u p^+$.

Notons $\mathscr{L}^{1|2}(\mathrm{E})$ l'ensemble des endomorphismes u de E tels que u_{pair} soit nucléaire et u_{impair} soit de Hilbert–Schmidt. Munissons $\mathscr{L}^{1|2}(\mathrm{E})$ de la topologie la plus fine qui rende continue l'application $u \mapsto (u_{\mathrm{pair}}, u_{\mathrm{impair}})$ de $\mathscr{L}^{1|2}(\mathrm{E})$ dans $\mathscr{L}^1(\mathrm{E}) \times \mathscr{L}^2(\mathrm{E})$.

a) Il existe une unique application continue $f\colon \mathscr{L}^{1|2}(\mathrm{E}) \to \mathbf{C}$ telle que l'on ait $f(u) = \det(1 + u)$ pour toute application nucléaire u dans $\mathscr{L}^{1|2}(\mathrm{E})$. Pour tout $v \in 1 + \mathscr{L}^{1|2}(\mathrm{E})$, on note encore $\det(1 + v)$ le nombre $f(v)$.

b) Pour tous u, v dans $\mathscr{L}^{1|2}(\mathrm{E})$, on a $(1 + u)(1 + v) \in 1 + \mathscr{L}^{1|2}(\mathrm{E})$ et

$$\det\left((1 + u)(1 + v)\right) = \det(1 + u)\det(1 + v).$$

8) Soit X un ensemble dénombrable, réunion disjointe de parties $\mathrm{X}^+, \mathrm{X}^-$. Soient E l'espace hilbertien $\ell^2(\mathrm{X})$ et E^+ (resp. E^-) le sous-espace formé des fonctions à support dans X^+ (resp. X^-).

Soient k un élément de $\ell^2(\mathrm{X} \times \mathrm{X})$ et u_k l'endomorphisme de E déduit de k. Pour toute partie finie Y de X, on note $u_{k,\mathrm{Y}}$ l'endomorphisme $i^* \circ u_k \circ i$ de $\ell^2(\mathrm{Y})$, où $i\colon \ell^2(\mathrm{Y}) \to \ell^2(\mathrm{X})$ désigne l'application de prolongement par 0.

On reprend les notations de l'exercice 7 et on note $\mathscr{P}_{\mathrm{fin}}(\mathrm{X})$ l'ensemble des parties finies de X, ordonné par l'inclusion.

a) Supposons que u_k appartienne à $\mathscr{L}^{1|2}(\mathrm{E})$. Alors on a l'égalité

$$\det(1 + u_k) = \lim_{\mathrm{Y} \in \mathscr{P}_{\mathrm{fin}}(\mathrm{X})} \sum_{\mathrm{Z} \subset \mathrm{Y}} \det(u_{k,\mathrm{Z}}).$$

b) Supposons que le noyau k vérifie $k(x, y) = -\overline{k(y, x)}$ pour tout $(x, y) \in \mathrm{X}^2$ et soit identiquement nul sur $\mathrm{X}^+ \times \mathrm{X}^+$ et sur $\mathrm{X}^- \times \mathrm{X}^-$. Montrer que u_k appartient à $\mathscr{L}^{1|2}(\mathrm{E})$ et que la formule

$$\mu(\mathrm{Y}) = \frac{\det(u_{k,\mathrm{Y}})}{\det(1 + u_k)}$$

définit sur $\mathscr{P}_{\mathrm{fin}}(\mathrm{X})$ une mesure positive de masse totale 1 (« Loi du processus ponctuel déterminantal sur X de noyau k »).

9) Conservons les notations de l'exercice 8. Soit k un élément de $\ell^2(\mathrm{X} \times \mathrm{X})$ vérifiant les hypothèses de la question *b)* de cet exercice.

a) L'endomorphisme $1 + u_k$ de E est inversible.

b) Soit f une fonction de X dans $\mathbf{C}$, constante de valeur 1 sur le complémentaire d'une partie finie de X. On a l'égalité

$$\lim_{\mathrm{Y} \in \mathscr{P}_{\mathrm{fin}}(\mathrm{X})} \sum_{\mathrm{Z} \subset \mathrm{Y}} \mu(\mathrm{Z}) \prod_{z \in \mathrm{Z}} f(z) = \frac{\det(1 + m_f u_k)}{\det(1 + u_k)}$$

où $m_f \in \mathscr{L}(\mathrm{E})$ est l'endomorphisme de multiplication associé à f (*cf.* n° 5 de TS, IV, p. 186).

c) Pour toute partie finie Y de X, notons A_Y l'ensemble des parties de X contenues dans Y et posons $\varrho(\mathrm{Y}) = \mu(\mathrm{A}_\mathrm{Y})$.

Soit v l'endomorphisme $u_k(1+u_k)^{-1}$ de E. Pour toute partie finie Y de X, posons $v_{\mathrm{Y}} = v_{\ell^2(\mathrm{Y})}$. On a $\varrho(\mathrm{Y}) = \det(v_{\mathrm{Y}})$ pour toute partie finie Y de X (« Forme déterminantale des corrélations du processus ponctuel de loi μ »).

10)   Soient E un espace hilbertien complexe et p un nombre réel $\geqslant 1$. On note $\mathscr{L}^p(\mathrm{E})$ l'ensemble des endomorphismes u de E tels que $|u|^p$ soit nucléaire (« classe de Schatten d'exposant p »).

Pour $u \in \mathscr{L}^p(\mathrm{E})$, on pose $\|u\|_p = \mathrm{Tr}(|u|^p)^{1/p}$.

$a)$ Soit u un endomorphisme de E. Notons $(\alpha_i(u))_{i \in \mathrm{I_E}}$ la suite élargie de ses valeurs singulières (TS, IV, p. 156, déf. 3). Alors u appartient à $\mathscr{L}^p(\mathrm{E})$ si et seulement s'il est compact et si $(\alpha_i(u))_{i \in \mathrm{I_E}}$ est de puissance p-ème sommable. Dans ce cas, on a l'égalité $\|u\|_p^p = \sum\limits_{i \in \mathrm{I_E}} \alpha_i(u)^p.$[2]

$b)$ Soit q l'exposant conjugué de p. Pour tout $(u, v) \in \mathscr{L}^p(\mathrm{E}) \times \mathscr{L}^q(\mathrm{E})$, on a $uv \in \mathscr{L}^1(\mathrm{E})$ et $|\mathrm{Tr}(uv)| \leqslant \|u\|_p \|v\|_q$.

$c)$ L'ensemble $\mathscr{L}^p(\mathrm{E})$ est un idéal bilatère auto-adjoint de l'algèbre stellaire $\mathscr{L}(\mathrm{E})$.

$d)$ Dans cette question et la suivante, on suppose que p est un entier.

Pour tout élément u de $\mathscr{L}^p(\mathrm{E})$, l'endomorphisme

$$\mathrm{R}_p(u) = (1 + u) \exp\Big(\sum_{k=1}^{p-1} \frac{(-u)^k}{k}\Big) - 1_{\mathrm{E}}$$

est nucléaire.

$e)$ L'application $u \mapsto \mathrm{R}_p(u)$, de $\mathscr{L}^p(\mathrm{E})$ dans $\mathscr{L}^1(\mathrm{E})$, est analytique.

11)   Soient E un espace hilbertien complexe et p un entier $\geqslant 1$. Conservons les notations de l'exercice 10 et pour tout élément u de $\mathscr{L}^p(\mathrm{E})$, posons

$$\det_p(1 + u) = \det(1 + \mathrm{R}_p(u)).$$

Si $p = 2$, la fonction $\det_p$ sur $1 + \mathscr{L}^2(\mathrm{E})$ coïncide avec la fonction $\det_{\mathrm{reg}}$ définie dans le n° 4 de VII, p. 221.

$a)$ Soit u un élément de $\mathscr{L}^p(\mathrm{E})$. Pour tout $z \in \mathbf{C}$, on a

$$\det_p(1_{\mathrm{E}} + zu) = \prod_{\lambda \in \mathbf{C}^*} (1 + z\lambda)^{m_\lambda(u)} \exp\Big(\sum_{k=1}^{p-1} z^k m_\lambda(u)(-\lambda)^k/k\Big).$$

$b)$ Si w est un élément de $1_{\mathrm{E}} + \mathscr{L}^p(\mathrm{E})$, alors w est inversible si et seulement si $\det_p(w) \neq 0$; dans ce cas w^{-1} est un élément de $1_{\mathrm{E}} + \mathscr{L}^p(\mathrm{E})$.

$c)$ Supposons $p \geqslant 2$. Pour tout $u \in \mathscr{L}^{p-1}(\mathrm{E})$, on a $u \in \mathscr{L}^p(\mathrm{E})$ et

$$\det_p(1 + u) = \det_{p-1}(1 + u) \exp\big(\mathrm{Tr}((-u)^{p-1})/p\big).$$

---

[2] L'espace $\mathscr{L}^p(\mathrm{E})$ coïncide donc avec l'espace $\mathscr{L}^p_\alpha(\mathrm{E}; \mathrm{E})$ de l'exerc. 26 de VII, p. 293.

12)   Soient E un espace hilbertien et p un entier $\geqslant 1$.

a)   Il existe un nombre $\Gamma_p \geqslant 0$ tel que l'on ait $|\det_p(1+u)| \leqslant \exp(\Gamma_p \|u\|_p^p)$ pour tout $u \in \mathscr{L}^p(\mathrm{E})$. (Utiliser l'exercice 11.)

b)   Soient X un espace de Banach et f une fonction de X dans $\mathbf{C}$ telle que pour tout $(x,y) \in \mathrm{X}^2$, la fonction $z \mapsto f(x+zy)$ soit holomorphe sur $\mathbf{C}$.

Soit g une fonction croissante de $\mathbf{R}_+$ dans $\mathbf{R}_+$. Si $|f(x)| \leqslant g(\|x\|)$ pour tout $x \in \mathrm{X}$, alors $|f(x) - f(y)| \leqslant g(\|x\| + \|y\| + 1)\, \|x - y\|$ pour tous $x, y \in \mathrm{X}$.

(Introduire la fonction $z \mapsto f(\frac{1}{2}(x+y) + z(x-y))$ et appliquer les inégalités de Cauchy, *cf.* VAR, R, 3.3.4).

c)   Si $\Gamma_p \geqslant 0$ vérifie la propriété de a), alors pour tout $(u,v) \in \mathscr{L}^p(\mathrm{E})^2$, on a

$$|\det_p(1+u) - \det_p(1+v)| \leqslant \|u-v\|_p \exp\left(\Gamma_p(\|u\|_p + \|v\|_p + 1)^p\right)$$

(« inégalité de Simon forte »).

13)   Cet exercice propose des compléments, dans le cas de la dimension finie, sur la notion de pfaffien définie dans A, IX, § 5, n° 2, p. 82.

Soient n un entier strictement positif, E un espace hilbertien réel de dimension $2n$, et $\mathscr{E} = (e_1, \ldots, e_{2n})$ une base orthonormale de E. Si u est un endomorphisme de E et si u est *antisymétrique*, c'est-à-dire si son adjoint u^* est égal à $-u$, alors la matrice (u_{ij}) de u par rapport à la base $\mathscr{E}$ est antisymétrique. On note $\mathrm{Pf}_{\mathscr{E}}(u)$ le pfaffien de cette matrice (A, IX, *loc. cit.*).

On munit l'algèbre extérieure $\wedge\mathrm{E}$ de la structure d'espace hilbertien définie dans le n° 4 de V, p. 33. Pour $x \in \wedge\mathrm{E}$, on pose $\exp(x) = \sum_{k=0}^{2n} x^k/(k!)$.

a)   Notons X l'ensemble des parties de $\{1, \ldots, 2n\}$. Soient $(e_\mathrm{I})_{\mathrm{I} \in \mathrm{X}}$ la base de $\wedge\mathrm{E}$ associée à $\mathscr{E}$ (*cf.* A, III, p. 86, th. 1) et $(e_\mathrm{I}^*)_{\mathrm{I} \in \mathrm{X}}$ la base duale. On note $\mathbf{B}_{\mathscr{E}}$ la forme linéaire $e_{\{1,\ldots,2n\}}^*$ sur $\wedge\mathrm{E}$ (« intégrale de Berezin »).

On a l'égalité $\mathrm{Pf}_{\mathscr{E}}(u) = \mathbf{B}_{\mathscr{E}}(\mathrm{Q}_{\mathscr{E}}(u))$, où $\mathrm{Q}_{\mathscr{E}}(u) = \exp(\frac{1}{2} \sum_{i,j=1}^{2n} u_{ij}\, e_i \wedge e_j)$.

b)   Soient F un espace hilbertien réel de dimension $2n$. Considérons l'application $g\colon (\wedge\mathrm{E}) \otimes (\wedge\mathrm{F}) \to \wedge(\mathrm{E} \oplus \mathrm{F})$ définie dans A, III, p. 84, formule (14), compte tenu de A, III, p. 47, prop. 10. Il existe une unique application linéaire $\widetilde{\mathbf{B}}_{\mathscr{E}}\colon \wedge(\mathrm{E} \oplus \mathrm{F}) \to \wedge\mathrm{F}$ vérifiant $\widetilde{\mathbf{B}}_{\mathscr{E}} \circ g = \mathbf{B}_{\mathscr{E}} \otimes 1_{\wedge\mathrm{F}}$.

Soit $\mathscr{F} = (f_1, \ldots, f_{2n})$ une base de F, et soit v l'endomorphisme de F de matrice (u_{ij}) dans $\mathscr{F}$. Si l'endomorphisme u est bijectif, alors on a l'égalité

$$\widetilde{\mathbf{B}}_{\mathscr{E}}\left(\exp\left(\frac{1}{2}\mathrm{Q}_{\mathscr{E}}(u) + \sum_{i,j=1}^{2n} e_i \wedge f_j\right)\right) = \mathrm{Pf}_{\mathscr{E}}(u^{-1}) \exp\left(\frac{1}{2}\mathrm{Q}_{\mathscr{F}}(v)\right).$$

c)   Pour toute partie S de $\{1, \ldots, 2n\}$, notons $\mathscr{E}_\mathrm{S} = (e_{i_1}, \ldots, e_{i_k})$ où $i_1, \ldots, i_k$ est la suite des éléments de S rangés dans l'ordre croissant, notons E(S) le sous-espace de E engendré par $\mathscr{E}_\mathrm{S}$, et notons u_S l'endomorphisme $u_{\mathrm{E(S)}}$ de E(S) (notations de VII, p. 205). Posons $\mathrm{Pf}_{\mathscr{E}_{\varnothing}}(u_{\varnothing}) = 1$ et $\mathrm{Pf}_{\mathscr{E}_{\mathrm{S}}}(u_{\mathrm{S}}) = 0$ si le cardinal de S est impair. Soient u et v des endomorphismes antisymétriques de E. Si l'endomorphisme u est bijectif, alors

$$(1) \qquad \frac{\mathrm{Pf}_{\mathscr{E}}(u^{-1} - v)}{\mathrm{Pf}_{\mathscr{E}}(u)} = \sum_{\mathrm{S} \in \mathrm{X}} \mathrm{Pf}_{\mathscr{E}_{\mathrm{S}}}(u_{\mathrm{S}})\mathrm{Pf}_{\mathscr{E}_{\mathrm{S}}}(v_{\mathrm{S}}).$$

d) Si u, v sont des endomorphismes antisymétriques de E, on note $\mathrm{Pf}(u; v)$ le nombre $\sum_{\mathrm{S} \in \mathrm{X}} \mathrm{Pf}_{\mathscr{E}_{\mathrm{S}}}(u_{\mathrm{S}})\mathrm{Pf}_{\mathscr{E}_{\mathrm{S}}}(v_{\mathrm{S}})$ (« pfaffien relatif de u et v »). Il est indépendant du choix de base orthonormale $\mathscr{E}$ et on a l'égalité

$$\mathrm{Pf}(u; v)^2 = \det(1 - uv).$$

14) Soient E_0 un espace hilbertien réel de type dénombrable et E l'espace hilbertien complexifié $(\mathrm{E}_0)_{(\mathbf{C})}$. On dit qu'un endomorphisme u de E est *antisymétrique* s'il vérifie $u^* = -cuc$, où c est la conjugaison relative à E_0. On note $\mathscr{L}_{\mathrm{a}}^2(\mathrm{E})$ l'ensemble des endomorphismes de Hilbert–Schmidt de E qui sont antisymétriques.

a) L'ensemble $\mathscr{L}_{\mathrm{a}}^2(\mathrm{E})$ est un sous-espace fermé de $\mathscr{L}^2(\mathrm{E})$.

On fixe une base orthonormale $\mathscr{E} = (e_i)_{i \in \mathbf{N}}$ de E et on note Y l'ensemble des parties finies de $\mathbf{N}$ de cardinal pair. Pour $\mathrm{S} \in \mathrm{Y}$, on note $\mathscr{E}_{\mathrm{S}} = (e_{i_1}, \ldots, e_{i_k})$ où $(i_1, \ldots, i_k)$ est la suite des éléments de S rangés dans l'ordre croissant, on note E(S) le sous-espace de E engendré par $\mathscr{E}_{\mathrm{S}}$, et on note u_{S} l'endomorphisme $u_{\mathrm{E(S)}}$ de E(S) (notations de VII, p. 205).

b) Pour tout $u \in \mathscr{L}_{\mathrm{a}}^2(\mathrm{E})$, on a $\sum_{\mathrm{S} \in \mathrm{Y}} |\mathrm{Pf}_{\mathscr{E}_{\mathrm{S}}}(u_{\mathrm{S}})|^2 \leqslant \exp(\frac{1}{2}\|u\|_2^2)$.

c) Pour tous u, v de $\mathscr{L}_{\mathrm{a}}^2(\mathrm{E})$, la famille $(\mathrm{Pf}_{\mathscr{E}_{\mathrm{S}}}(u_{\mathrm{S}})\mathrm{Pf}_{\mathscr{E}_{\mathrm{S}}}(v_{\mathrm{S}}))_{\mathrm{S} \in \mathrm{Y}}$ est sommable. On note $\mathrm{Pf}(u; v)$ la somme de cette famille (« pfaffien relatif de u et v »).

d) L'application $(u, v) \mapsto \mathrm{Pf}(u; v)$, de $\mathscr{L}_{\mathrm{a}}^2(\mathrm{E}) \times \mathscr{L}_{\mathrm{a}}^2(\mathrm{E})$ dans $\mathbf{C}$, est analytique et ne dépend pas du choix de la base orthonormale $\mathscr{E}$.

e) Quels que soient u et v dans $\mathscr{L}_{\mathrm{a}}^2(\mathrm{E})$, on a $\mathrm{Pf}(u; v)^2 = \det(1 - uv)$.

<h2 style="text-align:center">§ 3</h2>

1) Soit E l'espace des fonctions continues sur $\mathbf{T} = \mathbf{R}/\mathbf{Z}$, muni de la norme $\|f\| = \sup_{t \in \mathbf{T}} |f(t)|$. Pour tout f dans E et tout entier positif N, on note $f_{\mathrm{N}}(t) = \sum_{|n| \leqslant \mathrm{N}} \widehat{f}(n)e^{2i\pi nt}$, où $(\widehat{f}(n))_{n \in \mathbf{Z}}$ est la suite des coefficients de Fourier de f (TS, II, p. 237, n° 9).

a) Soient f un élément de E et $u_f \colon \mathrm{E} \to \mathrm{E}$ l'application $g \mapsto f * g$, où le symbole $*$ désigne le produit de convolution (INT, VIII, p. 164, § 4, n° 5).

L'application u_f est nucléaire et l'ensemble de ses valeurs propres coïncide avec l'ensemble des coefficients de Fourier de f.

b)   Il existe un élément φ de E tel que la série $\sum_{n\in\mathbf{Z}}\widehat{\varphi}(n)$ diverge.

c)   Il existe un endomorphisme nucléaire u de l'espace de Banach E tel que la famille $(m_\lambda(u)\lambda)_{\lambda\in\mathbf{C}^*}$ ne soit pas sommable.[3]

d)   Il existe un endomorphisme nucléaire u de l'espace de Banach E tel que la famille $(m_\lambda(u)|\lambda|^p)_{\lambda\in\mathbf{C}^*}$ ne soit sommable pour aucun $p < 2$.

2)   Soit E un espace de Banach possédant la propriété d'approximation.

Soit u un endomorphisme de E. On suppose qu'il existe des suites $(\xi'_i)_{i\geqslant 1}$ dans E$'$ et $(\eta_i)_{i\geqslant 1}$ dans E vérifiant

$$u = \sum_{i\geqslant 1}\langle\cdot,\xi'_i\rangle\eta_i \quad \text{et} \quad \sum_{i\geqslant 1}\|\xi'_i\|^{2/3}\|\eta_i\|^{2/3} < +\infty.$$

a)   L'endomorphisme u est nucléaire.

b)   Soit n un entier $\geqslant 1$. Posons $u_n = \sum_{i=1}^n\langle\cdot,\xi'_i\rangle\eta_i$. On a alors l'égalité $\mathrm{Tr}(u_n) = \sum_{i=0}^n\langle\eta_i,\xi'_i\rangle$, et le scalaire $\det(1+u_n)$ coïncide avec le déterminant de la matrice $(\delta_{ij} + \langle\eta_i,\xi'_i\rangle)_{1\leqslant i,j\leqslant n}$ où δ_{ij} désigne le symbole de Kronecker.

c)   Si i et j sont des entiers $\geqslant 1$, posons

$$m_{ij} = \frac{\|\xi'_i\|^{2/3}\|\eta_j\|^{1/3}}{\|\eta_i\|^{1/3}\|\xi'_j\|^{2/3}}\langle\eta_j,\xi'_i\rangle.$$

Il existe un unique endomorphisme de Hilbert–Schmidt de $\ell^2(\mathbf{N}-\{0\})$ dont la matrice par rapport à la base canonique est $(m_{ij})_{i,j\in\mathbf{N}-\{0\}}$.

d)   Soit m_u l'endomorphisme de Hilbert–Schmidt de $\ell^2(\mathbf{N}-\{0\})$ défini dans la question précédente. L'application m_u est nucléaire ; on a les égalités $\mathrm{Tr}(m_u) = \mathrm{Tr}(u)$ et $\det(1+m_u) = \det(1+u)$.

e)   La famille $(m_\lambda(u)\lambda)_{\lambda\in\mathbf{C}^*}$ est sommable ; on a $\mathrm{Tr}(u) = \sum_{\lambda\in\mathbf{C}^*}m_\lambda(u)\lambda$ et $\det(1+u) = \prod_{\lambda\in\mathbf{C}^*}(1+\lambda)^{m_\lambda(u)}$.

3)   Soient E un espace d'approximation et u un endomorphisme de E. On suppose qu'il existe un élément r de $]0,1]$, une suite $(\xi'_i)_{i\geqslant 1}$ d'éléments de E$'$,

---

[3]Si E est un espace de Banach complexe, alors les conditions suivantes sont équivalentes :

(i) Pour tout $u \in \mathscr{L}^1(\mathrm{E})$, la famille $(m_\lambda(u)\lambda)_{\lambda\in\mathbf{C}^*}$ est sommable ;

(ii) L'espace E est isomorphe à un espace hilbertien.

Cf. W. Johnson, H. König, B. Maurey & J. Retherford, « Eigenvalues of p-summing and ℓ^p-type operators in Banach spaces », *Journal of Functional Analysis* 32(3) (1979), p. 353–380.

et une suite $(\eta_i)_{i \geqslant 1}$ d'éléments de E, tels que l'on ait

$$u = \sum_{i \geqslant 1} \langle \cdot, \xi_i' \rangle \eta_i \quad \text{et} \quad \sum_{i \geqslant 1} \|\xi_i'\|^r \|\eta_i\|^r < +\infty.$$

Soit p l'unique nombre réel vérifiant $\frac{1}{p} = \frac{1}{r} - \frac{1}{2}$; montrer que la famille $(m_\lambda(u)|\lambda|^p)_{\lambda \in \mathbf{C}^*}$ est sommable. (Adapter la méthode de l'exercice 2.)

4) Soit E un espace de Banach complexe. On dit qu'une algèbre normée $(\mathscr{A}, \|\cdot\|_{\mathscr{A}})$ est une *sous-algèbre d'approximation* de $\mathscr{L}(\mathrm{E})$ si $\mathscr{A}$ est une sous-algèbre de $\mathscr{L}(\mathrm{E})$, s'il existe $c > 0$ tel que l'on ait $\|u\|_{\mathscr{A}} \leqslant c\|u\|_{\mathscr{L}(\mathrm{E})}$ pour tout $u \in \mathscr{L}(\mathrm{E})$, et si $\mathscr{A}^{\mathrm{f}} = \mathscr{A} \cap \mathscr{L}^{\mathrm{f}}(\mathrm{E})$ est dense dans $\mathscr{A}$. On note $\det_{\mathscr{A}^{\mathrm{f}}}$ la fonction $u \mapsto \det(1 + u)$ de $\mathscr{A}^{\mathrm{f}}$ dans $\mathbf{C}$. Pour $r > 0$, on note B_r l'ensemble des éléments u de $\mathscr{A}$ vérifiant $\|u\|_{\mathscr{A}} < r$.

Le but de l'exercice est de montrer que les conditions suivantes sont équivalentes.

(i) La fonction $\det_{\mathscr{A}^{\mathrm{f}}}$ admet un prolongement continu à $\mathscr{A}$;

(ii) Il existe $r > 0$ tel que $\det_{\mathscr{A}^{\mathrm{f}}}$ soit uniformément continue sur $\mathrm{B}_r \cap \mathscr{A}_f$;

(iii) Il existe $r > 0$ tel que $\det_{\mathscr{A}^{\mathrm{f}}}$ soit lipschitzienne sur $\mathrm{B}_r \cap \mathscr{A}_f$;

(iv) La fonction $\det_{\mathscr{A}^{\mathrm{f}}}$ est continue en 0 ;

(v) La fonction $u \mapsto \mathrm{Tr}(u)$, de $\mathscr{A}^{\mathrm{f}}$ dans $\mathbf{C}$, admet un prolongement continu à $\mathscr{A}$.

a) Soit u un élément de $\mathscr{A}^{\mathrm{f}}$ tel que l'on ait $|\det(1 + \lambda u)| < 1$ pour tout $\lambda \in \mathbf{C}$ de module $\leqslant 1$. Montrer qu'on a $|\mathrm{Tr}(u)| \leqslant 1$ en utilisant les inégalités de Cauchy (VAR, R, 3.3.4).

b) En déduire que (iv) implique (v).

c) Pour $u \in \mathscr{A}^{\mathrm{f}}$ et pour $z \in \mathbf{C}$ de module suffisamment petit, montrer l'égalité

$$\det(1 + zu) = \exp\left(\sum_{n=1}^{+\infty} \frac{(-1)^{n+1}}{n} \mathrm{Tr}(u^n) z^n \right).$$

d) En déduire que (v) implique (iii).

e) Dans cette question et la suivante, on prouve que (ii) implique (i). On fixe $r > 0$ tel que $\det_{\mathscr{A}^{\mathrm{f}}}$ soit uniformément continue sur $\mathrm{B}_r \cap \mathscr{A}_f$. Soit $u \in \mathscr{A}$ et soit (w_n) une suite d'éléments de $\mathscr{A}^{\mathrm{f}}$ telle que $\|u - w_n\|$ converge vers 0 quand n tend vers l'infini.

Montrer qu'on peut écrire $u = v + v_\infty$ avec $v \in \mathscr{A}^{\mathrm{f}}$, $\|v_\infty\|_{\mathscr{A}} < r$ et $\|v_\infty\|_{\mathscr{L}(\mathrm{E})} < 1$. Posons $v_n = w_n - v$; montrer que $\det(1 + v_n)$ converge quand n tend vers l'infini, puis que $1 + v$ et $1 + v_n$ sont inversibles pour n assez grand.

f) Avec les notations de la question précédente, montrer que la quantité $\det(1 + (1 + v_n)^{-1} v)$ converge quand $n \to \infty$; en déduire que $\det(1 + w_n)$ converge, et prouver (i). Conclure.

5)   Soit E un espace de Banach complexe.

a)   L'algèbre complexe normée $(\mathscr{L}^1(E), \|\cdot\|_1)$ est une sous-algèbre d'approximation de $\mathscr{L}(E)$.

b)   L'espace E possède la propriété d'approximation si et seulement si l'algèbre normée $(\mathscr{L}^1(E), \|\cdot\|_1)$ satisfait aux propriétés (i) à (v) de l'exercice 4.

   (Si E n'a pas la propriété d'approximation, utiliser le th. 2 de VII, p. 237 pour montrer que (v) ne peut pas être satisfaite.)

6)   Soient p un nombre réel $\geqslant 1$ et E l'espace de Banach complexe $\ell^1(\mathbf{Z})$. Soit $\mathscr{D}$ l'ensemble des endomorphismes u de E dont la matrice (u_{ij}) dans la base canonique appartient à $\ell^1(\mathbf{Z} \times \mathbf{Z})$. Pour $u \in \mathscr{D}$, on note $\|u\|_{\mathscr{D}}$ le nombre $\sum_{(i,j) \in \mathbf{Z}^2} |u_{ij}|$.

a)   L'algèbre complexe normée $(\mathscr{D}, \|\cdot\|_{\mathscr{D}})$ est une sous-algèbre d'approximation de $\mathscr{L}(E)$ et satisfait aux propriétés (i) à (v) de l'exercice 4.

   On reprend désormais les notations de l'exerc. 4 et on note $u \mapsto \det_{\mathscr{D}}(1+u)$ l'application continue de $\mathscr{D}$ dans $\mathbf{C}$ qui prolonge l'application $u \mapsto \det(1+u)$ définie sur $\mathscr{D}^{\mathrm{f}}$.

b)   Vérifier que l'on a $|\det(1+u)| \leqslant \exp(\|u\|_{\mathscr{D}})$ pour tout u dans $\mathscr{D}^{\mathrm{f}}$; en déduire que la fonction $u \mapsto \det_{\mathscr{D}}(1+u)$ est lipschitzienne sur toute partie bornée de $\mathscr{D}$. (Adapter la méthode de l'exercice 12 de VII, p. 299.)

c)   Soient $(a_n)_{n \geqslant 1}$ une suite sommable de nombres complexes et $\mathrm{Q} \colon \mathbf{R} \to \mathbf{C}$ la fonction $x \mapsto \sum_{n \in \mathbf{Z}} a_n \cos(2nx)$. Soit ω un nombre réel. Considérons *l'équation différentielle de Hill*

$$(2) \qquad\qquad y''(x) + (\omega^2 + \mathrm{Q}(x))y(x) = 0$$

d'inconnue la fonction $y \colon \mathbf{R} \to \mathbf{C}$.

   Pour tout (i,j) dans $\mathbf{Z}^2$, posons $u_{ii} = \frac{1-\omega^2}{4i^2-1}$ et $u_{ij} = \frac{a_{|i-j|}}{1-4j^2}$ si $i \neq j$. Soit u l'endomorphisme de $\ell^1(\mathbf{Z})$ de matrice (u_{ij}) dans la base canonique. Montrer que (u_{ij}) appartient à $\ell^1(\mathbf{Z} \times \mathbf{Z})$ et que l'équation (2) admet une solution périodique si et seulement si on a l'égalité $\det(1+u) = 0$.

   (Remarquer que E est un espace d'approximation d'après l'exercice 36 de TS, III, p. 118.)

7)   Soient E un espace de Banach réel et n un entier $\geqslant 1$. Notons $\mathbf{A}'_n(E)$ l'espace des tenseurs antisymétriques d'ordre n (A, III, p. 82) et π_n^{E} l'isomorphisme canonique de $\wedge^n(E)$ sur $\mathbf{A}'_n(E)$, caractérisé par

$$\pi_n^{\mathrm{E}}(x_1 \wedge \cdots \wedge x_n) = \frac{1}{n!} \sum_{\sigma \in \mathfrak{S}_n} \varepsilon_\sigma \, x_{\sigma(1)} \wedge \cdots \wedge x_{\sigma(n)}$$

pour $x_1, \ldots, x_n$ dans E (cf. V, p. 33, formule (24)). Définissons une norme sur $\wedge^n(\mathrm{E})$ en posant $\|u\| = \|\pi_n^{\mathrm{E}}(u)\|_{\mathrm{E}\widehat{\otimes}_\pi \cdots \widehat{\otimes}_\pi \mathrm{E}}$ pour $u \in \wedge^n(\mathrm{E})$, et notons $\widehat{\wedge}_\pi^n(\mathrm{E})$ l'espace complété de $\wedge^n \mathrm{E}$ pour cette norme.

a)   Notons α l'application canonique de $\otimes^n(\mathrm{E}^*)$ dans $(\otimes^n \mathrm{E})^*$. Pour u dans $\widehat{\wedge}^n(\mathrm{E})$ et v dans $\widehat{\wedge}^n(\mathrm{E}')$, posons $\langle u, v \rangle = \langle \pi_n^{\mathrm{E}}(u), \alpha(\pi_n^{\mathrm{E}'}(v)) \rangle$. L'application $(u, v) \mapsto \langle u, v \rangle$ induit une application bilinéaire continue de $\widehat{\wedge}^n(\mathrm{E}) \times \widehat{\wedge}^n(\mathrm{E}')$ dans $\mathbb{C}$, de norme $\leqslant n^{n/2}$.

b)   Soient u un élément de $\widehat{\wedge}^2(\mathrm{E})$ et v un élément de $\widehat{\wedge}^2(\mathrm{E}')$. La série de terme général $\frac{1}{(n!)^2} \langle \wedge^n u, \wedge^n v \rangle$ est absolument convergente. On notera $\mathrm{Pf}(u; v)$ sa somme (« pfaffien relatif de u et v »).

c)   L'application $(u, v) \mapsto \mathrm{Pf}(u; v)$, de $\widehat{\wedge}^2(\mathrm{E}) \times \widehat{\wedge}^2(\mathrm{E}')$ dans $\mathbf{R}$, est continue.

8)   On fixe un espace de Banach E et on conserve les notations de l'exercice précédent.

a)   Soit $\Phi \colon \wedge^2(\mathrm{E}) \times \wedge^2(\mathrm{E}^*) \to \mathrm{E} \otimes \mathrm{E}^*$ l'application bilinéaire caractérisée par

$$\Phi(x \wedge y, e \wedge f) = \langle x, f \rangle (y \otimes e) - \langle y, f \rangle (x \otimes e) + \langle x, e \rangle (y \otimes f) - \langle y, e \rangle (x \otimes f)$$

pour $x, y \in \mathrm{E}$ et $e, f \in \mathrm{E}^*$. Vérifier que Φ induit une application bilinéaire continue de $\widehat{\wedge}^2(\mathrm{E}) \times \widehat{\wedge}^2(\mathrm{E}')$ dans $\mathrm{E} \widehat{\otimes}_\pi \mathrm{E}'$.

b)   Soit θ l'application canonique de $\mathrm{E}' \otimes \mathrm{E}$ dans $\mathscr{L}(\mathrm{E})$. Pour u dans $\wedge^2(\mathrm{E})$ et v dans $\wedge^2(\mathrm{E}')$, posons $u \cdot v = \theta(\Phi(u, v))$. Alors $\theta \circ \Phi$ induit, par passage aux séparés complétés, une application bilinéaire continue de $\widehat{\wedge}^2(\mathrm{E}) \times \widehat{\wedge}^2(\mathrm{E}')$ dans $\mathscr{L}^1(\mathrm{E})$, encore notée $(u, v) \mapsto u \cdot v$.

c)   Soit k un entier $\geqslant 1$, soit $x_1, \ldots, x_k$ une famille libre de vecteurs de E et soit $\mathrm{B} = (b_{ij})_{1 \leqslant i, j \leqslant k}$ une matrice antisymétrique de taille k. Notons u_0 l'élément $\frac{1}{2} \sum_{1 \leqslant i, j \leqslant k} b_{ij} x_i \wedge x_j$ de $\wedge^2 \mathrm{E}$. Soit v un élément quelconque de $\wedge^2(\mathrm{E}')$.

L'endomorphisme $u_0 \cdot v$ de E est de rang fini et on a $\mathrm{Pf}(u_0; v) = \mathrm{Pf}(\mathrm{A}; \mathrm{B})$, où A désigne la matrice $(\langle x_i \wedge x_j, v \rangle)_{1 \leqslant i, j \leqslant k}$ et où $\mathrm{Pf}(\mathrm{A}; \mathrm{B})$ est le pfaffien relatif des endomorphismes de $\mathbf{R}^k$ induits par A et B (VII, p. 299, exercice 13).

d)   Pour tout (u, v) dans $\widehat{\wedge}^2(\mathrm{E}) \times \widehat{\wedge}^2(\mathrm{E}')$, on a l'égalité

$$\mathrm{Pf}(u; v)^2 = \det(1_{\mathrm{E}} - u \cdot v).$$

9)   Soit E un espace vectoriel sur un corps de caractéristique nulle. Soit Θ l'application de $(\mathrm{E}^*)^n \times \mathrm{E}^n$ dans $\mathscr{L}^{\mathrm{f}}(\mathrm{E})^n$ définie par $\theta(\varphi_1, \ldots, \varphi_n; x_1, \ldots, x_n) = \theta(\varphi_1, x_1) \otimes \cdots \otimes \theta(\varphi_n, x_n)$, où θ est l'isomorphisme canonique de $\mathrm{E}^* \otimes \mathrm{E}$ sur $\mathscr{L}^{\mathrm{f}}(\mathrm{E})$.

Soit $\beta \colon \mathscr{L}^{\mathrm{f}}(\mathrm{E})^n \to \mathbf{C}$ une forme n-linéaire. On dit que β est *bi-alternée* si, pour tout φ dans $(\mathrm{E}^*)^n$ et pour tout x dans E^n, les formes n-linéaires $y \mapsto \beta(\Theta(\varphi; y))$ sur E^n et $\psi \mapsto \beta(\Theta(\psi; x))$ sur $(\mathrm{E}')^n$ sont alternées.

a)   La fonction $\alpha_n : (u_1, \ldots, u_n) \mapsto \mathrm{Tr}(u_1 \wedge \cdots \wedge u_n)$ (VII, p. 242, n° 7) est une forme n-linéaire bi-alternée sur $\mathscr{L}^{\mathrm{f}}(\mathrm{E})^n$; pour tout $\mathrm{A} \in \mathscr{L}(\mathrm{E})$ et tout $(u_1, \ldots, u_n) \in \mathscr{L}^{\mathrm{f}}(\mathrm{E})^n$, on a $\alpha_n(\mathrm{A}u_1, \ldots, \mathrm{A}u_n) = \alpha_n(u_1\mathrm{A}, \ldots, u_n\mathrm{A})$.

b)   Si β est une forme n-linéaire bi-alternée sur $\mathscr{L}^{\mathrm{f}}(\mathrm{E})^n$ telle que l'on ait $\beta(\mathrm{A}u_1, \ldots, \mathrm{A}u_n) = \beta(u_1\mathrm{A}, \ldots, u_n\mathrm{A})$ quels que soient A dans $\mathscr{L}(\mathrm{E})$ et $(u_1, \ldots, u_n)$ dans $\mathscr{L}^{\mathrm{f}}(\mathrm{E})^n$, alors il existe un nombre réel C tel que $\beta = \mathrm{C}\alpha_n$. (Identifier β à une forme linéaire γ sur $\mathscr{L}(\wedge^n \mathrm{E})$ et vérifier qu'on a $\gamma(\mathrm{UB}) = \gamma(\mathrm{BU})$ quels que soient U et B dans $\mathscr{L}(\wedge^n \mathrm{E})$.)

10)   Soit E un espace de Banach. Pour $u \in \mathscr{L}(\mathrm{E})$, on note $(\alpha_n(u))_{n \in \mathbf{N}}$ la suite des nombres d'approximation de u définie dans l'exercice 26 de VII, p. 293 ; on note $\mathscr{L}_\alpha^1(u)$ l'espace des éléments u de $\mathscr{L}(\mathrm{E})$ pour lesquels cette suite est sommable, muni de la topologie décrite dans l'exercice cité. En utilisant les résultats des exercices 26 et 27 de VII, p. 294, montrer que les applications $u \mapsto \mathrm{Tr}(u)$ et $u \mapsto \det(1 + u)$, de $\mathscr{L}^{\mathrm{f}}(\mathrm{E})$ dans $\mathbf{C}$, admettent des prolongements continus à $\mathscr{L}_\alpha^1(\mathrm{E})$.

¶ 11) Le but de cet exercice est d'établir une version faible des inégalités de Weyl (TS, IV, p. 157, n° 6) pour les endomorphismes compacts des espaces de Banach. L'inégalité (3) ci-dessous compare les valeurs propres d'un endomorphisme u aux nombres d'approximation $\alpha_n(u)$ définis dans l'exercice 26 de VII, p. 293.

Soit E un espace de Banach complexe. Jusqu'à la question f) incluse, on fixe un endomorphisme compact u de E. Pour $t \in \mathbf{R}_+^*$, on note $n_\lambda(u, t)$ le nombre de valeurs propres de u dont le module est $> 1/t$, comptées avec multiplicité. On note $n_\alpha(u, t)$ le nombre d'entiers k vérifiant $\alpha_k(u) > 1/t$.

a)   Si E est un espace hilbertien, déduire des inégalités de Weyl que pour tout réel $r > 0$, on a l'inégalité $\int_0^t n_\lambda(u, t) t^{-1} dt \leqslant \int_0^t n_\alpha(u, t) t^{-1} dt$.

Dans la suite de l'exercice, on suppose que E est un espace de Banach complexe. Pour tout nombre réel $\mathrm{R} > 0$, on note $\mathrm{D}(\mathrm{R})$ l'ensemble des $\lambda \in \mathbf{C}$ vérifiant $|\lambda| < \mathrm{R}$.

b)   Fixons un nombre réel $\tau > 0$ et notons k l'entier $n_\alpha(u, \tau)$. Soit ε un élément de $]0, \tau[$. Il existe un endomorphisme u_k de E de rang $\leqslant k$ vérifiant l'inégalité $\|u - u_k\| \leqslant \min((\tau - \varepsilon)^{-1}, \|u\|)$. Les valeurs propres de u contenues dans $\mathrm{D}(\tau - \varepsilon)$ sont alors les zéros de la fonction $\Delta \colon \lambda \mapsto \det(1 - \lambda \mathrm{R}(v_k, \lambda)u_k)$, où v_k est l'endomorphisme $u - u_k$ et $\lambda \mapsto \mathrm{R}(v_k, \lambda)$ sa résolvante.

c)   Soit $f \colon \mathbf{C} \to \mathbf{C}$ une fonction holomorphe vérifiant $f(0) = 1$. Démontrer la *formule de Jensen* : si, pour tout $t > 0$, on désigne par $n_f(t)$ le nombre de zéros de f contenus dans le disque $\mathrm{D}(t)$, alors pour tout $r > 0$, on a l'égalité

$$\int_0^r n_f(t) t^{-1} dt = \frac{1}{2\pi} \int_0^{2\pi} \log|f(re^{i\theta})| d\theta.$$

d)   Montrer que pour tout λ dans $D(\tau - \varepsilon)$ et tout r dans $]0, \tau - \varepsilon[$, on a

$$\int_0^r n_\lambda(u,t)t^{-1}dt \leqslant k \log\left(1 + 2r(1 - r(\tau - \varepsilon))^{-1}\|u\|\right).$$

(Commencer par traiter le cas où $m_\lambda(u) = 1$ pour tout λ dans $D(\tau - \varepsilon)$.)

e)   En déduire que pour tout nombre réel $\mu > 1$ et pour tout $r > 0$, on a

$$\int_0^r n_\lambda(u,t)t^{-1}dt \leqslant n_\alpha(u, \mu r) \log(1 + \frac{2r}{\mu}\|u\|).$$

f)   Il existe un réel $M > 0$ tel que l'inégalité

$$n_\lambda(u,r) \leqslant M\, n_\alpha(u, 2r)\, \log(1 + r\|u\|)$$

soit satisfaite pour tout $r > 0$.

g)   Pour tout nombre réel $p > 0$, il existe un réel $C > 0$ tel que l'on ait

$$(3) \qquad \sum_{\lambda \in \mathbf{C}^*} m_\lambda(u)|\lambda|^p \leqslant C \sum_{n \in \mathbf{N}} \alpha_n(u)^p \log\left(1 + \frac{\|u\|}{\alpha_n(u)}\right)$$

quel que soit l'endomorphisme compact u de E (« inégalité de Markus–Matsaev »).[4]

¶ 12) Soient E un espace de Banach complexe et u un endomorphisme compact de E. On suppose que la série $\sum_{n \in \mathbf{N}} \alpha_n(u) \log(1 + \alpha_n(u)^{-1})$ est convergente.

a)   L'endomorphisme u appartient à l'espace $\mathscr{L}^1_\alpha(E)$ défini dans l'exercice 27 de VII, p. 294.

Le but de cet exercice est de démontrer que la famille $(m_\lambda(u)\lambda)_{\lambda \in \mathbf{C}^*}$ est alors sommable et que sa somme coïncide avec la trace de u, telle que définie sur $\mathscr{L}^1_\alpha(E)$ dans l'exercice 10. [5]

b)   Pour tout $n \in \mathbf{N}$, soit v_n un élément de $\mathscr{L}^{\mathrm{f}}(E)$ de rang $\leqslant n$ vérifiant $\|u - v_n\| \leqslant 2\,\alpha_n(u)$, et soit u_n l'endomorphisme u_{2^n}. Vérifier que la suite (u_n) converge vers u dans l'espace $\mathscr{L}^1_\alpha(E)$, pour la topologie décrite dans l'exercice 26 de VII, p. 293.

c)   Soient $n \in \mathbf{N}$ et $\Delta_n \colon \mathbf{C} \to \mathbf{C}$ la fonction $z \mapsto \det(1 - zu_n)$. Il existe un nombre réel $C > 0$ tel que l'on ait $|\Delta_n(z)| \leqslant \exp(C|z|)$ pour tout $z \in \mathbf{C}$. (Utiliser l'exercice précédent.)

d)   En déduire que la suite (Δ_n) est relativement compacte pour la topologie de la convergence compacte, puis qu'elle converge vers une fonction

---

[4] Pour une version renforcée de l'inégalité (3), sans logarithme au membre de droite, *cf.* W. Johnson, H. König, B. Maurey et R. Retherford (1979), *op. cit.*

[5] La conclusion est satisfaite si l'on suppose seulement que la série $\sum_{n \in \mathbf{N}} \alpha_n(u)$ est convergente ; *cf.* H. König, « *s*-numbers, eigenvalues and the trace theorem in Banach spaces », *Studia Math.* 47 (1980), p. 157–172.

holomorphe $\Delta \colon \mathbf{C} \to \mathbf{C}$ telle que, lorsque le réel r tend vers $+\infty$, on ait $\sup_{|\lambda|=r} \log|\Delta(\lambda)| = o(r)$. (Remarquer que $\mathscr{C}^\omega(\mathbf{C}, \mathbf{C})$ est un espace de Montel d'après le § 1 du chapitre VII, et montrer que pour tout $k \in \mathbf{N}$, la suite $(\Delta_n^{(k)}(0))_{n\in\mathbf{N}}$ converge.)

$e)$ Les zéros de Δ sont les valeurs propres de u. (Utiliser le *théorème de Hurwitz sur les zéros d'une suite convergente de fonctions holomorphes*.)

$f)$ La trace de u, telle que définie dans l'exercice 10, est égale à $-\Delta'(0)/\Delta(0)$.

$g)$ La famille $(m_\lambda \lambda)_{\lambda\in\mathbf{C}^*}$ est sommable, de somme égale à $-\Delta'(0)/\Delta(0)$.

§ 4

1)   Un espace localement convexe E est nucléaire au sens de la déf. 1 de VII, p. 247 si et seulement si la topologie de Sazonov de E (INT, IX, p. 91) coïncide avec la topologie de E. (Utiliser le th. 1 de VII, p. 252).

2)   Soient E un espace nucléaire et F un espace localement convexe séparé. Pour qu'une application $f\colon \mathrm{E} \to \mathrm{F}$ soit nucléaire, il faut et il suffit qu'il existe un espace de Banach B et des applications $u \in \mathscr{L}(\mathrm{E}; \mathrm{B})$ et $v \in \mathscr{L}(\mathrm{B}; \mathrm{F})$ telles que l'on ait $f = v \circ u$. Si c'est le cas, alors f est polynucléaire.

3)   Soit I un ensemble. Pour que l'espace $\mathrm{K}^{(\mathrm{I})}$ soit nucléaire, il faut et il suffit que I soit dénombrable (observer que l'image d'une application nucléaire dans un espace métrisable est de type dénombrable). En déduire des exemples

     (i) d'espace nucléaire dont le dual n'est pas nucléaire ;

     (ii) d'espace localement convexe non nucléaire dont le dual est nucléaire ;

     (iii) d'application non nucléaire d'un espace de Banach dans un espace de Montel nucléaire.

4)   Utiliser les résultats du n° 4 de VII, p. 256 pour donner d'autres démonstrations de la prop. 2 de VII, p. 248 et de la prop. 3 de VII, p. 249.

5)   Soit E un espace localement convexe. Les propriétés suivantes sont équivalentes :

     (i) L'espace E est nucléaire ;

     (ii) Pour tout espace de Banach F, toute forme bilinéaire continue sur $\mathrm{E} \times \mathrm{F}$ est intégrale (VII, p. 287, exercice 10) ;

     (iii) Toute application linéaire continue de E dans un espace de Banach est intégrale (VII, p. 288, exercice 11).

6)   Soit R un sous-ensemble de $(\mathbf{R}_+)^{\mathbf{N}}$ possédant les propriétés suivantes :

    a) pour tout $p \in \mathbf{N}$, il existe $(r_n) \in$ R tel que $r_p \neq 0$;

    b) l'ensemble R est filtrant croissant pour l'ordre produit sur $(\mathbf{R}_+)^{\mathbf{N}}$.

    Pour $r = (r_n) \in$ R et $a = (a_n) \in \mathrm{K}^{\mathbf{N}}$, on pose

$$p_r(a) = \sum_n r_n |a_n|.$$

On désigne par $\ell_{\mathrm{R}}(\mathbf{N})$ le sous-espace de $\mathrm{K}^{\mathbf{N}}$ formé des éléments a tels que $p_r(a) < +\infty$ pour tout $r \in$ R ; on le munit de la topologie définie par les semi-normes p_r pour $r \in$ R.

$a)$ L'espace $\ell_{\mathrm{R}}(\mathbf{N})$ est séparé et complet.

$b)$ Pour que $\ell_{\mathrm{R}}(\mathbf{N})$ soit nucléaire, il faut et il suffit que pour toute suite (r_n) appartenant à R, il existe une suite (s_n) appartenant à R et une suite sommable (λ_n) de nombres réels positifs telles que l'on ait $r_n \leqslant \lambda_n s_n$ pour tout n. (Utiliser l'exercice 1 de VII, p. 285.)

7)   Soit $n \in \mathbf{N}$ et soit U un ouvert de $\mathbf{R}^n$. Une fonction $f \in \mathscr{C}(\mathrm{U})$ est dite *harmonique* si pour tout point x de U et toute boule B de centre x contenue dans U, on a

$$f(x) = \frac{1}{m(\mathrm{B})} \int_{\mathrm{B}} f \, dm,$$

où m désigne la mesure de Lebesgue dans $\mathbf{R}^n$.

    Prouver que le sous-espace $\mathscr{H}(\mathrm{U}) \subset \mathscr{C}(\mathrm{U})$ formé des fonctions harmoniques est un espace de Fréchet nucléaire.

8)   Soient E un espace localement convexe et I un ensemble infini.

$a)$ Si E est nucléaire, les injections canoniques $\ell^1\{\mathrm{I}; \mathrm{E}\} \to \ell^1(\mathrm{I}; \mathrm{E}) \to \ell^1[\mathrm{I}; \mathrm{E}]$ (VI, p. 142, exerc. 2) sont des isomorphismes.

$b)$ On suppose que l'injection canonique de $\ell^1\{\mathrm{I}; \mathrm{E}\}$ dans $\ell^1(\mathrm{I}; \mathrm{E})$ est un isomorphisme. Prouver que E est nucléaire.

    (Montrer que pour toute semi-norme continue p sur E, il existe une semi-norme $q \geqslant p$ telle que l'application canonique de $\widehat{\mathrm{E}}_q$ dans $\widehat{\mathrm{E}}_p$ soit 1-sommante, puis utiliser l'exercice 21 de VI, p. 153.)

$c)$ Montrer que les topologies de $\ell^1(\mathrm{I}) \otimes_\varepsilon \mathrm{E}$ et de $\ell^1(\mathrm{I}) \otimes_\pi \mathrm{E}$ sont identiques, alors l'espace E est nucléaire.

$d)$ On suppose que E est un espace de Fréchet. Prouver que les conditions suivantes sont équivalentes :

     (i) L'espace E est nucléaire ;

     (ii) Toute famille sommable dans E indexée par I est absolument sommable.

9)   Soit E un espace localement convexe.

a)   Soit $\mathscr{B}$ un ensemble de parties bornées, convexes, équilibrées, fermées de E tel que toute partie bornée de E soit contenue dans un élément de $\mathscr{B}$. Pour $A \in \mathscr{B}$, notons E_A l'espace défini dans le n° 5 de III, p. 7. Les propriétés suivantes sont équivalentes :

(i) Le dual fort E'_b de E est nucléaire ;

(ii) Pour tout $A \in \mathscr{B}$, il existe $B \in \mathscr{B}$ contenant A tel que l'injection canonique de E_A dans E_B soit nucléaire.

Si ces conditions sont réalisées, on dit que E est *conucléaire*.

b)   Tout espace conucléaire possède la propriété d'approximation.

10)   Soit E un espace conucléaire (exercice 9).

a)   Soit $(x_i)_{i\in I}$ une famille faiblement sommable dans E (VI, p. 142, exerc. 2). Montrer qu'il existe une partie convexe bornée B de E telle que l'on ait

$$\sum_{i\in I} p_B(x_i) \leqslant 1$$

où p_B désigne la jauge de B. (Utiliser l'exercice précédent.)

b)   Toute famille faiblement sommable dans E est absolument sommable.

11)   Soit E un espace localement convexe. Pour que E soit isomorphe au dual fort d'un espace de Fréchet nucléaire, il faut et il suffit qu'il soit réflexif et que son dual fort soit nucléaire.

12)   Soient E un espace de Fréchet nucléaire, H un sous-espace fermé de E et $u\colon E \to E/H$ la surjection canonique.

a)   Pour que $u \mathbin{\widehat{\otimes}} 1_{F'}$ soit surjective, il faut et il suffit que le sous-espace H de E soit direct.

b)   On identifie $\mathbf{R}^2$ à $\mathbf{C}$ et on prend $E = \mathscr{C}^\infty(\mathbf{R}^2)$ et $H = \mathscr{C}^\omega(\mathbf{C})$. Démontrer que H n'est pas direct dans E. (Si $r\colon E \to H$ est une rétraction continue, observer qu'il existe un disque fermé D centré en 0 tel que l'on ait $r(f) = 0$ si le support de f ne rencontre pas D. Soit $\varphi \in E$ une fonction à support dans 2D égale à 1 sur D ; de $r(f) = r(\varphi f)$, déduire des inégalités de la forme

$$\sup_{z\in 4D} |r(f)(z)| \leqslant M \sup_{\substack{|\alpha|\leqslant m \\ z\in 3D}} |\partial^\alpha f(z)|$$

puis $\sup_{z\in 4D}|f(z)| \leqslant N \sup_{z\in 3D}|f(z)|$ pour $f \in E$; aboutir à une contradiction.)

¶ 13) Soient E et F des espaces de Fréchet. Supposons E nucléaire. Soit C une partie bornée de $E \mathbin{\widehat{\otimes}} F$. Il existe des parties bornées A de E et B de F telles que C soit contenue dans l'enveloppe convexe équilibrée fermée de l'ensemble des éléments de la forme $x \mathbin{\widehat{\otimes}} y$ avec $x \in A$ et $y \in B$. (Soit (U_n)

une suite fondamentale décroissante de voisinages de 0 dans E ; en identifiant $E \widehat{\otimes} F$ à $\mathscr{L}_b(E_b'; F)$, prouver qu'il existe une partie bornée convexe équilibrée fermée D de F qui absorbe tous les $u(U_n^\circ)$ pour $u \in C$ et $n \in \mathbf{N}$. En déduire que l'ensemble C définit une partie équicontinue de $\mathscr{L}(E_b'; F_D)$, donc de $\mathscr{L}(\widehat{(E')}_{p'}; F_D)$ pour une semi-norme continue p' adéquate sur E_b', puis écrire que l'application canonique de E_b' dans $\widehat{(E')}_{p'}$ est nucléaire.)

14)   Soit E un espace localement convexe séparé et complet.

a)   Montrer que $K^{(\mathbf{N})} \widehat{\otimes} E$ s'identifie à l'espace des suites (x_n) dans E telles que, pour tout $x' \in E'$, la suite $(\langle x_n, x' \rangle)$ soit à support fini.

b)   On suppose désormais qu'il existe sur E une semi-norme continue p qui est une norme. Démontrer que le polaire A de la boule unité de E_p est une partie totale du dual faible de E.

c)   Soit B une partie bornée de $K^{(\mathbf{N})} \widehat{\otimes} E$. Démontrer qu'il existe un entier $m \in \mathbf{N}$ tel que pour tout $(x_n) \in B$ et $x' \in A$, on ait $\langle x_n, x' \rangle = 0$ lorsque $n \geqslant m$. (Interpréter les éléments de B comme des applications linéaires continues de E_b' dans $K^{(\mathbf{N})}$.)

d)   En déduire que les espaces $K^{(\mathbf{N})} \otimes E$ et $K^{(\mathbf{N})} \widehat{\otimes} E$ sont isomorphes et s'identifient à $E^{(\mathbf{N})}$ muni d'une topologie moins fine que la topologie de somme directe localement convexe ; constater cependant que les parties bornées de $E^{(\mathbf{N})}$ pour ces deux topologies sont les mêmes.

e)   Prouver que le dual fort de $K^{(\mathbf{N})} \widehat{\otimes} E$ s'identifie au sous-espace dense de $(E')^{\mathbf{N}}$ formé des suites (x_n') pour lesquelles il existe une partie convexe équilibrée équicontinue M de E' telle que l'on ait $x_n' \in E_M'$ pour tout n.

f)   On suppose de plus que E est un espace de Fréchet dont la topologie ne peut pas être définie par une seule norme. Montrer que le dual fort de $K^{(\mathbf{N})} \widehat{\otimes} E$ est distinct de $(E')^{\mathbf{N}}$. En déduire que le dual fort de $K^{(\mathbf{N})} \widehat{\otimes} E$ n'est pas semi-complet (III, p. 7, n° 5), et en particulier que l'espace $K^{(\mathbf{N})} \widehat{\otimes} E$ n'est ni tonnelé, ni bornologique.

15)   Soit E un espace de Fréchet. Les conditions suivantes sont équivalentes :
    (i) Il existe sur E une norme continue ;
    (ii) Le dual faible E_s' contient une partie bornée totale ;
    (iii) L'espace E n'admet pas de facteur direct isomorphe à $K^{\mathbf{N}}$.
Si ces conditions sont satisfaites, on dit que E est de type (NC).

    (Soit (A_n) une suite fondamentale de parties bornées de E_b'. Si (ii) n'est pas satisfaite, construire des suites (x_n) dans E et (x_n') dans E' telles que $\langle x_n, x_m \rangle = \delta_{n,m}$ et $\langle x_n, y \rangle = 0$ pour tout $y \in A_n$; montrer que l'application $x \mapsto \sum_n \langle x_n, x' \rangle x_n$ est un projecteur continu dans E_s', dont l'image est isomorphe à $K^{(\mathbf{N})}$.)

16)   Soient E et F des espaces de Fréchet. On suppose que E n'est pas de type (NC) et que F admet un quotient de type (NC) non normable. Si V désigne le dual fort de l'un des espaces $E' \,\widehat{\otimes}_\pi\, F$, $E' \,\widehat{\otimes}_\varepsilon\, F$ et $\mathscr{L}_b(E; F)$, alors V n'est pas semi-complet ; en particulier, les espaces $E' \,\widehat{\otimes}_\pi\, F$, $E' \,\widehat{\otimes}_\varepsilon\, F$ et $\mathscr{L}_b(E; F)$ ne sont ni bornologiques, ni tonnelés.

17)   Soit E un espace de Fréchet.

a)   Les conditions suivantes sont équivalentes :

(i) L'espace E admet un quotient de type (NC) non normable ;

(ii) Le dual E' n'est pas réunion d'une suite d'espaces faiblement fermés engendrés par des parties bornées.

b)   Si E est nucléaire et n'est pas isomorphe à $K^{\mathbf{N}}$, alors les conditions équivalentes de a) sont satisfaites. (Si E' est réunion d'une suite (L_n) de sous-espaces vectoriels faiblement fermés, chacun de ces sous-espaces est le dual d'un espace de Fréchet nucléaire E_n ; si L_n est engendré par une partie bornée, alors E_n doit être de dimension finie.)

c)   Soit X une variété réelle de classe C^∞, localement de dimension finie, non compacte et non discrète. L'espace $E = \mathscr{C}^\infty(X)$ vérifie les conditions de a) et n'est pas de type (NC). En déduire que l'espace $\mathscr{L}_b(E)$ n'est ni bornologique ni tonnelé.

NOTE HISTORIQUE

(Chapitres VI et VII)

La théorie des produits tensoriels d'espaces localement convexes, et celle des espaces nucléaires qu'elle suscita, ont été conçues en 1951 par A. Grothendieck. Mais elles puisent à des sources qui avaient affleuré dans la décennie précédente, issues de développements qui avaient traversé la première moitié du XXe siècle.

1. Les tenseurs avant 1940

Les produits tensoriels eux-mêmes, en tant qu'objets algébriques, n'ont pris leur forme actuelle qu'après 1940. Nous avons évoqué ailleurs leur lente gestation dans la seconde moitié du XIXe siècle (ÉHM, p. 88, note sur l'algèbre linéaire et multilinéaire). Introduits sous de premiers avatars matriciels dans des travaux de G. Zehfuss [34] en 1858, puis dans des cours de L. Kronecker après 1880, leur importance se dévoile dans la théorie des invariants de A. Cayley, C. Hermite et J. Sylvester ; de là, ils deviennent l'un des outils de base de la géométrie différentielle au début du XXe siècle — ouvrant la voie, entre autres, au développement de la relativité générale.

Mais dans toute cette période, le calcul des tenseurs dépend encore de l'utilisation de coordonnées. Même H. Weyl, explicitant en 1928 le rôle que peuvent jouer les produits tensoriels d'espaces hilbertiens dans la jeune mécanique quantique (pour décrire l'espace des états d'un système composé de plusieurs sous-systèmes), les définit en dimension finie uniquement et en termes de coordonnées [32]. C'est entre 1935 et 1945 que la notion de tenseur reçoit des traitements intrinsèques, en même

© N. Bourbaki 2026

N. Bourbaki, *Espaces Vectoriels Topologiques*,
https://doi.org/10.1007/978-3-032-12156-1

temps qu'apparaissent de premières questions de nature métrique ou topologique sur les produits tensoriels.

Le premier de ces traitements concerne les espaces hilbertiens ; on le trouve dans le texte de F. Murray et J. von Neumann [15] qui marque en 1936 les débuts de l'étude des algèbres d'opérateurs (TS, V, p. 537). Si H est un espace hilbertien complexe, Murray et von Neumann entendent étudier les « factorisations de $\mathscr{L}(H)$ », c'est-à-dire les couples (A, B) de sous-algèbres involutives faiblement fermées de $\mathscr{L}(H)$ telles que tout élément de A commute à tout élément de B et que la partie AB engendre une sous-algèbre dense de $\mathscr{L}(H)$. C'est pour donner des exemples de factorisations, et en lien avec l'interprétation des produits tensoriels en mécanique quantique, qu'ils introduisent le produit tensoriel hilbertien $E \widehat{\otimes}_2 F$ lorsque E et F sont des espaces hilbertiens. Leur définition est basée sur l'identification canonique entre un espace hilbertien et son dual : si $\mathscr{B}(E, F)$ désigne l'espace des formes bilinéaires continues sur $E \times F$, ils définissent $E \otimes F$ comme le sous-espace de $\mathscr{B}(E, F)$ engendré par les formes bilinéaires $(x, y) \mapsto \langle \xi \,|\, x \rangle \langle \eta \,|\, y \rangle$ où $\xi \in E$ et $\eta \in F$. Munissant $E \otimes F$ de la structure préhilbertienne aujourd'hui canonique (*cf.* V, p. 25), ils obtiennent par complétion le produit tensoriel hilbertien $E \widehat{\otimes}_2 F$ (sous le nom de *direct product*). Si $H = E \widehat{\otimes}_2 F$, on définit une factorisation de $\mathscr{L}(H)$ en considérant les algèbres A et B formées respectivement des endomorphismes de $\mathscr{B}(E, F)$ qui agissent par composition avec un élément de $\mathscr{L}(E)$ ou de $\mathscr{L}(F)$. La question de savoir si l'on obtient ainsi toutes les factorisations de $\mathscr{L}(H)$, à laquelle Murray et von Neumann répondent par la négative, est à l'origine de la théorie des algèbres de von Neumann.

La définition de Murray et von Neumann n'est commode que pour les espaces hilbertiens ; dans un texte paru en 1939, von Neumann dit encore qu'il serait difficile de se passer de coordonnées pour une définition générale du produit tensoriel [31].

C'est à H. Whitney que l'on doit l'étape suivante, dans un texte important écrit à la même période [33]. Il y définit le produit tensoriel de deux groupes commutatifs quelconques, influencé par des travaux divers d'analyse fonctionnelle (ceux de Murray et von Neumann, et des travaux connexes de M. Stone et J. Calkin) et de géométrie différentielle (notamment un texte de M. Kerner [12]). À partir de ce moment, on peut considérer que lorsque E et F sont des espaces vectoriels, le produit tensoriel $E \otimes F$ est un objet clairement identifié, bien que les incarnations, la terminologie et les notations varient encore selon les auteurs [1].

Whitney y adjoint de premières considérations topologiques, voire métriques. Si E et F sont des espaces de Banach, il décrit en passant une norme naturelle sur $E \otimes F$, qui n'est autre que la norme projective (VI, p. 50, n° 13) ; Whitney attribue cette remarque à H. Robbins. Mais il ne va pas plus loin dans cette voie — c'est qu'il a principalement en vue le cas des espaces de dimension finie, avec à l'horizon un traitement intrinsèque des formes différentielles sur les variétés. S'inspirant d'un travail de von Neumann où apparaît la première notion générale d'espace localement convexe [**30**], il définit une notion de produit tensoriel topologique qui s'applique aux espaces localement convexes séparés de dimension finie, et coïncide alors avec le produit tensoriel maximal.

2. Les normes croisées de Schatten et von Neumann

C'est sur une suggestion de Murray que R. Schatten, dans sa thèse publiée en 1943, entreprend l'étude abstraite des produits tensoriels d'espaces de Banach réels [**23**]. Si E et F sont de tels espaces, il appelle « norme croisée » (*cross-norm*) sur $E \otimes F$ toute norme telle que l'on ait $\|x \otimes y\| = \|x\|\|y\|$ pour tout $x \in E$ et tout $y \in F$. Définissant explicitement la norme projective (VI, p. 50, n° 13) et la norme injective (VI, p. 39, n° 10), il observe que la première est la plus grande des normes croisées, et montre que la seconde est la plus petite de ces normes telle que pour tout $(\lambda, \mu) \in E' \times F'$, l'application $\lambda \otimes \mu \colon E \otimes F \to \mathbf{R} \otimes \mathbf{R}$ soit continue de norme $\leqslant \|\lambda\|\|\mu\|$ si l'on munit $\mathbf{R} \otimes \mathbf{R}$ de l'unique norme croisée compatible avec la valeur absolue. Au cœur du travail de Schatten se trouve une forme de la protodualité (VI, p. 101, n° 3) qui est le principe même de beaucoup de ses énoncés et l'outil principal d'une partie des démonstrations. On y trouve également, nimbée d'un certain flou encore, une notion de *general cross-norm* associant à tout couple (E, F) d'espaces de Banach une norme croisée sur $E \otimes F$ vérifiant la condition ci-dessus sur les formes linéaires — qui annonce la

---

[1] Le terme « produit tensoriel » semble être introduit par Whitney, tandis que la notation $\otimes$ semble apparaître chez Murray et von Neumann (*op. cit.*).

condition (CT1) de VI, p. 18. Moyennant une mise au point ultérieure, on peut donc considérer que Schatten dispose en 1943 de l'essentiel de la définition des constructions tensorielles, des constructions ε et π, et de l'opération de protodualité.

Peu après, Schatten et von Neumann découvrent le lien étroit entre les constructions tensorielles, désormais envisagées pour les espaces de Banach réels ou complexes, et plusieurs classes remarquables d'applications linéaires continues. En 1946, Schatten [24] démontre que si E et F sont des espaces de Banach, alors $E' \widehat{\otimes}_\varepsilon F'$ s'identifie isométriquement à l'adhérence de $\mathscr{L}^{\mathrm{f}}(E; F')$ dans l'espace normé $\mathscr{L}(E; F')$ (*cf.* VI, p. 46, prop 25). Poursuivant cette étude [25, 26], Schatten et von Neumann s'aperçoivent que si E est un espace hilbertien, alors $E' \widehat{\otimes}_\pi E$ s'identifie en tant qu'espace de Banach à l'espace $\mathscr{L}^1(E)$ des opérateurs $u \in \mathscr{L}(E)$ dont la valeur absolue $|u|$ est de trace finie (*cf.* VII, p. 239, cor. 1 et VII, p. 180, prop. 10).

3. Trace et déterminant : travaux de Smithies et Ruston

Cette remarque est bientôt amplifiée par A. Ruston en Angleterre. Dans des textes écrits en 1948 et parus en 1951, il propose de s'appuyer sur le produit tensoriel $E' \widehat{\otimes}_\pi E$ pour *définir* les « opérateurs à trace » lorsque E est un espace de Banach [21, 22]. Il introduit la forme trace sur $E' \widehat{\otimes}_\pi E$ (VII, p. 234, n° 4), ainsi que l'application canonique de $E' \widehat{\otimes}_\pi E$ dans $\mathscr{L}(E)$ (VII, p. 174, n° 3) — qui le mène à une forme déjà presque aboutie de la norme nucléaire.

Ruston a en vue la généralisation aux espaces de Banach de travaux de F. Smithies, qui avait proposé en 1941 une formulation abstraite de la théorie de Fredholm dans les espaces hilbertiens [29]. Nous avons évoqué ailleurs le rôle qu'eut cette théorie dans l'essor de l'analyse fonctionnelle et de l'idée d'espace normé entre 1900 et 1932 : voir les notes historiques sur les chapitres I à V (V, p. 79–90) et sur les théories spectrales (TS, V, p. 517–540). Rappelons que si I est un intervalle compact de $\mathbf{R}$ et si $k \colon I \times I \to \mathbf{C}$ est une fonction continue, c'est F. Riesz [19, 20] qui montra que les travaux de I. Fredholm [4] sur les équations intégrales, et certains de ceux de D. Hilbert [11] sur le même sujet, peuvent s'interpréter comme l'étude des propriétés spectrales de l'endomorphisme compact u_k de $\mathrm{E} = \mathscr{C}(\mathrm{I})$ défini par $u_k(f)(x) = \int_{\mathrm{I}} k(x, y)f(y)dy$. Si λ est un nombre complexe n'appartenant pas au spectre de u_k, un pan essentiel des résultats de Fredholm revient à exprimer explicitement la « résolvante » $(1_{\mathrm{E}} - \lambda u_k)^{-1}$ en termes de « déterminants infinis », inspirés des formules de Cramer pour la résolution des systèmes linéaires en dimension finie.

Il était clair dès cette époque que les noyaux continus ne peuvent représenter qu'une classe limitée d'opérateurs — qui exclut, par exemple, l'application identique de $\mathscr{C}(\mathrm{I})$. C'est pourquoi Hilbert, dès son premier mémoire de 1904 sur les équations fonctionnelles [10], cherche à autoriser des noyaux plus singuliers — notamment le long de la diagonale. À cette occasion, il introduit un premier visage du déterminant régularisé (VII, p. 221, n° 4), dont le rapport avec les déterminants utilisés par Fredholm (*cf.* VII, p. 222, lemme 11) est clarifié par T. Lalesco en 1912 [13]. En 1921, T. Carleman [1] affaiblit encore les conditions imposées au noyau k, reprenant les formules de Hilbert pour étudier l'opérateur sur l'espace hilbertien $\mathrm{L}^2(\mathrm{I})$ associé à un noyau qui n'est plus guère que mesurable et de carré intégrable ; il montre comment généraliser les formules de Fredholm à l'aide du déterminant régularisé, qu'il relie explicitement au spectre de l'opérateur (*cf.* VII, p. 222, prop. 9).

En 1941, Smithies [29] abstrait des travaux de Carleman une expression de la résolvante d'un endomorphisme de Hilbert–Schmidt d'un espace hilbertien arbitraire. Chez Fredholm et Carleman, l'opérateur $(1_{\mathrm{E}} - \lambda u_k)^{-1}$ s'exprime comme quotient de séries entières en λ, dont les coefficients ne sont autres que les « déterminants et mineurs infinis » de la théorie. Smithies exprime ces derniers en termes des traces des puissances de u_k (comme dans les formules du n° 8 de VII, p. 244, elles-mêmes dues à Fredholm et J. Plemelj [18]), obtenant une expression intrinsèque qui se réduit dans le cas classique aux formules de Carleman.

C'est en combinant les idées de Schatten et Smithies, et suivant une suggestion de ce dernier, que Ruston conçoit l'idée d'une théorie analogue dans les espaces de Banach [21, 22]. Conscient dès ce moment que l'application canonique de $\mathrm{E}' \,\widehat{\otimes}_\pi\, \mathrm{E}$ dans $\mathscr{L}(\mathrm{E})$ pourrait ne pas être injective (VII, p. 237, th. 2), il définit la forme trace directement sur le premier espace, puis fait le lien entre les développements en série de Smithies (convenablement généralisés) et une forme primitive du calcul des puissances extérieures d'applications entre espaces de Banach. Voilà les déterminants de Fredholm, qui avaient ouvert un demi-siècle plus tôt la brèche où furent conçus les espaces fonctionnels, partiellement incorporés à la théorie des produits tensoriels d'espaces de Banach.

4. Noyaux, distributions, noyaux-distributions

Pour l'essentiel, les travaux ci-dessus restent dans le cadre des espaces normés. Les progrès suivants dans l'étude des produits tensoriels topologiques apparaissent dans un cercle d'idées assez différent, tracé après 1945 alors que la théorie des distributions et celle des espaces localement convexes se développent de concert.

Vers 1945, la notion de distribution permet à L. Schwartz un vaste élargissement du champ d'application de la théorie des noyaux. Si U et V sont des ouverts de $\mathbf{R}^m$ et $\mathbf{R}^n$ respectivement, si k est une distribution sur l'ouvert U $\times$ V de $\mathbf{R}^m \times \mathbf{R}^n$ (TS, IV, p. 203), et si φ appartient à l'espace $\mathscr{D}(\mathrm{U})$ des fonctions test sur U, alors la forme linéaire $\psi \mapsto \langle \varphi \boxtimes \psi, k \rangle$ sur $\mathscr{D}(\mathrm{V})$ (notations de VI, p. 78, n° 6) est une distribution $u_k(\varphi)$ sur V. Aux environs de 1950, Schwartz démontre le théorème du noyau (*cf.* VII, p. 276, th. 5) : si u est une application linéaire continue de $\mathscr{D}(\mathrm{U})$ dans l'espace $\mathscr{D}'(\mathrm{V})$ des distributions sur V, alors u est de la forme $\varphi \mapsto u_k(\varphi)$ pour une unique distribution k sur U $\times$ V [**28**]. Les éléments de $\mathscr{L}(\mathscr{D}(\mathrm{U}), \mathscr{D}'(\mathrm{V}))$ peuvent donc être représentés par des « noyaux-distributions » qui généralisent les noyaux considérés par Fredholm, Hilbert, Carleman et leurs continuateurs ; par exemple, l'application identique de $\mathscr{D}(\mathrm{U})$ est associée de cette manière à la « distribution de simple couche » le long de la diagonale de U $\times$ U. De même, toute forme bilinéaire continue sur $\mathscr{D}(\mathrm{U}) \times \mathscr{D}(\mathrm{V})$ est associée à un unique « noyau-distribution » sur U $\times$ V.

Parmi les espaces fonctionnels usuels sur U, il en est qui contiennent $\mathscr{D}(\mathrm{U})$ et peuvent s'interpréter comme des sous-espaces de $\mathscr{D}'(\mathrm{U})$, éventuellement au prix d'en affaiblir la topologie usuelle : il en va ainsi, entre autres, de l'espace des mesures complexes sur U, ou des espaces de Sobolev (TS, IV, p. 221, n° 14). Si F est un sous-espace de $\mathscr{D}'(\mathrm{U})$, alors le théorème du noyau fournit une représentation fort utile des applications linéaires continues de $\mathscr{D}(\mathrm{U})$ dans F. De là à envisager l'étude des applications linéaires continues de $\mathscr{D}(\mathrm{U})$ dans un espace localement convexe F quelconque, il n'y a qu'un pas, vite franchi. Observant que l'application canonique de $\mathscr{D}'(\mathrm{U}) \otimes \mathrm{F}$ dans $\mathscr{L}(\mathscr{D}(\mathrm{U}), \mathrm{F})$ est d'image dense, Schwartz interprète les éléments de $\mathscr{D}'(\mathrm{U}) \otimes \mathrm{F}$ comme des « distributions à valeurs dans F », et entend s'appuyer sur cette observation pour développer une théorie générale des distributions à valeurs vectorielles. Dans cette perspective, il munit $\mathscr{D}'(\mathrm{U}) \otimes \mathrm{F}$ de la topologie induite par celle de $\mathscr{L}(\mathscr{D}(\mathrm{U}), \mathrm{F})$ — topologie qui, *a posteriori*, coïncide avec celle de $\mathscr{D}'(\mathrm{U}) \otimes_\varepsilon \mathrm{F}$ (VI, p. 46, prop. 25). Au printemps 1951, il demande à A. Grothendieck s'il est possible de munir $\mathrm{E} \otimes \mathrm{F}$ d'une topologie « naturelle » lorsque E et F sont des espaces localement convexes arbitraires.

5. Espaces et applications nucléaires

Aussitôt les courants ci-dessus se mêlent. Dans sa thèse [**6**], Grothendieck définit le produit tensoriel maximal et le produit tensoriel minimal dans le cadre général des espaces localement convexes. Ses définitions de $\mathrm{E} \,\widehat{\otimes}_\pi\, \mathrm{F}$ et de $\mathrm{E} \,\widehat{\otimes}_\varepsilon\, \mathrm{F}$ coïncident avec celles de Schatten si E et F sont des espaces de Banach ; lorsque E et F sont des espaces localement convexes, elles sont conçues pour que le dual fort de $\mathrm{E} \,\widehat{\otimes}_\pi\, \mathrm{F}$ s'identifie à l'espace des formes bilinéaires continues sur $\mathrm{E} \times \mathrm{F}$ (VI, p. 56, prop. 35), et pour que les formes linéaires continues sur $\mathrm{E} \,\widehat{\otimes}_\varepsilon\, \mathrm{F}$ correspondent aux formes bilinéaires intégrales sur $\mathrm{E} \times \mathrm{F}$ (VII, p. 287, exercice 10). Lorsque $\mathrm{E} = \mathscr{C}^\infty(\mathbf{R}^m)$ et $\mathrm{F} = \mathscr{C}^\infty(\mathbf{R}^n)$, les formes bilinéaires intégrales sur $\mathrm{E} \times \mathrm{F}$ s'identifient aux distributions à support compact sur $\mathbf{R}^m \times \mathbf{R}^n$ [**5**, Ch. II, § 1], si bien que $(\mathrm{E} \,\widehat{\otimes}_\varepsilon\, \mathrm{F})'$ s'interprète comme l'espace des distributions à support compact sur $\mathbf{R}^m \times \mathbf{R}^n$ (*cf.* VI, p. 77, prop. 7). Puisque $(\mathrm{E} \,\widehat{\otimes}_\pi\, \mathrm{F})'$ s'identifie à $\mathscr{B}(\mathrm{E}, \mathrm{F})$, on voit qu'une version du théorème du noyau de Schwartz, concernant les formes bilinéaires continues sur $\mathscr{C}^\infty(\mathbf{R}^m) \times \mathscr{C}^\infty(\mathbf{R}^n)$, revient à affirmer la coïncidence entre $\mathrm{E} \,\widehat{\otimes}_\pi\, \mathrm{F}$ et $\mathrm{E} \,\widehat{\otimes}_\varepsilon\, \mathrm{F}$ lorsque $\mathrm{E} = \mathscr{C}^\infty(\mathbf{R}^m)$ et $\mathrm{F} = \mathscr{C}^\infty(\mathbf{R}^n)$. Grothendieck en déduit que « *l'assertion que l'on a* $\mathrm{E} \,\widehat{\otimes}_\pi\, \mathrm{F} = \mathrm{E} \,\widehat{\otimes}_\varepsilon\, \mathrm{F}$, *pour deux espaces donnés* E *et* F, *doit être regardée comme un équivalent algébrico-topologique du théorème des noyaux* »

[**5**, *loc. cit.*]. Il appelle alors *espace nucléaire* tout espace E tel que cette égalité soit valide quel que soit l'espace localement convexe F.

Cette notion jette une lumière nouvelle sur plusieurs propriétés que partagent les espaces fonctionnels alors dans l'air du temps. C'est que la plupart des espaces fonctionnels non normés considérés dans les années 1950 sont des espaces de Fréchet nucléaires. Or, comme Grothendieck s'en aperçoit aussitôt, ces espaces possèdent non seulement la propriété de Montel (VII, p. 265, corollaire), mais encore quantité de propriétés de stabilité qui en rendent le maniement particulièrement aisé — au point qu'il n'est pas absurde de dire qu'ils se comportent à certains égards aussi bien que les espaces normés de dimension finie. Par exemple, soient X et Y des variétés différentiables (supposées C^∞, de dimension finie, séparées et à base dénombrable) ; l'usage de complexes d'espaces de Fréchet nucléaires fournit alors un isomorphisme canonique de la cohomologie de de Rham $H_{dR}(X \times Y)$ sur le produit tensoriel complété $H_{dR}(X) \mathbin{\widehat{\otimes}} H_{dR}(Y)$ des espaces de Fréchet nucléaires $H_{dR}(X)$ et $H_{dR}(Y)$ (« formule de Künneth vectorielle-topologique » [**27**]).

Pour développer systématiquement la « théorie interne des espaces nucléaires », Grothendieck dégage la notion d'application nucléaire. Guidé par l'analogie entre les applications linéaires continues définies sur un espace nucléaire et les applications définies par des noyaux ou des noyaux-distributions, il montre comment caractériser les espaces nucléaires en termes d'applications linéaires ; cela permet d'aborder les espaces nucléaires sans référence à leurs habits tensoriels, comme dans la définition 1 de VII, p. 247. Dans un ordre d'idées analogue, il caractérise les espaces nucléaires par le fait que les formes bilinéaires sur leur produit avec tout espace de Banach vérifient une version « abstraite » du théorème des noyaux (VII, p. 263, th. 3).

Du même regard, il envisage l'espace des applications nucléaires comme l'habitat naturel de la théorie de Fredholm. Grothendieck n'avait pas connaissance, semble-t-il, des travaux de Ruston évoqués ci-dessus ; mais dans un texte séparé [**7**] rédigé fin 1951, il donne un exposé complet de la théorie de Fredholm dans un espace de Banach E qui redécouvre et amplifie les résultats de Ruston. Comme ce dernier, il définit les notions de trace et de déterminant banachiques directement dans $E' \mathbin{\widehat{\otimes}_\pi} E$, plutôt que dans l'espace des endomorphismes nucléaires de E. Là où Ruston évoquait à demi-mot les ombres liées à la propriété d'approximation, Grothendieck dévoile systématiquement les formes multiples que prend le « problème d'approximation » de Banach et Mazur dans la théorie des produits tensoriels topologiques — définissant au passage les variantes « métrique » et « bornée » de la propriété d'approximation. On sait que la question de savoir si tout espace de Banach possède la propriété d'approximation n'est résolue que vingt ans plus tard, en utilisant ces variantes (P. Enflo [3] ; *cf.* TS, V, note historique, p. 523 et TS, III, p. 112, exercice 25). Cela se fait à la faveur du développement de la théorie « locale » des espaces de Banach, où un tel espace est observé au prisme de ses sous-espaces de dimension finie. Ce développement est lié de près aux approfondissements de l'étude des produits tensoriels que propose Grothendieck en 1953, dans un « résumé de la théorie métrique des produits tensoriels topologiques » paru en 1956 [8].

6. L'inégalité de Grothendieck

Ce « résumé » revient aux produits tensoriels d'espaces de Banach, suivant un adage formulé pour l'occasion : « *presque toutes les questions de la théorie [localement convexe], y compris la théorie des espaces nucléaires, se ramènent en réalité à des questions sur les espaces de Banach* » [8, Introduction]. Son point de départ est la notion que nous avons introduite sous le nom de construction tensorielle locale (VI, p. 18), qui associe à tout couple (E, F) d'espaces normés *de dimension finie* une norme sur $E \otimes F$. Comme il le signale, une telle construction s'étend aisément aux espaces de dimension infinie, par le « passage à l'enveloppe finie » du n° 1 de VI, p. 94.

Le regard de Grothendieck sur l'aspect métrique des constructions tensorielles ne lui permet pas uniquement d'amplifier et de clarifier les travaux de Schatten. Des richesses nouvelles apparaissent lorsqu'il observe le comportement métrique des *applications linéaires continues* entre espaces de Banach, plutôt que des espaces eux-mêmes. Il définit ainsi les notions de construction tensorielle injective ou projective (VI, p. 34, n° 7), ce qui engendre aussitôt de nouvelles opérations sur les constructions tensorielles : le fait que tout espace de Banach peut être vu comme sous-espace d'un espace stellaire, ou alternativement comme quotient d'un espace co-stellaire (VI, p. 134, exercice 7), conduit aux notions d'enveloppe injective et projective d'une construction tensorielle (VI, p. 108, n° 5).

Surtout, un lien inattendu se fait jour entre les constructions maximale ou minimale et une nouvelle construction tensorielle notée h, dite « hilbertienne ». Cette dernière sonde, pour ainsi dire, les relations entre un couple d'espaces de Banach et la classe des espaces hilbertiens : en effet, si E et F sont des espaces de Banach et si $t \in E \otimes F$, la norme $\|t\|_h$ est la « norme de factorisation hilbertienne » de l'application linéaire continue de E' dans F associée à t (VI, p. 118). L'inégalité de Grothendieck (VI, p. 119, th. 1) revient à dire que les normes $\|\cdot\|_h$ et $\|\cdot\|_\pi$ sont équivalentes sur tout produit tensoriel d'espaces stellaires, avec des constantes de domination universelles[2]. Elle établit donc des liens, alors insoupçonnés, entre espaces stellaires, espaces co-stellaires et espaces hilbertiens. Grothendieck explore ces affinités, prouvant par exemple que la norme d'un espace de Banach E est équivalente à une norme hilbertienne si et seulement si E est isométriquement isomorphe à la fois à un quotient d'un espace stellaire et à un sous-espace d'un espace co-stellaire (VI, p. 156, exercice 7). Il ne manque pas non plus de remarquer que son « théorème fondamental de la théorie métrique des produits tensoriels topologiques » implique aussitôt des propriétés de rigidité des applications linéaires continues entre espaces stellaires, co-stellaires et hilbertiens (voir par exemple le th. 3 de VI, p. 130).

Les sept décennies écoulées depuis sa découverte ont dévoilé progressivement la portée de l'inégalité de Grothendieck. Nous ne saurions décrire ici les vastes champs qu'elle irrigue, et qui vont de la théorie des opérateurs à l'informatique théorique, en passant par l'étude de l'intrication quantique et celle des probabilités ; renvoyons pour cela au texte de G. Pisier [**17**]. Cette portée n'est reconnue qu'après 1968, lorsque J. Lindenstrauss et A. Pełczyński [**14**] reformulent l'inégalité de Grothendieck dans des termes n'utilisant pas les produits tensoriels (*cf.* VI, p. 159, exerc. 12, *c*)), et en révèlent les conséquences sur les spectres de certains opérateurs ou sur la géométrie des espaces de Banach — par exemple sur la structure des sous-espaces directs des

---

[2]En 2025, on ne connaît cependant que des valeurs approchées des constantes de Grothendieck (VI, p. 120) qui fournissent les inégalités « optimales » dans ce contexte.

espaces stellaires ou co-stellaires. À la même époque, A. Pietsch [**16**] remarque que toute construction tensorielle donne lieu à une « classe d'idéaux d'opérateurs » : si γ est une construction tensorielle, alors pour tout couple (E, F) d'espaces de Banach, l'image de l'application canonique de $E' \widehat{\otimes}_\gamma F$ dans $\mathscr{L}(E; F)$ fournit un sous-espace $\mathscr{A}_\gamma(E; F)$ de $\mathscr{L}(E; F)$ contenant les opérateurs de rang fini, de façon compatible à la composition des applications linéaires continues (si bien que $\mathscr{A}_\gamma(E; E)$ est un idéal de $\mathscr{L}(E)$). Les propriétés de la construction γ se traduisent alors en propriétés spectrales des applications linéaires appartenant aux $\mathscr{A}_\gamma(E; F)$; ce point de vue, qui met les produits tensoriels à l'arrière-plan et les spectres en avant, connut une vogue certaine après 1970. Entre temps, A. Dvoretzky [**2**] avait démontré que pour tout entier $k \geqslant 1$, tout espace de Banach de dimension suffisamment grande contient des sous-espaces de dimension k sur lesquels la norme est aussi proche que l'on veut d'une norme euclidienne (V, p. 69, exerc. 37). Cela confirmait un espoir formulé en marge du « résumé », dans un texte séparé [**9**]. L'essor simultané de la théorie locale des espaces de Banach et de celle des classes d'idéaux d'opérateurs, puis l'examen de la géométrie des corps convexes et l'usage des probabilités dans les espaces de Banach, ont ouvert après 1970 un chapitre nouveau de l'étude des espaces normés.

BIBLIOGRAPHIE

[1] T. CARLEMAN – « Zur Theorie der linearen Integralgleichungen », *Math. Z.* **9** (1921), p. 196–217, JfM 48.1249.01.

[2] A. DVORETZKY – « Some results on convex bodies and Banach spaces », Proc. Int. Symp. linear Spaces, Jerusalem 1960, p. 123–160, 1961, Zbl 0119.31803.

[3] P. ENFLO – « A counterexample to the approximation problem in Banach spaces », *Acta Math.* **130** (1973), p. 309–317, Zbl 0267.46012.

[4] I. FREDHOLM – « Sur une classe d'équations fonctionnelles », *Acta Math.* **27** (1903), p. 365–390, JfM 34.0422.02.

[5] A. GROTHENDIECK – « Résumé des résultats essentiels dans la théorie des produits tensoriels tensoriels topologiques et des espaces nucléaires », *Ann. Inst. Fourier* **4** (1952), p. 73–112, Zbl 0055.09705.

[6] _______ *Produits tensoriels topologiques et espaces nucléaires*, Memoirs of the American Mathematical Society, vol. 16, 1955, Zbl 0064.35501.

[7] _______ « La théorie de Fredholm », *Bull. Soc. Math. Fr.* **84** (1956), p. 319–384, Zbl 0073.10101.

[8] _______ « Résumé de la théorie métrique des produits tensoriels topologiques », *Bol. Soc. Mat. São Paulo* **8** (1956), p. 1–79, Zbl 0074.32303.

[9] _______ « Some classes of sequences in Banach spaces, and the Dvoretzky-Rogers theorem », *Bol. Soc. Mat. São Paulo* **8** (1956), p. 81–110, Zbl 1490.46017.

[10] D. HILBERT – « Grundzüge einer allgemeinen Theorie der linearen Integralgleichungen. Erste Mitteilung. », *Nachr. Ges. Wiss. Göttingen, Math.-Phys. Kl.* (1904), p. 49–91, JfM 35.0378.02.

© N. Bourbaki 2026

N. Bourbaki, *Espaces Vectoriels Topologiques*,
https://doi.org/10.1007/978-3-032-12156-1

[11] ______ « Grundzüge einer allgemeinen Theorie der linearen Integralgleichungen », Teubner, Leipzig und Berlin, 1912, JfM 43.0423.01.

[12] M. KERNER – « Abstract differential geometry », *Compositio Math.* **4** (1937), p. 308–341, Zbl 0017.02203.

[13] T. LALESCO – *Introduction à la théorie des équations intégrales*, Hermann, Paris, 1912, JfM 43.0438.05.

[14] J. LINDENSTRAUSS et A. PEŁCZYŃSKI – « Absolutely summing operators in L_p-spaces and their applications », *Studia Math.* **29** (1968), p. 275–326, Zbl 0183.40501.

[15] F. J. MURRAY et J. VON NEUMANN – « On rings of operators », *Ann. of Math. (2)* **37** (1936), p. 116–229, Zbl 0014.16101.

[16] A. PIETSCH – « Ideale von S_p-Operatoren in Banachräumen », *Studia Math.* **38** (1970), p. 59–69, Zbl 0213.14505.

[17] G. PISIER – « Grothendieck's theorem, past and present », *Bull. Amer. Math. Soc., New Ser.* **49** (2012), no. 2, p. 237–323, Zbl 1244.46006.

[18] J. PLEMELJ – « Zur Theorie der Fredholmschen Funktionalgleichung », *Monatsh. Math. Phys.* **15** (1904), p. 93–128, JfM 35.0775.01.

[19] F. RIESZ – *Les systèmes d'équations linéaires à une infinité d'inconnues*, Gauthier-Villars, 1913, JfM 44.0401.01.

[20] ______ « Über lineare Funktionalgleichungen », *Acta Math.* **41** (1916), p. 71–98, JfM 46.0635.01 ; Œuvres complètes, t. II, Gauthier-Villars, 1960, p. 1053–1080.

[21] A. F. RUSTON – « On the Fredholm theory of integral equations for operators belonging to the trace class of a general Banach space », *Proc. Lond. Math. Soc. (2)* **53** (1951), p. 109–124, Zbl 0054.04906.

[22] ______ « Direct products of Banach spaces and linear functional equations », *Proc. Lond. Math. Soc. (3)* **1** (1951), p. 327–384, Zbl 0043.11003.

[23] R. SCHATTEN – « On the direct product of Banach spaces », *Trans. Amer. Math. Soc.* **53** (1943), p. 195–217, Zbl 0063.06769.

[24] ______ « The cross-space of linear transformations », *Ann. of Math. (2)* **47** (1946), p. 73–84, Zbl 0063.06771.

[25] R. SCHATTEN et J. VON NEUMANN – « The cross-space of linear transformations. II », *Ann. of Math. (2)* **47** (1946), p. 608–630, Zbl 0063.06772.

[26] ______ « The cross-space of linear transformations. III », *Ann. of Math. (2)* **49** (1948), p. 557–582, Zbl 0032.03201.

[27] L. Schwartz – « Opérations algébriques sur les distributions à valeur vectorielle. Théorème de Künneth », *Séminaire Schwartz*, première année, exposé n° 24, 6 p. (1953–1954), Zbl 0059.10401.

[28] L. Schwartz – « Théorie des noyaux », Proc. Intern. Congr. Math. (Cambridge, Mass., 1950), t. 1, p. 220–230, AMS (1952), Zbl 0048.35102 ; Œuvres scientifiques (I), SMF, 2011, p. 309–319.

[29] F. Smithies – « The Fredholm theory of integral equations », *Duke Math. J.* **8** (1941), p. 107–130, Zbl 0025.06003.

[30] J. von Neumann – « On complete topological spaces », *Trans. Amer. Math. Soc.* **37** (1935), p. 1–20, Zbl 0011.16403 ; John von Neumann Collected works, vol. II, Pergamon Press, 1961, p. 508–527.

[31] _______ « On infinite direct products », *Compositio Math.* **6** (1939), p. 1–77, Zbl 0019.31103.

[32] H. Weyl – *Gruppentheorie und Quantenmechanik*, S. Hirzel (Leipzig), 1928, Zbl 0537.22023.

[33] H. Whitney – « Tensor products of abelian groups », *Duke Mathematical Journal* **4** (1938), p. 495–528, Zbl 0019.39802 ; Hassler Whitney Collected Papers, vol. 2, Birkhaüser, 1992, p. 330–363.

[34] G. Zehfuss – « Über eine gewisse Determinante », *Zeitschrift für Mathematik und Physik* **3** (1858), p. 298–301.

INDEX DES NOTATIONS

© N. Bourbaki 2026

N. Bourbaki, *Espaces Vectoriels Topologiques*,

https://doi.org/10.1007/978-3-032-12156-1

INDEX TERMINOLOGIQUE

© N. Bourbaki 2026

N. Bourbaki, *Espaces Vectoriels Topologiques*,

https://doi.org/10.1007/978-3-032-12156-1

TABLE DES MATIÈRES

© N. Bourbaki 2026

N. Bourbaki, *Espaces Vectoriels Topologiques*,

https://doi.org/10.1007/978-3-032-12156-1